W0061098

Jacqueline Groher
FührungsKRAFT

In 3 Schritten zum kostenlosen E-Book

Damit Sie dieses Buch sowohl in gedruckter Form als auch auf Ihrem E-Book-Reader oder Tablet lesen können, erhalten Sie mit E-Book inside die digitale Version des Buches kostenlos dazu.

Und so funktioniert es:

1. Gehen Sie auf die Produktseite des Buches auf www.gabal-verlag.de.

2. Klicken Sie dort auf  und geben Sie Ihren Namen und Ihre E-Mail-Adresse an.

3. Beantworten Sie im nächsten Schritt eine Kontrollfrage zum Buch und Sie erhalten eine personalisierte Version Ihres E-Books per Mail zugesandt.

Viel Freude und Inspiration beim Lesen wünscht Ihnen Ihr GABAL Verlag!

Jacqueline Groher

Führungs-
KRAFT

Erfolgreiche Führung
beginnt mit Selbstführung

Unter Mitarbeit von Sinnschmiede Christian Weller, Hamburg

Bibliografische Information der Deutschen Nationalbibliothek

Die Deutsche Nationalbibliothek verzeichnet diese Publikation
in der Deutschen Nationalbibliografie; detaillierte bibliografische
Daten sind im Internet über http://dnb.d-nb.de abrufbar.

ISBN 978-3-86936-596-1

Lektorat: Anke Schild, Hamburg
Umschlaggestaltung: Martin Zech Design, Bremen |
www.martinzech.de
Satz und Layout: Das Herstellungsbüro, Hamburg |
www.buch-herstellungsbuero.de
Druck und Bindung: Salzland Druck, Staßfurt

© 2014 GABAL Verlag GmbH, Offenbach
Alle Rechte vorbehalten. Vervielfältigung, auch auszugsweise,
nur mit schriftlicher Genehmigung des Verlages.

www.gabal-verlag.de
www.facebook.com/Gabalbuecher
www.twitter.com/gabalbuecher

Inhalt

Vorwort   7

Einleitung: Führung beginnt mit Selbstführung   11

FührungsKRAFT – Motor der Umsetzung   15

Führung braucht Haltung   21

Wenn Führung misslingt   24

FührungsKRAFT entfalten   28

Bewusstsein – die eigene FührungsKRAFT entdecken   31

Wer bin ich?   36

Wofür brenne ich?   49

Wohin will ich?   58

Freiheit – FührungsKRAFT freisetzen   65

In der Realität ankommen   72

Verantwortung übernehmen   82

Den inneren Geschichtenerzähler nutzen   90

Verhalten checken   100

Stärken entwickeln   115

Freiheiten nehmen   132

Wirkung – FührungsKRAFT anwenden   141

Fokus setzen   146

Beziehungen eingehen   154

Kommunikation verbessern   167

Ziele erreichen   182

Sinn – FührungsKRAFT weiterentwickeln   **195**

Sich selbst annehmen   201

Achtsam handeln   212

Fehler wagen   229

Sinn finden   249

Schlusswort: Mut – der Treibstoff des Lebens   **257**

Nachweis der Zitate   265

Verwendete Literatur   268

Register   270

Die Autorin   274

Vorwort
von Hermann Scherer

Erinnern Sie sich noch an Ihre erste E-Mail? Wenn Sie der Generation X oder Golf angehören, dürften Sie sich zu den Pionieren zählen. Dann können Sie mit den Begriffen ASCII-Code, Terminalprogramm und 2400 Baud etwas anfangen. Für alle anderen ist es unvorstellbar, dass eine Mail piepsend und blinkend mit 2400 Bits pro Sekunde durch das analoge Telefonnetz schleicht. Sie gehören zu den Digital Natives, die längst in den Startlöchern stehen, um Führungspositionen zu besetzen? Dann werden Sie sich fragen, was der historische Rückgriff in einem Buch über FührungsKRAFT zu suchen hat. Vorwort verfehlt, setzen, Scherer, sechs!?

Nun, egal, ob man die ersten Stunden der Informations- und Kommunikationstechnologie als Revolution hervorhebt oder es für selbstverständlich erachtet, dass ein 1,5 Gigabyte großer Spielfilm heute in nur vierzig Sekunden auf dem Smartphone landet, Tatsache ist, dass wir uns in einer neuen Ära mit immer schnelleren Datenflüssen, enormen Transformationen und strategischen Herausforderungen befinden. Und ein ständiger Begleiter dieser Megatrends ist das Thema Selbstführung.

Warum?

Wenn Autos in zwanzig Jahren herrenlos durch die Straßen fahren, wenn Krankheiten schon vor Ausbruch spürbarer Symptome unterbunden werden können, wenn der Arbeitsplatz nur noch dort ist, wo wir uns gerade aufhalten, dann gibt es neben Rechnern, Tablets und dem Internet nur noch einen, der uns führt und steuert: uns selbst!

Alles schön und gut, mögen Sie denken, und dass Sie in zwanzig Jahren bestimmt nicht mehr diesen ganzen Irrsinn aus Dauerstrom, Höchstleistungsjob und Schikane mitmachen werden. Na bitte, sag ich doch, willkommen im Klub: Dann wollen Sie also etwas ändern! Aber was genau und wie? Um diese Frage zu beantworten, benötigen Sie erstens Stabilität, zweitens Klarheit und drittens Kraft. Selbstführungskraft eben. Weil die Antwort auf all Ihre Fragen immer nur in Ihnen selbst liegen kann. Doch das Buch, das Sie gerade in den Händen halten, wird Ihnen helfen, Antworten zu finden.

Geschrieben ist es aus der Praxis für die Praxis, untermauert mit anerkannten Theorien und Fachwissen der Managementliteratur: Jacqueline Groher ist eine wundervolle, mutige und zupackende Frau, die sich schon meisterhaft durch viele Rollen geführt hat. Von der Diplom-Betriebswirtin zur Führungskraft. Von der Geschäftsführerin zur selbstständigen Trainerin. Von der Beraterin zur Expertin für Selbstführung. Dabei hat sie zuletzt sich und ihr Geschäftsmodell radikal erneuert, um als Rednerin aufzutreten. Mit Erfolg.

Wie das geht? Nur mit der Fähigkeit, sich über viele Regeln und Ratgeber hinwegzusetzen, Ecken und Kanten zu zeigen, Verantwortung zu übernehmen für sich und das Leben. Kurzum: mit Selbstführung.

Genau das will auch dieses Buch: Wege zeigen, die aus der Durchschnittlichkeit herausführen, die firm machen für die Arbeitswelt von morgen, in der Hierarchien, Rollen und der Faktor Zeit an Einfluss verlieren. Wege, die Inspiration, Kraft und neue Energie schenken für mehr Selbstbestimmung und Mut.

Unter einer Bedingung: Sie dürfen mitziehen, mitdenken und stets die Brücke zu sich selbst schlagen. Anregungen, Mutmacher und Wegweiser auf rund 250 Seiten. Konfrontieren Sie diese mit Ihren eigenen Mustern, Werten und Idealen, werden Sie gewinnen: an Reflektiertheit, an Rollenklarheit, an Führungskompetenz und schließlich an Kraft.

Gute Führung ist praktisches Handeln, das wissen wir alle – und handeln doch viel zu selten danach. Jacqueline Groher macht mit ihrem Lebenskonzept Mut zum Tun. Ich wünsche Ihnen viel Erfolg bei der Entdeckung, Freisetzung und Weiterentwicklung der eigenen FührungsKRAFT.

Mastershausen   *Hermann Scherer*

Einleitung:
Führung beginnt mit Selbstführung

Methoden zur Leitung von Mitarbeitern und Anregungen zum Verhalten als Führungskraft gibt es wie Diätempfehlungen im Frühling – in Hülle und Fülle. Kein Wunder, dass dann vor allem eines zurückbleibt: Ratlosigkeit. So wie im Frühsommer Tausende von Diätabbrecherinnen entmutigt in ihre Schokoriegel beißen, haben sich viele Führungskräfte frustriert in ihre Büros zurückgezogen, nachdem der erste Enthusiasmus im Alltag verpufft ist. Im Höhenflug nach einem guten Workshop oder nach der Lektüre des neuen Bestsellers von Tom Peters oder Reinhard K. Sprenger stand das Ziel noch glasklar vor Augen. Doch das Verfallsdatum guter Vorsätze kennen wir alle von der Jahreswende: Im Schnitt beträgt es vierzehn Tage, dann greift wieder der alte Trott.

Was fehlt, ist also die Umsetzung.

Die meisten Theorien und Wegweiser zur Führung versuchen auszuloten, wie sich der Wandel vom Maschinenzeitalter zur Dienstleistungsgesellschaft im Leitungsstil widerspiegeln soll. Eindeutig ein Gebot der Stunde, wenn wir nicht zwischen alten Strukturen und neuen Anforderungen aufgerieben werden wollen … Der Sollzustand ist ziemlich eindeutig: Projektorientierung, enge Vernetzung, reibungslose Kommunikation, Flexibilität, schnelles Reagieren, Freisetzen von Potenzialen, Kreativität und Innovation. Vollkommen klar, dass tradierte Strukturen und Vorstellungen von Hierarchie und Autorität auf den Prüfstand kommen müssen. (Was aber nicht heißt, dass man sie einfach über Bord werfen kann!)

Der Istzustand sieht anders aus. Der Gallup Engagement Index führt uns Jahr für Jahr das ganze Ausmaß des Scheiterns vor Augen. Tiefpunkt war das Jahr 2012. In der entsprechenden Pressemitteilung heißt es: »Fast ein Viertel (24 Prozent) der Beschäftigten in Deutschland hat innerlich bereits gekündigt. 61 Prozent machen Dienst nach Vorschrift.«

Vielleicht ist es ja in Ihrer Firma anders, aber in den meisten Unternehmen sitzen fast zwei Drittel der Angestellten bei vollen Bezügen mit nur einer Pobacke auf dem Bürostuhl. Ein Viertel ist mit einem Bein sogar schon draußen. Und das ist nicht das, wovon die Leute träumen, glauben Sie mir. Entsprechend verhangen bis verhagelt ist das Betriebsklima. Wer wünscht sich da nicht, im Flieger gen Süden zu sitzen? Hauptsache, weit weg.

Sind die Leute uneinsichtig, bockig oder faul? Natürlich sind nicht alle so zielorientiert und leistungsfreudig wie Sie, lieber Leser. Aber hat sich nicht auch bei Ihnen schon einmal Mutlosigkeit breitgemacht, wenn Sie mit einer wirklich sinnvollen Initiative nicht durchgedrungen sind, wenn Sie aufgrund von persönlichen Animositäten oder vorgeschobenen Sachzwängen aufgelaufen sind, wenn es erst »Hü« hieß und dann »Hott«? Eine Umfrage von Harris Interactive unter 23 000 Arbeitnehmern in den USA ergab 2004, dass 63 Prozent nicht verstanden, was ihr Unternehmen eigentlich zu erreichen versucht. 85 Prozent hatten nicht das Gefühl, dass sie im Unternehmen etwas umsetzen können, was ihnen selbst wichtig ist. 90 Prozent zweifelten daran, dass im Unternehmen persönliche Verantwortung übernommen und zuerkannt wird. So viel zum Thema konkret umgesetzte Führungskultur.

Was ist da so grundsätzlich falsch gelaufen?

Ich glaube, dass wir an einer zentralen Stelle einen blinden Fleck haben. Wir sehen das Wesentliche nicht. Deshalb reden wir an der Sache vorbei – und rudern aufgeregt herum, ohne etwas Substanzielles zu erreichen. Theorien und Modelle haben wir genug. Da ist ganze Arbeit geleistet worden. Es gibt eine große Menge wirklich brauchbarer Tools (zum Beispiel zur Verhaltensanalyse und Teamentwicklung, zur Verbesserung der Kommunikation bei Verhandlungen und Feedback). Unser Problem ist die Praxis, die konkrete Umsetzung.

Wir haben jede Menge Know-how, aber uns fehlt das elementare Wissen darüber, wie wir das Gehörte und Gelesene in der realen Lebenspraxis Wirklichkeit werden lassen. Und zwar dauerhaft. Die Frage ist: Wie gewinne ich aus den hehren Zielen, Werten und Vorstellungen, mit denen ich gestartet bin, praktische Handlungsschritte in dieser konkreten und mehr oder weniger unvorhergesehenen Situation? Und wie in der nächsten, die wieder anders ist? Unsere blinde Stelle: Was wir uns nicht Schritt für Schritt aneignen, was wir nicht in unserem Fühlen und Denken verankern, das bleibt gedanklicher Ballast. Praktisch vielleicht für Diskussionen und Schlagwörterdropping – aber wirkungslos auf der Teststrecke des Alltags.

Was ganz offensichtlich nicht funktioniert, ist die Aus-Führung, die Durch-Führung. Und der Grund ist einfach: In unserem ganzen Reden und Denken über Führung geht es fast ausschließlich um die nach außen gerichteten Aufgaben: Resultate erzielen, Kosten senken, Mitarbeiterpotenziale und Ressourcen nutzen, Prozesse steuern. Ich bin überzeugt, dass wir einen Schritt früher ansetzen müssen – bei uns selbst. Wir können Mitarbeiter, Teams und Unternehmen nur dann erfolgreich führen, wenn wir in der Lage sind, uns selbst zu führen! Führung fängt immer mit Selbstführung an und damit bei der Auseinandersetzung mit der eigenen Persönlichkeit.

Mit dieser Erkenntnis halten Sie den wirksamsten Hebel zur Umsetzung in der Hand. Sie ist der Ausgangspunkt zur Entwicklung von Wirksamkeit und Kraft.

Manager stehen unter Dauerstrom. Sie sollen gute Zahlen bringen, Mitarbeiter zur Höchstleistung motivieren, den Veränderungen im Umfeld Rechnung tragen, Vorbild sein, das Unternehmen nach innen und außen repräsentieren etc. etc. Um all diesen Anforderungen gerecht zu werden, bedarf es einer großen inneren Stabilität und Klarheit, es bedarf innerer FührungsKRAFT. Und dafür brauchen wir einen lebenstauglichen Ansatz. Wir brauchen ein neues Denken und eine neue Wahrnehmung. In den Führungsetagen spricht man über Zahlen, Leistungen, Kosten. Man redet nicht über die inneren Ressourcen und das, was eine Führungskraft in ihrem Alltag bewegt. Man spricht nicht darüber, was Führung, Umsetzung und Verantwortung konkret für das Handeln des Einzelnen bedeuten.

Doch genau darum geht es in diesem Buch. Die Gedanken, Anregungen und Praxisbeispiele auf den folgenden Seiten werden Ihnen helfen, die Kluft zwischen wunderbarer Planung und schnöder Realität, zwischen Anspruch und Umsetzung zu überbrücken. In Ihrem ganz konkreten Alltag.

Dreh- und Angelpunkt ist der Begriff der FührungsKRAFT – in dem Sinne, wie wir davon sprechen, dass wir ein Gespräch führen. Oder unser Leben. Der Job ist kein Tennismatch, bei dem wir für eine kurze Zeit in einem abgezirkelten Areal nach Regeln spielen, die mit unserem sonstigen Alltag wenig zu tun haben. Das ist das reale Leben. Und da zählt nicht in erster Linie, dass Sie sagen können: »Weiß ich, kenne ich.« Es zählt, wofür Sie stehen, wer Sie sind. Auch das beste Rhetorikcoaching verleiht Ihnen nicht die Wirkungskraft, die von einer glaubwürdigen Persönlichkeit ausgeht.

Deshalb bieten die folgenden Kapitel ein neues und alltagstaugliches Verständnis von Führung aus der Perspektive persönlicher FührungsKRAFT. Sie erfahren, wie Sie Ihre FührungsKRAFT entdecken, freisetzen, anwenden und weiterentwickeln können.

FührungsKRAFT –
Motor
der Umsetzung

Herr zu sein über andere bedeutet Stärke;
Herr zu sein über sich selbst bedeutet wahre Kraft.

Laotse, 6. Jahrhundert v. Chr.

Handeln ist schwierig, wenn die Situation unübersichtlich ist. Und das ist sie, da sind sich alle einig. Viel ist in Bewegung. Die digitale Revolution hat die Kommunikation verändert und enorm beschleunigt. Die Globalisierung hat den Wettbewerb verschärft und vertraute Strukturen ins Rutschen gebracht. Empirische Untersuchungen zeigen: Je unübersichtlicher der Markt, desto stärker hängt der Erfolg eines Unternehmens vom Verhalten der Führungskräfte und ihrer Teams ab. Schnelligkeit und intelligente neue Lösungen sind gefragt. Verschleppte Probleme können zum entscheidenden Hindernis werden.

Kein Wunder, dass sich viele kluge Leute Gedanken zum Thema Führung gemacht haben. Das Problem: Mit ihren Handlungsempfehlungen kann man mittlerweile ganze Flure tapezieren. Schwierig, da überhaupt noch den Überblick zu behalten. Einige Bücher sind wirklich brauchbar. Manche schlachten eher einen Teilaspekt aus, der womöglich bisher zu kurz gekommen ist. Andere sind schlicht und einfach skurril. Um zu führen, heißt es, braucht man Exzellenz (Gardner), Charisma (Kets de Vries) beziehungsweise emotionale Intelligenz (Coleman). Autoritäre Durchsetzungskraft kommt in der Praxis häufig vor, wird aber als Konzept eigentlich nicht mehr vertreten. Die Vorschläge, worin Führung im Kern besteht, zeigen eine große Bandbreite, vom Vorgeben der Strategie (Mintzberg) über das Vermitteln von Visionen (Kotter) bis hin zum Kanalisieren der Triebe (von Cube). Das Konzert ist mehrstimmig. So meint Peter Drucker, es gehe im Wesentlichen darum, Verantwortung zu übernehmen. Ricardo Semler plädiert mehr dafür, Verantwortung abzugeben. Die Parade der Schlagworte und Konzepte ließe sich noch ausgiebig fortsetzen. Kein Wunder, dass vor allem eins zurückbleibt: Verwirrung.

> Mit den Handlungsempfehlungen von Führungsexperten kann man mittlerweile ganze Flure tapezieren.

Führung – was ist das? Unter günstigen Verhältnissen, so sagt man, kann jeder segeln, unter widrigen Verhältnissen jedoch nur der erfahrene Kapitän. Aber das ist leichter gesagt als getan. Auch für erfahrene Führungskräfte. Denn die Standards selbst stehen zur Disposition. Bewährte Rollenvorbilder werden vom Sockel geholt. Neue müssen erst noch entwickelt werden. Es ist nicht klar, was wir noch so machen können wie in der Vergangenheit. Vermutlich wenig.

In dieser Situation ist es wichtig, ein klares Bild davon vor Augen zu haben, was Führung ist. Worum es eigentlich geht. Und dafür ist das Rauschen im Ratgeberwald nur bedingt hilfreich. Die gute Nachricht: Sie können die Orientierung zurückgewinnen – durch einen einfachen Wechsel der Perspektive. Vergessen Sie für ein paar Momente die ganzen Fachbegriffe und Schlagworte, die Tools und Techniken, die Ihnen zum Thema Führung im Kopf herumschwirren. Im Grunde ist Führung etwas sehr Einfaches, ganz Alltägliches. Ich gebe Ihnen zwei Beispiele.

Sie sind in der Stadt unterwegs, und ein Fremder fragt Sie, wie er zum Rathaus kommt. Wenn Sie ein freundlicher Mensch sind, erklären Sie ihm den einfachsten Weg. Sie stellen sicher, dass er Sie verstanden hat und sein Ziel findet. Vielleicht begleiten Sie ihn ein Stück, bis das Rathaus in Sicht oder ganz einfach zu erreichen ist. Was haben Sie gemacht? Sie haben *Verantwortung* übernommen, sich ein *Bild der Situation* gemacht, für ein *Problem* die Lösung gefunden und dafür gesorgt, dass die *Umsetzung* sichergestellt ist. Das ist Führung! Und, wie Sie sehen, geht das auch im Vorübergehen. Im Job ist es nicht immer so eindeutig. Die Rollen sind manchmal nicht so klar verteilt; die Umstände sind nicht so eindeutig, das Ziel ist nicht so gut erkennbar – und nicht so unkompliziert zu erreichen. Aber das Grundmuster bleibt das gleiche. Der entscheidende Punkt: Man muss es nur erkennen.

Das zweite Beispiel ist Ihnen vermutlich vertraut: Ihnen wird die Leitung einer wichtigen Arbeitsgruppe übertragen. Eine echte Ehre! Das Problem ist nur, dass Sie anders als im ersten Beispiel im Grunde nicht mehr wissen und können als die anderen Mitglieder der Gruppe. Die Aufgabe besteht in diesem Fall nicht darin, die anderen auf einen Weg mitzunehmen, den Sie schon kennen. Sie haben lediglich die Führungsrolle. Vielleicht gibt es eine Zielvorgabe (zehn Prozent Wachstum) – aber den Weg dorthin müssen Sie gemeinsam finden. Sie haben die Leitung bekommen, weil das einer machen muss und weil man Sie für geeignet hält. Was nun?

Im Grunde ist es die gleiche Aufgabe wie im ersten Beispiel: Sie haben die Verantwortung – nun müssen Sie sie aktiv übernehmen. Sie machen sich ein Bild von der Situation (immer und immer wieder). Sie nehmen die anderen auf dem Weg mit und halten die Truppe zusammen. Für Ideen zur Problemlösung zapfen Sie die Gruppe an. Sie holen sich das Wissen aus dem Team. Daran ist nichts ungewöhnlich: Beim Autofahren müssen Sie ja auch tanken. Aus diesem Wissen entwickeln Sie die konkreten Schritte, die gemeinsam angegangen werden.

Es ist im Prinzip immer das gleiche, einfache Muster. Führung ist nichts Außergewöhnliches. Führung ist etwas Natürliches und zutiefst Menschliches. Der ganz normale Wahnsinn des Arbeitsalltags erfordert jedoch eine gehörige pragmatische Intelligenz, um diese einfache Einsicht auch umzusetzen. So ist die Liste der Eigenschaften, die man als gute Führungskraft braucht, beeindruckend lang. Und sie erscheint widersprüchlich. Zumindest auf den ersten Blick. Da muss man, wie gesagt, Verantwortung übernehmen, soll sie aber auch abgeben können. Einfühlungsvermögen ist notwendig, aber auch die Fähigkeit, Entscheidungen durchzusetzen. Man soll Probleme lösen und Ziele erreichen. Man soll Menschen begeistern und Mitarbeiter fördern. Warum wird das mit einem Mal so unübersichtlich? Weil die Umstände, unter denen Führung gefragt ist, unendlich vielgestaltig sind. Der eine Mitarbeiter braucht Freiraum, der andere genaue Vorgaben. Bei einem Problem ist es sinnvoll, eine grundsätzlich neue Lösung zu suchen. Bei einem anderen ist es besser, auf unnötige Diskussionen zu verzichten. Letztlich ist jede Situation ein Einzelfall. Wer hier das allzeit gültige Handbuch der Führungseigenschaften schreiben will, steht bald wie der Ochs vorm Berg.

Und damit sind wir am entscheidenden Punkt des Umsetzungsproblems: Es gibt keinen Workshop, keinen Guru, keinen Ratgeber, der in der Lage wäre, den ultimativen Superleader zu programmieren, den Megamanager vom Band laufen zu lassen, der automatisch in jedem beliebigen Kontext Topführungsergebnisse produziert. Wenn Sie danach suchen, werden Sie vor allem eins finden: falsche Propheten.

Aber warum ist das so?

FührungsKRAFT ist ein ganz persönliches Potenzial. Gefragt sind Charakter, Haltung, Bewusstsein: Neugier und Bereitschaft zur Offenheit. In der Lage sein, innerlich auf Abstand zu gehen, um dadurch Übersicht zu gewinnen. In Herausforderungen und Problemen die Chancen sehen und die Möglichkeiten entdecken. Überall die Initiative ergreifen und jedem Ereignis gegenüber Führungsqualitäten beweisen. Diese Eigenschaften lernen Sie nicht wie Vokabeln oder den Umgang mit einer neuen Software. Diese Fähigkeiten erwerben Sie durch bewusste Lebenserfahrung. Deshalb ist der Schlüssel Selbstführung. Alles startet bei Ihnen selbst.

Das klingt vielleicht ungewohnt. Es ist aber wieder eine Frage der Perspektive: Sie sammeln schon ein Leben lang Führungserfahrungen. Und noch dazu mit einer nicht besonders einfachen Person: mit sich selbst. Schon die Minimalanforderungen des Alltags verlangen eine Menge Disziplin: Morgens den Wecker nicht einfach ignorieren und im ordentlichen Outfit im Büro erscheinen. Sind Sie Autofahrer? Dann passiert es Ihnen sicher auch schon mal, dass Sie einen anderen Verkehrsteilnehmer verfluchen. Aber Sie überfahren ihn nicht einfach. Stattdessen führen Sie Ihren Wagen klug und beharrlich durch den Dschungel des Berufsverkehrs. Ich würde so weit gehen, zu sagen: Selbstführung ist der Schlüssel zu einem gelungenen Leben. Definitiv ist eine bewusste und erfolgreiche Selbstführung die Voraussetzung dafür, andere Menschen kompetent führen zu können. Die zentrale Message: *Ich kann meine Mitarbeiter nur führen, wenn ich mich selbst führen kann!* Führung beginnt immer mit Selbstführung und damit bei mir selbst.

Führung braucht Haltung

Erfolg haben Menschen, die ihre Stärken, ihre
Arbeitsweise und ihre Werte kennen.

Peter Drucker, 1999

FührungsKRAFT ist nicht rationiert und an den formalen Status gebunden. Sie sind aufgerufen, Verantwortung für die Situation zu übernehmen, in der Sie sich befinden. Und zu handeln, wann immer das
nötig ist. Damit Probleme gelöst werden. Damit die Beteiligten nicht
ihre Lebenszeit verplempern. Damit auftauchende Unzufriedenheit
produktiv gewendet werden kann. Jeder ist befähigt, zum Gelingen
beizutragen. Und mit »Gelingen« ist gerade nicht gemeint, dass eine
Veranstaltung ungestört von allen mehr oder weniger Anwesenden
vor sich hinlaufen kann.

Aber wenn eine Leitungsfigur auf höherer Ebene es mit
schlafwandlerischer Sicherheit jedes Mal vermasselt?
Ganz klar: Dann springen Sie ihr diplomatisch zur Seite!
Wenn eine Führungskraft wieder und wieder Gelegenheit erhält, ihre blinden Flecken vorzuführen, ist damit keinem gedient. Am wenigsten ihr selbst. Führung
bedeutet, eine Sache in die Hand zu nehmen. Egal, wer
das tut. Letztlich geht es schlicht darum, zu tun, was einem
sinnvoll erscheint. Und sich einzuschalten, wenn einem etwas ganz
und gar nicht sinnvoll vorkommt. FührungsKRAFT in diesem Sinne
kann sich auf jeder Ebene zeigen, sie wird auf allen Hierarchiestufen
dringend gebraucht. Sie hat ihren Platz im Job wie im Privatleben.

**Führung bedeutet,
eine Sache in die Hand
zu nehmen – und das
geht auf allen Ebenen.**

Ich mag den Werbespot der Firma Vorwerk, in dem Katja Weitzenböck
selbstbewusst sagt: »Ich führe ein sehr erfolgreiches kleines Familien-
unternehmen.« Die kurze Szene zeigt ein Bewerbungsgespräch. Bevor der skeptische Personaler seine Frage ganz aussprechen kann,
ob sie über berufliche Erfahrungen verfügt oder »nur« Hausfrau sei,

kontert sie schlagfertig mit einer Aufzählung ihrer Qualifikationen und Aufgaben: Kommunikation, Organisation, Nachwuchsförderung, Motivation. Dazu werden turbulente Szenen aus dem Familienalltag eingeblendet. Und es stimmt: Eine Familie, einen Haushalt so zu führen, dass ein gutes Zuhause dabei entsteht, dass die Kinder ein überzeugendes Vorbild bekommen, ist eine echte Herausforderung. Es verlangt FührungsKRAFT im besten Sinne.

Damit möchte ich nicht nur die Familienarbeit würdigen. Ich will vor allem auf einen Aspekt hinweisen, der in Unternehmen häufig vernachlässigt wird. Auch hier bedeutet Führung, Vorbild zu sein. Das ist ein starker Hebel, der viel zu selten bewusst eingesetzt wird. Dabei können Sie machen, was Sie wollen: Ihre Leute schauen auf Sie. Sie sind ein Vorbild – und hoffentlich kein mittelmäßiges. Es wird genau registriert, wie Sie auf einen Vorschlag reagieren. Wie Sie sich jemandem gegenüber verhalten. Mit welcher Stimmung Sie aus einem wichtigen Leitungsgremium kommen etc. Ihr Verhalten hat besondere Relevanz. Das bringt eine Menge Verantwortung mit sich und kann manchmal furchtbar lästig sein. Denn es verpflichtet Sie zu einem angemessenen und bewussten Auftreten. Auf der anderen Seite haben Sie damit aber auch ein enorm wirksames Mittel in der Hand, um etwas zu bewegen und zu steuern!

Führung braucht Mut. Der Schutz der Gruppe fällt weg. Als Führungskraft haben Sie gar nicht die Wahl: Sie lehnen sich permanent aus dem Fenster. Und: Sie halten für Ihre Leute den Kopf hin. Die Verantwortung tragen Sie. Egal, wer da nicht pünktlich geliefert hat, was missverstanden wurde oder auf wen man sich nicht verlassen kann – Sie müssen dafür geradestehen, wenn das Ergebnis nicht stimmt oder die Ware nicht beim Kunden ist. Und egal, ob Sie für ein kleines Team zuständig sind, für eine Abteilung, einen Unternehmenszweig oder einen ganzen Konzern – Sie kriegen unweigerlich die erste Ladung Lob oder Kritik ab. Das muss man auch zu nehmen wissen. Als frischgebackene Abteilungsleiterin habe ich mich einmal bei meiner Großmutter ausgeheult, und die hat nur gesagt: »Mädchen, wenn du so einen Job machst, kriegst du einfach zwanzig Ohrfeigen im Jahr. Ob berechtigt oder nicht. Darauf kannst du dich einstellen und damit wirst du klarkommen. Wenn es weniger Ohrfeigen sind, dann warst du nicht mutig genug.« Wer nie aneckt, wer sich aalglatt durchschlängelt, läuft unterhalb seiner möglichen Performance.

Es geht als Führungskraft also darum, Haltung an den Tag zu legen, Stellung zu beziehen. Darum, Konflikten nicht auszuweichen, sondern sie auszuhalten – und konstruktiv zu gestalten. Es geht darum, den ganz normalen Wahnsinn des Alltags in ein handhabbares Gleichgewicht zu bringen. Sie können sich in der akuten Situation nicht erst einmal hinsetzen und einen neuen Strategieplan entwickeln. Sie müssen handeln. Sofort. Intuitiv. Aus Ihrer Persönlichkeit heraus. Als Ausdruck Ihrer FührungsKRAFT. Wenn Sie das gut machen, schaffen Sie Klarheit. Sie vermitteln Transparenz. Sie zeigen den Menschen in Ihrem Umfeld Grenzen und Freiräume auf. Damit können Sie eine Menge in Bewegung setzen, und zwar relativ mühelos.

Wenn Führung misslingt

Die meisten untergehenden Unternehmen haben ein
Management, das vor Schreck gelähmt ist.
Daniel Goleman, 2002

Führungskräfte sind effektiv und produktiv, wenn ihr Handeln ganz selbstverständlich aus ihrer inneren FührungsKRAFT kommt. Dann kann die Verbindung von charakterlicher Integrität, dem Blick für die Erfordernisse der Situation und der Beziehung zu den Mitarbeitern gelingen. Ohne die Anbindung an Ihre innere FührungsKRAFT wird Ihr Handeln ineffektiv oder sogar kontraproduktiv. Solche Momente erleben die meisten von uns hin und wieder. Bei allzu vielen wird daraus aber ein Dauerzustand. Mit fatalen Folgen.

Auf Platz eins der Gründe für eine Kündigung steht einsam und allein eine bestimmte Person: der oder die Vorgesetzte. (Nur zur Erinnerung: Hohe Fluktuation bedeutet in den Sand gesetzte Investitionen. Rechnen Sie einmal ehrlich die Kosten für einen Mitarbeiterwechsel zusammen!) Führungskräfte sind – das zeigen Befragungen immer wieder – felsenfest davon überzeugt, dass Mitarbeiter bei einer Kündigung vor allem das Gehalt und die Aufstiegschancen im Blick haben, und deuten einen Jobwechsel entsprechend. Dieselben Untersuchungen zeigen hingegen seit Jahren mit schöner Regelmäßigkeit, dass es den Mitarbeitern vor allem um Anerkennung, Kommunikation und Fairness geht, also um charakterliche Integrität und Beziehung. Vergütungen und Statusvorteile rangieren zuverlässig im letzten Drittel der Prioritäten. Warum landet diese Tatsache nicht in den Köpfen derjenigen, die für Mitarbeiter verantwortlich sind? Ich glaube, es geht hier um ein massives Wegblenden. Vielen erscheinen »softe« Faktoren wie Selbstreflexion und Beziehungsmanagement erst einmal zu kompliziert. Da hält man sich lieber an »harte« Fakten, oder man wendet sich vermeintlich drängenderen Dingen zu, auch wenn die in der gegebenen Situation nicht auf einen vorderen Platz der Prioritätenliste gehören. Aus dem einfachen Grund: Da weiß man, was man zu tun hat.

Es gibt übrigens eine ganze Reihe von Naturtalenten: Führungskräfte, die ihre Sache intuitiv gut machen. Vielleicht sind Sie so jemand. Aber auch dann können Sie von diesem Buch profitieren! Denn Fähigkeiten lassen sich besser entwickeln und weitergeben, wenn man Klarheit über sie gewinnt. Für die meisten Führungskräfte gilt: Sie könnten ihre Kompetenzen deutlich verbessern. Und sie sollten das auch tun. Unsere Ausbildungsgänge und Auswahlverfahren sind viel zu wenig auf die Anforderungen für die Führung von Menschen fokussiert. Tatsache ist: Selbst Naturtalente können aus der Haut fahren, wenn sie zu sehr unter Stress stehen. Da sie aber im Team einen hohen »Beziehungskredit« angesammelt haben, wird sich der Flurschaden in Grenzen halten. Bei der großen Mehrheit ganz normaler Führungskräfte ist das allerdings anders. Missverständnisse und Missstimmungen schlagen sofort große Wellen.

Warum liefern die meisten Führungskräfte im besten Fall Mittelmaß oder hangeln sich von einer Vertrauenskrise zur nächsten? Ist erfolgreiche Führung eine Art Lotterie, bei der Fortuna Gelingen und Scheitern nach dem Zufallsprinzip verteilt? Ich glaube: nein. Sicher spielen äußere Bedingungen massiv in den Unternehmensalltag hinein. Ob ein Produkt oder ein Projekt erfolgreich ist, hängt von vielen Faktoren ab. Gute Leitung ist jedoch nicht automatisch identisch mit wirtschaftlichem Erfolg. Führung braucht man in guten wie in schlechten Zeiten.

Meine Beobachtung ist: Die FührungsKRAFT geht verloren, wenn der Mut abhandenkommt. Die drei biologischen Reaktionen auf Angst sind Flucht, Kampf und Totstellen. Die Folgen liegen auf der Hand – und sind überall in den Unternehmen zu beobachten. Die schlechte Nachricht ist, dass die meisten von uns unter bestimmten Umständen selbst in eine dieser Rollen kippen. Wenn auch hoffentlich nur vorübergehend.

Die klassischen Reaktionen auf Angst sind auch bei Führungskräften oft Flucht, Kampf oder Totstellen.

Führungskräfte auf der Flucht greifen auf alte Muster zurück. Sie ziehen sich auf ihre Weisungsbefugnis und in ihre Büros zurück. Damit sie dorthin nicht verfolgt werden, sichern sie die Hierarchiegrenzen, schaffen Kommunikationsbarrieren und unternehmen Präventivschläge. An Mitarbeitern, die den Sicherheitskordon verletzen, werden Exempel statuiert. Ein entsprechender Alarmzustand kann schon durch die eigene Verunsicherung ausgelöst werden – noch bevor Stress durch Arbeitsbelastung oder Konflikte im Team in diese Kerbe schlagen.

Führungskräfte im Kampfmodus führen mitunter eine solche Schreckensherrschaft, dass vor rund zehn Jahren der Begriff »Toxic Leadership« aufgekommen ist. Sie »kehren mit dem eisernen Besen« und »bringen den Laden auf Zack« – »ohne Rücksicht auf Verluste«. Das klingt schon nach Kriegsberichterstattung und hinterlässt die entsprechende Verwüstung. Unter ihrem Druck braut sich ein Betriebsklima zusammen, das die Mitarbeiter krank macht und früher oder später die Ergebnisse absacken lässt.

Der Totstellreflex ist eine zentrale Überlebenstechnik – im Dschungel oder zumindest in der freien Natur. Allerdings auch nur, wenn ein kleines von einem großen Tier angegriffen wird. Er ist daher eher ein Privileg der Mitarbeiter. »Hab ich nicht verstanden.« »Da war ich nicht da.« »Dafür ist jemand anderes zuständig.« Im Büro ist diese Altlast der Evolution ebenso deplatziert wie blinde Flucht und ungebremster Angriff. Sind diese drei Verhaltensweisen – Mund halten, kündigen, streiten – in Ihrem Unternehmen vorherrschend, läuft etwas grundsätzlich falsch. Die freie Wildbahn ist heute im seriösen Kundengeschäft kein Erfolg versprechendes Modell mehr. Stramm stehende und stets nickende Mitarbeiter sind ein starkes Indiz dafür, dass die »Geschäftsführerkrankheit« grassiert: Je höher die Führungsebene, desto dünner die Informationen und desto schöner die Aussichten.

Es gibt aber auch Führungskräfte im Totstellreflex. Spielart eins: nicht erreichbar, ständig mit Wichtigerem beschäftigt oder nicht belastbar, da am Rande des Burn-out. Spielart zwei: unkenntlich durch Kuschelkurs. Führung heißt nicht: Händchen halten. Jedenfalls nicht dauernd. Selbstverständlich gehört es zu einem mitmenschlichen Führungsstil, aufrichtig Anteil zu nehmen an wichtigen privaten Ereignissen. Vertraut man einem Mitarbeiter eine Aufgabe an, die ihn in besonderer

Weise fordert, dann gehört dazu auch, dass man Ermutigung und Unterstützung bietet. Zwanghafte Freundlichkeit wird jedoch genauso zur Vermeidungsstrategie wie permanente Kratzbürstigkeit. Ehrliche Auseinandersetzung und sinnvolle Problemlösung kommen dabei nicht heraus. Manchmal ist Freundlichkeit nicht angemessen, sondern klare Worte sind gefragt. Fehlen sie, geht Deutlichkeit verloren.

Das fällt oft nicht leicht. Besonders schwierig ist es für Mitarbeiter, die im Team zu Vorgesetzten aufsteigen. Und das ist nun nicht gerade eine Minderheit. Sie stehen vor der Herausforderung, sich aus der lieb gewordenen Gruppe zu lösen und mit der neuen, in gewissem Sinne einsamen Position klarzukommen. Die Beziehungen müssen neu austariert werden, oft auch nach »oben«, weil man sich in einer Sandwichposition wiederfindet. Das ist ein konkreter Prozess, der seine Zeit braucht. Dabei geht es auch um die innere Akzeptanz: dass man nun selbst Führungskraft ist und die Richtung vorgibt.

Ihre Leute erwarten von Ihnen, dass Sie sagen, wo es langgeht. Wohlgemerkt: nicht in der Frage, wie man ein Briefkuvert zuklebt oder sich die Schuhe schnürt. Es geht nicht um Entmündigung. Je eigenständiger alle ihre Aufgaben erfüllen, desto besser läuft der Laden. Aber wenn jemand mit seinem Latein am Ende ist, wenn es mehrere sinnvolle Optionen gibt oder ein Fall einfach strittig ist, dann sind Sie gefragt: Sie müssen entscheiden. Auch das ist mitunter heikel. Wenn Ihr Verhalten jedoch eine Haltung verrät, wenn darin eine Linie zum Ausdruck kommt, dann stellen Sie die Weichen mit Erfolg.

Es ist in vieler Hinsicht nicht klar, was Führung jeweils konkret bedeutet. Das müssen Sie in jeder Situation immer wieder neu herausfinden. Eins steht jedoch fest: Die Führungsposition hebt Sie aus der Gruppe der Mitarbeiter heraus. Sie sind nicht mehr in der gleichen Weise Teil des Teams wie diese. Was nicht heißt – wie manche offenbar meinen –, dass Sie nun ungestört im freien Orbit kreisen können. Sie müssen mit der Gruppe interagieren. Anders geht es nicht. Wollen Sie etwas bewegen, brauchen Sie Tuchfühlung.

FührungsKRAFT entfalten

Andere zu kennen zeugt von Intelligenz;
sich selbst zu kennen zeugt von wahrer Weisheit.

Laotse, 6. Jahrhundert v. Chr.

Fehlt der intuitive, selbstverständliche Zugang zur eigenen Führungs-KRAFT, wird notgedrungen auf Ersatz zurückgegriffen: auf fachliche Kompetenz, auf formale Autorität. Die Anbindung an die eigene Persönlichkeit kommt abhanden – und damit die Quelle der Führungs-KRAFT. Die Autorität verliert an Stabilität und Glaubwürdigkeit. Sie muss betont, erkämpft und verteidigt werden. Ein Teufelskreis. Ineffektiv – und ganz schön mühselig!

Wie klingt dagegen die folgende Version für Sie? Sie bleiben gelassen, auch wenn es turbulent wird. Unvorhergesehene Widerstände machen Sie neugierig und wach. Sie wissen, was zu tun ist, weil Sie die Situation verstehen (auch wenn Sie für den Durchblick manchmal hart arbeiten müssen). Sie können die Machbarkeit jeweils realistisch einschätzen, weil Sie beides klar sehen: Grenzen und Möglichkeiten. Sie haben den Mut zu handeln, werden aber nicht übermütig, sondern haben ein Auge darauf, ob es auch in die richtige Richtung geht. Sie können Ihr Team bei Bedarf aktivieren, die Extrameile zu gehen, denn die Leute stehen hinter Ihnen. Sie haben ein zutreffendes Bild davon, was mit den einzelnen Mitarbeitern und im Team los ist, weil die Kommunikation stimmt. Sie sind mit sich selbst im Reinen. Sie wissen, wo Sie gerade stehen, was Sie können, aber auch wo Ihre Defizite und Ihre Macken sind. Sie leben damit und Sie arbeiten daran. So werden Sie – jenseits Ihrer Führungsrolle – als Mensch erkennbar und respektiert. Und das gibt Ihnen den Vertrauensvorschuss, um gemeinsam mit Kollegen und Kunden die Dinge auf den Weg zu bringen.

So fühlt es sich an, wenn Sie in Kontakt mit Ihrer inneren FührungsKRAFT sind. Sicher kennen Sie Momente, in denen Ihr Alltag so aussieht. Vermutlich dürften es gern ein paar mehr sein. Das können Sie haben. Denn genau so, wie Sie beweglicher werden durch Bewegung, anpassungsfähiger durch Veränderung und klüger, wenn Sie etwas Gescheites lesen – genau so können Sie Ihre eigene FührungsKRAFT zur Entfaltung bringen. Sie wächst, indem Sie sich ihr widmen und sie ausprobieren. Deshalb können Sie Ihre FührungsKRAFT jederzeit stärken und weiterentwickeln, egal, von welchem Ausgangspunkt Sie starten.

> **FührungsKRAFT ist ein individuelles Vermögen und lässt sich trainieren.**

Was Sie dafür brauchen, finden Sie zwar nicht im Standardlehrplan für Manager; es steht Ihnen aber trotzdem zur Verfügung. Zunächst einmal *Bewusstsein*: Was läuft da eigentlich gerade ab, in der Situation – und in mir? Und *Wahrnehmung*: Was ist möglich? Was ist mit den anderen? Dann die persönliche *Einstellung*: Will ich das? Was kann ich beitragen? Und zu guter Letzt *Gefühl*: zum Beispiel Mut statt Furcht. Das alles zusammengenommen bringt Ihre FührungsKRAFT mehr und mehr ins Spiel. Und FührungsKRAFT ist die Schnittstelle, an der die Brücke geschlagen wird von der Welt der Werte und Vorstellungen zur praktischen Umsetzung.

FührungsKRAFT ist kein Wissen, das man übernehmen kann. Sie ist keine Technik, die man sich in einer Weiterbildung antrainiert. Vielleicht ist sie deshalb bisher in der Diskussion um Führung derart zu kurz gekommen. FührungsKRAFT gehört in eine ganz andere Kategorie: Sie ist der innere Kompass, den wir brauchen, um Wege zur Lösung unübersichtlicher Probleme einzuschlagen. Sie ist eine grundlegende lebenspraktische Kompetenz. FührungsKRAFT ist ein individuelles Vermögen. In dem Maße, in dem Sie über FührungsKRAFT verfügen, können Sie sie in der jeweiligen Situation abrufen und die richtigen Handlungsmöglichkeiten finden.

FührungsKRAFT ist etwas, was jede und jeder sich selbst aneignen muss. Es geht um uns selbst als Person: um die grundlegende Orientierung, wo wir stehen, wer wir sind und was wir wollen. Das klingt jetzt möglicherweise abgehoben oder schwierig. Es geht aber eigentlich um etwas ganz Simples, Naheliegendes. Das werden Sie in den nächsten Kapiteln sehen. Entspannen Sie sich! All dies zu erkunden, zu entwickeln und zu erproben, ist ein natürlicher Prozess: unser Leben. Das läuft ganz von selbst ab, wenn wir den Mut haben, uns ihm zu stellen.

Bewusstsein – die eigene FührungsKRAFT entdecken

Zu einem vollkommenen Menschen gehört
die Kraft des Denkens, die Kraft des Willens und
die Kraft des Herzens.

Ludwig Feuerbach, 1841

Was, glauben Sie, ist der häufigste Satz, den ich als Coach höre? »Tut mir leid, ich hatte noch keine Zeit, darüber nachzudenken!« Ich gebe in Führungstrainings oft kleine Aufgaben oder Anregungen, damit meine Klienten bis zur nächsten Sitzung Erfahrungen sammeln können. Denn das Entscheidende ist ja, die neuen Ansätze mit in den Alltag zu nehmen. Aber am Anfang kommt es immer wieder vor, dass der Coachee zur nächsten Einheit atemlos aus seinem Bürowahnsinn auftaucht. Das Smartphone im Jackett glüht praktisch noch nach. Und die Frage? Ach ja … Die ist total auf der Strecke geblieben.

Über sich selbst nachzudenken, gilt mittlerweile als Luxus pur. Etwas, was man sich zum vierzigsten Geburtstag im Rahmen einer Himalaja-Besteigung gönnt. Vielleicht. Etwas, was Mönche in Klöstern und Künstler mit Blick aufs Meer tun. Oder Hausfrauen, wenn die Kinder ausgezogen sind. Jedenfalls ist Selbstreflexion nicht Teil des Arbeitsalltags viel beschäftigter Manager. Und das ist ein verhängnisvoller Fehler! Ausgerechnet die Menschen, die viel verantworten und viel bewegen, befinden sich in einem Zustand permanenter Überlastung, der ihnen vermeintlich keine Zeit lässt, über ihr eigenes Verhalten, ihre eigene Wirkung, über sich selbst als Mensch nachzudenken! Verhängnisvoll: Sie verzichten damit auf eine unverzichtbare und ausschlaggebende Steuerungsfunktion.

> **Wer Selbstreflexion vernachlässigt, verzichtet auf eine unverzichtbare und ausschlaggebende Steuerungsfunktion.**

Das ist so, als würden Sie das Armaturenbrett aus dem Auto werfen. So nach dem Motto: Ich weiß genau, wie schnell ich fahre und wie viel Sprit noch im Tank ist. Als Nächstes können Sie dann noch die Seiten- und Rückspiegel wegschmeißen. Am Ende geht es Ihnen wie dem berühmten Geisterfahrer, der mit zweihundert Stundenkilometern über die Autobahn brettert, als er im Radio hört, dass ein Geisterfahrer unterwegs ist. »Was? Einer? Hunderte! Was heute wieder für Idioten unterwegs sind!«

Hand aufs Herz: Kommen Sie nicht manchmal aus einem Meeting und denken: »Ich bin hier der Einzige, der einen Plan hat. Die anderen kriegen doch gar nichts gebacken. Denen fehlt einfach der Durchblick«? Aber Vorsicht! Wenn wir uns selbst nicht auf dem Radar haben, sehen wir die Fehler automatisch nur bei den anderen – und das ist so schön einfach. Doch was nützt es uns? Rein gar nichts. Denn es bildet die Realität falsch ab. Ein wesentlicher Teil fehlt darin: wir selbst.

Es scheint immer so klar und eindeutig, wie die anderen sich verhalten müssten, damit alles gut wäre. Aber merkwürdigerweise tun die das nicht. Denn die sind in ihrem eigenen Film. Und den werden wir auch nicht im Ansatz verstehen, solange wir unseren eigenen nicht wahrnehmen. Sind wir nicht die besten Ratgeber, wenn es darum geht, dem anderen zu sagen, was für ihn jetzt richtig wäre, wo seine Entwicklungsdefizite liegen und was er alles falsch macht? Und wenn es um uns selbst geht? Werden wir da nicht ganz schnell kleinlaut und verlegen?

Verstehen Sie mich recht! Mit »Selbstreflexion« meine ich nicht, dass Sie eine doppelte Buchführung mit permanentem Rechenschaftsbericht anlegen sollen. Ich meine nicht, dass Sie sich bei jeder Kleinigkeit mit der Frage quälen: Wie hätte ich das jetzt besser machen können? Es geht nicht darum, dass Sie anfangen, sich selbst mit Argusaugen auszuspionieren. Es geht auch nicht darum, dass Sie sich eine spektakuläre Auszeit nehmen müssen. Zwei Wochen tibetisches Kloster, eine Mount-Everest-Besteigung oder so was. Das spukt den meisten ja gleich im Kopf herum, wenn sie das Wort »Selbstreflexion« hören. Selbsterkundung ist kein Privileg von Künstlern, Mönchen und Pensionären.

Selbstreflexion ist eine alltagstaugliche Praxis. Man kann sie immer und überall betreiben. Das ist reine Gewöhnungssache. Es bereitet uns ja auch keine großen Schwierigkeiten, die meiste Zeit ein Gefühl dafür zu haben, wie spät es ist und wo wir uns befinden. Eine solche beiläufige Aufmerksamkeit können wir auch für unser Innenleben und unser Verhalten entwickeln. Im Büro und zu Hause braucht man dafür nur ein paar Minuten (immer mal wieder). Und anfangen kann man sofort. Jetzt! Den Einstieg bieten die richtigen Fragen, zum Beispiel:

- Wer bin ich?
- Wofür brenne ich?
- Wohin will ich?

Der Zugang zu Ihrer eigenen FührungsKRAFT liegt in der Selbsterkundung. Diese beginnt bei Ihrer eigenen Kraft und Ausrichtung. Oder wie der berühme chinesische Weise Laotse schon vor 2500 Jahren wusste: »Die riesige Kiefer erwächst aus einem winzigen Spross. Die Reise von tausend Meilen beginnt zu deinen Füßen.« [Dao-dedsching, Kapitel 64]

Wer bin ich?

Kurz gesagt ist Selbstwahrnehmung die Voraussetzung für Empathie und Selbstmanagement, die wiederum Beziehungsmanagement ermöglichen. Das Fundament für emotional intelligente Führung ist also Selbstwahrnehmung.

Daniel Goleman, 2002

In den Seminaren erlebe ich immer wieder Teilnehmer, die noch nie über Fragen wie diese nachgedacht haben: Wer bin ich? Was macht mich als Mensch aus? Zugegeben, das ist nicht Thema in unseren Schulen, Universitäten und Ausbildungen – und vielleicht auch zu wenig in unseren Familien. Aber wie können wir sinnvoll unser Leben gestalten, wenn wir nicht wissen, wer wir sind? Wie sollen wir herausfinden, wohin wir wollen? Wie wollen wir da anderen gute Ratschläge oder vernünftige Anweisungen geben? Sie erinnern sich: Führung beginnt mit Selbstführung. Und für die gibt es nur einen Startpunkt: Selbstreflexion. Also begeben Sie sich auf »Los«!

Die Frage »Wer bin ich?« ist keine simple Angelegenheit. Es ist unwahrscheinlich, dass Sie wie aus der Pistole geschossen eine knappe Antwort finden werden, wenn Sie sie ernst nehmen. Und vermutlich werden Sie diese Frage zu unterschiedlichen Zeitpunkten Ihres Lebens unterschiedlich beantworten. Erinnern Sie sich noch an den Stolz bei der Einschulung: »Jetzt bin ich ein Schulkind!« Oder ein paar Jahre später: »Ich habe Schlag bei Frauen« (oder bei Männern – oder leider wenig Erfolg). Was sagen Sie heute? »Ich bin zielstrebig«? Ergibt das ein vollständiges Bild? Und was ist mit Ihren früheren Selbstbeschreibungen? Wahrscheinlich sind die immer noch in Ihnen lebendig. Die Sache ist also komplex.

Es geht eher um eine grundlegende Haltung der Bestandsaufnahme. Sie schalten für ein paar Momente Ihren Aktionsmodus auf Stand-by und versuchen, den roten Faden zu finden. Was ist wesentlich? Was hat sich verändert, was ist gleich geblieben? Es geht um eine Annäherung. Die letzten 3000 Jahre Geistesgeschichte haben gezeigt, dass wir Menschen vermutlich nicht besonders befähigt sind, endgültige Wahrheiten zu offenbaren. Aber wir sind gut darin, vorläufige Antworten zu finden – und dann zu schauen, wie weit wir damit kommen.

»Erkenne dich selbst!« stand schon im Eingangsbereich des Tempels von Delphi. Die Aufforderung bringt uns jedoch in eine Zwickmühle: Selbsterkenntnis ist von entscheidender Wichtigkeit für unser Leben – sie ist jedoch mit zwei prinzipiellen Schwierigkeiten verbunden, die wir nicht ausschalten können. Niemand kennt uns besser als wir uns selbst. Kein anderer kann unsere Gedanken in Echtzeit verfolgen und unseren jeweiligen Gefühlscocktail eins zu eins mitempfinden. Das macht die Sache aber nicht unbedingt einfacher, sondern in der Regel ziemlich verwirrend. Wie im Büro ist es auch in unserem Innenleben oft nicht leicht, zu sagen, was in dem ganzen Trubel wesentlich und wichtig ist. Es ist allerdings keine gute Idee, deshalb kurzerhand den Empfang nach innen abzuschalten. Zu wenig Informationen sind noch nie hilfreich gewesen. Viele Mitmenschen machen es trotzdem.

Und Schwierigkeit Nummer zwei: Alle unsere Selbstwahrnehmungen sind unerbittlich von einem Standpunkt bestimmt: unserem eigenen. Wir können aus unserer Haut nicht heraus. Wir können uns nicht mal eben ganz entspannt aus der Distanz beobachten. Klar, dass dies Tür und Tor für Wunschdenken, Scheuklappen-Ansichten, Fehlinterpretationen und dergleichen öffnet. Hier können wir uns nur auf die gleiche Weise behelfen, wie wir vor einem Date sicherstellen, dass die berühmte loriotsche Nudel nicht in unserem Gesicht hängt, nämlich mit einem Spiegel.

Das ist natürlich metaphorisch gemeint. Als Spiegel kann uns alles Mögliche dienen: unsere Leistungen (selbstverständlich mit einem ehrlichen Blick auf die Bereiche, in denen wir durchschnittlich abschneiden oder sogar scheitern) oder unsere Lebenspartner und enge Freunde. Die haben den Vorteil, dass sie einen anderen Blickwinkel und einen eigenen Kopf haben, dass sie sprechen und uns ihre Meinung sagen können. Da gilt es die Kunst zu entwickeln, nicht nur das herauszuhören, was man hören will. Interessant kann es auch sein, einmal im Rückblick die eigenen Lebenskonzepte Revue passieren zu lassen: Wie habe ich mich selbst gesehen – mit sechs, mit achtzehn, mit dreißig?

Wir alle haben einen langen Weg hinter uns gebracht bis zu dem Zeitpunkt, an dem wir jetzt stehen. Einen Weg voller Erfahrungen, die uns geprägt haben, viele davon zu einem Zeitpunkt, bevor unser eigenes Bewusstsein überhaupt erwacht ist. Es macht Sinn, darauf immer mal wieder zurückzuschauen. Manches, was unser Handeln bestimmt, ist uns so selbstverständlich, dass wir es gar nicht mehr wahrnehmen. Ein kleiner Schritt zu mehr Bewusstsein kann einen enormen Fortschritt für unser jetziges Leben bedeuten.

Um einen guten Spiegeleffekt zu erreichen, gibt es eine Menge Tricks, Tools und Verfahren. Wenn das Thema für Sie ungewohnt ist, empfehle ich Ihnen eine einfache Einstiegsübung, die das Abenteuer Selbsterkenntnis emotional verankert und Ihr Interesse weckt, weiterzumachen. Eine für die meisten Menschen ziemlich bewegende Aufgabe ist die ultimative Bestandsaufnahme: Schreiben Sie Ihre eigene Grabrede. Der Spiegeleffekt ergibt sich durch das symbolisch aufgeladene Format der festlichen Rede. In der fiktiven Rückschau treten die wesentlichen Grundzüge ungeschönt zutage. Meist schließt sich nach dem vorgezogenen Rückblick die Frage an: Welches Kapitel muss noch in Angriff genommen werden, damit die Geschichte einen guten Schluss bekommt?

Ich mag es allerdings lieber etwas weniger dramatisch. Deshalb bitte ich meine Klienten häufig, ihren »Lebensbaum« zu zeichnen. In aller Regel sind die Beteiligten nach dem ersten Schock (»Was für ein Kitsch«, »Ich kann nicht zeichnen«) bald vertieft in ihre Werke. Deshalb möchte ich Sie ermuntern, diese Übung jetzt zu machen. Sie brauchen mindestens einen Stift und circa zwanzig Minuten Zeit. Der Spiegeleffekt entsteht durch die Übertragung in die Metapher der Pflanze – und durch die ungewohnte Darstellungsweise. Gerade wenn Sie nicht geübt sind im Zeichnen, gibt Ihnen das die Chance, Dinge zu entdecken, die Sie nicht gewohnt sind zu denken.

Lebensbaum-Übung

Ihr Lebensbaum macht drei unterschiedliche Bereiche anschaulich:

- Die Wurzeln stehen für Herkunft und Vergangenheit, für das, was Sie geprägt hat. Zum Beispiel Heimat, Familie, Schlüsselerlebnisse, wichtige Veränderungsphasen, Ausbildungen, Begegnungen, Vorbilder ... Die zentrale Frage lautet: Woher komme ich?

- Der Stamm steht für Ihre persönlichen Eigenschaften und Fähigkeiten. Welche Erfahrungen haben Sie gemacht, welche Schlüsse gezogen, welches Verhalten entwickelt, welche Kernkompetenzen erworben? Die zentrale Frage lautet: Wer bin ich geworden?

- Die Krone gibt Raum für die Frage: Welche Früchte sind in Ihrem bisherigen Leben beruflich und privat sichtbar geworden? Die zentrale Frage lautet: Was habe ich bewirkt?

Lassen Sie sich ein paar Minuten Zeit, die Fragen auf sich wirken zu lassen. Nehmen Sie die Gedanken, die spontan dazu kommen, ernst. Dann skizzieren Sie Ihren Lebensbaum so, dass Sie die entsprechenden Begriffe in der Zeichnung unterbringen können. Ihrer Fantasie sind keine Grenzen gesetzt. Und: Es geht nicht um Kunst, sondern um eine Gedächtnisstütze, mit der Sie Ihre momentanen Gedanken klären können. Natürlich ist so ein Bild auch eine gute Basis, um andere an dem Prozess teilhaben zu lassen, wenn Sie wollen. Jemandem die eigenen Einsichten zu erklären und dann ein aufrichtiges Feedback zu bekommen, schaltet Ihre Selbstreflexion auf Turbo!

Mit ziemlicher Sicherheit wird allein der Rahmen dieser einfachen Aufgabe Ihnen ein paar neue Erkenntnisse vermitteln. Dinge, die Sie vorher nicht präsent hatten, Zusammenhänge, die Sie so nicht gesehen haben. Selbstreflexion ist ein produktiver Prozess, der zuverlässig einsetzt, wenn man ihm den nötigen Raum gibt. Und allein die Tatsache, dass Sie diese Skizze gemacht haben, wird Ihr Hirn weiterbeschäftigen. Es hat nun eine Vorlage, mit der es Ihren Alltag abgleichen kann. Was findet sich wieder? Was fehlt? Wenn Sie in ein paar Wochen oder Monaten wieder eine ähnliche Bestandsaufnahme machen, haben Sie bereits einen Bezugspunkt. Sie bringen Struktur in Ihre Selbsterkundungen und können vergleichen: Was hat sich an meiner Selbsteinschätzung verändert, verbessert, vertieft …? Willkommen in der spannenden Welt der Selbstreflexion!

Sind Sie einmal in Kontakt gekommen mit dieser Herangehensweise, empfiehlt es sich, Ihre Wahrnehmung in professionellen Trainings weiterzuentwickeln. Hier können Sie hilfreiches Handwerkszeug erlernen; und das geht in der gemeinsamen Praxis weit besser als durch einsames Lesen von Fachbüchern. Auf diese Weise wird die Selbstreflexion zum selbstverständlichen Bestandteil Ihres Alltags. Und zwar so, wie es die Situation erfordert. Meist als kurzes Gegenchecken. Manchmal als tiefschürfender Klärungsprozess. Entscheidend bleibt immer wieder Ihre persönliche Erfahrung: Sie erleben einen klaren Schritt zu mehr Durchblick.

Selbstreflexion ist ein produktiver Prozess, der zuverlässig einsetzt, wenn man ihm den nötigen Raum gibt.

Auf dem Markt sind eine ganze Reihe empfehlenswerter Tools zur systematischen Selbsterkundung. Ihren Spiegeleffekt erreichen sie alle auf die gleiche Weise: Sie bieten ein orientierendes Modell von Eigenschaften, Typen oder Anteilen der Persönlichkeit, und sie geben den Teilnehmenden die Möglichkeit, sich über ausgefeilte Fragebögen oder Ähnliches in diesem Modell zu verorten. Die meisten Ansätze kommen aus der Psychologie, sind aber auf die Erfordernisse des Alltags zugeschnitten. Sie müssen also keine Angst haben, auf der psychoanalytischen Couch zu landen! In Workshops werden oft mehrere solcher Ansätze verbunden, zum Beispiel über einen komplexen Fragebogen. Das macht auch Sinn, weil man so zu einer fundierten Selbsteinschätzung kommt, die sich an mehreren Dimensionen orientiert.

Vermutlich haben Sie etwas in dieser Art bereits auf Fortbildungen kennengelernt. Aber hier gilt das Gleiche wie für etwas bloß Angelesenes: Wenn Sie es nicht mit einem inneren Aha-Erlebnis verbinden, bleibt es Wissensballast, der Ihren Gedächtnisspeicher verstopft – bis Sie den Plunder nach und nach löschen. Der Drang nach Umsetzung,

Anwendung und Weitermachen wird nur durch eines geweckt: durch die Erfahrung produktiver Selbstreflexion und das damit verbundene Erlebnis der Horizonterweiterung.

Professionelle Persönlichkeitstests bieten Ihnen die Möglichkeit, sich in einem durchdachten und bewährten Bezugsrahmen zu verorten. Lustig aufgemachte Kurztests in Zeitschriften sind dagegen meist zu holzschnittartig und außerdem leicht zu durchschauen. Sie dienen vor allem der Unterhaltung. Seriöse Tests erfordern ein bisschen Arbeit und Ernsthaftigkeit. In der Regel geht es darum, das eigene Profil herauszufinden, indem man sich fragt: Wo stehe ich in Bezug auf Eigenschaftspaare wie aktiv / empfangend, gesellig / zurückgezogen, extrovertiert / introvertiert, gefühlsorientiert / kopforientiert? Der Witz ist, dass man während des Tests nicht auf ein bestimmtes Ergebnis aus sein sollte, sondern die einzelnen Fragen ehrlich und aus der Intuition heraus beantwortet. So hat man die größte Chance, dass sich ein spannender Spiegeleffekt einstellt. Seriöse Tests bieten deshalb komplexe Fragebögen, in denen mehrere Themenkomplexe vermischt und einzelne Themen in unterschiedlichen Formulierungen abgefragt werden. Es handelt sich hier um eines der wenigen Beispiele, in denen fehlende Transparenz (im Fragebogen) zu mehr Erkenntnis führt (in der anschließenden Auswertung).

> Der Drang nach Umsetzung und Anwendung wird nur durch die Erfahrung produktiver Selbstreflexion geweckt.

Insights MDI®, ein Test, mit dem ich häufig arbeite, bietet zur Orientierung vier Dimensionen menschlichen Verhaltens, denen jeweils eine Farbe zugeordnet ist:

- Rot: bestimmt, risikofreudig, zielorientiert
- Gelb: aufmunternd, fröhlich, schwungvoll
- Grün: besänftigend, gelassen, mitfühlend
- Blau: taktvoll, scharfsinnig, anspruchsvoll

Das Modell der vier Farbtypen ist ein vereinfachendes Hilfsmittel, um grundlegende Verhaltensmuster klar voneinander zu unterscheiden. Dabei geht es ausschließlich um das beobachtbare Verhalten, nicht um Wertvorstellungen und Einstellungen. Grundsätzlich ist niemand besser oder schlechter als der andere, sondern einfach nur anders. In der Realität kommen die vier Grundtypen allerdings nicht in Reinform vor. Sie sind nur idealtypische Orientierungspole. Die Insights-Methode schlüsselt Varianten und Zusammenstellungen differenziert auf – und überträgt die entsprechenden Persönlichkeitsmuster auch auf unterschiedliche Führungsstile. Das soll hier jedoch nicht dargestellt werden.

Wichtig ist: Jeder Mensch hat Anteile aller vier Farben in sich, die Gewichtungen können aber sehr verschieden sein. Bei den meisten Menschen sind zwei Farben besonders stark ausgeprägt. Und egal, wie Ihre persönliche Mischung aussieht: Jede Farbvariante ist für Führungsaufgaben geeignet. Sie wird diese nur unterschiedlich ausführen. Sie wird mit unterschiedlichen Vor- und Nachteilen ihrer Prägung konfrontiert sein. Und sie wird vor der Herausforderung stehen, in der Kommunikation die Brücke zu anders gefärbten Kollegen zu schlagen. Denn die Welt ist bunt.

Möglicherweise empfindet der Initiator eines Start-ups (gelb) den Manager (rot), den ihm der Kapitalgeber an die Seite gestellt hat, als harten Brocken. Vermutlich erleben beide den Chef der Buchführung (blau) immer wieder als Hemmschuh. Aber wenn sie sich zusammenraufen, stehen die Chancen für das Unternehmen gut. Denn in der Zusammenarbeit können sie alle ihre Stärken einbringen: Ideen und Elan (gelb), Durchsetzungsfähigkeit (rot) und Genauigkeit (blau). Und sie können sich gegenseitig davor bewahren, ihren Schwächen zu verfallen: Realitätsfremdheit und Unstetheit (gelb), Dominanz und Rechthaberei (rot), Perfektionismus und Schwerfälligkeit (blau).

Eine andere Herangehensweise an die Frage »Wer bin ich?« bietet die Transaktionsanalyse. Die aus der humanistischen Psychologie stammende, seit den 1950er-Jahren in breiter Front weiterentwickelte Methode schaut auf die Biografie des Einzelnen, um Faktoren zutage zu fördern, die sein Verhalten – oft unbewusst – bestimmen. Dabei geht es nicht in erster Linie um seelische Störungen, sondern um Prägungen, mit denen jeder von uns zu tun hat. Die Transaktionsanalyse bietet ein cleveres Instrumentarium, um zu verstehen, warum im Alltag manches schiefläuft – und um zu erkennen, wie man das ändern kann.

Ich möchte Ihnen im Folgenden kurz die Analyse der »Ich-Zustände« und der »inneren Antreiber« vorstellen. Dabei geht es an dieser Stelle um einen ersten Einblick, welche klugen Hilfsmittel zur Erweiterung und Vertiefung Ihrer Selbsterkundung zur Verfügung stehen. Wenn Sie mehr wissen wollen, kann ein in Transaktionsanalyse versierter Coach Sie kompetent unterstützen, diesen inneren Mustern auf die Spur zu kommen. Und er wird dabei Ihre Wortwahl, Ausdrucksweise und Körpersprache in den Blick nehmen, also gerade das, was normalerweise unbeachtet »nebenherläuft«.

»Mein Gott, jetzt rede ich schon wie mein Vater!« – Dieser Gedanke ist Ihnen bestimmt schon einmal durch den Kopf gegangen. Spätestens wenn Sie selbst ein Kind erziehen oder in der Firma mit Auszubildenden zu tun haben. Und es ist ja auch kein Wunder, dass die Grundsätze, Verhaltensweisen und Lieblingssprüche unserer Eltern in uns abgespeichert sind, denn an ihnen haben wir uns in den ersten, prägenden Lebensjahren orientiert. Gleichzeitig kennen Sie bestimmt auch das wohltuende Gefühl der Differenz: Die Eltern waren immer so sparsam, Sie aber gönnen sich ein schönes Zuhause und tolle Reisen. Ihre Mutter war immer so hektisch, während Sie nun überlegt und gelassen handeln. Solche Ähnlichkeiten und Unterschiede fallen uns immer in besonders markanten Situationen auf. Sie bestimmen aber unser Leben weit mehr, als uns an solchen Ausnahmefällen klar wird.

Und dann gibt es noch eine weitere Ebene. Sie treffen beispielsweise auf eine Berühmtheit, die Sie schon immer bewundert haben. Und fühlen sich plötzlich ganz klein. Wo ist mit einem Mal Ihre Souveränität hin? Das muss übrigens nicht immer eine unangenehme Erfahrung sein. Sie können ja auch andächtig den weisen Worten lauschen. Ein anderes Beispiel: Sie bauen mit den Kindern eine Sandburg, gehen voll und ganz in dem Spiel auf und vergessen für eine wundervolle Stunde Ihre Erzieherrolle.

Die Transaktionsanalyse kann in ganz konkreten Alltagssituationen zeigen, dass immer wieder diese drei Ebenen hineinspielen: 1. was ich von meinen Eltern mitbekommen habe, 2. wie ich als Kind gewesen bin, 3. was ich als Erwachsener daraus gemacht habe. Die Fachleute nennen diese Persönlichkeitsanteile Eltern-Ich, Kind-Ich und Erwachsenen-Ich. Sie unterscheiden beim Eltern-Ich zwischen einem kritischen Teil, der für Normen, Vorschriften, Lob und Tadel zuständig ist (»Pünktlichkeit ist die Höflichkeit der Könige«), und einem fürsorglichen Teil, der behütet und unterstützt (»Du schaffst das schon«). Außerdem hat sich die Unterscheidung zwischen einem natürlichen Kind-Ich, das Freude an Kontakt, Spontaneität und Spiel hat, und einem angepassten Kind-Ich als sinnvoll erwiesen, das eher auf Gehorsam und Bravsein trainiert ist, aber manchmal durch Rebellion und Nörgelei querschießt. Das Erwachsenen-Ich ist für Entscheidungen und Problemlösungen zuständig, agiert eher sachlich – und muss versuchen, die Situation und die verschiedenen Ich-Anteile unter einen Hut zu bekommen. Und das ist nicht immer einfach. Denn manchmal reden die so durcheinander, dass man keinen klaren Kopf bekommt.

Im Alltag hilft es ungemein, wenn man die unterschiedlichen Stimmen unterscheiden kann – weil es Spielraum für Entscheidungen öffnet. Ich kann mich gegen eine unüberlegte Revanche entscheiden (Kind-Ich: »Der hat mir mein Spielzeug weggenommen«) und gegen gesundheitsschädliche Gewissensbisse (Eltern-Ich: »Müßiggang ist aller Laster Anfang«). Und ich kann die verschiedenen Anteile bewusst als Kraftquellen anzapfen für Autorität (kritisches Eltern-Ich), Pragmatik (Erwachsenen-Ich), Zuwendung (fürsorgliches Eltern-Ich) oder Spaß (natürliches Kind-Ich).

Die Unterscheidung der verschiedenen Ich-Zustände ermöglicht auch die Auflösung von Kommunikationsfallen, die im Alltag häufig vorkommen. So wird die Beantwortung einer pragmatischen Frage (»Wie spät ist es?«) mit einer Zurechtweisung (»Du solltest endlich mal deine Uhr reparieren lassen!«) als Kommunikationsstörung erkennbar, weil hier nicht gleichrangige Ich-Anteile ins Gespräch kommen. Auf die Frage des Erwachsenen-Ich antwortet ein kritisches Eltern-Ich.

Endgültig in Schieflage gerät die Situation, wenn der Fragende nun beleidigt reagiert (angepasstes Kind-Ich). Die Einsicht, was da gerade falsch läuft, eröffnet die Möglichkeit, eine gemeinsame Ebene zu finden.

Welche Auswirkungen früh vermittelte Lebensmaximen auf den Alltag ganz gewöhnlicher Menschen haben, zeigt die Analyse der »inneren Antreiber«. Die Psychologen Taibi Kahler und Hedges Capers haben sie in den 1970er-Jahren im Rahmen der Transaktionsanalyse entwickelt; sie ist bis heute ein wichtiges Instrument in der Mitarbeiterentwicklung. Kahler und Capers konnten zeigen, dass vor allem fünf elterliche Aufforderungen immer wieder zu typischen Verhaltensmustern im Erwachsenenleben führen. Die inneren Antreiber helfen uns zwar, gute Arbeit zu leisten, pünktlich, eigenständig, beliebt, schnell und genau zu sein. Oft sind sie aber mit den Ängsten des angepassten Kindes verbunden und uns fehlt die innere Freiheit im Umgang mit ihnen. Dann werden diese Muster ineffektiv und gesundheitsschädlich.

> Innere Antreiber helfen uns zwar, gute Arbeit zu leisten. Fehlt die innere Freiheit im Umgang mit ihnen, werden diese Muster schädlich.

Hier ein kurzer Überblick. Ich bin sicher, die meisten dieser Sätze sind Ihnen nur allzu vertraut. Wir alle sind Kinder der Leistungsgesellschaft und die meisten von uns haben eine gehörige Portion dieser Antreiber verinnerlicht. Problematisch wird es, wenn einer von ihnen übermäßig stark ausgeprägt ist. Aber gerade das kriegen wir oft selbst nicht richtig mit. An dieser Stelle soll es nur um einen kurzen Wiedererkennungseffekt gehen. Wenn Sie genauer wissen wollen, was Sie antreibt, finden Sie das am ehesten in einem ausführlichen Test heraus.

- **»Sei immer perfekt!«**
  Dieser Antreiber verlangt Gründlichkeit und höchste Qualität in allem, was man tut. Der so Getriebene erwartet ein solches Verhalten meist auch von anderen. Dieser Antreiber ist ein Aufruf zur Übererfüllung der Ziele und gleichzeitig eine Warnung davor, auch nur den kleinsten Fehler zu machen.

- **»Mach immer schnell!«**

Dieser Antreiber ist Anlass, alles rasch zu erledigen, auch rasch zu antworten, rasch zu sprechen, rasch zu essen. Dieser Aufruf zur Hektik ist mit seinem ständigen Vorwärtsdrang auch eine Flucht aus der Gegenwart. Dahinter steht häufig die verborgene Warnung davor, anderen zu nahe zu kommen.

- **»Streng dich immer an!«**

Wer diesem Antreiber folgt, macht alles »im Schweiße seines Angesichts«, und er versucht, auch andere dazu zu bringen, sich »bis zum Letzten abzumühen«. In dem Aufruf, niemals etwas leicht und locker zu nehmen, ist auch die Warnung davor enthalten, sich gehen zu lassen.

- **»Mach es immer allen recht!«**

Wer unter dem Antreiber steht, rund um die Uhr liebenswürdig zu sein, fühlt sich dafür verantwortlich, dass die anderen sich wohlfühlen. Dieser Antreiber ist ein Aufruf zu Friede und Freundlichkeit um (fast) jeden Preis. Er ist eine Warnung vor Konflikten und eine Ermahnung, ja keine eigenen Bedürfnisse anzumelden.

- **»Sei in jeder Lage stark!«**

Dieser Antreiber fordert, sich keine Blöße zu geben, Vorbild zu sein, Haltung zu bewahren, eiserne Konsequenz zu zeigen und am besten alles allein durchzustehen. Dieser Antreiber ist ein Aufruf zum Heldentum (»Beiß die Zähne zusammen«) und eine Warnung davor, Gefühle zu zeigen oder traurig zu sein.

Wer mit dem Wissen um die Antreiber den Managementalltag beobachtet, wird überrascht feststellen, wie stark sie die Wahrnehmung, die Entscheidungsfindung und das Verhalten beeinflussen. Klar, dass dabei nicht immer die beste Lösung herauskommt. Antreiber wirken wie Scheuklappen, wenn sie als unumstößlich aufgefasst und nicht auf die Situation abgestimmt werden. Häufig sitzt mit den Antreibern zugleich die Angst im Nacken – als würde die Welt untergehen, wenn man sich einmal nicht nach ihnen richtet. Absolut gesetzt sind die Antreiber nie erfüllbar und auf diese Weise verursachen sie permanent ein Gefühl des Scheiterns.

Was können Sie dagegen tun?

Haben Sie das Problem einmal erkannt, können Sie darangehen, den Antreibern »Erlauber« entgegenzusetzen. Selbsterkenntnis eröffnet immer auch den Weg zur Veränderung. Statt fugenlos perfekt zu sein, sagt Ihnen nun Ihr Erwachsenen-Ich, dass nach vielen Erfolgen auch einmal ein Misserfolg kommen kann. Statt immer durchs Leben zu hetzen, erlauben Sie sich, einmal fünf Minuten nichts zu tun und einfach Atem zu schöpfen. Statt der verkrampften Haltung des »Streng-dich-an« gestatten Sie sich, das eine oder andere gelassener zu tun. Statt es immer allen recht zu machen, dürfen Sie auch einmal Nein sagen, ohne deswegen ein schlechtes Gewissen zu haben. Statt immer Stärke zu zeigen, erlauben Sie sich, auch einmal niedergeschlagen zu sein und jemanden um Rat und Hilfe zu bitten. Das Entschärfen der Antreiber durch »Erlauber« passiert nicht von heute auf morgen durch Umlegen eines Schalters. Es ist ein langer Prozess, und er muss sich in Ihrem Alltag ereignen und bewähren. Aber dieser Prozess startet mit der Selbsterkenntnis, wo Sie jetzt stehen. Mit dem Abbau starker Antreiber erlauben Sie sich, mehr und mehr Sie selbst zu sein.

Wenn Sie einmal einen Blick für die geheime Macht der inneren Antreiber erworben haben, werden Sie diese natürlich auch bei Ihren Mitmenschen beobachten. Vielleicht ist das sogar einfacher als bei sich selbst. Auch hier können Sie durch ein abgestimmtes Verhalten (Ruhe für den Hektiker, Nachfragen beim Rechtmacher, kluges Hilfsangebot für den Einzelkämpfer) und durch gezielte »Erlauber« viel zur Verbesserung der Situation und der Kommunikation beitragen. Ein Warnhinweis: Falls Sie sich Techniken wie diese aneignen wollen, um sich einen Vorteil zu verschaffen und andere zu manipulieren, werden Sie vermutlich wenig erfolgreich sein. Der Clou liegt nämlich gerade im mutigen Einstieg in einen grundlegenden Perspektivenwechsel. Darin, dass Sie sich selbst auf den Schirm bekommen. Wenn Sie diese Erfahrung erst einmal gemacht haben, werden Sie auch andere besser verstehen und einschätzen können. Der Erfolg hängt aber entscheidend davon ab, dass Sie sich zunächst selbst einbringen – und Selbsterkenntnis wagen.

Selbstreflexion ist der Weg, um aus der Negativspirale herauszukommen, die unseren Arbeitsalltag zur Tretmühle oder zum Hamsterrad macht: dass wir die anderen und schließlich auch uns selbst nur noch als Rädchen im Getriebe sehen, reduziert auf Funktionen, die wir mehr oder weniger gut erfüllen. Das Abenteuer Selbsterprobung bringt uns als Menschen wieder ins Spiel. Das mag zwar manche eingefahrenen Denkweisen durcheinanderbringen, es führt uns aber näher an die Realität – und letztlich zu einem menschlicheren Umgang miteinander.

Wofür brenne ich?

Wenn wir eine Arbeit übernehmen, die unser Talent anzapft und unsere Leidenschaft nährt, eine Arbeit, die aus einem großen Bedürfnis in der Welt erwächst, zu dessen Erfüllung unser Gewissen uns drängt, dann liegt genau darin unsere innere Stimme, unsere Berufung, der Code unserer Seele.

Stephen R. Covey, 2006

Wenn ich keine Leidenschaft spüre, kann ich andere nicht beflügeln. Wenn ich als Führungskraft nicht selbst brenne, kann ich das Feuer auch nicht in anderen entzünden. Ohne eigene Begeisterung nehme ich niemanden mit.

Das haben Sie sicher schon gehört oder gelesen. Und vielleicht fragen Sie sich: Brauchen wir denn wirklich so viel Gefühl? Wir sind doch bis jetzt auch ohne ganz erfolgreich gewesen und an der Uni wird so was gar nicht gelehrt ... Und es stimmt: Mit dem Feuer spielen kann mitunter heikel sein. Es ist geradezu der Gegenpart zum Schlüsselbegriff unseres Arbeitsalltags: Kontrolle. Wo aber nur noch hier Kosten gekürzt, da Abläufe minutiös geregelt und dort in immer kürzerem Takt die Zahlen abgefragt werden, friert die Dynamik ein. Kreatives, selbstverantwortliches Handeln kommt so nicht zustande. Damit sich etwas bewegt – damit uns etwas bewegt –, brauchen wir Leidenschaft. Unser kühler Kopf sorgt dann schon dafür, dass es in die richtige Richtung geht. Ohne den Kraftstoff von Emotionen, Werten und Träumen läuft unser Motor nicht.

Das Wort »Leidenschaft« ist dabei durchaus aufschlussreich. Wir hören das im Alltagsgebrauch nicht mehr heraus. Aber es steckt – auf eine sehr konstruktive Weise – das Wort »Leiden« in dem Begriff. Vielleicht denken Sie jetzt: »Auch das noch! Das wollen wir doch um jeden Preis vermeiden.« Aber Furcht und Kontrolle im Doppelpack sind knallharte Türsteher: Sie halten das Feuer draußen. Warm ums Herz wird einem dabei nicht.

Dagegen steht die Einsicht: No risk, no fun. Mut zur Leidenschaft bringt die Dinge in Bewegung. Ohne die Sehnsucht, auf einer Welle zu reiten (oder auch nur die Vorstellung, im Neoprenanzug mit dem coolen Board am Strand entlangzulaufen …), kommen Sie nie über die erste Phase beim Surftraining hinaus, wo Sie alle zwei Minuten ins kalte Wasser fallen und alles andere als eine gute Figur machen. Wenn Sie nicht tief davon überzeugt sind, dass die Welt Ihre Idee, Ihr Produkt oder Ihre Dienstleistung braucht, werden Sie mit eiserner Anstrengung die ersten beiden Hürden nehmen. Aber nicht dauerhaft am Ball bleiben. Sie werden längere Durststrecken nicht überstehen. Sie werden Ihre Mitarbeiter nicht mitnehmen. Um in Gang zu bleiben, brauchen Sie den Sog Ihrer Hoffnungen, den Rückenwind Ihrer Überzeugungen, die Sicherheit des Bauchgefühls. Und an dieser Stelle kommt der Spaß ins Spiel! Wenn Sie nämlich so auf Kurs sind, können Sie nicht nur mehr einstecken und verkraften (sprich: durchhalten), Sie werden das, was Sie tun, auch gerne tun.

Die Testfrage, ob es sich um eine wirkliche Leidenschaft handelt, lautet: Bin ich bereit, die Kosten zu tragen?

Es geht um Ihre innere Dynamik, Ihre ureigene Richtung für Ihr Leben. Es geht darum, zu wissen: Ist das mein Weg? Und die Testfrage, ob es sich um eine wirkliche Leidenschaft handelt, lautet: Bin ich bereit, die Kosten zu tragen? Auch wenn sie schmerzhaft sind. Dabei geht es nicht nur um Motivation und Effizienz. Es geht eigentlich um Sinn. Denn wenn ich meine Träume und Hoffnungen für die Ferien oder das Rentenalter reserviere und den Alltag zur leidenschaftslosen Tretmühle erkläre, verschleudere ich meine Energie. Ich vergeude meine Zeit. Ich komme nicht voran auf meinem Weg.

Aber wofür brenne ich? Wofür breche ich in eine ungewisse Zukunft auf? Wo liegen meine inneren Kraftquellen und wie zapfe ich sie an? Die Antworten gibt Ihnen heute keine höhere Instanz mehr. Die müssen Sie selbst herausfinden. Doch der Klärungsprozess lohnt sich: Es gibt kaum eine größere Quelle von Glück und Zufriedenheit, als auf dem eigenen Weg unterwegs zu sein und das zu tun, was man als sinnvoll erkannt hat. Wenn Sie so auf Kurs sind, wird man es Ihnen anmerken. Und es besteht eine gute Chance, dass die Leute gerne mit Ihnen gehen.

Im Folgenden werde ich Ihnen kurz drei Möglichkeiten vorstellen, wie Sie sich der Frage annähern können, wofür Sie brennen:

- Kernkompetenz: Ihren Talenten auf der Spur
- Orientierung: Ihre Werte als individuelles Profil
- Vision: Ihre Sehnsucht in einem starken Bild

Auf der Suche nach Ihren Talenten ist wieder Selbstreflexion gefragt. Beobachten Sie sich selbst im Alltag! Was fällt Ihnen leicht? Was machen Sie gerne? Wofür bekommen Sie positives Feedback – auch wenn Sie sich nicht bis zum Letzten abgemüht haben? Auf welche Weise reagieren Sie instinktiv in überraschenden Situationen? Erwarten Sie dabei nicht unbedingt, dass Sie auf Eigenschaften stoßen, für die Sie zu Hause oder in der Schule gelobt worden wären. Ganz im Gegenteil: Möglicherweise leiden Sie darunter, dass Sie einen Teil Ihrer Persönlichkeit derzeit an Ihrem Arbeitsplatz nicht einbringen können. Gibt es einen Bereich, in dem das besser geht, zum Beispiel in der Familie oder bei Freizeitaktivitäten? Dann sind Sie vermutlich einem echten Talent auf der Spur!

Wir haben ein Jahrhundert der rigiden Talentbeschränkung hinter uns. Hier liegt ein nicht unwesentlicher Grund für unsere gegenwärtigen Probleme. Generation für Generation sind uns soldatische Tugenden eingebimst worden, die für den Produktionsprozess des Industriezeitalters nützlich waren: Angepasstheit, Wettkampfmentalität, Emotionskontrolle. In der heutigen Arbeitswelt brauchen wir mehr Spielraum, ein größeres Spektrum. Eigenschaften, die früher als Manko galten, werden heute zu gesuchten »Soft Skills«. Aber wir sind noch mitten in diesem Transformationsprozess – und scheuen uns oft, unsere ganz speziellen individuellen Prägungen als Talente anzuerkennen.

Das Meinungsforschungsinstitut Gallup hat fast zwei Millionen Menschen nach ihren tatsächlich funktionierenden Erfolgsrezepten befragt. Und die Ergebnisse stellen unsere herkömmliche Sichtweise über Talente, die man im Berufsleben braucht, mehr oder weniger auf den Kopf. In ihrem Buch *Entdecken Sie Ihre Stärken jetzt!* zeigen die Autoren Marcus Buckingham und Donald O. Clifton – Vorsitzender und Vizepräsident der Gallup Organization –, dass gerade Ecken, Kanten und Eigenheiten zu echten Stärken weiterentwickelt werden können, wenn man selbstbewusst zu ihnen steht.

Dem Tugendtrio des angepassten Angestellten von gestern stellen sie sage und schreibe vierunddreißig Talent-Leitmotive gegenüber, die von der Freude an Selbstdarstellung oder an Kommunikation über den Spaß am Faktensammeln oder an der Förderung anderer bis hin zum lustvollen Hervorbringen von Analysen, Strategien, Worst-Case-Szenarios oder historischen Bezügen reichen. Im O-Ton: »Talent ist jedes nachhaltige Denk-, Gefühls- oder Verhaltensmuster, das produktiv eingesetzt werden kann. Wenn Sie also instinktiv wissbegierig sind, so ist dies ein Talent. Wenn Sie leistungsstark sind, ist dies ein Talent. Wenn Sie charmant sind, ist dies ein Talent. Wenn Sie hartnäckig sind, ist dies ein Talent. Wenn Sie verantwortungsbewusst sind, ist dies ein Talent.« [Buckingham | Clifton, Stärken: 53]

Auch Widerspruchsgeist, Eigensinn und künstlerische Neigungen – die früher nicht so hoch im Kurs standen – oder Ordnungsliebe, Vorsicht und Harmoniestreben – die heute nicht als angesagt gelten – können wahre Talente sein. Entscheidend ist, dass Sie wirklich für diese Eigenschaften stehen, ob Sie wollen oder nicht. Und dass es Ihnen gelingt, diese Eigenarten produktiv zu nutzen. Querdenker, Menschen mit Haltung und Innovatoren werden genauso gebraucht wie Administratoren, Fehlerfinder und verständnisvolle Kollegen. Und das ist weder eine Frage der Berufssparte noch der Hierarchieebene, sondern einzig und allein des persönlichen Stils. Vor allem auf die Mischung kommt es an. Buckingham und Clifton gehen davon aus, dass die meisten von uns eine ganz individuelle Talentsignatur aufweisen, in der fünf dieser Denk-, Gefühls- oder Verhaltensmuster besonders ausgeprägt sind. Ich werde darauf später zurückkommen.

Ganz ähnlich wie bei den Talenten ist es auch bei den Werten, die unser Denken und Handeln prägen: Unser Mix ist viel persönlicher, als wir gemeinhin annehmen. Wenn wir den für uns wichtigen Werten auf die Spur kommen, verstehen wir besser, wer wir sind. Und wir bekommen die Tatsache auf den Schirm, dass für unsere Mitmenschen wahrscheinlich eine ganz andere Rangfolge und Auswahl gültig ist – ebenso wie sie einen ganz anderen Talentmix einbringen.

Schauen Sie sich die Werteübersicht im grauen Kasten an. Alle diese Begriffe sind honorig. Es geht nicht um schwarz oder weiß, gut oder schlecht. Aber sicher werden Sie feststellen, dass diese Werte eine unterschiedlich starke Resonanz bei Ihnen auslösen. Wählen Sie schnell und ohne großes Grübeln in einem ersten Durchgang die zwölf Begriffe aus, die Sie am stärksten ansprechen, denen Sie mit dem Herzen zustimmen, die für Sie ein Sehnsuchtspotenzial haben. Schreiben Sie diese Werte auf einen Zettel – und wählen Sie aus dieser Liste in einem zweiten Durchgang die vier wichtigsten aus. Ist die Zusammenstellung überraschend? Passen Ihre Werte zu dem Leben, das Sie führen? Wie immer bei solchen Selbsterkundungen bietet das Ergebnis Stoff für interessante Unterhaltungen. Dazu möchte ich Sie ausdrücklich ermuntern!

> **Abenteuer | Achtsamkeit | Anerkennung | Arbeit | Ästhetik | Aufmerksamkeit | Aufrichtigkeit | Authentizität | Begeisterung | Bequemlichkeit | Bescheidenheit | Besitz | Bewunderung | Bildung | Bodenständigkeit | Dankbarkeit | Disziplin | Dynamik | Ehrgeiz | Ehrlichkeit | Eigenständigkeit | Einfluss | Empathie | Entschlossenheit | Entspannung | Erfolg | Erkenntnis | Erotik | Fairness | Familie | Fitness | Fleiß | Fortschrittlichkeit | Freiheit | Freude | Freundschaft | Gelassenheit | Gemeinschaft | Geradlinigkeit | Gerechtigkeit | Gesundheit | Großzügigkeit | Harmonie | Hilfsbereitschaft | Hingabe | Hoffnung | Höflichkeit | Individualität | Initiative | Integrität | Klarheit | Kommunikation | Kontrolle | Kraft | Kreativität | Kultur | Leidenschaft | Leistung | Liebe | Loyalität | Macht | Menschlichkeit | Mitgefühl | Muße | Mut | Nützlichkeit | Offenheit | Optimismus | Ordnung | Pflicht | Pragmatismus | Qualitätsbewusstsein | Reife | Respekt | Ruhm | Sanftheit | Schönheit | Selbstverwirklichung | Sicherheit | Sinn | Solidarität | Sorgfalt | Spaß | Spiritualität | Spontaneität | Stabilität | Stil | Tatkraft | Toleranz | Treue | Umweltschutz | Unabhängigkeit | Verantwortung | Vernunft | Vertrauen | Vielfalt | Vitalität | Vorsicht | Wachstum | Wahrheit | Wandel | Weisheit | Wettkampf | Wissbegierde | Wohlstand | Würde | Zärtlichkeit | Zufriedenheit | Zuneigung | Zusammenarbeit | Zuverlässigkeit |**

Kein Buch über Persönlichkeitsentwicklung oder Selbstmanagement kommt heute ohne ein Kapitel über visualisierte Zukunftsszenarios aus – einfach weil es eine so wirksame Technik ist. So wie uns unsere Werte und Talente Anschub und Rückendeckung geben, ist auch eine emotional besetzte Vision eine Kraftquelle ersten Rangs. Sie entwickelt einen Sog, der uns auf unserem Weg gehörig nach vorne bringt. Allen Widerständen zum Trotz.

Beim gedanklichen Durchlaufen von Szenen und Handlungen werden die gleichen Hirnareale aktiviert wie bei realen Aktionen.

Der Clou bei Visualisierungen liegt im entscheidenden Schritt von bloßen Worten zu einer Szene in 3D. Von Meinungen und Bekundungen zum wirkungsmächtigen Bild, das uns auf einer tieferen Ebene ergreift. Die Hirnforschung hat gezeigt, dass beim gedanklichen Durchlaufen von Szenen und Handlungen die gleichen Hirnareale aktiviert werden wie bei realen Aktionen. (Nur jene Regionen, die für tatsächliche Muskelbewegungen zuständig sind, halten sich merklich zurück – deshalb wissen wir auch, dass es sich nur um eine Vorstellung handelt.) Sportler praktizieren das schon seit vielen Jahren – vor allem wenn sie, wie Skispringer, vergleichsweise wenig reale Trainingsmöglichkeiten haben. Ein Forscherteam unter der Leitung von Jeffrey M. Zacks an der Washington University St. Louis konnte nachweisen, dass wir auch beim Lesen von Romanen so verfahren. Die Hirnscans zeigen ähnliche Muster wie beim Erleben realer Situationen. Also lesen Sie! Es schult Ihr Vermögen, mit Menschen und Ereignissen umzugehen.

Das heißt aber auch: Sie können selbst ein Happy End für Ihr biografisches Drehbuch schreiben! Zumindest für das gerade anstehende Kapitel. Wenn Sie dann noch Ihre leitenden Werte, Ihre Begabungen, Ihre größte Sehnsucht, Ihre wichtigsten Bezugspersonen und Ihre Lieblingsorte einbauen, erzeugen Sie ein starkes Skript, das Ihrem realen Leben eine neue Richtung geben wird. Es wäre ein Wunder, wenn es Ihnen dabei nicht auch warm ums Herz würde. Halten Sie diese gute Story am besten visuell fest, verankern Sie sie emotional. Und dann führen Sie sie sich immer mal wieder vor Augen. So wird Ihre Vision zum nachhaltig spürbaren Impuls.

Natürlich können Sie erst einmal üben: Sie stellen sich in der Fantasie vor, wie Sie ein anstehendes Problem lösen. Das kann etwas ganz Banales sein. Zum Beispiel Stress: Da ein Wochenendtrip in die Karibik nicht nur teuer, sondern auch anstrengend ist, malen Sie sich ein paar Minuten lang aus, wie es ist, dort angekommen zu sein. Während Sie in Wirklichkeit gemütlich auf dem Sofa liegen. Ihr Kopf wird frei und Ihre Muskeln entspannen sich. Allein durch das Eintauchen in dieses Bild. Oder: Sie bewältigen in Ihrer Geschichte etwas, was Ihnen schwerfällt, zum Beispiel eine Auseinandersetzung. Verzichten Sie auf paranormale Kräfte von Comic-Superhelden. Machen Sie das Ganze glaubwürdig. Wie reagiert der andere, wie sieht es im Raum aus, riechen Sie frischen Kaffee? Und in dieser Umgebung bewältigen Sie die Herausforderung. Das Gute: Sie können die Szene mehrfach durchspielen und modifizieren. Das Wichtigste: Sehen und spüren Sie, wie es ist, Ihr Ziel zu erreichen! Sie stellen damit die Weichen, es auch wirklich zu tun.

Das hat nichts mit der Programmierung von Realität zu tun. Denn das können noch nicht einmal die erwähnten Superhelden. Es geht – wie bei Ihren Talenten und Ihren leitenden Werten – darum, herauszufinden, was Sie antreibt, in welche Richtung Ihr innerer Kompass weist. Damit Sie sicher sein können, auf Ihrem eigenen Weg Strecke zu machen.

Besonders spannend wird es, wenn Sie Ihr Leben als Ganzes in die Waagschale werfen. Im letzten Kapitel dieses Buches wird es um »Sinnmanagement« gehen. Finden Sie ein stimmiges, starkes Bild als Antwort auf die Frage: Warum bin ich auf diesem Planeten? Selbstentfaltungsspezialist Steve Pavlina gibt den Tipp, erst einmal alles Mögliche aufzuschreiben, das einem dazu in den Sinn kommt, und dann so lange daran zu feilen, bis der Satz dasteht, bei dem Ihnen die Augen feucht werden. Ja, genau das sagt er. Und dann malen Sie sich die Realität aus, die zu diesem idealen Selbstbild passt. In allen Einzelheiten.

Hier schließt sich der Kreis wieder zum Thema Leidenschaft. Interessanterweise finden wir offenbar gerade dann zu uns selbst und zu unserem innersten Antrieb, wenn wir das, was wir sind, was uns wichtig ist, was wir an Fähigkeiten vorweisen, zusammenbringen mit einer Aufgabe, an der wir mitarbeiten können. Begeisterung kann man nur schwerlich mit sich ganz allein entfachen. Das heißt nicht, dass Sie ein neuer heiliger Franziskus oder Nelson Mandela werden müssen. Es gibt sehr, sehr viele aufrechte Menschen, die nie in ein Geschichtsbuch eingehen werden. Aber es heißt schon, dass Sie den engen Rahmen von Karriere, privatem Wohlstand und Alterssicherung überschreiten müssen, wenn Sie echte Leidenschaft erfahren wollen.

In Bewegung kommen wir nur gemeinsam. Und wirkliche Wellen schlagen nur Ziele, die über unser persönliches Wohlergehen hinausgehen. Darin liegt die große Kraft, die echte Vorbilder ausstrahlen. Ob es um Freiheit, technologischen Fortschritt, Tradition oder Mitmenschlichkeit geht – Ihre individuelle Werteliste wird Ihnen sicher den Weg weisen. Gelingt es Ihnen, sich mit einer solchen sinngebenden Vision zu verbinden, wird die Wirkung auf Ihre Umgebung nicht ausbleiben. Lance Secretan bringt in seinem Buch *Inspirieren statt motivieren* diese Dynamik auf den Punkt: »Die größten Führungspersönlichkeiten der Geschichte – wie Jesus, Buddha, Gandhi, Martin Luther King oder Thomas Jefferson – mussten keine Kommission bilden, um eine Übernahme ihrer Vision oder Mission zu erreichen. Sie mussten ihre Ideen nicht ›verkaufen‹. Ihre Ideen waren so mächtig, dass Menschen sich einfach zu ihnen hingezogen fühlten – ihre Vision war ihre Lebensaufgabe. Die wahre, einzigartige Stärke einer Aufgabe ist ihre Anziehungskraft.« [Secretan, Inspirieren statt motivieren: 99]

Warum übertragen wir diese Erkenntnis nicht viel stärker auf die Arbeitswelt? Wenn die Werte und Visionen des Unternehmens und die persönlichen Werte und Visionen der Mitarbeiter zusammenpassen, dann müsste der Laden doch eigentlich von selbst laufen. Wenn der Kompass auf die gleiche Richtung gestellt ist, wenn man das gleiche Ziel ansteuert, dann fliegen achtzig Prozent des Ballasts über Bord, der einem sonst das Leben so schwer macht.

Die Wirklichkeit sieht leider anders aus. Mission-Statements, denen in lustlosen Meetings jeder Geist ausgetrieben wurde, oder nichtssagende »Unternehmensphilosophien« auf Marmortafeln holen die Leute nicht hinterm Ofen hervor. Beim besten Willen nicht. Es gibt nur einen Weg, den eigenen Kernkompetenzen, Werten und Visionen auf die Spur zu kommen: einen mutigen Prozess der Selbstreflexion, dessen Etappen Aha-Erlebnisse, emotionale Resonanz und tiefe Zustimmung sind. Das gilt für den Einzelnen genauso wie für Unternehmen. Und wie kommen diese Kompetenzen, Werte und Visionen zusammen? Nur in einem realen Prozess, egal, ob unter Kollegen, zwischen Führungskraft und Mitarbeitern oder zwischen den Angestellten und dem Unternehmen. Was nicht den Alltagstest der Krisentauglichkeit, der gelebten Vorbildfunktion und gelingenden Kommunikation besteht, erntet vor allem eines: Zynismus. Und der ist der Grabstein aller Begeisterung, das Erlöschen des letzten Funkens.

Im Moment ist der Gleichklang von Kompetenzen, Werten und Visionen zwischen Mitarbeitern und Unternehmen noch eine Utopie. Die wunderbare Vorstellung vom Ende des Hamsterrads. Aber genau darum geht es doch: Wir brauchen große Ideen. Nicht: den neuen Anbau für vierzig Quadratmeter mehr Verkaufsfläche. Nicht: genauso viel verdienen wie Kollegin Schröder oder etwas mehr Umsatz als die Konkurrenz. Sondern Visionen, die unsere Energie für die nächsten zehn Jahre bündeln. Ziele, die unsere persönlichen Werte zum Ausdruck bringen. Dafür können wir brennen. Das beflügelt uns. Natürlich brauchen wir den Realitycheck, das Controlling und viel Feedback. Aber wir brauchen auch die Sogkraft persönlicher und gemeinsamer Ideen. Sonst stehen wir uns gegenseitig in der Tretmühle auf den Füßen und es geht nicht voran.

Wohin will ich?

Prüfe jeden Weg genau und sorgfältig: Hat dieser Weg ein Herz?
Wenn er eins hat, ist der Weg gut; wenn nicht, ist er nutzlos.
Beide Wege führen nirgendwohin, aber der eine bringt eine Reise
voll Freude; solange du ihm folgst, lebst du im Einklang mit dir.
Auf dem anderen wirst du dein Leben verfluchen. Der eine macht
dich stark, der andere schwächt dich.

Carlos Castaneda, 1968

Der beste Prüfstein für unsere Selbstreflexion ist Handeln. Das mag zunächst überraschend klingen. Aber erst, wenn Sie etwas ausprobieren, können Sie herausfinden, wie es sich anfühlt. Oder ob es Sie wirklich dorthin bringt, wo Sie hinwollen. Nur im Tun werden Sie etwas über Ihre tatsächlichen Begabungen lernen – wann Sie in den Flow-Zustand kommen, Ihnen etwas zufliegt und wann etwas ganz und gar nicht auf Ihrer Linie liegt. Wer Sie sind, lernen Sie am besten, während Sie unterwegs sind.

Um in Gang zu kommen, ist es hilfreich, ein Ziel vor Augen zu haben. Dabei können Sie ganz klein anfangen. Zum Beispiel: In welche Richtung möchte ich dieses Gespräch, das vor mir liegt, sei es beruflich oder privat, wenden? Das Spannende an so einer Zielvorgabe ist, dass Sie nach dem Gespräch schauen können, wie weit Sie dabei gekommen sind. War Ihr Vorhaben erfolgreich oder nicht? Und wenn ja, warum? Natürlich können Sie sich auch fragen: Warum wollte ich das, was ich mir vorgenommen habe? So oder so haben Sie mit einem Mal eine sprudelnde Informationsquelle: wo Sie gerade stehen, was Sie eigentlich wollen, an welche Grenzen Sie momentan stoßen, was Sie mit links können … Auf diese Weise wird Ihr Alltag zum 1-a-Übungsfeld.

Der nächste Schritt wäre, zu fragen: Was will ich eigentlich mit dem heutigen Tag anfangen? Das kann eine sehr gute Hilfe gegen das Motivationstief am Montagmorgen sein. In seinem Buch *Der Selbst-*

Entwickler empfiehlt der Coach Jens Corssen die »Bettkantenübung«. Setzen Sie sich erst einmal auf den Bettrand, bevor Sie wirklich aufstehen, und fragen Sie sich ehrlich: Will ich tatsächlich da raus und mein Bestes geben? Wenn Sie die Frage mit Ja beantworten können, dann sind Sie im Kontakt mit Ihrer FührungsKRAFT. Stehen Sie auf und bleiben Sie in Ihrer Energie und bei Ihrem Entschluss. Sie können am nächsten Tag neu entscheiden. Wenn Sie beim besten Willen nicht wissen, was Sie da draußen sollen, dann bleiben Sie im Bett! Gönnen Sie sich eine Auszeit, bis Sie wissen, was Sie wirklich aus den Federn lockt. Corssen meint: »Jeder kann in unserem Sozialstaat überleben, ohne zu arbeiten. Nicht so gut, und bestenfalls in Mehrbettzimmern mit Erbsensuppe. Aber selbst unsere Familie stirbt nicht, wenn wir nicht für sie arbeiten.« [Vgl. Corssen, Selbst-Entwickler: 41; Zitat umgestellt] Falls diese Aussicht für Sie nicht sonderlich verlockend erscheint, wissen Sie immerhin schon etwas besser, warum Sie jeden Morgen die notwendige Disziplin aufbringen. Entscheidend ist, dass Sie sich Ihre grundlegende Dynamik nicht vernebeln, auch wenn Sie vielleicht gerne noch eine Stunde Schlaf gehabt hätten.

Ziele können Sie auch aus Ihrem ganz gewöhnlichen Alltag entwickeln: hin zu mehr Abwechslung, zu mehr Effizienz, zu mehr Herausforderung, zu mehr Gelassenheit … Entscheidend ist, dass Sie dabei konkrete Situationen vor Augen haben und konkrete Schritte unternehmen. Auch hier können Sie wieder ganz klein anfangen – und erst einmal schauen, ob die Richtung stimmt. Sie bestimmen selbst, in welchem Tempo und auf welchen (Um-)Wegen Sie sich Ihren selbst gesteckten Zielen nähern! Der Knackpunkt besteht darin, Ihre Wünsche und Sehnsüchte mit Ihrem realen Leben und realistischen Handlungsoptionen zusammenzubringen. Dann wissen Sie, wohin Sie wollen. Und Sie kriegen das auch hin.

Völlig von Ihrer Realität losgelöste Träumereien hingegen sind verschenkte Energie. Wenn sich Ihre Kreativität nachhaltig abgespalten hat von Ihrem tatsächlichen Leben, ist das ein klares Zeichen, dass in Ihrem Alltag etwas ganz massiv nicht stimmt. Wenn Sie sich in Gedanken immer wieder in eine Gegenwelt retten, sollten Sie dringend etwas in der realen Welt ändern, statt untätig am Strand Ihrer

Trauminsel zu liegen. Hängen Sie Ihren unproduktiven Fantasien nicht einfach nach, sondern versuchen Sie, herauszubekommen, auf welche Defizite sie verweisen – und wie Sie zu inspirierenden Zielen kommen, die Ihren Alltag tatsächlich in Bewegung bringen. Der Psychologe Hans-Werner Rückert, Spezialist im Kampf gegen das Aufschieben und Grübeln, bringt es auf den Punkt: »Sie dürfen ruhig Utopien haben und Visionen hegen. … Wer aber vom besseren Leben, von mehr Erfolg und mehr Glück immer nur träumt, muss sich nicht wundern, wenn er alle diese schönen Dinge verschläft. Um sie zu verwirklichen, müssen Sie aufwachen und handeln.« [Rückert, Handeln: 156]

Indem Sie sich Klarheit verschaffen über Ihre Talente und Werte, konturieren sich automatisch Ziele am Horizont der Möglichkeiten.

In dem Maße, in dem Sie sich Klarheit verschaffen über Ihre eigenen Talente und leitenden Werte, konturieren sich am Horizont der Möglichkeiten automatisch Ziele, die eine starke Anziehungskraft auf Sie ausüben. Eine der erwünschten Nebenwirkungen der Selbsterkundung ist, dass sie unsere Wahrnehmung der Welt neu strukturiert, und zwar auf eine Weise, die Synergien mit unseren Wünschen und Handlungsmöglichkeiten aufdeckt. Wege entstehen vor unseren Augen, weil wir glauben, dass sie uns zu einem ersehnten Ziel führen. Ziehen Sie los, folgen Sie Ihrem Herzen und finden Sie es heraus! Wenn Sie für sich selbst eine überzeugende Aufgabe gefunden haben – sei es, die Produktwelt zu bereichern, die Gesellschaft zu verändern oder das Wissen voranzubringen –, haben Sie zudem noch eine gute Chance, begeisterte Gefährten zu gewinnen. Und gemeinsam zu wissen, wohin man will – das setzt ungeahnte Potenziale frei.

Bei all dem geht es um eine reale, spürbare Dynamik in Ihrem Alltag. Es geht darum, in Kontakt zu sein (und zu bleiben) mit Ihrer Kraft, sich selbst, Ihr Leben und andere zu führen. Der Schriftsteller Carlos Castaneda hat das »Herz« genannt. *FührungsKRAFT entsteht, wenn Sie die innere Welt Ihrer Begabungen, Werte und Visionen mit den realen Chancen der äußeren Welt zusammenbringen.* Und dafür brauchen Sie Wachheit und Selbstreflexion.

Deshalb nützen Ihnen rein abstrakte Ziele genauso wenig wie bloße Tagträumereien. Mögen sie auch noch so hehr und heilig sein. Um eine Antwort auf die Frage »Wohin will ich?« zu geben, müssen Ziele im Magnetfeld Ihrer Wünsche und Möglichkeiten liegen. Steve Pavlina meint: »Wenn Ihre Ziele Sie nicht mindestens so inspirieren wie ein bevorstehender Urlaub, dann taugen sie nichts.« [Pavlina, Selbstentfaltung: 104] Zielsetzungen können nur auf eine einzige Weise die Zukunft verändern: indem sie uns in Gang bringen. Durch bloßes Vorstellen oder Wünschen passiert das nicht. Ihre Wirkung muss unmittelbar spürbar sein. »Wenn das Ziel die gegenwärtige Realität nicht verbessert, dann macht es keinen Sinn«, meint Pavlina, »Sie können es genauso gut fallen lassen.« [Pavlina, Selbstentfaltung: 99] Wenn es allerdings Orientierung, Bewegung und Leidenschaft in Ihren Alltag bringt, tritt die Frage in den Hintergrund, wann Sie es erreicht haben. Denn es ist ja schon der Weg, der sich lohnt.

Ziele sind also da, um Bewegung und Richtung in unser Leben zu bringen. Wir erfahren und erproben uns selbst, indem wir uns auf den Weg begeben. Wir lernen uns selbst kennen, und wir spüren, was in uns steckt. Deshalb ist die Beantwortung der Frage, wohin wir wollen, so zentral für unser eigenes Selbstvertrauen. Wo wir ohne das aktive Verfolgen von Zielen landen, beschreibt der amerikanische Psychologe Nathaniel Branden in seinem Standardwerk zum Thema Selbstwertgefühl: »Ohne Ziel leben heißt, mein Leben auf Gedeih und Verderb dem Zufall zu überlassen. Wir überlassen, was wir tun, dem zufälligen Ereignis, dem zufälligen Telefonanruf, der zufälligen Begegnung – weil uns der Maßstab fehlt, um zu beurteilen, was lohnenswert ist und was nicht. So wie ein Korken auf den Wellen hüpft, werden wir zum Spielball äußerer Kräfte – ohne Initiative, unseren eigenen Kurs festzulegen. Wir reagieren, statt zu agieren. Wir lassen uns treiben.« [Branden, Selbstwertgefühl: 152]

Die Dynamik des Lebens friert ein. Haben Sie kein Ziel vor Augen, fehlt Ihnen der Antrieb. Und es fehlt Ihnen der Maßstab zur Bewertung von Forderungen und Wertungen, die von außen kommen. Ihnen fehlt die Möglichkeit, sie in Beziehung zu Ihrem eigenen Kurs zu setzen. Und so rutschen Sie automatisch in ein Vermeidungsverhalten. Nur nicht anecken. Nur keine Fehler machen. Vorschriften, Regeln und die Meinung anderer erhalten ein erdrückendes Übergewicht. Es fehlt der Drive, der Sie von hier in Ihre eigene Zukunft führt. Ihr Weg verschwindet. Stattdessen finden Sie sich in einem Mikrokosmos wieder, in dem von allen Seiten Kräfte auf Sie einwirken. Die perfekte Versuchsanordnung für ein Burn-out!

Ist Ihr Kompass hingegen auf einen klaren Sinn und Zweck ausgerichtet, kommen mit einem Mal Ansteuerungsziele in Sicht: Ist das da eine Etappe auf meinem Weg? Wenn nicht, lasse ich es links liegen. Wenn ja, stecke ich meine Energie rein. Auf diese Weise gewinnen Sie Klarheit und Orientierung. Sie erobern sich Handlungsräume. Ihr Kompass pendelt sich auf eine Richtung ein, egal, wo Sie gerade sind.

Leider grassiert in allzu vielen Unternehmen das Vermeidungsverhalten. Überzeugende Ziele sind Mangelware. Statt eine Dynamik zu befördern, die auf etwas zusteuert, setzt man auf Leitplanken, die eingrenzen. Durch Vorschriften und Sanktionen werden Spielräume kleiner und kleiner. Das ist für den Einzelnen verheerend. Es ist aber auch schlecht für die Firma. Denn Entwicklung, Innovation und der notwendige Wandel finden nur statt, wenn wir bereit sind, Fehler zu machen, zu Fehlern zu stehen und Fehler zu tolerieren. Auch dazu wird es am Ende des Buches noch ein eigenes Unterkapitel geben. Möglicherweise zucken an dieser Stelle einige von Ihnen zusammen. Aber schauen Sie sich um: Vermeidungsverhalten und die Angst, etwas falsch zu machen, sind die größten Umsetzungskiller. Ich bin überzeugt, dass die Lähmung, die sie verursachen, ein Vielfaches von dem an Schaden produziert, was Produktionsausschuss, Rückholaktionen und Waren, die im Müll landen, kosten. Nur wenn wir die Anzahl unserer Fehlversuche erhöhen, lernen wir ständig dazu! Und dafür brauchen wir Ziele.

Zu wissen, wohin man will, heißt nicht, allwissend zu sein. Es heißt, dass man ein klares Gefühl für die Richtung hat und für das, was man erreichen will. Den Weg dorthin muss man durch Planen, Ausprobieren und Nachjustieren erst noch finden. Am besten gemeinsam. Kein Mensch kann die gesamte Strecke im Vorhinein wissen. Wer hier auf Perfektion setzt, hat sich schon in eine Sackgasse manövriert. Übermenschliche Anforderungen und unerreichbare Ziele sind nichts anderes als Vermeidungsverhalten und Angst im schicken Business-outfit. Und sie sind ebenso fatale Umsetzungskiller.

Stephen R. Covey, der als einer der Ersten die Rolle der »inneren Stimme« für gelingende Führung systematisch herausgearbeitet hat, zeigt in einem überzeugenden Beispiel aus der Praxis, wie Umsetzung als intelligentes Spiel zwischen Planung, Aufbruch, Vertrauen und Feedback funktioniert: »Denken Sie daran, dass unsere Reise als Individuum, Team oder Organisation wie der Flug eines Flugzeugs ist. Vor dem Start reichen die Piloten einen Flugplan ein. Sie wissen genau, wohin sie wollen. Während des Fluges wirken aber viele Faktoren – Wind, Regen, Turbulenzen, Luftverkehr, Fehler und Versehen von Menschen – auf die Maschine ein und bewegen sie leicht in verschiedene Richtungen, sodass sie die meiste Zeit über gar nicht auf der vorgeschriebenen Flugroute ist. Solange jedoch nichts wirklich Schlimmes passiert, wird sie ihren Zielflughafen trotzdem erreichen. Das ist nur möglich, weil die Piloten während des Fluges ständig Feedback erhalten.« [Covey, Der 8. Weg: 279]

Erst überzeugende Ziele eröffnen einen eigenen Weg. Und Effizienz auf diesem Weg heißt, Schritte klug zu planen, zuversichtlich und wachsam zu bleiben, aus Fehlern schnell zu lernen. Es heißt, bei allem Auf und Ab, bei unerwarteten Umwegen in Kontakt zu bleiben mit der dynamischen Realität einerseits und dem eigenen inneren Kompass andererseits. Dann können Sie sich entspannt im Cockpit zurücklehnen: Sie halten den optimalen Pegel Ihrer eigenen FührungsKRAFT.

Freiheit –
FührungsKRAFT
freisetzen

Die meisten Menschen bewegen sich faktisch, intellektuell und moralisch in einem sehr beschränkten Ausschnitt ihrer tatsächlichen Möglichkeiten. Sie nutzen nur einen geringen Teil ihres bewussten und seelischen Potenzials, wie jemand, der sich angewöhnt hat, statt seines Körpers nur den kleinen Finger zu rühren. Echte Herausforderungen und Krisen zeigen uns hingegen, dass unsere vitalen Ressourcen weit größer sind, als wir gedacht haben.

William James, 1906

Ich bin an einem Montag in Kontakt mit meiner eigenen Führungs-KRAFT gekommen. Und zwar an einem der lausigsten meines Lebens. Mit 26 hatte ich gerade in einem großen Modehaus in Nürnberg die Leitung einer Abteilung mit acht Mitarbeitern übernommen. Und glauben Sie mir, ich habe dort (und später, mit mehr Verantwortung) jeden Führungsfehler dieser Welt selbst gemacht.

Montagmorgens gab es bei uns ein Ritual, das hieß »Antreten zum Rapport bei der Geschäftsführung«. Und es war mal wieder »einer dieser Montage«. Wie das Leben so spielt, läuft an solchen Tagen nicht nur eine Sache schief. Am Wochenende davor war meine Beziehung in die Brüche gegangen. Auf dem Weg zur Arbeit ist mir dann zu allem Überfluss auch noch jemand ins Auto gefahren. Sie können sich vorstellen, dass meine Grundstimmung an diesem Morgen nicht besonders gut war. Wie zur damaligen Zeit üblich, bekam beim Montagsrapport immer einer vor versammelter Mannschaft ganz gehörig was auf den Deckel. Das ging reihum. Klar: An diesem Tag war ich dran. »Frau Groher, ich weiß gar nicht, was bei Ihnen los ist. Ich glaube, Sie haben Ihre Abteilung nicht im Griff. Bringen Sie endlich mal Ihre Leute auf Spur. Schauen Sie sich Ihre LUG (Lagerumschlagsgeschwindigkeit) an, Ihre Abschreibungen sind zu hoch und Ihre Dekoration ist eine Katastrophe.« Und um noch eins draufzusetzen: »Ihre Stundenzahlen in der Personaleinsatzplanung sind auch alle zu hoch.«

Ich wurde immer kleiner und ich war so sauer! Als das Meeting vorbei war, hatte ich einen Wahnsinnshals. Wieder so ein Montag, den man komplett vergessen konnte. Die Idioten da oben hatten doch überhaupt keine Ahnung. Stattdessen vollkommen überzogene Ansprüche! Und mit den Schlafmützen in meiner Abteilung war sowieso kein Blumentopf zu gewinnen. Wenn man mir endlich mal vernünftige Leute geben würde … Und wenn die endlich mal was Gescheites einkaufen würden statt dieser Klamotten, die keiner haben will … Doch dieses Mal rannte ich nicht direkt in meine Abteilung, um das, was ich erlebt und erlitten hatte, gleich weiterzugeben, sondern ich nahm eine Abzweigung.

Was ist in einem Unternehmen oft der einzige Rückzugsort? Die Toilette. Wenn man dort für sich ist, kann man fluchen, man kann heulen oder einfach einmal die Hände unter kaltes Wasser halten. Ich weiß, dass Männer das ab und zu genauso machen (außer Heulen vielleicht). Mit diesem Vorsatz ging ich also zum Waschraum, stützte mich auf das Waschbecken, schaute mich im Spiegel an. Und in dem Moment wurde mir klar, dass es nur einen Menschen gibt, der die Verantwortung hat für das, was ich bin: ich selbst. Und der Einzige, der zielgerichtet etwas in meinem Leben verändern kann, bin auch ich.

Der Einzige, der zielgerichtet etwas in meinem Leben verändern kann, bin ich selbst.

Das ist jetzt mehr als zwanzig Jahre her. Und es gab danach noch eine ganze Reihe lausiger Montage. Aber an diesem Tag habe ich mich entschieden, die Verantwortung zu übernehmen für alles, was in meinem Leben passiert. Ich habe die Entscheidung getroffen, dass ich nicht bloß ein Spielball der Umstände bin. Und ich habe begriffen, dass ich es in der Hand habe, was ich aus meinem Leben mache. Denn was für mein Leben ausschlaggebend ist, das ist meine Art, zu denken, das ist meine Art, zu handeln, das ist meine innere Haltung, das sind meine inneren Glaubenssätze und Überzeugungen. Es sind nicht die Worte, Wertungen und Handlungen der anderen. Das war ein Anfang. Ich arbeite noch immer an diesem Projekt. Aber seitdem bin ich in Kontakt mit meiner inneren Führungs-KRAFT und – trotz mancher Rückschläge – auf meinem Weg.

Im folgenden Teil des Buches geht es um die ersten Umsetzungsschritte. Natürlich hat auch die Selbstreflexion im stillen Kämmerlein Auswirkungen. Jede Klärung des Bewusstseins zieht Veränderungen im Außen nach sich, auch wenn die erst einmal klein und unscheinbar wirken. Eine aufmerksame, selbsterkundende Haltung wird sich entsprechend auch durch die folgenden Kapitel ziehen. Nachdem Sie ein Gespür dafür bekommen haben, was Sie ausmacht und wohin es Sie treibt, stellt sich nun die Frage: Wie realisieren Sie das in Ihrem

Alltag? Oder: Warum klappt das nicht so recht? Was hindert Sie und wie können Sie das ändern?

Ein Virus, das zuverlässig unsere innere FührungsKRAFT lahmlegt, ist die Einstellung, nichts bewirken zu können. Für dieses Gefühl gibt es verschiedene Gründe. Wir bewegen uns ja tatsächlich in einer Welt voller Abhängigkeiten, Regeln, Erwartungen und Sachzwänge. Keiner von uns ist alleine überlebensfähig (was übrigens für alle Bewohner dieses Planeten gilt). Das heißt jedoch nicht, dass wir keine Spielräume und Gestaltungsmöglichkeiten haben. Wir müssen sie nur sehen – und nutzen. Aber warum tun wir das nicht in dem Maße, wie wir könnten? Der amerikanische Philosoph und Psychologe William James hat, wie das Eingangszitat zeigt, schon vor mehr als hundert Jahren auf diese erstaunliche Diskrepanz hingewiesen.

Ein Grund ist möglicherweise, dass wir von der Realität enttäuscht oder gelangweilt sind. Haben wir nicht eigentlich etwas Besseres verdient? Etwas, was mehr Spaß macht oder mehr Ruhm und Ehre bringt? Überlebenstechnisch können wir uns eine solche Einstellung eigentlich gar nicht leisten, aber unsere Fähigkeit, eigenen Gedanken nachzuhängen, zu träumen, unsere Smártphones und flimmernde Ersatzwelten ermöglichen es uns, im Stand-by-Modus Dienst nach Vorschrift zu machen, während ein Teil von uns mit angenehmeren (aber leider meist auch weniger realen und wichtigen) Dingen beschäftigt ist. »Beam me up, Scotty!« Das Dumme dabei: Die schönen Träume werden sich auf diese Weise nie erfüllen. Deshalb ist der erste Schritt: *in der Realität ankommen*.

Viele fühlen sich – wie ich beim Montagsrapport – als Spielball, herumgeschubst von Partnern, Chefs, Kunden, Marktentwicklungen. Will man all diesen Erwartungen entsprechen, den verschiedenen Rollen gerecht werden, ist die Energie schnell verbraucht. Mit diesen realen Kräften haben wir alle zu kämpfen. Aber wer sich hier nicht mit seiner eigenen Lebensdynamik behauptet, wird keinen Fuß auf den Boden bekommen und fühlt sich am Ende nur noch als Rädchen im Getriebe. Deshalb lautet der nächste Schritt: *Verantwortung übernehmen*.

Ein nicht zu unterschätzender Widerstand gegen die Freisetzung und Entfaltung unseres tatsächlichen Potenzials ist oft unser Innenleben. Die Parolen des Zeitgeists, unsere Erziehung, prägende Erlebnisse, Weggefährten – all das und einiges mehr findet seinen Widerhall in unseren Gedanken und Meinungen, in unserem Gefühlsleben, ob bewusst oder unbewusst. Nicht alles, was uns durch den Kopf geht oder im Magen rumort, ist klar oder gar konstruktiv. Innere Widersprüche, überholte Alltagsweisheiten oder in uns herumspukende negative Glaubenssätze können uns gehörig ausbremsen. Deshalb gilt es, dieses Stimmenwirrwarr in einen Dialog zu bringen. Den entsprechenden Schritt nenne ich: *den inneren Geschichtenerzähler nutzen.*

Ein wichtiger Spiegel, wie weit wir unsere FührungsKRAFT umsetzen, ist natürlich unser eigenes Handeln. Indem wir unser tatsächliches Verhalten gezielt betrachten, indem wir es also zum Gegenstand unserer Selbstreflexion machen, erschließen wir eine reiche Erkenntnisquelle: Wir können die Ergebnisse unseres Tuns überprüfen. Wir können Muster und Barrieren erkennen. Das klingt vielleicht mühselig, muss es aber gar nicht sein. Manchmal haben kleine Beobachtungen und minimale Eingriffe einen großen Effekt. Ihr Auto können Sie ja auch meist mit einer Hand steuern. Und das Wichtigste: Wo wir uns gegen eingefahrene Verhaltensmuster entscheiden oder bewusst zwischen verschiedenen Handlungsalternativen wählen, erleben wir unsere eigene Wirksamkeit – ganz praktisch, hier in diesem Moment. Ein bewusster Umgang mit unserem Tun verschafft uns Zutritt zu einem spannenden Praxislabor: Wir lernen, Ziele umzusetzen, aber auch Vorstellungen an ihrer Umsetzbarkeit zu überprüfen. Deshalb lautet der nächste Schritt zur Freisetzung Ihrer FührungsKRAFT: *Verhalten checken.*

Wenn wir unser persönliches Potenzial erschließen wollen, müssen wir uns eventuell erst einmal von Wertungsmustern lösen, die nicht zu uns passen. Ich habe es schon erwähnt, dass die Leitbilder, die wir derzeit noch mit uns herumschleppen, viel zu restriktiv sind für die vielfältigen Aufgaben, die im heutigen (Arbeits-)Leben gelöst werden müssen. Wahrscheinlich ist es gerade gut, wenn Sie diesem überholten Raster nicht ganz entsprechen! Um Ihre spezifische Eigenart zu entfalten, macht es wenig Sinn, ständig auf das zu schauen, was Sie nicht oder »nicht genug« sind. Was Ihre FührungsKRAFT im Keim erstickt, ist die Fixierung auf Fehler und Schwächen. Deshalb lautet der nächste Schritt: *Stärken entwickeln.*

Wenn Sie – immer wieder – in der Realität ankommen und Verantwortung für sich und die jeweilige Situation übernehmen, bieten sich im inneren Dialog und im äußeren Tun vielfältige Möglichkeiten, die eigene FührungsKRAFT freizusetzen und im Praxislabor zu bewähren. Sie haben jede Menge Gestaltungsmöglichkeiten im Denken, Fühlen und Verhalten, die Sie nur erkennen und nutzen müssen. Der entscheidende Schritt heißt deshalb: *Freiheiten nehmen.*

In der Realität ankommen

Nicht weil es schwierig ist, wagen wir es nicht,
sondern weil wir es nicht wagen, ist es schwierig.
Seneca der Jüngere, 62 n. Chr.

Neulich hatte ich wieder Einzelcoachings mit jedem Teilnehmer aus einem Leadership-Training: die komplette Führungsmannschaft eines Unternehmens, insgesamt acht Leute. Dabei kommen immer auch Situationen aus dem Alltag auf den Tisch. In den Gesprächen habe ich unter anderem gefragt: »Wie erleben Sie Ihre vierzehntägige Führungsrunde?« (Ein Meeting, das, wohlgemerkt, jedes Mal über vier Stunden geht.) Sieben der acht haben geantwortet: »Mich nervt das ewige Gequatsche. Das könnte echt schneller gehen, immer verlieren wir uns in Details. Ich schalte dann einfach ab.« Natürlich habe ich nachgefragt: »Und haben Sie das schon mal angesprochen?« Die Antworten waren spannend: »Ja, äh, nein … sonst heißt es noch, ich würde meinen Job nicht richtig machen.« Oder: »Ich will mir den Mund nicht verbrennen, dass sollen andere tun.« Oder gar: »Dafür werde ich nicht bezahlt.«

Wow! Kommt Ihnen das bekannt vor? Dass wir lieber den Kopf einziehen, die Zeit absitzen – und, wie in der Schule, aus dem Fenster schauen oder auf die Unterlagen kritzeln? Nach dem Motto: »Wir sind jetzt mal weg …« Haben wir nicht alle einen brennenden Mangel an Zeit? Und dann schmeißen wir sie mit vollen Händen aus dem Fenster? Zählen Sie einmal die Meetings, Präsentationen, Telefonate und Gespräche zwischen Tür und Angel zusammen, die Sie innerhalb der letzten Woche über sich haben ergehen lassen, während Sie nur mit einem halben Ohr dabei waren! Diese gut getarnte Art des Schlafwandelns funktioniert übrigens nicht nur bei der Arbeit. Man kann auch in der Familie und auf der Gartenparty auf Durchzug schalten.

»Wer heute den Kopf in den Sand steckt, knirscht morgen mit den Zähnen.« Den Satz habe ich mal auf einem T-Shirt gelesen. Und Zähneknirschen ist der allgegenwärtige Nebeneffekt von Frust, den man runterschluckt, von Meetings, die man absitzt, von Begegnungen, bei denen man innerlich genervt eine Fassade aufrechterhält. Die Lösung wäre, aktiv zu werden, zu handeln. Zum Beispiel tatsächlich aus der Situation herauszugehen. Oder sie so zu verändern, dass es wieder Sinn macht, sich einzuklinken. Und womöglich Spaß! Aber beides wäre ein Statement, mit dem man in die Schusslinie geraten könnte. Da erscheint es ungefährlicher, aus der sicheren Deckung zu agieren. Hinterher. Wenn nichts mehr zu machen ist. Die aufgestaute Handlungsenergie verpufft im inneren Nörgelkanal oder im beliebten Flurfunk: »Das war ja wieder das Letzte!« – »Hoffnungslos mit diesen Hirnamputierten!« Damit man sich bloß nicht mit der eigenen Rolle auseinandersetzen muss, ist meist auch schnell ein Schuldiger gefunden: »Meier war ja wohl mal wieder ein Totalausfall!«

Das baut natürlich entsprechende Erwartungen für das nächste Zusammentreffen auf. Und die werden sich auch erfüllen, wenn keiner sein Verhalten ändert. Es ist so verdammt einfach, Kommunikation negativ zu programmieren und vor die Wand zu fahren. Eigentlich schade. Denn Unzufriedenheit kann ein hervorragender Indikator für notwendige Veränderungen sein! Aber an dem Punkt müsste man ins laufende Geschehen eingreifen.

Unzufriedenheit kann ein hervorragender Indikator für notwendige Veränderungen sein – und ein guter Anlass, ins laufende Geschehen einzugreifen.

Man müsste riskieren, dass einem etwas um die Ohren fliegt. Wie viel sicherer erscheint es da doch, elegant beiseitezutreten und vom Zuschauerrang aus die eigenen Vorurteile bestätigt zu sehen. Der klassische Nebeneffekt lässt sich allerdings allabendlich in deutschen Heimen beobachten: Das Lamentieren wird endlos und versüßt auch noch den Feierabend. »Schatz, du glaubst nicht, was heute im Büro wieder los war …«

Was tun wir da eigentlich? Sie ahnen vermutlich schon, was ich jetzt vorschlagen werde: Um es herauszufinden, machen Sie einfach so weiter wie bisher. Aber fangen Sie an, sich selbst zu beobachten, und stellen Sie sich ein paar ganz einfache Fragen: Bin ich eigentlich da – hier und jetzt, in dieser Situation? Bin ich aufmerksam, höre ich wirklich zu? Und wenn nicht, warum nicht? Gibt es dafür überzeugende Gründe? Und was ist der Preis, den ich für meine Tarnkappe zahle? Hand aufs Herz: Bei welchen Gelegenheiten schalten Sie regelmäßig auf Durchzug?

Es gibt natürlich auch Ausnahmesituationen, in denen es ein Segen ist, dass wir uns innerlich wegbeamen können. Bei Katastrophen, Unfällen und unheilbaren Krankheiten hilft es unserem Seelenfrieden, wenn wir das Lieblingsferienhaus am Meer vor unser inneres Auge holen. Das gilt aber nur, wenn uns wirklich nichts mehr zu tun bleibt, wenn die Situation unausweichlich ist. Andernfalls wäre das Träumen lebensgefährlich. Und ehrlich gesagt: Falls Ihnen Ihr Job oder Ihre Familie als unausweichliches Verhängnis erscheint, aus dem Sie sich nur innerlich wegbeamen können, dann sollten Sie dringend in der Realität das Weite suchen. Denn Sie sind da offenbar falsch.

Mein Verdacht ist jedoch, dass die meisten den Stand-by-Modus weniger aus großer Not nutzen als aus Unsicherheit, aus Ratlosigkeit und Bequemlichkeit, um sich mit möglichst wenig Aufwand aus der Affäre zu ziehen. Das könnte Ressourcenschonung sein, denn tatsächlich wäre man bald reif für ein Sanatorium, wenn man jede Aufgabe übernehmen, sich um jeden kümmern und sich alles zu Herzen nehmen würde. Aber so einfach geht die Rechnung nicht auf. Im Moment scheint eher das gegenteilige Extrem zu grassieren: bloß nicht einmischen, bloß nicht anecken, bloß kein Herzblut investieren. Wir sind eine Wohlstandsgesellschaft im Totstellreflex. Inmitten unserer Sicherungssysteme verhalten sich viele so, als ob eine Katastrophe über ihnen schweben würde. Dass die Diagnose Burn-out so typisch für unsere Zeit geworden ist, ist meiner Meinung nach nicht der Grund für unsere Schonhaltung. Im Gegenteil: Ich sehe darin viel eher das Resultat des allgegenwärtigen Vermeidungsverhaltens.

Verblüffend, aber gar nicht so schwer zu verstehen: Wenn Sie sich aus einer Situation rausbeamen, nehmen Sie sich die Chance, sie mit wachen Sinnen wahrzunehmen und sie zu verstehen. Sie nehmen sich die Chance, aktiv einzugreifen und die Situation zu verändern. Das Ergebnis steht fest: Die Dinge nehmen ihren Lauf. Ohne Sie. Und Sie selbst? Sie werden zum Rädchen im Getriebe, zum Spielball – auch wenn Sie sich innerlich auf vornehme Zurückhaltung programmieren. Das Ganze verbraucht insgesamt vermutlich mehr Energie (am falschen Platz), als es (dort, wo der richtige Platz wäre) einspart. Und es besteht die Gefahr, dass Sie da am Ende als Zombie herauskommen. Manche sollen ja aus diesem Untotenstatus erst aufwachen, wenn sie nach der Arbeit joggen gehen … Und viele können ihn selbst zu Hause nicht mehr ablegen. Es gibt also überzeugende Gründe, warum wir besser in der Realität landen sollten.

Was können Sie also machen, wenn Sie das nächste Mal an einer PowerPoint-Präsentation teilnehmen, der Redner da vorne vor sich hin schwafelt und Ihre Gedanken abschweifen? Sie denken schon an das nächste Meeting, an die Mails, die noch beantwortet werden müssen, und, ach ja, da ist noch die Einkaufsliste Ihrer Frau für das Gartenfest usw. Kein Wunder, wenn die Informationen des Vortrags bei Ihnen nicht ankommen. Am Abend sind Sie auf dem Gartenfest und ärgern sich über die blöde PowerPoint-Präsentation vom Morgen. Irgendwas war wichtig. Mist, was war das bloß? Und Ihr Nachbar ist beleidigt, weil Sie ihm überhaupt nicht zugehört haben. Was können Sie gegen dieses »Nicht ganz hier, nicht ganz dort, bin kaum da, immer fort« tun? Die Antwort ist einfach: den Fokus im Hier und Jetzt halten! Die Umsetzung kriegt man zwar nicht als Gratis-Rundum-sorglos-Paket. Aber Fokussieren kann man lernen.

> **Dazu eine kurze Übung:** Nehmen Sie sich einen Moment Zeit, und spüren Sie, wie Sie jetzt gerade auf dem Stuhl sitzen. Wie fühlen Sie die Rückenlehne? Legen Sie ruhig für zwei Minuten das Buch beiseite und spüren Sie der Frage nach.
>
> Durch meine Fragen wird die Aufmerksamkeit auf Ihren Rücken gelenkt, und vermutlich wird Ihnen auf einmal bewusst, wo es wehtut und wo nicht. Sie haben einen Fokus gesetzt.

Fokussieren funktioniert nach dem Scheinwerferprinzip: Was im Fokus ist, wird deutlich. Wir können in unserem Leben nur mitbekommen, wo wir sind, wenn wir bewusst immer wieder die Aufmerksamkeit darauf hinlenken. Es geht also um eine bewusste Entscheidung. Immer wieder. Und ein bisschen Handwerkszeug.

Fokussieren funktioniert nach dem Scheinwerferprinzip: Was im Fokus ist, wird deutlich.

Wenn Sie einer Aufgabe, einer Situation oder einem Menschen Ihre Aufmerksamkeit schenken, vollziehen Sie eine Handlung. Sie nehmen eine Haltung ein – egal, ob Sie das absichtlich tun oder das Gefühl haben, Ihr Gegenüber zieht Ihr Interesse auf sich. Zugegeben, das bewusste und konzentrierte Fokussieren ist immer wieder eine Herausforderung. Es gilt, jede Menge Ablenkungen abprallen zu lassen. Sie müssen eine Ahnung haben, was in der großen Auswahl, die Ihre Umgebung bereithält, für Sie von entscheidendem Interesse ist. Und dann ist Ihr voller Einsatz gefragt. Aber die Mühe lohnt: Denn unsere Aufmerksamkeit ist unser Lebenselixier. Je bewusster, aktiver wir uns und unsere Umwelt wahrnehmen, umso intensiver ist das Erlebte.

Sicher sind wir bei dem einen oder anderen sogar froh, wenn wir das nicht so intensiv erleben. Deshalb ist der Fokus ja so eingerichtet, dass wir ihn der Situation anpassen können. Wir können ihn eng und weit stellen – und wie Sie schon gesehen haben, funktioniert das Ganze auch andersherum. Wir können unsere Aufmerksamkeit von etwas weglenken, wenn uns das sinnvoll erscheint. Vielleicht erinnern Sie sich noch an Ihren letzten unangenehmen Zahnarztbesuch. So eine Sitzung kann erheblich erträglicher werden, wenn es einem gelingt, sich auf den linken kleinen Zeh zu konzentrieren. Wenn Ihre Schwiegermutter Sie auf die Palme treibt, kann es für die Familienfeier hilfreich sein, wenn Sie sich vornehmlich Ihren Neffen und Nichten widmen. Das ist nicht immer einfach, denn manchmal fesselt gerade das, was uns stört, unsere Aufmerksamkeit enorm. Vielleicht ist das einer der Gründe, warum so viele sich das »Geht mich nichts an, betrifft mich nicht« als Grundhaltung angewöhnt haben. Es erspart die Mühe, sich für das Setzen eines Fokus zu entscheiden.

Wenn wir es jedoch zur Routine werden lassen, schwerelos im eigenen Orbit zu kreisen, dann kriegen wir gar nicht mehr mit, was wirklich gut, positiv, bereichernd oder inspirierend sein könnte. Und auch nicht, wo etwas gründlich aus dem Ruder läuft. Wir schließen uns selbst von der Mitwirkung aus. Wir machen die Tür zu, hinter der unsere Verantwortung wartet. Und mit ihr jede Menge Konflikte, aber auch jede Menge Spaß. Das Leben eben.

Das, was uns vom Leben ausschließt, was uns hindert, jetzt und hier ganz da zu sein, sind zwei scheinbar gegensätzliche Kräfte, die aber bei vielen zu einem Teufelskreis kurzgeschlossen sind: Träume und Alltagstrott. Oder genauer gesagt: Idealisierungen und Automatismen.

Es ist ungeheuer praktisch und für unser Überleben notwendig, dass wir einen Großteil unserer Handlungen automatisch ablaufen lassen. Wir wenden enorm viel Zeit und Energie auf, um Dinge zu lernen: laufen, sprechen, Fahrrad fahren, E-Mails tippen, Gespräche führen. Wenn wir es dann können, läuft es in den meisten Fällen wie von selbst. Ich muss über das Zähneputzen nicht mehr nachdenken (es sei denn, mein Zahnarzt meint, ich solle meine Technik verbessern). Stattdessen kann ich mich vor dem Badezimmerspiegel auf den vor mir liegenden Tag einstimmen. Auch über das Verfassen eines Standardschreibens muss ich nicht groß nachdenken (es sei denn, irgendetwas sagt mir, dass es sich hier gar nicht um einen Standardfall handelt). Ich kann das ruck, zuck erledigen. Der überwiegende Teil unserer Körperfunktionen läuft auf Autopilot. Und so ist es auch im Alltag: Routinehandlungen erlauben es uns, das kostbare Gut unserer Aufmerksamkeit gezielt einzusetzen. Beispielsweise für Störfälle. Für Neues – also um zu lernen. Oder um auf einem bestimmten Feld über das Mittelmaß hinauszugehen und etwas Besonderes zu leisten.

Viele von uns übertreiben es jedoch mit den routinierten Abläufen und den Alltagsritualen. Eine Tendenz, die unsere Gesellschaft mit Volldampf fördert. Wo aber kein Platz mehr für das Neue und das Besondere ist, da wird alles zum Automatismus, zur perfekt laufenden Maschine – mit austauschbaren Ersatzteilen. Man hört oft (und sicher zu Recht) Klagen über die Regulierungswut der EU. Denselben

Geist findet man aber auf allen Ebenen, bis hin zu minutiös gemanagten Haushalten und Lebensplanungen. Die Gefahr: Wer nur noch per Autopilot fliegt, weiß im Notfall nicht mehr, was er mit dem Steuer anfangen soll. Er fühlt sich als Passagier, nicht mehr als Lenker. Und das gilt nicht nur für ängstliche und anpassungswillige Zeitgenossen, sondern gerade auch für die immer auf Hochtouren laufenden Macher.

Die zweite Gegenkraft, die uns davon abhält, das Steuer in der Hand zu behalten, sind realitätsferne Idealisierungen. Vielleicht erscheint Ihnen der Begriff erst einmal abstrakt. Sie werden aber sehen, dass es sich hier um ein allgemein grassierendes Phänomen handelt.

Der Psychologe Hans-Werner Rückert erklärt den Zusammenhang so: »Erfahrungen von Schmerz, Ungenügen, Demütigungen und Kränkungen sind für uns alle leidvoll, deswegen denken wir ungern an sie zurück. Weil unser Gehirn auf das Aufspüren kausaler Zusammenhänge ausgelegt ist, suchen die meisten von uns bei sich selbst, in ihrem Verhalten oder in ihrer Persönlichkeit, nach Ursachen für negative Ereignisse. ... Wenn Sie auf der Basis solcher Gedanken tatsächlich üben, sich anders zu benehmen, ist das eine gute Kompensation für Schwächen. Wenn Sie aber Vorstellungen entwickeln, wie Sie künftig unangreifbar sein und besser als besser auftreten sollten, dann entwickeln Sie ein Ideal. Das wäre dann eine Überkompensation.« [Rückert, Handeln: 35 f.]

Wie wir schon bei den sogenannten Antreibern gesehen haben, liegt die Gefahr im Über-das-Ziel-hinaus-Schießen (im Fachjargon: Überkompensation). Wo wir uns aus der immer wieder überraschenden Dynamik des Lebens in »allzeit und überall« gültige Maßstäbe retten wollen, sind wir schon in der Sackgasse. Wenn der kleine Junge nach einem Tag, der von vorne bis hinten nicht gut gelaufen ist, am Abend vor dem Bildschirm sitzt, um sich mit dem Superhelden zu identifizieren, dann wird ihm das für anderthalb Stunden und ein paar nachfolgende Erinnerungsmomente die dringend benötigte Entlastung von seinem Frust bringen. Und das ist auch okay so. Eine Lösung der zugrunde liegenden Schwierigkeiten kommt dadurch allerdings nicht in Sicht. Und wenn er anfängt, seine reale Existenz an seinem überdimensionierten Helden zu messen, dann hat er sich ein gewaltiges zusätzliches Problem eingehandelt.

Das klingt für Sie nach Kinderkram? Einer der wirksamsten Lähmungsfaktoren in unserem Arbeitsalltag ist Perfektionismus, eine klassische Idealisierung. Die Folgen sind verheerend. Wer perfekt sein möchte, will sich unangreifbar machen. Wie unser Superhelden-Fan. Er schneidet sich damit jedoch von den notwendigen und natürlichen Lernprozessen ab. Denn nur in dem, was ich beherrsche, kann ich hoffen, Perfektion zu erreichen. In allem, was neu und ungewohnt ist, werde ich am Anfang ein Stümper sein. Dieser Schritt lässt sich nicht überspringen. Perfektion als realitätsferne Überkompensation wirft die einzigen alltagstauglichen Kriterien für eigenverantwortliches Handeln über Bord: Angemessenheit, Machbarkeit, Zielführung, Sinnhaftigkeit. Statt Wege und Chancen in den Fokus zu bekommen, rückt ein einziges Phänomen ins Zentrum der Aufmerksamkeit: Fehler. Wie bedeutend oder wie relevant für das Erreichen eines Ziels sie im Einzelnen sind, spielt mit einem Mal keine Rolle mehr.

> Perfektionismus ist einer der wirksamsten Lähmungsfaktoren in unserem Arbeitsalltag.

Außerdem kommt eine persönliche Negativspirale in Gang. Dass Sie Ihren überzogenen Ansprüchen nicht gerecht werden, fällt voll auf Sie selbst zurück. Je mieser Ihre Performance, desto strahlender steht Ihr Anspruch auf seinem Sockel! Die Rechnung landet zuverlässig immer bei Ihnen selbst. Sie fühlen sich schlecht, machen sich Vorwürfe, setzen sich unter Druck. Das läuft herrlich rund – ohne jeden Realitätscheck. Und dieses Großprojekt verbraucht jede Menge Energie, während sich in der Wirklichkeit rein gar nichts bewegt. Im Gegenteil: Wer sich Perfektionsansprüchen aussetzt und ängstlich auf Fehlervermeidung fixiert ist, wird zögerlich, langsam und übervorsichtig.

Der einzige Ausweg: zurück ins reale Geschehen. Denn: Automatismen und Idealisierungen halten uns davon ab, hier und jetzt Entscheidungen zu treffen. Entweder weil ohnehin alles von selbst läuft oder weil es ja doch nie so kommen wird, wie es »richtig« wäre. Viele erleben den Autopiloten als Entlastung: Ihnen wird der Zwang, zu entscheiden, abgenommen. Sie sehen nicht, dass sie sich selbst von der Möglichkeit abschneiden, eigenverantwortliche Entscheidungen zu treffen. In den Schonräumen »Alltagstrott« und »meine perfekte Welt« treibt ihr Selbst abgeschottet wie auf einer Rettungsinsel als Spielball der äußeren Abläufe dahin. Den blinden Passagier auf all diesen Rettungsbooten haben wir schon kennengelernt: Passivität.

Gut, dass die Unzufriedenheit als Indikator funktioniert, dass da etwas nicht stimmt. Denn: Alltagstrott und Perfektionismus machen unzufrieden. Sehnsüchte zeigen uns, was fehlt. Wer im vermeintlichen Schonraum gefangen ist, der sehnt sich nach Abenteuern. Wer es sich zu vorhersehbar eingerichtet hat, sehnt sich nach Überraschung. Wer sich als Spielball fühlt, wünscht sich Handlungsmacht. Das alles sind klare Indikatoren, das Heft in die Hand zu nehmen, das Risiko einzugehen und sich der Realität zu stellen. Der logische Schritt wäre, sich aufs Spiel zu setzen, sich ins Getümmel zu stürzen und sich an die ganz pragmatischen Entscheidungen des Alltags zu wagen.

Leider greifen aber viele zu einem simplen Trick, um ihre Rettungsinseln nicht verlassen zu müssen. Sie schließen den Trott mit Träumereien kurz, die Automatismen mit den Idealisierungen. Statt ins kalte Wasser zu springen, bleiben sie wie angewurzelt hocken. Während ihr Boot mit der Strömung treibt, bewegen sie sich imaginär sonst wohin. Vermutlich stellen sie sich tolle Urlaubsreisen oder einen herrlichen Lebensabend vor. Sie träumen sich lieber in abenteuerliche Geschichten und Filme hinein, als sich den handfesten Abenteuern des Alltags auszusetzen. Das funktioniert so gut, dass ganze Industrien hervorragende Geschäfte damit machen. Was auf der Strecke bleibt, ist für den Einzelnen der Kontakt mit der Realität, mit seinem lebenswichtigen Gefühl, voll präsent zu sein.

Der Schritt aus dem Kokon ist einfach, auch wenn Sie dabei mit eingefahrenen Verhaltensweisen und inneren Widerständen zu tun bekommen werden: in der Realität ankommen, so unideal und so unvorhersehbar sie auch sein mag. Was wir alle brauchen, ist Präsenz, das berühmte Leben im Hier und Jetzt. Viel ist darüber geschrieben und gesagt worden, und vielleicht erscheint Ihnen der Begriff erst einmal wenig greifbar. Dabei ist es ganz einfach. Präsenz heißt: »Ich bin da!« Präsenz ist ein Lebensgefühl und eine innere Haltung. Ich bin geistig und körperlich voll anwesend. Ich bin wach mit all meinen Sinnen. Und das passiert ganz von selbst – wenn ich motiviert bin, wenn ich weiß, warum ich hier gerade bin. Waren Sie mal mit Kindern im Kasperletheater? Da fragt der Kasper am Anfang: »Seid ihr alle da?« Und natürlich brüllen alle aus voller Kehle »Ja!«. Die wollen wissen, ob der Räuber im Wald ist und ob das Krokodil die Gretel frisst. Deshalb haben die ein klares »Ja!«.

Ich bin mir ziemlich sicher, dass Sie wissen wollen, wie Sie mehr Spaß in Ihren Alltag bringen können, wie Sie gute Ideen auch tatsächlich umsetzen können, wie Sie eine bessere Führungskraft werden können. Dass Sie eine tiefe Sehnsucht nach Bewährung, Weiterentwicklung und Abwechslung haben. Dass Sie den Stolz genießen, etwas zuwege zu bringen. Auch wenn es kein »großer Schritt für die Menschheit« sein mag.

Es geht also darum, aus dem Stand-by-Modus auszusteigen und wieder Herzblut zu investieren, Totstellreflex und Vermeidungsverhalten hinter uns zu lassen und aktiv einzugreifen. Halten Sie Ihren Fokus so im Hier und Jetzt, wie Sie das wollen. So erleben Sie aktives Handeln! Sie bestimmen, auf was Sie sich einlassen – und wie weit. Sie entdecken Ihre Aufmerksamkeit als wertvolles Gut und bleiben offen für das Neue und das Besondere. In der Realität ankommen ist der erste Schritt, das eigene Leben in die Hand zu nehmen, sich das Steuer zurückzuerobern. Das ist nicht mit einem Schlag getan, vermutlich wird es ein langer Prozess. Doch wenn ich entscheide: »Ich bin jetzt mal da«, dann habe ich nicht nur selbst mehr von der Situation. Ich verändere auch meine Wirkung auf andere. Je mehr ich in der Präsenz bin, umso besser und eindeutiger kann mich mein Gegenüber wahrnehmen.

Verantwortung übernehmen

Das führt uns zu der Frage: »Wer ist die Führungskraft?« Die Ant-
wort lautet: jeder. Denn an irgendeinem Punkt müssen wir alle
Verantwortung für unser Team oder unsere Gruppe übernehmen. ...
Zu führen und zu inspirieren, ist die Verantwortung jedes Menschen
auf diesem Planeten. Jeder führt irgendwann. Eheleute und Partner
übernehmen zu unterschiedlichen Zeiten die Rollen des Führens
und Sich-führen-Lassens. Das Gleiche tun Kunden und Lieferanten,
Schüler und Lehrer, Mitglieder einer Band oder einer Sportmann-
schaft, je nachdem, wie es gerade angemessen ist. Niemand ist
ausgeschlossen von der Verantwortung, aber auch von der Chance
zu führen.

Lance Secretan, 2006

Zuallererst trage ich Verantwortung für mich selbst. Die nimmt mir,
solange ich geistig zurechnungsfähig bin, niemand ab. Und das ist
auch gut so. Wer außer mir soll denn entscheiden, was für mich richtig ist? Wer kann mir das Risiko abnehmen, Entscheidungen zu treffen und eventuell Fehler zu machen – die ich ausbaden muss? Das
hat nichts mit Egoismus oder mangelnder Rücksicht zu tun. Eigenverantwortung ist gerade das Gegenteil von Abschottung. Denn ich bin
eingebunden in ein Geflecht von Beziehungen und in eine Vielzahl
von sozialen Systemen. Und dort, wo ich Teil bin, trage ich auch einen
Teil der Verantwortung. Nur mit Blick auf die eigene Person bin ich
der Einzige, der ungeteilt und ohne Abstriche die volle Gesamtverant-
wortung trägt. Schließlich bin ich ja auch der Einzige, der mich rund
um die Uhr unter Aufsicht hat, der meine Gedanken und Gefühle im
O-Ton mitbekommt und der am eigenen Körper erfährt, welche Strategien funktionieren und welche nicht.

Natürlich ist das nicht so einfach wie in einer Sicherheitszentrale, wo
ich eine überschaubare Anzahl von Monitoren und Messgeräten im
Blick behalten muss und genau weiß, was sich darauf nicht zeigen
sollte. Selbstreflexion ist eine Kunst, die im Abarbeiten von Unklar-

heiten und Fehleinschätzungen gedeiht – und sich auf diese Weise zu immer höherer Qualität steigert. Ein klassischer Lernprozess. Auch Verantwortung ist etwas, in das wir erst hineinwachsen – und das wir dem Wandel unserer Lebensumstände immer wieder anpassen müssen. Im Kindergarten ist der Kreis unserer Zuständigkeit relativ überschaubar. Und muss es auch sein. In den Vierzigern sind wir in Job und Familie in der Regel für sehr viel mehr verantwortlich. Eventuell auch zunehmend für unsere gebrechlich werdenden Eltern. Und eigentlich sollten wir zu diesem Zeitpunkt auch die Lebenserfahrung haben, um dieser Rolle im Rahmen des Menschenmöglichen gerecht zu werden.

Was sich wie ein roter Faden durch all diese Wandlungen hindurchzieht und niemals abreißt, ist unsere Verantwortung für uns selbst. Aber auch sie ist ein Prozess: Im Laufe unseres Lebens erfahren wir mehr und mehr über uns selbst. Wir lernen uns selbst immer besser kennen. Was wir gut können und was nicht so gut. Was typisch für uns ist und welche Früchte das trägt. Sicher haben Sie Erfahrungen mit Änderungsprozessen gemacht, privat und im Job. Selbsterkenntnis kann durchaus überraschend sein! Bestimmt gibt es einiges, was Ihnen heute im Vergleich zu früher viel leichter fällt. Vielleicht haben Sie sich von früheren Zielen verabschiedet, während auf anderen Gebieten Ihre Ansprüche gestiegen sind. Im Duo mit Selbstreflexion erreicht auch unsere Eigenverantwortung immer größere Klarheit, Differenziertheit, sprich: Qualität. Und wenn Sie da in den letzten Jahren etwas versäumt haben, können Sie jederzeit den Faden aufnehmen und mit neuem Elan wieder in den Prozess einsteigen.

Der amerikanische Psychologe Nathaniel Branden sagt in seinem Standardwerk zum »Selbstwertgefühl«: »Selbstbewusstsein heißt in unseren Köpfen oftmals immer noch: Lass dir nichts gefallen! Ein Indianer kennt keinen Schmerz! Nimm, was du kriegen kannst! Doch dieses Konzept ist überholt. Denn es ist zu einseitig und simpel. Die Wirklichkeit kennt so viel mehr Abstufungen, sie ist komplexer und benötigt sorgsam abgestimmte Soft Skills.« Er weist darauf hin, wie unmittelbar die Übernahme von Verantwortung und die Entwicklung von Selbstbewusstsein miteinander verknüpft sind: »Selbst die

Verantwortung zu übernehmen, ist wesentlich für das Selbstwertgefühl, und umgekehrt gilt, dass eigenverantwortliches Handeln ein Spiegel oder Ausdruck des Selbstwertgefühls ist. ... Die Dinge, die das Selbstwertgefühl erzeugen, sind gleichzeitig auch ein natürlicher Ausdruck und eine natürliche Konsequenz des Selbstwertgefühls.« [Branden, Selbstwertgefühl: 127]

> **Wenn wir uns vor der Verantwortung drücken, beschädigen wir unser höchstes Gut: unseren eigenen Wert.**

Das heißt: Wenn wir uns vor der Verantwortung drücken, da wo wir sie übernehmen könnten, und schlimmer noch, da, wo wir sie übernehmen müssen – bei uns selbst –, beschädigen wir unser höchstes Gut: unseren eigenen Wert. Kein Wunder, dass sich Menschen im Zombiestatus so mies fühlen. Die Kehrseite der ängstlichen Schonhaltung ist die eigene Entmündigung. Und typische Nebenwirkungen sind Wahrnehmungstrübungen und Schuldzuweisungen. Denn wenn ich es nicht war, muss ja ein anderer schuld sein. Willkommen in der selbstinszenierten Opferrolle! Auf diese Weise setzen Sie eine verhängnisvolle Negativspirale in Gang: Mangelnde Verantwortung erzeugt mangelndes Selbstbewusstsein; fehlendes Selbstbewusstsein führt zu noch weniger Verantwortungsübernahme. Es scheint, dass alle unsere Bewusstseinsprozesse, die eigentlich zu Wachstum und Höherentwicklung da sind, auch in eine Lähmungsfalle geraten können.

Das Gute ist, dass wir sie da auch wieder herausholen können. Und dass es dabei möglich ist, an ganz verschiedenen Enden anzusetzen: Wir können uns die Abläufe klarmachen. Wir können uns Bereiche suchen, um unser Selbstwertgefühl erst einmal ein bisschen aufzupäppeln. (Dazu wird es im Laufe des Buches noch verschiedene Hinweise geben.) Und wir können uns schlicht und einfach entscheiden, hier und dort Verantwortung zu übernehmen. Der zentrale Schritt ist, die Verantwortung für das eigene Leben zu übernehmen – und dann auch zu den Konsequenzen zu stehen. »Bei der Erhöhung des Selbstwertgefühls geht es um mehr als nur darum, Negatives auszuschalten; dazu gehört, dass Positives erreicht wird«, erklärt Branden. »Dazu gehört ein höheres Bewusstsein hinsichtlich der Art und Weise, wie man funktioniert. Dazu gehört die Bereitschaft, sich durch

Ängste hindurchzuarbeiten und sich Konflikten und unangenehmen Realitäten zu stellen, statt sich zurückzuziehen und sie zu meiden.« [Branden, Selbstwertgefühl: 286]

Selbstbewusstsein ist also nichts, was man einmal in die Wiege gelegt bekommt, und dann hat man es. Es ist ein komplexes Gewebe aus Selbstreflexion, Verantwortungsübernahme und realem Handeln, das man durch die eigene Lebenserfahrung formt. Es ist dynamisch, seismografisch und störanfällig – aber genau dadurch auch anpassungs- und entwicklungsfähig. Kein Zweifel: Wir starten mit unterschiedlichen Bedingungen. Die Umgebung, in der wir aufwachsen, unsere frühe körperliche und geistige Entwicklung können es uns mehr oder weniger leicht machen, voller Elan und Neugier auf unserem Lebensweg aufzubrechen. Aber die Startbedingungen sind nur ein Teil der ganzen Geschichte. Das Leben ist kein Formel-1-Rennen, bei dem die Poleposition entscheidet. Am Ende erreichen wir alle das Ziel. Und auf der Strecke kommen die Einzelnen ganz unterschiedlich voran. Glauben Sie, das Alphamännchen aus der Grundschule oder die Schönheitskönigin vom Abiball werden diesen Rollen auch dreißig Jahre später noch gerecht? Manchmal wundert man sich, wer grandios an ihnen vorbeigezogen ist. Gerade ein schwerer Anfang kann ein unwiderstehlicher Anreiz sein, sich in großen Schritten weiterzuentwickeln. Manchmal haben auch Krisen einen solchen Effekt.

Nathaniel Branden hat sich mehrere Jahrzehnte mit dem Phänomen Selbstbewusstsein beschäftigt (und sich gewundert, dass es sonst kaum jemand gemacht hat). Er bietet uns eine angemessenere, komplexere Definition: »Das Selbstwertgefühl ist 1. das Vertrauen auf unsere Fähigkeit zu denken, das Vertrauen auf unsere Fähigkeit, mit den grundlegenden Herausforderungen des Lebens fertigzuwerden, 2. das Vertrauen auf unser Recht, erfolgreich und glücklich zu sein, das Vertrauen auf das Gefühl, es wert zu sein, es zu verdienen und einen Anspruch darauf zu haben, unsere Bedürfnisse und Wünsche geltend zu machen, unsere Wertvorstellungen zu verwirklichen und die Früchte unserer Bemühungen zu genießen.« [Branden, Selbstwertgefühl: 17] Das heißt, wir brauchen Vertrauen! Wir brauchen innere Sicherheit auf Gebieten, die de facto von einer gehörigen Portion Unsicherheit geprägt sind: dass wir das nötige Rüstzeug für unseren Lebensweg haben und dass es uns auch zusteht, unseren eigenen Weg zu gehen. Dieses Vertrauen muss man sich wohl oder übel erarbeiten – und erhalten. Selbstbewusstsein muss man letztlich bewusst herstellen. Und zwar immer wieder.

Wie in allen wichtigen Lebensprozessen kann man auch hier an den unterschiedlichsten Enden ansetzen. Am besten an mehreren zugleich: Sie brauchen die bewusste Entscheidung – in der Realität anzukommen, Verantwortung für Ihr Leben zu übernehmen, Ihren eigenen Weg zu finden und zu gehen. Sie brauchen ein Selbstbild und Zielvorstellungen, die dazu passen. Und Sie brauchen reale Erfahrungen, die das untermauern (bzw. auf die Probe stellen). Sie bringen also Ihr gesamtes Arsenal zum Einsatz: Gedanken, Gefühle und Handlungen. »Sie kommen sich vor wie Gulliver in Lilliput, durch tausend schlechte Gewohnheiten an den Boden gefesselt? Dann befreien Sie sich als Erstes von diesem inneren Bild«, rät Hans-Werner Rückert und betont die zentrale Bedeutung der Handlungskontrolle für das Selbstwertgefühl: »Gegen das Gefühl, vom Leben gelebt zu werden und als Opfer von Sachzwängen keine Freiheit mehr zu haben, hilft hingegen nichts so gut wie Taten, mit denen Sie sich beweisen, dass Sie doch noch handlungsfähig sind.« [Rückert, Handeln: 139]

Roboter handeln nicht. Denn zum Handeln gehören selbst gesetzte Ziele und Werte. Verantwortung wird in dem Moment real, wo Sie das, was Sie ausmacht, durch sinnvolles Handeln in einen Prozess einbringen, der in der Welt etwas bewirkt. Und zwar in eine Richtung, die mit Ihren Zielen und Werten übereinstimmt. Sinnlose Aktionen, Handlungsverzicht oder die Beteiligung an Abläufen, die mit dem, was Ihnen wichtig ist, nicht verbunden sind oder ihm sogar zuwiderlaufen – alles das wird in Ihnen das Gefühl erzeugen, vom Leben abgeschnitten zu sein und zum Roboter zu degenerieren. Deshalb ist die Entscheidung, Verantwortung zu übernehmen, so entscheidend.

Gleichzeitig ist es wichtig, die Grenzen der eigenen Verantwortung realistisch im Blick zu behalten. Für uns selbst gilt sie unbeschränkt. Allerdings dürfen wir geduldig mit uns sein, denn wir befinden uns mitten in einem Prozess. Es geht nicht um eine abschließende Inventur der Lagerbestände. Für eine endgültige Bewertung ist es zu früh. Es geht um die Entwicklung einer Haltung. Wir lernen uns noch selbst kennen, und wir haben (vermutlich) noch einige Jahre Zeit, das Ganze immer weiter zu verbessern.

Was unsere Verantwortung im Außen angeht, so gibt es dafür eine große Bandbreite an Abstufungen. Was können wir bewirken? Welche Verantwortungsbereiche sind Teil unserer jeweiligen Rolle? Wie dringend ist der Handlungsbedarf? Welche Konsequenzen sind zu erwarten? Zwischen dem vollen Einsatz und dem bewussten Handlungsverzicht liegt ein weites Feld möglicher Handlungen. Hier findet sich ein entscheidendes Moment von Freiheit; man muss es nur sehen und nutzen. Die souveräne Übernahme von Verantwortung ist eine Entscheidung (auch wenn sie intuitiv getroffen wird). Sie ist kein automatischer Affekt. Wer ständig als Retter unterwegs ist, vernebelt die Welt genauso im Weichzeichner wie ein Mensch mit Opferhaltung. Er darf sich nicht wundern, wenn ihm seine Hilfsaktionen um die Ohren fliegen. Denn zur vernünftigen Übernahme von Verantwortung gehört eine wache und kritikfähige Einstellung zur Realität. Dazu gehört die Offenheit, etwas auszuprobieren, und die Anerkennung von Grenzen. Wenn ich – vielleicht mit den besten Absichten – eine Aufgabe übernehme, für die ich nicht die nötigen Kompetenzen habe (und sie mir realistisch betrachtet auch nicht aneignen kann), dann handle ich nicht verantwortlich.

> Die souveräne Übernahme von Verantwortung ist eine Entscheidung, auch wenn sie intuitiv getroffen wird.

Nathaniel Branden zeigt die Grenzen des Machbaren, die bei manchen Bewusstseinsesoterikern und Erfolgsgurus verschwimmen, mit aller Deutlichkeit: »Manche Dinge können wir kontrollieren, andere nicht.« Wenn wir hier nicht hellwach und entwicklungsfähig bleiben, riskieren wir, einen hohen Preis zu zahlen: »Wenn ich mich für Dinge verantwortlich fühle, die sich meiner Kontrolle entziehen, setze ich mein Selbstwertgefühl aufs Spiel, da ich, zwangsläufig, meinen Erwartungen nicht gerecht werden kann. Ebenso setze ich mein Selbstwertgefühl aufs Spiel, wenn ich die Verantwortung für Dinge leugne, die sehr wohl innerhalb meines Kontrollvermögens liegen.

Ich muss unterscheiden können zwischen den Bereichen, für die ich verantwortlich bin, und denen, für die ich es nicht bin.« [Branden, Selbstwertgefühl: 132]

Was heißt das für missglückte Meetings, bei denen sich die Beteiligten auf Wolke sieben verflüchtigen? Eigentlich ist die Zuständigkeitsfrage formal geklärt. Ein Verantwortlicher steht einsam und allein auf seinem verlorenen Posten. Der, der da vorne mit schlafwandlerischer Sicherheit alles vermasselt.

Hier gibt es ein paar gute Anhaltspunkte, wann es ratsam sein kann, nichts zu tun und abzuschalten:

- wenn es eine einmalige Angelegenheit ist,
- wenn es nicht so wichtig ist,
- wenn es nicht so lange dauert,
- wenn ein Eingreifen konkrete negative Konsequenzen hätte,
- wenn ein Verlassen der Situation falsche Signale setzen würde.

Auf der anderen Seite gibt es natürlich auch Anhaltspunkte dafür, auf gar keinen Fall abzuschalten, sondern irgendeine Form von Initiative zu ergreifen:

- wenn sich das Ganze so schon einmal ereignet hat und zu erwarten ist, dass es sich wiederholen wird,
- wenn es wichtig ist,
- wenn es lange dauert,
- wenn ein Eingreifen eher positive als negative Konsequenzen verspricht,
- wenn ein Laufenlassen der Situation falsche Signale setzen würde.

Und dann gibt es noch ein paar Argumente, die von Ihrer Eigenverantwortung ausgehen und so oder so für ein helfendes Eingreifen sprechen. Was ist zum Beispiel mit der Solidarität? Es werden mit hundertprozentiger Wahrscheinlichkeit Gelegenheiten kommen, in denen Sie darauf angewiesen sind, dass andere sich mit Ihnen identifizieren. In denen andere Ihnen helfen, das Schiff wieder auf Kurs zu bringen. Und Solidarität ist ein Vorschussgeschäft. Sie erhöhen Ihre Chancen auf einen Deal, indem Sie auf Vorleistung gehen. Wenn Sie also gleich zu Anfang eines Meetings merken, dass es wieder konfus wird, dann springen Sie dem Verantwortlichen diplomatisch zur Seite! Keinem ist damit gedient, wenn jemand wieder und wieder Gelegenheit erhält, seine blinden Flecken vorzuführen. Am wenigsten demjenigen selbst. Trainieren Sie die Nummer eins unter den Soft Skills: Ihr Fingerspitzengefühl. Vielleicht ist ein Gespräch nach dem Event sinnvoll – oder eine Unterstützungsaktion hinter den Kulissen.

Sie sind Teil der Situation. Damit sind Sie aufgerufen, Ihren Teil der Verantwortung für die Situation zu übernehmen. Und zu handeln, wann immer das nötig ist. Damit Unzufriedenheit wahrgenommen und produktiv gewendet wird. FührungsKRAFT ist nicht rationiert und an den formalen Status gebunden. Jeder ist befähigt, zum Gelingen beizutragen. Und damit ist gerade nicht gemeint, sich innerlich wegzubeamen, damit die Veranstaltung ungestört von allen mehr oder weniger Anwesenden leerlaufen kann.

Das Hauptargument ist meines Erachtens aber dies: Sie sind da. Und zwar nicht, um Ihre Lebenszeit zu verplempern. Gibt es wirklich zwingende Gründe, eine Stunde oder sogar mehr als Verlust abzuschreiben? Wenn Sie anfangen, so zu denken, dann geht es letztlich darum, genau das zu tun, was Ihnen sinnvoll erscheint. Schlicht und einfach. Und sich einzuschalten, wenn Ihnen etwas ganz und gar nicht sinnvoll vorkommt. Verlieren Sie das Wesentliche nicht aus dem Blick: Verantwortliches Handeln ist auf jeder Ebene möglich, es wird auf allen Hierarchiestufen dringend gebraucht. Es hat seinen Platz im Job wie im Privatleben. Das zeigte schon das Eingangszitat dieses Kapitels. Und wenn Sie sich aus dem Zombiestatus in den Aktivstatus hochgefahren haben, wenn Sie wach sind und achtsam, dann können Sie gar nicht anders! Dann sind Sie eingeklinkt ins pralle Leben. Und nun steht Ihnen die ganze Bandbreite des Handelns zur Verfügung. Wenn Sie die Verantwortung übernehmen, erhalten Sie im Gegenzug die Wahl. Die Entscheidung liegt bei Ihnen.

Den inneren Geschichtenerzähler nutzen

Der gesellschaftliche Raum ist von einer Vielzahl von Stimmen erfüllt, und es kann nicht ausbleiben, dass sich dieses Stimmengewirr in mir niederschlägt, dass die Außenstimmen sich mit eigenen Regungen verbinden und dass ich, wenn ich vor einer bestimmten Frage stehe und in mich hineinhorche, es mit dieser ›inneren Pluralität‹ viel heftiger zu tun bekomme als meine Urgroßeltern.

Friedemann Schulz von Thun, 1998

Wir erzeugen ganz von selbst, permanent und automatisch eine Kommentarebene zum Alltag.

Kennen Sie das? Vor Ihnen auf der Autobahn beginnt ein Kleinwagen leicht zu schlingern. Automatisch taucht der Satz in Ihrem Kopf auf: »Na, was hast du denn vor?« Diese Frage stellen Sie ganz offensichtlich nicht dem freundlichen Herrn mit Hut im Auto vor Ihnen. Werden Sie also wunderlich? Keine Sorge, es handelt sich um eine vollkommen verbreitete Alltagspraxis. Sie bereiten sich selbst auf mögliche Veränderungen der Situation vor. Das tun Sie auch, wenn Sie Herrn Müller durch die Glastür auf dem Weg zu Ihrem Büro erblicken. Automatisch schießt es Ihnen durch den Kopf: »Nicht der schon wieder!« Und Sie alle kennen das sicher, dass Sie beim Meeting noch freundlich in die Runde lächeln, während Sie denken: »Euch werd ich's schon zeigen heute« oder »Um halb eins geht's zum Italiener« oder »Wenn die gleich wieder anfangen mit der Zusammenlegung der Abteilungen, bricht mein Magengeschwür durch«. Wir erzeugen ganz von selbst, permanent und automatisch eine Kommentarebene zum Alltag.

Dieser innere Geschichtenerzähler hat eine zentrale Funktion für unser bewusstes Denken und für unser Selbstverständnis als Individuum. Ohne ihn funktioniert das alles nicht. Aber Vorsicht: Wir dürfen ihn nicht für bare Münze nehmen! Denn er ist kein unparteiischer Gutachter. Er ist kein unvoreingenommener Beobachter. Er spiegelt die Welt nicht objektiv wider, also so, wie sie ist oder wie auch andere sie sehen. Er gibt gnadenlos ausschließlich seine Sichtweise wieder. Und die hat ihre Geschichte und braucht immer wieder den Realitycheck. Vielleicht passt sie überhaupt nicht mehr zur aktuellen Situation und wir merken es gar nicht. Diese Sichtweise ist immer emotional aufgeladen. Möglicherweise spielt Ihnen der innere Geschichtenerzähler alte Erfahrungen ein (»Mein Vater hat mich auch nie gelobt ...«) oder er ist ein Echo der Stimmung im Raum (wenn alle denken: »Das schaffen wir nie ...«). Oft genug ist der innere Geschichtenerzähler auch noch widersprüchlich oder unklar.

Wir haben hier also alles andere als eine Informationsquelle von ungetrübter Qualität. Wozu brauchen wir den kleinen Mann (bzw. die kleine Frau) im Ohr überhaupt? Die Antwort: Er (bzw. sie) ist eine notwendige Begleiterscheinung unseres Bewusstseins.

Unablässig nehmen wir Reize unterschiedlichster Art auf: physiologisch, geistig, emotional und heutzutage zunehmend technisch und virtuell. Allein unsere fünf Sinne senden jede Sekunde mindestens elf Millionen Bits ans Hirn. Und dabei sind all jene Daten noch nicht eingerechnet, die unser Körper ständig über seine Lage, seine inneren Regelsysteme und den Zustand unserer Organe nach oben meldet. Bewusst verarbeiten können wir dagegen verschwindend wenig: rund sieben Informationseinheiten (sog. Chunks) gleichzeitig, das ist die Kapazität unseres Kurzzeitgedächtnisses. Das heißt im Klartext: Unser Bewusstsein bewältigt maximal sechzig Bits in der Sekunde. Lassen Sie das einen Moment auf sich wirken: Mehr als elf Millionen Bits Input gegen sechzig Bits bewusste Verarbeitung – das ist, als wollten Sie den Inhalt des städtischen Schwimmbads (400 m³) in ein normales Wasserglas (0,2 l) kippen. Oder joggen Sie? Dann müssten Sie statt Ihrer üblichen Morgenstrecke von vielleicht fünf Kilometern vierundzwanzigmal um den Äquator kreisen.

Was passiert mit dieser Riesenmenge an Daten? Unser Gehirn ist unablässig damit beschäftigt, zu filtern, auszusondern, Bekanntes einzusortieren, automatische Abläufe zu aktivieren. Ohne bewährte Muster und eingefahrene Routinen geht da gar nichts. Das Bewusstsein wird nur behelligt, wenn das nicht ausreicht oder etwas nicht reibungslos abläuft. Also dann, wenn es etwas zu entscheiden oder zu lösen gilt. Sie sehen also, Führung beginnt schon auf der Ebene der Nervenzellen!

Damit wir in diesem komplexen System mit seiner Vielzahl von Autopiloten den roten Faden nicht verlieren, gibt es den inneren Geschichtenerzähler. Wenn er die räumlichen Rekonstruktionen des Sehzentrums auf den Tisch kriegt, sagt er: »Ich sehe.« Wenn er die Mustererkennung einer Personenbeobachtung auf den Tisch kriegt, sagt er: »Frau Meier mag mich.« Durch ihn erleben wir den ganzen Rummel als unser Leben. Er ist nach Kräften bemüht, uns den Eindruck vom Leib zu halten, wir wären fremdgesteuert. Stattdessen bemüht er sich seit unserer Geburt, die ganze Geschichte in einen sinnvollen Zusammenhang zu bringen. Immer wieder neu.

Natürlich unterlaufen ihm dabei ständig Fehler. Vielleicht waren Sie als Kind anfällig für Krankheiten und denken, das seien Sie immer noch. Auch wenn es längst nicht mehr stimmt. Vielleicht haben Sie zwei richtig nervige Blondinen im Freundeskreis. Und jetzt denken Sie, ich wäre das auch … Der Geschichtenerzähler bestimmt unsere Wahrnehmung. Was in die Story passt, wird mit offenen Armen aufgenommen. Was nicht passt, lässt man links liegen. Und dabei kann man ganz schön vom Kurs abkommen.

Deshalb ist Selbstreflexion so wichtig – sich immer mal wieder einen Moment Zeit zu nehmen, eine minimale innere Verzögerung einzubauen und sich zu fragen: Was ist in meinem Kopf los? Oder: Was sagt mein Bauchgefühl? Denn es sind nicht immer Sätze, die da herumschwirren. Obwohl das Bild vom Geschichtenerzähler so wunderbar griffig ist, nutzt er nicht nur Worte, sondern die ganze Bandbreite unserer Reaktionen und Empfindungen. Daraus eine verstehbare Botschaft zu entziffern, »ist oft erst das Endergebnis einer Selbsterforschung«, schreibt der Kommunikationsforscher Friedemann Schulz von Thun in seinem Buch *Das innere Team*: »Wenn wir von ›inneren Stimmen‹ sprechen, dann meinen wir weder ein akustisches Erleben noch unbedingt eine sprachliche Formulierung. Vielmehr melden sich die Einheiten in ganz unterschiedlicher Weise: als ein (›irgendwie ungutes‹) Gefühl, als (Ver-)Stimmung, als ein (›sich aufdrängender‹) Gedanke, als (›plötzlicher‹) Impuls, etwas zu tun oder zu lassen, als Körpersignal oder Krankheit (›Was wollen dir deine Kopfschmerzen sagen?‹), als Befehl an die gesamte Person (›Bloß weg hier!‹).« [Schulz von Thun, Das innere Team: 42]

Selbsterkundung bedeutet hier, zunächst einmal unser Innenleben überhaupt wahrzunehmen. Der zweite Schritt besteht darin, diese Vorgänge in eine Sprache zu fassen, die für unser praktisches Handeln orientierend werden kann. Diese Sichtung und Übersetzung bietet die einmalige Chance, ein wertvolles und situationsrelevantes Informationsvorkommen zu erschließen! Deshalb macht Schulz von Thun ausdrücklich Mut zum »Selbstgespräch«. Der anschließende, dritte Schritt ist die kritische Beobachtung meines inneren Dialogs: Macht es Sinn? Passen diese Stimmen eigentlich zur Situation? Ist das wirklich hilfreich, was da von innen funkt?

Oft genug müssen wir unserem Geschichtenerzähler ein wenig unter die Arme greifen. Manchmal ist seine Stimme im Alltagstrubel zu leise. Manchmal drängt er sich so in den Vordergrund, dass wir kaum mehr mitkriegen, was »draußen« gesprochen wird. Häufig ist es für ihn nicht einfach, den Überblick zu behalten. Wenn er die unterschiedlichen Anforderungen der Situation und die verschiedenen inneren Motivlagen nicht in eine überzeugende Version kriegt, wird es mehrstimmig: Wir spüren zwei Seelen in unserer Brust bzw. widerstreitende Meinungen in unserem Kopf oder Widersprüche zwischen unserer rationalen Einschätzung und unserem Bauchgefühl. Alles gar nicht schlimm, meint Schulz von Thun: Dann arbeiten wir eben an unserem »inneren Team«.

»Zu jeder praktischen Fragestellung, vom kleinen Kommunikationsproblem (Wie sag ich's meinem Mitstudenten?) bis zu den existenziellen Grundentscheidungen (Was zählt wirklich in meinem Leben?) gibt es vielfältige und widersprüchliche innere Wortmeldungen, und die Träger dieser inneren Stimmen sind zum Teil sehr tatendurstige Gesellen. Und zwar tatendurstig nach außen (als Wortführer und

Handlungsträger) wie nach innen (als Stimmungsmacher und als Teilnehmer am inneren Selbstgespräch). So erweist sich das ›Ich‹, das nach Übereinstimmung mit sich selbst sucht, als ein multiples Gebilde, erweist sich die innere Pluralität als menschliches Wesensmerkmal. Das ist auch gut so, aber bevor wir die Tugend einer ›inneren Teambildung‹ nutzen und genießen können, haben wir erst die Not eines ›zerstrittenen Haufens‹ zu bewältigen.« [Schulz von Thun, Das innere Team: 19]

Die Klärung der inneren Pluralität erweist sich als optimale Vorbereitung auf flexibles, alltagstaugliches Handeln. Bei wichtigen Entscheidungen und in schwierigen Situationen rät Schulz von Thun ohnehin dazu, erst einmal unsere internen Ressourcen zu erschließen und jeweils eine »Ratsversammlung« einzuberufen, in der die unterschiedlichen Impulse in unserem Inneren zu Wort kommen. Denn der Komplexität der Situation entspricht sehr wahrscheinlich eine Vielschichtigkeit unserer inneren Stimmen. Auch hier sind wieder Kommunikations- und Führungsqualitäten gefragt – wie im realen Team. Denn am Ende muss der Geschichtenerzähler die Fäden in der Hand behalten: »Bezeichnenderweise sagen wir ›ich‹ und nicht ›wir‹, trotz aller inneren Pluralität«, stellt Schulz von Thun fest. [Schulz von Thun, Das innere Team: 79] Der Geschichtenerzähler muss entscheiden, welche Impulse zu Wort kommen sollen, wie der innere Dialog konstruktiv werden kann und was davon schließlich nach außen dringt.

Deshalb kann die Sache in mehrere Richtungen schiefgehen: Kriegen wir den »zerstrittenen Haufen« in unserem Inneren nicht unter einen Hut, wirken wir wirr oder wie weggetreten. Drehen wir dem Geschichtenerzähler kurzerhand den Ton ab, verlieren wir das Maß dafür, was für uns stimmig ist. Unserem Handeln kommen dann die individuelle Handschrift und der innere Zusammenhang abhanden. Folgen wir dagegen blind einzelnen »Stimmen«, die sich gerade zu Wort melden, werden wir zum Spielball von momentanen Gefühlslagen, äußerem Druck oder alten Programmen. Selbsterkundung und Selbstführung erweisen sich auch auf diesem Gebiet als anspruchsvolle Kunst. Die Voraussetzung für ein der Situation angepasstes, kluges und eigenverantwortliches Handeln ist Arbeit an sich selbst und Mut zur Entscheidung. Der Preis ist die Möglichkeit des Scheiterns. Aber der Gewinn lohnt jede Investition. Schulz von Thun bringt es auf den Punkt: »Wer mit sich selber einig (geworden) ist, kann der Welt mit vereinten Kräften begegnen. Sie verleihen ihm die Ausstrahlung von Eindeutigkeit, Sicherheit, Ruhe, Souveränität, Autorität und das damit verbundene Gewicht, die damit verbundene Durchsetzungskraft.« [Schulz von Thun, Das innere Team: 155]

Wenn Ihr Geschichtenerzähler also seine Kommentare zum Besten gibt, hören Sie ihm aufmerksam zu. Aber machen Sie sich Folgendes klar: Sie sind keine Digitalkamera, auf deren Rückwand sich die Pixel der Realität einbrennen. Sie sind ein kreatives Kraftwerk für Interpretationen. Die Sätze in Ihrem Kopf geben nicht die Wirklichkeit zuverlässig wider, sie gehorchen der Logik Ihres inneren Erzählstrangs und der Sichtweise Ihres Geschichtenerzählers.

Sie können den inneren Geschichtenerzähler an die Hand nehmen und führen. Selbstführung beginnt im Kopf.

Und dieser ist anfällig für Wut (»Was für Idioten!«), Fehleinschätzungen (»Das schaffen wir mit links …«), negative Programmierungen (»Ich bin so eine dumme Kuh …«) und Widersprüche (»Hü – oder doch hott?«). Die gute Nachricht: Sie können jederzeit in die Story eingreifen! Einzelne Stimmen, Stimmungen oder Impulse müssen es nicht bis auf die Handlungsebene schaffen. Denn darüber entscheiden Sie! Sie können den inneren Geschichtenerzähler an die Hand nehmen und führen. Selbstführung beginnt im Kopf.

Bauen Sie Pausen ein – im Job und zu Hause. Das müssen jeweils nur ein paar Sekunden sein. Lassen Sie ruhig erst einmal alles so laufen wie bisher. Aber fragen Sie sich zwischendurch ganz bewusst: »Was geht mir gerade durch den Kopf? Sagt das etwas über mich – oder über die Situation?« Und machen Sie den Check, ob es Sie auf Ihrem Weg nach vorne bringt: Passt es zu dem, was Sie sind, wofür Sie brennen, wohin Sie wollen? Glauben Sie mir, die Veränderung beginnt in dem Moment, in dem Sie ernsthaft beginnen, Ihren Fokus auf diese Fragen zu lenken. Denn Ihr Geschichtenerzähler möchte eins ganz sicher nicht: falschliegen. Sein Ziel ist es, die bestmögliche Geschichte zu finden.

Und dann nehmen Sie Ihre Freiheit wahr. Denn darum geht es: um die reale Freiheit, dass Sie sich Augenblick für Augenblick immer wieder fragen können: »Will ich das jetzt gerade?« Und wenn Sie merken, dass die Wortmeldung in Ihrem Kopf unnütz ist oder schädlich? Dann machen Sie einen Deal mit Ihrem Geschichtenerzähler!

- Schlagen Sie Ihrem Geschichtenerzähler einen **Perspektivenwechsel** vor! Ein Beispiel: Sie verstehen den Kollegen Schneider oder den Kunden Schmitt einfach nicht? Statt ihn als »total gestört« abzustempeln, versuchen Sie einmal, sich in ihn hineinzuversetzen und seine Sichtweise zu übernehmen. Vielleicht gibt es einen guten Grund, dass der sich so aufregt!

- Schlagen Sie Ihrem Geschichtenerzähler vor, den **Rahmen zu ändern**! Sie stecken zum Beispiel in einem vertrackten Problem fest. Keiner der gewohnten Lösungswege funktioniert. Da kann es sinnvoll sein, zu schauen, wie andere es geschafft haben. Vielleicht in einer ganz anderen Branche. Vielleicht ist es gar kein Organisationsproblem, sondern es hakt beim Budget.

- Schlagen Sie Ihrem Geschichtenerzähler eine **Alternative** vor! Zum Beispiel, indem Sie ihm die emotionalen Kosten vorrechnen. Statt Ihr Herz Woche für Woche mit Ingrimm zu vergiften, wenn die Nachwuchskräfte (oder wahlweise: die Platzhirsche) im Meeting sich mal wieder in den Vordergrund spielen, könnten Sie sich auch für eine andere Reaktion entscheiden. Beispielsweise – aufgrund Ihrer Berufserfahrung – für Gelassenheit. Dafür müssen Sie aber zunächst Ihren Ärger erkennen.

- Laden Sie Ihren Geschichtenerzähler zu einer **Krisensitzung** ein! Wenn es innerlich konfus wird oder wenn es um Entscheidungen mit hohem Einsatz geht – beispielsweise weichenstellende Vereinbarungen in Job oder Privatleben –, dann nehmen Sie das Tempo raus. Schaffen Sie sich Raum für eine Strategiesitzung des »inneren Teams«. Schulz von Thun warnt: »Da die innere Beteiligung nicht zuletzt durch die Gegenwart der ›Spätmelder‹ und der leisen Tiefenbewohner unseres Selbst gegeben ist, braucht sie Zeit und entzieht sich dem schnellen und effektiven Lebensmanagement.« [Schulz von Thun, Das innere Team: 278]

> Die wenigsten haben auf dem Sprint kurz vor der Zielgeraden ein offenes Ohr für Bedenkenträger, die sich zögerlich melden. Was aber, wenn diese Bedenken begründet sind? Deshalb bringen Sie die relevanten Teilnehmer an einen inneren runden Tisch! Der Katerstimmung nach einer vorschnellen Vertragsunterzeichnung kann ein kluger innerer Dialog vorbeugen. Und das ohne Risiken und Nebenwirkungen.

Kommen Sie mit Ihrem Geschichtenerzähler ins Gespräch. Durchstöbern Sie täglich aufs Neue, was in Ihrem Kopf abläuft. Denn wann immer ein Gedanke vorbeikommt, können Sie entscheiden, ob Sie diesen Gedanken fortsetzen oder sich einer Alternative zuwenden. Eine gute Frage, die zu Ihrem täglichen Begleiter werden könnte, lautet: »Wie könnte ich diese Sache noch betrachten?« Machen Sie Ihre Gedankenmuster zu Ihrem persönlichen Forschungsgebiet und üben Sie sich täglich in der Kunst des Perspektivenwechsels. Tun Sie es mit der spielerischen Leichtigkeit und der Neugierde eines Kindes. Erforschen Sie Ihre innere Haltung, Ihre Gedankenwelt. Entdecken Sie dabei die Vielfalt der Möglichkeiten, Ihre Gedanken und Gefühle zu klären, sie in einen stimmigen Zusammenhang zu bringen und Einfluss auf ihr Zusammenspiel und ihre Richtung zu nehmen.

Die Hirnforscherin Jill Taylor hat diese Möglichkeit auf die harte Tour entdeckt. Sie erlitt im Alter von siebenunddreißig Jahren einen Schlaganfall, der ihre linke Hirnhälfte lahmlegte. Dort sind schwerpunktmäßig das analytische Denken und das Sprachzentrum beheimatet. Also auch der innere Geschichtenerzähler. Als Fachfrau war Taylor natürlich auf außergewöhnliche Weise qualifiziert, über ihre Ausfallerscheinungen zu berichten – und über den acht Jahre dauernden Kampf, ihre Fähigkeiten zurückzuerlangen. Herausgekommen ist *Mit einem Schlag*, ein faszinierendes Buch, das viele Preise erhalten hat. Mich hat vor allem gefesselt, wie Taylor das Verstummen des inneren Geschichtenerzählers schildert. Mit einem Mal ist Ruhe und Frieden. Aber es gibt auch keinen roten Faden mehr. Der Zusammenhang geht verloren. Ohne geht es also nicht.

Der langsame Genesungsprozess gibt Jill Taylor die Möglichkeit, das Funktionieren des inneren Kommentars zu beobachten: »Als die Sprachzentren meiner linken Hirnhälfte sich erholten und wieder funktionierten, beobachtete ich oft stundenlang, wie mein ›Geschichtenerzähler‹ Schlussfolgerungen aus selbst minimalen Informationen zog. Zunächst fand ich dieses Verhalten ziemlich komisch, bis mir klar wurde, dass meine linke Hirnhälfte vom Rest meines Gehirns tatsächlich erwartete, ihr die Geschichten zu glauben, die sie erfand. Während meines Genesungsprozesses war es zwar sehr wichtig, das Verständnis wiederzuerlangen, dass mein Gehirn Informationen auf die bestmögliche Art verarbeitet, aber … ich habe gelernt, das Potenzial meines ›Geschichtenerzählers‹ mit Vorsicht zu genießen.« [Taylor, Mit einem Schlag: 183]

Und diese Haltung gibt ihr die Freiheit, auszuwählen und sich für Alternativen zu entscheiden. Ein außergewöhnliches Beispiel für Selbstreflexion übrigens, denn die schwer angeschlagene Patientin nimmt notgedrungen ihre körperlichen Reaktionen als Maßstab der Entscheidung: »Der Teil meiner linken Hirnhälfte, den ich nicht wiederhaben wollte, war der Charakter, der … sich ständig Sorgen machte oder schlecht über sich und andere redete. Mir gefiel es einfach nicht, was diese Verhaltensweisen physiologisch in meinem Körper für ein Gefühl erzeugten. Mir wurde der Brustkorb eng. Ich spürte, wie mein Blutdruck stieg … Mit großer Mühe habe ich mich darum bewusst entschieden, das Ego-Zentrum meiner linken Hirnhälfte ohne diese alten Schaltkreise wiederherzustellen.« [Taylor, Mit einem Schlag: 184]

Der innere Geschichtenerzähler bleibt – wie alles im Gehirn – lebenslang lernfähig. Deshalb kann er sehr konstruktiv werden.

Die meisten von uns kommen glücklicherweise nicht in die Verlegenheit, ihr ganzes System rebooten zu müssen. Einflussmöglichkeiten haben Sie trotzdem. Die Justierung Ihres inneren Geschichtenerzählers ermöglicht Ihnen Selbstgestaltung in jedem Moment Ihres Alltags. Der erste Schritt besteht darin, diese Möglichkeiten zu erkennen, der zweite darin, zu entscheiden, welche Sie nutzen wollen. Denn der innere Geschichtenerzähler bleibt –

wie alles im Gehirn – lebenslang lernfähig. Deshalb kann er sehr konstruktiv werden, er kann Ihnen Mut zusprechen, Sie warnen, Sie als Gewissen an ethische Werte erinnern. Wenn er das nicht schon längst tut. Er kann Ihnen Ihren individuellen Weg durch die Vielschichtigkeit des Lebens weisen. Sie haben also gute Chancen, den Geschichtenerzähler zum starken Partner Ihrer Selbstführung zu machen. Übernehmen Sie Verantwortung für das, was in Ihrem Kopf los ist! So steigen Sie aus der passiven Haltung »Da denkt mich was« aus. Fangen Sie heute an, mit Ihrem Geschichtenerzähler ins Gespräch zu kommen!

Verhalten checken

Leben ist wie Fahrradfahren. Um das Gleichgewicht zu halten,
musst du in Bewegung bleiben.

Albert Einstein, 1930

Wenn von Verhalten oder gar Verhaltensänderung die Rede ist, kommt schnell eine fatalistische Stimmung auf. Wer kennt sie nicht, diese mit einem resignativen Grundton vorgetragenen Aussagen?

– »Ich versuche schon seit Jahren, mir das Rauchen abzu-
  gewöhnen.«
– »Ich würde gerne ein paar Pfunde verlieren.«
– »Ich müsste eigentlich was für meinen Rücken tun.«
– »Wenn ich doch nur in so einer Situation mal den Mund auf-
  kriegen (oder: halten) könnte.«

Wir sind hier mitten im Umsetzungsproblem. Vom Blues der guten Vorsätze zu Jahresbeginn war ja schon die Rede.

Die Diskussion um unser Verhalten schwankt zwischen scheinbar entgegengesetzten Polen: Fremdbestimmung und Autonomie, Erstarrung und Wandel, Gefängnis und grenzenloser Freiheit. Nicht nur im privaten Bereich, auch in der Fachliteratur. Und es stimmt: Verhalten ist häufig erschreckend vorhersehbar. In erster Linie natürlich bei anderen, mit etwas Übung aber auch bei uns selbst. Da ist es klar, dass die nagende Frage auftaucht: Was haben wir überhaupt selbst in der Hand?

Eric Berne, der Vater der Transaktionsanalyse, rechnet es vor: Rein theoretisch haben wir für jede Aktion die Auswahl zwischen 6597 Möglichkeiten. (Wer wissen möchte, wie er auf diese Zahl kommt, möge bei ihm selbst nachlesen …) Eine kleine Sequenz von nur drei Transaktionen – das ist noch nicht einmal Small Talk zwischen Tür und Angel – findet also in einem Handlungsspielraum von 6597^3 Alternativen statt. »Das eröffnet uns etwa drei Billionen verschiedene Möglichkeiten für die Strukturierung unserer drei Transaktionen. Damit haben wir alle so viel Raum, wie wir benötigen, um unsere Individualität zum Ausdruck zu bringen. Da die meisten Menschen täglich in hunderte oder gar tausende von Transaktionen verstrickt sind, stehen jedem von ihnen Trillionen und Abertrillionen von verschiedenen Kombinationen zur Verfügung. Selbst wenn jemand gegen 5000 von 6597 möglichen Transaktionen eine Abneigung empfindet und sich niemals auf sie einlässt, behält er immer noch sehr viel Spielraum zu manövrieren.« [Berne, Was sagen Sie: 36]

Aber so sieht unser Alltag nicht aus. Da haben wir höchst selten das Gefühl, nach Lust und Laune aus einer breiten Palette von Möglichkeiten auswählen zu können. Als Gegengewicht schaffen wir uns in der »Quality Time« angenehme Luxusprobleme: Gehen wir zum Italiener oder essen wir heute lieber Sushi? Welche Schuhe, welchen Film, welchen Badezusatz nehme ich? Aber läuft nicht selbst da eine Menge auf festgelegten Gleisen? Auch unser Gegenüber im Job und im Privatleben erleben wir in der Regel nicht als Feuerwerk atemberaubender Überraschungen. Und das ist ja vielleicht auch gut so.

Es handelt sich in gewisser Weise um eine erstaunliche Leistung, dass wir trotz der bestehenden Vielzahl von Möglichkeiten unser Verhalten in stereotype Formen bringen. Allerdings wirken dabei auch gewaltige Kräfte auf uns ein: Kultur bzw. Zivilisation, Gesellschaft und Wirtschaft, unser Elternhaus sowie andere prägende Einflüsse unserer Kindheit und Jugend, Rollenerwartungen, die Dynamik von Gruppen und Beziehungen – und nicht zu vergessen: die Biologie. Da fällt es manchmal schwer, den eigenen Anteil noch herauszufiltern. Vor allem, wenn man negativen Programmen auf die Spur kommt, die einem das Leben schwer machen.

Eric Berne, der Pionier der Erforschung solcher Programme – die er Skripte nennt –, hat das (in der Zeit vor PCs, CD-ROM und Internet) so formuliert: »Unsere Verhaltensmuster werden von starren Reflex-Genen bestimmt, von primitiver Prägung, von kindlichem Spiel und kindlichem Nachahmungstrieb, von elterlichen Lehren, von sozialer

›Zähmung‹ und von spontaner Erfindung. Der typische Mensch …
führt sein Skript durch, weil es ihm in seiner frühesten Kindheit von
seinen Eltern in den Kopf gesetzt worden ist und weil es dann für den
Rest seines Lebens dort erhalten bleibt. Das Skript verhält sich so wie
ein Computerband oder wie die Musikrolle in einem elektrischen Kla-
vier, das die Reaktionen in der vorausgeplanten Folge auch dann noch
hervorbringt, wenn die Person, die die Löcher in das entsprechende
Band gestanzt hat, längst das Zeitliche gesegnet hat. Unser Jedermann
sitzt inzwischen vor dem Piano, und er bewegt seine Finger auf der
Tastatur des Klaviers. Dabei erliegt er der Illusion, er selbst sei es, der
das klassische Instrumentalkonzert spielt und es zu dem vorgesehe-
nen Abschluss bringt.« [Berne, Was sagen Sie: 86]

Haben Sie schon einmal mit Ihren Kindern das neue Computerspiel
ausprobiert – und erst nach zwanzig Minuten gemerkt, dass Sie sich
noch in der Demoversion befinden, die ganz von alleine abläuft? In
dem Science-Fiction-Streifen *Oblivion* werden Tom Cruise und seine Partnerin von Außerirdischen geklont. Vermutlich vierzig dieser
künstlichen identischen Paare bewohnen – unbemerkt voneinander –
abgelegene Traumhäuser mit 1-a-Designerküchen. Ihre Gespräche
speisen sich im Wesentlichen aus einem fünfminütigen Mitschnitt des
letzten Funkgesprächs, bevor ihre Kopiervorlage gekidnappt wurde –
und das schon seit Jahren. Kommt Ihnen das irgendwie bekannt vor?

Das latente Gefühl, in den raren Momenten von Freiheit womöglich
einer Täuschung aufzusitzen, die alltägliche Erfahrung, an allen Ecken
und Enden in Zwängen festzuhängen, weckt unsere Sehnsucht nach
Unabhängigkeit und Spielraum. Wir sind auf der Suche nach einem
authentischen, unverbogenen Ich. »Das Verhalten eines autonomen
Menschen lässt sich nicht auf eine Formel reduzieren, weil ein solcher
Mensch seine eigenen Entscheidungen trifft, und zwar von einem
Augenblick zum anderen und aufgrund seiner eigenen Entschlüsse«,
meint Eric Berne. [Berne, Was sagen Sie: 475] Aber wo sollen wir
so eine Autonomie finden, wenn unser gesamter Werdegang davon
geprägt ist, dass wir Programme lernen und Muster übernehmen?
Diesen Prozess sieht auch Berne mit psychologischer Nüchternheit:
»Jeder ist von sich aus dazu fähig, sein Skript zu akzeptieren, denn

sein Nervensystem ist mit dem Ziel konstruiert worden, programmiert zu werden, sensorische und soziale Stimuli aufzunehmen und sie zu Mustern zusammenzufügen, die dann sein Verhalten regeln. Wenn er körperlich und geistig-seelisch heranreift, wird er in zunehmendem Maße bereit für eine immer komplexer werdende Programmierung. Er ist auch willens, diese zu akzeptieren, weil er verschiedene Möglichkeiten braucht, seine Zeit zu strukturieren und seine Tätigkeiten zu organisieren.« [Berne, Was sagen Sie: 336]

Unsere Identität finden wir nicht außerhalb von Rollen, Zwängen, Erwartungen und Programmen. Auch wenn wir uns das mitten im ganz alltäglichen Wahnsinn manchmal herbeiträumen. Unsere Individualität ergibt sich aus unserer Geschichte, in der wir vieles mit allen Menschen, manches mit den Angehörigen unserer Generation, aber einiges – und das ist entscheidend – mit niemandem teilen. Zum Vergleich: Das menschliche Genom ist zu 95 Prozent mit dem eines Schimpansen identisch (nach Forschungen des amerikanischen Molekularbiologen Roy J. Britten). Trotzdem bestehen wesentliche Unterschiede zwischen den beiden hoch entwickelten Säugetieren. Das ist kaum zu leugnen. Und diese Unterschiede haben eine beeindruckende Geschichte: 75 Millionen vorteilhafte – das heißt, aus heutiger Sicht in die richtige Richtung weisende – Mutationen. Eigentlich ein Wunder, dass wir dafür nur zwei Millionen Jahre gebraucht haben.

Auch prozentual klein wirkende Differenzen machen also einen großen Unterschied! Vor allem zeigt sich unsere Identität in den Entscheidungen, die wir treffen. Das ist es auch, was Berne meint, wenn er von Autonomie spricht. In der Regel sind das Entscheidungen innerhalb von Normen, Konventionen und Programmen. Häufig wechseln wir aber auch zwischen verschiedenen Rollen und Mustern, beispielsweise wenn wir von einem »offiziellen« in einen »freundschaftlichen« Ton oder vom Arbeits- in den Freizeitmodus umschalten. Das ist uns meist gar nicht bewusst, weil diese Art, uns zu verhalten, uns so selbstverständlich erscheint. Und dann gibt es noch jene Gelegenheiten, bei denen wir durch unser Verhalten oder bewusstes Eingreifen die Regeln umgehen, zurecht-

> **Unsere Identität zeigt sich in den Entscheidungen, die wir treffen – innerhalb von Normen, Konventionen und Programmen.**

biegen oder verändern. Sie sehen: Die Allgegenwart von Programmen schließt individuelles Handeln nicht aus.

Nehmen wir als Beispiel eines der ältesten und am tiefsten verankerten Verhaltensmuster des Menschen: seine Reaktion auf (vermeintliche) Bedrohung. Zu Anfang dieses Teils des Buches war vom Wegducken vor der Verantwortung, vom Fortbeamen und vom Zombiestatus die Rede. Sicher fallen Ihnen aus der letzten Woche auf Anhieb Beispiele ein für das faszinierende Schauspiel, wenn Menschen am Arbeitsplatz versuchen, unsichtbar zu werden. Die plötzliche Aufmerksamkeit für einen in der Ferne liegenden Punkt oder für ein Komma im Manuskript auf dem Tisch. Sporadisch auftretende Hörprobleme. Oder der Zwang, gerade jetzt ein Objekt vom Boden aufzuheben. Vielleicht kennen Sie das, wenn es einmal wirklich unangenehm wird, ja sogar von sich selbst.

Der Totstellreflex ist, wie gesagt, eine zentrale Überlebenstechnik in der freien Wildbahn. Im Büro deutet diese Altlast der Evolution ebenso wie blinde Flucht und ungebremster Angriff auf einen »atavistischen« Führungsstil hin. Das heißt, dieses Verhalten gehört auf eine frühere Evolutionsstufe. Bei den Dinos wäre es noch eine Erfolgsstrategie gewesen. Heute ist die freie Wildbahn – jedenfalls außerhalb des Rotlichtmilieus – kein wegweisendes Geschäftsmodell mehr. Mit Furcht und Schrecken halten Sie keine guten Kräfte. Strammstehende Mitarbeiter sind gut, um das Versenken von Changeprozessen zu eskortieren. Ein Team, das auf Durchzug geschaltet hat, wird kaum zu neuen Ufern aufbrechen. Und eingeschüchterte Kollegen kriegen beim Kunden keinen Fuß auf den Boden.

Eigentlich erschütternd, wie stark alle diese Verhaltensweisen trotzdem unseren Alltag bestimmen. Und jeder von uns kennt sie: die eigenen Dschungelreaktionen. Wir sind schließlich biologische Wesen. Aber selbst hier haben wir die Wahl! Es handelt sich um Muster mit einem klaren, vorhersehbaren Ablauf. Gerade das erlaubt es uns, mit ihnen bewusst umzugehen. Mein Tipp: Anfälle von Wut, Angst oder Resignation im Pausenmodus abwarten. Offenbar ist ein starkes Reaktionsmuster ausgelöst worden. Wie interessant! Beiläufig auf die

Uhr schauen und abwarten. Nach neunzig Sekunden ist die erste Hormonflut durch den Körper hindurchgerauscht. Jetzt kann man etwas gelassener zu den Führungsfragen zurückkehren: Was ist eigentlich los? Wo ist das Problem? Wie ist es zu lösen? Was ist der erste Schritt?

Die Abwärtsspirale beginnt dagegen mit unüberlegten Kurzschlussreaktionen, Schuldzuweisungen und damit, dass der Geschichtenerzähler noch den Überbau zum Frust liefert: »Nie kann man sich darauf verlassen, dass …« Und: »Immer muss ich allein …« Und so weiter und so fort. Neunzig Sekunden Stress blasen sich auf zu einem verhagelten Tag in einem »Scheißladen«, in dem »man beim besten Willen nicht arbeiten kann«. Ihre Adrenalinwelle schwappt auf die anderen über – und wird unweigerlich zu Ihnen zurückkommen. So bauen sich negative Erwartungen auf und werden von allen Seiten immer neu angeheizt. Das Abschalten des schlechten Programms beginnt dagegen mit dem Einschalten Ihres Bewusstseins. Stichwort: Selbstreflexion. Die Heilung erfolgt mit der Übernahme von Verantwortung: Ist es wirklich sinnvoll, in dieser Situation meinen Ärger (oder was auch immer) herauszulassen?

Die Kompetenz für einen solchen Umgang mit Verhaltensmustern muss jeder von uns im Laufe seines Lebens erwerben. Und damit meine ich nicht, dass Sie fortan über jede Ihrer Handlungen zu Gericht sitzen und Noten verteilen sollen. Das wäre dann kein Leben mehr … Es geht um ein realitätsbegleitendes Bewusstsein: Um auf Muster klug reagieren zu können, muss man sie erst einmal erkennen und kennenlernen. Wie bei der Arbeit mit dem inneren Team fängt auch hier alles damit an, zu beobachten und wahrzunehmen, was überhaupt abläuft. Wo kommt es her – von mir oder von außen? Wie funktioniert es? Wo fängt es an, wo hört es auf? Ist mehr als eines zur gleichen Zeit aktiv? Im nächsten Schritt geht es darum, zu bewerten, Folgen abzuschätzen und Veränderungsmöglichkeiten aufzudecken. Dann können wir mit gutem Grund entscheiden, wie wir uns verhalten wollen.

Das alles sind keine Aufgaben, die man mit links und ein für alle Mal löst. Die Vorstellung, mit ein bisschen Anstrengung einen Baukasten zusammenzukriegen, mit dem wir uns ein erfolgreiches Leben basteln können, haut leider nicht hin. Wir stecken ja mittendrin in dem Schlamassel, den wir zu verstehen und zu steuern versuchen. Das bewusste Hinschauen ist allerdings ein bewährtes Hilfsmittel, um nach einiger Zeit ein Gefühl für die richtigen Entscheidungen zu bekommen. Denn: Wir können immer besser werden im Begreifen und klugen Handeln.

Gerade die Stabilität von Verhaltensmustern ermöglicht nachhaltige Verhaltensänderungen.

Paradoxerweise hilft uns dabei die Tatsache, dass unser Denken, Fühlen und Handeln so weitgehend in Mustern und Programmen abläuft. Wären wir ständig mit Bernes drei Billionen Möglichkeiten konfrontiert, gäbe es für unser Gehirn nichts mehr zu erkennen als schrankenlose Freiheit. Wir könnten weder Vorhersagen treffen, was vermutlich als Nächstes passiert, noch, welche Folgen unser eigenes Handeln voraussichtlich haben wird. Wir hätten ständig vor Staunen den Mund offen. Gerade die Vorhersehbarkeit erlaubt es uns, günstige von ungünstigen Mustern zu unterscheiden: Welche Strategien haben – wenn ich ehrlich bin – nicht den erwarteten Erfolg gebracht? Und welche Auswirkungen hat das auf meinen inneren Kompass: mein Selbstwertgefühl? Gerade die Stabilität von Verhaltensmustern ermöglicht nachhaltige Verhaltensänderungen. Indem ich alte Gewohnheiten ändere, ablege oder neue aufbaue, erhalte ich die Chance, meinem Leben insgesamt eine neue Richtung zu geben.

Aber wie erkenne ich, bei welchen Verhaltensmustern ich ansetzen soll? Indem ich aufmerksam beobachte: Was zeitigt immer wieder unerwünschte Effekte? Dient der Aufwand tatsächlich meinen Werten und Zielen? Habe ich das Gefühl, gebremst zu werden, festzustecken? Der Maßstab ist letztlich Ihr Gefühl für Stimmigkeit. Und, Hand aufs Herz, wissen wir nicht intuitiv ziemlich genau, wo der Hase im Pfeffer liegt? Was fehlt, ist häufig nur der Mut, die Sache anzupacken.

Es gibt definitiv negative Programme. Wenn Sie sich selbst sabotieren, es kurz vor der Zielgeraden immer wieder punktgenau verbocken, wenn Sie in Selbstzweifeln, Grübeleien und endlosem Aufschieben versinken, dann sollten Sie mit professioneller Hilfe herausfinden, ob ein Verliererskript dahintersteckt, wie die Transaktionsanalyse das nennt. Wenn Sie mit immer denselben Menschen immer dieselben Probleme haben, dann sollten Sie schauen, dass Sie in dieser Beziehung etwas in Bewegung bringen.

Aber nicht alle »schlechten« Gewohnheiten sind ausschließlich schlecht. Rauchen schadet definitiv Ihrer Gesundheit. Aber der Plausch in der Raucherecke bringt Kontakte. Und die Zeit für Ihre Zigarette schafft Pausen, in denen Sie sich aus der Situation herausziehen und Ihren Gedanken nachhängen können. Vermutlich erleben Sie diese Momente als entspannend. Wenn Sie sich das Rauchen abgewöhnen, sollten Sie diese guten Nebeneffekte nicht mit über Bord schmeißen!

Und nicht alle Verhaltensmuster, die heute hinderlich sind, waren das schon immer. Was früher vielleicht einfach eine ausgeprägte Eigenschaft war, ist aus irgendeinem Grund heute zu einer reinen Beschränkung geworden. Sie waren schon immer genau, nun erlebt Ihre Umgebung Sie als pedantisch. Sie waren schon immer ein freier Geist, nun bringen Sie Ihre Familie damit zur Verzweiflung. Sie waren schon immer ein vorsichtiger Mensch, jetzt gehen Sie gar nicht mehr aus dem Haus. Und: Nicht alles, was wir uns in der Kindheit, der Jugend oder unserer Sturm-und-Drang-Zeit angeeignet haben, passt später noch. Das Dumme ist: Wir haben uns so wunderbar daran gewöhnt! Was einmal eine geniale Problemlösung war, hat längst das Verfallsdatum überschritten. Was den Laden zuverlässig am Laufen gehalten hat, bringt nun Stillstand.

Denn bei Lichte betrachtet neigen wir zum Festhalten am Gewohnten. In Stresssituationen kann daraus auch ein ängstliches Klammern werden. Das lässt Verhaltensänderungen gerade dann zu einer echten Herausforderung werden, wenn sie am nötigsten sind. »Eine Quelle unseres außerordentlichen Beharrungsvermögens«, erklärt Handlungsspezialist Hans-Werner Rückert, »liegt in der Organisation unseres Gehirns, das konservativ arbeitet. Die neuronale Reizleitung und die darauf folgenden Reaktionen laufen stark gewohnheitsmäßig ab. Wenn eine bestimmte Reiz-Reaktion-Beziehung einmal ›gebahnt‹ worden ist, dann funktioniert sie mit hoher Wahrscheinlichkeit weiter.« [Rückert, Handeln: 117]

Wieder liegen die Rettungsleine und der Fallstrick nah beieinander: Einerseits können wir Muster und Programme – mit etwas Bewusstsein und einiger Anstrengung – nutzen, um langfristige Verhaltenskorrekturen anzuschieben. Andererseits besteht die Gefahr, dass ebendiese Muster und Programme uns einlullen und vom Weg abbringen. Du bist, was du tust – dieser Satz ist in beide Richtungen zutreffend: mit Blick auf das Handeln und auf den Handelnden. An unseren Taten kann man uns erkennen. Aber ebenso gilt: Was wir permanent tun, formt unseren Charakter. Oft genug hat der Alltagstrott längst das Bild verändert, das wir von uns selbst haben. Deshalb setzt auch Daniel Goleman in seinem Buch *Emotionale Führung* die Selbsterkundung an den Anfang: »Eine Bestandsaufnahme Ihres realen Selbst beginnt mit der Inventur Ihrer Talente und Leidenschaften – der Person, die Sie als Führungskraft sind. Das ist gar nicht so einfach. Es erfordert nämlich ein hohes Maß an Selbstwahrnehmung, allein schon um die Trägheit festgefahrener Gewohnheiten zu überwinden. Die Veränderungen, die Routine mit sich bringt, stellen sich schleichend und unauffällig ein. Deshalb ist die Realität unseres Lebens oft schwer zu definieren. Und wenn wir sie dann erkennen – oft in einem Moment der Erleuchtung –, kann sie sehr unangenehm sein. Ein Manager, mit dem wir arbeiteten, drückte es so aus: ›Ich sah, dass ich genau die Person geworden war, die ich nie sein wollte.‹« [Goleman, Emotionale Führung: 165]

Mein Verhalten sollte so stimmig wie möglich sein, für mich selbst und für die Situation. Deshalb lautet die zentrale Frage: Ist es zielführend, sinnvoll, heilsam, oder richtet es Schaden an meinem Selbstbild und in meiner Umgebung an? Haben wir erst einmal ein Verhaltensmuster als Störquelle identifiziert, können wir gar nicht anders, als daran zu arbeiten. Goleman rät: »Nur wenn wir bewusst nach den Situationen Ausschau halten, die in der Vergangenheit unsere alten, dysfunktionalen Verhaltensweisen auslösten, können wir sie durch neue, positivere Reaktionen ersetzen. Das auf diese Weise entstehende Frühwarnsystem signalisiert uns, genauer auf unsere Reaktion zu achten. So rückt unser Handeln in den Bereich der bewussten Entscheidung. Wir können üben, richtig zu reagieren, statt wieder einmal eine Chance auf Veränderung zu verpassen.« [Goleman, Emotionale Führung: 194]

Das waren ein paar Hinweise, wie man negative Programme erkennt und eine Art Warnsystem im Alltag installiert. Aber wie ändert man solche Verhaltensmuster? In der Regel geht es erst einmal um eine Dämpfung. Das Ganze soll nicht auf Stufe drei durchstarten, sondern heruntergeregelt werden. Ich will nicht immer gleich so aufgebracht, eingeschnappt, verschreckt … sein. Ich will nicht immer in der Retterrüstung für andere die Kartoffeln aus dem Feuer holen. Ich möchte nahbar, gelassener, sortierter … werden. Vielleicht kommt Ihnen das eine oder andere vertraut vor. Ich bin überzeugt, dass allein die Klärung der eigenen Wünsche und eine Neuausrichtung des Bewusstseins das Verhalten insgesamt verändert. Sie werden eine ganze Reihe scheinbar nebensächlicher Entscheidungen nun anders treffen und das wird Auswirkungen auf das Gesamtsystem haben. Und in einem solchen veränderten Rahmen können selbst chronisch negative Programmierungen in Bewegung kommen.

Natürlich können Sie auch direkt an änderungsbedürftigen Verhaltensmustern arbeiten:

- **Setzen Sie Erkennungssignale** (»Aha, jetzt geht das wieder los …«). Machen Sie ein interessantes Spiel daraus!

- **Führen Sie neue Regeln ein** (»Wenn A, dann C und nicht B«), und versuchen Sie, diese immer wieder an die Stelle der alten zu setzen. Bringen Sie dabei Geduld mit!

- **Nutzen Sie simple Tricks:** Spickzettel mit Handlungsschritten oder Gegenverlautbarungen; Eselsbrücken, um das neue Verhalten greifbar zu machen, zum Beispiel Objekte, die an Ihre Vorsätze mahnen, oder Erinnerungen im Terminkalender. Seien Sie erfinderisch!

- **Verankern Sie die gewünschte Veränderung als Ziel**. Halten Sie schriftlich fest, wohin Sie wollen, visualisieren Sie, wie es ist, dort angekommen zu sein! Belassen Sie es nicht bei gedachten Vorsätzen, nehmen Sie sich als ganzen Menschen mit!

- **Praktizieren Sie eine konstruktive Fehlerkultur**. Halten Sie sich emotional nicht bei Rückschlägen auf, sondern versuchen Sie, aus ihnen zu lernen und es beim nächsten Mal besser zu machen! (Lesen Sie dazu auch das Unterkapitel über Fehlerkultur am Ende des Buches!)

- **Setzen Sie ein Zeitlimit** für unerwünschte Reaktionsweisen, die Sie nicht einfach ausschalten können. Ihr Gehirn wird Ihren Vorsatz unterstützen, und Sie können derweil Ihr Selbstmitleid, Ihre Ungeduld, oder was immer es auch ist, eingehend studieren.

- **Beobachten Sie die Auswirkungen leicht veränderter Abläufe**. Probieren Sie Varianten aus, schauen Sie, was passiert, überzeugen Sie sich selbst!

- **Dokumentieren Sie den Prozess**. Überlisten Sie Frustimpulse, voreilige Höhenflüge und Schlendrian – bauen Sie einen sachlichen, distanzierten und gelassenen Realitycheck ein!

- **Und: Belohnen Sie sich**. Würdigen Sie gelungene Verhaltensweisen, gönnen Sie sich zur Feier des Tages etwas Besonderes und erleben Sie bewusst Ihre Einflussmöglichkeiten!

Vergessen Sie auch nicht, Ihren inneren Geschichtenerzähler ins Boot zu holen. Bei tief greifenden Verhaltensänderungen schreiben Sie Ihre Geschichte neu – und es ist unwahrscheinlich, dass das kein Echo im inneren Team findet. Starke Wandlungsprozesse rufen das Bedürfnis nach Sicherheit auf den Plan. Und das ist auch legitim. Aber daraus kann eine starke innere Gegenbewegung erwachsen, die Ihr Projekt sabotiert, wenn Sie sie nicht berücksichtigen. »Die Macht dieser unbewussten Ängste können Sie nur durch Bewusstheit entkräften«, mahnt Rückert, »nicht durch ein Dagegen-Ankämpfen.« [Rückert, Handeln: 277] Also: Gehen Sie freundlich und nachsichtig mit sich selbst (und anderen) um. Achten Sie auf innere Impulse, und zwar auch dann, wenn die Ihnen gerade nicht in den Kram passen. Finden

Sie Worte und Bilder für das »neue Ich«, sprechen Sie sich Mut zu, hören Sie auf Warnzeichen – und kommen Sie in einen Dialog mit den inneren Stimmen, die zu dem Programm gehören, das Sie gerade verändern!

Sich mit dem Strom treiben zu lassen, verlangt weder Initiative noch Einfallsreichtum. Dinge in Bewegung zu bringen, ist dagegen ein mutiger Schritt: Wenn Sie selbst am Steuer sitzen, bleibt die Verantwortung auch an Ihnen hängen. Aber vielleicht haben Sie es ja schlicht und einfach satt, auf dem Beifahrersitz hin und her geschüttelt zu werden. Richtungsweisende Veränderungen gibt es nicht per Knopfdruck. Der neue Weg kann erst einmal steinig sein. Es ist wahrscheinlich, dass er mit schmerzlichen Einsichten, Herausforderungen und einigen Fehlschlägen gepflastert ist. Mit Sicherheit ist er ungewohnt. Sie müssen schon wissen, wohin Sie unterwegs sein wollen, um nicht bei erster Gelegenheit in den gewohnten Trott zurückzufallen.

Da ist in der Tat Mut gefordert! Nun geht es aber nicht immer um den fundamentalen Kurswechsel. Auch wenn ständig neue Ratgeberwellen mit einem mahnenden »Du musst dich ändern!« über uns schwappen: Grundlegende Revisionen Ihrer Persönlichkeit stehen sicher nur einige wenige Male in Ihrem Leben auf dem Programm. Beruhigend zu wissen: Auch kleine Modifikationen haben nachhaltige Effekte. Vor allem halten sie das Gesamtsystem Ihrer Denk- und Verhaltensmuster in Bewegung. Und das ist es, worauf es ankommt. Das eigene Verhalten durch aufmerksame Beobachtung und korrigierende Eingriffe gezielt zu steuern, ist schlicht und einfach Teil eines interessanten, wachen Lebens. Wenn wir nicht in Gang bleiben, fallen wir zurück. Und wenn wir in unserem persönlichen Wachstum nicht fortschreiten, rosten wir ein, wir werden unbeweglich und starr. Es gehört zur vitalen Entfaltung Ihrer FührungsKRAFT, in lebendiger Bewegung zu bleiben.

> Beim Verhaltenscheck im Alltag gilt es vor allem, aus zwei Sackgassen wieder herauszukommen: aus der Komfortfalle und der Effizienzfalle.

Beim Verhaltenscheck im Alltag gilt es vor allem, aus zwei Sackgassen wieder herauszukommen: aus der Komfortfalle und der Effizienzfalle. Verhaltensmuster sind »gebahnt«, das heißt, wir sind mühelos auf ausgetretenen Pfaden unterwegs. Das ist zwar komfortabel, erzeugt aber geradezu zwangsläufig ein Problem: Die Einschleifungen schränken unsere Alternativen mehr und mehr ein. Dann besteht die Gefahr, dass wir träge werden. Wir verlieren unsere Neugier und unsere Fähigkeit, neue Wege zu entdecken und auszuprobieren. Mehr und mehr können wir uns nur noch mit den Menschen verständigen, die auf der gleichen Spur unterwegs sind. Die Nebenwirkungen: Bequemlichkeit macht auf Dauer ängstlich. Denn instinktiv wissen wir, dass sich alles ändert – unser Körper, die Gesellschaft, die Technik, die Kultur, die Menschen um uns herum –, während wir unsere altbewährten Rillen immer tiefer pflügen. Das Gegenmittel? »Man muss etwas Neues machen, um etwas Neues zu sehen«, wusste der geniale Aphoristiker Georg Christoph Lichtenberg schon im 18. Jahrhundert.

Dass Sie dieses Buch lesen, ist schon einmal ein guter Anfang! Wenn Sie sich dann noch inspirieren lassen, das eine oder andere für Sie Ungewohnte auszuprobieren, haben Sie bereits einen ersten Schritt aus der Komfortfalle gemacht. Unterhalten Sie sich – und zwar offen und ernsthaft – mit Menschen, die die Welt mit anderen Augen sehen als Sie. Zum Beispiel mit Ihren Kindern. Sicher gibt es auch in der Firma oder in der Nachbarschaft so jemanden. Lassen Sie sich ein Buch empfehlen, nach dem Sie selbst nicht automatisch gegriffen hätten. Nehmen Sie sich willkürlich irgend eine automatisierte Verhaltensweise vor – und beweisen Sie sich, dass Sie auch ganz anders können! Gehen Sie einmal in einem anderen Viertel Ihrer Stadt einkaufen. Wählen Sie ein Reiseziel, das nicht ins übliche Programm passt. Das sind nur Beispiele. Aber das Grundprinzip ist sicher klar geworden: Trainieren Sie Ihre Fähigkeit, sich auch abseits der ausgetretenen Pfade zu bewegen. Denn der Moment wird kommen, in dem Sie diese Fähigkeit brauchen. Der Preis ist das unbehagliche Gefühl des Ungewohnten. Erfolg und Spaß sind nicht vorprogrammiert und können auch nicht reklamiert werden. Aber Sie bleiben fit für die veränderliche, herausfordernde, spannende Realität!

Die Effizienzfalle ergibt sich aus dem Erfolg unserer Verhaltensmuster: Wir haben sie uns ja in der Regel angewöhnt, weil wir mit ihnen das erreicht haben, was wir wollten. (Falls die Effekte zuverlässig destruktiv ausfallen, siehe oben: negative Programme.) Das Problem ist auch hier, dass wir unsere Erfolgsmuster nicht mehr infrage stellen. Wir probieren nichts mehr aus. Die Gefahr unter anderem: Wir verlieren den Kontakt zu unserem inneren Kompass. Wagen Sie deshalb öfter mal gezielt Betätigungen und Begegnungen, die nicht auf der Erfolgsschiene liegen.

Wenn es Ihnen gelingt, diese Offenheit in Ihr Verhalten einzubauen, katapultieren Sie das Abenteuer Selbsterkundung in eine neue Phase: den Realitätstest. Die Umsetzung in Handlungen bringt unweigerlich die Frage auf den Tisch: Werden sich Ihre Ideen, Pläne, Reaktionen bewähren? Die Konfrontation mit den Außenwirkungen erfordert den Mut, auch einmal dumm dazustehen. Sie mag manchmal zu einer harten Landung führen. Sie wird aber immer lehrreich sein, wenn wir sie aufrecht zu nehmen wissen.

Durch den Verhaltenscheck erhalten Sie die Möglichkeit, Ihr Leben als Praxislabor zu begreifen. Sie beobachten und treffen Vorhersagen. Sie gehen kalkulierte Risiken ein. Eingebettet in Selbstreflexion wird daraus ein Lernprozess. So verstehen Sie beide Seiten der Medaille immer besser: sich selbst – und die Situation, in der Sie sich jeweils befinden. Denn die Situation ist für Sie nicht denkbar ohne Ihre Wahrnehmung, ohne Ihre Zielsetzungen, ohne Ihre Anteil- und Einflussnahme. Andererseits sind Ihre Motive, Pläne und Handlungsmuster nicht von den konkreten Umständen loszulösen, in denen sie sich zeigen. Friedemann Schulz von Thun spricht deshalb von der zunehmenden Kompetenz, die »Situationslogik« zu verstehen.

Er fasst zusammen: »Es bleibt uns nichts anderes übrig, als die Übereinstimmung dessen, was die Situation verlangt, mit dem, was uns selbst zutiefst entspricht, wenn irgend möglich herzustellen. Ein solches Verhalten ist zugleich fast immer ein wenig mutig, zivilcouragiert, ehrlich, erfordert jenes Zu-sich-selber-Stehen, das unter Opportunitätsgesichtspunkten stets auch etwas riskant ist, denn ich werde als Mensch greifbar und angreifbar. Und zugleich berücksichtigt es in konstruktiver Weise all das, was die Situation und ihre Einbettung in die weiteren Lebensverhältnisse gebietet, stellt sich dienend zur Verfügung und sucht den Geboten gerecht zu werden, welche in der Situation enthalten sind.« [Schulz von Thun, Das innere Team: 366]

Wenn Sie den Selbsterkundungsprozess über den Verhaltenscheck in die Realität umsetzen, erreichen Sie eine neue Stufe: Sie beginnen mit realen Veränderungen zu arbeiten. Diese betreffen nicht nur Dinge im Außen, sondern auch Ihr inneres Team. So können Sie sich bewusst als jemanden erleben, der Wirkung entfaltet.

Stärken entwickeln

*Nutzen Sie Feedback, um festzustellen, wo Ihre Stärken liegen,
und entwickeln Sie sie! Finden Sie heraus, was Sie mit ihnen
anfangen können – und tun Sie es!*

Peter Drucker, 1954

Es gibt gute Gründe, Steve Jobs als den erfolgreichsten Unternehmer
an der Schwelle vom 20. zum 21. Jahrhundert zu bezeichnen. Er ist
zwar bekanntlich nicht der reichste Mann der Welt geworden (was
ihn offenbar auch gar nicht interessierte), aber er hat das schier Unmögliche erreicht: die Outsiderfirma Apple zur wertvollsten Marke
der Welt zu machen. Vor allem ist es ihm immer wieder gelungen,
punktgenau innovative und überzeugende Produkte auf den Markt
zu bringen, die unsere Art zu leben nachhaltig geprägt haben. Wer
heute an einem Computer arbeitet oder spielt oder wer das Internet
nutzt (das sind nach einer Schätzung von 2011 rund 2,1 Milliarden
Menschen weltweit), bedient eine grafische Benutzeroberfläche mit
einem frei beweglichen Cursor oder etwas Ähnlichem. Den Standard
setzte Jobs 1984 mit dem ersten Mac. Wer heute einen Computer sein
Eigen nennt (und das sind in den wohlhabenden Ländern rund sieb-
zig Prozent der Bevölkerung), nutzt ihn nicht nur für berufliche und
private Büroarbeiten, sondern auch als Archiv und Abspielgerät für
Fotos, Filme und Musik. Der Prototyp für diese multimediale Schnittstelle unseres gesamten Privatlebens war 1998 der iMac. Apple hat
unsere Art, Musik zu hören (iPod, ab 2001), und unsere Art, mobil zu
kommunizieren (iPhone, ab 2007), grundlegend verändert. Und immer waren es Jobs' visionäre Kraft und sein ganz persönlicher Einsatz,
die diese Produkte in einer wegweisenden Qualität auf den Markt
brachten, bevor die Kunden ahnten, dass sie schon bald nicht mehr
ohne sie auskommen würden.

Als Mensch war der Apple-Gründer allerdings eine ziemliche Zumutung. Der Journalist Walter Isaacson, von Steve Jobs selbst gebeten,
seine Biografie zu verfassen, hat über hundert Wegbegleiter befragt.

Sie berichten übereinstimmend: Jobs war verschroben, selbstherrlich, ungerecht, cholerisch, manipulativ – und in seinen Anfangsjahren zudem noch ungewaschen. Die meisten der vernünftigen und praxisbewährten Ratschläge für Führungskräfte, die sich auch in diesem Buch wiederfinden, ließ er ungerührt links liegen. Er bevorzugte einzelne Mitarbeiter, kanzelte Topleute gnadenlos ab, gab Ideen, die er gerade noch in Grund und Boden verdammt hatte, am nächsten Tag als seine eigenen aus, verbiss sich in Details wie der Frage nach der Wandfarbe in den Produktionshallen. Kein Wunder, dass er kurz nach seinem ersten großen Erfolg 1985 aus dem eigenen Unternehmen flog.

Trotzdem beteuern die Mitarbeiter, die das aushielten und nicht kündigten, die Zusammenarbeit mit Steve Jobs gehöre zu den besten Zeiten ihres Lebens. Und sein Erfolg spricht für sich: Nach dem Rauswurf kaufte er eine Unternehmensabteilung, die unter dem Namen Pixar innerhalb weniger Jahre zur erfolgreichsten Firma für animierte Filme wurde. Weniger Furore machte zunächst sein Computerunternehmen NeXt. Hier wurden aber die Grundlagen für die Neuerfindung des PC als multimediale Schnittstelle gelegt, die Jobs mit Macht vorantrieb, als man ihn 1996 zu Apple zurückholte. Dort hatten in der Zwischenzeit seriöse Manager mit gepflegten Umgangsformen den ehemaligen Trendsetter an den Rand des Bankrotts verwaltet. Es war der unberechenbare und unerbittliche Jobs, der das schwer angeschlagene Unternehmen in atemberaubenden Schritten an die Spitze führte.

Und er ist bei Weitem nicht der einzige erfolgreiche Querulant. Der Gallup-Forscher Marcus Buckingham wertete den riesigen Datenbestand des Meinungsforschungsinstitutes aus – und außerdem eine Studie, in der achtzigtausend Führungskräfte weltweit befragt wurden, wie sie ihre Erfolge erreichen. Er stellte überrascht fest, dass die besten Manager sich vollkommen anders verhalten, als die Handbücher vermuten lassen. Das Buch, das er 1999 gemeinsam mit Curt Coffman herausbrachte, heißt dann auch *First, Break All The Rules*. Es wurde ein Bestseller. Zwei Jahre später legte er gemeinsam mit dem Kompetenzfachmann Donald O. Clifton noch einmal nach. Die beiden werteten eine Gallup-Mammutstudie mit zwei Millionen Befragten aus allen möglichen Berufszweigen aus – darunter Lehrer, Ärzte, Rechtsanwälte, Ingenieure, Verkäufer, Sportler, Börsenmakler, Wirtschaftsprüfer, Pastoren, Zimmermädchen, Soldaten, Krankenschwestern, Führungskräfte. Nicht nur die Zahlen und die breite Streuung sind beeindruckend. Statt Fragebögen mit Multiple-Choice-Antworten gab es Interviews mit offenen Fragen: Was sind Ihre Stärken? Mit welchen Aufgaben sind Sie konfrontiert – und wie lösen Sie sie erfolgreich? Welches ist der beste Weg, eine Person zu motivieren? Wenn Sie mit jemandem sprechen, wie erkennen Sie, dass Sie ein guter Zuhörer sind? Aus diesem enormen Pool realer Lösungsstrategien und individueller Verhaltensweisen filterten die beiden Forscher eine überschaubare Zahl grundlegender Muster heraus und kamen so zu einer ganz neuen Sichtweise, was persönliche Kompetenz bedeutet. Das Buch heißt programmatisch: *Entdecken Sie Ihre Stärken jetzt!*

Bis heute bestehen die gängigen Versuche, das Potenzial von Menschen zu entwickeln, darin, ihre Schwächen zu erkennen und diese nach Möglichkeit auszugleichen. Das beginnt schon in der Schule und entspricht der herrschenden, auf Fehler fixierten Kultur. Für Buckingham und Clifton ist dieser Ansatz schlicht und einfach verfehlt. Er geht von Anfang an in die falsche Richtung. Sie plädieren – wie übrigens bereits Peter F. Drucker in den 1950er-Jahren – dafür, bei Stärken und Talenten anzusetzen und diese zu entwickeln. Die Frage, wie man mit Schwächen umgeht, rutscht damit auf der Prioritätenliste nach unten. »Wird der spezifische Wert eines Menschen erkannt, lässt sich der individuelle Weg zu Erfolg und Erfüllung im Tun gezielt fordern und fördern. Wird das Beste in uns angesprochen, antwortet das Beste in uns«, erklären Buckingham und Clifton. »Es ist an der Zeit, endlich aufzuhören mit dem irrigen und Leiden schaffenden Versuch, vor allem die Schwächen ausmerzen zu wollen, um auf diese Weise möglichst vielseitig verwendbare Durchschnittsmenschen zu generieren.« [Buckingham | Clifton, Stärken: 12]

> An die Stelle der Fehlerfixierung und des Leitbilds vom beliebig formbaren Neutralmenschen tritt die Konzentration auf Stärken und ein neues Leitbild: das mit einzigartigen Talenten ausgestattete Individuum.

Der Abschied von der Fehlerfixierung und vom Leitbild des beliebig formbaren Neutralmenschen ist der erste Schritt im notwendigen

Prozess des Umdenkens. An ihre Stelle tritt die Suche und Entwicklung von Stärken und ein neues Leitbild: das mit einzigartigen Talenten ausgestattete Individuum. Wenn Ihnen das jetzt zu elitär oder zu sehr nach rosa Brille klingt, warten Sie noch einen Moment mit Ihrem Urteil. Denn die beiden Autoren krempeln unser Bild, was Stärken und Talente eigentlich sind, gehörig um.

Ausnahmeerscheinungen wie Mozart oder Einstein gibt es wohl nur einmal in einem Jahrhundert. Daran gibt es nichts zu rütteln. Genau so richtig ist aber auch: Sie wären das sicher nicht geworden, wenn sie, statt ihre Talente zu entfalten, an ihren Schwächen herumgedoktert hätten. In dieser Hinsicht eignen sie sich hervorragend als Vorbilder. Was wir dann noch brauchen, ist eine Horizonterweiterung. Denn solange wir unter »Begabung« in erster Linie das Schreiben von Symphonien oder das Ersinnen bahnbrechender Erkenntnisse verstehen, versinken achtundneunzig Prozent der Menschheit in der Durchschnittlichkeit. Das war aber überhaupt nicht der Eindruck, den Buckingham und Clifton aus ihrer Mammutstudie gewannen. In ihrem Material spiegelte sich die ungeheure Bandbreite cleverer Erfolgsstrategien von zwei Millionen Menschen mit vollkommen unterschiedlichen Talenten wider. Einige blühten im Chaos auf, andere inmitten ausgeklügelter Ordnungssysteme. Manche erreichten ihre Bestform unter Konkurrenzdruck, andere durch Kontemplation. Einige waren Solisten, andere begnadete Teamplayer. Einige liebten Action, andere Zahlenkolonnen, wieder andere kreatives Design.

Neuigkeit Nummer eins: *Es gibt viel mehr persönliche Stärken, als wir auf dem Schirm haben.* Die Fülle wiederkehrender Muster haben Buckingham und Clifton auf vierunddreißig sogenannte Talent-Leitmotive heruntergebrochen, das sind bestimmte Kopplungen von Interesse, Begabung und Kompetenz, die besonders charakteristisch sind und immer wieder auftauchen. Einen ganz kurzen Überblick gibt es im nachfolgenden grauen Kasten. Die Autoren bieten unter dem Markennamen StrengthsFinder einen sehr erfolgreichen Test an, den Sie selbst im Internet machen können, um Ihre Talent-Leitmotive herauszufinden. Ich bin aber sicher, dass bereits ein subjektiver Überblick über das ganze Spektrum einen eigenen Aha-Effekt erzielt.

Die vierunddreißig Talent-Leitmotive des StrengthsFinder

Analytisch. Nach Objektivität strebender Beobachter, der über Daten und Fakten nach Mustern und Verbindungen sucht.

Anpassungsfähigkeit. Flexibler Problemlöser, der gut mit Überraschungen und konkurrierenden Anforderungen umgehen kann.

Arrangeur. Experimentierfreudiger Jongleur, der in komplexen Situationen eine Vielzahl von Faktoren so lange gruppiert, bis eine sinnvolle Anordnung gefunden ist.

Autorität. Konfliktfreudiger Vertreter seiner Meinung und Verfolger eines gesetzten Ziels, der andere mit ins Boot holt.

Bedeutsamkeit. Bühnenwirksamer Hauptdarsteller, der Aufmerksamkeit und öffentliche Anerkennung genießt.

Behutsamkeit. Seismografischer Beobachter, der frühzeitig Risiken benennen kann.

Bindungsfähigkeit. Zuverlässiger Kumpel, der sich engagiert, um über oberflächliche Beziehungen hinauszugehen.

Disziplin. Gut strukturierter Ordnungsfreund, der durchdachte Pläne, feste Gewohnheiten und klare Zeitrahmen selber hat und für seine Umgebung setzt.

Einfühlungsvermögen. Sozial Hochkompetenter, der Dinge aus der Perspektive anderer betrachten kann, ohne dabei die eigene Sichtweise zu verlieren.

Einzelwahrnehmung. Überwinder von Schubladendenken, der bei jedem Einzelnen die einzigartigen Veranlagungen erkennt.

Entwicklung. Mentor, der in anderen Menschen verborgene Potenziale weckt.

Fokus. Aktivist mit Orientierungssinn, der für sein Handeln permanent klar umrissene Ziele festlegt.

Gerechtigkeit. Prinzipienstarker Ethiker, der sich für das richtige Gleichgewicht einsetzt und alle Menschen gleich behandelt, unabhängig von ihrem Status.

Harmoniestreben. Teamorientierter Klimaverbesserer, der Konflikte reduziert und Gemeinsamkeiten betont.

Höchstleistung. Exzellenzfan, der Talente findet und zur vollen Entfaltung bringt.

Ideensammler. Neugieriger Kollektor, der sich für alles Mögliche interessiert und das dann systematisch zusammenstellt – egal, ob es Fakten, Bücher, Bilder oder konkrete Gegenstände sind.

Integrationsbestreben. Egalitärer Aktivist, der exklusive Zirkel meidet und sich in Gruppen für die Integration aller einsetzt.

Intellekt. Hochleistungsbrainworker, der es liebt, seine grauen Zellen auf Trab zu halten, und der gerne ungestört den eigenen Gedanken nachgeht.

Kommunikationsfähigkeit. Moderator mit Bühnentalent, der gerne erklärt, beschreibt und Gespräche führt.

Kontaktfreudigkeit. Entdeckungslustiger Menschensammler, der auch Unbekannte auf Anhieb für sich einnimmt.

Kontext. Geschichtsbewusster Analytiker, der den Blick in die Vergangenheit nutzt, um die Gegenwart zu verstehen und zukünftige Entwicklungen vorherzusehen.

Leistungsorientierung. Sportliches Arbeitstier, das keine Mühen scheut und am Ende jedes Tages ein greifbares Ergebnis braucht.

Positive Einstellung. Unerschütterlicher Optimist, der mit Gelassenheit, Humor und großzügig verteiltem Lob für ein gutes Klima sorgt.

Selbstbewusstsein. In sich ruhender Aktivist, der im Wissen um seine Stärken Herausforderungen annimmt.

Strategie. Analytischer Pfadfinder, der gerade da den Weg erkennt, wo andere nur ein unüberwindliches Dickicht sehen.

Tatkraft. Handfest Zupackender, für den vor allem konkrete Schritte zählen.

Überzeugung. Praktizierender Ethiker, der sein Handeln an seinem Verantwortungsbewusstsein und einer klaren inneren Werteskala ausrichtet.

Verantwortungsgefühl. Zuverlässiger Partner, der von seinem guten Ruf lebt und unverbrüchlich zu den Verpflichtungen steht, die er eingeht.

Verbundenheit. Umfassender Ethiker, der davon ausgeht, dass alle Menschen miteinander verbunden sind und dass es für alles, was geschieht, einen Grund gibt.

Vorstellungskraft. Entdecker im Gedankenraum, der unter der komplexen Oberfläche nach überzeugenden Erklärungsmustern sucht und deshalb unermüdlich im Reich der Ideen unterwegs ist.

Wettbewerbsorientierung. Sportlicher Kämpfer, der mehr aus sich herausholt, wenn er sich mit anderen messen kann.

Wiederherstellung. Reparaturfreudiger Problemlöser, der die Fehleranalyse liebt, um Störungen aus der Welt zu schaffen.

Wissbegierde. Leidenschaftlicher Wissenssammler, der unablässig für den Kick lernt, Unwissenheit in Kompetenz zu verwandeln.

Zukunftsorientierung. Von der Zukunft faszinierter Visionär, der über den Tellerrand blickt und dort erkennt, wohin die Gegenwart führt.

[Quelle: Buckingham | Clifton, Stärken: 85 – 140]

Neuigkeit Nummer zwei: *Die Talente jedes Menschen sind weitaus stabiler – das heißt: festgelegter und dauerhafter –, als den meisten von uns bewusst ist.* Es war in den letzten zehn Jahren viel von der Plastizität des Gehirns die Rede. Und zu Recht. Wenn wir geboren werden, sind wir mit der Gesamtzahl von Hirnzellen ausgestattet. Etwa 100 Milliarden. Dazu mussten wir während unserer Zeit im Mutterleib 9500 Neuronen pro Sekunde bilden. Unglaublich! Mehr werden es dann aber auch nicht. Eher durch Cocktailpartys und den Alterungsprozess ein paar weniger. Was uns lebenslang erhalten bleibt, ist die Fähigkeit, neue Verbindungen zwischen den Nervenzellen herzustellen: durch Erfahrung, Übung, Einsicht. Auf die Synapsen kommt es an. Hier liegt ein enormes Potenzial an Freiheit und Weiterentwicklung. Aber das ist nur die halbe Wahrheit.

Ein Begriff, der seltsamerweise kaum eine Rolle in der öffentlichen Diskussion um die Bedeutung der Hirnforschung spielt, ist das soge-nannte Pruning (zu deutsch: Jäten, Zurückschneiden). Es gibt noch nicht einmal einen deutschen Wikipedia-Eintrag, obwohl Bucking-ham und Clifton das Phänomen schon 2001 fundiert in ihre Argu-mentation eingebaut haben: »60 Tage vor Ihrer Geburt beginnen Ihre Neuronen mit dem Versuch, miteinander zu kommunizieren. Jedes Neuron greift nach … einem Axon genannten Faden und versucht, eine Verbindung herzustellen. Wann immer sie entsteht, ist eine Synapse gebildet, und … tatsächlich hat bis zum Alter von drei Jahren jedes Ihrer 100 Milliarden Neuronen 15 000 synaptische Verknüpfun-gen mit anderen Neuronen gebildet. … Aber dann geschieht etwas Eigenartiges. Aus irgendeinem Grund drängt die Natur Sie jetzt, eine ganze Menge Ihrer sorgfältig gewebten Fäden zu ignorieren. Wie bei den meisten Dingen im Leben gehen Fäden, die vernachlässigt wer-den, irreversibel zurück, und so beginnen in Ihrem ganzen Netz die Verkettungen zu brechen. … Und wenn Sie an Ihrem 16. Geburtstag aufwachen, ist die Hälfte Ihres Netzes verschwunden.« [Buckingham | Clifton, Stärken: 56 f.]

Aktuelle Forschungsergebnisse stützen diese Darstellung im Wesent-lichen, allerdings scheint der Rückbauprozess eher bis zum vierund-zwanzigsten Lebensjahr zu dauern, und außerdem gibt es eine ge-genläufige Tendenz: Die Zahl der Gliazellen, in denen die Neuronen quasi schwimmen und deren Bedeutung für den Denkprozess noch nicht hinreichend geklärt ist, nimmt vom Kind zum Erwachsenen zu. Möglicherweise unterstützt dies die spätere Synapsenbildung durch Lernprozesse. Aber eines steht fest: Alles, was wir als Erwachsene entwickeln können, findet auf dem Boden einer durch das Pruning vorgegebenen radikalen Auswahl statt. Aus dieser Haut kommen wir nicht heraus. Wieder stoßen wir auf das Grundproblem von Struktur und Freiheit, das uns schon im vorangegangenen Kapitel begegnet ist. Und wieder geht es nicht nur um Begrenzung und (falsche) Program-mierungen. Auch Talente sind Denk- bzw. Verhaltensmuster.

Es wäre nicht das erste Mal, dass die Natur mit dem Prinzip der grandiosen Verschwendung arbeitet. Aber was könnte der Sinn dieser Aussortierung von fünfzig Prozent sein? Buckingham und Clifton meinen: »Die Natur zwingt Sie, Milliarden von Bahnen zu unterbrechen, damit Sie frei sind, die verbleibenden zu nutzen. Die Verbindungen zu verlieren, ist nichts, worum man sich Sorgen machen muss, sondern es ist das Ziel.« Zu Beginn stehen Ihnen noch alle Möglichkeiten offen. Das erlaubt es Ihnen, aus Ihren ganz spezifischen Lebensbedingungen das Optimum herauszuholen, zu lernen und sich anzupassen. Aber nach der Phase des unbeschränkten Aufnehmens muss der zweite Schritt folgen: der Aufbau von Strukturen und einem eigenen Profil. »Am Anfang sind Sie mit diesem Übermaß an Verbindungen von so vielen Signalen aus so vielen verschiedenen Richtungen überfordert«, erklären Buckingham und Clifton. »Um Ihre Welt zu verstehen, müssen Sie einen Teil dieses Tumults in Ihrem Kopf unterdrücken. Die Natur hilft Ihnen im nächsten Jahrzehnt genau hierbei. Ihr genetisches Erbe und die Erfahrungen Ihrer frühen Kindheit helfen Ihnen dabei, einige Verbindungen glatter zu finden und leichter zu nutzen als andere.« [Buckingham | Clifton, Stärken: 57]

Und genau hier liegt die Basis für Ihre Talente. Abgespeichert in der synaptischen Struktur Ihres Gehirns. Eingeschrieben in jene Denk- und Handlungsweisen, die Ihnen müheloser von der Hand gehen als andere. Sie haben den ersten Schritt auf Ihrem eigenen Weg gemacht – auch wenn Ihnen das vielleicht noch gar nicht klar ist. Buckingham und Clifton formulieren es so: »Sie treten hervor – ein ausgeprägtes, talentiertes Individuum, gesegnet und / oder verdammt, auf die Welt in Ihrer eigenen, dauerhaft einzigartigen Weise zu reagieren.« [Buckingham | Clifton, Stärken: 58 f.] Ist Ihr Schicksal also festgelegt? Haben Sie gar keine Wahl? Die klare Antwort ist: Nein, Sie haben jede Menge Möglichkeiten, in Ihrem Leben die Weichen zu stellen. Und zwar jederzeit. Alle realistischen Varianten beruhen jedoch auf dem Erkennen Ihrer ganz spezifischen Eigenart. Die Ausgangsbasis für Erfolg sind Ihre Talente. Und da, wo Ihr Reifungsprozess keine starken Verbindungen gebahnt hat, können Sie später keine mehr herbei-

> Die Basis für Ihre Talente ist abgespeichert in der synaptischen Struktur Ihres Gehirns – aber von hier aus haben Sie jede Menge Möglichkeiten, in Ihrem Leben die Weichen zu stellen.

zaubern. Deshalb kommen Sie um die Selbsterkundung nicht herum. Wenn Sie nicht gerade ein Sonntagskind sind, fällt Ihnen das nicht in den Schoß. Trotzdem gibt es eine gute Nachricht, nämlich:

Neuigkeit Nummer drei: *Ihr Entwicklungspotenzial ist – realistisch betrachtet – enorm hoch.* Und das vor allem in drei Bereichen:

- Es gibt noch Talente zu entdecken. Vielleicht stehen Sie ja tatsächlich ganz am Anfang, herauszufinden, was Ihnen wirklich liegt. Unsere Erziehung und die Gesellschaft, in der wir leben, konfrontieren uns häufig mit Erwartungen, wie wir zu sein haben. Empathie, Ideensammeln oder Zukunftsorientierung gelten da schnell als »spinnerter Kram«, den man sich tunlichst abzugewöhnen hat. Die Frage, welche Talente in Ihnen schlummern, stand vielleicht nie auf der Tagesordnung. Oder Sie haben einseitig bestimmte Talente ausgebaut und andere vernachlässigt. Weil sich Harmoniestreben nicht für einen »echten« Jungen gehört, weil Wettbewerbsorientierung angeblich nicht zu einem Mädchen passt usw.

- Es gilt, die Talente zu verknüpfen. Denn Sie haben mehr als eins. Schauen Sie die Liste oben noch einmal durch! Wissbegierde in Verknüpfung mit dem historisch ausgerichteten Kontext ergibt ein ganz anderes Ergebnis als im Zusammenspiel mit Zukunftsorientierung. Der Mix macht's. Vielleicht haben Sie ein Talent (Kommunikationsfähigkeit) für die Arbeit reserviert, ein anderes (Wiederherstellung) für die Freizeit. Stellen Sie sich vor, was passiert, wenn Sie sie in einer Tätigkeit zusammenbringen!

- Talente müssen in reale Lebenspraxis umgesetzt werden, um zu wirksamen Stärken zu werden. Sie sind erst einmal nichts weiter als im Gehirn gebahnte Potenziale, auf denen Sie aufbauen – oder auch nicht. Wenn Sie die Flexibilität des Arrangeurs mitbringen, aber Ihr Dasein als Sachbearbeiter fristen, der sich innerhalb vorgefertigter Formatvorlagen bewegen muss, liegt dieses Talent brach. Mit einer ausgeprägten Zukunftsorientierung sind Sie vermutlich bei der Archäologie eher schlecht aufgehoben. Ist die bühnenwirksame Bedeutsamkeit Ihr Talent, sollten Sie nicht als Assistentin der Assistenz enden. Mit dem Talent Intellekt sind Sie im Callcenter am falschen Platz und mit dem Talent Vorstellungskraft vermutlich auch im Verkauf. Umgekehrt liegen Sie goldrichtig, wenn Sie ein Talent – oder am besten: Ihr ganzes Bündel – mit einem Tätigkeitsfeld verbinden. Und dafür gibt es jede Menge Möglichkeiten: Buckingham und Clifton haben in ihrer Studie festgestellt, dass Menschen mit ähnlichen Talenten in ganz unterschiedlichen Berufsfeldern Erfolg hatten. Sie können als Gelehrter kontaktfreudig, als Ingenieur positiv eingestellt, als Künstler analytisch und als Polizist behutsam sein. Und Sie können diese Talente unter den genannten Berufsvertretern nach Belieben austauschen. Das ändert nicht unbedingt die Qualität ihrer Leistungen, aber mit Sicherheit die Art, wie sie ihren Job erledigen.

Neuigkeit Nummer vier: *Ihre Talente und Stärken machen Sie einzigartig.* Buckingham und Clifton gehen davon aus, dass aus der Liste ihrer Talent-Leitmotive bei jedem von uns in der Regel fünf besonders stark ausgeprägt sind. Oben haben wir gesehen, dass der Austausch von nur einem Talent bereits zu einer gänzlich anderen Ausrichtung führt. Buckingham und Clifton kommen in ihrem Buch zu einer Kette, die bei Charles Darwin beginnt und über Bill Gates zu Martin Luther King führt. Ganz offenbar sehr unterschiedliche Zeitgenossen! Auch sie veranschaulichen das an lediglich zwei Talenten – während tatsächlich fünf im Spiel sind. Vielleicht wird langsam die Bandbreite deutlich … Bei fünf aus vierunddreißig liegt im Übrigen die Chance, dass Sie jemanden mit exakt der gleichen Zusammenstellung finden, bei 1 zu 280 000; das ist zwar höher als beim Sechser im Lotto aber immer noch ziemlich unwahrscheinlich. Und hier handelt es sich nicht bloß um Zahlen, sondern um komplexe Eigenschaften. In die Waagschale fallen außerdem Ihre persönliche Gewichtung und Ausbalancierung der Talente – sowie die Umsetzung in Arbeitsbereiche, Beziehungen, Hobbys, die Sie in Ihrer Lebensgeschichte den Umständen abgetrotzt haben. Auf diese Weise ergeben die Talentkombinationen definitiv Ihre ganz persönliche Handschrift. Mehr Einzigartigkeit ist auf diesem Planeten nicht zu haben.

So weit, so gut für unser Ego. Aber wie sind diese individuellen Anlagen mit unserer Leistungsfähigkeit verbunden? Buckingham und Clifton vergleichen die Neuronenbahnen, die als Ergebnis beim Pruning herauskommen, mit ultraschnellen Telekommunikationsleitungen (T1) und erklären: »Ihr Gehirn … folgt dem Weg des geringsten Widerstands, Ihren Talenten. Eine Entscheidung steht an, sie wird sofort auf einer Ihrer T1-Leitungen hinuntergejagt und – voilà – die Entscheidung ist getroffen. Eine andere Wahl. Wieder eine Reise auf der T1-Leitung. Eine weitere Entscheidung. Die Summe dieser winzigen Entscheidungen – sagen wir 1000 am Tag – ist Ihre Arbeitsleistung dieses Tages. Multiplizieren Sie diese Zahlen mit fünf, und Sie erhalten Ihre Leistung in der Woche. Multiplizieren Sie sie, sagen wir mit 240 Arbeitstagen, und Sie haben Ihre Leistung für das Jahr. Ungefähr 240000 Entscheidungen, und Ihre Talente, Ihre stärksten synaptischen Verbindungen, haben jede einzelne davon getroffen.« [Buckingham | Clifton, Stärken: 62] Zu dumm, wenn Sie an einem Arbeitsplatz sitzen, an dem Sie Ihre wichtigsten Talente nicht recht zum Tragen bringen können. Sicher, Sie können Ihren Job ordentlich erledigen. Aber auch mit viel Einsatz werden Sie über durchschnittliche Leistungen nicht hinauskommen.

Deshalb lautet **Neuigkeit Nummer fünf:** *Ihre Talente zeigen Ihnen den Weg zum Erfolg.* »Bei näherer Betrachtung ist der Unterschied zwischen jemandem, dessen Leistung akzeptabel ist, und jemandem, dessen Leistung laufend beinahe perfekt ist, nur sehr gering«, meinen die beiden Stärken-Experten. »Der beinahe perfekte Könner handelt selten drastisch anders. Konfrontiert mit dem täglichen Sperrfeuer von 1000 spontanen Entscheidungen, trifft er einfach einige wenige bessere. Wie wenige? Beim Baseball sind Sie, wenn Sie tausendmal am Schlagmal stehen und den Ball 270-mal mit Erfolg schlagen, ein mittlerer Spieler. Wenn es Ihnen gelingt, eine Quote von 320 Treffern pro 1000 zu erzielen, werden Sie als einer der besten der Liga gepriesen. Also liegt im Baseball der Unterschied zwischen dem Mittelfeld und dem Superstar bei etwa 25 besseren Entscheidungen pro Saison (im Durchschnitt erreicht ein Schlagmann etwa 500-mal pro Saison das Wurfmal). … In der Arbeitswelt könnten drei zusätzliche Besuche pro Woche oder das Auffangen von zwei zusätzlichen emotionalen

Signalen während einer Präsentation den Unterschied zwischen dem sich abplagenden und dem großartigen Verkäufer ausmachen.« [Buckingham | Clifton, Stärken: 153 f.]

Steve Jobs war trotz oder gerade wegen der Tatsache, dass er adoptiert worden war, überzeugt, »auserwählt« zu sein. Was man früher als Macke bezeichnet hätte, wird in der Perspektive von Buckingham und Clifton zur Tugend der Bedeutsamkeit – wenn man eine Stärke daraus entwickelt. Und das hat Jobs gemacht. Er begann früh damit, seine Umwelt umzukrempeln, damit sie seinen Vorstellungen entsprach. Seine nicht sonderlich wohlhabenden Adoptiveltern ruinierten sich fast, um ihn auf sein teures Wunschcollege zu schicken. Dort war ihm bald der normale Studienbetrieb zu fad – und er erreichte eine Sondererlaubnis, nach Lust und Laune an Kursen teilzunehmen, die ihn interessierten. Ohne Studiengebühren. Er war ganz offenbar ein hochbegabter Junge (Talent: Intellekt). Jobs nahm sich reichlich Zeit für seine Selbstfindung. Auf seiner ersten Arbeitsstelle bei Atari packten sie ihn in die Nachtschicht, weil er den Kollegen nicht zuzumuten war. Nach einem einjährigen Indientrip kam er als eine Art Messias zurück. Aber offenbar hatte er eine ganz eigenständige Freiheit des Geistes erlangt.

Hinzu kam, dass er eine treffsichere zukunftsorientierte Vorstellungskraft mitbrachte. Aus herumschwirrenden halb fertigen Innovationen entwickelte er Produkte, die es so noch nicht gegeben hatte. Sie wurden auch deshalb so erfolgreich, weil sie einem gnadenlosen Test unterworfen wurden: Sie mussten Jobs gefallen. Er musste selbst Lust haben, sie zu benutzen.

Mit seinem klaren Profil und seiner visionären Kraft gelang es ihm, die besten Köpfe um sich zu scharen und zu Höchstleistungen anzutreiben. Wer die Nerven hatte, mit ihm zusammenzuarbeiten, wusste, dass Jobs ein einzigartiges kreatives Kraftzentrum war. Für seine Mitarbeiter war dies die Chance, die Entwicklung an vorderster Front voranzutreiben. Im Ausgleich brachten sie alle jene Talente ein, über die Jobs definitiv nicht verfügte: Empathie, Behutsamkeit, Harmoniestreben usw. Das ist nicht unbedingt ein Beispiel für gute Führung.

Aber die Erfolgsgeschichte von Steve Jobs zeigt, welche enorme Wirkungsmacht von der kompromisslosen Entwicklung von Talenten zu Stärken ausgehen kann (wenn das Ganze dann noch zur richtigen Zeit am richtigen Ort stattfindet).

Warum setzt so jemand wie Jobs Himmel und Erde in Bewegung? Auch nachdem er längst seine Millionen auf dem Konto hat? Warum putzt er Klinken und läuft sich die Hacken ab? Wird aus der eigenen Firma geschmissen und kämpft sich nach elf Jahren zurück an die Führung? Akzeptiert die Neunundneunzig-Prozent-Lösung nicht, obwohl alle auf dem Zahnfleisch gehen? Die Antwort hat zwei Teile und beide sind direkt mit dem Phänomen der einmal gebahnten Talente verknüpft: weil er gar nicht anders kann. Und: weil es ihm immer wieder einen gehörigen Kick gibt.

Neuigkeit Nummer sechs: *Talente sind der Schlüssel zum Glück.* Nur hier kann man in seinem Element sein. Das versteht sich fast von selbst. Nur im Wirkungsfeld der eigenen Talente kann man das erleben, was der Kreativitätsforscher Mihaly Csikszentmihalyi als Flow bezeichnet: das selbstvergessene und lustvolle Aufgehen in einer sinnvollen Tätigkeit. In den Begriffen von Buckingham und Clifton klingt das so: »Die Natur hat Sie so geschaffen, dass bei Ihren stärksten Verbindungen die Signale in beide Richtungen fließen. Ihr Talent lässt Sie in einer gewissen Weise reagieren, und sofort scheint ein gutes Gefühl die T1-Leitung hinaufzuschießen. Mit diesen hin- und herfließenden Signalen hat man ein Gefühl, als ob die Leitung schwingt, summt.« [Buckingham | Clifton, Stärken: 66]

Das heißt: Ihr gutes Gefühl ist ein erstklassiges Kriterium, um herauszufinden, wo Ihre Talente und Stärken liegen. Aber warum müssen wir sie überhaupt suchen, wenn sie doch so tief und bleibend in uns eingeschrieben sind? Die Antworten sind bereits angeklungen: weil möglicherweise von außen Kräfte auf uns einwirkten (und das vielleicht auch noch tun), die uns dazu gebracht haben, einzelne Talente einseitig zu entwickeln und andere zu vernachlässigen. Vielleicht waren die Umstände günstig für das eine und lähmend für das andere Talent. Für manche ist ihre Umgebung insgesamt so wenig fördernd, dass sie erst noch lernen müssen, darauf achtzugeben, was sie aus sich machen können.

Was für uns alle gilt, ist der notorische blinde Fleck der Selbsterkenntnis. Das, was uns ausmacht, ist uns vollkommen vertraut. Es erscheint uns total selbstverständlich. Erst wenn wir die anderen mit offenen Augen betrachten, können wir sehen, dass sie in vielem ganz anders ticken als wir. Und an diesem Punkt gilt es die Abwertungsfalle zu umschiffen. Wenn Sie eher strategisch vorgehen, sind Sie vielleicht nicht so positiv eingestellt wie Kollege Schröder. Mit Ihrer Tatkraft können Sie zwar eine Menge bewegen, aber vielleicht verunsichert Sie der Intellekt von Professor Meier. Fakt ist: Ihre Talente sind Ihre Talente. Sie können sich keine anderen borgen. Diese Talente bilden die Grundlage, von der Sie ausgehen können. Sie sind alles, was Sie haben.

> Ihre Talente sind Ihre Talente. Sie können sich keine anderen borgen. Sie sind alles, was Sie haben.

Auch hier geht es also wieder um kluge Selbstreflexion. Ist aber erst einmal das Bewusstsein geweckt, dass es da etwas zu finden gibt, ist die Suche gar nicht so schwierig. Der Praxistest bringt die Antwort. Schauen Sie auf Ihre Erfahrungen zurück oder beobachten Sie sich im ganz normalen Alltag. Buckingham und Clifton nennen drei untrügliche Anzeichen für ein Talent: spontane Reaktionen, schnelles Lernen und innere Befriedigung.

- Wie reagieren Sie auf Überraschungen im Job? Konstruktiv oder abwehrend, allein oder im Team? Wie reagieren Sie auf Krisen und Notfälle? Zupackend oder behutsam, neugierig oder distanziert? Wie sieht Ihr Handeln aus, wenn es spontan abgerufen wird?

- Wenn Sie mit einer Fortbildung konfrontiert sind oder einem neuen Arbeitsgebiet: Fühlen Sie sich in Ihrem Element, fallen Ihnen die Dinge zu? Oder mühen Sie sich ab, ohne »reinzukommen« und zu »landen«? Welche Dinge lernen Sie besser als andere?

- Und die wichtigste Frage: Machen Sie das gerne, was Sie gerade machen? Oder sind Sie – unabhängig von aktuellen Kränkungen oder Enttäuschungen – generell eher unbeteiligt und wären lieber woanders? Gehen Sie in Ihrer Tätigkeit auf, egal, wie lange sie gerade dauert? Spüren Sie eine magnetische Anziehungskraft?

Sie sehen schon: Hier liegen jede Menge Möglichkeiten, etwas über sich selbst und die eigenen (schlummernden) Talente herauszufinden! Machen Sie Ihren Alltag zum Praxislabor. Probieren Sie Tätigkeitsfelder, Hobbys, persönliche Kontakte aus, um herauszufinden, wo Sie auf Resonanz gehen und Ihre zentralen T1-Leitungen die Leistung hochfahren. Jede neue Herausforderung gibt Ihnen die Chance, mehr über sich herauszubekommen. Wenn Sie Ihr Bewusstsein zugeschaltet haben.

In eine etwas andere Richtung weist das vierte Talent-Anzeichen von Buckingham und Clifton. Hier geht es eher um die Erforschung des Inneren und von Erinnerungen, um die Kraft jener Begabungen zu spüren, die sich noch nicht hinreichend in der Realität bewähren konnten: »Sehnsüchte offenbaren die Gegenwart eines Talents, insbesondere wenn sie zu Beginn des Lebens zu spüren sind. ... Diese Empfindungen der Kindheit werden durch die synaptischen Verbindungen in Ihrem Gehirn verursacht. Die schwächeren Verbindungen haben geringen Einfluss, und wenn gut meinende Mütter (oder andere schreckliche Umstände) Sie auf einen bestimmten Weg zwingen, empfinden Sie dies als einengend, und es bringt Sie zum Weinen. Im Gegensatz dazu sind Ihre stärksten Verknüpfungen unwiderstehlich. Sie üben eine magnetische Wirkung aus und ziehen Sie immer wieder zurück. ... Deshalb werden diese stärkeren Bahnen, unabhängig davon, wie repressiv sich die äußeren Einflüsse erweisen mögen, immer nach Ihnen rufen und verlangen, gehört zu werden.« [Buckingham | Clifton, Stärken: 74–76]

Neuigkeit Nummer sieben lautet also: *Talente sind eine hoch wirksame innere Kraft.* Sie müssen schon einen gehörigen Aufwand betreiben, um ihnen den Saft abzudrehen. Falls Sie das bisher getan haben, hören

Sie einfach auf damit! Gehen Sie stattdessen gezielt auf die Suche nach weiteren unentdeckten Vorkommen. Pflegen Sie Ihre Eigenarten, auch wenn Sie diese bisher noch gar nicht als Begabungen gesehen haben.

Und wie entstehen nun aus den inneren Potenzialen persönliche Stärken? Ganz einfach, indem Sie diesen inneren Kräften die Chance geben, Ihren Alltag nachhaltig und umfassend zu formen: Ihr Wissen, Ihre Berufs- und Lebenserfahrung, die Art, wie Sie Ihren Mitmenschen begegnen, Ihre Art, zu lernen und anderen etwas zu vermitteln, Ihre Zeit mit der Familie und allein mit sich selbst. Dieser Formungsprozess vollzieht sich ganz von allein, wenn Sie Ihren Alltag als Praxislabor der Selbstfindung nutzen. Wenn Sie sich in das hineinknien, was Sie in Ihrem Element sein lässt, wenn Sie sich von dem abwenden, was Sie kalt lässt, und wenn Sie dort weitergehen, wo Sie die magnetische Anziehungskraft spüren, treten Sie heraus aus dem Sog des Mittelmaßes. Sie lassen das Leitbild des Neutralmenschen hinter sich und geben dem eigenen Leben die unverwechselbare Färbung.

Freiheiten nehmen

Es ist gut, sich auf eine Weise zu verhalten, die die Freiheit des anderen und der Gemeinschaft vergrößert. Denn je größer die Freiheit ist, desto größer sind die Wahlmöglichkeiten und desto eher ist auch die Chance gegeben, für die eigenen Handlungen Verantwortung zu übernehmen. Nur wer frei ist – und immer auch anders agieren könnte –, kann verantwortlich handeln.

Heinz von Foerster, 1998

Träume sind ein bewährtes Mittel, um Alltagserfahrungen zu verarbeiten. Der Mensch ist ein kreatives Wesen – und er nutzt seine Fantasie, um der Enge des Faktischen ein weites Spielfeld entgegenzusetzen. Wenn eine Begegnung vollkommen schiefgegangen ist, können wir uns einen anderen Verlauf ausmalen, der uns besser gefällt. Vielleicht begreifen wir dabei sogar, was falsch gelaufen ist. Wenn wir von Chaos und Lärm umzingelt sind, können wir uns eine wunderbar einsame Südseeinsel auf unsere innere Bühne zaubern. Die Fähigkeit, am Tag zu träumen, hilft uns immer wieder, unser Gleichgewicht wiederzufinden. Nur dürfen wir dann nicht im Wolkenkuckucksheim stecken bleiben.

Unsere Fantasie ist ein wunderbares Tool, um Alternativen durchzuspielen. Der Schriftsteller Robert Musil hat in den 1920er-Jahren bereits den Begriff vom Möglichkeitssinn geprägt. So, wie es ist, muss es nicht sein. Wir können den Istzustand kritisch darauf hin befragen, wie weit er von der besten Lösung entfernt ist. Damit das Ganze produktiv wird, muss jedoch das hinzukommen, was der Querdenker Hermann Scherer Chancenintelligenz nennt: Der wache Sinn dafür, wo sich in der Realität Gelegenheiten bieten, dem Möglichen, Wünschenswerten, Besseren ein ordentliches Stück näher zu kommen.

Wünsche sind eine erstklassige Quelle, um unsere Sehnsüchte zu erkunden. Welches Leben sehen Sie vor Ihrem inneren Auge, wenn Sie Ihrer Fantasie freien Lauf lassen? Welche Filme bewegen Sie? Mit welchen Helden identifizieren Sie sich? Unsere Sehnsüchte weisen auf das hin, was noch nicht in ausreichender Weise realisiert ist. Sie sind ein verlässlicher Indikator für unsere Werte, Ziele und Talente. Der nächste Schritt ist jedoch der Realitycheck: Welche Alltagsentscheidungen folgen meinem inneren Kompass – und führen mich in die richtige Richtung?

Zur Falle werden unsere Träume, Fantasien und Wünsche, wenn wir sie abspalten und aus dem Alltag heraushalten. Nach dem Motto: Tagsüber bin ich der Sklave von Sachzwängen; die Freiheit ist für die REM-Phase reserviert. Von neun bis fünf (und vielleicht noch darüber hinaus) Rädchen im Getriebe und dann, vor dem Fernseher, Weltenretter. Wenn unsere inneren Impulse keine Chance erhalten, sich in der Realität zu bewähren, laufen die eingespielten Muster auf Autopilot. Ein wichtiges Moment unserer Lebendigkeit kommt uns dann abhanden: unsere Freiheit. Kein Wunder, dass wir uns manchmal wie Roboter fühlen.

Ein wesentlicher Faktor, der den lebendigen Dialog zwischen bewährten Programmen und wachen Wünschen lähmt und das konstruktive Zusammenspiel in eine Negativspirale verwandelt, ist unser Hang zur Bequemlichkeit. Nun ist an dieser Neigung erst einmal nichts Negatives. Oft genug ist sie ein sinnvoller Schutz gegen Forderungen, die von außen auf uns einprasseln, und überzogene Ansprüche, die wir an uns selbst stellen. Bequemlichkeit im Übermaß macht uns jedoch unbeweglich.

Grund für diese Schutzhaltung ist häufig Furcht. Wir ziehen uns auf das Gewohnte zurück, um die Unsicherheiten des Lebens auszublenden. Letztlich erzeugt aber gerade diese Einstellung eine diffuse Angst. Weil wir genau wissen, dass wir uns von der inneren und äußeren Dynamik abgekoppelt haben – und dass die trotzdem ungerührt weiterläuft. Das Festsitzen in der vermeintlichen Komfortzone erzeugt außerdem eine Abwehrhaltung gegen alles, was außerhalb von ihr passiert. Da ist der graue Alltagstrott praktisch vorprogrammiert. Als Gegenmittel rät der Handlungsexperte Hans-Werner Rückert zu einem »offenen Lebensstil«, der »Herausforderungen sucht« und die

»Bahnen des Gewohnten« auch mal verlässt. [Rückert, Handeln: 262] Es reicht vollkommen, nur ein paar Prozent weniger Bequemlichkeit zu wagen. Gegen Langeweile und Furcht hilft der Mut, sich immer wieder auf die Dynamik des Lebens einzulassen.

Da ist auf der einen Seite unser Ich: das, was wir geworden sind. Viele Einflüsse haben uns geprägt, von unserem genetischen Erbe über die Zeit und die Familie, in der wir aufgewachsen sind, bis hin zu den Lebenserfahrungen, die wir als Erwachsene gemacht haben. All das hat wirksame Spuren hinterlassen, die heute einen Großteil unseres Verhaltens bestimmen. Aber dieser Prozess ist nicht zu Ende. Wir sind noch nicht zum Abschluss gekommen. Die Entwicklung geht weiter.

Die Dynamik unseres Ichs besteht tatsächlich aus einer Vielzahl innerer Prozesse. Nicht umsonst heißt der Bestseller von Richard David Precht *Wer bin ich und wenn ja, wie viele?* Deshalb ist Schulz von Thuns Konzept vom inneren Team so hilfreich. »Anstelle einer festgefügten Struktur (›So bin ich nun einmal – und nicht anders!‹) kommt uns sogleich die innere Gruppendynamik vor Augen, das lebendige Wechselspiel verschiedener Teilkräfte, das Miteinander und Gegeneinander von Mitspielern auf einer Bühne, deren Vorhang für ein Publikum mehr oder weniger auf- und zugezogen werden kann.« [Schulz von Thun, Das innere Team: 211] Das heißt: Unsere innere Dynamik ist ähnlich komplex wie das, was außerhalb von uns geschieht.

Wir können auf beides Einfluss nehmen: auf unsere innere Dynamik und auf die Außenwelt.

Auf beides können wir Einfluss nehmen. Und auf unseren eigenen Prozess sogar ein bisschen mehr, weil wir über die Selbstreflexion einen besseren Zugang haben und weil wir schlicht und einfach gezwungen sind, länger – also eigentlich: immer – am Ball zu bleiben. Dieser Prozess spiegelt sich in unserem Gehirn, das unsere Erinnerungen, Erfahrungen und Fertigkeiten als spezifische Verknüpfungen (»Bahnen«) von Neuronen gespeichert hat. Stellen Sie sich eine Schallplatte vor: Da gibt es Spurrillen, auf denen Informationen über Töne abgelegt sind, die bei der Benutzung abgespult werden. So ähnlich funktioniert das auch in unserem Gehirn. Auf diesen Spurrillen sind die ganzen Facetten unserer Lebenserfahrung gespeichert, und zwar immer mit der jeweiligen verbundenen Emotion.

Wie schaut Ihre Schallplatte aus? Was ist in Ihre Spurrillen eingeprägt worden? Je besser wir verstehen und erkennen, welche Muster in unser Denken und Verhalten eingeschrieben sind, umso eher können wir einige löschen (indem wir sie nicht mehr benutzen) und neue einspielen. Denn Ihre Spurrillen sind nicht in Kunststoff geprägt, es sind lebendig funkende Bahnen von Nervenzellen. Und die können – im Rahmen Ihrer Talente und Eigenart – neu belegt werden! Wir müssen nicht so denken, wie wir denken. Wir müssen nicht so handeln, wie wir das bisher getan haben. Wir können jederzeit vom Autopiloten auf Selbststeuern schalten. Die Frage ist: Welche Spurrille spielt unser Geschichtenerzähler gerade ein? Die Herausforderung besteht darin, unsere »Evergreens« und »Ohrwürmer« mit der aktuellen Situation abzugleichen. Ist das der passende Soundtrack – oder bitten wir den DJ, etwas anderes aufzulegen? Wir haben die Freiheit, ein Wörtchen mitzureden bei der Musikauswahl.

Auf der anderen Seite steht die Dynamik der Welt. Das, was uns begegnet. Mit Regenschirmen, Heizungen, Versicherungen, Sparkonten und Pillen wappnen wir uns gegen das, was da von außen auf uns eindringt. Manchmal sind wir dankbar, weil das Glück uns etwas in den Schoß legt. Meist sind wir genervt, weil wieder einmal etwas Unerwartetes unsere Pläne über den Haufen wirft. Dabei ist es ein schlichtes Naturgesetz, dass wir das meiste nicht vorhersehen können. Es ist einfach nicht möglich. Denn das Leben ist kein Theaterstück, das nach einer fertigen Vorlage aufgeführt wird. Es ist ein Spiel mit offenem Ausgang. Das beginnt schon bei unseren Mitspielern: Von Reinhard K. Sprenger gibt es ein Buch mit dem genialen Titel *An der Freiheit des anderen kommt keiner vorbei.* Selbst ein Weltmeister in Manipulation und Massenhypnose wird diese Offenheit nicht unter Kontrolle bekommen. Der Zufall prägt Natur und Gesellschaft ebenso wie die überall herrschenden Strukturen, Muster und Programme. Erstens kommt es anders und zweitens als man denkt … Deshalb müssen Planungen flexibel sein und immer wieder den Realitycheck bestehen.

In einer statischen, festgelegten Welt müssten wir nicht dauernd lernen und uns anpassen. Das wäre zwar bequem – aber wir hätten auch keine Möglichkeiten, zu entscheiden und Einfluss zu nehmen auf die Richtung unseres Lebens. Glücklicherweise ist die Welt nicht so. Die Philosophin und Beraterin Natalie Knapp hat ein kluges Buch über das Leben in unserer unübersichtlichen Gegenwart geschrieben: *Kompass neues Denken*. Sie räumt darin auf mit der überholten Sichtweise, die Welt wäre eine Art starrer Mechanismus, den man kontrollieren könnte, wenn man erst einmal alle Funktionszusammenhänge beschrieben hat. So läuft es eben nicht! Stattdessen müssen wir uns einstimmen auf ein komplexes Miteinander mit offenem Ausgang, in dem jede unserer Handlungen und Unterlassungen Einfluss darauf hat, wie die Zukunft aussehen wird. (Mehr dazu gibt es im Unterkapitel über Achtsamkeit.) »Wir haben uns angewöhnt, die Welt als eine Ansammlung von Einzelbausteinen zu betrachten, die wir für stabil, verlässlich und unabänderlich halten«, meint Knapp. »Doch weil sich die Eigenschaften der vermeintlichen Einzelteile durch ihre Beziehungen ständig gegenseitig hervorbringen, kann sich in jedem Augenblick alles verändern. Dinge, Orte, Menschen und andere Lebewesen beeinflussen sich gegenseitig, sie richten sich aneinander aus und passen sich an.« [Knapp, Neues Denken: 294]

Das mag verwirrend scheinen, vielleicht sogar beängstigend. Vor allem bedeutet es für jede und jeden von uns eine gehörige Portion Verantwortung. Es ist aber auch der Garant für jene Freiheit des Handelns, an die so viele heute kaum mehr glauben können. Die Antwort auf die innere und äußere Dynamik des Lebens, das haben wir schon gehört, ist ein »offener Lebensstil«, ein Bewusstsein für das »Miteinander und Gegeneinander von Mitspielern« und das »lebendige Wechselspiel verschiedener Teilkräfte«. Es geht darum, wach zu bleiben und zwischen Zwängen, Mustern und Strukturen jene scheinbar minimalen Freiräume zu entdecken, in denen Entscheidungen und Richtungsänderungen möglich sind. Und genau dies ist der Punkt, an dem Sie Ihre FührungsKRAFT freisetzen können.

▶ Sie haben die Freiheit, Ihre Träume, Sehnsüchte und Wünsche zu erkunden.

▶ Sie haben die Freiheit, sich Anregungen, Tools und neue Einsichten zu beschaffen.

▶ Sie haben die Freiheit, andere Perspektiven einzunehmen.

▶ Sie haben die Freiheit, in jedem Moment die Selbstreflexion zuzuschalten.

▶ Sie haben die Freiheit, mithilfe Ihrer inneren Stimmen mehr über sich selbst zu erfahren.

▶ Sie haben die Freiheit, jederzeit eine Bestandsaufnahme zu machen: Wo stehe ich? Funktioniert das? Bin ich auf Kurs?

▶ Sie haben die Freiheit, Störungen, Unzufriedenheit und Scheitern positiv zu wenden.

▶ Sie haben die Freiheit, Ihren Kurs neu zu justieren.

▶ Sie haben die Freiheit, mit Ihrem inneren Geschichtenerzähler in einen Dialog zu treten und Einfluss auf das zu nehmen, was Ihnen durch den Kopf geht.

▶ Sie haben die Freiheit, Ihr inneres Team zu erkunden, neu aufzustellen und es der Situation entsprechend flexibel einzusetzen.

▶ Sie haben die Freiheit, Ihr Handeln mehr und mehr mit Ihrer Leidenschaft, Ihren Werten und Zielen zu verknüpfen.

▶ Sie haben die Freiheit, die Dynamik Ihres Lebens mit starken Zielsetzungen und wirkungsvollen Visualisierungen zu steigern.

▶ Sie haben die Freiheit, Ihre offenen Fragen im Praxislabor des Alltags zu testen.

▶ Sie haben die Freiheit, automatisch anspringende Reaktionen und Verhaltensmuster auf Stand-by zu schalten und sich Freiraum für reflektiertes Handeln zu schaffen.

▶ Sie haben die Freiheit, veraltete oder negative Programme zu erkennen und zu deaktivieren.

▶ Sie haben die Freiheit, durch neue Gewohnheiten Ihr Verhalten nachhaltig zu ändern.

▶ Sie haben die Freiheit, einen offenen Lebensstil zu entwickeln, der empfänglich für Veränderungen und Weiterentwicklung bleibt.

▶ Sie haben die Freiheit, Wirkungszusammenhänge und positive Entwicklungsmöglichkeiten zu erkennen und zu nutzen. Auf diese Weise können Sie Negativspiralen und Fallen umgehen.

▶ Sie haben die Freiheit, Störungen in der Kommunikation oder in Beziehungen zu erkennen und gegenzusteuern.

▶ Sie haben die Freiheit, Ihre inneren Kraftquellen anzuzapfen, Ihre Talente und Leidenschaften.

▶ Sie haben die Freiheit, bisher unverbundene Bereiche Ihres Lebens oder Fähigkeiten zusammenzubringen.

▶ Sie haben die Freiheit, Situationen, in denen Sie sich befinden, immer besser und tiefer zu verstehen.

▶ Sie haben die Freiheit, mit Ihren Fähigkeiten und Ihrer Eigenart zwischen vollkommen unterschiedlichen Tätigkeitsfeldern zu wählen.

- ▸ Sie haben die Freiheit, Ihre eigenen Wirkungsmöglichkeiten zu erproben.

- ▸ Sie haben die Freiheit, neue Seiten an sich kennenzulernen.

- ▸ Sie haben die Freiheit, die Welt auf neue Weise zu sehen.

- ▸ Sie haben die Freiheit, aus Alltagstrott und Hamsterrad auszusteigen.

- ▸ Sie haben die Freiheit, zu entscheiden, auf was Sie Ihre Aufmerksamkeit lenken wollen.

- ▸ Sie haben die Freiheit, Verantwortung zu übernehmen.

- ▸ Sie haben die Freiheit, Fehler zu wagen.

- ▸ Sie haben die Freiheit, jederzeit auf Ihren ganz eigenen Weg zurückzukehren.

- ▸ Sie haben die Freiheit, stolz auf das zu sein, was Sie sind.

- ▸ Sie haben die Freiheit, den Sinn Ihres Lebens zu definieren.

- ▸ Sie haben die Freiheit, Ihre Lebenszeit sinnvoll zu nutzen.

- ▸ Sie haben die Freiheit, sich selbst zu führen.

Wirkung –
FührungsKRAFT
anwenden

*Machen macht Spaß, Bewegung schafft Klarheit und führt zu
neuen Erkenntnissen. Zum persönlichen Gipfel führen
viele Wege – wir selbst bestimmen, wann wir uns welchem
Abschnitt stellen.*

Steve Kroeger, 2011

Mein sympathischer Kollege Steve Kroeger ist enorm erfolgreich mit einem scheinbar einfachen Angebot: Er schleppt eine Handvoll Leute auf den höchsten Berg Afrikas, den Kilimandscharo. Und zwar nicht extremsportgestählte Jungmanager aus einem Topberaterunternehmen, sondern Menschen wie Sie und ich: den dreißigjährigen Naturfreund, die Unternehmerin von Mitte vierzig, den abenteuerlustigen Endsechziger. Die meisten nehmen einen runden Geburtstag, den Anbruch einer neuen Lebensphase oder eine berufliche Umorientierung als Anlass für diese Tour mit Grenzerfahrung. Aber was haben die Teilnehmer von diesen sechs Tagen großer körperlicher Anstrengung – ohne Dusche, ausgerüstet nur mit dem Allernotwendigsten, zusammengewürfelt mit Wildfremden – am Ende der Welt?

Steve weiß, was er da tut. Er war das erste Mal 2008 auf dem Kilimandscharo. Im Rahmen seines persönlichen Projekts, sieben der höchsten Gipfel weltweit zu erklimmen. Und während ich dieses Buch schreibe, hat er das auch fast geschafft. Nur der höchste steht noch aus, der Mount Everest. Nun ist Steve ein ziemlich sportlicher Typ, er hat unter anderem als Fitnesstrainer gearbeitet. Aber mit seinem persönlichen Megaprojekt ist er ein echtes Wagnis eingegangen. Er hat sich in mehrfacher Hinsicht an Grenzen gebracht, nicht nur körperlich, auch finanziell und sozial. Und offenbar hat es ihm gutgetan:

- ein eigenes Ziel – gegen alle Widerstände – zu verwirklichen,
- dem Alltag einmal gründlich den Rücken zu kehren,
- eingefahrene Limitierungen auf den Prüfstand zu stellen,
- herauszufinden, mit wie wenig Gepäck man auskommt,
- einen Gewaltmarsch in vernünftige Etappen aufzuteilen,
- durchzuhalten, wenn die Luft dünn wird,
- tatsächliche Leistungsgrenzen anzuerkennen,
- die Wichtigkeit unterstützender Weggefährten zu erfahren und
- das Gelingen gebührend zu feiern.

Deshalb bietet er diese Erfahrung für ganz normale Menschen an. Auf dem Kilimandscharo, der keine besondere Bergsteigererfahrung verlangt. Nur Entschlusskraft – und die Bereitschaft, ein halbes Jahr vorher mit einem leichten körperlichen Training zu beginnen. Ausschlaggebend ist im Endeffekt gar nicht so sehr das äußere Tun, sondern das, was es in den Teilnehmern stärkt: Fokus auf ein Ziel, Mut, Durchhaltevermögen und Einlassen auf eine Gruppenerfahrung. Steve selbst meint: »Für die Besteigung des persönlichen Gipfels gilt: Es ist nicht entscheidend, wie schnell und auf welchem Weg man seinen Gipfel erreicht. Um mit seinen Bedürfnissen und Träumen in Einklang zu sein, ist es vor allem wichtig, dass man ihn ins Visier nimmt und den ersten Schritt aus dem sicheren Basislager einfach mal macht.« [Kroeger, 7 Summits: 32]

Es geht also um den entscheidenden Schritt in die Umsetzung. Deshalb eignet sich das Projekt der tatsächlichen Bergbesteigung zugleich als Metapher für die Herausforderungen des Alltags. Am Berg ist alles einfach und klar: wer führt, wo das Ziel liegt, wie man es erreicht und wann man es geschafft hat. Das gibt Orientierung. Vor allem zeigt die tatsächliche Expedition, dass die schönsten Wünsche wenig wert sind, wenn man sich nicht an ihre Realisierung begibt. Dass man sich wer weiß was über sich selbst einbilden kann – aber nur der Praxistest zeigt, wie viel davon der Wahrheit entspricht. Dass man nur vom wirklichen Bewegen Muskeln bekommt und nur beim wirklichen Tun Erfahrungen macht. Die Berichte von Steve und seinen Teilnehmern zeigen, wie nah das Abenteuer liegt: Es ist immer nur eine Entscheidung vom Alltagstrott entfernt.

FührungsKRAFT beginnt, wie wir gesehen haben, mit Selbstführung. Die Klärung unserer Wurzeln und Werte, unserer Eigenarten und Stärken, unserer Denk- und Verhaltensmuster versetzt uns in die Lage, auf diese zurückzuwirken. Wir können unser inneres Team neu aufstellen, unseren Geschichtenerzähler zu einem hilfreichen Begleiter machen und über unsere Gewohnheiten die Weichen unseres Lebens neu stellen. Das macht uns bereit, Verantwortung für uns selbst und für die jeweilige Situation zu übernehmen, Freiräume zu erkennen und zu nutzen, uns weiterzuentwickeln und in der Realität anzukommen. Im folgenden Teil des Buches geht es nun um die Frage, wie wir mit all diesen Kompetenzen und Potenzialen in der Realität Wirkung entfalten können.

Das Erste, was wir der Welt um uns geben, ist das kostbare Gut unserer Aufmerksamkeit. Es gilt, die Freiheit zu entdecken, mit dem Scheinwerfer unseres Bewusstseins genau jene Bereiche auszuleuchten, die gerade der Klärung bedürfen. Dann haben wir einen machtvollen Hebel in der Hand, um etwas zu bewirken. Deshalb heißt der erste Schritt: *Fokus setzen*.

Sowie wir über unseren inneren Dialog und die Selbstklärung hinausgehen, haben wir es mit realen Menschen in unserem Umfeld zu tun. Hier gilt es, die fundamentale Kraft vertrauensbildender Maßnahmen zu erkennen. Ohne Verständnis und Vertrauen werden funktionale Abläufe leer. Teams und Organisationen werden brüchig und anfällig für unnötige Konflikte. Ohne Weggefährten ist eine Gipfelbesteigung viel schwerer. Deshalb ist der nächste Schritt: *Beziehungen eingehen*.

Beziehungen knüpfen und pflegen, Informationen sammeln und weitergeben, Erkenntnisse gewinnen – all das ist nicht möglich, ohne mit anderen ins Gespräch zu kommen, sei es faktisch über die Neuen Medien oder, ganz altmodisch, durch das geschriebene Wort. Was wir hier optimieren, zahlt sich auf allen diesen Gebieten aus. Deshalb lautet der nächste Schritt: *Kommunikation verbessern*.

Ziele markieren den Endpunkt unserer Handlungen. Sie sagen uns, wo es langgeht. Aber auch, wer wir sind. Welche unserer Fähigkeiten, Wünsche und Werte trauen wir uns dem harten Realitätstest auszusetzen? Weil es geradezu ein Synonym für Wirkung, Anwendung und Umsetzung ist, lautet der letzte Schritt dieses Kapitels: *Ziele erreichen*.

Fokus setzen

Egal, was wir auch tun, die Zeit vergeht von selbst. Wir haben nicht die Wahl, ob wir unsere Zeit nutzen wollen oder nicht. Wir haben nur die Möglichkeit zu bestimmen, worauf wir im gegenwärtigen Moment unsere Aufmerksamkeit richten.

Steve Pavlina, 2010

In meiner Coachingpraxis beklagen sich Führungskräfte oft darüber, dass das letzte Meeting wie so viele zuvor absolut für die Katz gewesen sei. Man habe alles von oben nach unten und von rechts nach links verschoben. Aber herausgekommen sei man ohne irgendein Ergebnis. Null. Nada. Wie kann das sein? Da muss man sich doch wundern, dass es so eine Firma überhaupt noch gibt. Und ich höre solche Geschichten aus zahlreichen Unternehmen. Ich frage dann gerne provokant: Wenn alles so schlecht ist, wie Sie sagen, was könnten die Gründe sein, dass die Firma immer noch Gehälter zahlen kann?

Mit Fragen wie dieser verändere ich den Fokus und die Perspektive. Die Aufmerksamkeit wird auf einen Aspekt gelenkt, den man im Eifer des Gefechts nicht mehr gesehen hat, zum Beispiel: »Was können Sie und Ihre Kollegen denn wirklich gut?« Und sofort verändert sich auch die dazu gehörige Emotion. Denn indem wir unsere Aufmerksamkeit in die ein oder andere Richtung lenken, verändern wir unmittelbar auch unsere Gefühle – im negativen oder im positiven Sinn. Sind auch Sie derart auf das programmiert, was nicht korrekt ist, dass Sie nicht mehr sehen, was alles richtig läuft? Das muss nicht sein: Sie können jederzeit vom Fehlermodus in den Potenzialmodus schalten. Lassen Sie einfach die erste spontane Frustwelle abebben, bevor Sie das Interpretationsprogramm anschmeißen.

Das Ganze funktioniert auch umgekehrt: Worauf Sie sich emotional konzentrieren, das färbt Ihr Denken, Ihre Wahrnehmung und Ihr Verhalten. Es ist wie in einer Begegnung mit einem anderen Menschen: Wenn alles bloß auf halber Flamme köchelt, kommt auch kein gescheites Gericht dabei heraus. Aber die geballte Aufmerksamkeit verstärkt das, was zwischen Ihnen läuft. Sei es Streit, Zuneigung oder intellektueller Austausch. Welchen Ihrer Zustände wollen Sie also dadurch verstärken, dass Sie ihn in den Fokus nehmen? Zu fast jedem Zeitpunkt stehen mehrere Möglichkeiten zur Wahl. Nehmen Sie Ihren Ärger mit aus dem Büro? Oder suchen Sie sich einen besseren Weggefährten? Diese Entscheidung wird Ihren Feierabend bestimmen. Widmen Sie sich Ihrer Vitalität – oder Ihrer Abgekämpftheit? Entsprechend werden Sie sich eher als freudig, energievoll, lebendig oder als antriebslos, blutleer und genervt erleben. Risiken und Nebenwirkungen: Unsere Sichtweise und Grundhaltung und die daran anschließenden Denkmuster haben einen entscheidenden Einfluss darauf, ob wir Stress und Rückschläge gelassen durchstehen oder ob wir in ein emotionales Tief absacken, aus dem wir uns dann mühsam wieder herauskämpfen müssen.

Damit eines klar ist: Hier geht es nicht um das Antrainieren von Wohlverhalten, um das Runterleiern von Motivationsmantras und eine permanente Smiley-Maske. Manchmal kann es vor einer Auseinandersetzung durchaus sinnvoll sein, sich auf seinen Unmut zu konzentrieren. Manchmal ist es wichtig, die eigene Ausgelaugtheit in den Blick zu bekommen, um eine dringend notwendige Pause zu nehmen. Nicht immer ist es die beste Lösung, auf rational zu schalten, denn gerade in Beziehungen sind Sie als ganzer Mensch auch mit Ihren Emotionen gefragt. (Ganz ausknipsen sollte man die Vernunft allerdings nie; aber sie kann im inneren Team auch mal in der zweiten Reihe mitmischen).

Unsere Aufmerksamkeit ist ein kostbares Gut, wir haben nie so viel davon, dass wir alles im Blick behalten könnten. Als Menschen ist es uns nicht vergönnt, allwissend und allgegenwärtig zu sein. Sie sollten das deshalb auch nicht versuchen, obwohl Sie doch der Chef sind. Zugleich ist Aufmerksamkeit unser beweglichstes Instrument. Sie ist rasant, wendig, enorm vielseitig. Sie auf mehrere Dinge gleichzeitig zu lenken, ist das Einzige, was ihr gar nicht gut bekommt. Das berühmte Multitasking beginnt mit

> Aufmerksamkeit ist unser beweglichstes Instrument: rasant, wendig und enorm vielseitig.

Effektivitätseinbußen von dreiunddreißig Prozent – wenn Sie sich auf zwei Dinge gleichzeitig konzentrieren. Werden es mehr als zwei, sackt die Leistung noch weiter ab. Wo Menschen scheinbar simultan mehrere Dinge erfolgreich absolvieren, haben sie in der Regel eine geniale Methode gefunden, ihre Aufmerksamkeit blitzschnell von einem zum anderen und wieder zurück zu schalten.

Im Wesentlichen geht es also um gebündelte Konzentration. Und hier ist eine unglaubliche Bandbreite möglich. Wir können den Fokus weit stellen (wenn wir eine Menschenmenge mit dem Blick abtasten auf der Suche nach einem bekannten Gesicht) oder wie eine Lupe einsetzen (wenn wir einen Tippfehler finden wollen oder in der Mimik unseres Gesprächspartners nach verräterischen Anzeichen suchen). Wir können unsere Aufmerksamkeit für den Bruchteil einer Sekunde auf ein bestimmtes Ziel lenken (wenn wir die Uhrzeit checken oder prüfen, ob Kleinkinder auf Gefahrenzonen zukrabbeln). Wir können uns Tage, Wochen und Monate auf ein bestimmtes Projekt konzentrieren und wir können Entwicklungen über einen Zeitraum von vielen Jahren verfolgen (zum Beispiel die Ehe unserer Eltern). Wir können den Fokus auf uns selbst richten: auf unser Aussehen im Spiegel, unser Auftreten in einer Videoaufzeichnung, unsere Gewohnheiten, unsere Gedanken, unsere Erinnerungen und sogar unsere Träume. Ebenso gut können wir andere Menschen, Gruppen und Dinge in den Blick nehmen oder abstrakte Objekte wie Marktentwicklungen, Lebensphilosophien und die Anwendung moralischer Prinzipien auf die aktuelle Situation.

Es ist also verdammt viel möglich. Tatsache ist: Wir haben in jedem Moment die Möglichkeit, den Scheinwerfer unseres Bewusstseins auf das auszurichten, was uns wichtig ist. Nun werden Sie vermutlich einwenden, dass Ihr Alltag leider ganz anders aussieht. Für die meisten von uns ist diese Freiheit etwas, was wir erst wieder lernen müssen.

Warum kommt uns das Gefühl, Herr unserer sieben Sinne zu sein, so oft abhanden?

- *Unsere Aufmerksamkeit wird ferngesteuert.* Sie wird von allem Möglichen eingefangen. In der Regel entscheiden wir ja nicht aus einem Zustand erleuchteter Losgelöstheit heraus, welchem Teil der Welt wir uns zuwenden wollen, sondern wir stecken mittendrin im Trubel. Leute wollen etwas von uns. Dringende Angelegenheiten stehen auf der Tagesordnung. Wichtige, ablenkende und störende Informationen prasseln gleichzeitig auf uns herein. Wenn wir in dieser Situation nicht wissen, was wir wollen, wird es uns nicht glücken, den Ansturm vernünftig zu filtern. Wir werden zum Spielball der Reize, die unablässig aus den verschiedensten Richtungen funken. Eine Richtung kriegen wir so nicht zustande. Und wenn wir in diesem Durcheinander nicht wenigstens ein Gespür dafür bewahren, wo eine Situation brenzlig wird, verpassen wir die Chance, die rettende Abfahrt zu nehmen.

- *Unser Fokus ist eingerostet.* Wenn wir es übertreiben mit dem Filtern, werden unsere Sichtweisen einseitig und starr. Aus dem flinken und beweglichen Fokus wird ein eingefahrenes Verhaltensmuster. Wer immer wie ein Luchs auf Konkurrenz lauert, verpasst die Chancen zur Kooperation. Wer hingegen auf Freundlichkeit und Harmonie gepolt ist, kriegt mitunter nicht mit, wie er über den Tisch gezogen wird. Wer alles auf Effektivität bürstet, wird taub für allzu menschliche »Störungen« und verliert die Teamentwicklung aus dem Blick.

- *Wir befinden uns im Blindflug.* Nämlich dann, wenn wir den Fokus ganz ausstellen oder permanent auf Weichzeichner schalten. Wir schauen nicht beziehungsweise nicht so genau hin. Es wird schon laufen. Und das tut es auch, es gibt genug Programme, Sachzwänge, Traditionen und Gewohnheiten. Das ist bequem, zumindest eine Zeit lang. Die Verantwortung sind wir erst mal los – und den Stress, immer alles Mögliche im Blick behalten zu müssen. Dumm nur, dass wir den Draht zu unserem eigenen Leben verlieren, wenn wir das Steuer aus der Hand geben. Und dass wir als Opfer aus dem sorglosen Treiben erwachen, wenn es uns irgendwohin gespült hat, wo wir dann doch nicht sein wollen.

Um auch hier Missverständnissen vorzubeugen: Es kann herrlich entspannend und kreativitätsfördernd sein, sich ablenken und von äußeren Reizen einfangen zu lassen. Es ist vollkommen normal, dass jede und jeder von uns bevorzugte und erprobte Wahrnehmungsweisen hat. Und es ist unser gutes Recht, zu entscheiden, ob wir etwas in den Blick nehmen oder lieber wegschauen wollen. Wir können unter bestimmten Umständen dadurch uns selbst und auch andere schützen. Nur eines sollten Sie nicht vergessen: Sie haben die grundlegende Wahl. Sie können Ihre Aufmerksamkeit jederzeit einschalten und gezielt auf etwas lenken, was bemerkt, verstanden, verändert werden sollte. Sie können den Umgang mit Ihrem enorm vielseitigen und wendigen Fokus jederzeit korrigieren und verbessern. Das ist in erster Linie eine Frage des Bewusstseins für die Tatsache, dass Ihnen dieses Instrument zur Verfügung steht und was es kann. Es geht darum, die Initiative wiederzugewinnen – und das Gespür für das, was Ihre Aufmerksamkeit verdient. Es geht darum, wach zu sein.

Die Aufgabe unseres Bewusstseins, das haben wir schon gesehen, ist es, ein komplexes System von Programmen, die auf Autopilot laufen, begleitend zu steuern. Wir schalten unser Bewusstsein zu, wenn ein Ablauf eine Korrektur oder eine Entscheidung braucht. Ein wacher Fokus bedeutet nicht, dass Sie sich im andauernden Alarmzustand befinden. Er ist auch nicht zu verwechseln mit einem umfassenden Kontrollwahn. Diese häufig anzutreffende neurotische Haltung beschert den Betroffenen und ihrer Umgebung vor allem eins: Frust. Ein wacher Fokus ist eine bewegliche Steuerungsfunktion, die dort Impulse gibt, wo Sie vom Kurs abkommen oder etwas sich nicht stimmig anfühlt.

Wenn ich hier von Bewusstsein rede, dann meine ich nicht (nur) das Lösen von Rechenaufgaben. Ich meine eine Aufmerksamkeit im umfassenden Sinn, zum Beispiel als Körperbewusstsein oder als Bewusstsein für eine Situation. Auch hier öffnet sich ein weiter Bereich von Schattierungen: von der diffusen Ahnung und dem Bauchgefühl über die praxiserprobte Intuition bis hin zum klaren gedanklichen Konzept. Entsprechend ist ein aktiver Fokus nicht nur der analytische Blick des Fachmanns auf sein Sachgebiet, das kann ebenso die Neugier sein, die in eine Richtung gelenkt wird, wo etwas interessant oder merkwürdig erscheint. Ein wacher Fokus nimmt nicht nur die Form eines klaren kognitiven Urteils an, sondern auch die vorsichtig tastende, fein abgestimmte Suchbewegung zum Beispiel im Bereich zwischenmenschlicher Beziehungen.

Auf jeden Fall ist es ein guter Rat, die Sichtweisen Ihrer Mitmenschen mit in den Fokus zu nehmen. Auch wenn es Ihnen erst einmal gegen den Strich geht. Dass die anderen mit anderen Denk- und Wahrnehmungsmustern an die Realität herangehen, ist schlicht eine Tatsache. Es ist aber zugleich eine wichtige Ressource. Die meisten Situationen sind zu komplex, als dass wir uns die Begrenzung auf eine Sichtweise leisten können. Schmieden Sie Bündnisse, um mehr relevante Informationen zusammenzubekommen. Gleichzeitig können Sie eigene eingefahrene und eingerostete Muster wieder geschmeidig machen, indem Sie andere Sichtweisen mit ins Bild holen. Durch mehr Offenheit gegenüber anderen profitieren Sie selbst.

Denn die Art, wie Sie fokussieren, ist etwas sehr Individuelles. Sie ist untrennbar verknüpft mit Ihrer Persönlichkeit, mit Ihrer Haltung sich selbst und dem Leben gegenüber. Sind Sie misstrauisch, fürsorglich, analytisch, zurückhaltend oder offen? Wie wach Ihr Fokus ist, hängt unmittelbar mit Ihrer körperlichen Fitness und Ihrer seelischen Ausgeglichenheit zusammen. Er ist auch auf dieser handfesten Ebene unmittelbarer Ausdruck Ihrer (Selbst-)FührungsKRAFT. Durch Unterzucker, Dehydrierung, Koffeinabsacker, Muskelverspannungen und physisches Unbehagen schalten Sie in den Überlebens- oder Pausenmodus. Diese Funktionsstörungen trüben Ihren Fokus, machen ihn träge und nehmen ihm den Schneid. Das Gleiche gilt für psychische Verstrickungen und Belastungen. Selbstzweifel, Depression und Furcht sind klassische Fokusbesetzer. Denn unsere Befindlichkeit lenkt unsere Aufmerksamkeit – wenn wir nicht bewusst gegensteuern. Sind wir niedergeschlagen, haben wir oft ein besonderes Gespür für die traurigen Seiten des Lebens. Fühlen wir uns ausgepowert, erscheint uns jede Aufgabe als Überforderung. Und es gibt so furchtbar viele davon! Wie ein Berg liegen sie dann vor uns. Befindet sich unser Selbstwertgefühl im Abwärtstrend, erhalten jeder Fehler und jedes Missgeschick das Gewicht eines Mühlsteins. Ein fixierter Fokus hat die unangenehme Eigenart, die Umgebung und unsere Erinnerungen vor allem nach einem zu durchforsten: nach bestätigendem Material.

Der Clou: Wir können unsere Aufmerksamkeit auf unsere Aufmerksamkeit richten.

Dabei geht es auch anders. Wir können uns genauso gut entscheiden, nach Eindrücken, Erinnerungen und inneren Kommentaren zu suchen, die dem aktuellen Trend gegensteuern und uns wieder ins Gleichgewicht bringen. Auch das ist eine wichtige Aufgabe des Fokus. Der Clou besteht darin, dass wir unsere Aufmerksamkeit auf unsere Aufmerksamkeit richten können. Wir können wahrnehmen, wie wir wahrnehmen. Wir können genau hinschauen, ob das klug, hilfreich und konstruktiv ist, was wir da machen. Und wenn wir merken, dass es das nicht ist, können wir es ändern. In der Regel nicht per Knopfdruck. Aber indem wir Einfluss auf unsere Gewohnheiten nehmen. Indem wir bewusst unsere Aufmerksamkeit auf etwas lenken, was eigentlich nicht durch unsere Filter passt. Indem wir schauen, ob sich die Puzzleteile unseres Lebens zusammenfügen. Passen Ihre Ziele zu Ihrem Selbstbild? Passen Ihre Reaktionen zu Ihrem Gegenüber? Passen Ihre Gefühle zu Ihrem Weltbild? Indem Sie Ihre Aufmerksamkeit auf diesen Bereich richten, haben Sie den ersten Schritt zur Veränderung schon getan. Nun gilt es, die Augen offen zu halten, wie es in dieser Richtung weitergeht.

Die Wechselwirkung zwischen unserer inneren Befindlichkeit und unserer Wahrnehmung kann zur Falle werden. Das haben wir gesehen. Sie kann den Laden aber auch so richtig in Schwung bringen. Wenn Ihre Ziele und Werte geklärt sind, scannt Ihr Fokus automatisch den Alltag nach Möglichkeiten ab, die es zu ergreifen lohnt. Haben Sie sich einer Herausforderung oder Aufgabe gestellt, sind alle Ihre Sinne geschärft. Ihre Konzentration steigt. Sind Sie ein Meister Ihres Fachs, wissen Sie oft instinktiv, was zu tun ist. Sie reagieren auf

Kleinigkeiten, die andere gar nicht sehen. Ist Ihr Bewusstsein in einer bestimmten Frage erst einmal geweckt, können Sie gar nicht anders, als weiterhin in Ihrem Alltag relevante Daten dazu zu sammeln. Die gute Nachricht: Je klarer Sie mit sich selbst sind, je mehr Sie im Kontakt mit Ihrer inneren FührungsKRAFT stehen, desto selbstverständlicher arbeitet Ihr Fokus. Er richtet sich dann ganz von selbst auf das aus, was Sie auf Ihrem Weg weiterbringt.

Sie sehen es schon: Der Fokus ist unser Mittel, um in der Realität anzukommen. In der gebündelten Kraft unserer Aufmerksamkeit sind wir mit einem Mal ganz da. Was wir in den Fokus nehmen, gleitet nicht mehr an uns vorbei, sondern gerät in greifbare Nähe. Auf diese Weise kommen wir ins Spiel. Haben wir einmal eingegriffen, Weichen gestellt, etwas auf den Weg gebracht, ist Fokussierung unser Instrument für den Realitycheck: Was passiert tatsächlich? Wie geht es weiter? Was ist als Nächstes zu tun? Auf diese Weise bleiben wir am Ball.

Das Ergebnis ist Präsenz, das berühmte Da-Sein im Hier und Jetzt. Und das heißt ganz einfach: eine ganz besondere Aufmerksamkeit für das, was wir gerade tun. Es bedeutet, sich einer Handlung mit voller Konzentration und Hingabe zu widmen. Wir begleiten diese Tätigkeit mit all unseren Sinnen, Gedanken und Emotionen. Wir lassen uns nicht ablenken. Wir sind, wie es so schön heißt, ganz bei der Sache – und dadurch auch in Bestform. Genau dies ist der Moment der Kraftentfaltung. Wir erreichen unseren höchsten Wirkungsgrad. Das heißt: Wir setzen unsere FührungsKRAFT in dem Moment ein, in dem wir unsere gesamte Persönlichkeit einbringen und auf etwas fokussieren.

Und diese Situation erfüllt die meisten Bedingungen, die der Kreativitätsforscher Mihaly Csikszentmihalyi für sein berühmtes Flow-Erlebnis aufgestellt hat. Eine Angelegenheit ist so sehr die unsere, dass sie uns – im besten Sinne – fesselt. Das ermöglicht einen intensiven und zugleich mühelosen Fokus, der alle Anstrengungen leicht werden lässt. Wir können, wie beim Spiel, ganz in unserer Tätigkeit aufgehen und dabei die Zeit vergessen. Erwiesenermaßen sind es diese Momente der tätigen und wachen Unverkrampftheit, in denen wir uns rundum glücklich fühlen.

Beziehungen eingehen

Die Führungskraft neuen Typs ist Therapeut, Mentor, Lehrer, Führer, Freund, Vorbild und Ratgeber in einer Person. Wir sind nicht dazu geschaffen, nur Leistung zu bringen, Funktionen auszuüben und dabei mit anderen Funktionsträgern zu interagieren – wir sind da, um die Maske abzunehmen, wahre, reale Menschen zu sein, die mit anderen Menschen auf den Ebenen in Beziehung sind, die wirklich zählen.

Lance Secretan, 2006

»Wir bemühen uns hier um eine sachliche Auseinandersetzung. Privatangelegenheiten lassen wir außen vor.« – Diese Einstellung dürfte Konsens sein auf deutschen Führungsetagen. Und damit könnte eine sinnvolle Norm für den respektvollen Umgang miteinander gemeint sein. Aber die Praxis sieht häufig anders aus. Der Satz fällt meist, wenn die Kommunikation längst »unsachlich« geworden ist. In einer aufgeheizten Situation erscheinen persönliche Angriffe und individuelle Abwertungen einfach zu verlockend, um dem aufgestauten Ärger endlich richtig Luft zu machen. Die Schäden am Betriebsklima sind in der Regel langlebiger als der zugrunde liegende Konflikt. Falls es überhaupt einen gab.

Wozu dient das Mantra von der Sachlichkeit, wenn es im Alltag doch nur bedingt umgesetzt wird? Ich fürchte, es handelt sich in erster Linie um eine kollektive Selbsttäuschung. Weil wir der verteufelt komplexen Realität nicht ins Auge blicken wollen: Da hat es einen Haufen Leute mit ihren unterschiedlichen Geschichten, Vorstellungen, Eigenheiten auf diesen Flur gespült. Und Sie – mit Ihrer Biografie, Ihren Prägungen und Erwartungen – als Leitungsfigur mittendrin. Bei jeder Begegnung, Minute für Minute, spielen massiv Faktoren hinein, die nichts mit dem professionellen Problem zu tun haben, das Sie gerade lösen wollen.

Ist Ihr Gegenüber ein Mann oder eine Frau? Größer als Sie? Attraktiver? Jünger oder älter? Ist Frau Müller immer zu unterkühlt und

Herr Meier immer zu aufgeregt – oder haben Sie eine »gemeinsame Wellenlinie«? Immer treffen zwei Menschen aufeinander (bei Gruppen wird es noch komplizierter). Das Bild vom Eisberg bringt es auf den Punkt: Nur ein Bruchteil ragt in unser Bewusstsein. Mindestens achtzig Prozent dessen, was da wirkungsmächtig abläuft, geschieht weitgehend unbewusst. Kein Wunder, dass man manchmal schon ordentlich kollidiert, während man sich an der Oberfläche noch höflich grüßt.

Natürlich haben alle einen Arbeitsvertrag unterschrieben, mit dem sie Leistung gegen Geld tauschen. Das ändert aber nichts an der Tatsache, dass sie als allzu menschliche Menschen vor Ort aktiv sind. Denn anders geht es schlicht nicht. Und das ist wirklich nicht nur ein Ärgernis. Richtig angepackt wird daraus eine 1-a-Ressource! Für Sie heißt es vor allem, dass Sie – über das arbeitsrechtliche Verhältnis und die formalen Befugnisse hinaus – mit jeder Einzelnen und jedem Einzelnen eine Beziehung eingehen. Ob Sie wollen oder nicht. Und wenn Sie meinen, mit dem Kollegen Knorzig geht das nicht, weil »mit dem nun wirklich nicht zu reden ist« oder weil »der ständig nur Mist baut«, dann können Sie sich hinter Ihrem Schreibtisch verschanzen und versuchen, ihm aus dem Weg gehen. Aber glauben Sie nicht, dass »da keine Beziehung möglich ist«. Sie haben immer eine. Unausweichlich. Und diese ist offensichtlich lausig.

In den Unternehmen wird eine immense Energie darauf verwendet, das Beziehungsthema unter den Teppich zu kehren. Klar: Mitarbeiter und Führungskräfte haben den nachvollziehbaren Wunsch, ihre Ängste und Schwachstellen, ihre persönlichen Verletzungen und privaten Schwierigkeiten nicht auf dem Konferenztisch wiederzufinden. Das bloße Wegschauen und Abschotten führt jedoch gerade dazu, dass die unliebsamen Dinge unter dem Tisch rumoren – und im ungünstigsten Moment hervorspringen wie »Jack in the Box«. Das durchgängige Wegblenden ist eine überzogene Reaktion, die viel mit Unsicherheit und fehlender Kompetenz zu tun hat.

> In den Unternehmen wird eine immense Energie darauf verwendet, das Beziehungsthema unter den Teppich zu kehren.

»Mitarbeiter sind keine Computer. Sie werden nicht mit einer Gebrauchsanleitung und Ein/Aus-Schaltern geliefert«, stellen Marcus Buckingham und Donald Clifton fest. Und an dieser Erkenntnis ist wohl kaum zu rütteln. Deshalb raten die Gallup-Experten: »Um ihre volle Leistungsfähigkeit und ihr Potenzial zu erreichen, brauchen Ihre Mitarbeiter eine Führungskraft, der sie vertrauen, die das Beste von ihnen erwartet und die sich die Zeit nimmt, sich mit ihren Eigenheiten zu befassen. Kurz gesagt, sie brauchen eine Beziehung.« [Buckingham | Clifton, Stärken: 231] Auch hier ist also wieder Mut gefordert, sich der Realität zu stellen. Sie werden nicht darum herumkommen, an Ihrem Beziehungsmanagement – wie das so schön heißt – zu arbeiten. Aber keine Angst: Die Fähigkeit, Beziehungen zu pflegen, gehört zur menschlichen Grundausstattung. Wenn auch die Adaption in der konkreten Situation zugegebenermaßen oft eine Herausforderung ist. Entscheidend ist der Mehrwert: Wenn es Ihnen gelingt, eine belastbare emotionale Bindung aufzubauen, dann haben Sie den Boden für eine gelingende Zusammenarbeit bereitet. Dann können Sie sich auch mal einen Fauxpas leisten, das wird verziehen. Und dann gehen die Menschen in Ihrem Umfeld auch die sogenannte Extrameile, wenn es notwendig ist.

Fangen wir mit einer Bestandsaufnahme an. Begleiten Sie mich auf eine kurze Expedition ins Biotop Büro:

- Alles beginnt damit, wie man in den Wald hineinruft. Sie wissen sicher auf Anhieb, wie dieser Spruch weitergeht. Das Echo, das zurückschallt, ist Ausdruck der Resonanz zwischen Ihnen und Ihren Mitarbeitern beziehungsweise Kollegen. Wenn es meistens schräg klingt, dann läuft etwas gehörig falsch. Noch schlimmer ist es, wenn es Ihr Team mit dem alten Volkslied hält: »Der Wald steht still und schweiget …« Dann geht nämlich gar nichts mehr.

- Weniger bekannt ist die Einsicht, dass auch anders herum ein Schuh daraus wird: Wie der Wald für einen aussieht, so ruft man auch hinein. In welcher Stimmung gehen Sie in die Firma? Mit welchen Erwartungen begegnen Sie dem Kollegen Krämer oder der Kollegin Krüger? Hat die Gegenseite überhaupt noch eine Chance, Sie zu überraschen? Falls Sie sich hauptsächlich in Ihrem eigenen Film bewegen, müssen Sie sich nicht wundern, wenn Sie das Gefühl haben, es gibt ständig nur Wiederholungen.

- Und ebenso wahr ist die dritte Variante: Wie man in die Welt hinausschaut, so wird man auch gesehen. Strahlen Sie Offenheit aus oder sind Sie verbiestert? Rechnen Sie mit Anregungen oder mit Störungen? Sind Sie in der Regel gerne dort, wo Sie sind? Oder wären Sie lieber weit, weit fort? Überlegen Sie für einen Moment, wie Sie – ja: Sie selbst – vermutlich auf den Wald wirken, durch den Sie sich täglich bewegen. Allein der Perspektivenwechsel kann Sie einen entscheidenden Schritt näher an Ihr Team bringen.

Was für ein Waldbesucher sind Sie? Ziehen Sie geradlinig Ihre Bahn und schauen nicht links und nicht rechts? Ihr einziges Ziel ist der Feierabend am anderen Ende des Waldes oder Ihre Beförderung in den nächsten Wald? Oder irren Sie gedankenversunken im Kreis, gebannt auf Ihr Smartphone oder in Ihr Postfach starrend, und verlieren sich hier in einem Detail und dort in einem anderen? Schleichen Sie wie Hermann der Cherusker durchs Unterholz und vermuten hinter jedem Stamm einen Gegner? Oder sind Sie gerne im Wald, erfreuen sich am ständigen Wandel der Jahreszeiten, wissen, wo Sie hilfreiche Hinweise finden und wie das Ganze im Prinzip funktioniert?

Sehen Sie vor lauter Firma die Mitarbeiter noch?

Der klassische Umgang mit unseren Mitbewohnern im Firmenwald ist die Etikettierung, so wie ein Biologe seine Fundstücke aus dem Bereich der Flora und Fauna klassifiziert. Deshalb finden wir im Biotop Büro immer die gleichen Spezies: Herr Müller ist ein »Schleimer«, Frau Meier eine »Zicke«, Herr Schneider eine »Mimose«. Es ist so schön einfach, den anderen abzustempeln. Aber: Wenn Sie Ihre Mitarbeiter und Kollegen auf diese oder ähnliche Weise in Schubladen packen, ziehen Sie sich aus der Beziehung zurück. Sie sind genervt. Ihnen reicht's und jetzt knallen Sie die Tür zu. Sie nehmen Ihre Präsenz weg. Dumm nur, dass Sie auf diese Weise definitiv nicht aufeinander zugehen. Und dass auf diese Weise nichts in Bewegung gerät. Hinter der Tür bleibt die Möglichkeit zurück, menschlich miteinander klarzukommen. Zugegeben, das ist nicht immer einfach. Dafür muss man offen sein. Und ein bisschen experimentierfreudig. Man braucht auch Selbstbewusstsein – und die nötige Portion Selbstreflexion. Um sich beispielsweise vorzustellen, wie man vielleicht selbst gerade auf den Wald wirkt beziehungsweise auf die Kollegin.

Denn es geht auch anders. Sie haben die Chance, sich menschlich zu verhalten! Und dazu gibt es ein paar ganz einfache, alltagstaugliche Regeln (die übrigens auch ein gutes Rezept für zu Hause sind):

- **Es geht nicht immer gleich um die ganze Person!** Klar können Sie sich über den Kollegen Schmidt ärgern oder aufregen. Aber was da kollidiert, sind erst einmal Ihre Erwartung und sein Verhalten. Deshalb: Stempeln Sie den anderen nicht rundum ab. Stufen Sie ihn nicht auf »Ramsch« runter. Und zwar weder im Denken und Reden noch in Ihrem Verhalten. Dazu gehört auch eine Portion Disziplin. Und vermutlich müssen Sie erst einmal Ihren inneren Geschichtenerzähler auf den neuen, freundlicheren Kurs bringen.

- **Vermeiden Sie es, den anderen zu überrollen.** Auch wenn Sie gerade in voller Fahrt sind und der andere Ihnen frontal im Weg steht. Aggression und Abwertung schränken das Reaktionsspektrum Ihres Gegenübers massiv ein. Und zwar augenblicklich. Sie schalten beim anderen erst einmal die Dschungelreaktionen – zurückschlagen, abhauen, totstellen – ein. Die Psychologen nennen das Überflutung. Akuter Disstress mindert die Intelligenz und macht handlungsunfähig. Diese Kampftechnik sollten Sie sich für Ihren Todfeind aufsparen. Und den haben Sie hoffentlich nicht im eigenen Team.

- **Bleiben Sie respektvoll.** Auch bei einem Konflikt. Der andere ist in seinem eigenen Film und hat vermutlich seine eigenen guten Gründe, genau das zu tun, was er tut. Nun stehen Sie beide vor derselben Aufgabe: gemeinsam herauszufinden, wie Sie die Situation verstehen und konstruktiv gestalten können. Dazu gehört – auf beiden Seiten –, den anderen überhaupt erst einmal wahrzunehmen und ihn nicht abzustempeln, sondern ernst zu nehmen.

- **Bleiben Sie neugierig.** Der Standpunkt Ihres Gegenübers kann Ihnen – auch wenn der Unterschied nur ein paar Zentimeter Entfernung oder ein paar Jahre Lebenserfahrung ausmacht – einen Zugang zu zusätzlichen Informationen verschaffen.

> Sie haben die Chance, etwas über den anderen, die Situation und sich selbst zu lernen. Ist das nicht toll? Nur wenn Sie an diesem Punkt offen bleiben, erweitern Sie Ihre Sichtweise und schaffen Raum für echtes Feedback.

Vor allem geht es darum, aus der Dingperspektive herauszutreten. Wie Buckingham und Clifton so schön sagen: Menschen sind keine Computer. Mal ehrlich: Wenn Sie das Gefühl haben, Ihr Lebenspartner oder Ihre Lebenspartnerin sieht in Ihnen nur noch ein Möbelstück in der gemeinsamen Wohnung, dann finden Sie doch auch, dass es höchste Zeit ist für einen Kurswechsel oder eine Umorientierung. Oder nicht? Warum reduzieren wir uns selbst und die anderen im Büro so bereitwillig auf bloße Funktionen? Zugegeben: Wenn wir uns in einer brenzligen Situation in Deckung bringen wollen, macht es durchaus Sinn, sich hinter einer Arbeitsplatzbeschreibung, einer Zuständigkeit oder einer Hierarchiestufe zu verbarrikadieren. Aber als Dauerzustand ist das nichts anderes als eine chronische Variante des Totstellreflexes. Und wenn Sie diesen Zustand bei sich und anderen diagnostizieren, lautet die entscheidende Frage: Warum so viel Schutz? Liegt es an eigenen Unsicherheiten – oder stimmt das Umfeld nicht?

Um das herauszufinden, müssen Sie allerdings die Sperrzone der Dingperspektive verlassen und sich auf Beziehungen einlassen. Was heißt das?

> - **Sie sehen den anderen.** Auch wenn Sie selbst eine klare Agenda haben, beweisen Sie trotzdem Ihrem Gegenüber glaubhaftes Interesse an seiner Sicht- und Arbeitsweise, an den Talenten und Stärken, die er einbringen kann. Das ist eine grundlegende Haltung, diese zeigt sich aber in einer Vielzahl konkreter Handlungen: Sie sind bereit, zu stoppen und noch einmal hinzuschauen. Statt Ihre Position ungebremst durchzudrücken, geben Sie Raum zum Verstehen. Das bedeutet nicht, dass Sie die andere Art und Weise, zu denken, zu fühlen oder zu urteilen, übernehmen. Es heißt nur, dass Sie sich ernsthaft mit ihr auseinandersetzen.

Sie machen durch Ihr Verhalten glaubhaft, dass Sie Ihr Gegenüber nicht manipulieren oder kontrollieren wollen, sondern eine ehrliche Begegnung wagen. Das gibt Ihnen die Chance, einen anderen Menschen zu entdecken.

- **Sie investieren auf das gemeinsame Beziehungskonto.** Beziehungen sind zarte Pflanzen, die dauernder Pflege bedürfen. Ohne Aufmerksamkeit gehen sie ein. Deshalb beobachten wir alle sehr genau, ob die Menschen in unserer Umgebung ihre Versprechen halten, ob sie fair handeln, ob sie einen Vorschuss an Freundlichkeit und Offenheit einbringen, ob sie Fehler verzeihen können, ob sie sich Zeit für uns nehmen, ob sie uns wirklich einbeziehen. All das wird positiv auf dem gemeinsamen Beziehungskonto verbucht. Wenn genug drauf ist, bringt auch eine höhere Abhebung Sie nicht gleich in die Miesen. Wenn Sie genug einzahlen, werden Sie und die Menschen in Ihrer Umgebung eine Art von Sicherheit empfinden, die Ihnen kein reales Konto geben kann.

- **Sie setzen sich für den anderen ein.** Beziehungen erschöpfen sich nicht im höflichen Austausch von Freundlichkeiten. Wenn Sie dem anderen helfen können, dann tun Sie es. Wenn Sie den anderen in seiner Entwicklung fördern können, dann tun Sie es. Wenn Sie das Gefühl haben, Sie sollten den anderen schonen, aufmuntern, entlasten, herausfordern oder ihm Feedback geben, dann tun Sie es. Es geht nicht darum, in ein Helfersyndrom zu verfallen, sich selbst zu vernachlässigen und anderen die Arbeit abzunehmen. Aber wenn Sie ernsthaft beziehungsfähig sein wollen, dann gilt es, Ihre Ressourcen und Potenziale auch unter dem Gesichtspunkt zu betrachten: Was kann ich anderen geben?

- **Sie bringen sich selbst ins Spiel.** Beziehungen finden nicht vor Ihrer Haustür statt. Sie sind immer selbst involviert. Sonst ist das Ganze bloß eine Art gut gespielter PR-Trick. Deshalb schauen Ihre Mitarbeiter und Kollegen ziemlich genau hin, wie viel von Ihrer Fairness noch unter Stress übrig bleibt. Wir alle scannen das Verhalten unserer Mitmenschen darauf ab, ob sie authentisch handeln oder nur eine Fassade aufbauen. Das ist die zentrale Beziehungsfrage. Sie sind also als ganzer Mensch gefragt. Dafür müssen Sie aus der Deckung heraustreten und für die anderen – zumindest im Ansatz – sichtbar werden. Selbstverständlich steht Ihnen hier ein breites Spektrum zwischen Offenheit und Bedecktheit, zwischen Nähe und Distanz zur Verfügung. Gerade die besondere Mischung verrät ja Ihre persönliche Handschrift.

> Nur eines können Sie sich auf Dauer als Führungskraft nicht leisten: sich auszuklinken und sich hinter Ihrem Status zu verschanzen. Beziehungen sind ein Spiel, das nur funktioniert, wenn beide Seiten den Einsatz wagen. Das klingt riskant, es ist aber definitiv spannend.

Der Rohstoff von Beziehungen heißt Vertrauen. Und unser Vertrauen beruht auf der Tatsache, dass wir im Großen und Ganzen verstehen und nachvollziehen können, wie sich jemand benimmt. Wenn jemand unter Termindruck ungeduldig wird oder unter einer großen Belastung an seine Grenzen kommt, dann versteht das jeder vernünftige Mensch. Wenn Sie jedoch Ihre Unsicherheiten auf andere abwälzen, schlechte Laune an Mitarbeitern ablassen, Ideen abluchsen, eigene Verantwortung anderen zuschieben, Zusagen ohne triftige Erklärung nicht einhalten, dann verspielen Sie massiv Beziehungskredit. Und Sie werden hart arbeiten müssen, um diesen Verlust wieder auszugleichen. Stephen R. Covey, Vordenker eines wertebasierten Managements, sagt es so: »Neunzig Prozent aller Misserfolge bei der Führung sind charakterbedingt. Vertrauen ist nicht nur der Schlüssel zu allen Beziehungen, sondern auch der Kitt, der das Unternehmen zusammenhält.« [Covey, Der 8. Weg: 175]

Eine Beziehung ist von Vertrauen abhängig und sie bringt es hervor. Gibt man es hinein, sprudelt es in der Regel wieder daraus hervor. Und Vertrauen ist der Treibstoff für jede Anstrengung im Team. Es schafft die Voraussetzung, um gemeinsam an einem Strang zu ziehen und zusammen etwas auf die Beine zu stellen. Es versorgt uns mit der Widerstandskraft, Rückschläge zu meistern, mit der Offenheit, die Wahrheit zu sagen, mit dem Mut, große Vorhaben zu schultern. Vertrauen ist die Grundbedingung für jede Art von Arbeitsteilung. Ohne Vertrauen geht schon lange nichts mehr. Wollen Sie noch eine gewichtige Stimme zu diesem Thema? Peter Drucker, der Pionier der Managementlehre, stellt fest: »Organisationen funktionieren heutzutage nicht mehr auf der Grundlage von Macht, sondern auf der Grundlage von Vertrauen. Dass Menschen einander vertrauen, heißt nicht, dass sie einander mögen müssen. Es heißt, dass sie sich gegenseitig verstehen. Deshalb ist die Pflege von Beziehungen eine absolute Notwendigkeit.« [Drucker, Selbstmanagement: 9]

Nur im Rahmen einer lebendigen Beziehung können wir uns jemanden als Vorbild nehmen oder selbst anderen als Vorbild Orientierung geben. Nur über eine persönliche Beziehung lassen sich Werte und Ziele von Mensch zu Mensch übertragen und emotional verankern. Deshalb gibt es Loyalität, Inspiration und Engagement nur dort, wo Individuen wirklich miteinander verbunden sind. Und zwar als ganze Menschen – jenseits dessen, was schwarz auf weiß im Arbeitsvertrag steht. (Eben deshalb funktionieren in Gremien aufgesetzte und in der Hierarchie nach unten durchgereichte Verlautbarungen nicht, auch wenn sie mit goldenen Lettern als Unternehmensphilosophie daherkommen.) Wer über Mittelmaß, Durchschnitt und Dienst nach Vorschrift hinauswill, wer die Mühsal des Hamsterrades und die Sinnlosigkeit dilbertscher Meetings hinter sich lassen will, kommt um die Dynamik persönlicher Beziehungen nicht herum.

Und diese Gesetzmäßigkeit gilt nicht nur im Team, sie zeigt sich auch in der Außenwirkung von Unternehmen. Lance Secretan berichtet in seinem Bestseller zum Thema Inspiration, dass Untersuchungen den Zusammenhang zwischen guten Beziehungen innerhalb und außerhalb des Unternehmens belegen: »Sobald die Zufriedenheit der Angestellten sich verbesserte, verbesserte sich auch die der Kunden – der Anstieg der Kurven ist fast identisch.« Und er kommt von hier zu einem neuen Verständnis wirksamer Marken: »Führungskräfte neuen Typs verstehen, dass der Wert einer Marke mehr auf den Beziehungen zwischen den Menschen beruht, denen sie innerhalb und außerhalb der Organisation dient ... Er ist nicht das Ergebnis der Marketing-Dollar, die auf dem Markt ausgegeben werden; er folgt daraus, wie Menschen ... die Werte wahrnehmen, für die die Führer der Firma stehen. Das ist die ›Stimme‹, die zur Marke wird.« [Secretan, Inspirieren statt motivieren: 70/71]

Deshalb setzt Daniel Goleman, der Schöpfer des Begriffs »emotionale Intelligenz«, den Begriff der Resonanz ins Zentrum seines Buches *Emotionale Führung*. »Resonanz« bedeutet, dass eine Handlung oder

Äußerung beim anderen beziehungsweise in der Gruppe ein konstruktives Echo findet, dass es eine Wechselwirkung zwischen den Menschen gibt, ein Mitschwingen. Goleman unterscheidet vier über Einverständnis und Verständigung funktionierende Führungsstile: visionär, coachend, demokratisch, gefühlsorientiert. Sie stellen Resonanz her über gemeinsame Leitbilder, über persönliche Förderung, über das Einbeziehen verschiedener Standpunkte und über freundliche Interaktion. Diesen setzt Goleman die traditionellen Führungsstile entgegen, die eher konfrontativ daherkommen und sich nicht in erster Linie um Einbindung bemühen: fordernd und befehlend. Auch diese Arten, zu führen, können unter bestimmten Umständen auf Resonanz treffen und dann erfolgreich sein. In beiden Fällen muss jedoch das gemeinsame Beziehungskonto zuvor durch die anderen Führungsstile aufgefüllt worden sein. Dann kann das Setzen ehrgeiziger Ziele ein erstklassiges Team zu Spitzenleistungen motivieren. Dann kann die Klarstellung der Weisungskompetenz in Krisensituationen Orientierung schaffen. Beide »dissonanten« Führungsstile führen jedoch in die Sackgasse von Dienst nach Vorschrift und innerer Kündigung, wenn sie nicht von ernsthaft beziehungsbildenden Maßnahmen flankiert werden. Das Ergebnis können Sie überall in unseren Unternehmen beobachten.

Die Kunst besteht auch hier darin, die angemessene Mischung zu finden. Denken Sie an die wechselnden Aufstellungen des inneren Teams bei Schulz von Thun oder die Abstimmung der individuellen Talentsignaturen bei Buckingham und Clifton: Intelligente Herangehensweisen operieren immer mit einer (überschaubaren) Vielzahl von Komponenten, die variable und für die jeweilige Situation stimmige Reaktionen erlauben. Selbst Golemans »resonante« Führungsstile werden ineffektiv, wenn man sie einseitig anwendet. Der Visionär steht alleine da, wenn es ihm nicht gelingt, die Gruppe und jeden Einzelnen durch die ganz alltägliche Zusammenarbeit mitzunehmen. Der Coach kann in der Zuwendung zum Individuum die Gruppe, das Ziel und seine anderen Führungsaufgaben aus dem Blick verlieren. Der Demokrat darf über die Wertschätzung von Einzelstandpunkten nicht vergessen, dass man gemeinsam

Intelligente Herangehensweisen operieren mit einer (überschaubaren) Vielzahl von Komponenten, die variable und für die jeweilige Situation stimmige Reaktionen erlauben.

irgendwohin will. Der gefühlsorientierte Betriebsklima-Spezialist leistet zwar die grundlegende Resonanzarbeit für die Gruppe, er muss aber darüber hinaus auch die Interessen der Einzelnen, die Aufgaben, die zu erfüllen sind, und seine Führungsposition im Fokus behalten.

Es geht also darum, je nach Anforderung der Situation zwischen den sechs verschiedenen Führungsstilen zu wechseln beziehungsweise diese klug zu kombinieren. Das Kriterium, an dem man sich dabei orientiert, ist zwar nicht unmittelbar in Zahlen zu messen (obwohl es mittlerweile ausgereifte Tools zur Bestimmung von emotionaler Intelligenz und Mitarbeiter-Compliance gibt), es ist aber klar, worum es geht: um Resonanz. Goleman formuliert die »Maxime emotional intelligenter Führung« so: »Resonanz verstärkt und verlängert die emotionale Wirkung von Führung. Je stärker die Resonanz zwischen Menschen, desto besser ist ihre Verbindung. Resonanz minimiert den störenden Lärm im System. Ein Team bedeutet ›mehr Signale, weniger Lärm‹.« [Goleman, Emotionale Führung: 40]

Das mag sich abstrakt anhören. Es geht aber um etwas eigentlich Selbstverständliches, zutiefst Menschliches: nämlich darum, dass wir, um uns sicher zu fühlen und unsere individuellen Fähigkeiten einzubringen, das Vertrauen brauchen, das nur eine belastbare Beziehung bereitstellen kann. »Resonanz schafft eine unsichtbare, aber starke Bindung zwischen Menschen«, stellt Goleman fest. »Sie beruht auf dem Glauben an das, was sie tun – und dem Glauben aneinander.« Und dieses Vertrauen erwirbt man nur im persönlichen Kontakt, im ganz alltäglichen Miteinander. Die Menschen »müssen miteinander sprechen, lachen, Geschichten austauschen und auch gemeinsam einen Traum entwickeln«. [Goleman, Emotionale Führung: 271] Deshalb besteht eine Ihrer wichtigsten Führungsaufgaben darin, diese Bereiche, in denen Beziehungen gedeihen, zu verteidigen – beispielsweise gegen die Dingperspektive eines Controllings, das die Resonanzebene nicht mit einkalkuliert.

Fakt ist: Sie brauchen die Wechselwirkung einer Beziehung, um Ihre FührungsKRAFT zu entfalten und punktgenau anzuwenden. Sie brauchen Resonanz, um das Aktionsfeld zu verstehen – und um

Handlungen in der Realität umzusetzen. Erst die Tuchfühlung mit den Mitarbeitern gibt Ihnen ein Gespür dafür, wo Sie sie abholen müssen, wohin und wie weit Sie sie bringen können. Im engen Kontakt mit dem Team verbinden Sie innere Klärungsprozesse und das Feedback der anderen. Gelingt Ihnen die intuitive Verbindung beider Sphären, dann wissen Sie, was nötig und was möglich ist. Sie sind so weit wie möglich im Einklang mit den Erfordernissen der Situation. Sie wissen, was Sie zu tun haben.

Beziehungen bilden also nicht nur Vertrauen, sie schaffen auch Erkenntnis. Sie lernen durch die anderen mehr über die komplexen Zusammenhänge, in denen Sie sich gemeinsam bewegen. Sie lernen andere Sichtweisen kennen. Dadurch erweitern Sie Ihre eigenen Möglichkeiten und tun etwas gegen eingefahrene und unflexible Verhaltensmuster. Sie begegnen anderen Menschen und erhalten auf diese Weise Gelegenheit, wertvolle Lebenserfahrung zu sammeln. Sie lernen eine Menge über sich selbst: Wer bin ich? Was bringe ich mit? Wie wirke ich? Was kann ich ändern – und wie verändere ich mich? Und nicht zuletzt: Die Talente der anderen machen das gemeinschaftliche Handeln klüger. Wir können unsere Stärken zusammenführen und damit die Schwächen, die jeder Einzelne selbstverständlich auch mitbringt, ausgleichen.

> Eine wesentliche Portion unseres Lebenssinns ziehen wir aus dem Wissen um Zugehörigkeit.

Es ist also nicht nur so, dass Sie aufgefordert sind, sich in Beziehung zu setzen. Ebenso wahr ist: Sie selbst sind auf Beziehungen angewiesen. (Obwohl es zweifellos Momente gibt, in denen Sie die Menschen in Ihrem Umfeld am liebsten auf den Mond schießen würden.) Wir sind nicht als Einzelwesen konzipiert. Die Medaille hat zwei Seiten: Nicht nur das Team braucht Sie, auch Sie brauchen ein Team. Das gilt zu Hause wie im Büro. Eine wesentliche Portion unseres Lebenssinns ziehen wir aus dem Wissen um Zugehörigkeit. Und ein lebendiges Wirkungsfeld ist eine der zentralen Voraussetzungen für ein glückliches Dasein. »Veränderung und Chaos sind unvermeidbare Tatsachen des Lebens«, meint Lance Secretan. Aber wir haben Einfluss auf unser direktes Umfeld. Und hier können wir Sicherheit aufbauen und Synergie fördern: »Wir alle können wählen, welcher Art von Team wir angehören möchten – und das versuchen die meisten von uns auch zu tun. Es ist sinnvoll, in einem Team zu sein, das Potenzial hat und mit dem die Arbeit Spaß macht, und nicht in einem, das dysfunktional ist. Dann können wir starten und in einer Zeit des Wandels sicher navigieren. Dream-Teams sind ziemlich leicht zu fliegen.« [Secretan, Inspirieren statt motivieren: 253]

Kommunikation verbessern

Man kann nicht nicht kommunizieren.
Paul Watzlawick, 1969

Der 27. März 1977 ist ein stressiger Tag am Flughafen Los Rodeos von Teneriffa. Auf der Nachbarinsel Gran Canaria hat ein Bombenalarm den Airport lahmgelegt und nun stehen hier auf allen verfügbaren Plätzen umgeleitete Maschinen mit genervten Touristen – und Crews am Limit der erlaubten Arbeitszeit. Alle haben nur ein Ziel: möglichst schnell weg. Als Gran Canaria endlich wieder freigegeben wird, beginnt das große Rangieren. Der Tower hat alle Hände voll zu tun. Und die Sichtverhältnisse sind denkbar ungünstig. Über das Rollfeld ziehende Wolkenfelder geben mal den Blick frei, dann wieder ist kaum die eigene Nase zu sehen. Der altmodische Flughafen hat noch nicht einmal eine beleuchtete Mittellinie.

Während sich ein Jumbojet der KLM um kurz nach siebzehn Uhr auf den Start vorbereitet, bemüht sich die Flugaufsicht, eine PanAm-Maschine von der Startbahn zu kriegen, was nicht ganz einfach ist, da die Sicht bei null liegt und der Pilot den Flughafen nicht kennt. Anfängliche Verständigungsschwierigkeiten mit dem Tower werden durch Nachfragen ausgeräumt und schließlich rollt das Flugzeug auf eine Abfahrt zu – allerdings nicht auf die vorgesehene, sondern eine weiter als geplant. Der umständliche Funkverkehr kann auch im holländischen Cockpit mitverfolgt werden. Aber dort steht der Kapitän schon auf dem Gaspedal. Als die Flugaufsicht ihn auffordert, sich zum Start bereit zu machen, sagt er zur Crew »Okay, let's go« (Uhrzeit: 17:06:16) und rollt los. Die Freigabe zum Starten ist noch nicht erteilt, und der Kopilot der PanAm-Maschine meldet an den Tower »Wir fahren noch immer die Startbahn entlang« (17:06:19), aber möglicherweise ist das im KLM-Cockpit durch eine Frequenzüberlagerung nicht deutlich zu hören. Hier stehen alle Zeichen auf Start, als der Funkverkehr wieder klarer wird und man die Durchsage des PanAm-Kopiloten hört »Okay. Ich gebe Bescheid, wenn wir die Bahn geräumt haben« (17:06:29).

Daraufhin zeichnet die Blackbox der KLM-Maschine folgende Kommunikation auf: Flugingenieur: »Heißt das, die sind noch nicht runter?« (17:06:32). Pilot: »Was hast du gesagt?« (17:06:34). Flugingenieur: »Ist die Pan American noch nicht runter?« (17:06:34) Pilot (mit Nachdruck): »Doch, klar« (17:06:35). Neun Sekunden vor dem Zusammenprall sieht die PanAm-Crew die Lichter der auf sie zurasenden Maschine. Ein Aufschrei des vollkommen überraschten KLM-Piloten ist das Letzte, was die Aufzeichnung hergibt (17:06:44). Im Feuer kommen 583 Menschen ums Leben. In der PanAm-Boeing überleben 61 Passagiere. In der niederländischen Maschine niemand. Das Flugzeug war frisch betankt worden, um bei der Zwischenlandung in Gran Canaria Zeit zu sparen.

Dass dieser Unfall bis heute der schwerste der zivilen Luftfahrt geblieben ist, hat auch mit einem Prozess des radikalen Umdenkens zu tun, der durch die Aufarbeitung des Unglücks in Gang kam. Ende der 1970er-Jahre wurde das Crew-Resource-Management (CRM) aus der Taufe gehoben, das – beständig weiterentwickelt – heute zum Pflichtprogramm in der militärischen wie zivilen Luftfahrt gehört. Beim CRM geht es darum, alle vorhandenen Ressourcen zu nutzen, um das bestmögliche Ergebnis, also die höchstmögliche Sicherheit, zu gewährleisten. Es geht darum, alle verfügbaren Informationen in den Entscheidungsprozess einfließen zu lassen und ein Kommunikationsklima zu schaffen, in dem alle Beteiligten, unabhängig von ihrer Funktion und ihrem Status, sich frei fühlen, ihre Beobachtungen und Vorschläge mitzuteilen. Damit wurde das CRM zum Vorreiter und zum Testfall für das, was in den Unternehmen unter den Schlagworten »Lean Management« und »flache Hierarchien« seit den 1990er-Jahren zum (erstrebten) Standard geworden ist.

Aus dem Desaster von Teneriffa – und aus einer ganzen Reihe noch folgender Unglücke, deren Details man bei Wikipedia unter dem Stichwort »Liste von Katastrophen der Luftfahrt« nachlesen kann oder, mit Querverweisen zu Abstürzen in der Wirtschaft, in Peter Klaus Brandls Buch *Crash-Kommunikation* – lassen sich im Grunde drei Schritte zur Optimierung der Kommunikation ableiten:

- *Bauen Sie Verständigungshürden ab!* Nach Auswertung des Untersuchungsberichts zur Kollision auf Teneriffa wurde in der Flugaufsicht eine neue Sprachregelung eingeführt: Es gelten seitdem zwei klar unterschiedene und nicht zu verwechselnde Anweisungen für das Bereitmachen zum Start und die anschließende Freigabe. Unterschätzen Sie also nicht die gemeinsame Klärung von Begriffen und Vereinbarungen! Sie können sich auf diese Weise auch am Arbeitsplatz manchen Crash ersparen. Mitunter sind es einfache Verbesserungen in der Ausstattung, die einen wichtigen Fortschritt bringen. Der neue Flughafen der Ferieninsel hat mehr Platz und eine beleuchtete Mittellinie. Wo gibt es bei Ihnen in der Planung, Vermittlung, Aufgabenverteilung und im Equipment Möglichkeiten, die Verständigung nach vorn zu bringen? Ein entscheidender Faktor ist und bleibt das herrschende Kommunikationsklima. Das Crew-Resource-Management hat hart daran gearbeitet, die bis dahin in den Maschinen geltenden Hierarchien abzuflachen. Denn die Besetzung des Cockpits mit drei Mann bringt wenig, wenn nur der Pilot den Mund aufmacht. Brandl berichtet vom Flug einer MD-82, auf dem der Kopilot den Kapitän zweimal warnt: »Wir sind zu schnell und zu hoch.« Dessen einzige Reaktion besteht darin, sich zum Flugingenieur umzudrehen und einen Witz zum Besten zu geben: »Was ist der Unterschied zwischen Enten und Kopiloten? Enten können fliegen.« Ein paar Sekunden später schießt das Flugzeug über die Landebahn hinaus, weil es zu schnell und zu hoch ist. Niemand an Bord überlebt. Die Lehre: Informationen kommen nur an, wenn sie gesagt *und* gehört werden. Heute ist jedes Crewmitglied aufgefordert, Beobachtungen ins Cockpit zu melden.

- *Machen Sie Ihr Anliegen deutlich!* Das Unheimlichste an dem gespenstischen letzten Wortwechsel im KLM-Cockpit wird einem erst auf den zweiten Blick klar: Es ist das vollkommene Schweigen des Kopiloten. Der dritte Mann, der Flugingenieur, weist darauf hin, dass sich womöglich ein Hindernis auf der Startbahn befindet. Warum sitzt der zweitwichtigste Mann an Bord auf seinem Sitz wie das Kaninchen vor der Schlange? Die Antwort geben vermutlich zwei Fakten: die Zahl der Flugstunden und die Position im Ausbildungssystem der KLM. Der Kapitän hat zur Zeit des Unglücks 1545 Stunden Flugerfahrung mit der Boeing 747. Er ist der Chefausbilder für den neuen Flugzeugtyp. Der Kopilot kann gerade einmal 95 Flugstunden mit dem Jumbojet vorweisen. Er war aber vom Kapitän als tauglich für den Einsatz erklärt worden. Unterschiede in der Berufserfahrung wird es immer geben. Wenn daraus ein Redeverbot folgt, sieht es düster aus mit der Kommunikation. Außerdem hat sich gezeigt, dass auch die Besten ihres Fachs nicht davor gefeit sind, Dinge zu übersehen oder unter Stress auf vertraute, aber womöglich nicht angemessene Muster zurückzugreifen. Einfach, weil sie Menschen sind. Schließlich gibt es noch die Blickverengung durch Expertenwissen. Gerade weil jemand sein Gebiet aus dem Effeff beherrscht, erkennt er nicht, was einem unvoreingenommenen Beobachter sofort auffällt. Also: Egal, ob Sie eine Berechtigungsurkunde zur Hand haben oder nicht, melden Sie sich zu Wort, wenn es der Situation dienlich ist! Diese Verpflichtung zur aktiven Teilnahme, um erfolgreiche Verständigung möglich zu machen, gilt übrigens in beide Richtungen eines Hierarchie- oder Kompetenzgefälles. Auch wenn Sie das Sagen haben beziehungsweise die unbestrittene Koryphäe sind: Machen Sie den anderen klar, was Sie im Blick haben, was Ihr nächster Schritt und Ihr Ziel ist, welchen Teil der Aufgaben Sie übernehmen und welche Erwartungen Sie an Ihre Mitarbeiter und Kollegen haben. Damit die Menschen in Ihrer Umgebung mit Ihnen bei der Klärung und Umsetzung zusammenarbeiten können.

- *Hören Sie zu!* »Was hast du gesagt?« – Diese Frage ist schon Ausdruck einer Störung. Wir haben etwas nicht mitbekommen. Jemand hat gesprochen, aber unser Fokus war nicht darauf scharf gestellt. Nun können wir es dabei belassen und das Ganze unter die Hintergrundgeräusche verbuchen, die uns ständig umfluten. Wir können aber auch umschalten und unsere Aufmerksamkeit gezielt auf diese Kommunikation lenken. Zugegeben: Wir finden es bequem, im eigenen Programm zu laufen und die anderen nur als Soundtrack dazu wahrzunehmen. Geraten wir in Stress, ist das ein automatisch einsetzender (Selbst-)Schutzmechanismus. Die Gefahr: Man verpasst ziemlich wahrscheinlich genau das, was nicht passt – und auf die Notwendigkeit einer Korrektur hinweist. In gewisser Hinsicht ist es durchaus gut, in seiner Aufgabe ganz aufzugehen und alles Störende auszublenden. Es gibt jedoch etwas, was man nicht ungestraft wegfiltert: Warnsignale. Ein überlasteter Flughafen, schlechte Sicht und eine andere Maschine auf dem Rollfeld, das mag häufig vorkommen. Im März 1977 waren es klare Hinweise auf eine riskante Situation. Neben der routinemäßigen Vorbereitung des Starts wäre eine zusätzliche geschärfte Aufmerksamkeit für das Geschehen auf der Startbahn notwendig gewesen: ein etwas genaueres Zuhören beim Funkverkehr zwischen der Flugaufsicht und dem anderen Flieger, ein Nachfragen, wie die anderen im Cockpit die Lage sehen, mehr Kontakt zum Tower. Es hätte die Katastrophe verhindert.

Kommunikation ist mehr als das Hin-und-her-Schieben von Mitteilungen oder Höflichkeitsfloskeln. Kommunikation bildet die Infrastruktur unseres Wahrnehmens und Denkens: Wir reden auch dann noch mit uns selbst, wenn wir allein sind; wir lassen andere Stimmen zu uns sprechen und antworten ihnen innerlich, wenn wir lesen oder Filme schauen. Kommunikation ist die Bühne für unsere Gefühle: Wir bringen uns zum Ausdruck – mit Worten und Blicken, dem Klang unserer Stimme, einer Geste; wir erkennen uns selbst darin und wir versuchen, die anderen aufgrund ihrer verschiedenen Äußerungen zu verstehen und einzuschätzen.

> **Kommunikation bildet die Infrastruktur unseres Wahrnehmens und Denkens.**

Schließlich ist Kommunikation der Stoff, aus dem unsere Beziehungen sind: Wir nehmen Kontakt auf, aus der Distanz oder ganz nah, sachlich oder liebevoll, harmonisch oder kämpferisch. Wir unterhalten und pflegen Beziehungen durch Zuwendung und Grenzsetzung, durch Klärung und Vertrauen. Wir machen eine Bestandsaufnahme, indem wir – oft unbewusst – auf die gemeinsame Kommunikation schauen. Ist dieses Verhalten authentisch oder gespielt? Verrät die

Körperhaltung Einverständnis oder Ablehnung? Sind wir auf einer Wellenlinie oder reden wir aneinander vorbei?

Kommunikation ist mehr als das saubere Formulieren von Sätzen. Sie ist ein Rundum-Radar für unsere Umgebung. Deshalb können wir bei einem scheinbar belanglosen Small Talk enorm viel über die Situation lernen, in der wir gerade gelandet sind. Wir brauchen all diese verschiedenen Informationen für unser Denken, Fühlen, Planen und Entscheiden. Gerade ihre Vielstimmigkeit und die Tatsache, dass sie aus so verschiedenen Sphären stammen und so unterschiedliche Bereiche in uns ansprechen, helfen uns dabei, die uns umgebende Komplexität zu bewältigen. Die Vielzahl an inneren Echos, die wir verarbeiten, hilft uns, eine angemessene Haltung gegenüber den Impulsen und Erwartungen im Außen zu finden. Auch hier läuft wieder das meiste von selbst – und meldet sich bei uns als Bauchgefühl und Intuition. Vorausgesetzt, wir sind in der Realität gelandet und nicht in irgendeinem Schutzmechanismus verhakt. Dann scannen wir vollkommen selbstverständlich und quasi nebenbei die bewussten und unwillkürlichen Mitteilungen unserer Mitmenschen: einen Einwand, einen fragenden Blick, eine Anspannung, einen Unterton. Und wenn uns etwas auffällig oder widersprüchlich erscheint, wenden wir unsere bewusste Aufmerksamkeit der Klärung zu: durch Hinschauen, Handeln oder Ansprechen.

Kommunikation ist also – wenn sie glückt – ein lebendiges Gewebe aus vielen Schichten, das seine Fäden kreuz und quer zwischen den beteiligten Menschen spinnt. Und wie bei den Nervenleitungen in unserem Hirn laufen die Drähte auf Hochtouren, die wir viel nutzen. Die anderen werden kalt und hören irgendwann auf zu funken. Wie reich und tief unsere Verbindungen sind, wie viele wir uns leisten – das hat natürlich eine Menge mit uns selbst zu tun: wie bewusst, wie gerne und wie kompetent wir kommunizieren. Zugleich ist ein so komplexes und von vielen Beteiligten geprägtes Gebilde aber auch stark abhängig von den Rahmenbedingungen, unter denen es heranwächst. Nicht umsonst spricht man vom Betriebs- und Kommunikationsklima. Je nach Wetterlage kommen da sehr verschiedene Pflanzen heraus.

Auch hier sind wieder alle gefragt, ihren Beitrag zu leisten, um in der ganz konkreten Situation eine austarierte, vitale und menschliche Verständigungskultur auf die Beine zu stellen. Wenn alle bereit sind, an der Verbesserung der äußeren Bedingungen mitzuwirken, ihr Anliegen angemessen einzubringen und den anderen zuzuhören, sind die Aussichten gut, dass es wie von selbst in die richtige Richtung geht. Als Führungskraft besteht Ihre besondere Aufgabe darin, für die Balance und die Klimaverbesserung zu sorgen. Denn ebenso wie mangelnde Leistungsvorgabe zu Wildwuchs und Erlahmung führt, bleiben bei überdosierter Effektivität die Zwischentöne auf der Strecke. Zu wenig Moderation mündet in Streit und endlosen Debatten. Zu straffe Gängelung bringt eine Monokultur hervor, in der nur einer spricht. Eine schwierige Aufgabe also, die Ihnen umso leichter fallen wird, wenn der Laden schon von allein ganz passabel läuft. Die Kommunikationskompetenz jedes Einzelnen zu fördern, steht deshalb an erster Stelle.

Vor allem müssen Sie tatsächlich im Kontakt mit dem Team sein, wenn Sie leiten und lenken wollen. Kommunikation ist per definitionem eine gemeinsame Sache. Die einzigen wirksamen Instrumente, die Ihnen zur Verfügung stehen, sind wohldosierte regelnde Impulse. Ihre FührungsKRAFT entfaltet umso mehr Hebelwirkung, je mehr sie auf einem echten Verständnis der Situation beruht und gezielt an der richtigen Stelle eingesetzt wird. Das stärkste und am kontinuierlichsten wirkende Mittel ist und bleibt Ihr persönliches Vorbild – in allen Facetten der alltäglichen Kommunikation. Allein schon deshalb bestätigt sich der Satz: Führung beginnt mit Selbstführung.

Die entscheidende Erkenntnis des Crew-Resource-Managements liegt darin, dass für eine bessere Beherrschung der Situation eine Verbesserung der herrschenden Kommunikation nötig ist. Dass man dafür eine eigene, besondere Kompetenz braucht, die über die fachlichen, technischen und organisatorischen Fähigkeiten hinausgeht, die traditionell mit der Berufsausbildung verbunden sind. Und dass diese Kompetenz trainiert werden kann.

Nun stand in den letzten Jahren, wenn es um die Schulung kommunikativer Fähigkeiten ging, meist die Verbesserung von Rhetorik und

Präsentation im Vordergrund. Und da wir alle schon endlose Stunden unter orientierungslosen PowerPoint-Schlachten und sich öde hinschleppenden Vorträgen leiden mussten, wissen wir natürlich jeden kleinen Fortschritt auf diesem Gebiet zu schätzen. Unter den Stichworten »Prägnanz« und »zusätzliche Stimulanz« ist auf diesem Wege auch die Einsicht durchgesickert, dass bei der Kommunikation nicht nur kognitive Inhalte im Spiel sind, sondern auch Emotionen und Sinnlichkeit. Letztendlich ging es aber vor allem darum, besser zu verhandeln und zu verkaufen. Im Vordergrund stand zu einseitig der Einzelkämpfer auf seinem Weg zu noch mehr Erfolg.

Aber Kommunikation ist mehr, als meine Botschaft an den Mann zu bringen. Es bedeutet auch, dass ich die Botschaft des anderen und sein Verhalten verstehe. Deshalb ist Kommunikation das Grundnahrungsmittel für unser Selbstwertgefühl. Nathaniel Branden drückt es so aus: »Wenn ich etwas sage oder tue, und Sie reagieren darauf in einer Weise, die ich als passend zu meinem Verhalten wahrnehme, so fühle ich mich von Ihnen gesehen und verstanden … ich drücke Traurigkeit aus, und Sie vermitteln mir Ihr Mitgefühl; oder ich tue etwas, worauf ich stolz bin, und mit Ihrem Lächeln zeigen Sie Ihre Bewunderung. Dann fühle ich mich sichtbar.« Ein gutes Gespräch vermittelt uns ein Gefühl von Lebendigkeit, auch wenn es von unterschiedlichen Meinungen geprägt ist: »Solange wir Verständnis zeigen für das, was der andere sagt, und solange unsere Reaktionen im Rahmen des Gesprächs zueinander passen, so lange werden wir uns auch gegenseitig sichtbar fühlen, selbst inmitten heftigster Debatten, und eine insgesamt positive Erfahrung miteinander machen.« [Branden, Selbstwertgefühl: 202]

Richtig in Gang kommt Kommunikation, wenn sie über mich hinausgeht und eine eigene Dynamik in der Gruppe entfaltet. Denn Kommunikation ist immer ein Prozess, der von irgendwoher auf mich zukommt und mit meinem Beitrag eine weitere Kettenreaktion in Gang setzt. Möglicherweise in die verschiedensten Richtungen. Kommunikation ist nicht linear (auch wenn das in den Diagrammen von Ratgebern oft so wirkt), sondern kann sich verzweigen und zurückwirken. Sie kann auf andere Kommunikation reagieren: Meine Handlung führt zu einer reflektierten Antwort (Feedback). Solche Reaktionen können sich wechselseitig aufeinander beziehen (Interaktion). Und Kommunikation kann von allen Beteiligten reflektierend auf diese selbst angewandt werden, um Verständigungsprobleme zu erkennen und zu beheben (Metakommunikation).

Kommunikation fängt da an, wo es reich, dynamisch und vielleicht ein wenig unübersichtlich wird. Denn Kommunikation, die diesen Namen verdient, ist ein lebendiger Prozess, der in alle Richtungen und alle Lebensbereiche hineingreift. Das wird auch in der Kommunikationstheorie von Friedemann Schulz von Thun deutlich, die durch ihre Allgemeinverständlichkeit und Praxistauglichkeit weite Verbreitung gefunden hat. Man darf sie nur nicht zu einseitig als Methode zur Verbesserung der Performance oder zur Behebung von Störungen lesen. Bestimmt sind Sie in Fortbildungen bereits vor Jahren mit den Grundbegriffen vertraut gemacht worden und erinnern sich an die vier Dimensionen einer Botschaft: Sie sagt etwas über einen Sachverhalt. Sie sagt etwas über den, der sie sendet. Sie spricht die Beziehung zwischen dem Sprechenden und dem Hörenden an. Und sie enthält einen Appell, welche Reaktion vom Empfänger erwartet wird.

> **Kommunikation fängt da an, wo es reich, dynamisch und ein wenig unübersichtlich wird. Denn Kommunikation ist ein lebendiger Prozess.**

Nun kann bereits der Sachverhalt – der nichts anderes bedeutet als den bewusst gesetzten Fokus – alles enthalten, was denkbar ist. Ich kann über die nicht bearbeitete Akte Müller ebenso reden wie über fallendes Herbstlaub, den arabischen Frühling, unser Gespräch von gestern oder meine Marotten. Ich kann also auch die Selbstoffenbarung explizit machen. Das ändert aber nichts an der Tatsache, dass jede meiner Äußerungen zugleich eine Inszenierung meiner Person ist. Wie ich etwas ausspreche, wie ich mich dazu verhalte – alles das ist unabtrennbarer Bestandteil meiner Botschaft und wird von meinem Gegenüber mit in Betracht gezogen, um Schlüsse über das Gesagte, meine Person und das Verhältnis zwischen beidem zu ziehen. Bin ich glaubwürdig? Relativiert mein Verhalten die Aussage auf eine interessante Weise? Was ist für den Adressaten in diesem Moment wichtiger: der Satz, den ich sage, oder dass er mir offenbar schwerfällt? Ebenso unablösbar ist meine Äußerung mit der Beziehung zu meinem Kommunikationspartner verbunden. Es gibt keine Verständigung außerhalb von Beziehungen. Diese sind integraler Bestandteil und Rahmen jeder Kommunikation. Selbst ein einsam hingeschriebenes Gedicht oder ein Monolog richten sich an eine anonym bleibende Gruppe von Verstehenden und verraten etwas über mein Verhältnis zu dieser.

Man kann also mit einigem Recht sagen, dass in jeder Äußerung der gesamte menschliche Kosmos angesprochen ist: die eigene Innenwelt, die in den Fokus genommene Realität, der Mitmensch und seine Sichtweise sowie unsere Beziehung zueinander. Mit dem vierten von Schulz von Thun genannten Aspekt, dem Appellcharakter, kommt noch ein weiteres wesentliches Element hinzu: Wir bewirken etwas mit Kommunikation. Zumindest setzen wir ein Gespräch in Gang. Dadurch bilden wir eine Beziehung und schaffen Gemeinschaft. Wir teilen, erweitern, korrigieren gegenseitig unser Wissen. Vielleicht bringen wir den anderen zum Handeln oder setzen gemeinsam etwas in Bewegung.

Wenn Sie dieses Leitbild von Verständigung als lebendige Kraft – dynamisch, alle Bereiche erfassend, beziehungsstiftend – mit Ihrem ganz normalen Büroalltag vergleichen, wie schneidet da Ihre Kommunikationsrealität ab? Läuft es richtig gut? Oder eher so gerade eben? Wie kann es gelingen, eine echte Verbesserung hinzukriegen? Mittlerweile ist Kommunikation überall ein Thema. Aber in den meisten Unternehmen wird punktuell daran herumhantiert – und ausschließlich unter funktionalen Gesichtspunkten. Da sollen Störungen behoben werden, Top-down-Prozesse besser landen, man will die Außenwirkung optimieren und an der Dienstleistungsfront glänzen. Dass Kommunikation den ganzen Laden in Gang hält, dass Kommunikation das Element ist, in dem alle schwimmen und in dem allein sich FührungsKRAFT entfalten und wirksam werden kann, diese Erkenntnis ist noch nicht überall durchgedrungen.

Was heißt das für Sie? Was können Sie ganz praktisch tun?

Es ist toll, wenn Sie auf der Bühne eine gute Figur machen, wenn Sie wortgewandt sind, an der richtigen Stelle witzig und möglicherweise sogar charmant. Aber das ist nicht das, worauf es ankommt. Es kommt darauf an, dass Sie in der Kommunikation von Mensch zu Mensch wirkliche Begegnungen und tatsächliche Dialoge möglich werden lassen. Dafür sind keine Entertainerqualitäten gefragt, sondern Bewusstsein für die Situation, Interesse am anderen und Mut, sich auf einen offenen Ausgang einzulassen. Mit anderen Worten: FührungsKRAFT. Wenn Sie sich ehrlich auf diesen gemeinsamen Prozess einlassen, ist es Ihrem Gegenüber egal, ob Ihnen hier und da das richtige Wort fehlt oder ob Sie durch eine Phase von Unsicherheit und Unklarheit gehen. Was zählt, ist, dass Sie mit all Ihren Kompetenzen ganz bei der Sache sind. Was zählt, ist der Respekt, den Sie beweisen, indem Sie Ihre Zeit und Aufmerksamkeit dem anderen zur Verfügung stellen. Das ist der Dreh- und Angelpunkt.

Gleichzeitig ist es natürlich gut, wenn Sie Ihre Fähigkeiten zur Verständigung und Ihre entsprechenden Eigenarten im Blick behalten. Also: Wagen Sie den echten Dialog – und behalten Sie sich selbst dabei im Blick! Wahrscheinlich wissen Sie schon eine Menge über Kommunikation. Die drei leicht lesbaren Bände der Reihe *Miteinander reden* von Friedemann Schulz von Thun zum Beispiel bieten das Rüstzeug, das Sie brauchen. Aber nehmen Sie Ihr Wissen konsequent in den Alltag und in die Selbstreflexion mit hinein? Ohne Anwendung und Training nutzt auch das beste Sachbuch nichts.

Das A und O ist die Selbstklärung. Segeln Sie nicht kopflos in ein Meeting hinein! Auch wenn der Zeitdruck mörderisch ist. Nehmen Sie sich eine Atempause, um Ihren eigenen Standpunkt zu sortieren. Das heißt nicht, dass Sie überall mit fertigen Lösungen auftauchen. Aber es heißt, dass Sie zumindest ein Bewusstsein dafür haben, dass es ein Problem gibt. Schulz von Thun sagt es so: »Klare Kommunikation setzt innere Klarheit voraus, zumindest das Bewusstsein innerer Ungeklärtheit.« [Schulz von Thun, Das innere Team: 143] Keiner erwartet, dass Sie allwissend sind. Spannen Sie die anderen ein, um ein klares Bild zu bekommen, und sagen Sie es Ihnen.

Wenn Sie etwas darstellen wollen, halten Sie sich an die vier Essentials der Verständlichkeit: Bringe ich die Sache so einfach und klar wie möglich zum Ausdruck? Ist meine Darstellung übersichtlich und sinnvoll gegliedert? Geht es noch kürzer? Ist neben den Fakten auch noch Saft dahinter: Anschaulichkeit, Energie, Emotion? Schauen Sie sich dabei über die Schulter und machen Sie immer wieder ein Feintuning Ihrer Selbstdarstellung: Überwinden Sie Furcht und die Tendenz, sich hinter etwas zu verbergen. Regeln Sie Imponiergehabe und Statusbeharren runter. Stimmen Sie Ihre Intensität und die Dosis an Selbstoffenbarung auf Ihr Gegenüber und die Situation ab (aber vergessen Sie nicht: meist ist zu wenig verheerend).

Machen Sie sich vor allem klar, was Sie in einem Gespräch erreichen wollen – und sprechen Sie es so offen wie möglich an. Schulz von Thun zeigt, dass Missverständnisse und Frustration oft das Ergebnis indirekt oder gar nicht angesprochener Wünsche und Erwartungen sind. Wenn Sie etwas durch die Blume sagen, müssen Sie sich nicht wundern, dass Ihr Gegenüber nicht die gewünschte Abzweigung nimmt. Wenn Sie gar nicht klarmachen, was Sie wollen, müssen Sie sich nicht wundern, dass Sie hinterher zerknirscht dasitzen. Offene Appelle brauchen allerdings eine gute Portion eigener Klärung im Vorfeld. Sie sollten wissen, was Ihnen wichtig ist und wie Sie Ihr Selbstwertgefühl ausbalancieren. Denn beim ehrlichen Aussprechen Ihrer Wünsche und Erwartungen ist der Mut gefragt, sich selbst zu offenbaren und sich mit einem Anliegen jemand anderem zuzumuten. Vergessen Sie dabei nicht: An der Freiheit der anderen kommt keiner vorbei. Sie müssen also einerseits Ihr Gegenüber fordern und fragen, andererseits bereit sein, auch eine Ablehnung zu akzeptieren. Das haben die meisten von uns erst noch zu lernen. Schon in der Kindheit sind viele an manipulative Spielchen gewöhnt worden. Recht behalten und den eigenen Willen durchsetzen sind jedoch keine Leitwerte für gelingende Verständigung. Respektvolle Kommunikation zeichnet sich durch eine Offenheit aus, die auch ein Nein verkraftet.

Was ist nun Ihre besondere Aufgabe als Führungskraft? Sie wirken im Team durch Ihr Vorbild und durch gezielte Vorgaben und Impulse. Erlösen Sie die Kommunikation aus dem Schattendasein und geben

Sie ihr Priorität. Der Laden läuft nur so gut wie die Verständigung untereinander. Deshalb machen Sie die Werte und Ziele klar: Verständigungsbarrieren abbauen, sich mitteilen, zuhören, gemeinsam Lösungen entwickeln. Und beweisen Sie im Alltag, dass Sie dafür einstehen. Planen Sie Zeit und Raum für Einzelgespräche und für echten Dialog im Team ein. Ganz regelmäßig – und bei Bedarf auch noch außerplanmäßig. Beherzigen Sie die provokante Aufforderung der Interaktionsspezialistin Ruth Cohn: »Störungen haben Vorrang.« Das geht zwar gegen den Strich und sprengt vermutlich die Tagesordnung. Aber erst wenn wir aus den laufenden Programmen mit ihren vorgestanzten Sprachmustern aussteigen, beginnt wirkliche Verständigung. Und das muss von Zeit zu Zeit sein. Denn sonst steuern die Programme uns und nicht wir sie. Dann kommen wir uns unter all den Funktionen, die wir tragen, als Menschen abhanden.

Ein solches Umschalten gelingt dort mühelos, wo das Umfeld von Beziehungen, von Wachstum, Offenheit und Lernen geprägt ist. Wahrscheinlich geht es Ihnen wie den meisten: Daran müssen Sie noch arbeiten. Dazu brauchen Sie aber kein Mission-Statement oder viel Trommelwirbel. Schalten Sie in nächster Zeit einfach ein wenig mehr Aufmerksamkeit zu. Beobachten Sie die Verhaltensnormen, die sich in den Gruppen eingeschliffen haben, mit denen Sie zu tun haben. Und beginnen Sie Einfluss zu nehmen. In feinen Scheiben ganz im Sinne der Salamitaktik. Zum Beispiel indem Sie Offenheit bestärken, Unfreundlichkeit bremsen, möglichst viele zu Worte kommen lassen, Beiträge konstruktiv zusammenführen, selbst respektvoll kommunizieren. Legen Sie sich ins Zeug, damit die Kommunikation in Ihrem Umkreis zu einem spannenden und positiven Erlebnis für alle Beteiligten wird. Dann brauchen Sie sich um das Betriebsklima keine Sorgen mehr zu machen.

Ein hervorragender Anfang besteht verblüffenderweise darin, ein guter Zuhörer zu werden. Stephen R. Covey sagt es so: »Wenn wir mit der Absicht zuhören, andere zu verstehen, statt mit der Absicht zu antworten, beginnen wir mit wirklicher Kommunikation und dem wahren Aufbau von Beziehungen. Dann gibt es mehr Chancen, offen zu sprechen und verstanden zu werden, und sie ergeben sich wie von

selbst.« [Covey, Der 8. Weg: 182] Allzu viele unserer Diskussions-
runden sind gekennzeichnet vom Schlagabtausch, vom Rangeln um
Positionen. Wenn wir aber ständig mit dem Aushandeln der Hackord-
nung beschäftigt sind, kommen wir nicht zu den Inhalten. Wenn es
uns nicht gelingt, die Standpunkte konstruktiv zusammenzubringen,
kommen wir nicht dazu, die Probleme anzugehen.

Mangelndes Zuhören ist der Teamkiller Nummer eins. Schulz von
Thun weist immer wieder darauf hin. Wer sich nicht gehört fühlt, verschafft sich auf störende Weise Gehör: Er benimmt sich »unerhört«.
Um als Teil eines Teams unsere Fähigkeiten, unsere Aufmerksamkeit
und unser Engagement einzubringen, brauchen wir alle das Gefühl,
gehört und gesehen zu werden. Das ist eine Frage von grundlegender
Wertschätzung. Egal, ob bei Indianerstämmen, Gesprächen zwischen
Konfliktparteien in Krisengebieten oder in der Paartherapie – die Lösung ist immer die gleiche: Jeder muss genügend Raum erhalten, um
sein Anliegen vorzutragen. Und zwar ohne Unterbrechung. Von den
anderen ist derweil zweierlei gefordert: die Disziplin, ihn reden zu
lassen, und die Kooperation, zu verstehen, was er sagt.

Natalie Knapp, die Spezialistin für innovatives Denken, drückt es so
aus: »Zuhören ist eine der einfachsten Methoden, mit denen wir uns
gegenseitig dabei unterstützen können, Ideen zu entwickeln oder
Entscheidungen zu treffen.« Und sie erklärt auch, wie das funktioniert: »Durch Zuhören stellen wir einem anderen Menschen den geistigen Raum zur Verfügung, der für die Selbstorganisationsprozesse des
Denkens benötigt wird, und liefern ihm gleichzeitig auch die Energie,
die bewusste und unbewusste Einzelinformationen so in Bewegung
setzt, dass sie sich zu einer neuen Idee verbinden können.« [Knapp,
Neues Denken: 241]

Einander zuzuhören ist der einzige Weg zu einem Mehr an Sichtweisen, an Lösungen und an Wissen.

Wenn Sie gemeinsam vorankommen und etwas erreichen wollen, können Sie es sich schlicht nicht leisten,
das Zuhören stiefmütterlich zu behandeln. Zuhören
stärkt jeden Einzelnen durch die Wertschätzung, die
ihm entgegengebracht wird. Einander zuzuhören stiftet
Beziehungen und erhält die Gemeinschaft. Einander zuzu-

hören vermehrt Respekt und Vertrauen. Einander zuzuhören ist der einzige Weg zu einem Mehr an Sichtweisen, an Lösungen und an Wissen. »Das Potenzial des Zuhörens besteht darin, etwas zu erfahren, was der andere auch noch nicht weiß.« [Knapp, Neues Denken: 243]

Ziele erreichen

Alles wird klarer, wenn Ihre Ziele klar sind.

Hans-Werner Rückert, 2004

Das große Los zog Meike Winnemuth im Oktober 2010. Sie gewann in der TV-Show *Wer wird Millionär?* 500 000 Euro. Als Günther Jauch die glückliche Gewinnerin fragte, was sie denn mit dem Geld machen wolle, hatte sie sofort die Antwort parat. Die freie Journalistin würde einen lang gehegten Traum wahr machen: für ein Jahr in der Heimat alle Zelte abbrechen und jeden Monat eine Wohnung in einer anderen Stadt anmieten. Gesagt, getan. Für jeweils vier Wochen nistete sie sich in Sydney, Buenos Aires, Mumbai, Schanghai, Honolulu, San Francisco, London, Kopenhagen, Barcelona, Tel Aviv, Addis Abeba und Havanna ein.

Von ihren Reisen berichtete sie in einem – mehrfach preisgekrönten – Reiseblog. Das Publikum konnte ihr Abenteuer im SZ-Magazin verfolgen, die Leser waren aufgefordert, ihr in der jeweiligen Stadt kleine Aufgaben zu stellen. Auf diese Weise lernte sie deren Angehörige in der Fremde kennen, suchte Schwimmbäder und verlorene Handtaschen, probierte Cocktails und merkwürdige Speisen, lernte Ukulele auf Hawaii und (beinahe) Tango in Argentinien. Am Ende schrieb sie ein Buch über ihre Erfahrung – *Das große Los* – und stellte verblüfft fest, dass sie den Gewinn gar nicht gebraucht hätte, um aufzubrechen. Sie hatte auf ihren Reisen genug verdient. Und zwar, bevor ihr Reisebericht auf der Spiegel-Bestsellerliste landete.

Nicht jeder kommt mit dem großen Los so weit wie Meike Winnemuth. Bereits Ende der 1970er-Jahre wiesen die Psychologen Philip Brickman, Dan Coates und Ronnie Janoff-Bulman nach, wie vergänglich der Segen Fortunas ist. Sie verglichen zweiundzwanzig Lottomillionäre mit neunundzwanzig Menschen, die seit einem Unfall querschnittgelähmt waren. Als Kontrollgruppe nahmen sie zweiundzwanzig Personen, denen weder etwas außergewöhnlich Gutes noch etwas außergewöhnlich Schlimmes zugestoßen war. Das erstaunliche Ergebnis: Im Grunde waren nach einiger Zeit alle gleich zufrieden. Durch Gewöhnung pegelt sich das Leben auf dem neuen Niveau ein. Das ist ja auch irgendwie tröstlich. Besondere Freude oder Betrübnis löst dann das aus, was von diesem Normalzustand abweicht. Deshalb konnten die Gelähmten sich an kleinen Dingen erfreuen, während die Glückskinder erst einmal damit klarkommen mussten, dass gemessen am Hauptgewinn der Alltag deutlich an Strahlkraft verliert.

Das große Los zaubert noch kein gutes Leben. Auch wenn Millionen Lottospieler sich das Woche für Woche so vorstellen. Wer mit dem gewonnenen Geld in jene Wunschwelt wechselt, die am ungeliebten Arbeitsplatz so verlockend erschien, katapultiert sich unversehens ins Abseits. Die vorgezogene Rente, der Sportwagen, die Villa, der Luxus, den man sich bisher nicht leisten konnte, erscheinen bald alltäglich. »Der Traum vom Nichtstun wird relativ schnell zum Albtraum«, erklären Christoph Lau und Ludwig Kramer in einem Vortrag zu ihrer Studie *Die Relativitätstheorie des Glücks. Über das Leben von Lottomillionären.* »Deshalb sind auch diejenigen Gewinner glücklicher, die sich mit ihrem Gewinn einen Traum ermöglichen, der sie aktiviert. Menschen also, die das Glück aus sich selbst heraus schöpfen.« Rund fünftausend Bundesbürger haben seit dem Start der staatlichen Lotterie im Jahre 1955 die berühmten sechs Richtigen gehabt. Bei rund achtzig Prozent war nach Schätzung von Experten das Geld nach zwei Jahren unwiederbringlich futsch. Einige spektakuläre Unglücksraben tauchten mit Pleiten oder Rechtsstreitigkeiten, als Opfer von Erpressung oder als straffällig Gewordene in den Schlagzeilen der Boulevardpresse auf.

> Das große Los zaubert noch kein gutes Leben.

Lau und Kramer fassen ihre Lottoforschung so zusammen: »Wenn man uns fragt, ob ein solcher Gewinn einen Menschen verändert, dann sagen wir: nein – aber: er entlarvt ihn. Ein Gewinn ist nicht charakterbildend, sondern Charakter abbildend.« Wer sich verändern möchte, sollte also nicht auf das große Los warten, sondern hier und jetzt bei sich selbst anfangen. Das Institut für vergleichende Vermögenskultur und Vermögenspsychologie an der Sigmund-Freud-Uni-

Meike Winnemuth hat also einiges richtig gemacht. Und wir drücken ihr die Daumen, dass ihr das auch weiterhin gelingt.

- Sie hat nicht in mehr Sicherheit investiert – Pensionsfonds oder Immobilie –, sondern die Absicherung durch das kleine Vermögen genutzt, um ein Wagnis einzugehen und ein Abenteuer in Gang zu bringen.

- Dabei ist statt etwas Statischem etwas Dynamisches herausgekommen: ein Prozess, eine Aufgabe. Wie Steve Kroeger mit seinem 7-Summits-Projekt hat Meike Winnemuth sich einen persönlichen Gipfel an den Horizont gesetzt, bei dessen Bezwingung sie eine Menge neuer Erfahrungen machen konnte.

- Mit den zwölf Etappen ihrer Reise hat sie einen äußeren Rahmen geschaffen, der das Projekt überschaubar machte und in Zwischenziele aufteilte. Auf diese Weise war sie mit Limits konfrontiert, die gut zu bewältigen waren. Vier Wochen konnte sie selbst in den Städten über die Runden bringen, die sie nicht mochte.

- Mit den Leser-Aufgaben hat sie sich permanent kreativen Input von außen geholt und damit eigene Wahrnehmungs- und Verhaltensmuster ausgetrickst. So gab es eine Menge Spielraum für das Überraschende, Unvorhergesehene. Es blieb durchweg spannend.

- Neben diesen äußeren Zielen gab es vor allem ein inneres Ziel. Sie selbst formuliert das so: »Wie wäre es, ein Jahr lang genau das Leben zu leben, das ich mir selbst ausgesucht habe? Ohne Verpflichtungen, ohne Routinen, ohne Kompromisse? Ein Jahr lang nur tun, was ich will?« [Winnemuth, Das große Los: 6] Indem sie ihre Aktivitäten mit der Selbstreflexion verbindet, schaltet sie die entscheidende Ebene hinzu. Städte, Sehenswürdigkeiten, Restaurants, Strände – das alles kann schnell zu Sättigung und Gewöhnung führen. Klinkt man sich innerlich aus, rauscht alles nur noch an der Oberfläche an einem vorbei. Sicher kennen Sie das Gefühl. Indem Meike Winnemuth immer wieder konsequent zu ihrem inneren Erleben zurückkommt, setzt sie einen spannenden Erkenntnisprozess in Gang. Und bleibt am Ball.

Letztlich hat die Journalistin die verschiedenen Stationen für eine Reise zu sich selbst genutzt. Am Schluss stellt sie überrascht fest: »Das für mich gute Leben ist nichts anderes als eine Exportversion meines Lebens zu Hause. Ich mache im Wesentlichen dasselbe – schreiben, lesen, essen, Leute treffen –, aber dadurch, dass ich es an immer neuen Orten tue, wird es immer wieder anders. Ich lerne. Die Welt ist meine Fernuniversität.« [Winnemuth, SZ-Magazin, 41/2011] Das mag vielleicht nicht sonderlich spektakulär klingen – aber Buckingham und Clifton würden sagen, sie ist einen deutlichen Schritt vorangekommen in der Klärung ihrer Stärken und Talente. Und ist es nicht ein versöhnliches Ende, das Mut macht für einen Relaunch Ihres Alltags?

versität in Wien veröffentlicht seit ein paar Jahren interessante Studien über Menschen mit sehr, sehr viel Geld. Die Untersuchungen zeigen, dass ein Riesenvermögen unglaubliche Möglichkeiten eröffnet, aber ebenso gut zum Gefängnis werden kann. Die entscheidende Frage ist, ob ich weiß, was ich mit dem, worüber ich verfüge, anfangen will. Und das beginnt mit der Klärung, was ich will. Der nächste Schritt ist, zu schauen, wie ich meine Mittel entsprechend einsetzen kann. Ohne Ziel kommen wir nicht vom Fleck, wir drehen uns im Kreis, wir setzen unser Leben in den Sand – auch wenn unser Kontostand signalisiert, dass wir auf der Sonnenseite gelandet sind. Wichtiger als die Frage, wie voll unser Rucksack ist, ist die Frage, wohin wir unterwegs sind.

Am Ende dieses Teils über die Anwendung von FührungsKRAFT, über Wirkung in der Realität schlagen wir also konsequenterweise den Bogen zurück zum zweiten Teil: Wer bin ich? Wofür brenne ich? Wo will ich hin? Und das ist nur logisch. Sie erinnern sich: Führung beginnt mit Selbstführung. Denn wer soll Kraft und Wirkung entfalten, wenn nicht ich? Und wie soll das gehen ohne eine innere Richtung?

► **Ziele definieren Ihren Weg.** Sie erzeugen ihn eigentlich erst. Aus der unüberschaubaren Vielfalt an Handlungsmöglichkeiten lassen sie die Auswahl hervortreten, die Sie in die richtige Richtung bringt.

► **Ziele geben Orientierung.** Sie stellen Ihren inneren Kompass ein. Ganz intuitiv. Sie geben Ihnen den Maßstab dafür, ob Sie vorankommen oder vom Weg abdriften, welche Aktivitäten wichtig und zielführend sind.

► **Ziele geben Antrieb.** Sie zapfen Ihre Leidenschaft an und stellen Ihnen ein Spielfeld bereit. Auf diese Weise kommt Bewegung in Ihr Leben und Dynamik in Ihre Entwicklung.

► **Ziele strukturieren die Zeit.** Ihre Zukunft wird überschaubarer durch Zwischenschritte zum Ziel. Sie wissen, auf welchem Abschnitt Sie sich befinden – und das macht zugleich Ihre Gegenwart lebendig.

- **Ziele steuern den Fokus.** Die Suche schärft Ihren Blick. Informationen, die Sie dem Ziel näher bringen, werden Sie geradezu aufsaugen. Die Wahrscheinlichkeit, dass Sie Chancen erkennen, steigt.

- **Ziele verknüpfen Ihr Inneres mit der Außenwelt.** Ziele sind Ihre Werte und Wünsche übertragen auf die Realität. Das verbindet Sie mit Ihrem eigenen Wesenskern – und mit dem, was um Sie herum geschieht. Das beste Mittel gegen das Gefühl, fremdbestimmt oder abgekoppelt zu sein.

- **Ziele verleihen Ihren Handlungen Sinn.** Das gilt auch für ganz alltägliche Kleinigkeiten. Der Punkt ist: Sie wissen, warum Sie etwas tun. Sicher haben Sie sich bei eingespielten und automatischen Abläufen auch schon gefragt: Was mache ich da eigentlich? Wenn Sie das dahinterstehende Ziel wiederentdecken, wird die Handlung wieder sinnvoll. Das gilt natürlich umso mehr, wenn Sie Ihre Aktivitäten überhaupt erst aus einem für Sie wertvollen Ziel entwickeln.

- **Ziele zwingen zum Realitycheck.** Wenn sie das nicht tun, sind es bloß Wunschvorstellungen und Träumereien. Reale Ziele fordern reale Schritte – und die sind entweder erfolgreich oder nicht. So beginnt wahres Lernen. Die Reise stellt alles auf die Probe, was Sie in Ihrem Rucksack mitbringen: von Ihrem Selbst- und Weltbild, Ihren unbewussten Anteilen wie Willenskraft, Furcht oder Vertrauen über Ihre Fähigkeit, sich Unterstützung zu holen, bis hin zu der Frage, wie realistisch Ihre Ziele sind.

- **Ihre Ziele sagen eine Menge über Sie selbst.** Hier können Sie etwas Wesentliches über sich erfahren. Was zieht Sie an? Was gibt Ihnen Drive? Zutage treten Ihre ganz spezifischen Stärken und Talente. Aber auch Ihre Schwächen zeigen sich. Sind Ihre Ziele zu bescheiden, oder haben Sie sogar Probleme, welche zu finden? Sind sie undeutlich oder ganz offensichtlich zu schön, um wahr zu sein? Oder sind sie überzogen leistungsorientiert, perfektionistisch und deshalb unrealistisch? Die Gretchenfrage lautet: Wie gut sind Sie in sich selbst *und* in der Realität verankert? Dies zeigt sich an Ihren Zielen.

- **In Ihren Zielen verwirklichen Sie sich selbst.** Deshalb brauchen Sie Ziele wie die Luft zum Atmen. Ohne sie geht Ihnen die Puste aus. (Das gilt übrigens auch für die Gruppen und Unternehmen, zu denen Sie gehören. Deshalb sollten die Ziele deutlich sein und zueinander passen.)

- **Ziele geben Kraft.** Sie verleihen Ihnen die Bereitschaft, heute bereitwillig die Kosten zu tragen – für den Gewinn von morgen. Und sie lassen Sie auf Durststrecken durchhalten. Sie verhelfen Ihnen dazu, etwas zu wagen und über sich selbst hinauszuwachsen. Ziele holen Sie aus der Schonhaltung heraus.

- **Und Ziele verbinden.** Haben Sie ein klares Ziel, kommen Sie gar nicht darum herum, zu kommunizieren und Beziehungen aufzunehmen. Wie sonst wollen Sie Ihr Vorhaben umsetzen? Sie brauchen Unterstützung, Dienstleistungen, Abnehmer. Haben Sie ein klares Ziel, können Sie andere Menschen auf dem Weg mitnehmen und ihnen Orientierung vermitteln.

Es spricht also alles dafür, dass Sie Ihre Ziele – und deren Umsetzung – in den Fokus nehmen. Wie verbunden fühlen Sie sich mit dem, wofür Sie die meiste Zeit aufwenden? Wie viel von dem, was Sie innerlich bewegt und Sehnsüchte in Ihnen wachruft, wird in Ihrem Alltag auch Realität? Ist in Ihrem Leben genug zielgerichtete Dynamik am Werk? Wagen Sie die Bestandsaufnahme! Vielleicht geht es ja gar nicht um eine grundlegende Kurskorrektur, sondern einfach nur um mehr Bewusstsein und ein paar Feinjustierungen. Das können nur Sie selbst entscheiden. Und auch wenn Sie sich größere Veränderungen wünschen, ist es eine gute Idee, erst einmal mit kleinen Fingerübungen zu starten.

Denn worum es eigentlich geht, ist das Realisieren-Lernen. Suchen Sie sich zum verlockenden Fernziel gut erreichbare Etappen. Schneidern Sie sich Ihre Ziele so zurecht, dass Sie sie bewältigen können. Lernen Sie das Gefühl kennen, selbst gesteckte Strecken zu schaffen und auf Ihrem Weg voranzukommen. Gewöhnen Sie sich daran und gewinnen Sie durch Erfahrung Vertrauen zu sich selbst. Das Erreichen von Zielen ist sowohl klarer Ausdruck als auch Voraussetzung eines gesunden Selbstbewusstseins, sagt Nathaniel Branden. Im nächsten Schritt legen Sie die Messlatte ein wenig höher. Hauptsache, Sie bleiben im Lern- und Testmodus. Auf

Bleiben Sie im Lern- und Testmodus. Auf diese Weise wird es nicht langweilig und Sie entwickeln Zielkompetenz.

diese Weise wird es nicht langweilig, die Herausforderung hält Sie wach – und Sie entwickeln Zielkompetenz.

Denn gemessen am Kriterium der Realisierung steht alles zur Disposition. Auch Ihre Zielsetzung. Deshalb backen Sie am Anfang – zum Beispiel, wenn Sie etwas Neues ausprobieren – besser kleine Brötchen. Sie haben die Freiheit, Ihren Alltag als Testfeld zu nutzen, um herauszufinden, was Sie wollen und was Sie können. Wenn die Brötchen allerdings nach zehn Jahren immer noch genauso klein sind, stimmt das Tempo nicht. Schauen Sie, woran es liegen könnte: mangelndes Zutrauen, Perfektionismus, zu viele Hochzeiten, auf denen Sie tanzen? Oder haben Sie die Verantwortung abgegeben und lassen sich von anderen Ihr Backpensum vorschreiben? Zur Not weichen Sie auf einen Nebenschauplatz aus, um Ihre Zielkompetenz zu trainieren: die sinnvolle Gestaltung von Pausen, Ernährung, Gesundheit, Fitness. Wenn Sie Nachholbedarf bei den Basics haben, holen Sie sich freundschaftliche oder partnerschaftliche Unterstützung. Jemand, der Ihnen etwas zutraut, ist eine große Hilfe, wenn Sie selbst damit Probleme haben. Jeder Mensch hat jederzeit die Chance, die eigene Wirksamkeit unter Beweis zu stellen. Selbst wenn sie im Alltagstrott abhanden gekommen scheint.

Kleine Schritte und Zwischenziele sorgen dafür, dass wir den Draht nicht verlieren, sondern hellwach bei der Sache bleiben. Sie helfen uns aber auch, etwas im Blick zu behalten, was wir allzu leicht vergessen, wenn wir einmal richtig in Fahrt sind: den Realitycheck. Wir werden so ungern in unseren Träumen gestört! Zum verantwortlichen Handeln, das uns tatsächlich weiterbringt – innerlich wie äußerlich –, gehören jedoch Selbstkritik, Offenheit für Feedback und der Umgang mit Rückschlägen. Alles in einem vernünftigen Rahmen, versteht sich! Es macht wenig Sinn, bei der ersten kritischen Bemerkung und beim ersten Widerstand auf Tauchstation zu gehen und das Ziel in den Wind zu schießen. Es macht genauso wenig Sinn, sich selbst zu zerfleischen, wenn irgendetwas anders läuft als gedacht.

Das Leben ist kein Parcours, bei dem Sie die Hindernisse in einer festgelegten Reihenfolge und auf eine bestimme Weise absolvieren müssen und hinterher eine Punktewertung bekommen. Alles ist offen. Sie können Selbstzweifel überwinden oder sich entscheiden, die Messlatte niedriger zu legen. Sie können das Ziel revidieren oder gegen alle Widerstände weitere Reserven ausschöpfen. Sie können Kritik übernehmen, relativieren – oder versuchen, die Skeptiker umzustimmen. Rückschläge können Sie dazu bringen, umzudenken, Hilfe zu mobilisieren oder die Zähne zusammenzubeißen. Ausschlaggebend ist letztlich, dass Sie die Situation selbstreflexiv begleiten, verstehen – und dann eine Entscheidung treffen. Und auch die können Sie mit ein wenig Abstand infrage stellen, bestärken oder revidieren. Deshalb sind kleine Schritte und kurzgetaktete Realitychecks klug.

Beim Realisieren-Lernen legen Sie sich ganz von selbst das notwendige Handwerkszeug zu: erfolgreiche Planungskonzepte, bewährte Verbündete, eigene Methoden beim Lernen, Verstehen, Verhandeln. Wahrscheinlich haben Sie bereits einen Rucksack voll davon. Aber auch hier gilt: Alles steht auf dem Prüfstand. Vielleicht haben sich Ihre Ziele im Laufe der Zeit verändert oder Ihre Werte. Ziemlich wahrscheinlich hat sich die Realität verändert. Denn das tut sie ständig. Sie werden nicht jünger, Ihre Familie ist in einem permanenten Transformationsprozess und auch im Geschäftsleben bleibt wenig beim Alten. Es ist also bestimmt an der Zeit, den alten Werkzeugkasten auszumisten und die Augen nach neuen Instrumenten offen zu halten. Sicher sind Sie selbstbewusster, besonnener und reicher an Lebenserfahrung geworden. Und das sollte Auswirkungen auf angelernte, eingeschliffene und übernommene Denk- und Verhaltensweisen haben. Zielkompetenz erweist sich auch in der Angemessenheit von Lernmethoden, Arbeitsweise und Führungsstil.

Ein kluger Umgang mit Zielen bezieht den gesamten Prozess ein:

- ▶ *Ziele aufstellen*. Ziele müssen erst einmal gefunden und in Form gebracht werden. Dazu gilt es, Ihre eigenen Antriebe und Zielvorstellungen zu klären. Ziele müssen formuliert werden, das ist auch eine Übersetzungsleistung aus dem, was innerlich in Ihnen vorgeht. Dafür ist es gut, immer mal wieder die eigenen Wunschwelten zu erkunden. Aber dann müssen Ziele gestaltet und zugeschnitten werden, um sie mit den Möglichkeiten und Erfordernissen der Realität in Deckung zu bringen. Dabei hilft praktische Erfahrung: Was läuft gut und hält den Laden in Gang? Das Optimum: die eigenen Ziele aus Flow-Erfahrungen entwickeln.

▶ *Ziele verfolgen*. Der Test auf Herz und Nieren. Der Realisierungsgrad zeigt, ob es sich um Ziele handelt oder bloß um Träume. Ob Sie in der Realität vorankommen oder in der Wunschwelt unterwegs sind. Fernziele sind wichtig für die Orientierung, aber Sie brauchen Zwischenziele, die den Weg von hier nach dort markieren. Beflunkern Sie sich nicht selbst: Die erste Etappe sollte innerhalb der nächsten Wochen erreicht sein. Entscheidend ist der konkrete erste Schritt in die richtige Richtung, den Sie jetzt tun. Und dann geht es darum, permanent das Gefühl wachzuhalten, Strecke zu machen, Hindernisse zu bewältigen und dem Ziel näher zu kommen. Dazu gehört, zu planen, Phasen flexibel festzulegen, die Fortschritte kritisch zu verfolgen, nach Verbündeten Ausschau zu halten, immer wieder Feedback einzuholen.

▶ *Mit Zielen umgehen*. Entscheidend ist die Bereitschaft, alles auf den Prüfstand zu stellen und flexibel zu reagieren. Umsetzung und Realisierung verlangen von Ihnen immer wieder Bestandsaufnahmen sowie kleinere und größere Anpassungsleistungen. Das betrifft nicht nur die Einschätzung Ihrer Fähigkeiten, Werte und Motive, Ihre Wahrnehmung der Situation und der zu erwartenden Entwicklung, es betrifft auch die Ziele selbst. Vielleicht verliert ein Fernziel an Glanz, wenn man sich ihm nähert (oder partout nicht weiterkommt). Vielleicht müssen Zwischenziele anders getaktet werden. Dazu gehört auch, aus Umwegen das Beste zu machen (sie erhöhen bekanntlich die Ortskenntnis). Die Möglichkeit, Erfahrungen zu sammeln, bietet sich überall. Man muss sie nur ergreifen. Wenn Ziele fraglich werden oder aus dem Blick geraten, kann das ein verstörendes Erlebnis sein, weil Richtung, Sogkraft und Sinn der alltäglichen Handlungen verloren gehen. Nutzen Sie solche Zeiten zur

Neuorientierung: Gehen Sie zurück auf Los und arbeiten Sie an der Aufstellung von Zielen. Zum Umgang mit Zielen gehört auch die Suche nach ihnen. Das fühlt sich riskant an, ist aber Teil des Spiels. Die andere Seite der Medaille: Wenn in Ihrem Alltag der Wunsch nach Ziellosigkeit massiv in den Vordergrund tritt, nehmen Sie ihn als akutes Stresssymptom ernst! Die Sehnsucht, sich einfach treiben zu lassen, weist darauf hin, dass Ihr Marschplan zu straff ist, dass Spielräume fehlen. Aufmerksamkeit und Bestandsaufnahme erfordern jedoch Freiräume und Abstand zum Getümmel. Sich Verschnaufpausen zu gönnen, gehört zum Verfolgen von Zielen ebenso dazu, wie das Erreichen von Zwischenzielen gebührend zu feiern.

▶ *Ziele weitergeben.* Von der Selbstführung zur FührungsKRAFT: Haben Sie erst einmal die eigene Kompetenz geschult, Ziele zu formen und zu realisieren, sind Sie in der Lage, diese Erfahrungen zu vermitteln. Sie können anderen behilflich sein, ihre Ziele zu klären und in die Praxis umzusetzen. Sie können sie für Ziele gewinnen oder mit ihnen gemeinsam Ziele entwerfen. Als Führungskraft sind Sie gefordert, die Ziele von Mitarbeitern mitzugestalten und die Teamentwicklung darauf abzustimmen. Synergie wird erreicht, wenn die Ziele der Einzelnen, des Teams und des Unternehmens zueinander passen. Auch auf diesem Gebiet wird die praktische Erfahrung Ihre Zielkompetenz kontinuierlich verbessern.

Wie bei den anderen Schlüsselbegriffen in diesem Buch – Aufmerksamkeit, Verantwortung, Verhalten, Talent, Beziehung – kommt auch bei der Zielkompetenz wieder die gesamte Maschinerie in Gang. Alle Teile hängen miteinander zusammen und jeder Eingriff macht sich im gesamten Gefüge bemerkbar. Das lässt die Sache zwar einerseits ziemlich unübersichtlich erscheinen, erzeugt andererseits aber eine Vielzahl an Einflussmöglichkeiten und Handlungsspielräumen. Es geht um Klarheit, Reflexion und Vision – in einer unbestreitbar komplexen Welt. Ziele stellen Orientierung her. Sie zeigen, was auf dem Weg liegt und uns nach vorne bringt. Sie benötigen aber ihrerseits Orientierung: die immer wieder zu prüfende Verankerung in der Realität und in der Welt eigener Emotionen, Werte und Vorstellungen. Und auch hier bleibt das Rad in Bewegung: Was die Wirklichkeit erfordert und was unserem Innenleben entspricht, finden wir nur im Alltagstest heraus, im zielgerichteten Handeln, das sich im Probe- und Lernmodus lebendig und wach hält.

Handeln braucht Verantwortung und Ziele. Und das alles braucht den Mut, die eigene Freiheit zu erkennen und sich ihrer zu bedienen. Eine Fähigkeit, die wir uns noch aneignen müssen. Meike Winnemuth hat erlebt, welche Hürden dabei zu überwinden sind. »Und dann saß ich im Januar in Sydney«, berichtet sie von der ersten Station ihrer Reise, »und fühlte mich wie ein Zootier, das ausgewildert werden soll, aber nicht raus will aus seiner Transportkiste da in der Savanne.« In einem offenen Brief an eine Kollegin erzählt die Weltreisende von ihren mühsamen Schritten in die Selbstbestimmung: »Hattest Du je im Leben eine längere Zeit ganz für Dich allein, in der Du tun und lassen konntest, was Du wolltest? In der Du nicht das Gefühl hattest, funktionieren zu müssen? Ich sage Dir, es ist furchteinflößend. Es hat eine Weile gedauert, bis ich sozusagen freihändig laufen konnte – das Funktionierenmüssen ist ja nicht nur ein Gehege, sondern auch ein Geländer, an dem man sich entlanghangeln kann. Glaub mir: Freiheit ist erst mal eine Zumutung. Keiner von uns hat gelernt, wie das geht. Oder wir haben es verlernt. Vor vielen Jahren, mit sechs, bei der Überreichung unseres ersten Stundenplans.« [Winnemuth, SZ-Magazin, 41/2011]

Ein Geländer kann ein guter Schutz sein, um die ersten Schritte zu machen. Wenn aber irgendwann unser Dasein rundum eingezäunt ist, finden wir uns im Hamsterrad wieder. Und hier implodiert die zielgerichtete Dynamik, die wir zum Leben brauchen. Der Rahmen ist fremdbestimmt. Alles dreht sich im Kreis. Wir kommen nicht von der Stelle. Da können wir noch so viel Tempo zulegen. Gerät das Ziel, auf das wir uns zubewegen, aus dem Blick, verlieren wir unseren Weg. Wir kommen uns selbst abhanden. Der Rest ist Burn-out.

Gute Gründe also, den Mut zur Freiheit zusammenzukratzen! Der Ausweg aus dem Teufelskreis besteht darin, wieder ein Ziel vor die

Nase zu bekommen, und zwar ein eigenes. Ganz automatisch haben Sie dann wieder eine Richtung und den eigenen Weg unter den Füßen. Der Sprung aus dem Hamsterrad beginnt im Kopf! Sie sind bei sich selbst angelangt – und zugleich unterwegs. Das gibt Ihnen Sicherheit und Abenteuer zugleich. Wenn Sie zu einem Ziel aufbrechen, haben Sie mit einem Fuß bereits das Gewohnte verlassen. Indem Sie selbst gesetzte Ziele anstreben, verwirklichen Sie sich selbst. Aber glauben Sie mir: Sie haben auch bereits begonnen sich zu verändern. Der Mut zur Freiheit bedeutet, alles, was man an Gewohntem mitbringt, was einem lieb und teuer ist, auf den Prüfstand eines realen Prozesses zu stellen. Einer lebendigen Dynamik, die durch Offenheit und Wandel gekennzeichnet ist und auch vor Ihrem Ansteuerungspunkt nicht haltmacht: dem Ziel. Sind Sie dort angelangt, wird es zum Ausgangspunkt der weiteren Reise. Während Sie auf dem Weg sind, bringt der Prozess neue Ziele hervor. Das, worum es geht, was Sie und Ihr Umfeld weiterbringt und wachsen lässt, sind die realen Erfahrungen, die Sie gemeinsam beim Unterwegssein machen.

Sinn – FührungsKRAFT weiterentwickeln

Es gibt in jedem Organismus, egal, auf welcher Entwicklungs-stufe, eine grundlegende Tendenz, die in ihm schlummernden Möglichkeiten zur Entfaltung zu bringen. Egal, ob Reize von innen oder von außen auf ihn einwirken, ob die Umwelt güns-tig oder schädlich ist – man kann sich darauf verlassen, dass er in einer Weise reagiert, die auf Erhaltung, Wachstum und Reproduktion gerichtet ist.

Carl Rogers, 1979

Während die Menschheit im kollektiven Chaos des Zweiten Weltkriegs versank, vollzog der amerikanische Psychologe Carl Rogers einen epochemachenden Perspektivenwechsel. Hundertfünfzig Jahre hatte sich die Seelenkunde mit der Klassifikation von Störungen und Gestörten, mit der Institutionalisierung von Heilmethoden und dazu gehörenden Einrichtungen beschäftigt. Und ein Großteil tut das bis heute. Verschiedene Theorien stellen unterschiedliche Schubladen bereit, und die Experten versuchen, ihre Patienten in die richtige zu packen. In seiner Arbeit mit Kindern fand Rogers heraus, dass diese nicht in die vorgefertigten Schubladen passten. Sie waren und blieben Einzelfälle. Und er beobachtete, dass selbst seine jüngsten Patienten ein Gespür dafür hatten, wo ihr Problem lag und wie man es in Angriff nehmen konnte. Zugegeben, sie brauchten Unterstützung dabei, das herauszufinden. Aber die Lösungen lagen nicht in Lehrbüchern, sondern in ihnen selbst.

Rogers entdeckte das selbstbestimmte Individuum, wo man es am wenigsten vermutet hätte: im misshandelten Kind. Er hat seine Erkenntnisse später auf Erwachsene und vor allem auf »nicht gestörte« Menschen übertragen. Gemeinsam mit anderen begründete er die humanistische Psychologie, die den Fokus auf die Entwicklungschancen jedes Menschen legt. Damit war der Weg geebnet für das Coaching, dessen unterstützende Orientierungs-, Kompetenz- und Kommunikationsbegleitung aus unserem Alltag nicht mehr wegzudenken ist. Die Tendenz zur Korrektur, zum Ausgleich von Defiziten, zur Heilung und zum Wachstum fand Rogers überall in der Natur am Werk, »ob bei einer Blume oder einer großen Eiche, ob beim Regenwurm oder beim schönsten Vogel, ob beim Affen oder Menschen«. Beim Menschen nennt man das Selbstverwirklichung. Die zentrale Frage lautet: Was bringt mich auf meinem Weg weiter? Der rote Faden im letzten Teil dieses Buches ist deshalb das persönliche Wachstum.

Führung beginnt mit Selbstführung. Diesen Satz haben Sie in diesem Buch schon mehrfach gelesen. Wir haben im Kapitel zum »Bewusstsein« eingesetzt bei der zentralen Bedeutung von Selbsterkenntnis und Selbstreflexion als Begleiter für den gesamten Lebensprozess. Das wusste schon der berühmte Philosoph Sokrates. Er hat kurz vor seinem Tod gesagt: »Ein Leben ohne Selbsterforschung verdient gar nicht gelebt zu werden« – und das war an der Wiege der westlichen Zivilisation, vor rund zweitausendvierhundert Jahren!

Im Kapitel zur »Freiheit« ging es darum, Ihr Leben in die Hand zu nehmen und die eigenen Stärken herauszuarbeiten, indem Sie jene Freiräume nutzen, in denen Sie Einfluss auf Ihre Gedanken und Ihr Verhalten ausüben können. Vor über zweihundert Jahren formulierte Immanuel Kant das Programm der anbrechenden Moderne so: »Aufklärung ist der Ausgang des Menschen aus seiner selbst verschuldeten Unmündigkeit. Habe Mut, dich deines eigenen Verstandes zu bedienen!« Und nehmen Sie ruhig Ihre Gefühle und Träume noch mit dazu.

Um die Praxis als Erprobungsfeld ging es im Kapitel zur »Wirkung«. Wollen Sie in der Welt etwas bewegen, müssen Sie Ihren Fokus sinnvoll setzen, Ziele entwickeln – und all das kommunizieren. Denn allein kommen Sie nirgendwohin. Das Schlüsselwort ist hier »Interaktion«. Wirkung entfalten Sie, indem Sie sich in Beziehung setzen, zu Ihrer Umgebung und zu Ihren Mitmenschen. Der Nebeneffekt: Sie setzen sich damit selbst aufs Spiel. So bleibt alles in Bewegung. Dafür brauchen Sie nicht nur Mut, sondern auch eigenes Standing. Sie lassen sich auf Wechselwirkungen mit der unüberschaubaren Vielfalt des Lebens ein. Indem Sie unterwegs sind, stellen Sie auf die Probe, was Sie für die Reise mitgebracht haben.

> Wir wollen wissen, warum wir tun, was wir tun. Das Gefühl, dass etwas sinnvoll ist, gibt uns mehr Motivation als irgendetwas sonst.

Selbsterkenntnis und Bewährung in der Praxis sind also zwei miteinander verschränkte Prozesse. Jeder hat seine eigenen Themen und seine eigene Dynamik – und doch greifen sie notwendigerweise nahtlos ineinander. Dieser Wechselwirkung soll im folgenden Teil auf den Grund gegangen werden. Ein Blick über den Tellerrand, auf dem unser Lieblingsgericht »persönlicher und beruflicher Erfolg« angerichtet ist, erweitert den Horizont und zeigt: Die Frage nach dem Sinn ist ein wesentlicher Impuls, der unsere persönliche Entwicklung steuert. Das ist gar nicht abstrakt oder abgehoben gemeint. Auch wenn wir mit Sokrates und Kant gestartet sind. Wir wollen einfach wissen, warum wir denken, was wir denken, und tun, was wir tun. Das Gefühl, dass etwas sinnvoll ist, gibt uns mehr Motivation als irgendetwas sonst.

Was ist das Ziel der Selbstreflexion? Die Selbsterkundung als Orientierungshilfe und Korrektiv haben wir bereits kennengelernt. Das Klären eigener Ziele und Werte, das Erproben eigener Stärken und Kompetenzen, die Rückbindung von praktischen Ergebnissen und Feedback zur eigenen Rolle – zusammen ergibt das einen permanenten Regelkreis, der vor allem ein Ergebnis hat: Wir lernen uns selbst besser kennen. Es ist wichtig, ein realitätstaugliches und zugleich für uns stimmiges Selbstbild zu haben. Sonst setzen alle unsere Handlungen am falschen Punkt an. Deshalb ist es entscheidend, uns selbst zu akzeptieren, wie wir sind. Potenziale eingeschlossen. Ein verfehltes Selbstbewusstsein kann sowohl Selbstüberschätzung als auch mangelnden Respekt uns selbst gegenüber bedeuten. Und beides steht dem, was wir natürlicherweise anstreben, massiv im Weg: Selbstverwirklichung. Deshalb heißt das erste Unterkapitel »Sich selbst annehmen«.

Wie kann ich die Welt begreifen? Hindernis Nummer eins: Die Realität ist dynamisch und komplex. Zusammenhänge, Wechselwirkungen und Nebeneffekte sind selten auf den ersten Blick erkennbar. Das gilt auf der Ebene von Mikroorganismen ebenso wie in den Verschaltungen unseres Gehirns, in Beziehungen ebenso wie in der Wirtschaft oder Politik. Hindernis Nummer zwei: Es gibt keinen Kontrollturm, von dem aus wir das Geschehen beobachten und steuern können. Wir sitzen immer mitten im Geschehen. Unsere einzige Chance besteht deshalb darin, uns selbst ins Spiel zu bringen, uns vorzutasten, Erfahrungen zu sammeln und nach und nach kompetenter im Umgang mit der Welt zu werden. Auf diese Weise können wir zwar nicht die Puppen tanzen lassen, wie wir wollen. Aber wir werden eine Menge über uns selbst, unsere Umgebung und unsere Interaktion mit ihr lernen.

Dazu brauchen Sie allerdings einen wachen Fokus, Fingerspitzengefühl beim Agieren und Spürsinn für die Situation. Deshalb heißt das zweite Unterkapitel »Achtsam handeln«.

Wie lerne ich, was wichtig ist? Indem ich ausprobiere. Bewusst und klug. Dazu gehört auch, herauszufinden, was nicht funktioniert. Die Schülerangst vor Anmerkungen in roter Tinte liegt allerdings wie ein Betondeckel auf diesem intelligenten und vitalen Prozess. Den volkswirtschaftlichen Schaden dieser Epidemie hat nur noch niemand vorgerechnet. Lernprozesse sind das entscheidende Moment der persönlichen Entwicklung. Lernprozesse sind überlebensnotwendig – für unsere Wirtschaft, für unsere Gesellschaft, für die Menschheit. Deshalb müssen wir als Erstes lernen, Risiken einzugehen, das heißt, die Möglichkeit des Scheiterns in Kauf zu nehmen. Dann heißt es, auch und gerade unerwünschte Ergebnisse zu erkennen, zu benennen und ihnen auf den Grund zu gehen. Nur wenn Fehler angesprochen, zugegeben und fruchtbar gemacht werden, kommen wir über sie hinaus. Es geht also darum, das Lernen neu zu lernen. Dazu brauchen wir Mut, Selbstbewusstsein, ein konstruktives Konzept vom Scheitern und eine neue Fehlerkultur. Deshalb heißt das dritte Unterkapitel »Fehler wagen«.

Wie bleibe ich auf Kurs? Woher weiß ich, welcher Abzweig der richtige ist? Das persönliche Wachstum weist den Weg. Dazu muss ich bei mir selbst ansetzen und das, was ich mir neu aneigne, in einen sinnvollen Zusammenhang bringen mit dem, was ich bin. Ansonsten habe ich die Freiheit, zu nutzen, was die Situation bietet. Denn Wachstum ist in alle Richtungen möglich. Ich kann in einer schweren Zeit innerlich reifen. Ich kann in einer Glückssträhne äußere Erfolge sammeln. Am nachhaltigsten sind Entwicklungen, die inneres und äußeres Wachstum koppeln. Am besten fahre ich, wenn ich einen ganz konzentrierten und einen ganz weiten Fokus zusammenbringe: Fühlt sich das, was ich jetzt gerade tue, sinnvoll an? Und: Wenn ich mein Leben als Ganzes anschaue, gefällt mir, was ich sehe? Wenn Sie in diesem Rahmen navigieren, sind Sie auf dem richtigen Weg. Ihrem eigenen. Deshalb heißt das letzte Unterkapitel »Sinn finden«.

Sich selbst annehmen

Du bist hier, damit das Leben blüht
und die Persönlichkeit,
Damit das mächtige Spiel weitergeht
und du deinen Vers dazu beitragen kannst.

Walt Whitman, 1892

Das Gedicht des amerikanischen Lyrikers Walt Whitman, in dem es um Lebendigkeit geht und um Individualität, darum, etwas zu bewirken und eine eigene Spur zu hinterlassen, ist durch den Filmklassiker *Der Club der toten Dichter* bekannt geworden. Schauplatz der Handlung ist der Inbegriff für verordnete und vorprogrammierte Lebensläufe: ein konservatives britisches Internat in den 1950er-Jahren. Doch der progressive neue Englischlehrer bringt den Laden durcheinander. Vor allem die Lyrik als Ausdruck subjektiver Sicht auf die Welt hat es ihm angetan. Demonstrativ lässt er die Klasse den methodischen Teil, wie man Gedichte »korrekt« interpretiert, aus dem Lehrbuch herausreißen. Die Schüler sollen sich persönlich und direkt mit den subversiven Botschaften auseinandersetzen. Der frische Wind hat Folgen. Er befreit einen Teil der Jungen aus ihrer Tretmühle – vom stumpfen Büffeln und widerwilligen Absitzen des Unterrichts. Sie fangen Feuer, verbünden sich, beginnen über ihre eigenen Sehnsüchte und Zukunftspläne nachzudenken.

Natürlich gibt es Verwicklungen. Der Lehrer und die aufmüpfigen Schüler gehen in der rigiden Institution ein hohes Risiko ein. Es gibt auch schlimme Niederlagen. Ein Junge nimmt sich das Leben, weil er glaubt, nicht gegen seine Eltern aufbegehren zu können. Der Pädagoge verliert seinen Job. Trotzdem hat man am Ende des Films nicht den Eindruck des Scheiterns. Ein Teil der Jungen hat begriffen, dass man sich erst einmal selbst finden muss. Dass erst das eigene Rückgrat einen aufrecht durchs Leben gehen lässt und dass diese Erfahrung einen stark macht, auch wenn es massiven Widerstand gibt. Berühmt geworden ist die Schlussszene des Films. Der engagierte junge Lehrer will sich noch einmal von seinen Schülern verabschieden, bevor er fortgeht. Widerwillig eskortiert ihn der autoritäre Direktor in die Klasse. Und dort stellt sich einer der Jungen nach dem anderen auf sein Pult und deklamiert eine Whitman-Zeile. Gegen alle Verbote des tobenden Direktors. Als Respektbekundung für den mutigen Lehrer. Sie haben ihre Lektion gelernt.

Ein intaktes Gefühl für uns selbst ist das A und O eines gelingenden Lebens. Deshalb ist der Begriff der Selbstreflexion auf den vorange- gangenen Seiten bei jedem Thema zuverlässig wieder aufgetaucht. Ein kluges und an Erfahrungen bewährtes Selbstbewusstsein ist der Brennspiegel für alle in diesem Buch angeführten Kompetenzen. Der Psychotherapeut Nathaniel Branden fasst es so zusammen: »Ein ge- sundes Selbstwertgefühl korreliert mit der Vernunft, mit dem Reali- tätssinn, mit Intuition, Kreativität, Unabhängigkeit, Flexibilität, der Fähigkeit, mit Veränderungen umzugehen, der Bereitschaft, Fehler zuzugeben (und zu korrigieren), mit Wohlwollen und mit Koopera- tionsbereitschaft.« [Branden, Selbstwertgefühl: 20]

Ein intaktes Gefühl für uns selbst macht uns entscheidungs- und handlungsfähig, stimmt unsere Wahrnehmungen und Reaktionen richtig ab, gibt uns Orientierung und Zielintelligenz. Aber »intakt« heißt nicht unerschütterlich. Wir werden nicht »ab Werk« mit einem starken oder schwachen, realistischen oder fehlgeleiteten Selbstbe- wusstsein geliefert. Das würde gar nicht funktionieren. Unser Selbst- wertgefühl muss mit uns heranwachsen, es muss sich beweisen, im- mer neu justieren, und es muss offen bleiben für die Veränderungen, die in der Zukunft auf uns warten.

Das gesunde Selbstbewusstsein ist kein ellenbogenstarker Kampfmodus, sondern ein bewegliches, lebendiges und emotional intelligentes, selbstregulierendes System. Dafür haben wir in Kauf zu nehmen, dass wir phasenwei- se Zweifel an uns haben, uns niedergeschlagen fühlen oder einfach nicht wissen, wo der Hammer hängt. Das gesunde Selbstbewusstsein ist nicht der ellenbogenstar- ke Kampfmodus, als der es uns jahrzehntelang verkauft wurde, es ist ein bewegliches, lebendiges und emotio- nal intelligentes, selbstregulierendes System. Das heißt, es braucht auch Zeiten, in denen es sich selbst wieder neu sortie- ren kann. In ständiger Wechselwirkung mit unserer Umgebung und unseren Mitmenschen, mit unseren Erfahrungen, Wünschen und Zielen stellt es immer wieder eine innere Balance her, die zugleich offen und zuverlässig ist, webt einen roten Faden, der uns spüren lässt: Ja, das bin ich, das passt zu mir. Oder: Nein, das ist nicht meine Wellenlänge. Es ist eine ungeheure Leistung, was es alles für uns unter einen Hut bringt. Ein intaktes Selbstwertgefühl leistet die Integration der verschiedensten Kräfte, die in uns wirksam sind. Auf diese Weise schafft es persönliche Integrität.

Wie wir alle wissen, kann das auch mehr oder weniger schiefgehen. Wir brauchen uns nur umzuschauen. Ebenso kann ein ehrlicher Blick in den Spiegel nicht schaden. Denn ein verfehltes Selbstbewusstsein bringt die gesamte Navigation durcheinander. Damit sind nicht nur diejenigen gemeint, denen es »an Selbstbewusstsein fehlt«, wie man früher sagte. Die sich nichts zutrauen und deshalb nicht zu Potte kommen. Auch eine konsequente Selbstüberschätzung führt in die Irre – und zeigt, dass man mit ehrlichem Feedback nicht umgehen kann und den Realitycheck scheut. Beide Formen, der Mangel an Initiative und Zutrauen ebenso wie der Mangel an Kritikfähigkeit und Auf-die-Probe-Stellen, zeigen, dass es an etwas Entscheidendem fehlt: Respekt und Vertrauen sich selbst gegenüber. Und wer soll Ihnen das geben, wenn nicht Sie selbst?

»Das Selbstwertgefühl ist eine intime Erfahrung. Es wohnt in unserem Innersten. Es ist das, was *ich* über mich denke und für mich empfinde, und nicht, was eine andere Person über mich denkt und für mich empfindet«, stellt auch Branden fest. Er fasst die Erfahrungen aus seiner Praxis so zusammen: »Ich kann von meiner Familie, meinem Partner und meinen Freunden geliebt werden – und mich dennoch nicht selbst lieben. Ich kann von meinen Kollegen bewundert werden – und mich dennoch selbst als wertlos betrachten. … Ich kann die Erwartungen anderer erfüllen – und dennoch mit meinen eigenen scheitern.« Ein gesundes Selbstbewusstsein ist etwas, was in uns selbst heranreift. Das tut es nicht ohne Erfahrungen, die wir »draußen« sammeln. Aber dort liegt es nicht. Wir können im Außen mit Siebenmeilenstiefeln vorankommen und dabei versäumen, innerlich Schritt zu halten. »›Erfolg‹ haben, aber kein Selbstwertgefühl, ist gleichbedeutend mit der Verurteilung zu dem Gefühl, dass ich ein Hochstapler bin, der ängstlich auf den Moment wartet, in dem er auffliegt«, berichtet Branden und appelliert an den Mut, nach innen zu schauen. »Unser Selbstwertgefühl wird nicht durch den Applaus anderer geschaffen. Ebenso wenig durch Belesenheit, materiellen Besitz, die Ehe, die Elternschaft, philanthropische Bemühungen, sexuelle Eroberungen oder dadurch, dass wir uns das Gesicht liften lassen. Natürlich können diese Dinge dazu beitragen, dass wir uns vorübergehend besser oder in bestimmten Situationen wohler fühlen. Wohlfühlen ist aber nicht mit dem Selbstwertgefühl gleichzusetzen. Das Tragische im Leben vieler Menschen ist, dass sie überall nach einem Selbstwertgefühl suchen, nur nicht in ihrem Inneren. So bleibt ihre Suche ergebnislos.« [Branden, Selbstwertgefühl: 70 f.]

Wie gewinnt man nun ein gesundes Selbstbewusstsein? Sie erinnern sich an an den griffigen Slogan der Gallup-Experten Buckingham und Clifton, dass Mitarbeiter keine Computer sind, die mit einem Ein / Aus-Schalter geliefert werden? Das gilt auch für uns selbst – und für unser Selbstwertgefühl. Selbstbewusstsein ist nicht etwas, was man hat oder nicht hat. Auch wenn Ihnen das im Alltag manchmal so erscheinen mag. Natürlich schwellt einem auf dem Siegerpodest die Brust. Natürlich möchte man im Boden versinken, wenn einem ein besonders peinlicher Fehler unterlaufen ist. Das sind ganz normale unmittelbare Reaktionen mit klarem Messwert auf der Wohlfühlskala. Unser Selbst streckt permanent Fühler nach außen, um Rückmeldung zu bekommen, ob wir richtig liegen – oder ganz daneben. Für das Selbstwertgefühl entscheidend ist, was nach der ganzen Aufregung kommt. Können wir das Erlebte verstehen, einordnen und uns aneignen? Oder bleibt es als isolierter Glücksfall oder Unfall außen vor? Es geht darum, durch Identifikation und Selbstreflexion aus Erlebnissen Erfahrungen zu gewinnen. Wenn wir die wie Jahresringe um unseren Kern legen, so bildet sich im Lauf der Zeit ein stabiler, zuverlässiger Stamm.

Es geht darum, sich selbst in den Blick zu bekommen und – was noch wichtiger ist – sich selbst zu akzeptieren. Denn: Ihre Erfolge definieren Sie genauso wie Ihre Niederlagen, Ihre Stärken ebenso wie Ihre Schwächen und Marotten. Sie haben (vermutlich) nur dieses eine

Leben und diese eine Haut, aus der Sie nicht herauskommen. Aber wenn Sie sich selbst aufmerksam, neugierig und offen in den Blick nehmen, werden Sie erkennen, dass sich in diesem einen begrenzten Leben mehr tummelt, als Sie auf absehbare Zeit unter einen Hut kriegen werden: Unverdautes, Ungereimtes, Ungelebtes, Unentdecktes. Eine Riesenaufgabe also für Ihre innere Selbstregulierung – und zugleich ein weites Feld für Veränderung, Entwicklung und Wachstum.

Sich selbst annehmen heißt – unbeeindruckt von fremden Bewertungen –, die eigenen Licht- und Schattenseiten, Stärken und Schwächen, Eigenarten und Banalitäten zu erkunden. Mit ehrlichem und zugleich nachsichtigem Blick. Es heißt nicht, dass alles so bleiben muss, wie wir es bei der Bestandsaufnahme vorfinden. Aber nur wenn wir wissen, wo wir stehen, können wir realistisch planen, wohin es als Nächstes gehen soll. Nur wenn wir unsere Entwicklung und unsere laufenden Programme einschätzen, bekommen wir ein Gefühl dafür, wohin unsere aktuelle Dynamik zielt. Erst dann können wir uns überlegen, wie wir eventuell eine Kurskorrektur hinbekommen. Auch hier bleiben wir selbst unser eigener Maßstab: Damit wir Ziele erreichen können, müssen sie auf unserer Linie liegen. Wir müssen sie innerlich bejahen. Das ist es, was Carlos Castaneda mit seiner Frage meint, ob der Weg, der vor uns liegt, ein Herz hat. Wählen Sie eine Abzweigung, nur weil Sie anderen gefallen wollen, werden Sie Ihr Leben verfluchen, solange Sie in dieser Richtung unterwegs sind. Gut zu wissen, dass wir Entscheidungen immer revidieren können. Und dass unser inneres Gefühl, wenn wir es zu Wort kommen lassen, ein guter Wegweiser ist.

> **Damit wir Ziele erreichen können, müssen sie auf unserer Linie liegen. Wir müssen sie innerlich bejahen.**

Sich selbst annehmen heißt, zu akzeptieren, dass der Blick nach innen eine ebenso vielschichtige, schwer durchschaubare und komplexe Welt offenbart wie unser Blick in die Welt. Unser innerer Kompass vermittelt zwischen all diesen Kräften und hilft uns zu navigieren. Dabei entsteht, auch wenn wir das gerne hätten, kein klares Bild, denn wir können uns nicht aus unserem Leben erheben und aus der Vogelperspektive darauf herabschauen. Aber wir können ein Gefühl dafür entwickeln, ob wir auf Kurs sind. Und dem müssen wir vertrauen, solange es nicht massiv durch unerwünschte Crashs infrage gestellt wird. Wenn alles schiefgeht, steht unser Gefühl für uns selbst auf dem Prüfstand. Die größte anzunehmende Herausforderung – und zugleich die Chance, neue Weichen zu stellen. Der Psychologe Paul Watzlawick spricht von Problemlösungen zweiter Ordnung. Wenn die gewohnten Optimierungsversuche nicht mehr greifen, ist Umdenken angesagt. Solche Zeiten gehen einher mit Ratlosigkeit und dem Gefühl einer tiefen Lebenskrise. Das braucht Zeit und Geduld. Kaum jemand kommt im Laufe seines Lebens um diese Erfahrung herum. Und vermutlich ist sie wichtig, um den Umgang mit unseren wichtigsten Strategien zur Lebensbewältigung – Reflexion, Erkennen von Wünschen und Talenten, Formung von Zielen, Probehandeln – von Grund auf zu lernen.

Sich selbst annehmen heißt, sich selbst als Prozess zu verstehen – mit unterschiedlichen Anteilen, die in ihrem eigenen Tempo und möglicherweise in verschiedene Richtungen unterwegs sind. Deshalb packen wir ja manches in Träume, was wir in der Realität (zurzeit) nicht unterkriegen. Deshalb kommt unsere Emotionalität unserer Professionalität hin und wieder in die Quere. Deshalb fühlen wir uns auch als alter Hase auf manchen Spielfeldern ziemlich unbeholfen. Uns selbst als Prozess zu verstehen heißt, die damit verbundene Offenheit und Dynamik zu bejahen, die damit verbundenen Spannungen und Konflikte auszuhalten. Ein eindimensionales Selbstbild, das in die gängigen Raster passt, braucht nicht so viel Aufmerksamkeit. Zunächst. Es erscheint übersichtlich und auf den ersten Blick bequem. Nur leider hat es den Nachteil, dass Sie das meiste verpassen. Das Gefühl von Kontrolle, das es Ihnen möglicherweise vermittelt, hat einen hohen Preis. Es beruht auf falschen Daten und wird keine korrekten Ergebnisse bringen. Das Ganze ist eine Täuschung, und um die Illusion aufrechtzuerhalten, werden Sie eine Menge Energie ins Wegschauen, Umdeuten und Scherbenwegräumen investieren müssen, die Sie dringend für das reale Leben brauchen. Enge und starre Selbstbilder gehören also in die Rubrik »verfehltes Selbstbewusstsein«.

Wenn Sie sich selbst als komplexen Prozess begreifen, vielschichtig und in der Entwicklung, dann können Sie darangehen, Ihr inneres

Team kennenzulernen und auf die Situation abgestimmt aufzustellen. Sie können Ihren inneren Schweinehund und Ihren Geschichtenerzähler an die Hand nehmen und gemeinsam wirklich etwas in Bewegung setzen. Sie können Ihre innere Vielstimmigkeit gestalten. Ich sage bewusst nicht: kontrollieren. Denn in der Begegnung mit sich selbst brauchen Sie genauso viel Fingerspitzengefühl wie bei der Motivation Ihrer Mitarbeiter. Sie brauchen Geduld, Fehlertoleranz und Respekt. Sie brauchen ein offenes Ohr für Ihr eigenes Feedback: Fühlt es sich richtig an? Gibt es Gegenstimmen? Bin ich inspiriert? Sie müssen interne Entscheidungen treffen und deren Wirksamkeit verfolgen: Was passiert, wenn ich auf dieser Durststrecke die Zähne zusammenbeiße? Zwischen welchen Reaktionen kann ich wählen? Was geschieht dann? Die Steuerung des Prozesses, der Sie selbst sind – das ist eine andere Formulierung für den Wahlspruch dieses Buches: Führung beginnt mit Selbstführung.

Wenn Sie sich selbst als komplexen Prozess begreifen, bekommen Sie einen wachen Blick für Wechselwirkungen und Nebeneffekte. Wie gesagt: Sie werden intelligenter, wenn Sie sich mit klugen Leuten auseinandersetzen. Sie werden sportlicher, wenn Sie Sport treiben. Sie entwickeln Empathie, indem Sie sich für Ihre eigenen und die Gefühle anderer öffnen. Nathaniel Branden benennt in seinem Standardwerk sechs wesentliche Elemente des Selbstwertgefühls – bewusst, eigenverantwortlich und zielgerichtet zu leben, sich selbst anzunehmen, sich selbstsicher zu behaupten und persönliche Integrität anzustreben. Diese Gedanken sind Ihnen ja bereits vertraut. Und er zeigt, dass jedes von ihnen eine positive Rückkopplungsdynamik in Gang setzt: »Die Dinge, die das Selbstwertgefühl erzeugen, sind gleichzeitig auch ein natürlicher Ausdruck und eine natürliche Konsequenz des Selbstwertgefühls.« [Branden, Selbstwertgefühl: 127] Das bedeutet, dass Sie an jedem beliebigen Punkt ansetzen beziehungsweise nachbessern können! Die Übernahme von Verantwortung, das Verfolgen von Zielen, das Aushalten von Konflikten, die Integration divergierender Kräfte, Selbstreflexion und Selbstakzeptanz sind Ausdruck eines intakten Selbstwertgefühls – und zugleich stärkt jede einzelne dieser Aktionen Ihr Selbstbewusstsein. Das ist mal wirklich ein Beispiel für Synergieeffekte und ein Win-win-Szenario!

Uns selbst zu akzeptieren, ist eines der wesentlichen Ziele unseres Lebens. Nichts anderes verleiht uns in vergleichbarem Maße innere Ruhe und Gelassenheit.

Uns selbst zu akzeptieren, ist eines der wesentlichen Ziele unseres Lebens. Nichts anderes verleiht uns in vergleichbarem Maße innere Ruhe und Gelassenheit. Und die wirken konstruktiv in allen Lebensbereichen, sie stärken unsere Kommunikationsfähigkeit und unsere Stressbewältigung, machen unser Denken klarer und uns selbst entspannter. Ihr Leben wird eine vollkommen neue Richtung einschlagen, wenn Sie entdecken, dass auch anspruchsvolle Aufgaben sich leicht anfühlen können. Weil sie auf Ihrer Linie liegen. Weil Sie Ihre Energie nicht im Kampf gegen innere Widerstände verbrauchen. Weil Sie die verschiedenen Teile Ihres Lebens besser unter einen Hut bekommen und die anstehenden Ziele deutlicher sehen.

Selbstakzeptanz heißt nicht Stillstand, das sollte nach diesem Kapitel klar geworden sein. Es bedeutet nicht, die Hände selbstverliebt in den Schoß zu legen, denn ein gesundes Selbstbewusstsein erwirbt man nur in der fortwährenden aufmerksamen Auseinandersetzung mit sich selbst und der Umwelt. Das, was da zu akzeptieren ist, befindet sich bis zu unserem Lebensende in Entwicklung. Persönliches Wachstum bleibt das zentrale Kriterium für biografischen Erfolg – hoffentlich auch dann noch, wenn die Kinder aus dem Haus sind, wir aus dem Arbeitsprozess ausscheiden und unsere Kräfte schwinden.

Selbstakzeptanz bedeutet ebenso wenig, sich egozentrisch abzukapseln, denn gerade die ehrliche Bestandsaufnahme dessen, wer ich bin, was ich kann und was ich will, macht unmissverständlich klar, dass ich immer auf andere angewiesen bin. Dass ich bestimmte Stärken, Vorlieben und Eigenarten habe, heißt, dass mir andere fehlen. Je ausgeprägter mein eigener Standpunkt und meine Sichtweise sind, desto neugieriger kann ich auf die Wahrnehmungen und Vorschläge anderer sein. Mit Sicherheit haben meine Mitstreiter etwas beizusteuern, was auf meinem Radar nicht erscheint. Ein trotziges »Ich brauche niemanden, ich komme alleine klar« ist Ausdruck eines gestörten Selbstwertgefühls. Damit keine Missverständnisse aufkommen: Es gibt zweifellos unterschiedliche Lebens- und Arbeitsstile. Manche sind bessere Teamplayer, andere gute Einzelkämpfer. Und beide können erstklassige Ergebnisse erzielen und ein gutes Leben haben. Wer aber unfähig ist, Beziehungen einzugehen, schneidet sich von der Realität ab. Er muss seinen Fokus darauf richten, wie er – auf seine Weise und umsichtig – aus dieser Schutzzone herauskommt.

Sich selbst zu akzeptieren heißt, einen vernünftigen Egoismus zu entwickeln, wie Hans-Werner Rückert das nennt. Damit ist gerade nicht gemeint, rücksichtslos mitzunehmen, was ich kriegen kann, und bedenkenlos jeden beiseitezustoßen, der mir in die Quere kommt. Denn es geht auch anders: Indem ich mir meine Wünsche und Bedürfnisse klarmache und schaue, wie ich sie erfüllen kann, begreife ich, dass meine Mitmenschen genauso unterwegs sind. Konflikte sind da unvermeidlich – aber ebenso die Tatsache, dass wir die Hilfe der anderen brauchen. Vor allem ist diese Erkenntnis ein fruchtbarer Boden für gesunde Kompromisse, bei denen keiner klein beigeben muss und mit denen man sich eine spätere Zusammenarbeit offenhält.

Indem ich meinen Drang, persönlich zu wachsen, meinen Wunsch, erfolgreich zu sein und etwas zu bewirken, meine Sehnsucht nach Freundschaft, Liebe und Glück akzeptiere und in die Realität umzusetzen versuche, mache ich mich zum aktiven Teil eines umfassenden Lebensprozesses. Ich lasse mich ein auf das »mächtige Spiel«, von dem Whitman spricht. So verstanden, fügt sich unser Streben nach Selbstverwirklichung in das »große Ganze« ein und wird nachhaltig. Ich verbrauche nicht nur Ressourcen und verbrenne sie als mein persönliches Feuerwerk. Ich entwickle und erneuere sie auch. Und ich stelle meine Ressourcen der gemeinsamen Dynamik zur Verfügung.

Selbstverwirklichung beruht auf zwei Komponenten, die niemals völlig in Deckung zu bringen sind: Das bin ich einerseits selbst und das ist andererseits aber auch die Wirklichkeit da draußen. Auch Selbstverwirklichung ist ein Prozess. Und wir erleben ihn als erfolgreich, wenn er zu mehr Integration führt, zu Weiterentwicklung, Veränderung und besserer Anpassung. Das gilt nicht nur auf der Ebene des Einzelnen, sondern auch für Teams, Unternehmen, Gesellschaften – und vielleicht sogar für die Menschheit insgesamt.

Ein gesundes Selbstwertgefühl bedeutet auch ein Bewusstsein für die eigenen Ressourcen. Das Wissen um einen gut gefüllten Rucksack macht mich mutig und unternehmungslustig. Es führt mich über meine Grenzen hinaus. Es »sucht die Herausforderung und Stimulation, die mit sinnvollen und anspruchsvollen Zielen verbunden sind«, sagt Nathaniel Branden. »Je höher unser Selbstwertgefühl, desto stärker ist der Drang, uns selbst zum Ausdruck zu bringen, der ein Spiegel des Gefühls inneren Reichtums ist.« [Branden, Selbstwertgefühl: 20] Unser Selbstbewusstsein lebt davon, dass es sich beweisen kann. Es reift dort heran, wo wir uns der Realität stellen und die Umsetzung unserer Ziele wagen. Und es wächst mit der Wirkung, die wir dort erreichen. Es ist ein gutes Gefühl, wenn es uns glückt, unseren eigenen Vers zu dem großen Stück beizutragen, in dem wir alle mitspielen. Aber wir freuen uns auch, wenn es anderen gelingt. Und dafür lohnt es sich zu leben.

Ein gesundes Selbstwertgefühl …

- … bildet das Zentrum Ihrer inneren Balance, denn es ist der Orientierungspunkt und Maßstab für alle Prozesse der Selbstregulation;

- … ermöglicht es Ihnen, Ihre Stärken zu erkennen und zu entwickeln, denn das Entfalten von Talenten zeigt sich hier unmittelbar als positiver Effekt;

- … hilft Ihnen, mit Ihren Schwächen konstruktiv umzugehen, denn Sie können sich ihnen – wie Buckingham und Clifton raten – selbstbewusst stellen, sie umschiffen, sich Partner suchen oder Hilfssysteme schaffen – und aufhören, verzweifelt an ihnen herumzudoktern;

- … hilft Ihnen, die Lern-, Arbeits- und Führungsstile zu finden und einzusetzen, die zu Ihnen passen und die Sie weiterbringen;

- … verleiht Ihnen Wachheit und Offenheit, sodass Sie sich nicht in einer geschützten Komfortzone verschanzen müssen;

- … macht Sie belastbarer und gibt Ihnen Durchhaltevermögen, denn Sie können Konflikte, Widerstände und selbst Niederlagen schultern, ohne schnell einzuknicken;

- … macht Sie bereit für die Übernahme von Verantwortung, denn Sie sind Teil der Situation, Sie sind präsent und Sie sind sich Ihrer Kompetenzen bewusst;

- … ermöglicht es Ihnen, sich Werte, Denk-, Wahrnehmungs- und Verhaltensmuster anzueignen und sogar unbewusste Anteile zu integrieren, denn durch »Verinnerlichung« werden sie zu einem »integralen Bestandteil Ihrer Persönlichkeit« (Rückert); was diesen Prozess nicht durchläuft, bleibt ein mit Widerstand besetzter Fremdkörper;

- … zeigt Ihnen, ob der Weg, den Sie beschreiten, und die Ziele, die Sie verfolgen, für Sie richtig sind – wobei auch ein Umweg Sinn machen kann, wenn er Sie persönlich weiterbringt;

- … vermittelt Ihnen Respekt für sich selbst und schützt Sie davor, sich selbst fertigzumachen oder runterzuputzen;

- … befreit Sie aus der Abhängigkeit von der Meinung anderer;

- … lässt Sie aus Erfahrung mit sich selbst Rücksicht auf das Selbstwertgefühl der anderen nehmen und unterstützt Sie so bei einer respektvollen Kommunikation;

- … macht Sie fit für innere Konflikte und Widersprüche; und da Sie selbst nicht aus einem Guss sind, lernen Sie besser mit Konflikten und Widersprüchen bei Ihren Mitmenschen und in Ihrem Umfeld umzugehen.

Achtsam handeln

Alles wirkliche Leben ist Begegnung.
Martin Buber, 1923

89. Minute. Ballverlust! Alle schalten in einem Moment von Angriff auf Abwehr. Der Großteil der Mannschaft zieht sich zurück ins eigene Feld, um den Strafraum zu schützen und den Ball zurückzugewinnen. Durch massiven Einsatz stören die Spieler den Konter des Gegners. Dann fängt ein Verteidiger den Ball ab und gibt ihn weiter. Jetzt geht es in kurzen und langen Pässen – durch die für Sekunden offenen Räume – wieder ins gegnerische Feld. Der beste Torschütze signalisiert, dass er schussbereit ist. Aber der ballführende Spieler gewinnt mit einem Doppelpass noch etwas Zeit, bis die Position optimal ist. Sein Kollege auf dem rechten Flügel deckt den Gegner, der ihnen jetzt noch in die Quere kommen könnte. Pass. Der Stürmer nimmt den Ball an. Der Torwart setzt sich in Bewegung. Durch Antäuschen schickt der Schütze ihn in die falsche Ecke. Und der Ball landet im Netz. 2 : 3 – Jubel – Abpfiff – Sieg.

Fußballspieler sind nationale Volkshelden, sie sind 1-a-Promis. Wer in der Bundesliga kickt, kann sich über ein Einkommen freuen, von dem die meisten von uns nur träumen. Unter denen, die da auf dem Spielfeld agieren, befinden sich nicht wenige Gehaltsmillionäre. Einige von ihnen sind Stars, Leistungsträger, die dem Spiel besondere Impulse geben und die Fans begeistern. Aber es gibt nur einen Grund, warum man sie auf den Rasen gelassen hat: Sie haben bewiesen, dass sie mit den anderen zusammenspielen können. Fußball ist keine One-Man-Show, auch wenn die Best-of-Clips auf YouTube diesen Eindruck erwecken. Neunzig Prozent der Zeit auf dem Rasen ist ein Spieler nicht in Ballbesitz. Er muss den Ball immer erst dem Gegner abnehmen oder ihn von einem Mitspieler bekommen. Deshalb ist es entscheidend, dass er in jeder Spielminute mental am Ball bleibt, die gesamte Situation hellwach erfasst und blitzschnell angemessene Entscheidungen trifft: wohin er sich bewegt, wen er hinterläuft oder blockt, wo er offene Räume nutzt, schafft oder schließt, mit wem er sich verständigt, wem und wo er sich anbietet, den Ball anzunehmen.

Ist ein Spieler in Ballbesitz, hängt für Sekundenbruchteile der gesamte weitere Spielverlauf von ihm ab. Er muss in diesem Moment wissen, was er zu tun hat und wie er das anstellt. Er kann sich nicht hinsetzen, auf einen Zettel die Lage skizzieren und den besten Spielzug berechnen. Die richtige Aktion muss sofort und wie von selbst kommen. Deshalb trainiert ein Profi so unermüdlich. Je mehr Situationen er durchgespielt und ausprobiert hat, desto größer ist die Chance, dass er in der entscheidenden Situation die richtige Reaktion parat hat. Aus seiner Spielerfahrung, seinem abgespeicherten Körperwissen, intuitiv. Glücklicherweise besteht ein Spiel aus vielen solcher Momente.

Der Sportwissenschaftler Christoph Anrich nennt vier Schlüsselkompetenzen, die ein Spieler mitbringen muss:

- *Kinästhetische Differenzierungsfähigkeit:* Ist man am Zug, gilt es, den Bewegungsimpuls so fein abzustimmen, dass der Ball hart oder weich, kurz oder lang gespielt werden kann. Im Volksmund heißt das Ballgefühl.

- *Umstellungsfähigkeit:* Der ständige Wechsel von Angriffs- und Verteidigungshandlungen fordert immer wieder eine Neubewertung der Situation. Bereits in Gang gesetzte Bewegungsprogramme müssen unter hohem Zeitdruck korrigiert beziehungsweise abgebrochen werden, neue, der veränderten Lage angepasste müssen unmittelbar in Gang kommen.

- *Orientierungsfähigkeit:* Es gilt, sowohl die Position des eigenen Körpers als auch die Position der Mit- und Gegenspieler auf dem Spielfeld schnell wahrzunehmen und entsprechend klug zu reagieren. Während der eigenen Bewegung muss der Spieler außerdem erfassen, wie das zur Verfügung stehende Spielfeld mit seinen Ausmaßen optimal genutzt werden kann.

- *Antizipationsfähigkeit:* Es ist entscheidend, künftige Situationen zu erahnen und sich auf diese schon im Voraus einzustellen. Je größer der Schatz an bereits gespeicherten Bewegungserfahrungen, umso schneller und sicherer können die Bewegungen anderer Spieler antizipiert werden. Entscheidend ist neben der schnellen und umfassenden Wahrnehmungsleistung vor allem die Fähigkeit, die aufgenommenen Informationen optimal zu interpretieren und erforderliche Entscheidungen zügig zu treffen. Ein erfahrener Spieler kann an der Hüftachse und an der Schusstechnik ablesen, in welche Richtung der Angreifer den Ball schießen wird.

Ballgefühl, Spielintelligenz, Anspielbereitschaft, flexible Bewegungsmuster, Kombinationsspiel, situative Mannorientierung, Wahrnehmungsqualität, vorausschauendes Verhalten, intuitives Erfassen, Hineinversetzen in die anderen, Erahnen der weiteren Entwicklung, Antizipation einer anstehenden Handlung, Verstehen der Situation – all das sind Fähigkeiten und Verhaltensweisen, die man auch unter einem Begriff zusammenfassen kann, der im Fußball nie benutzt wird: Achtsamkeit.

> Achtsamkeit ist unser wichtigstes Instrumentarium, um mit der komplexen Welt zurechtzukommen. Sie lässt uns im Ereignisstrom schwimmen wie ein Fisch.

»Achtsamkeit« ist ein Wort, das man da verwendet, wo die Super Soft Skills entwickelt werden: bei der Zuwendung zu Kindern und Partnern, bei der respektvollen und gewaltfreien Kommunikation, bei Gemeinsinn und Zivilcourage, bei der schonenden Nutzung natürlicher Ressourcen, beim rücksichtsvollen Umgang mit uns selbst. Bis vor ein paar Jahren war das der Stoff für Psychologen, Umweltschützer, Reformpädagogen und Ratgeberliteratur, die sich vornehmlich an Frauen wendete. Heute gibt es Sozialunternehmer, den ökologischen Fußabdruck für Lifestyle-Produkte, und die Bedeutung von Teamgeist und Soft Skills ist längst bei McKinsey und Capgemini angekommen.

Achtsamkeit ist die Spezialisierung auf Dinge und Personen in Bewegung, in Zusammenhängen, in Freiheit und Offenheit. Sie macht uns handlungsfähig in Situationen, die überraschend und neu sind.

Achtsamkeit ist gekennzeichnet durch eine hoch qualifizierte Wahrnehmung, einen Fokus auf Zwischentöne, eine Kommunikation, die auch empfangen kann, kluge Sorgfalt in der Dosierung unserer Reaktionen, umsichtiges Probehandeln und Spürsinn für Wandel. Achtsamkeit ist die Fähigkeit, die uns im Ereignisstrom schwimmen lässt wie ein Fisch. Sie ist unser wichtigstes Instrumentarium, um mit der komplexen Welt in uns und um uns herum zurechtzukommen.

Was Komplexität ist, erklärt Natalie Knapp in ihrem Buch – zur besseren Orientierung in einer unübersichtlichen Welt, wie es im Untertitel heißt – sehr anschaulich am Beispiel des Fußballspiels. Nach dem Anpfiff geht es nicht um kalkulierbare Abläufe. Niemand ist in der Lage, den Ausgang des Spiels vorherzusagen, deshalb werden ja Wetten darauf abgeschlossen. Die Entwicklung, die das Spiel nimmt, ist unberechenbar. Denn jeder Schuss kann zu einer Vielzahl unterschiedlicher Ergebnisse führen. Was dann zu tun ist, kann man erst im Augenblick danach entscheiden. Das potenziert sich mit jedem Spielzug zu einer unübersehbaren Zahl an Möglichkeiten, die auch ein Supercomputer nicht vorausberechnen kann. Außerdem sind an dem Spiel zweiundzwanzig Spieler plus Schiedsrichter und Trainer beteiligt, von denen jeder in jedem Moment auf seine Weise auf das reagiert, was gerade passiert. Das Ganze ist ein höchst komplexes Netz aus Wirkungen und Gegenwirkungen, das sich in der Zeit entfaltet und erst im Verlauf seine Gestalt annimmt.

»Ein komplexes Geschehen kann aufgrund seiner Dynamik nicht wieder auf null gestellt werden und von vorn anfangen. Wir können es auch nicht so oft rekapitulieren, bis wir es verstanden haben«, fasst Natalie Knapp zusammen. »Das komplexe Geschehen ist unserem Verständnis also immer einen Schritt voraus. Deshalb kann im Nachhinein ein Fernsehkommentator hübsche Grafiken zeichnen, die veranschaulichen, wer wann wo was getan hat, wie es zu einem Tor kam und wie es hätte verhindert werden können, im Voraus kann er das nicht.« [Knapp, Neues Denken: 24]

Was bleibt uns also zu tun? Das, was Spieler machen: trainieren. Und zwar nicht so, wie eine Balletttänzerin die zweite Position so oft wiederholt, bis sie perfekt sitzt, oder ein Biathlet so lange Schießübungen absolviert, bis sich seine Zielgenauigkeit verbessert. Das sind beim Fußball die Basics, bevor es aufs Spielfeld geht: Kondition und Technik. Auf das wirkliche Spiel bereitet man sich am besten durch Spielen vor. Das heißt: die unterschiedlichsten Strategien und Spielzüge durchprobieren, reale Herausforderungen meistern, vielfältige Reaktionsmuster in Fleisch und Blut übergehen lassen. Im Training und im Ernstfall. Durch reale Erfahrung. Dann hat man das Zeug, um im Ereignisstrom zu schwimmen. Auf eine Vielzahl von Möglichkeiten bereitet man sich am besten vor, indem man selber offen wird. Auf Komplexität antwortet man am besten, indem man selbst komplexe Reaktionsmuster entwickelt.

Es geht also um reales und achtsames Tun. Um Aufmerksamkeit beim Handeln und eine forschende und offene Einstellung. Je offener und flexibler unser Repertoire, desto größer die Chance, dass wir bei Überraschungen nicht aus dem Tritt kommen. Nachdenken, Interpretieren und Etikettieren kommen deutlich an zweiter Stelle, als Wegweiser für die folgende Praxis: »Selbstverständlich lohnt sich die Analyse der Vergangenheit, weil sie den Blick für das Geschehen schärft und so beim nächsten Spiel vielleicht Handlungsmöglichkeiten erkennen lässt, die wir vorher nicht sehen konnten.« [Knapp, Neues Denken: 24] Reflexion kann unser Handeln klüger machen. Aber die Klugheit erweist sich nur in der Aktion.

Die Realität ist unermesslich dynamischer und komplexer als ein Fußballspiel. Auch wenn uns ein UEFA-Cup mitunter spannender vorkommt. Wechselwirkungen sind auch in unserem Alltag selten auf den ersten Blick erkennbar. Die meisten Nebeneffekte überraschen uns im Nachhinein. Viele Zusammenhänge verstehen noch nicht einmal unsere Wissenschaftler. Das gilt auf der Ebene von Mikroorganismen ebenso wie für die Verschaltungen unseres Gehirns. In Beziehungen ebenso wie in der Wirtschaft oder Politik. In der Realität haben wir es nicht mit zweiundzwanzig Spielern zu tun, sondern häufig mit Milliarden. Und der Anpfiff ist schon eine ganze Weile her. Der Big Bang soll sich vor rund 13,8 Milliarden Jahren ereignet haben. Eine Halbzeit ist nicht in Sicht.

Im wirklichen Leben gibt es kein klar bezeichnetes Spielfeld. Die Spiel-regeln sind diffus und oft unausgesprochen – falls überhaupt welche erkennbar sind. Wer die Nase vorn hat, was überhaupt ein Gewinn sein soll und wie man den erreicht, ist, wenn wir ehrlich sind, nicht allgemeingültig zu sagen. Selbst die Spieldauer ist Interpretations-sache. Der geplatzte Deal, die abgebrochene Ausbildung, die geschei-terte Beziehung sehen erst einmal wie eine herbe Niederlage aus. Im Nachhinein, wenn wir den Zeitrahmen weiter stecken, wird daraus vielleicht ein wichtiger Entwicklungsschritt oder der Ausgangspunkt für ein besseres Geschäft, den richtigen Beruf, die Liebe unseres Le-bens. In diesem Spiel ist alles in Bewegung: Spielfelder, Regeln, Dauer, Ergebnisse sowie die Spieler und ihre Anzahl.

Deshalb lieben wir Fußball. Im Alltag gibt es keinen Kontrollturm, von dem aus wir das Geschehen beobachten und steuern können. Wir stecken immer mittendrin. Im Stadion sitzen wir auf der Tribüne und können beobachten und mitfiebern, wie sich unten auf dem Spielfeld das komplexe und unvorhersehbare Geschehen entfaltet. Mit einer überschaubaren Zahl an Spielern, mit klaren Regeln und in einer fest-gesetzten Zeit. Deshalb gibt es auch am Ende ein Ergebnis zu betrau-ern oder zu bejubeln. Und deshalb können wir so ein Fußballspiel wie ein Experiment betrachten, in dem wir etwas über das große, weit komplexere Superspiel des Lebens lernen können.

Dass alles in Bewegung ist, wusste schon der antike Philosoph Hera-klit. Manches allerdings in Zeiträumen, die für unser persönliches Le-ben vermutlich irrelevant sind. Die Sonne geht im Osten auf, darauf können wir uns verlassen, auch wenn der Raum sich ausdehnt. Aber selbst Städte, mühsam über Generationen aufgebaut, verändern per-manent ihr Angesicht, auch in Friedenszeiten. Aus Industriegebieten werden schicke Kreativviertel, moderne Gebäude ersetzen alte, bei Bedarf entstehen ganz neue Verkehrsknotenpunkte. Wer diese Dy-namik versteht, kann gute Geschäfte machen. Aber gucken Sie mal nach, ob Sie noch irgendwo einen alten Stadtplan von Berlin haben – und dann versuchen Sie, sich damit zurechtzufinden! Wenn wir in die Geschichte blicken, sehen wir, dass große Metropolen im Sand oder Dschungel versunken sind, von ganzen Reichen und Kulturen ist heute nichts mehr geblieben als ein paar Scherben im Museum. Deshalb faszinieren uns Sehenswürdigkeiten, die die Zeiten überdauert haben: das verschlafene Residenzstädtchen, das Kolosseum, eine mittelalterliche Kathedrale.

Unmittelbar spürbar wird der Sog des Wandels in unserem Alltag. Überall dort, wo Menschen miteinander etwas in Gang bringen. Wilhelm Busch wusste: »Einszweidrei, im Sauseschritt | eilt die Zeit; wir eilen mit.« Jedenfalls geben wir uns redlich Mühe. Das Problem ist: Unser Autopilot möchte eine Landkarte, bei der die Dinge auf ihrem Platz sind. Deshalb haben eingespielte Programme die Tendenz, unsere Wahrnehmung auf die Dingperspektive zu schalten. Wir tun so, als ob die Phänomene auf unserem Weg Objekte sind, an die wir die Etiketten unserer Erwartungen heften können. So verfahren wir auch oft genug mit unseren Mitmenschen. Und dann hoffen wir, dass sie sich nicht von der Stelle bewegen. Wenn wir im Bereich des Lebendigen navigieren – und das tun wir die ganze Zeit –, dann müssen wir uns jedoch darauf einstellen, dass alles in Bewegung ist und bleibt. Ausnahmslos alles.

Unsere Kinder werden groß. Sie haben ihre Papa- und ihre Mama-Phasen, und sie werden immer selbstständiger. Der Einfluss von Freunden und Lehrern wird spürbar. Sie wachsen in einer ganz anderen Zeit auf als wir. Sie entwickeln verblüffende Eigenarten und erstaunliche Ähnlichkeiten, mal mit dem einen, mal mit dem anderen von uns. In diesem ganzen Wandel den Zusammenhang in den Blick zu bekommen, ist eine Kunst. Vergleichbar mit dem Verfolgen des roten Fadens in unserer eigenen Biografie. Um Stabilität zu finden, lenken wir unseren Fokus auf das, was vertraut ist und uns Wiedererkennungseffekte verschafft. Wir strukturieren den Alltag durch Rituale: zum Beispiel das gemeinsame Abendbrot, Sport, Sonntagsausflug, Heiligabend bei Oma. Am Arbeitsplatz tun wir das noch viel stärker. Hier können wir besser in die Dingperspektive schalten, denn wir sind nicht in gleichem Maße für das Gedeihen unserer Kollegen verantwortlich wie für das unserer Kinder beziehungsweise unseres Partners. Erfahrungsgemäß ist es aber ein großer Fehler, anzunehmen, dass sich Mitarbeiter, Geschäftsführung, Zulieferer und Kunden exakt so verhalten, wie wir uns das auf dem Weg zur Arbeit vorgestellt haben. Gerade hier ist es wichtig, aus der Dingperspektive herauszukommen. Einfach, weil wir hier noch tiefer drinstecken.

Im Unterkapitel über Beziehungen haben wir gesehen, wie essenziell wichtig dieses Umschalten der Perspektive ist, um etwas zu bewegen, zu vermitteln und gemeinsam auf die Beine zu stellen. Achtsamkeit ist die Kompetenz, Beziehungen auszutarieren – und zwischen Wandel und Beharrung klug zu navigieren. Das Kapitel über Selbstakzeptanz hat gezeigt, dass wir selbst ein komplexer Prozess voll innerer Bewegungen sind. Und das gilt natürlich ebenso für unsere Mitmenschen wie für alle Gebilde, die von Menschen hervorgebracht werden, egal, ob Teams, Unternehmen, Märkte oder Gesellschaften. Deshalb bedeutet Achtsamkeit auch, dass wir die Komplexität und Dynamik von allem, was lebendig ist, akzeptieren – und als Ausgangspunkt für unsere Wahrnehmung und unser Handeln nehmen. Natalie Knapp, die den Begriff »Achtsamkeit« nicht verwendet, spricht von einer »sensibleren Logik der Beziehungen«, die wir an die Stelle einer »eindimensionalen Logik der Ziele und Zwecke« setzen sollten, um »in eine Welt der Komplexität hineinzuwachsen« [Knapp, Neues Denken: 41].

> Achtsamkeit ist die Kompetenz, Beziehungen auszutarieren – und zwischen Wandel und Beharrung klug zu navigieren.

Komplexität bedeutet, dass wir selbst Teil eines unüberschaubaren Geflechts sind, in dem Menschen, Dinge und Faktoren untereinander – und mit uns – in einem Netz von kreuz und quer verlaufenden Beziehungen verknüpft sind. Aus diesem Netz kommen wir nicht heraus. Wir können gar nicht außerhalb überleben. Es gibt uns Halt, zeichnet die möglichen Wegstrecken vor, versorgt uns mit dem, was wir zum Leben brauchen. Gleichzeitig entzieht es sich zum großen Teil unserer Wahrnehmung, ganz zu schweigen von unserem Zugriff. Die Schlüsselbegriffe zum Verständnis sind »Dynamik« und »Beziehung«.

Was können wir tun, um entspannter und selbstbestimmter im Ereignisstrom zu schwimmen? Wie erwerben wir Kompetenzen für einen besseren Umgang mit der atemberaubenden Komplexität des Lebens?

- Für Natalie Knapp ist das Leben ein »dynamisches Beziehungsgeflecht«, »das sich nur deshalb so gut entwickeln konnte, weil alle beteiligten Elemente nicht einfach überlieferte Anweisungen erfüllten, sondern erprobte Muster in stetiger Kommunikation aufeinander abstimmten, veränderten und immer miteinander in Kontakt blieben« [Knapp, Neues Denken: 150]. Deshalb plädiert sie dafür, den Alltag so zu nutzen wie ein Fußballspieler das Training: um »den eigenen Standpunkt innerhalb des dynamischen Netzwerks der Beziehungen besser erfassen zu können«. Es geht darum, die »Wahrnehmung zu verfeinern«, offener, widerstandsfähiger und zugleich gelassener zu werden. Die Aufgaben von heute bereiten Sie darauf vor, die gewonnenen Erfahrungen an den Herausforderungen von morgen zu prüfen und zu optimieren.

- Für Daniel Goleman besteht emotional intelligente Führung darin, persönliche und gruppendynamische Prozesse zu erfassen und im Gleichgewicht zu halten. Voraussetzung einer wirkungsvollen Kommunikation, die auf Resonanz baut, ist ein fein abgestimmtes Einfühlungsvermögen für die komplexen Zusammenhänge der Situation.

- Für Nathaniel Branden ist es entscheidend, das »Zusammenspiel der Kräfte in meinem Inneren« zu verstehen, nicht nur, um mit mir selbst besser umzugehen, sondern auch mit anderen: »Wenn ich nicht weiß, welche direkten Erfahrungen das Selbstwertgefühl mindern oder erhöhen, dann fehlt mir das Verständnis, das notwendig ist, um anderen optimal helfen zu können.« [Branden, Selbstwertgefühl: 82]

- Hans-Werner Rückert rät, sorgsam auf das »Spiel von Kräften und Gegenkräften« zu achten, wenn widersprüchliche Ansprüche oder Botschaften uns lähmen. Ihm geht es darum, innere Blockaden aufzulösen, um wieder in eine natürliche und lebendige Dynamik zu kommen.

- Auch im Konzept von Friedemann Schulz von Thun geht es um die allgegenwärtige Wechselwirkung und unsere Antwort darauf. Sein zentrales Kriterium für gelingende Kommunikation – Stimmigkeit – ist nur durch Achtsamkeit herzustellen und wahrzunehmen. Das Gleiche gilt für andere Schlüsselbegriffe: unsere »Ausstrahlung« im Kontakt mit anderen, die »Passung« von Gespräch und innerer Aufstellung sowie das »Gespür« dafür, welche Teilmannschaft in welcher Situation gebraucht wird. Wenn Schulz von Thun über das innere Team spricht, klingt das einerseits wie eine Studie in Komplexität, andererseits wie eine anspruchsvolle Sportreportage: »Wir werden gewahr, dass jeglicher Geschehenswandel uns eine beträchtliche personale Bandbreite und eine flexible Umstellungsfähigkeit abverlangt. Ein Mitglied meines inneren Teams, das eben noch goldrichtig war, kann wenige Momente später zur Fehlbesetzung werden. … Die Gliederung von Geschehensabläufen in Phasen dient nicht nur dazu, im uferlosen Ereignisstrom ein Minimum an Übersicht zu ermöglichen, sondern auch, um die Verknüpfung von Ereignis und adäquater Bewältigung zu erleichtern und den Moment für die innere Umstellung zu markieren.« [Schulz von Thun, Das innere Team: 321]

- Der Komplexitätsforscher Dietrich Dörner hat herausgefunden, was man braucht, um kompetent mit unübersichtlichen und rückgekoppelten Systemen umzugehen: »operative Intelligenz«, das heißt, ein erprobtes Wissen über das, was man an Fähigkeiten und Fertigkeiten zur Lösung von Problemen mitbringt. »Es gibt nicht die eine, immer anwendbare Regel, den Zauberstab, um mit allen Situationen und all den verschiedenen Realitätsstrukturen fertigzuwerden. Es geht darum, die richtigen Dinge im richtigen Moment und in der richtigen Weise zu tun und zu bedenken.« [Dörner, Logik des Misslingens: 316] Zur Entwicklung operativer Intelligenz gehören die Klärung eigener

Ziele und Schwerpunkte – und ein flexibler Umgang mit ihnen, die Reflexion des eigenen Handelns und der Angemessenheit der verwendeten Daten und Methoden, eine Modellbildung, die den praktischen Erfordernissen entspricht, die aufmerksame Registrierung von »Zeitabläufen und Zeitgestalten« sowie Nebenwirkungen, das Hin- und Herwechseln zwischen verschiedenen Denk-, Wahrnehmungs- und Arbeitsstilen, um die entsprechenden Ergebnisse zu testen, ungeschöntes Feedback und permanenter Realitycheck.

So verstanden wird Achtsamkeit zu einem besonderen Erkenntnisvermögen: zu einem Sensorium für Situationen, einem Seismografen für Beziehungen, einem inneren Kompass für das richtige Handeln. Das erwirbt man nicht im Rundum-sorglos-Paket. Wie beim Selbstwertgefühl und der Beziehungsfähigkeit eignet man sich Achtsamkeit durch Praktizieren an. Wenn sie uns in Fleisch und Blut übergegangen ist wie das Ballgefühl beim Fußballer, dann sind wir fit für die überraschenden und unübersichtlichen Momente des Lebens.

Achtsamkeit fängt bei uns selbst an. Es geht darum, eine freundliche, aufmerksame und fördernde Beziehung zu uns selbst aufzubauen. Und glauben Sie mir, das ist keinen Deut einfacher als das entsprechende Verhalten gegenüber einem anderen Menschen. Los geht das schon bei den Basics, bevor Sie überhaupt aufs Spielfeld stürmen. Hand aufs Herz: Haben Sie heute Morgen gefrühstückt? Haben Sie sich richtig an den Tisch gesetzt und sich Zeit genommen, ohne dabei schon das iPhone oder den BB zu zücken? Wie achtsam gehen Sie mit sich selbst um? Wir tragen selbst Tag für Tag ein gutes Stück dazu bei, unseren Körper unter Druck zu setzen. Nur durch die eigene Unachtsamkeit. Kein Frühstück, zu viel Kaffee und zu wenig Wasser. Kein Atemholen zwischendurch und kein Mittagessen, dafür schnell einen Döner an der Ecke oder Kekse beim Meeting. Wenn da überhaupt noch welche auf dem Tisch stehen. Pausen für Selbstreflexion? Fehlanzeige.

Achtsamkeit ist der sorgsame Umgang mit Ressourcen. Nicht nur mit denen der Natur, sondern auch mit Ihren eigenen. »Sie sind kein Duracell-Hase!«, warnt Lance Secretan. Sie erinnern sich doch bestimmt an den munteren kleinen Gesellen, der auch dann noch unermüdlich die Trommel rührt, wenn allen anderen längst die Puste ausgegangen ist? Der Führungsspezialist mit Schwerpunkt Inspiration kann es kaum fassen: »Nach fast 40 Jahren Praxis, Forschung und Lehre erschüttert es mich, dass niemand in der Literatur und kein führender Theoretiker die Frage stellt: ›Wer inspiriert den Inspirierenden?‹ Die allgemeine Meinung scheint davon auszugehen, dass Führungskräfte so unerschöpfliche Ressourcen an Energie und Flexibilität besitzen wie der Spielzeughase aus der Duracell-Werbung. Wir alle wissen – ob wir es zugeben oder nicht –, dass auch Führungskräfte, genau wie jeder andere Mensch, inspiriert werden müssen; denn auch Führungskräfte sind Menschen.« [Secretan, Inspirieren statt motivieren: 248] Das heißt: Außer einem guten Frühstück brauchen Sie auch lohnende Ziele, eine sinnvolle Aufgabe und sozialen Rückenwind.

Achtsamkeit bedeutet respektvolle und offene Verständigung auf Augenhöhe. Insofern ist sie ein Zeichen erstklassiger Kommunikation. Und das gilt auch für Sie selbst und Ihren inneren Geschichtenerzähler. »Sie wissen aus eigener Erfahrung, dass Wörter nicht nur trockene Beschreibungen liefern, sondern Gefühle auslösen und Realität erzeugen können«, ruft uns der Handlungsexperte Hans-Werner Rückert in Erinnerung. »Wörter können verletzen und Schmerzen hervorrufen. Wörter können Dinge in Gang setzen und ebenso Prozesse abwürgen. Wörter sind das wichtigste Werkzeug, das wir zur Verfügung haben, um andere Menschen zu beeinflussen.« Und das gilt natürlich auch für den Umgang mit uns selbst. Sicher kennen Sie die spontanen abkanzelnden Eigenkommentare: »Das war ja wohl mal wieder nichts …« – »Ich dumme Kuh!« – »Nie kann ich …« Selbstakzeptanz ist das Gegenteil davon, sich fertigzumachen. Und zum achtsamen Umgang mit sich selbst gehört ein konstruktiver Ton. »Gehen Sie mit sich selbst so um wie mit Ihrem wichtigsten Verhandlungspartner«, rät Rückert. »Den würden Sie ja hoffentlich nicht beschimpfen, unter Druck setzen und erpressen, um Ihre Ziele zu erreichen. Das macht man nicht einmal mit Bankräubern oder Geiselnehmern. Auch mit denen verhandelt man.« [Rückert, Handeln: 247 f.]

Achtsamkeit bedarf auch der bewussten Entscheidung. Und der pragmatischen Umsetzung im Alltag. Immer schön in kleinen Schritten. Aber der Effekt ist verblüffend. Und hat eine mächtige Hebelwirkung. Denn Achtsamkeit führt zu mehr Menschlichkeit. Mir selbst und anderen gegenüber. Wenn Sie in der nachfolgenden Liste zum achtsamen Umgang mit sich selbst Fortschritte machen, legen Sie ein solides Fundament für Ihre Beziehungsfähigkeit anderen gegenüber. Ein feines Sensorium zu entwickeln, wird die Qualität Ihrer Wahrnehmung auf allen Gebieten verbessern.

Die Übertragung auf Ihre Mitmenschen ist auch deshalb ein logischer Schritt, weil wir uns nur im Zusammenspiel selbst erfahren und entfalten können. Unsere inneren Beziehungen und die in der Außenwelt spiegeln sich gegenseitig. An dem, was in unserem Umfeld gut läuft, sehen wir, was bei uns selbst im Lot ist. Und umgekehrt. Indem wir unserer Umwelt mit Achtsamkeit begegnen, werden wir fähig zur Empathie. Wir aktivieren einen hochgradig lernfähigen Teil unseres Gehirns, wie Daniel Goleman erklärt: »Diese Fähigkeit entsteht durch Neuronen in einem umfassenden Schaltsystem, das mit dem Mandelkern verbunden ist. Es prüft das Gesicht und die Stimme eines Menschen auf Emotionen und stimmt uns laufend darauf ein, wie jemand anderer sich fühlt, während wir mit ihm sprechen.« [Goleman, Emotionale Führung: 72] Durch Empathie steigern wir die Wahrscheinlichkeit, Resonanz zu finden. Wenn es uns gelingt, unser Gegenüber im Gleichgewicht einer offenen Reaktionsfähigkeit zu erhalten, können wir von ihm mehr Kooperation erwarten und wir werden von ihm qualifiziertere Antworten bekommen.

Als Bewusstsein für die Eingebundenheit in komplexe Wirkungsnetze schärft Achtsamkeit auch unser Gefühl für Verantwortung – uns selbst und den Menschen in unserem Umfeld gegenüber. Das spricht Stephen R. Covey an, wenn er den gewichtigen Begriff des Gewissens ins Spiel bringt und meint, dass es alle anderen Bereiche der Persönlichkeit verwandelt, indem »es uns in die Welt der Beziehungen führt« und »aus der Unabhängigkeit in die Interdependenz bringt«: »Das Gewissen verwandelt Leidenschaft in Mitgefühl. Es lässt echte Sorge für andere entstehen.« [Covey, Der 8. Weg: 99] Dieser Schritt bezeichnet nicht nur den Wechsel aus der Dingperspektive und dem Zweckdenken zum mitmenschlichen Respekt, sondern darüber hinaus auch zu unserer Verantwortung gegenüber dem »großen Ganzen«. Wir können den Rahmen unserer Achtsamkeit auf nachfolgende Generationen ausweiten, auf unsere Kultur, die Menschheit, auf den Planeten, den wir bewohnen. Und diese Perspektive verleiht unserem Handeln Sinn.

Achtsamkeit bringt etwas zustande, was unser Verstand allein nicht schafft: uns direkt an die Realität anzuschließen. Die kognitive Analyse schaltet fast automatisch in die Dingperspektive. Wir wollen Gegenstände, Sachverhalte, Funktionen, abgegrenzte Abläufe, Regeln erkennen. Und das hat ja auch seine Berechtigung. So erhalten wir eine Riesenmenge an Beobachtungen, die uns beim Planen und Handeln helfen. Allerdings nur, wenn wir ihre begrenzte Reichweite nicht vergessen. Denn die Welt als »bewegliches Netz von Beziehungen« ist »kein feststellbares Objekt«, wie Natalie Knapp erklärt. [Knapp, Neues Denken: 100] Wir können uns nicht aus diesem Netz herauslösen und es aus der Distanz betrachten. Im Gegenteil: Wir bleiben immer ein – wirksamer – Teil und wir bekommen es nie hinreichend in den Blick. Das sind zwei wesentliche Eigenschaften all unserer Analysen und Interpretationen, die wir nicht loswerden.

> Achtsamkeit bringt etwas zustande, was unser Verstand allein nicht schafft: uns direkt an die Realität anzuschließen.

Als Bewusstsein und Gefühl für unser Eingebundensein in die Komplexität des Daseins stellt Achtsamkeit das notwendige Korrektiv dar. Sie verschafft uns den Spürsinn für Zwischentöne, eine gesteigerte Wahrnehmungsqualität und eine entsprechende Umsicht und hilft uns, dort das Richtige zu tun, wo uns unsere Denkfallen, unsere psychischen und kognitiven Begrenzungen in die Irre leiten würden. Das gilt nicht nur für uns selbst und unser Beziehungsleben (im weitesten Sinn), es gilt auch für die Wissenschaft, wie Knapp zeigt: »Die Natur begegnet uns mit allen ihren Phänomenen, Lebewesen und Ereignissen, stellt uns vor Rätsel und Aufgaben, die wir erkennend meistern. Mensch und Natur beeinflussen sich gegenseitig. Dass wir die Natur zwar nicht an sich erkennen, dafür aber erkennend mitgestalten können und dabei auch selbst gestaltet werden, sollte uns nicht frustrieren, sondern lediglich zu einer größeren Achtsamkeit im Prozess der wissenschaftlichen Forschung führen.« [Knapp, Neues Denken: 93]

Vor allem erweist sich Achtsamkeit als Schlüssel zu einem gelungenen Leben in den ganz gewöhnlichen Momenten des Alltags. Für jeden von uns. Noch mal Hand aufs Herz: Wie haben Sie sich heute Morgen von Ihrer Partnerin verabschiedet? War es mal wieder der flüchtige Kuss auf die Stirn oder Wange? Vielleicht schon mit dem Gedanken »Hoffentlich ist nicht so viel Stau …«. Ihre Frau war gerade damit beschäftigt, bei einem Kind die Windeln zu wechseln und das andere beim Frühstück im Auge zu behalten, und hat Ihnen nur noch nachgerufen: »Denk an die Getränke!« So oder ähnlich findet das jeden Morgen in deutschen Haushalten statt. Stimmt's? Das war doch mal anders … Es ist schon erstaunlich, wie schnell wir in den Distanz- und Sparmodus rutschen. Was trennt uns von lebendigen Erfahrungen?

Im Kapitel über Selbstakzeptanz haben wir gesehen, dass alle unsere Wege falsch werden, wenn sie nicht bei uns selbst ansetzen. Vorgegebene Ziele, übernommene Überzeugungen, eingetrichterte Arbeitsweisen – alles, was wir uns nicht wirklich angeeignet haben, was wir nicht mit Sinn und positiven Gefühlen besetzen, womit wir uns nicht tatsächlich identifizieren, trennt uns von uns selbst und unserer Vitalität. Es fühlt sich hohl an, und wir fühlen uns leer. Aber die Realität ist komplex, sie besteht aus Kräften und Gegenkräften. Und deshalb ist auch die Sichtweise aus der anderen Blickrichtung wahr, die Natalie Knapp ins Spiel bringt: »Wenn wir dem Gefühl nachgeben, der Mittelpunkt der Welt zu sein, beginnen alle unsere Wegbeschreibungen an einem falschen Ausgangspunkt. Sie passen nicht mit den Wegbeschreibungen anderer Menschen zusammen und helfen uns deshalb auch nicht dabei, uns in der komplexen Dynamik des Lebens zurechtzufinden. Das Ich ist zwar einerseits der Mittelpunkt unserer Wahrnehmung, aber andererseits lediglich ein Teil des gesamten lebendigen Netzwerkes von Beziehungen, aus denen das Leben ständig entsteht.« [Knapp, Neues Denken: 214]

Unsere Verbindung mit der lebendigen Dynamik des Lebens reißt ab, wenn wir zu sehr auf uns oder zu sehr auf die Außenwelt fokussiert sind. Sie leidet genauso, wenn wir zu wenig auf uns selbst oder unsere Umgebung achten. (Sie fährt übrigens auch insgesamt in dem Maße herunter, wie unser Fokus lahm, diffus, starr oder eingefahren ist.) Ein Dilemma? Nein, ein typischer Rückkopplungsprozess, wie ich ihn in diesem Buch schon mehrfach beschrieben habe. Ob wir daraus eine Falle machen und eine Abwärtsspirale in Gang setzen oder ob wir das Ganze für eine positive Entwicklung nutzen, liegt in unserer Hand. Fragile Zustände, deren Balance wir immer wieder neu herstellen müssen, sind die Grundbedingung für Anpassung, für Lernprozesse und persönliches Wachstum. Mit anderen Worten: für Lebendigkeit. Das Gleichgewicht, das nicht mehr eigens erzeugt werden muss, heißt Tod.

Achtsamkeit verbindet uns mit der prallen Realität. Indem sie die beiden Pole zusammenführt. Ihre Power – und die Möglichkeiten, die die Situation bietet. Ihre Sehnsüchte – und die tolle Frau an Ihrer Seite. Ihre Kompetenzen – und die Aufgabe, die ansteht. Ihre Fragen – und Ihren Gesprächspartner. Gelingt es Ihnen, beide Seiten in einen Dialog zu bringen, wird es spannend. Es entsteht etwas, was vorher noch nicht da war. Es kommt ein Wechselspiel in Gang, das an beiden Polen etwas anstößt: bei Ihnen selbst und auf der anderen Seite. Eine neue Entwicklung beginnt. Das nennt man Leben. Und so fühlt es sich auch an. Intensiv.

Der Religionsforscher und Philosoph Martin Buber hat in den 1920er-Jahren das dialogische Prinzip als das entscheidende Merkmal einer menschlichen Existenz erkannt: Es geht nicht immer nur darum, vom Ausgangspunkt unterschiedlicher Positionen aus einen Kompromiss auszuhandeln. Wesentlich ist, miteinander ins Spiel zu kommen und achtsam eine gemeinsame Dynamik zu wagen. Echte Begegnungen finden in einer solchen Offenheit statt. Dann können Sie in Bewegung kommen, bei der Sache sein und für Ihr Gegenüber vollkommen präsent – und zugleich ganz bei sich selbst bleiben. So ist persönliches Wachstum möglich. Deshalb sagt Buber, wie eingangs zitiert: »Alles wirkliche Leben ist Begegnung.«

Achtsamkeit mir selbst gegenüber heißt:

- *Ich habe Geduld mit mir.* Ich fordere mich heraus, aber ich gebe mir auch die Zeit, die ich brauche. Wenn etwas nicht läuft, muss ich den Zeitplan anpassen. Ich setze mich nicht unmenschlich unter Druck.

- *Ich habe Respekt mir selbst gegenüber.* Ich putze mich nicht runter und stemple mich nicht ab. Ich bestrafe mich nicht.

- *Ich gebe mir Raum zu experimentieren.* Ich entwickle mich weiter, indem ich Neues ausprobiere. Dafür brauche ich die nötige Portion Fehlertoleranz.

- *Ich akzeptiere mich selbst.* Ich nehme meine Eigenarten und Begrenzungen mit Humor – und schaue, was ich daraus machen kann. Ich belohne mich für jeden Fortschritt und vergebe mir Rückschritte und Umwege.

- *Ich sorge für gute Momente.* Ich suche ein Wirkungsfeld für meine Talente und Stärken. Ich pflege meinen sozialen Rückhalt. Ich verschaffe mir Highlights und Genuss.

- *Ich erweitere mein Repertoire.* Ich wage mich auf unvertrautes Terrain, konfrontiere mich mit ungewohnten Ansichten, Freizeitbeschäftigungen oder körperlichen Herausforderungen. Ich halte das Gefühl wach, wie es ist, etwas noch lernen zu müssen – und dabei Fortschritte zu machen.

- *Ich plane Zeit für mich ein.* Ich baue Erholungspausen, Orientierungsphasen und Zeit zum Nachdenken in den Alltag ein.

- *Ich habe meine Ressourcen im Blick.* Ich sorge auf körperlicher, emotionaler, sozialer, geistiger und vielleicht auch spiritueller Ebene für mich – damit ich nicht auf Notstrom laufen muss, sondern entspannt aus dem Vollen schöpfen kann.

- *Ich finde meinen eigenen Stil.* Wie viel Getümmel, wie viel Rückzug tut mir gut? Welche Lern-, Arbeits- und Führungsstile entsprechen mir? Wie viel Sicherheit brauche ich? Wie viel Herausforderung lässt mich zu Bestform auflaufen?

Fehler wagen

Ob es besser wird, wenn es anders wird, weiß ich nicht. Dass es
anders werden muss, wenn es besser werden soll, ist gewiss.
Georg Christoph Lichtenberg, 1764

Stellen Sie sich vor, Sie sind Leiter eines Supermarktes – und die Steuerung der Kühlung fällt aus. Bis der Notdienst des Herstellers eintrifft, müssen Sie das Ganze per Hand regeln. Was Sie bisher noch nie gemacht haben. Und es ist nicht ganz einfach: Sie können nicht einfach die gewünschte Temperatur am Thermometer einstellen. Das zeigt nur den jeweiligen Istzustand. Regeln müssen Sie an einem Stellrad, das lediglich die Optionen »wärmer« und »kälter« bietet und eine Skala von + 100 bis – 100. Während also ein ansehnlicher Teil Ihres Betriebsvermögens auf den Punkt zudriftet, an dem Sie alles wegschmeißen können, versuchen Sie sich mit der Regelung der Kühlung vertraut zu machen. Da gilt es, einen kühlen Kopf zu bewahren, damit das Eis nicht schmilzt. Denn wie eine Fußbodenheizung reagiert das System mit einer gewissen Verzögerung (drei Zeittakte, das wissen Sie am Anfang aber noch nicht). Wenn Sie jetzt hektisch herumagieren, bringen Sie es zum »Schwingen«: Der Kühlraum pendelt zwischen Tieffrosten und Auftauen. Passiert Ihnen das, haben Sie zu Ihrem ersten noch ein zweites Problem. Sie müssen das Ganze erst wieder ins Gleichgewicht bringen.

Mit diesem Versuch stellte der Psychologe Dietrich Dörner rund fünfzig Studenten auf die Probe. In einer Computersimulation waren sie 1988 aufgefordert, im Verlauf von hundert Zeittakten Milchprodukte und Tiefkühlkost zu retten. Dörner ist Pionier in der Erforschung menschlichen Verhaltens im Angesicht komplexer Situationen. Sowie es die dafür notwendigen Rechner gab, hat er vertrackte Alltagsprobleme am Computer nachgebaut und Probanden vor die Monitore gesetzt. Der erste Versuch – »Sie sind der Bürgermeister einer Kleinstadt im deutschen Mittelgebirge namens Lohausen« – startete 1979. Das war zehn Jahre vor den virtuellen Realitäten von »Sim City« und mehr als zwanzig Jahre vor »Second Life«. Es folgten fiktive Entwicklungshilfe- und Naturschutzprojekte und diverse Szenarien in Betrieben. Unter anderem das Kühlraumdrama im Supermarkt.

Der Vorteil: Die Forscher konnten jede einzelne Aktion ihrer menschlichen Versuchskaninchen nachverfolgen. Wenn Sie heute in einem großen Unternehmen alles am Rechner erledigen, ist Ihnen das vertraut. Für die psychologische Forschung war es damals ein Durchbruch. Niemals zuvor war es gelungen, komplexe Situationen in einem kontrollierten Experiment nachzubilden und das Verhalten so hautnah zu verfolgen. Die Ergebnisse bestätigten, was die Anhänger von Murphys Gesetz schon immer ahnten: Menschen sind miese Problemlöser. Sie bringen massive Verständnisprobleme mit – und verschlimmern die Lage durch ihre Reaktionen: Panik, Hektik, Sturheit, Lähmung, Verleugnung, Selbstüberschätzung, Schuldzuweisung, Bildung absonderlicher Theorien. Sie kennen das aus dem Büro.

Nur zwei »Filialleiter« regelten die Kühlung souverän. Eine Handvoll erzeugte erst einmal gehöriges Chaos, kriegte dann aber noch den Dreh. Die Mehrheit steuerte den Kühlraumbestand auf den Müll. Dabei entwickelten einige einen gehörigen Zorn auf die Technik (»Das funktioniert einfach nicht!«) oder sogar auf den Versuchsleiter (»Ihr wollt uns hier doch nur verarschen!«). Die erfolgreichen Versuchspersonen zeichneten sich durch »operative Intelligenz« aus. Dietrich Dörner stellte fest, dass sie ihre Hypothesen durch Nachfragen prüften, mehr Warum-Fragen stellten und eine bessere Selbstorganisation an den Tag legten: Sie beobachteten, analysierten und korrigierten ihr eigenes Verhalten. Und sie nutzten offenbar den inneren Geschichtenerzähler. Dörner beobachtete, dass gerade sie ihre Aktionen oft durch lautes Denken begleiteten. Die guten Problemlöser wussten, dass sie in der ungewohnten Situation die Lösungsmöglichkeiten erst finden und deshalb so viel wie möglich lernen mussten. Deshalb haben sie sich in kleinen Schritten vorgetastet, aufmerksam beobachtet, was passiert. Sie versuchten, sich durch Probehandeln ein Bild zu machen. Ich würde das Achtsamkeit nennen.

Wir tun gut daran, vorsichtig zu handeln, umsichtig zu bleiben, uns Feedback zu holen und uns zusammenzutun – denn ganz offensichtlich ist unser Denkapparat nur bedingt tauglich, uns unbeschadet und ohne größere Kollateralschäden durch diese Welt zu bringen. Beim Kühlhausszenario handelt es sich um einen simplen Regelkreis. Das Ganze ist nicht wirklich intransparent. Man kann es nach einigen Versuchen verstehen. Die Zahl der Faktoren ist ebenso eindeutig wie das Erfolgskriterium. Die einzige Eigendynamik ist das »Schwingen«, das sich mit etwas Geschick aber auch bald unter Kontrolle bringen lässt.

Wirklich komplexe Systeme stellen uns vor ganz andere Anforderungen. Evolutionär sind wir für Größenordnungen in einem mittleren Bereich ausgestattet. Alles was jenseits von einem halben Zentimeter oder ein paar Kilometern, von ein paar Sekunden oder Jahren, einer überschaubaren Gruppe von Menschen oder Gegenständen liegt, bereitet uns größte Schwierigkeiten. Eigentlich können wir nur lineare Verläufe wirklich nachvollziehen. Exponentielles Wachstum, Rückkopplungen und Vernetzungen überfordern unseren Verstand. Schon die Entscheidung zwischen mehr als zwei Optionen führt uns geradewegs in die Denkblockade. Die automatische Notfallreaktion ist das Aktivieren vertrauter Lösungsmuster und Handlungsprogramme. Ob die nun passen oder nicht. Deshalb liegen wir oft meilenweit daneben, wenn es um die Abschätzung von Wahrscheinlichkeiten (zum Beispiel bei Gewinnchancen oder den Risiken einer Operation) oder die Antizipation von »Zeitgestalten« geht (zum Beispiel bei der Sättigung eines Marktes oder dem »Umkippen« eines Ökosystems). Hermann Scherer hat das so lehrreich wie unterhaltsam in seinem Buch *Denken ist dumm. Wie Sie trotzdem klug handeln* zusammengefasst.

Die komplexe Realität legt unsere Schwachstellen bloß. Und das animiert uns zu allerlei unsinnigen Handlungen. Wir reagieren auf drohenden Verlust weit stärker als auf winkenden Gewinn, obwohl das rechnerisch irrational ist. Läuft etwas schief, sind wir nicht besonders effektiv in der Fehlerermittlung, aber sehr kreativ darin, Verantwortung abzuschieben, Schuldige zu finden, Ergebnisse schönzureden, unser angeschrammtes Ego aufzupolieren. Konsequent übersehen wir unsere blinden Flecken: dass wir immer auch selbst an der Situation beteiligt

Läuft etwas schief, sind wir nicht besonders effektiv in der Fehlerermittlung, aber sehr kreativ darin, Verantwortung abzuschieben, Schuldige zu finden, Ergebnisse schönzureden ...

sind, dass wir das Bild, das wir von ihr haben, selbst erzeugen, dass unser Fokus immer nur einen Ausschnitt erfasst. Lernen und persönliches Wachstum finden so nicht statt. Die Essentials der Führungs-KRAFT zeigen auch hier den Ausweg: im Kontakt mit der Realität bleiben, die eigene Wahrnehmung, das eigene Verhalten checken, achtsam handeln, andere einbeziehen, Verantwortung übernehmen – und Fehler wagen.

Aber was ist ein Fehler? Wenn ein Krabbelkind bei den ersten Gehversuchen auf den Hintern plumpst, werfen wir ihm nicht Versagen vor, sondern ermuntern es, den nächsten Versuch zu unternehmen. Wenn dasselbe einer Primaballerina bei der Aufführung passiert, sehen wir das anders. Ob wir etwas als Fehler wahrnehmen, hat also eine Menge mit Anforderungen und Erwartungen zu tun. Und hier gilt es, in zwei Richtungen achtsam zu bleiben: Welche Standards setzen wir voraus? Und wie gehen wir mit Kritik um? Eine Menge mieser Stimmung kommt daher, dass jeder und jede eigene Vorstellungen darüber mitbringt, wie etwas zu laufen hat, was die anderen zu erledigen haben, was wichtig, eilig, unverzichtbar ist. Das meiste davon unausgesprochen. Kein Wunder, dass alle immer ständig etwas falsch machen. Sie entsprechen den in sie gesetzten Erwartungen nicht. Vielleicht schlicht und einfach deshalb, weil sie nichts von ihnen ahnen.

Den Umgang mit Fehlern und Kritik haben wir in der Kindheit und Jugend gelernt. Mit einem Selbstbewusstsein, das erst noch lernen musste, auf eigenen Füßen zu stehen. Damals haben Eltern, Lehrer und andere überlebensgroße Figuren uns gesagt, was wir falsch gemacht hatten. Dahinter stand das Bild, dass es den einen und einzigen Weg gab, etwas richtig zu machen, dass unsere Erzieher den voll im Blick hatten und dass es das Beste war, sich an ihre Vorgaben zu halten. Heute würden viele Leute sonst was dafür geben, wenn ihnen jemand sagte, wo es langgeht. Aber wenn so jemand kommt, kann man ziemlich sicher sein, dass es sich um eine faule Nummer handelt. Wir müssen es selbst herausfinden. Dummerweise sind wir dafür nicht gut vorbereitet. Wir schleppen immer noch die Vorstellung mit uns herum, dass es die eine und einzig richtige Lösung geben muss. Wir halten uns lieber an Vorgaben, als aus unserer »selbst verschuldeten Unmündigkeit« herauszutreten, unseren Verstand zu nutzen und unsere eigenen Erfahrungen zu machen. Und wenn wir die Erwartungen anderer – oder noch schlimmer: unsere eigenen – nicht erfüllen, fühlen wir uns, als ob der Lehrer uns vor versammelter Klasse zum Nachsitzen verdonnert hätte.

»Das Wort Fehler leitet sich vom altfranzösischen ›faillier‹ ab, das ›verfehlen‹ bzw. ›sich irren‹ bedeutet«, schreibt Elke Schüttelkopf, die sich auf die Erforschung von Fehlerkulturen spezialisiert hat. »Verbreitet wurde der Begriff über das Militär: Kanonenkugeln landeten entweder als Treffer oder wurden als Fehlschuss bezeichnet. Sie verfehlten ihr Ziel. Diese Bedeutung hat sich über die Jahrhunderte erhalten. Auch heute noch erleben wir als Fehler, was das Ziel bzw. das Richtige und Erstrebenswerte verfehlt.« [Schüttelkopf, Lernen aus Fehlern: 11] Gerade Kanonenkugeln hatten aber nicht die Treffsicherheit, die man heute von präzisionsgelenkter Munition erwartet. Erfolgreiche Schützen waren Männer mit viel Erfahrung und Fingerspitzengefühl, die wussten, wie sie sich über weniger gelungene Versuche zu Treffern vorarbeiten konnten. Es wäre ein verhängnisvoller Fehler gewesen, sie nach dem ersten Fehlschuss auszuwechseln.

Dass Ergebnisse hinter Erwartungen zurückbleiben, dass Dinge übersehen oder vergessen, die Folgen oder der Zeitbedarf falsch eingeschätzt werden, kann uns auf die Palme treiben. Aber es gehört zum ganz alltäglichen Wahnsinn dazu. Neue Forschungen kommen zu dem Ergebnis, das in einem normalen Unternehmen alle vier Minuten ein Fehler auftritt. Jedes Endresultat trägt immer auch die Handschrift des schwächsten Glieds in der Kette. Kein Mensch kann rund um die Uhr gleich aufmerksam sein. Selbst Sie nicht. Kommunikation hält den Laden am Laufen. Aber Kommunikation ist eine komplexe Angelegenheit. Missverständnisse gehören dazu wie das Amen in der Kirche.

Die Vorstellung, man könne Fehler restlos beseitigen, ist also ein Irrglaube. Und ein gefährlicher dazu. Der Druck, der dadurch aufgebaut wird, verbessert die Ergebnisse langfristig nicht. Gestresste und ängstliche Mitarbeiter werden anfälliger für Fehler. Vor allem werden sie sehr anfällig für Schutzbehauptungen, Vertuschung und Unter-den-Teppich-Kehren. Puritanischer Perfektionismus erzeugt eine Kultur des Heuchelns. Und das ist das Letzte, was wir gebrauchen können. Was angesichts der allgegenwärtigen Fehlerflut notwendig ist, ist eine konstruktive Fehlerkultur, die Fehler erkennt, benennt und für Bedingungen sorgt, die ein nochmaliges Auftreten unwahrscheinlicher machen. Dann wird es möglich, sich über weniger gelungene Ergebnisse zu besseren Leistungen vorzuarbeiten.

Es geht nicht um Schuld und Sühne, sondern um Durchblick, Wissenstransfer, Problemlösung, Prävention.

Das Erste, was dafür über Bord gehen muss, ist, was die Amerikaner *Naming, Blaming, Shaming* nennen: einen Schuldigen finden und durchs Dorf treiben. Wenn etwas schiefgegangen ist, schwappt eine Menge schlechter Gefühle hoch: Enttäuschung, Frust, Wut. Das erstbeste Ventil ist die Jagd auf den Sündenbock. Das haben wir vielleicht in der Familie und der Schule so gelernt, in den Medien begegnet es uns jeden Tag. Egal, ob Schuldenkrise, Spekulationsblase, Politikverdrossenheit oder Erderwärmung – wie komplex ein Zusammenhang auch sein mag, die Titelblätter wollen ein Gesicht zeigen. Es verkauft sich gut. Aber diese reflexhafte Reaktion ist ein fataler Irrweg. Denn für eine vernünftige Fehlerkultur müssen wir von der Ebene der begleitenden Emotionen zur Sachebene zurückkehren, von den Kinderspielchen zum verantwortungsvollen Handeln erwachsener Menschen. Es geht nicht um Schuld und Sühne, sondern um Durchblick, Wissenstransfer, Problemlösung, Prävention.

Schüttelkopf mahnt eindringlich, sauber zu unterscheiden: Fehler unterlaufen einem wider Willen, oft sogar unbemerkt. Schuldig wird man, wenn man mit schlechtem Vorsatz handelt. Deshalb ist effektive Fehlerbekämpfung Ursachensuche und nicht Bestrafung. Das Schlechteste, was passieren kann, ist, dass Fehler aus Angst vor Strafe nicht gemeldet oder zugegeben werden. Denn vertuschte Fehler sind teuer. Die Kosten für nicht entdeckte Fehler steigen exponentiell, berichtet Schüttelkopf: »Wird ein Fehler gleich bei seiner Entstehung bekannt, betragen die Fehlerkosten 1 Einheit. Mit jedem weiteren

Für einen effektiven Umgang mit Fehlern gibt Elke Schüttelkopf folgende Tipps:

- *Verbessern Sie die Fähigkeit zur Fehlererkennung.* Gut geschulte und nicht überlastete Mitarbeiter sind kompetenter, Fehler zu benennen und zu beheben. Qualitätsbewusste Mitarbeiter sind besser in der Lage, Fehler zu erkennen. Selbstbewussten Mitarbeitern fällt es leichter, Fehler zuzugeben beziehungsweise schlechte Nachrichten zu überbringen.

- *Finden Sie eine Sprache, um Fehler genau zu erfassen.* Die Kommunikation von Mängeln, Störungen, Unterlassungen, Unfällen, Fehlplanungen usw. gelingt umso besser, je klarer ist, worum es geht. Eine grundlegende Unterscheidung, die häufig erst noch eingeübt werden muss, ist die zwischen Produktfehlern (am Ergebnis stimmt etwas nicht), Prozessfehlern (beim Vorgehen wurde etwas unterlassen oder falsch gemacht) und Verhaltensfehlern (das Benehmen des Betreffenden war unpassend). Sicher gibt es in Ihrem Bereich noch andere, wichtige Unterscheidungen. Wichtig ist, dass Melder und Empfänger einander verstehen. Sie müssen also eine Sprache finden, die für alle Beteiligten geeignet ist, egal, welche Kompetenzunterschiede es zwischen ihnen geben mag.

- *Bauen Sie eine Kultur der Fehlerbearbeitung auf.* Dazu gehören ein differenzierter Fehlerbericht sowie eine systematische und sachliche Analyse, die nach Ursachen sucht statt nach Schuldigen. Steuern Sie oberflächlichen Erklärungen und hektischem Aktionismus entgegen. Der gemeinsame Fokus auf Fehler und ihre Behebung schärft die Wahrnehmung: Er schafft Klarheit, was richtig und falsch ist, und macht sensibel für Situationen, die fehlerträchtig sind.

- *Behalten Sie die Prävention im Blick.* Das Ziel ist eine kontinuierliche Verbesserung. Dafür sind Fehler letztlich hilfreich. Was kann man tun, um den Fehler abzustellen? Welche Veränderungen sind nötig, damit vergleichbare Fehler nicht erneut auftreten? Dafür brauchen Sie die ehrliche Zusammenarbeit aller Beteiligten. Nicht zuletzt, um die tatsächliche Wirksamkeit der Maßnahmen zu prüfen, die Sie in Gang setzen.

- *Schaffen Sie ein Klima der Offenheit.* Bleiben Sie lösungsorientiert. Wenn Sie wütend oder enttäuscht sind, nehmen Sie sich eine Pause, um wieder auf die Sachebene zu kommen. Vermeiden Sie Stressreaktionen bei sich und anderen. Eingeschüchterte Mitarbeiter schützen sich instinktiv selbst. Aber nur gemeinsam kommen Sie in einen Klärungsprozess. Nur gemeinsam stellen Sie eine lernende Organisation auf die Beine.

- *Praktizieren Sie Fehlerkultur auch auf der Führungsebene.* Dazu gehört vor allem ein »guter Umgang mit schlechten Nachrichten«. Bleiben Sie nachhaltig die Anlaufstelle für Probleme. Nur so behalten Sie den Überblick. Praktizieren Sie Kritikfähigkeit, Feedback und offene Appelle. Und beweisen Sie, dass Fehler der Führung vielleicht ein Sonderfall sind – aber nicht prinzipiell anders gehandhabt werden. Nutzen Sie Ihre Vorbildfunktion als Führungsinstrument!

Prozessschritt steigen die Kosten um eine Zehner-Potenz. Während der Weiterbearbeitung in der Produktion erhöhen sie sich auf 10 Einheiten, bei der Endprüfung auf 100 Einheiten und nach der Markteinführung durch den damit ausgelösten Imageschaden und aufwendige Rückruf- und Nachbesserungsaktionen auf 1000 Einheiten.« [Schüttelkopf, Lernen aus Fehlern: 35] Auch nicht erkannte oder korrigierte Fehlentscheidungen im Personal- oder Dienstleistungsbereich ziehen einen Rattenschwanz zusätzlicher Probleme nach sich. Die entscheidende Einstellung, die deshalb bei allen Beteiligten gefördert werden muss, ist Fehleroffenheit.

Fehler bedeuten Lernchancen. Oder andersherum formuliert: Beim Lernen sind Fehlschläge zu erwarten, denn Sie tasten sich vor und begeben sich auf unbekanntes Terrain. Deshalb braucht Lernen Schutz durch Offenheit und Vertrauen. Eine konstruktive Fehlerkultur und Rückhalt im Team bilden einen tragfähigen Rahmen, in dem es möglich wird, zu experimentieren. Es entstehen Spielräume, in denen sich etwas bewegen kann, in denen persönliches Wachstum stattfindet. Die Gallup-Forscher Buckingham und Clifton mahnen, konsequent bei den individuellen Talenten und Stärken anzusetzen. Wer Ziele und Ergebnisse vorgibt, bringt den Einzelnen eigenverantwortlich und kreativ auf den Weg. Er setzt einen leistungsstarken Motor in Gang. Wer dagegen Arbeitsweisen und jeden Lösungsschritt vorschreibt, muss ständig das ganze Team hinter sich herziehen. »Visionäre Führungskräfte geben das Ziel vor, das eine Gruppe anstrebt, nicht aber den Weg, der dorthin führt«, sagt auch Daniel Goleman.

»Damit lassen sie den Menschen die Freiheit, innovativ zu sein, zu experimentieren und kalkulierte Risiken einzugehen. Es gibt den Menschen Sicherheit und Klarheit, wenn sie das übergeordnete Ziel kennen und wissen, dass sie mit ihrer Arbeit dazu beitragen.« [Goleman, Emotionale Führung: 83]

Anspruchsvolle Ziele, hohe Einsätze und klare Deadlines bieten ein gutes Lernumfeld. Aber vergessen Sie nicht: Jeder versteht darunter etwas anderes. Was für Sie ein optimaler Anreiz sein mag, ist für jemand anderen eine erdrückende Überlastung – oder eine lahme Sache. Finden Sie selbst heraus, wo für Sie die Unterforderung aufhört und wo die Überforderung beginnt. Und versuchen Sie auf den Schirm zu bekommen, wie die Menschen in Ihrem Umfeld ticken. Denn mit zu niedrig angesetzten Zielen, zu vielen Vorschriften und diffusen Zeitvorgaben locken Sie niemanden hinter dem Ofen hervor. Und mit unrealistischen Anforderungen, zu wenig Freiraum und zu viel Hektik erzeugen Sie Stress, der lähmt und das Denken blockiert.

Natalie Knapp sieht auch in Lernprozessen das Prinzip der Selbstorganisation am Werk. Neue Entwicklungen, neue Erfahrungen müssen erst noch verarbeitet, neue Faktoren, neue Mitspieler integriert werden. Das Kräfteverhältnis hat sich verändert, und nun gilt es, ein neues aktionsfähiges Gleichgewicht zu finden. Das sind Prozesse, die von allen Beteiligten und auf allen Ebenen – kognitiv, emotional, gruppendynamisch – kreative Verhaltensanpassungen erfordern. Und das ist nicht per Anweisung und von jetzt auf gleich zu machen. »Selbstorganisation fordert Freiräume«, stellt Knapp deshalb fest. »Nur durch Freiraum können sich menschliche Beziehungen stabilisieren, durch Reflexion entsteht das geistige Ausgangsmaterial für neue Ideen, und durch zeitlichen Spielraum kann sich das Material mittels gelungener Kommunikation zu einer komplexeren stabilen Form organisieren. Da sich Freiräume dadurch auszeichnen, frei zu sein, können sie nicht kontrolliert werden. Wer das Prinzip der Selbstorganisation nutzen will, muss also bereit sein, Kontrolle abzugeben.« [Knapp, Neues Denken: 168]

Gerade Führungskräfte sollten also bereit sein, sich der Eigendynamik des komplexen Geschehens anzuvertrauen. Dazu brauchen Sie selbst Offenheit und Vertrauen. Wer sich krampfhaft bemüht, das unübersichtliche Geschehen durch die Betonung der Hierarchie und eine strenge Benotung in den Griff zu kriegen, wer in erster Linie auf Kontrolle von oben und Konkurrenz untereinander setzt, erreicht vor allem eins: Er wird sich im Prozess aufreiben. Strampeln Sie sich nicht an dem sinnlosen Versuch ab, die Komplexität und Unvorhersehbarkeit des Lebendigen in automatische Formatvorlagen zu pressen! Verlegen Sie sich auf die erfolgversprechende Herangehensweise, Prozesse achtsam zu begleiten und klug zu steuern. Schaffen Sie Rahmenbedingungen, in denen Mitarbeiter nicht von permanenter Prüfungsangst ausgebremst werden, sondern die Freiheit nutzen, ihren Fokus sinnvoll so zu setzen, wie es die Situation erfordert. Investieren Sie in die Eigenverantwortung, Zielintelligenz und Kreativität aller Beteiligten. Dann wird der Prozess auf einem höheren Niveau ablaufen.

Wer das Privileg hat, Teil eines sich selbst optimierenden Prozesses, einer lernenden Organisation zu sein, wird die Furcht vor Fehlern oder Bloßstellung leicht überwinden.

Auf diese Weise entsteht mehr Spielraum, Input jeder Art produktiv zu nutzen. Was dem Kontrollfreak als Störung erscheint, wird für Sie zu einer weiteren Chance, zu lernen. Haben Sie sich erst einmal an diese spannende Dynamik angedockt, wird es Ihnen nicht mehr schwerfallen, über den eigenen Schatten zu springen. Der legendäre Psychologe Abraham Maslow, selbst wahrlich ein Fachmann auf seinem Gebiet, hat zugegeben: »Ich habe gelernt, dass der Neuling oft Dinge sieht, die dem Experten entgehen. Wir müssen nur die Angst davor ablegen, Fehler zu machen oder naiv zu erscheinen.« Wer das Privileg hat, Teil eines sich selbst optimierenden Prozesses, einer lernenden Organisation zu sein, wird diese Furcht leicht überwinden.

Der kluge und konstruktive Umgang mit Fehlern beginnt bei sich selbst. Der Kontakt zu Ihrer eigenen FührungsKRAFT macht Sie robust im Nehmen von Widerständen und Rückschlägen. Er verleiht Ihnen das Rückgrat, Fehleinschätzungen einzugestehen, gerade auch sich selbst gegenüber. Die Grundorientierung, auf Ihrem eigenen Weg unterwegs zu sein, macht Sie flexibler im Navigieren, vor allem bei Umleitungen und Umwegen. Der Grundrespekt für Ihre eigene Person – Grenzen, Marotten und Schwächen inklusive – gibt Ihnen Gelassenheit. Auch wenn der Wind mächtig von vorn kommt. Führung beginnt mit Selbstführung. Und Fehlerkultur startet mit einem austarierten Selbstbewusstsein. Selbstbeweihräucherung erweist sich hier als ebenso schädlich wie Selbstzerfleischung.

»Nur ein geringes Selbstwertgefühl empfindet das einfache Eingeständnis eines Fehlers als Demütigung und entsetzliches Verhängnis«, meint Nathaniel Branden. »Grundmerkmal eines gesunden Selbstwertgefühls ist ein ausgeprägter Realitätssinn. Tatsachen haben einen höheren Stellenwert als Überzeugungen. Die Wahrheit hat einen höheren Stellenwert als Rechtbehalten. Das Bewusstsein wird als erstrebenswerter wahrgenommen als das auf Selbstschutz bedachte Unbewusste. Deshalb erscheint es wichtiger, einen Fehler zu korrigieren, als so zu tun, als habe man keinen gemacht.« [Branden, Selbstwertgefühl: 65] Jeder von uns hat im Laufe seines Lebens empfindliche Dämpfer für sein Selbstbewusstsein abbekommen. Wenn das passiert ist, als unser Selbstwertgefühl noch auf wackeligen Beinen stand, tragen wir oft noch als Erwachsene an den Folgen. Ruppige Väter, unzufriedene Mütter, überlegene Geschwister, gnadenlose Lehrer oder Klassenkameraden können uns ein gehöriges Päckchen mit auf den Lebensweg geben. Alltagssituationen, die wir eigentlich zum Lernen nutzen könnten, erhalten dann ein Gewicht, dass wir glauben, wir müssten einknicken. Negativemotionen wie Scham oder Angst und unerbittliche innere Kommentatoren besetzen unsere innere Bühne. Mit einem Mal steht nur noch ein Ziel im Vordergrund: sich selbst zu schützen.

Das ist menschlich und kann in einer bestimmten Situation angemessen sein. Schwierig wird es, wenn daraus grundlegende Verhaltensmuster werden, die darauf abzielen, Fehlschläge – und die damit verbundenen Gefühle – präventiv zu vermeiden. Denn das ist, wie wir gesehen haben, schlicht und einfach nicht möglich. Was dabei herauskommt, ist ein unproduktives Vermeidungsverhalten, das eine Unmenge an Energie frisst, die wir dringend zur Bewältigung eben jener Fehler brauchen, die nun mal unweigerlich in der Realität auftauchen. Wenn Sie sich umschauen, werden Sie die typischen Verhaltensweisen, der eigenen Fehleranfälligkeit auszuweichen, wiedererkennen. Letztlich sind es Spielarten der drei Dschungelreaktionen: Totstellen, Kampf beziehungsweise Flucht nach vorn und Ausweichen.

Menschen mit einem fragilen Selbstbewusstsein sind ständig damit beschäftigt, sich aus der Schusslinie zu bringen. Dumm nur, dass auf diese Weise ihr gesamter Alltag zum Gefahrengebiet wird. Wer bloß nicht ins Rampenlicht geraten will, befindet sich schon in der persönlichen Krise, wenn er nur um seine Meinung gefragt wird. Wer um keinen Preis anecken oder für Unannehmlichkeiten verantwortlich sein will, hat nur eine Wahl: zu Hause bleiben. Das ist die Totstellvariante. Fatal ist, dass der Betreffende keine Chance hat, sein Selbstwertgefühl durch reale Bewährung und neue Erfahrung zu füttern.

Schlechte Aussichten für persönliches Wachstum und Lernen gibt es auch bei denen, die die Flucht nach vorn antreten. Um mit einem unantastbaren Selbstbewusstsein unbeirrt durch die Wirren des Alltags zu steuern, braucht man einen starken Panzer – und möglichst kleine Luken. Dietrich Dörner fand heraus, dass einige seiner schlechtesten Problemlöser sich durch ein übersteigertes Selbstwertgefühl auszeichneten. Dessen Erhalt hatte offenbar oberste Priorität. Die Realität nahmen sie demgegenüber nicht so wichtig. Misserfolge wurden weggeblendet oder umgedeutet. Damit ein Gefühl der eigenen Unzulänglichkeit gar nicht erst aufkam, stürzten sie sich in wilden Aktionismus. Nach dem Motto: bloß keine Pause, bloß nicht nachdenken. Simple Theorien aus einem Guss taugen zwar nicht viel, um die Wirklichkeit abzubilden, aber sie verschaffen einem ein gutes Gefühl. Informationen kann man auch so sammeln, dass sie den eigenen Standpunkt bestätigen. Es ist schon beachtlich, wie lange manch einer es hinkriegt, wesentliche Entwicklungen einfach auszusitzen. Eine Erfolgsstrategie ist das letztendlich nicht. Aber selbst wenn so jemand damit ordentlich auf die Nase fällt, kann er den anstehenden Lernschritt noch boykottieren: Bestimmt findet er einen Schuldigen, der ihn angeblich reingeritten hat.

Das auffälligste Symptom einer mangelhaften Fehlerkultur ist der massenhaft grassierende Perfektionismus. Offenbar erzeugt die verbreitete Prüfungsangst den unrealistischen Wunsch, unter allen Umständen und jederzeit als Musterschüler dazustehen. Aber das ist nicht möglich. Gute Noten gibt es nur dort, wo man ein Gebiet beherrscht. Man kann nicht schon beim ersten Lernschritt ganz vorne liegen. Und niemand ist in allen Fächern Klassenbester. Wer sich trotzdem ständig mit diesem Anspruch abkämpft, scheut im Grunde das Wagnis, sich selbst aufs Spiel zu setzen, Fehler zu begehen, zu scheitern und sich zu blamieren. Perfektionismus ist eine Fluchtreaktion. Man weicht der eigenen Fehlbarkeit aus und arbeitet sich stattdessen an einem unrealistischen Image ab. Man fixiert sich auf ein Ideal, wie etwas zu sein hat, und verliert dabei die schnöde, aber formbare Realität aus dem Blick.

Der Gewinn, den der Perfektionist mit seiner seltsamen Strategie erzielt, ist – ganz ähnlich wie beim Selbstüberschätzer – die Illusion von Handlungskontrolle. Er bestimmt die Regeln und zieht sie durch. Realität hin oder her. Allerdings bürdet er sich dabei ein permanentes schlechtes Gewissen auf. Denn er ist ja nie so gut, wie er eigentlich sein müsste. Ein Rezept zum Glücklichwerden ist das nicht. Und mit seinen überzogenen Ansprüchen landet er oft genug in der gleichen Ecke wie der Selbstzweifler. Denn der Versuch, etwas perfekt zu machen, führt regelmäßig zu Grübeln, Zaudern – und Nichtstun. Hans-Werner Rückert hat ein ganzes Buch über das ständige Aufschieben geschrieben. Der Perfektionist steuert in seinem Bemühen, Fehlschläge zu vermeiden, geradewegs auf das Scheitern zu. Indem er auf Nummer sicher geht und keine Experimente wagt, schließt er sich von der einzigen Möglichkeit aus, tatsächlich etwas bei sich selbst und in der Situation zu bewegen: durch Probieren und Lernen.

»Der Versuch, eine perfekte Lösung zu finden, die mit keinerlei Ängsten und Risiken behaftet ist, schafft ein neues quälendes Problem«, meint Rückert, »weil es diese Lösung nicht gibt.« [Rückert, Handeln: 31] Perfektion ist eine abstrakte Leitidee, nicht etwas, was in der Realität vorkommt. »Wir können zwar von allen lebenswichtigen Organen oder Funktionen Durchschnittswerte angeben«, erklärt Natalie

Knapp, »den optimalen Blutdruck, die optimale Herzfrequenz oder auch die optimale Liebesbeziehung gibt es trotzdem nicht.« [Knapp, Neues Denken: 208] Das Optimum funktioniert nur als Zielorientierung. Dort tut es gute Dienste – und schenkt uns wunderbare Momente, in denen wir ihm nahekommen. Wer es aber nicht nur anstreben, sondern ständig erreichen und dauerhaft halten will, hat den Kontakt mit der Wirklichkeit verloren.

Der Perfektionist fühlt sich immer noch wie in der Schule und meint, er müsse die eine richtige Lösung finden. Dabei verpasst er die Komplexität des Lebens. Und der Preis ist hoch. Perfektionismus ist der Kreativitätskiller Nummer eins. Wer sich immer noch wie in der Schule fühlt und meint, er müsse die eine richtige Lösung finden, verpasst die Komplexität des Lebens. Er kommt nicht in Gang und kriegt die Vielzahl möglicher Lösungsalternativen nicht auf den Schirm. Offenheit, Neugier und Dynamik? Fehlanzeige. Kein Wunder, dass sich daraus ein starrer und einengender Führungsstil ergibt, wie Lance Secretan beklagt: »Viele Führungskräfte alten Typs konzentrieren ihre Energie auf defensive Strategien und versuchen, permanenten Schutz vor den Risiken und Gefahren aufzubauen, die in allen Beziehungen, Organisationen und Gemeinschaften unvermeidlich sind.« Eine lernende Organisation mit Mitarbeitern, die eigenverantwortlich Lösungen finden, kommt auf diese Weise nicht zustande. »Für diese Führungskräfte alten Typs sind Menschen etwas, das reduziert und kontrolliert, nicht inspiriert werden sollte.« [Secretan, Inspirieren statt motivieren: 73]

Ein gesundes und austariertes Selbstwertgefühl reift durch reale Erfahrungen heran, nicht durch Ängste und Vermeidungsverhalten. Welches Potenzial wirklich in Ihnen steckt, lernen Sie durch Ausprobieren, durch Erfolge genauso wie durch Fehler, durch Höhen und Tiefen. Der Stoff, aus dem sich Ihr Selbstbewusstsein bildet, sind eigene Erlebnisse und deren kluge Verarbeitung. Der Perfektionist dagegen blickt ständig aus der Außenperspektive auf sich selbst. Er spaltet sich von seinem eigenen Leben und seinem inneren Team ab. Er verliert den Kontakt zu seiner FührungsKRAFT, zum vitalen und aktiven Eingebundensein in die Situation und den Moment. Stattdessen lähmt er sich mit unerreichbaren Anforderungen, auf dem

Fuß folgenden schlechten Benotungen und anschließenden Selbst-vorwürfen. Ein klassischer Teufelskreis.

Der Coach Jens Corssen bezeichnet dies als das »äußere Spiel« und setzt dem das »innere Spiel des Selbst-Entwicklers« entgegen, der konsequent die Innenperspektive dazunimmt: Das innere Spiel »orientiert sich an den eigenen Kriterien und Fähigkeiten und ist geprägt von umfassender Achtsamkeit für das augenblickliche Tun. Es bewahrt ihn vor Schuldgefühlen, weil er stets im Bewusstsein eigener Anstrengung und im Bemühen um Bestleistung agiert.« Eine konstruktive Fehlerkultur ist der notwendige Rahmen für das persönliche Wachstum. Deshalb meint Corssen: »Für den Selbst-Entwickler ist Kritik unverzichtbar: Er bittet die anderen bewusst und lernbegierig um ihr Feedback. Denn er will sichergehen, dass sein optimaler Einsatz zielführend ist, er also nicht voller Leidenschaft auf der falschen Schiene unterwegs ist.« [Corssen, Selbst-Entwickler: 122]

Wenn Sie neugierig in der realen Welt unterwegs sind, dann werden Rückschläge für Sie zu Erfahrungen, die Ihnen weiterhelfen können. Die spannende Nachricht: Tatsächlich hat sich schon so manche Panne – mit dem nötigen Abstand und unter einem neuen Blickwinkel – als echte Chance erwiesen.

- Roy Plunkett suchte 1938 nach Kältemitteln und entdeckte das Polytetrafluorethylen (Teflon). Die Herstellung war aber viel zu teuer für die Kühlschrankproduktion. Die Formel landete in der Schublade. Beim Manhattan-Projekt, dem großen Wettlauf um den Bau der ersten Atombombe, war reichlich Geld da und man konnte das Teflon gut gebrauchen. 1954 kam dann die Ehefrau eines der Beteiligten auf die Idee, man könne doch Töpfe und Pfannen damit beschichten. Heute schützt es uns zudem in Form von Goretex vor der Unbill des Wetters.

- Spencer Silver von der Firma 3M wollte 1968 einen Super-kleber entwickeln, der alle anderen in den Schatten stellen sollte. Heraus kam die zarteste Haftung, seit es Klebstoffe gibt. Der Flop kam ins Archiv – bis einem Kollegen von Silver sechs

Jahre später ständig die Lesezeichen aus dem Gesangbuch fielen. Er erinnerte sich an den sanften Kleber und strich seine Zettelchen damit ein. Die Post-its waren erfunden und verkauften sich prächtig. Sicher haben Sie irgendwo selbst eine halbe Schublade voll davon.

■ Anfang der 1990er-Jahre entwickelte ein Forschungsteam des Pharmaunternehmens Pfizer ein Medikament für Menschen mit Herzbeschwerden. Dass ein Großteil der männlichen Versuchspersonen von Erektionen während der Testphase berichtete, nahm man nicht besonders ernst. Als Herzmittel floppte Viagra nach der Markteinführung total. Aber als Potenzverstärker brachte es Pfizer allein 2012 einen Umsatz von zwei Milliarden Dollar.

Martin Schneider berichtet in seinem unterhaltsamen Sachbuch *Teflon, Post-it und Viagra* über diese und viele, viele ähnliche Fälle aus Forschung und Technik. Fehlschläge und harte Zeiten können Chancen bergen, wenn man sie nur erkennt. Und das gilt überall. Steve Jobs hat sich nicht schmollend in der Ecke verkrochen – jedenfalls nicht lange –, als man ihn aus seiner eigenen Firma geschmissen hatte. Er blieb in Bewegung, ergriff die Chancen, die sich ihm boten, und machte das Beste aus ihnen. Der ganz große Erfolg kam, als er alles das, was er unterwegs entwickelt hatte, am Ende wieder bei Apple einbringen konnte. Nelson Mandela saß von 1964 bis 1990 in verschiedenen Gefängnissen. Ohne Unterbrechung. Das muss man sich mal vorstellen! Aber er hat, als seine Haftbedingungen etwas weniger inhuman wurden, Beziehungen zu seinen Aufsehern aufgebaut, die von gegenseitigem Respekt getragen waren. In einigen Fällen sind daraus sogar dauerhafte Freundschaften entstanden. Mandela war an der Sichtweise der Weißen im Land interessiert, sofern sie nicht vollkommen verbohrt waren. So konnte er zu einer einigenden Figur werden, als er 1994 Staatschef des innerlich zerrissenen Landes wurde.

Chancen zu ergreifen, ist eine Fähigkeit und Aktivität. Chancen gibt es nur da, wo etwas in Bewegung ist, also gleich neben den Risiken. Dabei geht es einerseits um die Frage, wie wir unser Leben gestalten,

Fehler bieten die Chance zur Qualitätsverbesserung, wenn man sie erkennt und versteht. Sie können sich als kreativer Durchbruch erweisen, wenn es gelingt, aus dem, was man da verzapft hat, noch etwas Sinnvolles zu machen (vgl. Teflon, Viagra und Post-its).

Rückschläge sind erstklassige – wenn auch zugegebenermaßen unbeliebte – Lernchancen. Schon Kurt Tucholsky wusste: Umwege erhöhen die Ortskenntnis. Das meint auch der Coach Steve Kroeger: »Rückschläge provozieren Umwege, die wir gehen müssen. Um Rückschläge in persönliche Erfolge zu verwandeln, müssen wir drei Dinge tun: Wir müssen verstehen. Wir müssen lernen. Und wir müssen handeln. … Wenn wir unsere Rückschläge produktiv nutzen, können wir uns viel schneller entwickeln, als es der Fall wäre, wenn das Leben ohne Ecken und Kanten verlaufen würde.« [Kroeger, 7 Summits: 66]

Misserfolge sind Vorstufen des Erfolgs. Indem wir scheitern, werden wir klüger. Selbsterkundungsspezialist Steve Pavlina bringt es auf den Punkt: »Ein Experte ist jemand, der genug Fehler gemacht hat, um schließlich Erfolg zu haben.« [Pavlina, Selbstentfaltung: 150]

Niederlagen werden zu Lernchancen, wenn wir sie als Teil unseres persönlichen Wachstums begreifen. Mit etwas Gelassenheit und Neugier machen sie uns zu »Experten für das, was nicht geht«. Hans-Werner Rückert empfiehlt eine »spielerische Haltung Rückschlägen gegenüber«, weil sie den »Todernst des Scheiterns« in die Leichtigkeit eines »Probehandelns mit verschiedenen Ergebnissen« verwandelt. [Rückert, Handeln: 126]

Scheitern macht uns wach. Läuft etwas anders als geplant, sind wir gezwungen, aus dem programmierten Ablauf auszusteigen, neue und andere Möglichkeiten in Betracht zu ziehen, uns selbst und unsere Erwartungen zu hinterfragen, vorhandene Spielräume auszuloten. Und all das sind Übungen, die uns von Zeit zu Zeit guttun. Natalie Knapp meint: »Im instabilen Zustand der Unsicherheit sind wir oft am besten in der Lage, gleichzeitig gewissenhaft und kreativ zu sein, weil wir alles, was geschieht, mit wachen Sinnen begleiten und weil wir erst gar nicht von uns erwarten, perfekt zu sein.« [Knapp, Neues Denken: 192]

Krisen erweitern den Horizont. Der Psychologe Paul Watzlawick hat in den 1960er-Jahren gezeigt, dass es zu biografischen Wendepunkten kommt, wenn es nicht mehr gelingt, ein Problem mit den gewohnten Mitteln zu bewältigen. Statt des beliebten Optimierungsspiels »mehr desselben«

(Lösungen erster Ordnung) ist man gezwungen, sich etwas grundlegend Neues einfallen zu lassen (Lösungen zweiter Ordnung). So etwas gibt es auch in der Wirtschaft und in der Wissenschaft. Man spricht dann von einem Paradigmenwechsel – das ist eine Richtungsänderung, ein Ziel- und Wertewandel, der die Weichen stellt für den folgenden Ausbau und die anschließende Optimierung. »Grundsätzliche Wandlungen sind ohne Krisen nicht vorstellbar«, sagt auch Hans-Werner Rückert. »Zu ihnen gehören häufig bestimmte Symptomatiken, die sich einstellen und darauf hinweisen, dass jemand seinen alten Weg nicht einfach fortsetzen kann. Ängste und Erschütterungen treten auf, bevor neue Möglichkeiten zugänglich werden. ... In der ersten Lebenshälfte ist ›mehr desselben‹ oft die angemessene Lösung, um das Ich so weit zu stärken, dass es unter den jeweiligen Bedingungen das Leben meistern kann. In der zweiten Lebenshälfte besteht das Ziel dann darin, mit Angst, Ambivalenz und Ambiguität zu leben, ohne ständig kontrollierend eingreifen zu wollen.« [Rückert, Handeln: 224]

andererseits darum, wie wir darauf blicken. Denn Chancen bieten sich überall da, wo sich Freiräume auftun. Und dass man deren Wahrnehmung und Pflege enorm ausbauen kann, hat das Unterkapitel »Freiheiten nehmen« gezeigt. Gegen die herrschende Krampfhaltung, auf Nummer sicher zu gehen, rät der Unternehmensberater Jens Braak in seinem Buch *Zufallstreffer*, gerade dem Unplanbaren Raum zu geben, das Unerwartete zu begrüßen und aus Überraschungen Kapital zu schlagen. Und Hermann Scherer, Spezialist für Leistungen »jenseits des Mittelmaßes«, hat in seinem Buch *Glückskinder* den schönen Begriff der »Chancenintelligenz« geprägt. In einem Ankündigungstext fasst er ihn zusammen als Kompetenz, »den Blick für Chancen zu haben, sie zu erkennen und zu nutzen – und: sich Chancen aktiv zu erarbeiten. Ein hoher CQ befähigt dazu, sich privat und beruflich immer neue Ideen einfallen zu lassen, sich neue Vorgehensweisen anzueignen, sich neuen Problemen zu stellen und sie zu lösen, neue Kunden zu gewinnen und neue Märkte zu erobern.« Wir haben es also mit einem Erfolgsfaktor ersten Ranges zu tun. Wo andere das Risiko fürchten, auf die Nase zu fallen, sehen chancenintelligente Menschen die Möglichkeit, den Zögerlichen um eine Nasenlänge voraus zu sein.

Es ist schon merkwürdig: In der Freizeit investieren wir eine Menge, um uns spannende Momente zu zaubern. Aber wenn in der Beziehung oder am Arbeitsplatz Spannung auftritt, halten wir das für eine Katastrophe. Bei Sport und Spiel genießen wir die Ungewissheit des Ausgangs. Es macht gerade den Reiz aus, dass wir sowohl gewinnen als auch verlieren können. Das Risiko macht uns hellwach und empfänglich für die Dynamik der Situation. Im Alltag dagegen versuchen wir die Unsicherheit so weit wie möglich einzudämmen – und verschließen dabei gleichzeitig die Spielräume, die wir für eine lebendige Entwicklung brauchen. Kein Wunder, wenn nichts mehr vorangeht, sondern sich alles nur noch auf der Stelle dreht.

Der Weg aus der Tretmühle hat einen Preis: Es gilt, aus der Deckung herauszukommen, statt sich hinter Rollen und Funktionen zu verschanzen. Wir müssen selber in Bewegung kommen, statt uns von den Umständen irgendwohin spülen zu lassen. Es gilt den Mut aufzubringen, auch dort Verantwortung für unser Handeln zu übernehmen, wo wir das Terrain nicht hundertprozentig überblicken. Wir müssen Konflikte, Unklarheiten und Widerstände aushalten und in realen Schritten bewältigen, statt sie schönzureden. Und es gilt den Kopf hinzuhalten für die Wellen, die wir schlagen. In einem Satz: Wir müssen willens sein, Fehler zu wagen.

Der wesentliche Lernschritt besteht in der Erkenntnis, dass nicht nur auf dem Sportplatz Dynamik, Offenheit und Risiko das Salz in der Suppe sind. Sie gehören auch zu einem spannenden Leben dazu. Die reale Möglichkeit, dass etwas schieflaufen kann, macht uns wach und konzentriert. Die Möglichkeit des Scheiterns weckt Vorsicht und Achtsamkeit in uns. Sie schärft unsere Sinne für die Situation und verleiht uns Präsenz.

> **Dynamik, Offenheit und Risiko sind nicht nur auf dem Sportplatz das Salz in der Suppe. Sie gehören auch zu einem spannenden Leben dazu.**

Komplexitätsforscherin Natalie Knapp hat ein schönes Lob der wagemutigen Beweglichkeit formuliert: »Das Leben strebt nicht danach, einen stabilen Gleichgewichtszustand zu erreichen, sondern sich durch zahlreiche fragile Bewegungen von Ungleichgewicht zu Ungleichgewicht zu hangeln. ... Jeder Augenblick ist nur eine Momentaufnahme, ein kleiner Ausschnitt im großen Bewegungsablauf eines allzeit flimmernden Universums.« [Knapp, Neues Denken: 208]

In diesem dynamischen Szenario wird man einen absoluten Ruhepol vergeblich suchen. Deshalb rät sie, »sich von Ungleichgewichtsbewegungen tragen zu lassen«. Das mag sich zunächst besorgniserregend anhören. Aber wenn wir aufmerksam und ehrlich hinschauen, sehen wir: Jeder ganz normale Schritt ist ein solches Austarieren der Balance. Deshalb ist es uns am Anfang ja so schwergefallen, uns auf den Beinen zu halten. Beim Gehen kommt der Wechsel von Gleichgewichtszuständen dann in einen kontinuierlichen Bewegungsfluss, den wir gar nicht mehr als heikel erleben. Im Grunde also ganz einfach. Wir müssen nur dort, wo wir uns diese Beweglichkeit abgewöhnt haben, wieder daran anknüpfen. Schon Einstein wusste: »Leben ist wie Fahrradfahren. Um das Gleichgewicht zu halten, musst du in Bewegung bleiben.«

Die Natur hat es über Fehlversuche weit gebracht. Der Prozess vom ersten Einzeller bis zu uns beiden war sicher nicht immer einfach oder schön. Er war nicht geradlinig. Aber es gibt eben keine Planungsmethode, mit der man solche kreativen Ergebnisse erzielen kann – außer dem mutigen Ausprobieren. Wir wissen nicht, ob eine Veränderung zu einer Verbesserung unserer Lage führt. Aber wenn sich nichts verändert, kann auch nichts besser werden. Das wusste schon der eingangs zitierte Aphoristiker Georg Christoph Lichtenberg. Und der Dramatiker Samuel Beckett gibt uns in seinem späten Prosastück *Aufs Schlimmste zu* das passende Motto mit auf den Weg: »Immer versucht. Immer gescheitert. Einerlei. Wieder versuchen. Wieder scheitern. Besser scheitern.«

Sinn finden

Den Sinn des Lebens muss sich jeder selbst beibringen.
Er ist nicht etwas, das man irgendwo entdeckt, sondern man
formt ihn.

Antoine de Saint-Exupéry, 1939

»Na, ist das heute ein guter Museumstag?« – Mit dieser Frage beginnt die Freundschaft zwischen dem charismatischen Unternehmer Thomas Derale und Joe Pogrete in John Streleckys Wirtschaftsroman *The Big Five for Life*. Vielleicht kennen Sie das Buch. Es ist – obwohl es auch um Zahlen und Fakten, um Produktivität und Unternehmensstrategie geht – ein Bestseller geworden. Und das liegt nicht in erster Linie an der Vielzahl frischer Ideen, die Strelecky bringt. Es liegt vor allem daran, dass sich alles in diesem Buch um die Sinnfrage dreht. Derale hat sein gesamtes Imperium um die Frage herum aufgebaut: Macht es Sinn? Welchen Existenzzweck hat ein Unternehmenszweig? Welcher Ballast kann über Bord gehen, um diese Ausrichtung ganz klar hervortreten zu lassen? Was sind die Interessen, Talente, Motive der Mitarbeiter? Wie findet man die Leute, die in genau diesem Job ihre persönliche Erfüllung finden – egal, ob Zahlenfuchser, Abenteurer oder Kommunikationskünstler?

Strelecky entwirft eine Utopie, in der das Berufsleben von der Außen- auf die Innensteuerung umgeschaltet wird: Man startet nicht mit Marktforschung, Profiterwartungen und Konkurrenzanalysen, sondern mit den Fragen, die auch am Anfang dieses Buches standen: Wer bin ich, wofür brenne ich, wohin will ich? Einer der Tricks, um den Antworten auf die Spur zu kommen, ist die Erkundung der eigenen »Big Five«. Was das heißt? Nimmt man in Afrika an einer Safari teil, gilt sie als erfolgreich, wenn man möglichst viele der fünf Hauptattraktionen zu sehen bekommt: Löwe, Leopard, Nashorn, Elefant und afrikanischer Büffel. Deshalb fragt Derale alle, denen er begegnet, nach den fünf Dingen, die sie gesehen, erlebt, getan haben wollen, um einmal sagen zu können: Es war ein erfülltes Leben. Und dann geht es darum, diese Sehnsuchtsziele nicht auf die Ferienzeit oder den Ruhestand zu verschieben, sondern jetzt und hier in Angriff zu nehmen und umzusetzen. Es geht darum, die eigene Lebenszeit sinnvoll zu gestalten. Auch und gerade im Job. Für jeden der Beteiligten, vom Konzernchef bis zur Empfangsdame.

Wie unsere Talente, Motive und Werte trägt auch der Sinn, den wir in der Welt sehen, unsere persönliche Handschrift.

Wie unsere Talente, Motive und Werte trägt auch der Sinn, den wir in der Welt sehen, unsere persönliche Handschrift; Sinn ist etwas sehr Individuelles. Wir können ihn nicht einfach von jemand anderem übernehmen, ohne den Draht zu uns selbst zu verlieren. Wir müssen selbst herausfinden, was für uns spannend, stimmig und erfüllend ist. Und wir müssen selbst das dazu passende Aktionsfeld finden, in dem wir unsere Stärken entwickeln und einsetzen sowie unsere Ziele und uns selbst verwirklichen können.

Die Figur des Thomas Derale ist deshalb ein so starker Ausdruck von FührungsKRAFT, weil es ihm nicht nur gelungen ist, seinen eigenen Weg zu finden und eine erfolgreiche Unternehmensgruppe auf die Beine zu stellen. Er hat vor allem eine Eigendynamik in Gang gebracht, die ihn selbst und seine Mitarbeiter fortlaufend inspiriert. Er hat ein erstklassig motiviertes Team, weil jeder sich am richtigen Platz fühlt und über genug Spielraum verfügt, um seiner individuellen Eigenart zu folgen. Das senkt die Fluktuation und steigert die Produktivität – nicht nur im Roman. Studien des Gevity Institute und der Cornell University bestätigen den unmittelbaren Einfluss einer besseren Mitarbeitereinbindung auf das Geschäftsergebnis. Wir haben den Mangel an FührungsKRAFT zu Beginn belegt mit den verheerenden Ergebnissen der alljährlichen Gallup-Befragung zur Mitarbeiterzufriedenheit. Sie erinnern sich: Vierundzwanzig Prozent der Arbeitnehmer haben innerlich gekündigt, einundsechzig Prozent machen Dienst nach Vorschrift. Die Gegenmittel sind nun am Ende des Buches klar: Selbstführung, Aufnehmen von Beziehungen – und Sinn.

Natürlich ist das nicht allein über Appelle an den Einzelnen zu erreichen. Notwendig sind auch strukturelle Rahmenbedingungen, in denen sich die existierenden Potenziale entfalten können. Das zeigen ja gerade die Unternehmensexperimente, die es gibt – von Semco-Geschäftsführer Ricardo Semler (real) bis Thomas Derale (fiktiv). Wir brauchen innovative Geschäftsmodelle, flexible Beschäftigungskonzepte und mutige Unternehmen, die sie umsetzen. Aber ohne ein Umdenken und anderes Handeln beim konkreten Einzelnen kommen Veränderungen nicht zustande. Hier gilt es, eine konstruktive Wechselwirkung und lebendige Eigendynamik in Gang zu setzen.

Wie wir Sinn finden und was wir als sinnvoll erleben, ist nicht nur auf unser individuelles Profil zugeschnitten. Es ist darüber hinaus auch eine komplexe und dynamische Angelegenheit. Den Weg weist das persönliche Wachstum. Das heißt: Ich setze immer wieder bei mir selbst an. Alles, was ich mir neu aneigne, muss erst in einen sinnvollen Zusammenhang gebracht werden mit dem, was ich in die Situation mitbringe. Darüber hinaus habe ich eine Unzahl an Chancen und Freiheiten, die ich nutzen kann. Denn Wachstum ist in alle Richtungen möglich. Ist mein Alltag zu eingefahren geworden, kann ich eine neue Richtung einschlagen. Ich kann jederzeit die Selbsterkundung dazuschalten und auf diesem Gebiet Fortschritte machen. Die unterschiedlichsten Umstände können mich nach vorne bringen. Ich muss sie nur zu nutzen wissen. So kann ich in einer schweren Zeit innerlich reifen. Ich kann in einer Glückssträhne äußere Erfolge sammeln. Am nachhaltigsten sind Entwicklungen, die inneres und äußeres Wachstum koppeln.

Sinn fällt uns meistens nicht in den Schoß. Für das umfassende Erlebnis, dass ich mein Handeln als sinnvoll empfinde, muss ich zwei weit auseinanderliegende Dinge zusammenbringen: das ganz konkrete Gefühl, mit mir selbst im Reinen und auf der richtigen Spur zu sein, und eine grundlegende Orientierung, was mir im Leben wichtig ist und wo ich hinsteuern will. Die beiden funktionieren nicht isoliert, sondern im Wechselspiel. Trotzdem müssen sie unabhängig voneinander erkundet werden. Und es ist eine anspruchsvolle Leistung, die beiden Pole zusammenzufügen. Deshalb ist das Erleben von Sinnhaftigkeit auch ein Highlight, eine Sternstunde, ein beglückender Moment. Es bedeutet, eine Brücke zu schlagen zwischen diesem konkreten Detail und einem Ganzen, in das es hineinpasst, zwischen der Gegenwart, meiner Vergangenheit und der Zukunft, die ich anstrebe, zwischen diesem Moment und meinem gesamten Leben. Am besten fahre ich, wenn ich einen ganz konzentrierten und einen ganz weiten Fokus zusammenbringe: Fühlt sich das, was ich jetzt gerade tue, sinnvoll an? Und: Wenn ich mein Leben als Ganzes anschaue, gefällt mir, was ich sehe? Wenn Sie in diesem Rahmen navigieren, sind Sie auf dem richtigen Weg. Ihrem eigenen.

Die Frage nach dem Sinn hat ganz direkte praktische Auswirkungen. Unser Leben verbessert sich unmittelbar, wenn wir unseren Alltag in einen Sinnhorizont einbauen, wenn wir unsere Handlungen mit Sinn aufladen und unsere eigene Biografie in einen stimmigen Zusammenhang bringen können. Die Arbeit am Sinn ist auf allen Ebenen entscheidend, von der Achtsamkeit für den Moment über das Deuten von Geschehnissen und Erlebnissen bis hin zum Finden der Ziele hinter den Zielen. Auch hier gilt wieder: Es ist möglich, an jedem Punkt und auf jeder Ebene einzusteigen und nachzulegen. Richtig in Gang kommt das Ganze, wenn man in allem den Sinn mitdenkt und verstärkt.

Die Arbeit am Sinn ist das eigentliche Element Ihres inneren Geschichtenerzählers.

Die Arbeit am Sinn ist das eigentliche Element Ihres inneren Geschichtenerzählers. Er will eine stimmige Geschichte entwickeln. Deshalb wird er Ihnen helfen, aus der verwirrenden Vielfalt des Alltags ein ganzheitliches Bild zusammenzufügen, das Ihre Werte, Ihre Ziele und Leidenschaften spiegelt – und den Nutzen, den Sie anderen bieten. Dabei geht es um nichts Geringeres, als den Sinn des eigenen Lebens herauszufinden. Aber keine Sorge, gefragt sind nicht philosophische oder theologische Spekulationen, sondern Gewissheiten, die sich im Alltag ergeben und bewähren. Es geht um das Gespür für stimmige Momente und um die Kunst, die Dinge im richtigen Rahmen wahrzunehmen. Sind Sie erst einmal Ihrer eigenen Story auf der Spur, finden Sie auch die dazu passenden Chancen, die auf Ihrem Weg liegen. Und das Gute ist: Sie haben die Möglichkeit, so lange verschiedene Varianten auszuprobieren, bis Sie die beste gefunden haben.

Sinn erfahren wir in dem Gefühl, in der richtigen Richtung unterwegs zu sein. Das kann sich aus dem Bewusstsein ergeben, auf ein bestimmtes Ziel zuzusteuern, zum Beispiel mehr Wissen oder mehr Gelassenheit, eine bessere Gesundheit oder Beziehung. Es kann sich aber auch durch das Gefühl vermitteln, etwas hinter sich zu lassen, zum Beispiel mangelndes Selbstbewusstsein, falsche Freunde oder einen unbefriedigenden Job. Die spannende Erfahrung, teilzuhaben an einer starken Dynamik, ist das Kennzeichen lebendiger Prozesse.

Als sinnvoll erleben wir es auch, wenn wir etwas beisteuern, einen wichtigen Impuls geben können. Aus dem Bewusstsein der eigenen Kompetenzen die Initiative zu ergreifen und den weiteren Verlauf der Geschehnisse mitzugestalten, ist eine erfüllende Erfahrung. Wiederzuentdecken, dass alle unsere Handlungen Wirkungen haben, bürdet uns eine gehörige Verantwortung auf. Es befreit uns aber auch von dem Gefühl, am Leben vorbeizutreiben, und verbindet uns mit dem vitalen Strom der Ereignisse.

Sinn macht, was unsere Werte und Überzeugungen in die Realität überträgt. Wer über die Notwendigkeiten von Sachzwängen hinaus Werte wie Menschlichkeit, Fairness, Freiheit, Bescheidenheit, Großzügigkeit, Mut oder Weisheit entwickelt, erweitert den Alltag um eine entscheidende Dimension. Indem wir durch unser Verhalten und unsere Worte diese Ideale in die Wirklichkeit umsetzen, erfahren wir ein starkes Gefühl der Wirksamkeit. Die verschiedenen Normen und Werte zusammenzuführen und für uns stimmig unter einen Hut zu bringen, ist eine entscheidende Leistung, um unser Denken und Handeln sinnvoll zu integrieren.

Sinn erleben wir immer da, wo wir Resonanz erfahren oder erzeugen. Wenn uns etwas anspricht oder anrührt, wenn wir jemanden erreichen oder etwas bewegen, dann fühlen wir uns am richtigen Platz. Wir lösen uns aus der Vereinzelung und setzen uns in Beziehung. Wir nehmen einen Ausschnitt des großen Netzwerks, mit dem wir verknüpft sind, wahr, setzen den Fokus und gehen eine Verbindung ein. Dieser Moment der Verknüpfung und die Konzentration auf das, womit wir hier Verbindung aufnehmen, erzeugen eine gesteigerte Form der Lebendigkeit, die in sich sinnvoll erscheint. Was wir in solchen Augenblicken an uns heranlassen, erhält für uns eine besondere Bedeutung – auch wenn wir möglicherweise noch eine ganze Zeit damit beschäftigt sind, herauszufinden, welche. Als sinnlos erleben wir Ereignisse, in die wir Energie stecken, ohne in Kontakt zu kommen.

Sinn hat immer mit der Einbettung in ein großes Ganzes zu tun.
Das kann die Vorstellung der eigenen Biografie sein, eine gesellschaftliche
oder kulturelle Entwicklung, die Evolution der Natur, eine Religion oder die
unmittelbare Gemeinschaft unserer Mitmenschen. Sinn kriegen wir nicht
in der vollkommenen Einsamkeit hin. Für unser Leben brauchen wir die
Gewissheit, dass es in manchem über sich selbst hinausweist. Sei es durch
Innovationen oder Erhalt von Traditionen, durch Werke oder Kinder. Hinter
unseren persönlichen Zielen brauchen wir am Horizont ein weiterführendes
Ziel, in das jene hineinpassen.

**Wir erleben jene Momente als sinnvoll, in denen wir ganz aufge-
hen.** In denen unsere gesamte Existenz auf eine Erfahrung oder Aufgabe
konzentriert ist. In denen wir die Zeit, alles um uns herum und alle unsere
Bedenken vergessen. In denen wir einfach nur sind. Vielleicht ist das die di-
rekteste und existenziellste Bestimmung von Sinn – und alle anderen bis hin
zu den höchsten Werten dienen letztlich nur dazu, uns diese Erfahrung des
Seins zu ermöglichen.

**Wir empfinden all das als sinnvoll, was unserer Selbstverwirk-
lichung dient.** Wenn wir unsere Talente entdecken, eigene Stärken zum
Ausdruck bringen, mehr über uns selbst herausfinden, haben wir das gute
Gefühl, dass die Richtung stimmt. Jeder Schritt, der uns dahin führt, uns
selbst zu erkennen und anzunehmen, ist ohne jeden Zweifel lohnenswert.
Uns selbst treu zu bleiben, ist entscheidend wichtig: für unser Selbstwertgefühl, für unsere Integrität, für unsere Außenwirkung. Ohne diesen Kern,
um den alles kreist, verliert unsere Welt ihren Zusammenhang. Man könnte
sagen: Unser einzigartiger Beitrag besteht darin, ein stimmiges Bild von uns
zu entwerfen und es in ein gelebtes Leben umzusetzen.

Was ist nun mit der Frage nach dem Museumstag, die am Anfang des
Romans von John Strelecky steht? Sie ist ein guter Trick, die weit
auseinanderliegenden Pole der Sinnfrage zusammenzuführen: den
intensiven Moment und das Lebensfazit, den Plan für den heutigen
Tag und für die gesamte Biografie. Thomas Derale rechnet dem er-
staunten Joe seine Lebensphilosophie vor. Wir leben – im Schnitt –
28 000 Tage. Das ist eine klar begrenzte Anzahl. Jedes Mal wenn wir
ins Bett gehen, ist es einer weniger geworden. Da liegt die Überlegung

auf der Hand: Was fangen wir mit dem einzelnen Tag an, der vor uns liegt? Und Derale findet ein gutes Bild: Was wäre, wenn jeder dieser Tage genau dokumentiert würde und jemand am Ende aus all den Daten, Fotos und Filmschnipseln ein kleines Museum einrichtet, das getreu Ihr Leben wiedergibt? Tag für Tag. Wenn Ihnen Ihr Job in den letzten zwanzig Jahren egal war, wird das genauso dargestellt wie die Zeiten, in denen Sie mit Spaß bei der Sache waren. Ist das Leben an Ihnen vorbeigerauscht oder haben Sie es mit beiden Händen ergriffen? Und gibt Ihre sorgsam archivierte Lebenszeit Ihre wirklichen Prioritäten und inneren Werte wieder? Stellen Sie sich vor, wie Sie mühsam versuchen, zwischen all den Screenshots und den Fotos von Meetings irgendwo ein Bild Ihrer Kinder oder Ihres geliebten Hobbys zu entdecken. Oder wechseln Sie die Perspektive: Was für ein Feedback würden Sie bekommen, wenn Sie als Guide Besucher durch dieses Museum führen? Entrüstung (»Warum soll ich mir so was ansehen?«), Langeweile (»Vollkommener Durchschnitt!«), Skepsis (»Echt schräg!«) oder Anerkennung und Bewunderung (»Klasse! Spannend! Inspirierend!«). Deshalb lautet das Lebensmotto Derales, das er allen seinen Freunden und Mitarbeitern mit auf den Weg gibt: Jeder Tag soll ein Museumstag sein!

Was möchten Sie in Ihrem Museum ausstellen? Wie wollen Sie in Erinnerung bleiben? Und auf was möchten Sie zurückblicken – nicht unbedingt erst am Ende Ihres Lebens, sondern vielleicht in fünf Jahren oder schon morgen? Das ist eine gute Perspektive, um jetzt und hier zu entscheiden, welchen der verschiedenen Fäden Sie aufnehmen wollen, die in der Realität für Sie bereitliegen. Steve Jobs hat im Juni 2005 auf der Abschlussfeier der Stanford University denkwürdige Worte für diese Haltung gefunden. Schaut man seine Biografie an, war sein Leben schon immer von einem klaren Gefühl für den eigenen Weg bestimmt. Möglicherweise hat die Diagnose seiner Krebserkrankung eineinhalb Jahre vor der Rede diese Einstellung noch bewusster gemacht: »An den möglicherweise nahen Tod zu denken, ist nach meiner Erfahrung das stärkste Hilfsmittel, wenn es darum geht, wichtige Lebensentscheidungen zu treffen. Weil nahezu alles, alle äußere Erwartung, aller Stolz, alle Angst vor Schwierigkeiten oder Scheitern, angesichts des Todes von einem abfallen, sodass nur das wirklich Wichtige bleibt. Wir sind immer nackt. Es gibt keinen Grund, nicht der Stimme des Herzens zu folgen.«

Die Frage nach dem letzten Lebensgrund mag nicht unbedingt leicht zu beantworten sein. Ein Gefühl für unsere ganz individuelle Orientierung hilft uns jedoch, die richtigen Entscheidungen zu treffen – auch in alltäglichen Dingen. Deshalb spricht Hans-Werner Rückert von der Notwendigkeit eines »Sinnmanagements« – als Gegenmittel zu Passivität und leerem Aktionismus: »Das Leben ist zu kurz, um es mit unwichtigen Dingen zu vertrödeln. Immer nur nach Tatkraft zu suchen, bringt wenig, wenn Sie keinen Tatsinn finden.« [Rückert, Handeln: 257] Gerade die Arbeit am Sinn eröffnet das Potenzial für grundlegende Richtungswechsel und Neuorientierung.

- Wenn ich weiß, wie mein Museum einmal aussehen soll, dann kann ich schon jetzt anfangen, die Dinge in den richtigen Zusammenhang zu bringen.

- Wenn ich weiß, was meine Vision ist, dann weiß ich auch, wer ich sein will.

- Wenn ich weiß, was meine Werte sind, dann weiß ich, was mir wichtig ist im Leben.

- Wenn ich weiß, was meine Strategie, mein Plan ist, dann weiß ich, wie ich meine Ziele erreichen kann.

- Wenn mein Kompass klar ausgerichtet ist, dann kann ich Widerstände als Herausforderungen begreifen und werde trotzdem gelassen auf meinem Weg weitergehen.

Schlusswort:
Mut – der Treibstoff
des Lebens

Vorsicht kann ein guter Berater sein. Als Achtsamkeit macht sie uns fähig, klug zu handeln und Lösungen zu finden, die in die Situation und zu den beteiligten Menschen passen – und die deshalb die größtmögliche Wirkung entfalten. Furcht ist angemessen, wenn hohe Kosten, große Verluste oder weitreichende Risiken drohen. Sie kann uns hellwach, aufmerksam und reaktionsbereit machen.

Etwas anderes ist es, wenn die Angst in die Strukturen unseres Alltags sickert. Wenn wir uns vor Veränderung fürchten – vielleicht einfach deshalb, weil wir nicht wissen, wie wir damit umgehen sollen. Wenn wir uns am Gewohnten festhalten, weil wir uns anders nicht definieren können. Wenn wir uns auf Funktionen und Rollen zurückziehen, um der Konfrontation mit dem ganz alltäglichen Wahnsinn des Alltags und unserer Mitmenschen aus dem Weg zu gehen. Wenn wir den Kontakt zu unserer eigenen FührungsKRAFT einbüßen.

Dann wird die Furcht zum Fixpunkt, um den sich alles andere dreht. Unsere Umwelt erscheint uns vollgestellt mit Hindernissen. Wir verlieren unseren Weg, unsere Richtung, unsere Ziele aus den Augen – und statt einer gesunden Dynamik ernten wir Stillstand. Wir verlieren den Kontakt zu uns selbst, zu unseren Sehnsüchten, zu unserer Intuition, zu unserer Selbstbehauptung – und mit einem Mal fühlen wir uns fremdbestimmt. Willkommen in der Tretmühle! Das Schlimme ist, dass damit der fruchtbare Prozess der Wechselwirkung zwischen Selbstfindung und Gestaltung unseres Umfelds, zwischen Inspiration und Selbstbewährung abgebrochen wird. Doch der ist notwendig, damit wir ein gesundes Selbstbewusstsein entwickeln und unser persönliches Wachstum voranbringen können.

Das Gute ist, dass wir jederzeit aus diesem Teufelskreis ausbrechen und dabei an jedem beliebigen Punkt ansetzen können. Das Einzige, was wir dafür benötigen, ist eine Portion Mut. Eine kleine Portion für kleine Schritte, eine große für Veränderungen, die uns groß erscheinen. Um den Sprung über unseren Schatten kommen wir nicht herum. Wenn wir uns in der Komfortzone zu stark abgeschottet haben, brauchen wir eine Initialzündung. Aber es winkt der Hauptgewinn: Mut ist der Treibstoff des Lebens.

Mut zum Wagnis: No risk, no fun!

Bei der Achterbahn ist es klar: Hoch und runter – die Abwechslung bringt den Spaß. Das leuchtet sofort ein. Nicht wahr? Wann sind wir bloß auf die Schnapsidee gekommen, im Erwachsenenleben müsste alles immer in geregelten Bahnen und im schnöden Mittelmaß verlaufen? Was für eine Achterbahn ist das denn, die ohne Höhenunterschiede einmal im Kreis fährt? Dagegen erscheint ja der Ponyhof noch als Großwildgehege. Das ist doch eher etwas für die unter Zwölfjährigen, die noch nicht auf die richtige Achterbahn dürfen. Verabschieden Sie sich also getrost von diesen Kinderängsten – und erwarten Sie gespannt und angegurtet, welche Berg- und Talfahrten das Leben Ihnen zu bieten hat!

Mut zum Bewusstsein: Augen auf!

Die Dynamik ist doch längst da. Die Herausforderungen drängen sich geradezu auf. Der Spaß wartet vor der Tür! Wie viel Energie verbraten Sie damit, sich dagegen abzuschotten? Sich vermeintlich abzusichern. Der permanente Wandel, Paradigmenwechsel, das Unvorhersehbare – das alles ist doch längst gängiger Stoff in Managermagazinen, Fortbildungen und in den Tagesthemen. Davor können Sie die Augen gar nicht verschließen. Stellen Sie sich der Achterbahn bewusst! Sagen Sie: »Ja, ich bin dabei und gebe jeden Tag mein Bestes!«

Mut zum Starten: Raus aus der Vermeidungshaltung!

Die größte Hürde auf dem Schritt zum Handeln liegt in uns selbst. Das ist unser Mangel an Mut und Selbstvertrauen. Helfen können hier Ansteuerungsziele. Kommen Sie in Bewegung. Jetzt, hier! Am Anfang brauchen Sie nur Mut für zwei Dinge. Erstens: Mut, sich ein Bild Ihres Wunschziels zu machen. Der Sog einer überzeugenden Vision trägt Sie nach vorn! Und zweitens: Mut, den ersten kleinen Schritt zu gehen. Kommen Sie raus aus der Vermeidungshaltung, aus dem Schongehege. Wenn Sie beherzt eine Richtung einschlagen, gibt Ihr innerer Kompass Ihnen Orientierung!

Mut zum Scheitern: Lassen Sie sich von Fehlern weiterbringen!

Sagen Sie »Nein« zum Perfektionismus und »Ja« zur Fehlerkultur. Nur dann werden Sie vorankommen und durchhalten. Wie lernen denn Kinder laufen? Mit Begeisterung! Was für ein Schritt nach vorne! Und klettern die aus der Wiege und spazieren dann gleich herum? Nein. Sie rollen und robben, kriechen und krabbeln, dann machen sie Klimmzüge in die Senkrechte. Und dann schwanken und wackeln sie los. Wenn die in der Wiege denken würden: »Hoffentlich sieht mich keiner, wenn ich's noch nicht so perfekt hinkriege« – dann würden sie da nie herauskommen. Machen sie keine Fehler? Klar: Sie legen sich alle naselang hin. Und manchmal muss man sie auch trösten. Aber sie geben nicht auf. Kein Kind gibt auf. Und so geht Lernen. Oder sind Sie beim Surfenlernen gleich auf dem Board geblieben? Haben Sie beim Englisch auf Anhieb die If-Sätze Typ III beherrscht? Nur durch Fehler und ihre Korrektur geht es voran auf dem Weg zu besseren Lösungen.

Mut zur Bescheidenheit: Schneiden Sie die Salami hauchdünn!

Bleiben Sie bei aller Aufbruchsstimmung pragmatisch. Suchen Sie sich kleine, realisierbare Schritte. Sie schlucken ja auch nicht die ganze Salami am Stück quer runter. Legen Sie vorsichtig los. Sodass die Erlebnisse des Scheiterns – mit denen Sie ja rechnen! – gut zu verkraften sind. Vielleicht starten Sie mit Experimenten erst einmal zu Hause, wo Sie auf mehr Nachsicht und Verständnis für Ihre neuen Ideen hoffen können. Gehen Sie den Weg der kleinen Schritte. Erst wenn Sie sich an eine Neuerung gewöhnt haben, nehmen Sie sich den nächsten Schritt vor.

Mut zum Realitycheck: Entscheiden Sie sich fürs Umsetzen!

Beobachten Sie die Standardbeiträge Ihres inneren Geschichtenerzählers: »Dies funktioniert nie« und »Das kann ich nicht« oder »Die bauen doch wieder nur Mist« und »Das hat mir gerade noch gefehlt«. Beobachten Sie sie – und entscheiden Sie sich an einer Stelle, einzugreifen und die Karre aus dem Dreck zu ziehen. Das kann erst einmal eine unbedeutende Kleinigkeit sein. Es geht vor allem darum: Kommen Sie einmal am Tag aus dem Mitsprechen des inneren Souffleurs heraus und werden Sie zum Akteur. Glauben Sie mir, wenn Sie das regelmäßig tun, werden Sie sich plötzlich in einem anderen

Stück wiederfinden. Stellen Sie sich – Ihre Sehnsüchte, Ziele und Glaubenssätze – der Realität. Sie erinnern sich? Was wir uns nicht Schritt für Schritt aneignen, was wir nicht ausprobieren und in unserem Fühlen und Denken verankern, das bleibt gedanklicher Ballast. Praktisch zum Diskutieren und Schlagwörter einwerfen, aber wirkungslos auf der Teststrecke des Alltags. So banal es ist: Auch die längste Reise beginnt mit dem ersten Schritt.

Mut zum Ich: Stehen Sie zu sich selbst!

Wie viele der voraussichtlich rund 28 000 Tage, die Ihnen zur Verfügung stehen, sind schon vergangen? Wie viele davon sind im Kreis verlaufen? Wie viele haben Sie auf Ihrem Weg vorangebracht? Der richtige Zeitpunkt ist jetzt: Werden Sie zum Vermögensverwalter Ihrer Lebenszeit! Wenn Sie nicht dafür sorgen, dass Ihre Tage mit Flow, mit Aha-Erlebnissen, mit Leidenschaft gefüllt werden – ein anderer wird es nicht tun. Sie sind verantwortlich für Ihr Leben. Und wenn Sie aus falscher Rücksichtnahme und Mutlosigkeit nicht von der Stelle kommen, sich aus der Realität beamen und vom Rand her in den Klagechor einstimmen, dann sind Sie gerade dabei, Ihre wichtigste Ressource zu vergeuden.

Mut zum Lernen in Echtzeit: Nutzen Sie den Alltag als Praxislabor!

Der Job ist kein Fußballspiel mit Regeln, die mit unserem sonstigen Alltag wenig zu tun haben. Leadership ist keine App, die man sich herunterlädt. Das ist das reale Leben. Das Lernen in Echtzeit findet hier statt. Auch wenn es Ihnen sicher manchmal gegen den Strich geht – nutzen Sie den Alltag als Ihren Coach. Sie werden erstaunt sein, welche Lernchancen Ihnen Ihre Umgebung permanent anbietet. Ergreifen Sie sie! Denn was zählt, ist, was Sie tun, wofür Sie stehen, wer Sie sind. Echte Überzeugungskraft geht nur von einer glaubwürdigen Persönlichkeit aus. Und die wird nur durch reale Lebenserfahrungen geformt.

Deshalb beginnt Führung mit Selbstführung. Es geht darum, Stellung zu beziehen. Darum, Konflikten nicht auszuweichen, sondern sie auszuhalten und konstruktiv zu gestalten. Es geht darum, den ganz normalen Wahnsinn des Alltags in ein handhabbares Gleichgewicht zu bringen. Immer wieder neu. Wie auf dem Fußballfeld können Sie sich in der akuten Situation nicht erst einmal hinsetzen und einen neuen Strategieplan entwickeln. Sie müssen handeln. Sofort. Intuitiv. Das sind Ziele, die hochgesteckt erscheinen, kaum erreichbar – wenn man es von der Warte des Perfektionismus aus betrachtet. Aber wenn Sie es pragmatisch anschauen, dann ist es bloß ein Lernprozess. Es ist ein Weg, zu dem es gar keine Alternative gibt und den Sie schon längst gehen. Auf diesem Weg haben Sie die Chance, in kleinen Schritten immer besser zu werden. Klar machen Sie Fehler, aber aus denen können Sie lernen!

Mit etwas Selbstreflexion wird aus den Herausforderungen des Alltags Ihr ganz persönliches Praxislabor. So betrachtet, ist Ihr Alltag ein ungemein ausgetüfteltes Lernangebot. Wenn Sie das Leben als Lehrmeister begreifen, werden auch schwierige Zeiten zu Meilensteinen Ihrer Entwicklung. Kollege Meier schult Ihre Geduld, Kollegin Müller fördert Ihr Einfühlungsvermögen, Kollege Schmidt fordert Sie heraus, Grenzen zu setzen, Kollegin Schröder erweitert Ihren Horizont. Auf diese Weise optimiert der vermeintliche »Saftladen« Ihre wichtigsten Skills. Und das auch noch gratis!

Es geht um Sie. Um Ihr Leben. Um Ihre Persönlichkeit. Das ist ein guter Grund, den ersten Schritt zu tun, Verantwortung zu übernehmen und durch Selbstführung FührungsKRAFT zu entwickeln. Einen besseren gibt es nicht.

Ich hoffe, dieses Buch hat Ihnen Mut gemacht und Anregungen gegeben, auf Ihrem eigenen Weg voranzukommen. Und dabei wünsche ich Ihnen von Herzen viel Erfolg!

Ihre Jacqueline Groher

Nachweis der Zitate

Martin Buber (1878–1965), österreichisch-israelischer Religionsphilosoph, der bereits in den 1920er-Jahren den Dialog als existenzielles Grundprinzip des menschlichen Lebens beschrieben hat. Das Zitat stammt aus der Schriftensammlung *Das Dialogische Prinzip,* erschienen 1984, dort auf Seite 15.

Carlos Castaneda (1925–1998), amerikanischer Anthropologe und Schriftsteller, dessen Bücher in den 1970er-Jahren Kultstatus erreichten. Das Zitat stammt aus seinem bekanntesten Werk, den 1968 entstandenen *Lehren des Don Juan.*

Stephen R. Covey (1932–2012), amerikanischer Leadership-Experte, der mit seinem Buch *Der 8. Weg* als Erster erfolgreiches Management vom Finden und Umsetzen der »inneren Stimme« her gedacht hat. Das Zitat findet sich auf Seite 19 der deutschen Ausgabe.

Peter Drucker (1909–2005), amerikanischer Pionier der Managementlehre mit österreichischen Wurzeln. Drucker hat den Siegeszug des »Wissensarbeiters« prophezeit und als einer der Ersten die Bedeutung des Selbstmanagements betont. Das erste Zitat stammt aus seinem Artikel *Managing Oneself* aus dem Jahr 1999, das zweite aus dem Klassiker *The Practice of Management* von 1954.

Albert Einstein (1879–1955) galt nach der Verleihung des Physik-Nobelpreises 1921 für seine Entwicklung der Relativitätstheorie als Gehirn des Jahrhunderts und wurde zu allen möglichen Themen befragt. Das Zitat stammt aus einem ganz privaten Zusammenhang, einem Brief an seinen Sohn Eduard vom 5. Februar 1930.

Ludwig Feuerbach (1804–1872) war ein deutscher Philosoph, der heute vor allem deshalb bekannt ist, weil Karl Marx sich intensiv mit seinen Thesen auseinandersetzte. Das Zitat stammt aus seinem kritischen Hauptwerk *Das Wesen des Christentums* (1841), das als Wegbereiter der Psychologie gilt.

Heinz von Foerster (1911–2002), österreichischer Physiker und Mitbegründer der Systemtheorie. Die zitierte Version seines ethischen Imperativs hat er 1998 im Gespräch mit dem fast fünfzig Jahre jüngeren Medienwissenschaftler Bernhard Pörksen formuliert.

Daniel Goleman (*1946), amerikanischer Psychologe, der in den 1990er-Jahren den Begriff der emotionalen Intelligenz in die Diskussion einführte. Die beiden Zitate stammen aus dem Buch *Emotionale Führung*, 2002, Seite 301 und 51.

William James (1842–1910), amerikanischer Philosoph des Pragmatismus und Begründer der Psychologie in den USA. Das Zitat stammt aus einem 1906 an den polnischen Philosophen Wincenty Lutoslawski geschriebenen Brief.

Steve Kroeger (*1977), deutscher Personal Trainer, Bergsteiger und Coach. Das Zitat stammt aus seinem Buch *Die 7 Summits Strategie*, S. 32.

Laotse (6. Jahrhundert v. Chr.), legendärer chinesischer Philosoph und Begründer des Taoismus. Beide Zitate stammen aus seinem Hauptwerk, dem *Tao Te King*, Kapitel 33, Übersetzung von Stephen Mitchell und Peter Kobbe, 1988.

Georg Christoph Lichtenberg (1742–1799), deutscher Physiker und Schriftsteller, berühmt für seine scharfzüngigen Aphorismen. Das Zitat stammt aus den ab 1764 veröffentlichten *Sudelbüchern*, Heft K (293).

Steve Pavlina (*1971), amerikanischer Ratgeberautor, wurde als Autodidakt Spezialist zum Thema Selbstentfaltung und betreibt seit 2004 eine erfolgreiche Website zum Thema persönliches Wachstum. Das Zitat stammt aus seinem Buch *Das universelle Prinzip der Selbstentfaltung*, S. 96.

Carl Rogers (1902–1987), amerikanischer Psychotherapeut und Pionier der humanistischen Psychologie. Das Zitat stammt aus dem 1979 veröffentlichten Aufsatz *The Foundations of the Person-Centred Approach*.

Hans-Werner Rückert (*1950), Psychologe und Leiter der psychologischen Beratung für Studenten der Freien Universität Berlin. Spezialist für Grübeln, Aufschieben und andere Arbeitsstörungen. Das Zitat stammt aus seinem Buch *Entdecke das Glück des Handelns*, S. 158.

Antoine de Saint-Exupéry (1900 – 1944), französischer Pilot und Schriftsteller, der durch seine Erzählung *Der kleine Prinz* Weltruhm erlangt hat. Das Zitat stammt aus dem Erlebnisbericht *Wind, Sand und Sterne* aus dem Jahr 1939.

Friedemann Schulz von Thun (*1944), deutscher Psychologe und Kommunikationswissenschaftler, der seine Forschungsergebnisse in der Buchserie *Miteinander reden* einer breiten Öffentlichkeit vermittelt hat. Das Zitat stammt aus Band 3: *Das innere Team*, S. 55.

Lance Secretan (*1939), amerikanischer Leadership-Experte, der Inspiration als zentrales Moment der FührungsKRAFT in die Diskussion gebracht hat. Die Zitate stammen aus seinem Bestseller *Inspirieren statt motivieren*, Seite 263 und 261.

Seneca der Jüngere (1 – 65 n. Chr.), römischer Philosoph und Staatsmann, hat als Stoiker bis heute gültige Stichworte zur Lebenskunst gegeben. Das Zitat stammt aus den *Moralischen Briefen an Lucilius* (Epistulae morales ad Lucilium), XVII / XVIII, CIV, 26.

Paul Watzlawick (1921 – 2007), österreichisch-amerikanischer Psychologe und Pionier der Kommunikationsforschung, der mit seinen Büchern ein breites Publikum erreicht hat. Das Zitat stammt aus dem Standardwerk *Menschliche Kommunikation*, S. 53.

Walt Whitman (1819 – 1892), amerikanischer Dichter. Die zitierte Zeile stammt aus dem 166. Gedicht der *Grashalme*, einem Gedichtzyklus, an dem Whitman seit 1855 arbeitete.

Verwendete Literatur

Eric Berne: Was sagen Sie, nachdem Sie »Guten Tag« gesagt haben? Psychologie des menschlichen Verhaltens (1972). Frankfurt am Main 2012

Nathaniel Branden: Die 6 Säulen des Selbstwertgefühls. Erfolgreich und zufrieden durch ein starkes Selbst. München 2011

Peter Klaus Brandl: Crash-Kommunikation. Warum Piloten versagen und Manager Fehler machen. Offenbach 2010

Marcus Buckingham, Donald O. Clifton: Entdecken Sie Ihre Stärken jetzt! Das Gallup-Prinzip für individuelle Entwicklung und erfolgreiche Führung. Frankfurt am Main, New York 2011

Jens Corssen: Der Selbst-Entwickler. Das Corssen-Seminar. Wiesbaden 2004

Stephen R. Covey: Der 8. Weg. Mit Effektivität zu wahrer Größe. Offenbach 2006

Dietrich Dörner: Die Logik des Misslingens. Strategisches Denken in komplexen Situationen. Reinbek 2003

Peter Drucker: Managing Oneself, in: Best of Harvard Business Review, 1999 (online verfügbar)

Daniel Goleman: Emotionale Führung. Berlin 2003

Walter Isaacson: Steve Jobs. Die autorisierte Biografie des Apple-Gründers. Berlin 2012

Natalie Knapp: Kompass neues Denken. Wie wir uns in einer unübersichtlichen Welt orientieren können. Reinbek 2013

Steve Kroeger: Die 7 Summits Strategie. Mit Leichtigkeit persönliche Gipfel erreichen. Offenbach 2011

Christoph Lau, Ludwig Kramer: Die Relativitätstheorie des Glücks. Über das Leben von Lottomillionären. Herbolzheim 2005

Steve Pavlina: Das universelle Prinzip der Selbstentfaltung. Persönlichkeitsentwicklung für intelligente Menschen. München 2010

Hans-Werner Rückert: Entdecke das Glück des Handelns. Überwinden, was das Leben blockiert. Frankfurt am Main, New York 2004

Hermann Scherer: Denken ist dumm. Wie Sie trotzdem klug handeln. Offenbach 2012

Hermann Scherer: Glückskinder. Frankfurt am Main, New York 2011

Martin Schneider: Teflon, Post-it und Viagra. Große Entdeckungen durch kleine Zufälle. Weinheim 2006

Friedemann Schulz von Thun: Miteinander reden. Bd. 3: Das innere Team. Reinbek 1998

Elke M. Schüttelkopf: Lernen aus Fehlern: Wie man aus Schaden klug wird. Freiburg 2013

Lance Secretan: Inspirieren statt motivieren! Mit Leidenschaft zum Erfolg – so leben und führen Sie besser. Bielefeld 2006

John Strelecky: The Big Five for Live. Was wirklich zählt im Leben. München 2009

Jill B. Taylor: Mit einem Schlag. Wie eine Hirnforscherin durch ihren Schlaganfall neue Dimensionen ihres Bewusstseins entdeckt. München 2010

Paul Watzlawick, Janet H. Beavin, Don D. Jackson: Menschliche Kommunikation. Bern, Stuttgart, Wien 1969

Meike Winnemuth: Das große Los. Wie ich bei Günther Jauch eine halbe Million gewann und einfach losfuhr. München 2013

Meike Winnemuth: Wie ist es, wenn man das Leben führt, von dem alle träumen? Brief an eine Kollegin, in: SZ-Magazin, 41 / 2011 (online verfügbar)

Register

Achtsamkeit 214 f., 219, 222–228
– Definition 214
Angst 133, 259
Anrich, Christoph 213
Apple 115 f.
Aufklärung 198
Aufmerksamkeit 146 f., 149–151, 153
Aufstieg zur Führungskraft 27
Automatismen 77, 79 f.
Autonomie 102 f.

Beckett, Samuel 248
Begeisterung 49, 56
Bequemlichkeit 133
Berne, Eric 100–103
Bettkantenübung 59
Beziehungen 154–166, 171
Braak, Jens 246
Branden, Nathaniel 61, 83–85, 87, 174, 202 f., 207, 210, 220, 239
Brandl, Peter Klaus 168 f.
Brickman, Philip 182
Buber, Martin 212, 227, 265
Buckingham, Marcus 52, 116–118, 122 f., 125 f., 128, 130, 156

Capers, Hedges 45
Castaneda, Carlos 58, 60, 205, 265
Chancen 243 f., 246
Chancenintelligenz 132, 246

Clifton, Donald O. 52, 116–118, 122 f., 125 f., 128, 130, 156
Coates, Dan 182
Coffman, Curt 116
Cohn, Ruth 179
Corssen, Jens 59, 243
Covey, Stephen R. 49, 63, 161, 179, 224, 265
Crew-Resource-Management (CRM) 168 f.
Csikszentmihalyi, Mihaly 128, 153

Der Club der toten Dichter 201
Dingperspektive 164, 218, 225 f.
Dörner, Dietrich 221, 229, 230, 240
Drucker, Peter 21, 115, 117, 161, 265

Effizienzfalle 111 f.
Egoismus 209
Eigenverantwortung *siehe* Verantwortung
Einstein, Albert 100, 248, 265
Empathie 224

Fantasie 132 f.
Fehler 62, 79, 117, 231–247, 261
– Definition 232
Feuerbach, Ludwig 31, 265
Flow 128, 153
Flugzeugunglück 167 f.
Foerster, Heinz von 132, 266

Fokussieren 75 f., 147–152
Freiheit 87, 96, 102, 133, 135–139, 192 f.
Führung
– Definition 18 f.
Führungskraft
– Eigenschaften 19 f.
Führungsstile 163 f.
Furcht *siehe* Angst

Gallup 51
Gallup Engagement Index 12
Geschichtenerzähler *siehe* Innerer Geschichtenerzähler
Gewissen 224
Goleman, Daniel 24, 36, 108, 162–164, 220, 224, 236, 266
Grabrede 38

Handeln 58, 60, 70, 73, 86 f., 89
– Handlungskontrolle 86
Harris Interactive 12
Humanistische Psychologie 197

Ich-Zustände 43, 44
Idealisierungen 78–80
Identität 103
Individualität 103
Innere Antreiber 43, 45–47
Innerer Geschichtenerzähler 70, 90–99, 252
Inneres Team 93, 96
Insights MDI® 41 f.
Institut für vergleichende Vermögenskultur und Vermögenspsychologie 183
Isaacson, Walter 115

James, William 65, 69, 266
Janoff-Bulman, Ronnie 182
Jobs, Steve 115 f., 127 f., 244, 255

Kahler, Taibi 45
Kant, Immanuel 198
Knapp, Natalie 136, 180, 215, 219 f., 225 f., 237, 242, 245, 247
Komfortfalle 111, 112
Komfortzone 133
Kommunikation 168–179, 223
– Optimierung der K. 168–170
Komplexität 215 f., 219 f., 229, 231, 242
Konzentration *siehe* Fokussieren
Kramer, Ludwig 183
Kroeger, Steve 143 f., 245, 266

Laotse 15, 28, 35, 266
Lau, Christoph 183
Lebensbaum 38, 39
Lebenserfahrung 20
Lebenskrise 206, 245
Leidenschaft 49 f., 56
Lernen 200, 236 f., 245, 261 f.
Lichtenberg, Georg Christoph 112, 229, 266
Los Rodeos 167

Mandela, Nelson 244
Marke 162
Maslow, Abraham 238
Möglichkeitssinn 132
Multitasking 147
Musil, Robert 132
Mut 259 f., 262

Orientierung 185, 191

Pavlina, Steve 55, 61, 146, 245, 266
Perfektionismus 79f., 234, 241f., 261
Persönliches Wachstum 197, 200, 208, 236, 251
Persönlichkeitstests 41f.
Perspektivenwechsel 18, 47, 96f., 146
Pfizer 244
Plunkett, Roy 243
Pörksen, Bernhard 266
Post-its 244
Präsenz 80f., 153, 157
Precht, Richard David 134
Pruning 122, 126

Resonanz 162–164, 224, 253
– Definition 163
Rituale 218
Rogers, Carl 195, 197, 266
Rückert, Hans-Werner 60, 78, 86, 107, 110, 133, 182, 209, 220, 223, 241, 245f., 256, 267

Saint-Exupéry, Antoine de 249, 267
Scheitern 24, 25, 26
Scherer, Hermann 132, 246
Schneider, Martin 244
Schuldzuweisungen 84
Schulz von Thun, Friedemann 90, 92–96, 113, 134, 175, 177f., 180, 221, 267
Schüttelkopf, Elke 233–235
Schwächen 117

Secretan, Lance 56, 82, 154, 162, 165, 223, 242, 267
Sehnsüchte 130, 132, 187, 250
Selbstbewusstsein 83–86, 202, 204, 208, 210, 239f.
– Definition 85
Selbsterkenntnis 37
Selbstfindung 201
Selbstorganisation 237
Selbstreflexion 33f., 36–40, 42f., 47f., 51, 58, 92, 199, 202
Selbstverwirklichung 197, 199, 209, 254
Selbstwertgefühl 202–204, 207, 210f., 239f.
– übersteigertes S. 240
Seneca 72, 267
Silver, Spencer 243
Sinn 165, 186, 199, 225, 249–254, 256
Situationslogik 113
Soft Skills 51, 214
Sokrates 198
Solidarität 88
Spaß 50
Spiegel 37f., 40f.
Sprenger, Reinhard K. 135
Stärken 115–131
Strelecky, John 249, 254
StrengthsFinder 118f.

Talente 51f., 117f., 121–130
Talent-Leitmotive 118f.
Taylor, Jill 97, 98
Teflon 243
Teneriffa 167
Totstellreflex 26, 104, 159

Toxic Leadership 26
Transaktionsanalyse 42–45, 100, 107
Träume 133
Tucholsky, Kurt 245

Überkompensation 78 f.
Umsetzung 144
Unzufriedenheit 73, 80

Veränderungsmöglichkeiten 105
Verantwortung 18 f., 21, 68, 82–89, 136
– Grenzen der V. 86 f.
Verhalten 100 f., 103–112
– Verhaltensänderung 100, 105–110
– Verhaltenskontrolle 104 f.
– Verhaltensmuster 101, 104–108, 111 f.
Verliererskript 107
Vermeidungshaltung 260
Vermeidungsverhalten 62, 74, 239

Verständigung *siehe* Kommunikation
Vertrauen 85, 161, 164
Viagra 244
Visionen 54, 57
Visualisierungen 54
Vorbilder 56
Vorbildfunktion 22
Vorwerk-Werbung 21

Wandel 218
Watzlawick, Paul 167, 206, 245, 267
Weitzenböck, Katja 21
Werte 52 f.
Wer wird Millionär? 182
Whitman, Walt 201, 267
Winnemuth, Meike 182, 184, 192
Wünsche 132 f.

Zacks, Jeffrey M. 54
Ziele 58–63, 184–193, 208, 250, 254
– Zwischenziele 190
Zuhören 179 f.

Die Autorin

Jacqueline Groher ist Expertin für Selbstführung und Potenzialentfaltung. Die Diplom-Betriebswirtin hat fünfzehn Jahre lang in Industrie und Handel gearbeitet, davon acht Jahre als Geschäftsführerin. Seit 2002 entwickelt sie als Inhaberin des Beratungs- und Trainingsunternehmens »Improvement To Success« in München und Hamburg individuelle Leadership-Programme für nationale und internationale Unternehmen. Sie ist Autorin von »Jacques Erfolgsstrategien« (GABAL, 2. Aufl. 2013), das auch auf Englisch vorliegt.

Aus der eigenen Mitte heraus führen heißt menschlich führen, so die Überzeugung der Unternehmerin, die selbst für die Themen Mut und Veränderung steht: Von der Einzelhandelskauffrau hat sie sich zur Führungskraft weiterentwickelt, von der Rennfahrerin zur Expertin für Selbstführung.

Dabei sind die Rückkopplungen zwischen unserer Vorstellungswelt und der Wirklichkeit immens, weiß die Betriebswirtin. Welche Möglichkeiten dies eröffnet, zeigt sie den Teilnehmern ihrer Trainings und Speakings; sie begeistert und ermutigt sie unter dem Motto »Führung ist Führen zur Selbstführung«.

Die Trainerin ist unter anderem ausgebildet als NLP-Master (Deutscher Verband für Neurolinguistisches Programmieren DVNLP), Performance Consultant, INSIGHTS MDI® und ASSESS® Mastertrainer. Zusatzausbildungen im Bereich Changemanagement, Transaktionsanalyse und Psychodrama runden ihre Kenntnisse ab. 2009 erhielt sie den Excellence Award von UnternehmenErfolg® für hervorragende Leistungen als Unternehmerin, Rednerin und Coach und 2010 den Internationalen Deutschen Trainingspreis.

»Improvement To Success« bietet offene Seminare, Webinare, Trainings und Speakings. Grohers eigener Schwerpunkt liegt dabei auf der Führungskräfteentwicklung. Impulsvorträge bietet sie zu folgenden Themen:

- FührungsKRAFT: Erfolgreiche Führung beginnt mit Selbstführung
- Bis zum Horizont und weiter: Wie wir Grenzen in Chancen verwandeln
- MUT: Die Kraft unpopulärer Entscheidungen
- Leben ohne Limits: Wie wir mutig über uns selbst hinauswachsen
- Der Herzfaktor: Mehr Gefühl für mehr Umsatz

www.jacquelinegroher.com

Kontakt:
Birte Strehlau
Wichmannstr. 4
Haus 5 Nord
22607 Hamburg

+49 (0)40 · 890 613 981

bs@jacquelinegroher.com

Kompetentes Basiswissen für Ihren beruflichen & privater Erfolg

Jürgen Kurz
**Für immer aufgeräumt –
auch digital**
ISBN 978-3-86936-561-9
€ 19,90 (D) / € 20,50 (A)

Steffen Ritter
Verkaufen kann von selbst laufen
ISBN 978-3-86936-559-6
€ 19,90 (D) / € 20,50 (A)

Sabine Krueger
Sprachen leichter lernen
ISBN 978-3-86936-560-2
€ 19,90 (D) / € 20,50 (A)

Thorsten Jekel
Digital Working für Manager
ISBN 978-3-86936-521-3
€ 19,90 (D) / € 20,50 (A)

Barbara Messer
Das schaffst du schon
ISBN 978-3-86936-523-7
€ 19,90 (D) / € 20,50 (A)

Josef W. Seifert
Visualisieren Präsentieren Moderieren
ISBN 978-3-86936-240-3
€ 19,90 (D) / € 20,50 (A)

Anita Hermann-Ruess
Emotionale Rhetorik
ISBN 978-3-86936-562-6
€ 19,90 (D) / € 20,50 (A)

Johannes Stärk
Assessment-Center erfolgreich bestehen
ISBN 978-3-86936-184-0
€ 29,90 (D) / € 30,80 (A)

Alle Titel auch als E-Book erhältlich
Weitere Informationen finden Sie unter www.gabal-verlag.de

Innovative Themen und frische Impulse für Business, Erfolg & Leben

Sylvia Löhken
Intros und Extros
ISBN 978-3-86936-549-7
€ 24,90 (D) / € 25,60 (A)

Sháá Wasmund, Richard Newton
Nicht reden, machen!
ISBN 978-3-86936-551-0
€ 22,90 (D) / € 23,60 (A)

Anne M. Schüller
Das Touchpoint-Unternehmen
ISBN 978-3-86936-550-3
€ 29,90 (D) / € 30,80 (A)

Markus Väth
Cooldown
ISBN 978-3-86936-514-5
€ 19,90 (D) / € 20,50 (A)

Dominic Multerer
Marken müssen bewusst Regeln brechen, um anders zu sein
ISBN 978-3-86936-512-1
€ 24,90 (D) / € 25,60 (A)

Rob Symington, Dom Jackman, Mikey Howe
Das Escape-Manifest
ISBN 978-3-86936-554-1
€ 24,90 (D) / € 25,60 (A)

Peter Brandl
Hudson River
ISBN 978-3-86936-509-1
€ 24,90 (D) / € 25,60 (A)

Jumi Vogler
Was der Humor für Sie tun kann, wenn in Ihrem Leben mal wieder alles schiefgeht
ISBN 978-3-86936-548-0
€ 14,90 (D) / € 15,40 (A)

Alle Titel auch als E-Book erhältlich
Weitere Informationen finden Sie unter www.gabal-verlag.de

Erfolg ist hörbar!
◁)) Wissen im Hörbuchformat – ungekürzt und topaktuell

Ilja Grzeskowitz
Attitüde
ISBN 978-3-86936-575-6
€ 49,90 (D)/(A)

Hermann Scherer
Denken ist dumm
ISBN 978-3-86936-573-2
€ 39,90 (D)/(A)

Stephen R. Covey, Breck England
Die 3. Alternative
978-3-86936-537-4
€ 59,90 (D)/(A)

Jürgen Frey
Mein Freund, der Kunde
ISBN 978-3-86936-572-5
€ 39,90 (D)/(A)

Dagmar Kohlmann-Scheerer
Gestern Kollege – heute Vorgesetzter
ISBN 978-3-86936-576-3
€ 39,90 (D)/(A)

Petra Schuseil
Finde dein Lebenstempo
ISBN 978-3-86936-540-4
€ 39,90 (D)/(A)

Sylvia Löhken
Leise Menschen – starke Wirkung
ISBN 978-3-86936-497-1
€ 39,90 (D)/(A)

Markus Väth
Cooldown
ISBN 978-3-86936-574-9
€ 49,90 (D)/(A)

Alle Titel auch als MP3-Download erhältlich
Weitere Informationen finden Sie unter www.gabal-verlag.de

30 Minuten
Expertenwissen im Pocketformat
Jeder Band 96 Seiten, € 8,90 (D) / € 9,20 (A)

Empfohlen von

SAT.1

Hans-Georg Willmann
30 Minuten Begeisterung
ISBN 978-3-86936-565-7

Eberhard G. Fehlau
30 Minuten Selbstsabotage
ISBN 978-3-86936-563-3

Lars Schäfer
30 Minuten Emotionales Verkaufen
ISBN 978-3-86936-564-0

Stefanie Demann
30 Minuten Fehlerintelligenz
ISBN 978-3-86936-526-8

Markus I. Reinke
30 Minuten Verkaufspsychologie
ISBN 978-3-86936-525-1

Natalie Schnack
30 Minuten Selbstbehauptung
ISBN 978-3-86936-527-5

Martina Mangelsdorf
30 Minuten Generation Y
ISBN 978-3-86936-567-1

Ulrich Siegrist Martin Luitjens
30 Resilienz
ISBN 978-3-86936-263-2

Gitte Härter
30 Minuten Arschlöcher zähmen
ISBN 978-3-86936-447-6

Alle Titel auch als E-Book erhältlich
Weitere Informationen finden Sie unter www.gabal-verlag.de

ANZEIGE

Bei uns treffen Sie Gleichgesinnte ...

... weil sie sich für **persönliches Wachstum** interessieren, für **lebenslanges Lernen** und den Erfahrungsaustausch rund um das Thema Weiterbildung.

... und Andersdenkende,

weil sie aus unterschiedlichen Positionen kommen, unterschiedliche Lebenserfahrung mitbringen, mit unterschiedlichen Methoden arbeiten und in unterschiedlichen Unternehmenswelten zu Hause sind.

Auf unseren Regionalgruppentreffen und Impulstagen entsteht daraus ein **lebendiger Austausch**, denn wir entwickeln gemeinsam **neue Ideen**. Dadurch entsteht ein **Methodenmix** für individuelle Erlebbarkeit in der jeweiligen Unternehmenswelt.

Durch Kontakt zu namhaften Hochschulen erhalten wir vom Nachwuchs spannende Impulse, die in die eigene Praxis eingebracht werden können.

GABAL.
Wissen vernetzen

Das nehmen Sie mit:

• Präsentation auf den GABAL Plattformen (GABAL-impulse, Newsletter und auf www. gabal.de) sowie auf relevanten Messen zu Sonderkonditionen

• Teilnahme an Regionalgruppenveranstaltungen und Kompetenzteams

• Sonderkonditionen bei den GABAL Impulstagen und Veranstaltungen unserer Partnerverbände

• Gratis-Abo der Fachzeitschrift wirtschaft + weiterbildung

• Gratis-Abo der Mitgliederzeitschrift GABAL-impulse

• Vergünstigungen bei zahlreichen Kooperationspartnern

• u.v.m.

Neugierig geworden? Informieren Sie sich am besten gleich unter:

www.gabal.de/leistungspakete.html

GABAL e.V.
Budenheimer Weg 67
D-55262 Heidesheim
Fon: 06132/5095090,
Mail:info@gabal.de

Norbert Grob
und Karl Prümm (Hg.)
Die Macht der Filmkritik
Positionen und Kontroversen

edition text + kritik

Band 6 der Reihe Literatur und andere Künste

Wir danken der Pressestiftung Tagesspiegel in Berlin für die
Unterstützung dieses Bandes.

CIP-Titelaufnahme der Deutschen Bibliothek

Die Macht der Filmkritik : Positionen und Kontroversen /
Norbert Grob u. Karl Prümm (Hg.). - München : edition
text + kritik, 1990
   (Literatur und andere Künste ; Bd. 6)
  ISBN 3-88377-353-0
NE: Grob, Norbert [Hrsg.]; GT

Satz: offizin p + p ebermannstadt
Druck und Buchbinderei: Wilhelm Röck GmbH, Weinsberg
Umschlaggestaltung: Dieter Vollendorf, München, unter
Verwendung einer Zeichnung von Grandville
Copyright by edition text + kritik GmbH, München 1990
ISBN 3-88377-353-0

Inhalt

Vorwort   7

I   Einleitung

Karl Prümm
Filmkritik als Medientransfer.
Grundprobleme des Schreibens über Filme   9

II   Zur Geschichte der deutschen Filmkritik

Heinz B. Heller
Massenkultur und ästhetische Urteilskraft.
Zur Geschichte und Funktion der deutschen Filmkritik
vor 1933   25

Hans Helmut Prinzler
Shadows of the Past.
Die bundesdeutsche Filmkritik der fünfziger Jahre   46

Claudia Lenssen
Der Streit um die politische und die ästhetische Linke
in der Zeitschrift *Filmkritik*.
Ein Beitrag zu einer Kontroverse in den sechziger Jahren   63

III   Selbstpräsentation der Filmkritik

Frieda Grafe
Autorenfilm, Autorenkritik.
Zum Beispiel *Himatsuri* von Mitsuo Yanagimachi (1984)   80

Dietrich Kuhlbrodt
Adorno. Bloch. Baudrillard. Und das Schreiben über
das Kino von Dore O., Vlado Kristl und Joachim Bode   93

Wolf Donner
Kritiker-Kritik, Kulturbetrieb, Kieslowski.
Notizen zum Stand der Filmkritik und zu Kieslowskis
Krotki Film o zabijaniu (1987)   110

Gertrud Koch
Kritik und Film: Gemeinsam sind wir unausstehlich.
Mit einer Kritik von *Les favoris de la lune* von
Otar Iosseliani (1984)   135

Karsten Witte
Von der Diskurskonkurrenz zum Diskurskonsens.
Zum Paradigmenwechsel in der gegenwärtigen Filmkritik
mit einem Blick auf *Umarete wa mita keredo* von
Yasujiro Ozu (1932)   154

Claudius Seidl
Müssen Kritiker kritisch sein? Mit Anmerkungen zu
Victor/Victoria von Blake Edwards (1982)   169

Andreas Kilb
Abschied vom Mythos. Über *Le Mépris* von Jean-Luc
Godard (1963) und über den Wandel in der Filmkritik   184

Norbert Grob
Wenn die Bilder verstehen lehren.
Zur Filmkritik in Deutschland. Mit Thesen zur
filmkritischen Arbeit im Fernsehen am Beispiel
The Color of money von Martin Scorsese (1987)   198

IV
Karl Prümm
Nachbemerkung zu einer Debatte   228

Hans Helmut Prinzler / Norbert Grob
Ausgewählte Bibliographie zur Filmkritik in Deutschland   233

Die Autoren   251

Vorwort

Die Einschätzungen schwanken stark, wenn es um filmkritische Arbeit hierzulande geht. Die einen sprechen von übertriebener Macht, die anderen von genereller Ohnmacht. Die einen, Filmemacher vor allem, auch Verleiher, finden den Einfluß deutscher Filmkritiker übertrieben, die anderen, die Filmkritiker selbst, verweisen auf die Wirkungslosigkeit ihrer Arbeit. So schrieb etwa Hans Jürgen Syberberg von einem »meinungsmachenden Klub«, der darüber bestimme, »wer ins Kino geht«. André Bazin dagegen nannte das Metier »unnütz«: »Filmkritik zu machen ist ungefähr, wie von einer Brücke herunter ins Wasser zu spukken.«

Schreiben über Kino war von jeher eine umkämpfte und gefährdete Profession, die vielen Interessen ausgesetzt ist, auf vielfältige Ansprüche reagieren und Positionen beziehen muß. Zu dem Streit, mit dem die Kritik permanent von außen überzogen wird, kommt die Kontroverse in ihrem Inneren um programmatische Ziele und theoretische Orientierungen. Die Geschichte der Filmkritik ist eine Geschichte der Kontroversen.

Wie stellt sich diese Profession, um die es in den letzten Jahren auffallend ruhig geworden ist, heute dar? Welche Verfahren der Kritik, welche Schreibweisen werden erkennbar? Zeichnen sich neue Richtungen, Schulen und Zentren ab? In welcher Weise nehmen die verschiedenen Positionen voneinander Notiz? Auf welche historischen Vorbilder beziehen sie sich? Gibt es implizite Debatten und indirekte Distanznahmen?

Auf diese Fragen versucht der Band Antworten zu geben. Er dokumentiert eine Ringvorlesung, die im Sommersemester 1989 an der Freien Universität Berlin stattfand.

Im Zentrum der Reihe standen beispielhafte Analysen und Essays deutscher Filmkritiker, die ein weites Spektrum der seriösen Filmkritik hierzulande umfaßten. In der Bundesrepublik existiert keine Fachzeitschrift, die – vergleichbar den *Cahiers du cinéma* in Frankreich oder der Münchener *Filmkritik* in den sechziger Jahren – alltägliche Rezensionstätigkeit mit theoretischem Interesse, historischer Präzision und cinéphiler Verve verbindet. Obwohl nicht übersehen werden soll, daß einiges in Bewegung gekommen ist, in Frankfurt und München, in Köln und Hannover. So finden die wichtigsten Auseinandersetzungen noch immer in den großen Zeitungen und Zeitschriften statt. Dem trug die Vorlesungsreihe Rechnung. Daß dabei Mitarbeiter der *Zeit*, der *Süddeutschen Zeitung* und der *Frankfurter Rundschau* verstärkt, Kritiker anderer Zeitungen dagegen, der *Frankfurter Allgemeinen* oder der *Welt*, des *Spiegel* oder des *Rheinischen Merkur / Christ und Welt* kaum vertreten sind, hat mehrere Gründe. Die Zahl der möglichen Einladungen war begrenzt. Manche konnten zu der Zeit nicht, manche wollten nicht.

Die Kritiker, die hier zu Wort kommen, stehen für unterschiedliche Positionen zu unterschiedlichen Zeiten und repräsentieren verschiedene Generationen. Doch ging es nicht darum, das Denken über Kino und Film hierzulande in seiner ganzen Breite und Vielfalt vorzustellen und zu problematisieren, sondern darum, filmkritische Praxis und filmkritisches Bewußtsein zu präsentieren und zu diskutieren.

Die Arbeit über einen einzelnen Film, den die Kritikerinnen und Kritiker selbst aussuchen und im Kino ARSENAL vorstellen konnten, gab so Auskunft über Methode und Technik, historische Interessen, Blickweisen und Wertmaßstäbe gegenwärtiger filmkritischer Positionen in der Bundesrepublik Deutschland. In der Art und Weise des Schreibens und Sprechens war auch die Konstruktion des Denkens zu erkennen, die Strategie, das Kalkül, das Bewußtsein.

Als Folie und Hintergrund dieser Selbstpräsentation rekonstruieren vier Beiträge die brüchige und weithin unbekannte Geschichte der deutschen Filmkritik bis in die siebziger Jahre, bis dicht an die von den Kritikern selber thematisierte Aktualität heran. Sie erläutern die sehr unterschiedlichen historischen Konstellationen, die wechselhaften medialen Bedingungen der Kritik, das Selbstverständnis ihrer herausragenden Repräsentanten, markieren Zäsuren und Brüche, erinnern an entscheidende Kontroversen.

Eine Bibliographie schließt den Band ab und weist über ihn hinaus.

Norbert Grob, Karl Prümm

Karl Prümm

Filmkritik als Medientransfer
Grundprobleme des Schreibens über Filme

Die Einleitung soll nichts vorwegnehmen. Eine umfassende Theorie der Filmkritik, die bereits alles zudecken würde, will und kann sie nicht geben. Ein rascher Gang durch die Geschichte der Filmkritik ist ebenfalls nicht zu erwarten. Statt dessen werden zwei bescheidenere Ziele angestrebt:

Eine erste Annäherung an ein schwieriges Thema soll vollzogen, ein kategorialer Rahmen geliefert werden, den die Beiträge zur Geschichte der deutschen Filmkritik und die Selbstpräsentationen der Kritiker ausfüllen.

Zum zweiten will ich der Filmkritik jene Selbstverständlichkeit nehmen, die sie als Teil der Alltagskultur inzwischen gewonnen hat. Überall treffen wir auf Texte über Filme, in den Feuilletons, in den Stadtmagazinen, in den Rundfunk- und Fernsehprogrammen. Das Sprechen über Kino geht den Sprechern leicht von der Zunge, die Rede – so scheint es – fließt ebenso unproblematisch wie die Filme, auf die sie sich beziehen. Hier gilt es, die Fremdheit der Reflexion wieder herzustellen, ein Problemfeld wieder zu eröffnen.

Das zur Routine Erstarrte wird im folgenden ganz in den Mittelpunkt jenes Tableaus filmischer Produktion gerückt, das oft einem undurchdringlichen Labyrinth gleicht. Vom konkreten Handeln der Kritik wird immer wieder ausgegangen, von dort aus wird das Zusammenspiel mit all den anderen Instanzen erfaßt und beurteilt.

Nur so entgeht die Reflexion der Gefahr, die Filmkritik zu unterschätzen, einer Gefahr, die um so größer ist, da die Kritik selber die Neigung erkennen läßt, sich an den Rand zu drängen. Es gibt eine breite, immanente Tradition der Klage über fehlende Anerkennung und geringes Prestige bis hin zur Selbstverleugnung, eine ernsthafte Filmkritik sei noch gar nicht existent, hier würden sich nur die Ignoranten und Volontäre austoben. Noch 1985, in der Einleitung zu einer Auswahl seiner Kritiken, zitiert Karsten Witte die »kurrente Meinung«, dies sei eine »fidele Profession«, ein »idealer Zeitvertreib für Aussteiger von oben«.[1]

Blickt man auf die gegenwärtigen Feuilletons im speziellen und auf die Presselandschaft im allgemeinen, läßt sich dies so nicht mehr bestätigen. Der Film ist überall intensiv präsent, Texte über Filme finden allerorten Einlaß, Filmkritiken stehen gleichberechtigt neben Premierenberichten. Eher ist die Fernsehkritik in der Rolle jenes Prügelknaben, in der die Filmkritik offenbar noch gerne sein möchte.

Eine zweite verbreitete Strategie der Selbstverleugnung ist das Sich-Verstecken hinter dem Objekt, die ausgiebig betonte Abhängigkeit vom ephemeren Produkt. Daraus resultiert ein ablenkendes Sprechen über den Film, das die selbstreflexive Rede über die eigene Praxis, über das Schreiben verhindert. Nur durch die Thematisierung dieses Prozesses lassen sich die Grundprobleme fassen und beschreiben, lassen sich so elementare Fragen beantworten, wie dies nun im ersten Kapitel geschehen soll.

1   Was ist Filmkritik?

Die allgemeiner gestellte Frage »Was ist Kritik?« beantwortete Roland Barthes 1963 so: »Die Kritik ist Diskurs über einen Diskurs. Sie ist die ›sekundäre‹ Sprache oder ›Meta-Sprache‹ (wie die Logiker sagen würden), die sich mit einer ›primären‹ Sprache (oder Objekt-Sprache, ›langage-objet‹) befaßt«.[2]

Dieses Problem, daß Kritik immer nur mit dem Blick auf das ganz Andere spricht, verschärft sich bei der Filmkritik. Denn sie ist nicht nur Meta-Sprache, sondern sie ist auch Rede in einem anderen Medium. Der Diskurs der Filmkritik setzt einen Transfer, einen Medienwechsel voraus. Die primäre Sprache liegt hier außerhalb des Sprachlichen, Bilder müssen in Wörter, Wörter müssen in Schrift verwandelt werden.

Sofort drängt sich eine ganze Reihe von Fragen auf: Wie soll die Filmkritik diese doppelte Transformation leisten? Wie soll sie die von Barthes bestimmte Aufgabe der Kritik, in ihre Syste-

matik die größtmögliche Quantität der »Primärsprache« aufzunehmen, wie soll sie dies realisieren? Wie soll die Filmkritik die
»Polysemie«, die unausdeutbare Bedeutungsvielfalt jedes einzelnen Bildes, wie soll sie die gegenseitige Durchdringung verschie-
denster Zeichensysteme mit wechselnden Hierarchien, wie soll
sie das komplexe Verweissystem Film, die Bedeutungskonstitu-
tion in den Bildern und zwischen den Bildern umfassen und
erfassen?

Unter Übersetzungszwang stehen auch die Kunstkritik und
die Musikkritik, auch diese Disziplinen müssen einen Medienwechsel vollziehen. Doch der unsemantische Charakter der
Musik erlaubt eine souveräne, paraphrasierende Entfernung
vom Objekt, der isolierte Kunstgegenstand gestattet, anders als
die »Zeitkunst« Film, die Reduktion auf das ausgewählte Detail.
Am ehesten gleicht noch die verwickelte Problematik des filmkritischen Diskurses der Theaterkritik, doch deren Textopera-
tion klammert sich oft an das mediale Äquivalent, mildert den
Medienwechsel durch Rekurse auf den Dramentext.

Doch die »Einschichtigkeit« des Films, von der Béla Balázs
gesprochen hat[3], verlangt von seinem kritischen Diskurs eine
radikale Transformation, er verlangt den Sprung in ein ganz
anderes Medium. Filmkritik, und dies ist die allgemeinste Definition, ist eine Übersetzungsleistung. Dabei ist dieser Transfer
nie selbstverständlich, das Kino erklärt sich nie von selbst, dieser Diskurs muß immer wieder erarbeitet und legitimiert werden. Die Sprache der Filmkritik ist offen wie die keiner anderen
Kritikdisziplin, ihr Diskurs ist labil, unfertig und unabgeschlos-
sen. Er ist ein Einfallstor für wechselnde Moden, Terminologien
und Paradigmen. Die Filmkritik läßt sich immer auch als ein
Echo der allgemeinen kulturellen Rede entziffern, die beschwo-
renen Autoritäten wechseln rasch.

Der junge Godard konnte 1952 noch so sehr gegen die meta-
physische Versuchung der Filmkritik wettern, der er vorwarf,
sich der »Gegenwartsphilosophie« auszuliefern, statt einen eigenen autonomen kinematographischen Diskurs auszubilden[4], die
Filmkritik dieser Zeit war dennoch vom Existentialismus tief
durchdrungen. Der deutsche Kritiker Gunter Groll wappnet
sich 1953 mit einem Zitat des katholischen Theologen Romano
Guardini, um erfolgreich über das Kino zu sprechen.[5] 1957 be-

schwört die junge Mannschaft der Zeitschrift *Filmkritik* beim Start ihrer Unternehmung Adorno und Horkheimer als ihre Autoritäten.[6] Das zweite Heft hebt ein Zitat aus dem Kapitel »Kulturindustrie« der *Dialektik der Aufklärung* in den Rang eines Leitartikels.[7] So könnte man fortfahren.

In ihrer prinzipiellen Offenheit entwickelt die Filmkritik aber andererseits eine große Sensibilität für das Neue und Zukunftsweisende. Sie ist hellwach. Der erste Satz der Zeitschrift *Filmkritik*: »Wir wollen es mit Walter Benjamin halten«[8], setzt ein kollektives Wissen von diesem Autor voraus, während er in der damaligen Literaturwissenschaft noch gänzlich unbekannt war und erst zwei Jahrzehnte später, dann aber gründlich und erdrückend, in Besitz genommen wurde.

Schon 1967 bestimmt die gleiche Zeitschrift die Grenzen eines einseitig ideologiekritischen Verfahrens, dem sich die Germanistik gleichzeitig mit Entdeckergestus zuwendet. Die frühesten Spuren einer deutschen Rezeption des französischen Strukturalismus finden sich in der Filmkritik. Auch hier könnte man mit weiteren Beispielen fortfahren.

Die Offenheit, Tugend und Laster zugleich, ist keine Beliebigkeit. Durch ihren Übersetzungsauftrag ist die Filmkritik immer wieder zurückverwiesen auf ihren Gegenstand und seine besonderen Anforderungen, auf die Semantik der Bilder, auf das, was sie repräsentieren, auf das komplizierte Gefüge von Zeichen und Bedeutungsrelation.

Darauf reagierend, muß der Kritiker seine Sprache finden. Der Text, den er konstruiert, ist eine schmerzhafte Abbreviatur. Die Schrift ist abgetrennt vom lebendigen Augenblick des Filmerlebnisses und verkürzt zugleich den so vielfältigen Prozeß des Umgehens mit dem Film, die verlebendigende Erinnerung, die sich immer wieder neue Nuancen vergegenwärtigt, das abwägende, beständig changierende Urteil. In der Kritik gerinnt dann alles zur endgültigen Abstraktion der Schrift. Ein Kritiker der fünfziger Jahre, Willy H. Thiem, hat dies 1954 in einem Almanach, der den »Spannungen zwischen Presse und Film« gewidmet war, so zum Ausdruck gebracht:

»Sie (die Filmkritik) kämpft auf verlorenem Posten seit je. Sie regt die Feder mit Eifer. Zierliche, schwarze Buchstaben, auf heimatlos weißes Papier geworfen. Sie formen sich zu Worten,

Begriffen, wollen andeuten, was war, sollen begreiflich machen, was hätte sein können.«[9] Eine doppelte Überforderung der Schrift ist hier festgehalten. Vergeblich versucht sie, den vitalen Moment der Filmrezeption einzuholen, von dem sie sich in Wirklichkeit in neue zeichenhafte Verhüllungen entfernt, und fixiert zugleich, diesmal nach vorne gerichtet, das nicht Realisierte, aber Mögliche.

Die Schrift ist ein Medium des Diskursiven und des Rationalen. Der Soziologe Jack Goody, der als einer der ersten den Übergang von der mündlichen zur schriftlichen Kultur untersucht hat, nennt die Schrift eine »Technologie des Intellekts«[10]. Roland Barthes fordert folgerichtig von einer Kritik, die sich dieses Mediums bedient, die Qualitäten »Systematik«, »Kohärenz«, »Schlüssigkeit«.[11] Rousseau steht am Anfang einer Reihe von Sprechern, die gegen die Schrift opponieren: »Die Schrift, die scheinbar die Sprache festhalten soll, ist genau das, was sie verändert – sie ändert nicht die Wörter, sondern den Geist – sie ersetzt den Ausdruck durch Exaktheit. Man gibt seine Gefühle wieder, wenn man spricht, und seine Ideen, wenn man schreibt.«[12]

Vielleicht ist es die Angst vor der reinen Ideenkritik, die Furcht vor dem Verschwinden der Emotionalität in der Schrift, die viele Kritiker veranlaßt, außerhalb der Kritik, in Nebentexten, ihre affektive Bindung an das Kino überschwenglich zu formulieren, so wie zum Beispiel Hans Hellmut Kirst, Ende der vierziger / Anfang der fünfziger Jahre einer der wichtigsten deutschen Kritiker: »Wer die freudige Erwartung nicht mehr kennt, die jeden Freund der Filme unweigerlich überfällt, wenn das Licht im Saal verlöscht, der leidet unter der tödlichen Krankheit *der* Kritik, die aus der Lieblosigkeit kommt.«[13] Wenn Filmkritiker die Anforderungen an ihre Profession formulieren, so fehlt niemals, bei allen Differenzen im Einzelnen, die Liebe zum Kino als entscheidendes Movens des Schreibens.

Wörter und Bilder, Visualität und Schrift sind letztlich inkommensurabel, Kritik und Kino vollziehen sich in zwei getrennten Medien. Wieder ist es Godard, der, in beiden Welten zu Hause, gegen die elementare Differenz revoltiert und ihr eine neue Einheit von Produktion und Kritik, Schrift und Bild entgegensetzt. In seiner »Einführung in eine wahre Geschichte des Kinos«

heißt es: »Wörter können über Wörter sprechen. Schief wird es erst, wenn Wörter über Bilder sprechen, die dafür nicht gemacht sind. Sie können sich auf sie beziehen, sie können aus ihnen hervorgehen, sie können sie in sich hineinholen, aber dazu braucht man dann unbedingt Fotos. Ich fühle mich so allein im Film, weil ich niemanden getroffen habe, der zum Schreiben, um einen Stift zu halten, ein Foto braucht. Um ein Foto zu machen, braucht man einen Stift, der die Legende schreibt. Und der Stift hat auch einen Radiergummi, d.h. man braucht einen Gummi, um ein Foto zu machen. Einen Radiergummi am Ende des Stifts. Das ist Kino, das ist Fernsehen oder, um ein Modewort zu benutzen, das mir lieber ist, das ist das Audiovisuelle, die Information.«[14]

Godard löst die Erstarrung der Schrift und ihre Abstraktionen auf, sein filmkritischer Diskurs negiert alle Mediengrenzen. Handschrift und fotografischer Akt, Fluß der Bilder und variabler Text, Werkzeuge der écriture und die Apparatur des Mediums, Kritik und ihr Objekt sind eins.

Godards einsamer Traum hebt die Filmkritik auf so radikale Weise auf, daß er Widerspruch herausfordert. Das grundsätzliche Dilemma des filmkritischen Diskurses, daß er über sein Objekt in einer fremden Sprache redet, läßt sich auch ganz anders lösen. Wenn die Schrift auf ihrem prinzipiellen Anderssein beharrt, wenn der Medienwechsel, der Zusammenprall von Bildern und Wörtern als Grundelement filmkritischer Arbeit akzeptiert wird, dann verwandelt sich die vermeintliche Aussichtslosigkeit in eine produktive Konstellation. Dann entfaltet gerade die Übersetzung neue Energien und treibt das filmische Ereignis auf einer außerfilmischen Ebene erkenntnishaft voran. Filmkritik ist solchermaßen definiert als konstruktiver Akt, als zweite Produktion in ihrem ureigenen Medium, in dem der Sprache. Eine Kritik, die sich selbst einmal auf diese Weise durchschaut hat, ist gefeit gegen das in diesem Berufsstand weit verbreitete Selbstmitleid, auf verlorenem Posten zu kämpfen, mit einer ohnehin wirkungslosen Nachrede immer zu spät zu kommen.

Keineswegs steht die Kritik ohnmächtig unter dem Diktat ihrer Objekte, vielmehr sind die Filme ihr ausgeliefert. Die Filmkritik ist eine Macht mit souveräner Verfügungsgewalt. Nur sie kann ihre Objekte beliebig zurichten, im filmkritischen Diskurs, der sich beständig erneuert, konstituiert sie ihre Gegenstände und ihre Verfahren, »bedient« sie sich des Vokabulars und der Theorie, die passend erscheinen. Die Einzelteile ihrer Maschinerie kreiert die Filmkritik selbst und fügt sie zudem eigenhändig zusammen. Ihr fällt das Erstlingsrecht der Versprachlichung neuer Filme zu (sozusagen das ius primae linguae) und stets hat sie auch noch das letzte Wort. Kein Wunder, daß bei dieser Anhäufung von Privilegien alle anderen am Film beteiligten Gruppen wutschnaubend über die Kritik herfallen. Eine filmkritische Arbeit, die, wie Frieda Grafe es 1966 fordert, »reflektierte Beschreibung eines spezifischen Verfahrens« ist[15], erfüllt jene Maxime, die Roland Barthes jedem kritischen Sprechen abverlangt: »Jede Kritik muß in ihrem Diskurs (sei es auch auf noch so diskrete und abgewandte Weise) einen implizierten Diskurs über sich selbst enthalten. Jede Kritik ist Kritik des Werkes und Kritik ihrer selbst.«[16]

Eine selbstreflexive Kritik wird niemals das Bewußtsein ihrer öffentlichen Verantwortung einbüßen. Mit ihren konstruktiven Operationen und ihren Versprachlichungsleistungen schafft sie eine wirkungsvolle Präsenz des Films in der Schrift, eine kollektive Verfügbarkeit. Zwar verschwinden der lebendige Filmeindruck und die subjektive Emotionalität des Kritikers im Text, im Text der Kritik, die aber zugleich ein kinematographisches Archiv bildet. Oft überlagert diese zweite Überlieferung das primäre Objekt. Dort, wo die Filme verloren sind, stehen die Kritiken legitimerweise für sie ein, aber Filmkritiken wurden und werden immer noch historiographisch mißbraucht, auch wenn es die Möglichkeit gibt, die versprachlichten Gegenstände selber, nämlich die Filme, zu befragen.

Es waren die Protagonisten der »Ästhetischen Linken«, die seit Mitte der sechziger Jahre dieses prozeßhafte, selbstreflexive und offene Schreiben über Film in Deutschland heimisch zu machen versuchten. Enno Patalas forderte 1966 die »Vertiefung in die Struktur des Werkes«, einen aktivierenden, den Kritiker selber einbeziehenden Prozeß der Kritik.[17] Frieda Grafe und Helmut Färber spitzen dies ein Jahr später zu. Frieda Grafe durch die Adaption des Strukturalismus, Färber durch eine Aktualisierung der romantischen Kunsttheorie.[18] 1978 knüpft Peter Nau an die Reformversuche an. Er will die Feuilletonkritik vom Beurteilungszwang befreien und einen Gestus der Beschreibung zurückgewinnen, in den Unmittelbarkeit der Erfahrung, Bewegung, Reflexion, Lust am Detail eingehen.[19] 1979 verweisen Claudia Lenssen, Jochen Brunow und Norbert Jochum die Filmkritik nachdrücklich auf ihre eigene Praxis, die sie so gerne verleugnet, auf die »produktive Transformation des Filmerlebnisses in einen Schreibprozeß«[20].

2   Filmkritik – ein heikles Geschäft

Selbstredend – die eben skizzierte strukturelle Idealität der Filmkritik ist getrübt und bisweilen auch gänzlich widerlegt durch die Praxis. Für eine Kritik, die mehr als bloß monologisch sein will, genügt es nicht, für das neue filmische Ereignis eine neue Sprache zu finden. Sie ist elementar angewiesen auf ein dauerhaftes Medium, das sich dieser flexiblen Rede öffnet und mit dieser Rede Leser erreicht. Filmkritik wird so geschrieben, daß sie zu einem kommunikativen Ereignis wird; Filmkritik ist Journalismus und ist damit den Herstellungs- und Vertriebstechniken unterworfen, wie sie für dieses Gewerbe üblich sind. Filmkritik ist Ware.

Die Subjektivität des Kritikers als seine entscheidende Produktivkraft, seine Wahrnehmungs- und Formulierungsfähigkeit erfährt damit sofort wieder einschneidende Beschränkungen und Vermittlungen. Ohnehin scheint die Subjektivität des Kritikers nur momenthaft auf, die einzelne Stimme geht rasch ein in das vielstimmige Konzert, in das Abstraktum: die Kritik habe den Film durchaus kühl aufgenommen, wie es dann jenseits des Tages und jenseits des Textes heißt.

Viele Kritiker versuchen, diesen unumgänglichen Prozeß der Entindividualisierung noch unter Kontrolle zu halten. Sie organisieren sich in Equipes, in Redaktionsmannschaften, die Schreibweisen und Urteile taktisch aufeinander abstimmen.

Die Gründung einer eigenen Zeitschrift (*Filmkritik*, *Filme*) ist schließlich der konsequenteste Versuch, den journalistischen Zwängen zu entgehen.

1968 hat der bei einer Tageszeitung arbeitende Filmredakteur Wolfram Schütte drei »materiale Voraussetzungen« benannt, die für die Filmkritik einer Tageszeitung unaufhebbar seien:

»a) Der Raum für die Kritik ist begrenzt, wenn auch innerhalb dieser Grenzen variabel.
b) Die Arbeit steht unter dem Druck der Zeit. Zwischen dem Filmsehen und der Niederschrift der Kritik liegen minimal 2 bis 3 Stunden, maximal ein bis zwei Tage.
c) Die Kritik sollte so geschrieben sein, daß sie vom größten Teil der amorphen, nach Bildungsniveau und Interessengebiet verschiedenartig gruppierten Leserschaft rezipiert werden kann.«[21]

Varianten und Abstufungen dieser Rahmenbedingungen ließen sich nun im einzelnen verfolgen, von der Drei-Spalten-Kritik in den überregionalen Feuilletons bis hin zum 10-Zeilen-Inhaltsreferat in der Provinzpresse. Diese Vorgaben etablieren Konflikte auf zwei Ebenen: Einmal kollidiert der Kritiker mit seinen eigenen weiterreichenden Intentionen, und zum anderen verschärft sich die Zwangslage des ohnehin potentiell konfliktgeladenen Textes, der in die Interaktionen zwischen Film und Publikum eingreift.

Bereits vor dem Schreibakt wird der Kritiker mit Wunschbildern konfrontiert. Produktionsfirmen und Kinobesitzer sehen den Kritiker gerne als kostenlose Werbeagentur, die annoncenwürdige Superlative und die Schaukästen zierende, einladende Texte liefert, der Regisseur erwartet den kongenialen Dialog, Schauspieler und Kameramänner erhoffen sich eine adäquate Würdigung ihres Beitrags und der Zuschauer/Leser handfeste Empfehlungen. Enttäuschungen, die nicht ausbleiben können, bringen die Betroffenen immer wieder gegen die Filmkritik auf. Bis in die sechziger Jahre hinein war die Drohung mit dem Anzeigenboykott so etwas wie die klassische Waffe der Filmtheaterbesitzer gegen eine unbotmäßige Kritik.

Das grundsätzliche Verhältnis von filmischer Produktion und Prozeß der Kritik wurde von jeher höchst kontrovers diskutiert. »Wir beurteilen nur *die Produktion*, den Film selbst, und nehmen uns heraus, unsere Meinung zu sagen«, hält Béla Balázs 1924 einem Vertreter der Filmverleiher und Kinobesitzer entgegen, der ihm öffentlich vorgeworfen hatte, seine Kritiken ignorierten die Interessen der Branche.[22]

Der »Filmreporter« Balázs war ausschließlich Kinogänger, Atelierberichte sucht man in seiner prinzipientreuen Filmpublizistik vergeblich. Seine »sachverständige ästhetische Kritik«, die er mit Recht für sich reklamierte[23], war allein auf das Kunstwerk gerichtet, relativierende Insiderkenntnisse aus der Produktionssphäre, über die er als Drehbuchautor sicher verfügte, schloß er aus seiner höchst bewußten, »altmodischen« Kunstkritik aus.

Zur gleichen Zeit, im gleichen Jahr, vollzieht Willy Haas eine Spaltung des Rollenbildes. Neben der »Tageskritik«, die in ihrem einschränkungslosen Subjektivismus die Tradition der Kunstkritik unbehelligt fortsetzen soll, konzipiert er eine »Fachkritik«, die eine Ausbildung in der »Filmfabrik« zu durchlaufen habe und deren Schreiben er als praktische Beratung der Filmproduktion bezeichnete, als »aktive Nähe« und enge Zusammenarbeit mit den »schaffenden Elementen des Filmes«.[24]

Die Kritiker-Regisseure der Nouvelle Vague scherten sich wenig um Rollenbilder und Ressortgrenzen, sie mischten alles kräftig durcheinander. Ex post erklärten sie, Filmkritik und Filme-Drehen sei von Anfang an eine untrennbare Einheit gewesen. Für Godard sind die Filmkritiken der *Cahiers du cinéma* Filmgespräche unter Freunden, die nichts anderes im Kopf haben, als selber Filme zu machen.[25] Kritik war für sie ein Vorraum der Produktion, ein Übungsfeld der Aneignung von Filmgeschichte, sicher auch der Selbstetablierung und Selbstinszenierung.

Dies war ein produktiver Augenblick für Filmproduktion und Filmkritik, aber das Ineinanderfallen der Rollen, das Verwischen der Grenzen hat auch eine problematische Dimension, zumal für eine Instanz, die in einer konfliktträchtigen Konstellation agieren muß und deren Repräsentanten oft Schreiben über Film nur als Transitorium zu »höheren Aufgaben« begreifen.

So bleibt der Diskurs der Filmkritik, die so schwierige und heikle Übersetzungsleistung, brüchig und inkonsistent, für Deutschland gilt dies im besonderen. Hier war Filmkritik ein noch prekäreres Geschäft als anderenorts. Hier mußte die Filmkritik langatmig ihren Gegenstand als Kunst etablieren, sie war mit Grundsätzlichkeit überlastet und hatte zugleich mit äußerlichen Schwierigkeiten zu kämpfen. Bis Mitte der zwanziger Jahre mußte die Filmkritik dem rasant sich selbst verzehrenden

Medium hinterherschreiben und zugleich »Kino-Kritik« in einem ganz äußeren Sinne sein, das durchsetzen, was der Regisseur Urban Gad eine »würdige Aufführung« genannt hat, gegen die gängige Verstümmelung der Filme durch Kinobesitzer und Verleiher einschreiten, gegen das Jagen der Filme durch den Projektor, um Aufführungszeit zu sparen, gegen gänzlich verunglückte musikalische Begleitungen.[26]

Trotz dieser Schwierigkeiten entfaltete die Filmkritik der zwanziger Jahre in Feuilletons und in den zahlreichen Fachorganen einen reichen Diskurs, der vom Faschismus abgeschnitten wurde. Durch ministeriellen Erlaß wurde die Kritik 1937 abgeschafft.

Nach 1945 war die deutsche Filmkritik weitgehend gedächtnislos. Isolierte Initiativen, eine Kontinuität des filmkritischen Denkens zu begründen, wurden immer wieder auf eine Nullpunktsituation zurückgeworfen.

3 Modelle und Konzepte der Filmkritik

Die Genese der Kritik offenbart ihre Funktionen. Im 18. Jahrhundert, mit dem breiten Sichtbarwerden der Kunstwerke, mit der Entstehung einer Ausstellungskultur, eines gigantischen literarischen Marktes und eines vielfältigen Konzertlebens wird die Kunstkritik zu einem konkreten Bedürfnis.

Das bürgerliche Publikum verlangt nach einer Instanz, die klassifikatorisch und bewertend Ordnung und Überschaubarkeit herstellt. So entsteht die Figur des *Kunstrichters*, der im öffentlichen Auftrag das räsonierende Kunstgespräch in Gang setzt. Auf die politische Dimension gerade der literarischen Öffentlichkeit hat ja Habermas eindrücklich hingewiesen.[27] Der Kritikbegriff dieser neuen Öffentlichkeit war mit der Aufklärung eng verbunden. »Wenig übertreibt, wer den neuzeitlichen Begriff der Vernunft mit Kritik gleichsetzt«, schreibt Adorno in einem seiner letzten Essays.[28]

Das Pathos dieser Kritik ist von Veränderungsimpulsen getragen. Sie steht noch dem praktischen Ursprung der Kritik nahe, Mißstände öffentlich zu benennen und auf ihre Beseitigung zu drängen. Sie glaubt an die stetige Verbesserungsfähigkeit der Kunst und des Publikums, an solchen Zielen arbeitet sie.

Das *Verfahren* der Kritik ist auf solche Wirkungen hin dann angelegt. Sie hält zu ihrem Objekt analytische Distanz, bevorzugt die klare transparente Beweisführung und gelangt zu einem abgeschlossenen und endgültigen Urteil. Der Kunstrichter hat zugleich den Auftrag, als gestrenger Kunstzensor zu fungieren, der über die Kritikwürdigkeit der Gegenstände entscheidet. In der zweiten Hälfte des 18. Jahrhunderts, angesichts einer lawinenartig anschwellenden Buchproduktion, werden in der Kritik die Denkschemata von »Kunst« und »Unkunst« entwikkelt, die dann im 19. Jahrhundert mit den Begriffen des »Kitschs« und des »Trivialen« eine neue Radikalität der Abgrenzung und Ausgrenzung gewinnen.[29] Gerade die Massenkunst Film und ihre Bewertungsinstanz Filmkritik bleiben von diesen Prozessen nicht unberührt.

Die Erwartung einer normativen, an eine intersubjektiv verbindliche Regelpoetik fixierte Kritik ließ sich schon im 18. Jahrhundert nicht mehr erfüllen. Zu ausdifferenziert waren die Kunstwerke, zu ausgeprägt war das Raffinement der Gefühlskultur und der ästhetischen Erfahrung auf der Seite des Publikums.

In dieser Schieflage der institutionalisierten Kritik entwickelte die Frühromantik ihr Gegenmodell, das Walter Benjamin in seiner Dissertation *Der Begriff der Kunstkritik in der deutschen Romantik* (1919) scharf herausgearbeitet hat.[30] Friedrich Schlegel – der Hauptsprecher – negierte die Grundlagen aufklärerischer Kritik, die analytische Distanz und Metaebene, er weist jede pädagogische Mission weit von sich. Für ihn ist Kritik Erkenntnis und Selbsterkenntnis des Kunstwerks, sie gehört selber dem Reich der Kunst an. Die Kritik vollende das Kunstwerk, indem sie dieses als Einzelnes im unendlichen Reflexionsmedium der Kunst auflöse. In ihrem Gegenstand konstituiert sich die Kritik also selbst als Prozeß der Beobachtung, des Experiments am Kunstwerk, der Recherche.

Alle wichtigen Konzepte auch der Filmkritik lassen sich im wesentlichen auf diese beiden Grundmodelle zurückführen. Das Bedürfnis nach einer Institution Filmkritik kam in Deutschland erst auf, als das Kino dicht an die bürgerlichen Kulturgewohnheiten herangerückt war.

Noch Anfang des Jahres 1909 kapitulierte die erste Fachzeitschrift *Der Kinematograph* vor der Aufgabe, über Filme schreibend Ordnung zu schaffen in diesem anarchischen Gewühl der Filmproduktion. »Es ist zu viel«, so der Stoßseufzer eines Autors, der sich offenbar daran gemacht hatte, das frühe wilde Kino nach den Regeln der Kunstkritik zu traktieren. Bei 500 Filmpremieren pro Woche sei dies nicht zu machen, bei einer »Kunst der lebenden, singenden, tanzenden, mordenden und wettrennenden Photographie«.[31]

Erst die Eröffnung des ersten glanzvoll-theaterhaften Berliner Kinos, des »Union-Theaters« am Alexanderplatz, schuf eine Kontingenz, ermöglichte eine auf diesen Ort bezogene Kontinuität der Kritik, eine Theaterkritik.

Von nun an waren die Filmproduzenten von dem Ehrgeiz beseelt, die Aufmerksamkeit der damals stark personalisierten, von Stars beherrschten Theaterkritik zu erlangen.

Die konsequente Theatralisierung des Films nach 1910, die Entwicklung hin zum großen Filmdrama, die Verpflichtung bedeutender Theaterregisseure wie Max Reinhardt und gefeierter Theaterschauspieler wie Albert Bassermann war auch wesentlich motiviert durch den intensiven Wunsch, einzugehen in die zweite Existenz der Schrift, Anteil zu haben am Diskurs der Kunstkritik.

Nur sehr verkürzt kann ich nun zum Ende hin einige Grundrichtungen und Schreibweisen der deutschen Filmkritik andeuten. Die Filmkritik der zwanziger Jahre blickte mit ihrem Schreiben nach vorne, sie war von einer Aufbruchstimmung und einer Euphorie durchdrungen, an einer großen Sache, an einer »werdenden Kunst« beteiligt zu sein. Ihren Texten gab sie den Status praktischer Mitarbeit am »Bau des Instruments«, wie Willy Haas dies ausdrückte.[32] Sie wollten mitschreiben am offenen Text des Films.

Die Perspektiven ihrer Besprechungen reichten dann auch weit über die einzelnen Filme hinaus, sie hatten die kinematographische Entwicklung im Ganzen im Auge. Arnheim 1929: »Der Filmkritiker sieht die Filmproduktion der ganzen Welt als eine einheitliche Arbeit, in der jedes einzelne Werk seinen Platz hat.«[33]

Der Grundgestus ihres Schreibens war universell, der Blick auf die Filme war paradigmatisch, die Kritik protokollierte

Momente der Erfüllung oder des Versprechens einer neuen Kunst.

1935, vom Faschismus ins Exil getrieben, resümiert Arnheim verbittert und resignativ die Weimarer Filmkritik. Sie habe versagt bei ihrer epochalen Aufgabe einer aktiven Zeugenschaft in einem Prozeß der Kunstwerdung. Als Konsequenz fordert Arnheim eine Kehre im Schreiben über Film, er proklamiert das Ende der Kunstperiode: »Der Sprechfilm als Darstellungsmittel schließt künstlerische Gestaltung aus«. Filme müßten vom »Filmkritiker von morgen« ausschließlich als Ware und als »Ausdruck allgemeiner politischer und moralischer Anschauungen« betrachtet werden.[34]

Arnheim war damit auf eine Position eingeschwenkt, die Siegfried Kracauer schon 1932 wirkungsmächtig formuliert hatte. Dessen bündige Definition: »Kurzum, der Filmkritiker von Rang ist nur als Gesellschaftskritiker denkbar«, war noch 1978 bei einer Tagung der Arbeitsgemeinschaft der Filmjournalisten in Frankfurt die Basisformel, auf die sich alle Anwesenden einigten.[35]

Kracauer forderte den Filmkritiker dazu auf, die latenten sozialen Absichten aus den Filmen »herauszuanalysieren und ans Tageslicht zu ziehen«[36]. Problematisch ist sein Konzept, weil es die Subjektivität des Kritikers auf jene aufdeckend-analytische Funktion einengt und vor allem weil es jene Dichotomie von Kunst und Unkunst auf fatale Weise zementiert. Kracauer wollte die »Durchschnittsproduktion« der »soziologischen Analyse« unterwerfen, während er die »immanent ästhetische Betrachtung« nur jenen Filmen vorbehielt, die »echte Gehalte bergen«.[37]

Die Sprecher der Filmkritik unmittelbar nach 1945 (Wolfdietrich Schnurre, Hans Hellmut Kirst, Gunter Groll) betonten die moralische Verantwortung des einzelnen Kritikers. Gunter Groll entwirft sich selbst als Einzelkämpfer, der sich mühsam den Weg durch den Dschungel bahnt. »Geschick und Geduld, Wissen und Witterung, Übersicht und Unbeirrbarkeit«, das ist der Katalog der Tugenden, den er der Filmkritik vorschreibt.[38]

1957 formierte sich dann die *Filmkritik* und stand auf gegen diesen Subjektivismus der Nachkriegskritik. Kracauer war unübersehbar das Vorbild des Manifests, mit dem man begann:

»Die feuilletonistische Filmkritik versagt ebenso vor dem bedeutenden Kunstwerk wie vor dem kommerziellen Produkt der Lebenslüge.«[39]

Die Debatte der sechziger Jahre in dieser Zeitschrift, die Spaltung in eine »ästhetische« und eine »politische« Linke schließlich wirken in der Institution Filmkritik bis heute nach.

Die Beschäftigung mit der verschütteten, unsichtbaren Geschichte der Filmkritik – und dafür soll hier nachdrücklich geworben werden – schärft die Augen für die aktuelle Praxis. Im Vergleich mit vergangenen Schreibweisen wird die enge Segmentierung heutiger Filmkritik bewußt. Sichtbar wird das, was nicht gesehen wird. Alle Aufmerksamkeit und deskriptive Anstrengung gilt gegenwärtig dem auteur und seinen Intentionen. Der filmkritische Diskurs der zwanziger Jahre zeichnete sich demgegenüber nicht nur durch seine kinematographische Grundsatzreflexion aus, er repräsentiert zugleich eine ausgefeilte, hochnuancierte Schauspielerkritik. Willy Haas hatte schon um 1925 eine artifizielle und dennoch prägnante Beschreibungstechnik der Bildkomposition, der Bildrhythmen, der »Bildmusik«, wie er es nannte, entwickelt, Standards, die Jahrzehnte später mühsam wieder errungen werden mußten. Auch die heutige Norm, immer voraussetzungslos beim einzelnen Film zu sein und bei ihm zu verharren, war damals eher die Ausnahme. Kritiker wie Joseph Roth, Bernard von Brentano, Willy Haas u.a. dokumentieren das Filmerlebnis noch in seiner Ereignishaftigkeit, fügen es erzählerisch und analytisch ein in ihr Alltagsleben und ihre Stadtwahrnehmung. Filme sind in ihren Kritiken Teil der Welt und Teil der subjektiven Erfahrung.

1 Karsten Witte: Im Kino. Texte vom Sehen & Hören. Frankfurt/M. 1985, S. 9. – 2 Roland Barthes: Was ist Kritik. In: R.B.: Literatur oder Geschichte. Frankfurt/M. 1969, S. 66. – 3 Béla Balázs: Der sichtbare Mensch oder Die Kultur des Films. Wien/Leipzig 1924, S. 37. – 4 Godard / Kritiker. Ausgewählte Kritiken und Aufsätze über Film (1950–1970). München 1971, S. 21/22. – 5 Gunter Groll: Magie des Films. Kritische Notizen über Film, Zeit und Welt. München 1953, S. 10. – 6 Filmkritik. Aktuelle Informationen für Filmfreunde. Heft 1. Januar 1957. – 7 Amusement und Kulturindustrie. In: Filmkritik. Heft 2. Februar 1957. – 8 Filmkritik 1 (1957) H. 1, S. 1. – 9 Karl Klär (Hg.): Der Stech-Kontakt. Ein Almanach der Spannungen zwischen Presse und Film. Hamburg

1954, S. 67. – **10** Jack Goody: Funktionen der Schrift in traditionalen Gesellschaften. In: Jack Goody / Ian Watt / Kathleen Gough: Entstehung und Folgen der Schriftkultur. Übersetzt v. Friedhelm Herborth mit einer Einleitung v. Heinz Schlaffer. Frankfurt/M. 1986, S. 25. – **11** Barthes (Anm. 2), S. 66. – **12** Jean-Jacques Rousseau: Essai sur l'origine des langues. Zit. nach: Schlaffer (Anm. 10), S. 12. – **13** Der Stech-Kontakt (Anm. 9), S. 38. – **14** Jean-Luc Godard: Einführung in eine wahre Geschichte des Kinos. Frankfurt/M. 1984, S. 122. – **15** Diskussion: Zum Selbstverständnis der Filmkritik. Frieda Grafe. In: Filmkritik 10 (1966), S. 588. – **16** Barthes (Anm. 2), S. 65. – **17** Enno Patalas: Plädoyer für die ästhetische Linke. In: Filmkritik 19 (1966), S. 407. – **18** Diskussion: Zum Selbstverständnis der Filmkritik. Helmut Färber. In: Filmkritik 11 (1967), S. 226–229. – **19** Peter Nau: Zur Kritik des Politischen Films. Köln 1978. – **20** Claudia Lenssen / Jochen Brunow / Norbert Jochum: Vom Schreiben über Film. Bemerkungen zur Filmkritik. In: Medium H. 12 (1979), S. 32–34. – **21** Wolfram Schütte: Maßstäbe der Filmkritik. In: Peter Hamm (Hg.): Kritik – von wem / für wen / wie. Eine Selbstdarstellung deutscher Kritiker. München 1968, S. 65. – **22** Béla Balázs: Die Branche und die Kunst. Eine Rechtfertigung des Filmkritikers (1924). In: B.B.: Schriften zum Film. Hg. v. Helmut H. Diederichs, Wolfgang Gersch u. Magda Nagy. Bd. 1. München 1982, S. 317. – **23** Ebd. – **24** Willy Haas: Tageskritik und Fachkritik. In: Film-Kurier, 11.2.1924. – **25** Godard: Einführung in eine wahre Geschichte des Kinos (Anm. 14), S. 28. – **26** Urban Gad: Der Film. Seine Mittel – seine Ziele. Berlin 1921, S. 264. – **27** Jürgen Habermas: Strukturwandel der Öffentlichkeit. Neuwied und Berlin 1962. – **28** Theodor W. Adorno: Kritik. In: Th.W.A.: Kritik. Kleine Schriften zur Gesellschaft. Frankfurt/M. 1971, S. 11. – **29** Vgl. dazu: Jochen Schulte-Sasse: Literarische Wertung. Stuttgart 1971, S. 9 ff. – **30** Walter Benjamin: Der Begriff der Kunstkritik in der deutschen Romantik. Frankfurt/M. 1973. – **31** Gustav Melcher: Von der lebenden Photographie und dem Kino-Drama. In: Der Kinematograph Nr. 112, 17.2.1909. Zit. nach: Helmut H. Diederichs: Anfänge deutscher Filmkritik. Stuttgart 1986, S. 37. – **32** Willy Haas: Sprechbühne und Lichtbildbühne. Brief eines Filmwesens an das Theaterwesen (1921). In: Anton Kaes (Hg.): Kino-Debatte. Texte zum Verhältnis von Literatur und Film 1909–1929. München, Tübingen 1978, S. 154. – **33** Rudolf Arnheim: Fachliche Filmkritik (1929). In: R.A.: Kritiken und Aufsätze zum Film. Hg. v. Helmut H. Diederichs. Frankfurt/M. 1979, S. 171. – **34** Rudolf Arnheim: Der Filmkritiker von morgen (1935). In: Kritiken und Aufsätze zum Film (Anm. 33), S. 176. – **35** Seminar: Filmkritik. Protokolle einer Veranstaltung der Arbeitsgemeinschaft der Filmjournalisten in Frankfurt am Main 1978. Hg. v. Gertrud Koch und Karsten Witte. – **36** Siegfried Kracauer: Über die Aufgabe des Filmkritikers (1932). In: S.K.: Kino. Essays, Studien, Glossen zum Film. Hg. v. Karsten Witte. Frankfurt/M. 1974, S. 10. – **37** Ebd., S. 11. – **38** Groll: Magie des Films (Anm. 5), S. 10. – **39** Anstelle eines Programms. In: Filmkritik 1 (1957) H. 1, S. 1.

Heinz B. Heller

Massenkultur und ästhetische Urteilskraft
Zur Geschichte und Funktion der deutschen Filmkritik vor 1933

Aufblende: Die historische Bühne ist ausgeleuchtet, die Rolle des Protagonisten festgeschrieben: »Er (hat) die Filmkritik in Deutschland überhaupt erst aufs Niveau gebracht, indem er den Film als Chiffre gesellschaftlicher Tendenzen, von Gedankenkontrolle und ideologischer Beherrschung las. (...) Seine Art, den Film zu betrachten, ist längst anonym geworden, die gleichsam selbstverständliche Voraussetzung aller Reflexion über das Medium.«[1]

Die Apodiktik des Adornoschen Urteils behauptet implizit profunde Kenntnisse der filmhistorischen Szenerie, wo doch aus ihm eher nur das *methodische* Unterscheidungsvermögen und die souveräne Generalisierung spricht, die sich den Argwohn und die abwertende Distanz gegenüber der Filmkritik *vor* Kracauer – von ihm ist hier in einem Nachruf die Rede – bewahrt. Kracauer – das historische Maß aller Dinge, das die Geschichte der deutschen Filmkritik vor und zu seiner Zeit kaum anders als eine »Rumpelkammer« erscheinen lasse, so wie Kracauer seinerseits die Geschichte des Films vor dem Ersten Weltkrieg bezeichnete[2]; eine Rumpelkammer, in der zu stöbern wenig lohnend sei?

Ich sehe das nicht so; denn weder teile ich Adornos Optimismus, daß Kracauers »Art, den Film zu betrachten, (...) längst anonym geworden, die gleichsam selbstverständliche Voraussetzung aller Reflexion über das Medium« sei. Der Blick ins Feuilleton der Tagespresse, aber auch in den Besprechungsteil der Fachzeitschriften, läßt nicht selten Zweifel aufkommen, ob die behauptete Selbstverständlichkeit nicht eher einem Wunschdenken entspricht. Noch glaube ich, daß Adornos Diktum sehr geeignet ist, den Widersprüchen – auch den produktiven – in der Entwicklung der Filmkritik vor 1933 gerecht zu werden; einer

Entwicklung, bei deren Erforschung – so die These – wir quellenmäßig und analytisch auswertend erst am Anfang stehen.

Fast scheint es so, als habe der gebannte personalisierende Blick auf das große Dreigestirn Balázs, Kracauer, Arnheim mit ihren inzwischen gut zugänglichen Schriften den Kontext aus dem Auge verloren, über den sich die Geschichte der Filmkritik eben *auch* konstruiert. Nur so erklärt sich, daß eine an sich so interessante wie verdienstvolle filmhistorische Ausgrabung wie die der Zeitschrift *Bild und Film* (1912–1915) in ihrer Auswertung methodisch so fragwürdig angegangen und in ihrer Bedeutung so verzeichnet wird; etwa dann, wenn der Verfasser dieser Untersuchung, Helmut H. Diederichs, aus diesem kinoreformerischen Blatt aus dem Hause der katholischen »Lichtbilderei« einen direkten Vorläufer der ästhetischen Neuen Linken und der »feministischen Filmkritik der siebziger Jahre« macht.[3] Vor dem Hintergrund solcher Quellen- und Methodenprobleme gibt sich der hier vorgestellte Ansatz bescheidener. Ich möchte im folgenden einige historische und methodische Anhaltspunkte für eine Geschichte der Filmkritik vor 1933 markieren – im Bewußtsein, daß dies nur eine Skizze sein kann; eine Skizze, die neben positiven Befunden zugleich die wichtigsten Forschungsdefizite erkennen läßt.

Die Geschichte der Filmkritik ist jünger als das Medium, das sie zum Gegenstand hat. Filmkritik verdankt sich einem ästhetischen und sozialen Gestaltwandel des frühen Films anfangs der zehner Jahre in diesem Jahrhundert. Ihre ersten Formen bildeten sich aus, als das ursprünglich plebejisch-proletarische Medium der Jahrmärkte und Wanderkinos sich anschickte, über die Destillen- und Ladenkinos der Vorstädte hinaus in die kulturellen Reservate des Bürgertums in den Zentren der Großstädte einzubrechen – mit Filmen, die nur allzu bereit den unverschämten Kunstanspruch des französischen ›Film d'art‹ für sich reklamierten und dabei doch geschäftstüchtig vor allem neue soziale Besucherschichten im Auge hatten.

Einer öffentlichen Filmkritik ausgesetzt zu sein: das war der Preis, den die junge Filmkritik für die angestrebte gesellschaftliche Nobilitierung zahlen mußte und oft genug schon in dieser Phase mit barer Münze zu begleichen versuchte. »Wir haben uns die Sympathie der Presse in des Wortes buchstäblichem

Sinn erkauft«, offenbarte freimütig bereits 1911 Arthur Mellini (selbst ein früher Filmer) als Chefredakteur des 1908 gegründeten Branchenblatts *Lichtbild-Bühne*.[4] Und umgekehrt setzten jene Vertreter der bürgerlichen Intelligenz, die in der entbrennenden ›Kinodebatte‹ über den sozialen Wert und Unwert *nicht* wie so viele den Kinematographen als Inbegriff des Kulturverfalls perhorreszierten, gerade auf die Wirksamkeit einer eingeforderten Filmkritik, die die visuelle Schaulust – die Produktion ihrer Objekte wie deren Rezeption – in kommensurable Bahnen lenken sollte.

»Soll das Filmdrama kritisiert werden?« – Unter diesem Titel veranstaltete 1912 die *Erste Internationale Film-Zeitung* eine Umfrage unter Schriftstellern, Theaterkritikern und Journalisten regionaler wie überregionaler Tageszeitungen. Wo sich nicht verhaltene Skepsis oder gar Ablehnung aus der Provinz artikulierte – anders als in den Großstädten war für sie der Kinematograph noch kein so dringliches Problem –, da formulierte ein Schriftsteller und Drehbuchautor wie Walter Turszinsky die charakteristische Position: »Ich glaube, daß eine Kritik, die die Produktion des Kino ohne snobistische Überschwenglichkeit nach ernsthaften künstlerischen Gesichtspunkten beurteilt, der Sache der Lichtbildkunst, vor allen Dingen ihrer Reinigung von den Schlacken der Geschmacklosigkeit, ungemein nützen könnte. (...) Diese Werke sollten unbedingt von dem Urteil kultivierter und interessierter Sachverständiger ihrem Wert nach sortiert werden. Man müßte besondere Geschicklichkeiten der Dekorationstechnik, besondere Feinheiten des Stoffes, besondere Raffinements der Darsteller oder der Inszene hervorheben, grobe Versehen des Filmautors oder der Regie mit gleicher Entschiedenheit aufmutzen. Ich bin absolut der Meinung, daß, wenn die mit ihr beauftragten Schriftsteller ihre kritische Aufgabe mit Ernst erfüllen – prinzipielle Kinogegner wären natürlich auszuschließen! – von dieser Lichtbild-Kritik sehr entscheidende Anregungen ausgehen können. Darstellerische Talente werden sich in dieser Form natürlich nicht züchten lassen. Wohl aber wird es möglich sein, Filmpoeten und Kinodirektoren bei der Wahl der Stoffe und bei der Annahme der Werke zu beeinflussen; ebenso auch das Publikum der künstlerisch und sittlich vornehmeren Kinoproduktion zuzutreiben und es von ästhetischen Brutalitäten fernzuhalten.«[5]

Und wenig später setzte Alfred Mann nach: »Somit wird die Kino-Rezension vorderhand in erster Linie eine *erzieherische* Aufgabe zu lösen haben; sie soll das Publikum Maßstäbe finden lassen, nach denen es die Güte kinematographischer Vorführungen beurteilen kann, sie soll mithelfen, das Publikum zu befähigen, aus der jungen Unterhaltungs-, Belehrungs-, (vielleicht auch Erhebungs-)Möglichkeit reine Kulturwerte zu gewinnen, die von Schlacken gesäubert sind.«[6]

Diese programmatischen Äußerungen erscheinen in mehrfacher Hinsicht charakteristisch für die Zeit: Ohne den spezifischen ökonomischen, sozialen und ästhetischen Besonderheiten des Films Rechnung zu tragen, wurde hier das Bild eines Kritikers beschworen, das hinsichtlich seiner sozialen Legitimation und Funktion in wesentlichen Zügen nahezu ungebrochen die im 18. Jahrhundert entstandene Idealvorstellung von Kunstkritik zu restituieren erhoffte. Erinnern wir uns: Im konzeptionellen Kontext der klassischen bürgerlichen Öffentlichkeit kam dem Kritiker, im zeitgenössischen Sprachgebrauch als Kunstrichter tituliert, eine eigentümlich dialektische Aufgabe zu. Durch besondere Sachkenntnisse ausgewiesen, ohne jedoch prinzipiell etwas anderes zu sein als ein Privatmann unter allen übrigen zum Publikum versammelten Privatleuten, verstand er sich – so Habermas – als »Mandatar des Publikums und als dessen Pädagoge zugleich«: als Anwalt des Publikums gegenüber den Kunstproduzenten ebenso wie als Erzieher des Publikums, wenn er als Experte gegen Dogma, Mode und schlechten Geschmack der schlecht Unterrichteten appellierte.[7]

Zwar eigneten dieser historischen Modellvorstellung von Anfang an fiktive Züge – vor allem deshalb, weil das Bild der klassisch liberalen Öffentlichkeit als einer herrschaftsfreien, von materiellen Interessen und Zwängen nicht affizierten, allein von der Überzeugungskraft des Räsonnements bestimmten Sphäre der Meinungs- und Willensbildung von der sozialen Wirklichkeit ständig widerlegt und erst recht im ausgehenden 19. Jahrhundert zur Ideologie wurde. Um so erstaunlicher ist, daß sie trotz aller Ungleichzeitigkeit in ihrer dialektischen Aufgabenstellung – hier virtuelle Verbesserung des Kunstprodukts, da ästhetische Erziehung des Publikums – nahezu durchgängig zum Leitbild der Filmkritik vor 1933 wurde: von unseren zitierten Zeugen bis hin zu Balázs und Arnheim. Konzeptionelle Abstriche – zumindest bei den hier skizzierten Positionen – lassen sich allenfalls an der verklausulierten Skepsis ablesen, mit der wohl die räsonierende Aufgeschlossenheit des Publikums eingeschätzt wurde; etwa dann, wenn Turszinsky seine Zuschauer wie das Vieh zur Krippe der »sittlich vornehmeren Kinoproduktion zuzutreiben« gedachte.

Der sprachliche Lapsus verrät Methode. Unterlief er doch einem Schriftsteller, der den Verlockungen des »Autorenfilms« (wie sich der in Deutschland adaptierte Film d'art nannte) wie manch anderer, ungleich Prominentere schon längst nachgegeben hatte: als Autor, dem die Filmindustrie vollmundig und nicht ohne Realitätssinn für den öffentlichen Funktionsverlust von Literatur verhieß: »Dem Bühnenschriftsteller und Romandichter soll der Film die Brücke bilden, mit seinen Ideen und Gestaltungen auch da an ein Auditorium heranzukommen, wo er unter den *gegebenen Verhältnissen* niemals darauf rechnen durfte, verstanden und gewürdigt zu werden.«[8] Wo so viel, zumal in einem bis dahin diskreditierten Medium zu kompensieren war, entsprang die eingeklagte Filmkritik einer geradezu existentiellen Denknotwendigkeit, die zugleich entlastende Funktion hatte: denn sie stiftete eine imaginäre Identität zwischen traditionellem literarischen Ethos (der Vermittlung von »reinen Kulturwerten«) und sozialtypologischer Selbstreflexion und Selbstkritik. Schließlich sei Filmkritik, so Turszinsky, die Aufgabe besonders »beauftragter Schriftsteller« und ihr Adressat auf der Produktionsseite nicht die Regisseure, Dramaturgen oder Darsteller, sondern die »Filmpoeten«.

Ein solcher Schriftsteller war Kurt Pinthus. An ihm, dem wir eine der ersten Filmrezensionen in der Tagespresse überhaupt und später, in der Nachkriegszeit, ein umfangreiches filmkritisches Oeuvre verdanken[9], an Pinthus ließe sich vor allem zeigen, wie in dieser frühen Phase ein modernistisch gesinnter Autor mit dem kruden sinnlichen Schauvergnügen im noch jungen Kino kokettierte und die Lust an der beschleunigten Bewegung und den tricktechnischen Effekten im Film auskostete, um diesem Medium mit seinen sozialen Erfahrungsgehalten letztlich doch die höheren Weihen der Kunstfähigkeit etwa des Theaters a priori abzusprechen. So changiert seine Uraufführungskritik des italienischen Historienfilms *Quo vadis?* vom 25.4.1913 zwischen satirischer Kritik an der prätentiös-auratisierenden Präsentation im Leipziger Königspavillon-Theater und provokativer Hingabe an das gänzlich unliterarische Schauvergnügen, das ihm der Film vermittelte. So »starren wir voll Gier und Erregung auf diese Bilder und üppige Kultur der Kaiserzeit. (...) wir ergötzen uns an den orgiastischen Gastmählern; der Protzenkaiser Nero, bestialisch dichtend, tritt vor uns hin, die Christen versammeln sich in der unheimlichen Heimlichkeit der Hekatomben.

Und dann mit wachsender Erregung sehen wir drei große Tricks. Erstens den Brand von Rom. Häuser stürzen, Lohe stiebt auf, Tausende von Menschen fliehen, und durch all diesen Brand und Untergang rast Vicinius, der seine Lygia sucht, und droben steht Nero auf der Terrasse und singt einen Hymnus über die von ihm angezündete Stadt.

Und zweitens: die Spiele in der Arena. Da rasen vierspännige Wagen, da kämpfen Gladiatoren, der Kaiser senkt unbarmherzig den Daumen, damit der Gefallene den Todesstoß erhält. Und 20 Löwen entsteigen den unterirdischen Käfigen, und die Christen werden wie eine Herde in die Arena getrieben und von den Löwen zerfleischt. Das alles sehen wir mit wollüstigem Grauen. (...) Dies alles ist hier in rasch wechselnden, meisterlich inszenierten Bildern zu sehen. Gerade dieser Film zeigt die Möglichkeit des Kinos (...). Das Szenische, das Bild, die effektvolle Handlung (...) – solches hat der Kino zur Belustigung, Belehrung und Erschütterung vorzuführen.«[10]

Pinthus selbst sollte noch in demselben Jahr mit einer Sammlung von Filmszenarien eigener Produktion und aus der Feder ihm nahestehender literarischer Bohemiens praktische Vorarbeiten für einen so verstandenen Film vorlegen. Doch wie im *Kinobuch*, so der Titel des Sammelbandes, fand auch in dieser Filmkritik von Pinthus der betont lustvolle Affront gegen bildungsbürgerliche Wertvorstellungen seinen inneren Zensor: »Er (der Kino) kann das Unmögliche möglich machen: aber das auf dem Theater Mögliche wird ihm unmöglich bleiben.«[11]

Nicht nur *Schriftsteller* sahen sich angesichts der Versuche des Films, in angestammte Kulturdomänen des Bürgertums einzubrechen, auf den Plan gerufen und – da seit frühbürgerlicher Zeit qua professione selbstverstandene Statthalter des Geistigen – als Kritiker legitimiert. Dies galt vor allem für die pädagogische Intelligenz in Schule, Universität und Kirche. Doch anders als die Literaten, die dazu neigten, Fragen der Filmkritik als ästhetisch-kulturelle Probleme im weiteren Kontext des Ensembles der Künste mit ihren inhärenten Normen, ihren Konventionen und zeitbedingten Veränderungen, anzugehen, war das Interesse der Pädagogen ungleich stärker auf die praktische und pragmatische Dimension gerichtet. Dies läßt sich vor allem für ihre medienpädagogische Vorhut, die sogenannte Kinoreformbewegung nachweisen, die in jüngerer Zeit zunehmend in das Blickfeld der Forschung zum frühen Film gerückt ist.[12]

Zwar gründete die Haltung der Kinoreformer zum Film – ähnlich wie die der entschiedensten Filmgegner – auf der zu einem abstrakt-sterilen Bildungsgut degradierten, klassisch-idealistischen Kunstauffassung; doch war den Kinoreformern die Gefährdung, die der Film mit seinen populären, bar aller verbalen Sublimierung gänzlich unliterarischen Phantasien für diese Vorstellungen mit sich brachte, ebenso bewußt wie seine ökonomische und gesellschaftspolitische Bedeutung als ein *Massen*medium. Deshalb gestalteten sich die Anstrengungen der ideellen Väter der überwiegend deutschnational gestimmten Kinoreformbewegung – der Lemke, Noack, Hellwig, Brunner, Häfker, Sellmann oder Lange – letztlich *nicht* als ein Kampf *gegen* den Film, sondern *um* den Film; um einen in ihrem Sinne volkspädagogisch besseren Film, dem die sozial dysfunktionalen Phantasien volkstümlich-plebejischer Schaulust ebenso ausgetrieben werden sollten wie sein Warencharakter; letzterer freilich überwiegend nur als äußere Abhängigkeit vom Kapital (und hier besonders vom französischen) begriffen.

Beide Aspekte waren von Bedeutung und zeitigten Folgen. Denn wem in volkspädagogischer Sicht die ausgemachte verheerende Wirkung des Films so bedrohlich und mächtig erschien, ohne ihn aus der Welt schaffen zu können, der mußte sich möglichst konkret mit der formalen und inhaltlichen Machart der Filme auseinandersetzen, um das Übel an der Wurzel: an der

Produktion zu packen. Dies war der Kontext, in dem die Filmkritik der zwischen 1912 und 1915 erschienenen Monatsschrift *Bild und Film* aus dem Hause der katholischen »Lichtbilderei« (M.-Gladbach) unter dem Patronat eines bereits 1922 in die NSDAP eintretenden Chefredakteurs (Lorenz Pieper) zu sehen ist.

Dieser Zusammenhang verdient um so deutlicher markiert zu werden, weil sich in ihm vermittelt, was Helmut H. Diederichs glaubt, als reine »formästhetische« Merkmale der Filmkritik in *Bild und Film* isolieren zu können. Etwa dann, wenn er die Fragen, die ein pseudonymer Autor seinen Kollegen als Muster andiente, als gesellschaftlich funktionsneutralen Kriterienkatalog ausgibt.

»1. Zu welcher Art gehört es (= das Filmdrama), d.h. wo liegt sein Hauptwerk (in der Darstellung von Seelenvorgängen, der Wiederbelebung kulturgeschichtlicher Äußerlichkeiten, der Darstellung von Arbeitsverhältnissen, der Verwertung schöner Naturhintergründe, der Erzeugung von Stimmungen, Spiel mit Handlungen, Trick-, Zauber-, Märchenfilm, Tanzdichtung, Humor)? ...

2. Wie ist das Bild aufnahmetechnisch? a) die Arbeit des ›Operateurs‹? b) die Arbeit des Szenerieregisseurs (malerische Wirkung, Ausgleich technischer Mängel usw.)? c) die Arbeit des Menschenregisseurs (die allgemeinen Bewegungen besonders der Statisten, Massenverwendung, Zeitmaß usw.)?

3. Wie ist die Arbeit des ›Dichters‹ (Aufbau, Gehalt, Dramatik, Stilgefühl, Ursachenverkettung, Begründung) usw.?

4. Wie ist das Spiel (besonders der Einzelschauspieler, als kinomimische Kunst betrachtet)?

5. Wie steht's mit der geschichtlichen usw. ›Echtheit‹ a) äußerliche, b) innerliche?

6. Sittlich-erzieherische Gesichtspunkte?

7. Humor (d.h. nicht nur die Verwendung von Komik im engeren Sinne, sondern ›Saft‹ (humor) überhaupt, der gleichsam alles mit Lebensfülle und Vielheit durchdringt und das Gefühl der Lebenswahrscheinlichkeit und des Behagens erweckt?«[13]

Was aus diesen Fragen spricht, ist zunächst das für die Zeit bemerkenswerte Unterscheidungsvermögen und die Beharrlichkeit, mit denen den filmischen Konstitutionsbedingungen in der arbeitsteiligen Produktion auf den Grund gegangen wird. Schwerlich zu übersehen ist allerdings auch, daß diese Nachdrücklichkeit sich primär aus dem Bemühen speist, in Kenntnis der ästhetischen Produktionsprinzipien der dem »Filmdrama« immer wieder zugeschriebenen gefährlichen, weil sozio-kulturell subversiven »Phantasieüberreizung« auf der Zuschauerseite entgegenzuwirken und ihrer mit einer stofflichen wie stilistischen Sublimierung Herr zu werden. Denn, so Adolf Sellmann, einer der Wortführer: »In den Filmen steckt teilweise eine solche abenteuerliche Romantik und eine solche Phantastik, daß der regelmäßige Besucher aus dem Inhalt der Dramen allmählich jenen ruhigen, klaren *Wirklichkeitssinn* verliert und sich ein ganz irriges und phantastisches Weltbild zurechtlegt. Wir brauchen jedoch Menschen mit hellen und klaren Augen und mit einem praktischen Wirklichkeitssinn, die den Kampf ums Dasein mit aller Ruhe und Energie kämpfen, aber nicht lässige Leute, die sich mit ihren Gedanken und Wünschen in der Traumwelt eines Wolken-Kuckucks-Heims aufhalten. Werden sie aus der Kino-Traumwelt mit der schwülen Salonluft zurückversetzt in ihre nüchterne Werkstätte und ihren Fabriksaal, so muß Unzufriedenheit und Mißgunst ihre Seele erfüllen.«[14]

Die soziokulturelle Militanz, die einer von solchen Diagnosen inspirierten Filmkritik inhärent war, bedurfte, um wirksam zu werden, Bundesgenossen. Paradoxerweise suchte sie eine Allianz gerade mit jenen Kräften, die vorher als Hauptverantwortliche für die beispiellose Kommerzialisierung des jungen Mediums ausgemacht waren: nämlich der »Kapitalistenring zur Lebenderhaltung eines durchaus künstlichen Schund-Massenbedarfs«, wie es beispielhaft in einer einschlägigen Denkschrift Hermann Häfkers hieß[15]; eine bemerkenswerte Paradoxie, hatte doch derselbe Autor noch zuvor die Devise ausgegeben: »Zu einer *gemeinsamen* Aktion gilts die ganze gebildete und volkstümlich denkende Welt zu vereinigen. (...) zum Losmarschieren gemeinsam mit der Geschäftswelt (!) auf das grosse Ziel: der Kinematographie«.[16] Der Widerspruch löst sich auf im Kontext filmgeschichtlicher Zusammenhänge. In durchaus realistischer Einschätzung der damaligen Marktverhältnisse wurde der Film in Deutschland fast gänzlich von französischen Produktions- und Verleihgesellschaften dominiert gesehen. Vor diesem Hintergrund geriet der Kampf gegen die Kommerzialisierung den deutsch-national gestimmten Kinoreformern zu einem Kampf primär gegen die Fremdherrschaft des *französischen* Kapitals. Insofern sah sich die militante kinoreformerische Filmkritik auch in diesem Sinne praktisch zu sich kommen, als mit Ausbruch des Krieges der französischen Dominanz in Deutschland ein Ende gesetzt wurde. »Für die ernstliche und für andere Aufgaben vorbildliche erfolgreiche Befreiung der deutschen Kultur vom Kinoschund, für die Eroberung der Kinematographie für ihre wahren Aufgaben ist von allen zuerst durch den Krieg selbst der Zeitpunkt gekommen.« Jetzt sei der Moment erreicht, »in schöpferischem Sinne die Worte ›Krieg und Kinematographie‹ miteinander (zu) verbinden«, was vor allem heiße: Deutschland vom »Schund und Abraum *ausländischer* Geldmacherei« leerzufegen.[17]

Sieht man einmal von dem inhärenten *medienpädagogischen* Konzept der Kinoreformer ab, dessen geschichtliches Fortwirken bis in die jüngere Zeit hinein von Helmut Kommer überzeugend belegt worden ist, so wissen wir über die Resonanz oder gar die Wirkung, die der Filmkritik in *Bild und Film* zukam, nur wenig. Dies ist sicherlich kein Zufall: Denn schon vor dem Krieg und erst recht in den Film-Gründerjahren der Nachkriegszeit hatte die Filmindustrie ihrerseits sich ihre publizistischen Bündnisgenossen zu verschaffen gesucht – freilich willfährige und weniger streitbare Hilfstruppen, als es die Kinoreformer waren, und vor allem solche, die über einen größeren Adressatenkreis verfügten: gemeint ist die *Tagespresse*.

In die Spalten der Tageszeitungen hatte der Film schon sehr früh Eingang gefunden: sowohl über Inserate als auch über den redaktionellen Teil; hier anfangs, als es zunächst noch um die Attraktion der technischen Novität ging, in der Lokalberichterstattung, später, seit den ersten prominenten »Autorenfilmen«, auch schon im Feuilleton – zunächst in Form knapper lancierter Filmnotizen. Treibende Kraft war vor allem die ortsansässige *Kino*branche, sekundiert von den *Verleih*firmen, die für die Waschzettel sorgten. Dabei bezog sich das bereits zitierte, freimütige Bekenntnis Mellinis (»Wir haben uns die Sympathien der Presse in des Wortes buchstäblichem Sinn erkauft«) vor allem auf weite Teile der Straßenverkaufsblätter und der lokalen Generalanzeigerpresse, die sich vornehmlich über Anzeigen finanzierte und unter dem Druck hoher Auflageerwartungen stand; und dies in der Folge um so mehr, als sie überdies in den Kriegsjahren verstärkt auf nationale Interessen eingeschworen wurde.[18]

Den großen bürgerlichen Blättern mit überregionalem Anspruch hingegen blieb der Film gesellschaftlich wie ästhetisch zumeist noch allzu obsolet, um ihn überhaupt *kontinuierlich* zur Kenntnis zu nehmen. Das sollte sich erst nach dem Krieg ändern und selbst dies nur zögerlich. Eine Aufstellung des *Jahrbuchs der Filmindustrie* zeigt, daß 1923 erst die folgenden Tageszeitungen einen regelmäßigen Filmbesprechungsteil brachten; in der Provinz: *Allgemeine Zeitung* / Chemnitz, *Chemnitzer Neueste Nachrichten, Hartungsche Zeitung* / Königsberg, *Mecklenburgische Zeitung* / Schwerin; in Berlin: *Berliner Börsen-Courier, Berliner Börsen-Zeitung, Berliner Lokal-Anzeiger, Berliner Volkszeitung, B.Z. am Mittag, Germania, M.M.* (Montag-Morgen), *Nationalzeitung – 8 Uhr-Abendblatt, Neue Preußische (Kreuz-) Zeitung, Neue Zeit* / Charlottenburg, *Die Post.*[19]

In welchem Maße sich das Gros der über Filme schreibenden Journalisten dem (oft auch begründeten) Verdacht aussetzte, publizistische Handlangerdienste für die Filmindustrie zu leisten, verdeutlichen indirekt zwei Reaktionen. Ausdrücklich – wie es hieß – zur »Beseitigung von Mißständen in der Filmkritik« schlossen sich 1922 in München Filmjournalisten zur »Vereinigung der Münchner Filmkritiker« zusammen; ein Beispiel, dem kurze Zeit später die Gründung des »Verbandes Berliner Filmkritiker« folgte.[20] Vor allem aber sah sich kein geringerer als der »Reichsverband der Deutschen Presse« im April 1923 aus wohl triftigem Grund veranlaßt, explizite Richtlinien für die filmjournalistische Arbeit zu formulieren, die auf eine strikte Trennung von journalistischen und filmgeschäftlichen Interessen zielten. Gerade der Nachdruck, mit dem auf dieser Trennung bestanden wurde, läßt ahnen, wie wenig davon offenbar in der Alltagspraxis zu spüren war.[21]

Wie sehr der Filmwirtschaft daran gelegen war, kaum etwas dem ›freien‹ Spiel von Angebot und Nachfrage auf dem Unterhaltungssektor oder gar einem unbestechlichen Kritikerurteil zu überlassen, erweist eine weitere typische Nachkriegserscheinung. Vor allem die größeren Filmgesellschaften sollten nach amerikanischem Vorbild bald eigene Pressestäbe einrichten, um das Geschäft der ›public relations‹ und der gezielten Werbung auch über die Tagespresse zu besorgen. In einem Studien- und Berufsführer etwa skizzierte Kurt Mühsam (Chefredakteur der 1919 gegründeten *Ufa-Blätter. Programm-Zeitschrift der Theater des Ufa-Konzerns*) das Aufgabenprofil eines Film-Pressechefs, das in der Beschreibung des notwendigen Umgangs mit Filmjournalisten von unverblümter Offenheit war: von der Art, die »Beziehungen« zur Presse zu pflegen, über die Gestaltung des Anzeigenteils und die mittelbaren Einflußmöglichkeiten auf den redaktionellen Teil bis hin zur strategisch-taktischen Frage: »Wie plaziert man den Kritiker?«[22]

Indes, Form und Funktion der Filmkritik in den zwanziger Jahren sind nicht allein vor dem Hintergrund der Liebedienerei von großen Teilen der Tagespresse zu sehen. Hinzu kam, daß der Filmboom der ersten Nachkriegsjahre eine neue Form der Filmpublizistik nach sich zog, die nach ernstzunehmenden Quellen wohl wenig geeignet war, einer seriösen Filmkritik zuzuarbeiten. Diese Filmpresse in Gestalt von Filmzeitschriften, so Fritz Olimsky 1931 in seiner Dissertation, »machte ganz genau dieselben Etappen durch, wie die Filmindustrie; auch hier ein wahnwitziges Gründungsfieber, eine Hausse in Filmpressegründungen, die wir heute zurückschauend als grotesk empfinden. Auch hier ein massenhaftes Eindringen fachfremder und größtenteils recht zweifelhafter Elemente; Zustände, die dem Ansehen der Filmindustrie keineswegs förderlich waren, und dann mit dem Ende der Inflation auch hier der große Zusammenbruch, weil weit über den Bedarf Filmblätter gegründet waren, die in einer so anormalen Zeit, wie es die Inflationsjahre waren, so etwas wie eine Existenzberechtigung vortäuschen konnten.«[23] Sage und schreibe knapp 80 Zeitschriften (davon mehr als die Hälfte aus Berlin) registrierte Olimsky, die in den Nachkriegsjahren auf den Markt gebracht und spätestens 1925 wieder eingegangen waren; insgesamt ein bis heute nahezu vollständig unaufgearbeiteter filmhistorischer Fundus mit so kurios und grell anmutenden Titeln wie *Filmhölle, Der Eisbär, Deutsche Kinowelt* (alle Berlin) oder *Die Flimmerkiste* aus Magdeburg.

Herzstück dieser konjunkturell bedingten Filmpublizistik war der neue Typus des *Publikumsblattes*. Anders als die schon traditionsreichen Branchenblätter wie *Der Kinematograph* (1907), oder *Die Lichtbild-Bühne* (1908), aber auch *Bild und Film*, sahen diese neuen Zeitschriften ihren Adressaten nicht mehr in Fachkreisen, sondern im allgemeinen Kinopublikum. Dabei wirkte der immanente Zwang zur Popularisierung auf doppelte, einander verstärkende Weise prägend. Zum einen in Hinblick auf ihren Gegenstand: Waren für die frühen Filmfachzeitschriften der Vorkriegszeit nahezu sämtliche Aktivitäten in Produktion und Distribution (zumal im Prisma technischer, wirtschaftlicher, rechtlicher oder ästhetischer Brechungen) von Interesse, so reduzierte sich das Augenmerk dieser Blätter nun auf den Attraktionswert, der den fertigen Filmen sowie ihren kleinen und größeren Stars für das breite Publikum zugeschrieben werden konnte. Zum anderen in redaktioneller Hinsicht: Nahezu ausschließlich nicht von Fachjournalisten, sondern von branchenfremden Verlegern aus kommerziellem Interesse gegründet[24], lebte das Gros dieser Publikumsblätter vorrangig von der Werbung und Unterstützung der Filmindustrie – in einem Maße, daß Redaktions- und Anzeigenteil in wechselseitiger Durchdringung oftmals ununterscheidbar wurden. Zu keinem Zeitpunkt war der von rechter wie linker Kulturkritik auch in späteren Jahren stets bemühte Topos vom »Augiasstall der Filmpresse« so unumstritten wie in jener Phase: »Eine Prostitution der Presse, wie sie schlimmer nicht gedacht werden kann«.[25]

Die bisherigen Ausführungen haben einige allgemeinere Entwicklungstendenzen der frühen deutschen Filmpresse nachgezeichnet, wohl wissend, daß dieser Ausgriff nur einen Bruchteil jener – für unsere heutigen Verhältnisse – unvorstellbar umfangreichen Filmpublizistik berührte. Zu erinnern ist, daß der Stettiner Bibliothekar Erwin Ackerknecht 1930 nicht weniger als rund 160 Filmzeitschriften (darunter zeitweilig drei Filmtageszeitungen) registrierte, die bis dahin im deutschsprachigen Raum erschienen waren und die – ungeachtet der Kurzlebigkeit mancher Unternehmungen – für das in der deutschen Filmgeschichte beispiellose Interesse zeugen, über Film und Kino zu schreiben bzw. zu lesen. Gleichwohl erscheint dieser Exkurs sinnvoll, weil vor dem Hintergrund der skizzierten Entwicklung so manche *strukturelle* und *funktionale* Gemeinsamkeit der seriösen Filmkritik der zwanziger Jahre besser erkennbar wird als bei einer ausschließlich personalisierenden Betrachtung. Etwa dann, wenn – wie von Karsten Witte 1974 beispielhaft vorgeführt – Kracauers »Produktionskritik am Werk« gegen das »literarhistorisch orientierte« Muster eines Kurt Pinthus, gegen das »formalanalytisch geprägte« eines Rudolf Arnheim oder gegen die – so Witte – »schlicht feuilletonistisch verfaßte Besprechung« eines Ihering ausgespielt wird[26]; paradigmatische Zuordnungen, die seitdem in Einzelstudien bzw. Autorenporträts durchaus differenziert und im Detail auch korrigiert worden sind. Ich möchte und kann mich in diesem Rahmen daran nicht beteiligen. Statt dessen sollen im folgenden einige Thesen zur Filmkritik in der Weimarer Republik formuliert werden, die vor dem Hintergrund der bisherigen Ausführungen auf *strukturelle* und *funktionale* Charakteristika abheben.

Erstens: Seriöse unabhängige Filmkritik, die ihren Namen verdient, hatte in der Weimarer Republik ihren publizistischen Ort weniger in den großen Tageszeitungen; Kracauer in der *Frankfurter Zeitung* oder Ihering im *Berliner Börsen-Courier* erschienen schon der kritischen Intelligenz der Zeit als die rühmlichen Ausnahmen, die die schlechte Regel bestätigen; eine Regel, der sich auch Béla Balázs als profilierter Kritiker des Wiener *Tag* beugen mußte: Seine Filmkritik mußte der bezahlten Filmreklame weichen, für die er sich nicht hergeben konnte.[27]

Abgesehen von den genannten Ausnahmen scheinen mir die bedeutendsten filmkritischen Impulse zunächst von links-bürgerlichen Kulturzeitschriften wie der *Weltbühne*, dem *Tagebuch*, der *Freien deutschen Bühne*, der *Neuen Schaubühne* oder dem *Kritiker* ausgegangen zu sein.

Die kulturpolitisch entschiedensten, filmästhetisch indes eher unbedarften Anstöße in Publikationen der organisierten Arbeiterbewegung gewannen erst gegen Ende der zwanziger Jahre vor allem im Zusammenhang der Gründung des *Volksfilmverbandes* und seiner Zeitschrift *Film und Volk* sowie ab 1930 mit der Zeitschrift *Arbeiterbühne und Film* Gewicht und programmatisches Profil.[28]

Unabhängig von der jeweiligen kulturpolitischen Ausrichtung begriff und gestaltete sich diese Filmkritik fast immer auch als eine Kritik, die gegen die dominierende industriehörige Filmpublizistik anschrieb. In dieser Hinsicht bewies sie ihre Stärke durch die Sensibilität (mitunter Idiosynkrasie) für strukturelle kommerzielle Abhängigkeiten selbst und gerade dort, wo sie sich dem Augenschein entzogen. Man lese dazu etwa die Kreise ziehende Kontroverse 1927 zwischen dem *Weltbühne*-Kritiker Hans Siemsen und Willy Haas, dem Herausgeber der renommierten *Literarischen Welt*, der zugleich als Drehbuchautor und Mitarbeiter des *Film-Kurier* tätig war, dem »Organ des Reichsverbandes Deutscher Lichtspieltheaterbesitzer«.

Bemängelte Haas als Kritiker *und* Filmschaffender bei seinen Kritikerkollegen den Mangel »an praktischer Empirie, welterfahren-mildem Blick für saubere Popularität; gerade die besten unter ihnen sind harte, abstrakte Robespierres, blutdürstig-schuldlose Advokaten einer transzendenten künstlerischen Tugendideologie«[29], – so hielt Hans Siemsen dem Drehbuchautor der *Freudlosen Gasse*, aber auch solcher Filme wie *An der schönen blauen Donau* (2. Teil) oder *Heut tanzt Mariett* unnachsichtig vor: »Mit dieser Industrie, so wie sie ist, wollen Sie Hand in Hand gehen, wollen Sie Geschäfte machen?

Nicht, daß Sie als Filmkritiker Filmmanuskripte schreiben und verkaufen, mache ich Ihnen zum Vorwurf. Sondern, daß Sie sie für diese Industrie schreiben und sich mit dem zufrieden geben, was diese Industrie daraus macht und gemacht hat. Und daß Sie (deshalb!) mit diesen Manuskripten dem deutschen Film so wenig weitergeholfen haben.

Sie, gerade Sie, der Sie in ihrer *Literarischen Welt* auf literarischen und anderen Gebieten ein manchmal so gestrenger Kritikus sein können, grade Sie müßten dem Film und der Filmindustrie besonders streng und rücksichtslos und ehrlich die bittre Wahrheit sagen! Und diese Wahrheit heißt nicht etwa: der Film ist gut und jener ist schlecht. Sondern: die Zustände, die Arbeitsmethoden (...) der deutschen Filmindustrie sind derart unzulänglich, daß aus ihnen nie und nie der deutsche Film hervorgehen kann, wie wir ihn für uns, für Deutschland und die Welt und für jeden (...) etwas anspruchsvollen Menschen erwarten und verlangen dürfen, wollen und müssen.«[30]

Zweitens: Filmkritik in der Weimarer Republik schrieb im Zeichen einer charakteristischen Problemlage. Anders als in der Vorkriegszeit stand zwar die grundsätzliche Legitimität des Mediums Film nicht mehr in Frage, womit für die Filmkritik der Gestus der Rechtfertigung entfiel. Doch die Widersprüche waren damit nicht aufgehoben, sondern nur verlagert: Mit den jeweils imaginierten Potentialen einer noch »werdenden Kunst« vor Augen sah sie sich einer Filmpraxis gegenüber, deren ästhetische Eigengesetzlichkeiten als einer autonomen Kunst theoretisch und begrifflich noch zu entwickeln und auszuformulieren waren. Dieser Grundwiderspruch, charakteristisch vor allem für die erste Hälfte der zwanziger Jahre, erklärt den vorherrschenden argumentativen Topos des »noch nicht Erreichten«. Dies erklärt die häufige Gedankenfigur des »Anders als« (zumeist in Form des »anders als das Theater«); dies erklärt aber auch den Widerspruch, der sich oft zwischen abstrakter theoretischer Einsicht und eigener praktischer Urteilsfindung auftat. Etwa bei Ihering; auf der einen Seite die überzeugende material-ästhetische Prämisse: »Kritik ist weder Geschmack (...) noch Nörgelsucht (...). Kritik ist der innere Zwang, sich mit dem Gesetzmäßigen einer Kunst auseinanderzusetzen. Kritik ist Erlebnis des Kunstwerkes nach seinen Elementen und deshalb die automatische Bestätigung der produktiven, die automatische Zurückweisung der unproduktiven Elemente.«[31] Auf der anderen Seite aber dann bei Ihering zugleich das präformierte personalisierende, subjektive Geschmacksurteil. So mißrate etwa David Wark Griffith mit *Orphans of the Storm* allein schon der Zugriff auf den Stoff der Französischen Revolution: »Gerade dieser (...) liegt Griffith nicht.« Und überdies: »Es fehlt (dem Regisseur) das Stilgefühl, den Schauspielern die Haltung.«[32]

Nicht zuletzt erklärt dieser Grundwiderspruch auch das, was Karl Prümm in seiner Einleitung als den »universellen Grundgestus« in der Filmkritik jener Zeit ausgemacht hat: »Die Perspektiven (der) Besprechungen reichten (...) weit über die einzelnen Filme hinaus, sie hatten die kinematographische Entwicklung im Ganzen im Auge.«[33] Konstatierte Rudolf Arnheim 1929: »Der Filmkritiker sieht die Filmproduktion der ganzen Welt als eine einheitliche Arbeit, in der jedes einzelne Werk seinen Platz hat«[34], so läßt sich dieses programmatische Selbstverständnis (auch mit der inhärenten Tendenz zur Kanonbildung) in der filmkritischen Praxis vor allem in den Rezensionen zu Ausnahmefilmen – etwa den Chaplin-Produktionen oder den »Russenfilmen« eines Pudovkin oder Eisenstein – schlagend belegen.

Drittens: Schon den Kinoreformern der Vorkriegszeit war der Warencharakter der Filmproduktion bewußt; ihre idealistische Ausgangsprämisse allerdings hinderte sie, in der konkreten Analyse die ästhetische und gesellschaftliche Kritik theoretisch-begrifflich bewußt zu vermitteln. Nicht zuletzt unter dem Eindruck der massiven, gerade in Deutschland vehement ausgetragenen Konkurrenz von US-amerikanischem und deutschem Film mit seinen so unterschiedlichen Leitbildern und filmästhetischen Prinzipien schärfte sich indes spürbar das Bewußtsein der Filmkritik für Vermittlungszusammenhänge von Filmökonomie und Ideologieproduktion. Argumentierten etwa im *Tagebuch* Emil Frankfurter und vor allem Kurt Pinthus noch arbeitsteilig, so legte in der *Weltbühne* Morus (= Richard Lewinsohn), *der* kritische Chronist der deutschen Filmwirtschaft auf ihrem Weg über die Hugenberg-Gruppe in den NS-Einheitskonzern, die Grundstruktur, auf der neben Roland Schacht in den Jahren 1922/23, Frank Aschau (1924), Frank Warschauer (1924/25), Harry Kahn (1926/27), Heinz Pol (1930/31) und Kurt Tucholsky (1920–23; 1927–32), insbesondere aber Hans Siemsen (1919-28) und Axel Eggebrecht (1926–27) die ideologiebildende Funktion des Films stets mitzureflektieren suchten.

Ohne über den *theoretischen* Zugriff eines Kracauer zu verfügen, war ihnen Filmkritik gleichwohl intentional stets auch eine Form der Gesellschaftskritik; und dies nicht nur angesichts der *Fridericus-Rex*-Filme oder der nationalen und sozialen Fritz-Lang-Mythologien. Es spricht für die sozio-ästhetische Sensibilität der *Weltbühne*-Autoren, daß sie als eine der wenigen unter dem unverfänglichen Augenschein eines Films wie *Wege zu Kraft und Schönheit* das Plädoyer für die Wiedereinführung der allgemeinen Wehrpflicht ausmachten.[35] Einer Rekonstruktion der Geschichte der deutschen Filmkritik wäre es förderlich, hier intensiver nachzuforschen.

Viertens: Ungeachtet aller methodischen Unterschiede war

der seriösen deutschen Filmkritik vor 1933 im wesentlichen doch eines gemeinsam: Sie verstand sich als ›Kunstrichter‹ eines sich emanzipierenden und doch zugleich diskreditierenden Mediums, als gesellschaftliche Institution, die vor allem gegenüber der Produktion als Hüterin ästhetisch-sozialer Wertvorstellungen normierend – stellvertretend für ein Publikum, das von ihr in mehr oder weniger fremdverschuldeter Unmündigkeit gesehen wurde. Diesem formal aufklärerischen Denkmodell waren so unterschiedliche Kritiker wie die Kinoreformer auf der einen und Kracauer auf der anderen Seite verpflichtet. Was sie trennte, war die Reichweite des Erkenntnishorizonts und die der *praktischen* Kritik. Ging es den Kinoreformern um die Errettung »reiner Kulturwerte« im Film, so Kracauer darum, »die in den Durchschnittsfilmen versteckten sozialen Vorstellungen und Ideologien zu enthüllen und durch diese Enthüllungen den Einfluß der Filme selber überall dort, wo es nottut, zu brechen«[36] – und all dies – wie Karsten Witte der Logik Kracauers folgend schrieb – im Namen eines sprachlosen Publikums. Diesen sozio-kulturellen Stellvertreteranspruch hatten auch schon die Kinoreformer für sich reklamiert.

Vor diesem Hintergrund scheint mir nicht zuletzt ein Ansatz von Filmkritik aus der Weimarer Republik erinnerungswürdig, der seiner aufklärerischen Funktion keineswegs entriet, sondern ihn konsequent zu Ende dachte. Entstanden im institutionellen Zusammenhang des von liberalen und links-bürgerlichen Intellektuellen 1928 gegründeten Volks-Film-Verbandes unter dem Vorsitz von Heinrich Mann, verfolgte er neben anderem das Konzept einer ›Besucherschule‹, um die »*breiten Massen* der Kinobesucher zusammen(zu)fassen und zu kritischer Stellungnahme (zu) erziehen. Wir können und wollen die schon vorhandene *Unzufriedenheit der Mehrheit* der Kinobesucher in *positive Kritik* umwandeln, wir können und wollen dieser Kritik den Einfluß verschaffen, der notwendig ist, wenn aus wirkungslosem Besserwissen *lebendige Arbeit* werden soll.«[37] Es war ein Konzept, das sich schließlich der kommunistischen Arbeiter-Theater-Bund zu eigen machen und am konsequentesten fortführen sollte: über das Modell der Arbeiter-Korrespondenten die bislang rezeptiven Publikumsschichten zu bewußten Subjekten der von Balázs schon Jahre zuvor apostrophierten »visuellen

Kultur«[38] werden zu lassen; dies als eine der notwendigen Voraussetzungen, um aus dem Massenmedium ›Film‹ tatsächlich ein Medium der Massen zu machen.

Heute wissen wir, daß nicht nur die Zeitläufe der Realisierung dieses Ziels entgegenstanden. Bemerkenswert erscheinen mir allerdings Anspruch und utopischer Überschuß, die sich in jener so bescheiden anmutenden Selbstkritik eines unbekannten Arbeiter-Korrespondenten verklausulierten: »Wo habe ich denn bloß meine Augen so lange gehabt?«[39]

1 Theodor W. Adorno: Siegfried Kracauer ist tot. In: Frankfurter Allgemeine Zeitung, 1.12.1966. - 2 Siegfried Kracauer: Von Caligari zu Hitler. Eine psychologische Geschichte des deutschen Films. (= S.K.: Schriften. Hg. v. Karsten Witte. Bd. 2). Frankfurt/M. 1979, S. 34. - 3 Vgl. Helmut H. Diederichs: Anfänge deutscher Filmkritik. Stuttgart 1986, S. 166. - 4 Arthur Mellini: Die Tagespresse und der Kinematograph. In: Lichtbild-Bühne, Nr. 9, 4.3.1911, S. 4. - 5 Soll das Filmdrama kritisiert werden? In: Erste Internationale Filmzeitung, Nr. 42, 19.10.1912, S. 21-24, S. 29-30, hier S. 24. - 6 Alfred Mann: Kino-Rezensionen in der Tagespresse! In: Ethische Kultur, Nr. 14, 1913; zit. n. Helmut H. Diederichs: Anfänge deutscher Filmkritik, a.a.O., S. 52. - 7 Vgl. Jürgen Habermas: Strukturwandel der Öffentlichkeit. Untersuchungen zu einer Kategorie der bürgerlichen Gesellschaft. Neuwied, Berlin ⁴1969, S. 52 f. - 8 Der Autorenfilm und seine Bedeutung. In: Der Kinematograph, Nr. 326, 26.3.1913. - 9 Vgl. Brigitta Lange: Extrakt, Steigerung, Erregung, Komposition. In: ...Film ...Stadt...Kino...Berlin... Hg. v. Uta Berg-Ganschow u. Wolfgang Jacobsen. Berlin 1987, S. 145-148. - 10 Kurt Pinthus: Quo vadis - Kino? Zur Eröffnung des Königspavillon-Theaters. Leipziger Tageblatt, 25.4.1913; zit. n. d. Wiederabdruck in: Kino-Debatte. Texte zum Verhältnis von Literatur und Film 1909-1929. Hg. v. Anton Kaes. München, Tübingen 1978, S. 73 f. - 11 Pinthus: Quo vadis, a.a.O., S. 75. Zur Anlage und Problematik des *Kinobuchs* vgl. Heinz-B. Heller: Literarische Intelligenz und Film. Zu Veränderungen der ästhetischen Theorie und Praxis unter dem Eindruck des Films 1910-1930 in Deutschland. Tübingen 1985, S. 67-79. - 12 Vgl. neben den genannten Arbeiten von Diederichs und Heller die Arbeit von Helmut Kommer: Früher Film und späte Folgen. Zur Geschichte der Film- und Fernseherziehung. Berlin 1979. - 13 LYNX: »Germinal«. Bild und Film, Nr. 3/4, 1913/14, S. 81. - 14 Adolf Sellmann: Der Kinematograph als Volkserzieher? Langensalza 1912, S. 27. - 15 Hermann Häfker: Die Aufgaben der Kinematographie in diesem Kriege. München 1914, S. 7. - 16 Hermann Häfker: Zustände und Ausblick. In: Der Kinematograph, Nr. 135, 1909. - 17 Häfker: Die Aufgaben, a.a.O., S. 2, S. 3, S. 7. (Hervorhebung von H.-B. H.). - 18 Vgl. dazu und im folgenden näher Heinz-B. Heller: Aus-Bilder. Anfänge der deutschen Filmpresse. In: ...Film...Stadt...Kino...Berlin..., a.a.O., S. 117-126. Ein bemerkenswert konsequentes Beispiel für die partielle Interessenidentität und Medienverflechtung von Film und Tagespresse lieferte dabei der Berliner Lokal-Anzeiger, der selbst

die Eico-Filmwochenschau finanzierte. Vgl. dazu näher Gertraude Bub: Der deutsche Film im Weltkrieg und sein publizistischer Einsatz. Diss. Berlin 1938. – **19** Vgl. die Zusammenstellung von Fritz Olimsky: Tendenzen der Filmwirtschaft und deren Auswirkung auf die Filmpresse. Diss. Berlin 1931, S. 22. – **20** Olimsky: Tendenzen, a.a.O., S. 38. – **21** »1. Wer in der Presse filmkritisch oder sonst filmjournalistisch tätig ist, darf keine irgendwie gearteten persönlich geschäftlichen Beziehungen zu Film- und Kinounternehmungen unterhalten. Ebenso wenig darf er seine berufliche Tätigkeit dazu benützen, derartige Verbindungen anzubahnen oder sich sonstige Vorteile zu verschaffen. – 2. Jede Verquickung filmjournalistischer Wirksamkeit mit dem Anzeigengeschäft ist geeignet, die Filmindustrie in die Annahme zu versetzen, sie könne die Presse durch Erteilung von Inseratenaufträgen beeinflussen. Deshalb ist solche Verquickung standesunwürdig und verboten.« (Auszug aus den Richtlinien des Reichsverbandes der Deutschen Presse. In: Deutsche Presse, Nr. 20, 1923). – **22** Kurt Mühsam: Film und Kino. Dessau 1927, bes. S. 65 ff. – **23** Olimsky: Tendenzen, a.a.O., S. 30. – **24** Ebd., S. 33. – **25** Ebd., S. 36. Vgl. dazu auch die zeitgenössische Zustandsbeschreibung vom Filmregisseur E.A. Dupont: »Es gibt in Deutschland keine Fachzeitschriften, in denen die Schranken zwischen redaktionellem Teil und Reklame so vollends gefallen sind wie in den deutschen Filmfachzeitschriften. In diesen Blättern ist nahezu jede einzelne Zeile käuflich. Was das Publikum als kritische Aeußerungen des betreffenden Blattes über Schauspieler, Schauspielerinnen, über Filmregisseure und Autoren ansieht, ist nichts als eine direkt und indirekt bezahlte Reklame der betreffenden Herstellungsfirma [...]. Auf diese Weise ist es möglich, den krassesten Außenseiter in wenigen Wochen in den Augen des Publikums zu einem Ruhm zu verhelfen, der so lange andauert, wie das Geld reicht.« (E.A. Dupont: Filmkritik und Filmreklame. In: Film-Kurier, 24.8.1919). – **26** Karsten Witte: Nachwort. In: Siegfried Kracauer: Kino. Essays, Studien, Glossen zum Film. Hg. v. K.W. Frankfurt/M. ²1979, S. 265 ff. – **27** Vgl. dazu Helmut H. Diederichs: Die Wiener Zeit: Tageskritik und »Der sichtbare Mensch«. In: Béla Balázs: Schriften zum Film. Bd. 1. Hg. v. H.H.D., Wolfgang Gersch u. Magda Nagy. München 1982, S. 21 ff. – **28** Vgl. dazu bes. die einleitenden Kommentare von Richard Weber zu den von ihm edierten Reprints: Arbeiterbühne und Film. Zentralorgan des Arbeiter-Theater-Bundes Deutschland e.V. Juni 1930 – Juni 1931. Köln 1974. Film und Volk. Organ des Volksfilmverbandes. Februar 1928 – März 1930. Köln 1975. – **29** Willy Haas: Film-Resümee 1922/23. In: Das Blaue Heft 4 (1922/23), S. 449. – **30** Hans Siemsen: Standesregeln, Nebenverdienst und Film. In: Die Weltbühne 23, 2 (1927), S. 341. Vgl. dazu auch: Dietrich Kuhlbrodt: Der Fachkritiker. Über Willy Haas. In: ...Film...Stadt...Kino...Berlin..., a.a.O., S. 133–138. – **31** Herbert Ihering: Filme und Filmkritik. In: H.I.: Von Reinhardt bis Brecht. Vier Jahrzehnte Theater und Film. Bd. 1: 1909–1923. Berlin/DDR 1961, S. 446. – **32** Herbert Ihering: Zwei Waisen im Sturm der Zeit. In: H.I.: Von Reinhardt bis Brecht, a.a.O., S. 449. – **33** Vgl. oben S. 21. – **34** Rudolf Arnheim: Fachliche Filmkritik (1929). In: R.A.: Kritiken und Aufsätze zum Film. Hg. v. Helmut H. Diederichs. München 1977, S. 171. – **35** Vgl. Ernst Moritz Häufig: Wege zu Kraft und Schönheit. In: Die Weltbühne 21, 1 (1925), S. 604 f. – **36** Siegfried Kracauer: Über die Aufgaben des Filmkritikers (1932). In: S.K.: Kino, a.a.O., S. 11. – **37** Die Volks-Film-Bühne ruft! In: Film und Volk, H. 1, Februar/März 1928. – **38** Béla Balázs: Der sichtbare Mensch oder die Kultur des Films. In: B.B.: Schriften zum Film, Bd. 1, a.a.O., S. 135. – **39** Heinz Luedecke: Proletarische Filmkritik – Der Leser hat das Wort. In: Arbeiterbühne und Film, Nr. 9, September 1930.

45

Hans Helmut Prinzler

Shadows of the Past

Die bundesdeutsche Filmkritik der fünfziger Jahre

1

Noch immer gefällt mir gut, wie sich Hartmut Bitomsky 1975 um die Filmkritiker gesorgt hat:

»Es ist aber auch ein Elend, dieses Rezensenten-Da-Sein, von einem Sessel in den nächsten gehüpft, und dann noch diese Schreibwut, von der auch ich ganz angesteckt bin... die ersten Einfälle schon beim Sehen, nur nicht vergessen, dann noch ein paar Worte, es häuft sich, ein Witz, eine Verdrehung, eine Vernichtung, es wird einem schon warm im Rücken, man geht angeregter, schnellere Schritte, und gleich fängt man zu sabbern an, Wort für Wort. Da man das alles allein macht, hat man auch dieses angenehme Gefühl von Unabhängigkeit, die Selbständigkeit des Urteils... das alles im Auftrag des Publikums... Service, Dienstleistung, Hilfestellung, Maßstäbe... Irgendwie muß man dieses Elend vor sich selbst begründen und verantworten. Um das überhaupt auszuhalten, was man zu sehen kriegt, worüber man schreibt, womit man sein Geld verdient – da muß man doch einfach anfangen, das alles ernst zu nehmen, die Filme, die Probleme, sich selbst, die Zeitung... wichtige Worte und Gedanken aus der Luft greifen... und sich täuschen über die Rolle, die man da spielt...« (*Filmkritik*, Dezember 1975)

2

Dazu paßt irgendwie, was der Zeitungswissenschaftler Wilmont Haacke, Göttingen, allen Ernstes, von einem Filmkritiker erwartete:

»Dem Filmkritiker ist aufgegeben, den vorbeischießenden Bildreizen mit schärfster Aufmerksamkeit zu folgen, um Gehalt und Form in ihrer Bedeutung zu erfassen und schon während des Spiels der Reflexe auf der Leinwand druckfertige Bemerkungen zu formulieren. Darin ist er dem Späher gleich, der Kunde von dem gibt, was sich für andere erst später ereignen soll«. (*Aspekte und Probleme der Filmkritik*, Göttingen 1962)

So ein Zitat gibt Kunde von den fünfziger Jahren, es ist unfreiwillig komisch, und gleich will man die damalige Zeit gegen so prätentiösen Unsinn in Schutz nehmen. Aber die damalige Zeit macht das einem schwer.

3

Die fünfziger Jahre haben ein schlechtes Image. Fast alle spontanen Assoziationen – Adenauer, Maria Schell, Nierentische, NATO, Kalter Krieg, Heimatfilm – sind negativ besetzt. Selbst das Wort »Wirtschaftswunder« enthält den Vorwurf, daß es nur um die Wirtschaft ging. Die fünfziger waren eine restaurative Phase, fast ein Gegenstück zum Mythos der zwanziger, monolithischer als die janusköpfigen vierziger, ohne alternative Spannungen wie die sechziger und siebziger Jahre.

Zur Misere der fünfziger Jahre gehört ihr Versagen, die neue Demokratie mit Substanz zu füllen, gehört die Weigerung der Gesellschaft, Trauerarbeit zu leisten und sich in einem essentiellen Sinne mit dem Nationalsozialismus und mit den eigenen Vergehen auseinanderzusetzen. Dem neuen westdeutschen Staat, der Bundesrepublik, war sehr schnell der Antikommunismus wichtiger als der Antifaschismus. So wurden aus interessenpolitischen Gründen Schuldige freigesprochen, Belastete exkulpiert und öffentliche Ankläger mundtot gemacht.

Die fünfziger Jahre waren keine Idylle, auch wenn sie sich so verpackt haben.

4

Und der deutsche Film der fünfziger Jahre? Gregor/Patalas widmen ihm in ihrer *Geschichte des Films* von 1962 knapp zwei von 550 Seiten: vier Zeilen über Käutner, drei über Staudte, zwei über Siodmak. Pauschal heißt es: »Der passiv-sentimentale Charakter der Filme dieser Zeit enthüllte sich in ihrer Gestaltung wie in ihrer Handlungsführung: Die Helden sind leidendes oder genießendes Objekt des Geschehens; ihre Darsteller posieren, weil die starre Respektabilität der Charaktere kein lebendiges Spiel zuläßt, die statischen, ›auf schön‹ fotografierten Einstellungen sind in Bilderbuchmanier aneinandergereiht.«

Das ist der ideologiekritische Blick der sechziger Jahre auf den Film der fünfziger. Aber noch in den achtziger Jahren hat Claudius Seidl Mühe, in seinem wohlwollenden 300-Seiten-Buch über den deutschen Film der fünfziger Jahre mehr als einen verkannten Regisseur (Georg Treßler) und ein halbes Dutzend damals unterschätzter Filme zu benennen.

5

Der herablassende Blick auf den bundesdeutschen Film der fünfziger Jahre bezieht die damalige Filmkritik automatisch in sein Verdikt mit ein. Dumme Filme, naive Zuschauer, ahnungslose Kritiker. 818 Millionen Kinobesucher gab es 1956 (1988: 108 Millionen). Damals war der Film die wichtigste Unterhaltungsindustrie, an deren ideologischer Grundlage die Filmkritik allerdings nicht sonderlich interessiert war.

Filmkritik war eine verschwindend kleine Minorität in der Sparte Filmberichterstattung. Statistisch: knapp 2 %. Von 3180 Filmbesprechungen in 899 Zeitungsausgaben am 4. Dezember 1954 – so vom Publizistischen Institut in Münster ermittelt – waren 56 längere, wertende Filmkritiken, die anderen 3124: Inhaltsangaben, Werbetexte, Kurzbesprechungen, redaktionelle Belohnung für Anzeigen.

2 % Filmkritik in der Tagespresse. Zum Beispiel in der *Frankfurter Allgemeinen*, der *Süddeutschen Zeitung*, dem *Tagesspiegel*, in der *Welt*, der *Stuttgarter Zeitung*, dem *Münchner Merkur*, der *Westdeutschen Allgemeinen*, dem *Mittag* (Düsseldorf), dem *Abend* (Berlin), gelegentlich auch im Lokalteil der *Frankfurter Rundschau*.

Mitte der fünfziger Jahre war der Umfang der Tageszeitungen noch (immer) vergleichsweise gering: zwischen 8 und 12 Seiten. Das Feuilleton war entsprechend schmal, zwischen einer Drittel Seite (*SZ*) und einer Seite (*FAZ*). Die Autoren hatten sich kurzzufassen, auch und vor allem die Filmkritiker.

6

Wer hatte nun damals – Mitte der fünfziger Jahre – filmkritisch das Sagen? Ich nenne erst einmal 20 Namen, auf einige gehe ich später näher ein.

Berlin: Friedrich Luft, Karena Niehoff.
München: Gunter Groll, Hans Hellmut Kirst, Hellmut Haffner.
Düsseldorf: Klaus Brüne, Hans Schaarwächter, Paul Hübner.
Hamburg: Georg Ramseger, Willy Haas, Klaus Hebecker.
Frankfurt: Karl Korn, Martin Ruppert, Ellen Geier, Friedrich A. Wagner.
Köln: Wilhelm Mogge.
Essen: Michael Lentz, Helmuth de Haas.
Stuttgart: Erwin Goelz.
Heidelberg: Ulrich Seelmann-Eggebert.

7

Berlin, München, Düsseldorf, Hamburg, Frankfurt, Köln, Essen, Stuttgart, Heidelberg (man könnte auch noch Nürnberg oder Kaiserslautern hinzufügen). Es war ein Resultat des Zweiten Weltkriegs (und die fünfziger Jahre begannen fünf Jahre nach diesem Krieg), daß es in Deutschland keinen politischen und kulturellen Mittelpunkt mehr gab. Die westliche Republik war ein föderales System mit lauter Kulturprovinzen. Bonn galt als provisorische Hauptstadt, Berlin als moralische, München noch nicht als heimliche. Die Entfernungen zwischen den Städten waren nicht nur verkehrstechnisch größer als heute.

Die Presse hatte sich entsprechend regionalisiert. Die *Süddeutsche* war eine bayerische Zeitung, in Berlin kaum zu bekommen. Niemand interessierte sich in Stuttgart für die *Frankfurter Rundschau*. *Die Welt* – damals noch liberal und interessant – war eine norddeutsche Zeitung. Nur die *FAZ* hatte bereits ein überregionales Redaktions- und Vertriebsnetz. Das interessanteste überregionale Blatt, *Die Neue Zeitung*, eine »amerikanische Zeitung für Deutschland«, wurde im Januar 1955 eingestellt.

Die Dezentralisierung der Presse wirkte sich damals auf die gesamte Kulturberichterstattung, also auch auf die Theater-, Musik- und Kunstkritik aus.

8

Die Filmkritik hatte noch spezielle Probleme. Sie mußte, um aktuell zu sein, unter der Vielzahl neu anlaufender Filme auswählen und einen Teil in sogenannten Kurz- oder Sammelrezensionen verstecken. Sie war dabei abhängig von der oft sehr spontanen Programmplanung der örtlichen Filmtheater (ich lasse die andere Abhängigkeit, nämlich die der Zeitungen von den Anzeigen der Kinos hier einmal außer acht). Und im kollegialen Kampf um den schmalen Platz des Feuilletons hatten die Filmkritiker auch insofern eine schlechtere Position, als sie noch andauernd ihren Gegenstand als kritikwürdiges Kulturobjekt legitimieren mußten. Die Frage, ob Film eine Kunst sei, hat die Filmkritik der fünfziger Jahre bis zum Überdruß belastet. Sie lag bleischwer auf den ständigen Selbstreflexionen und auf dem Sprachduktus der Kritiken selbst.

9

Mit der Frage, ob Film eine Kunst sei, verknüpfte sich fast automatisch die Frage, was Film und was denn »filmisch« sei. Keine Literaturverfilmung – und es gab deren viele – bei der in der Kritik nicht nach dem *Wesen* eben dieser Verfilmung gefragt wird.

Nachdem er den Film *Romeo und Julia* von Renato Castellani gesehen hat, bezeichnet Karl Korn in seiner *FAZ*-Kritik (31.1.1955) diesen Film als »neues Vehikel der Dichtung«. Er entdeckt ein »Szenarium von lebhaftem, sagen wir filmischem Wechsel«. Der Regisseur hat »den Bildraum der Veroneser Gassen und der Innenräume in den Palazzi mit großer Sorgfalt ausgewählt und optisch bewältigt. Die Szenen der Straßenkämpfe sind filmische Meisterstücke.« Aber dann heißt es später relativierend: »Das Zuviel an gelegentlich indiskreter Optik erdrückt die Dichtung.«

10

Im Vergleich zur Literatur- oder Theaterkritik argumentiert die Filmkritik der fünfziger Jahre auffallend defensiv und schüchtern. Als traute sie dem, womit sie sich beschäftigt, eben doch nicht allzuviel zu. Diese Haltung hat mehrere Gründe.

Der bundesdeutsche Film der fünfziger Jahre war keine Herausforderung der Kritik. Er bekam halbherzigen Zuspruch oder maliziöse Verrisse. Aber die Filmregisseure haben ihre Kritiker auch nicht eigentlich ernst genommen, vor allem die kritischen Kritiker nicht.

Es fehlte den Kritikern die Kontinuität der internationalen Filmgeschichte. Die Wahrnehmung ganzer Genres, die sich etwa in den USA weiterentwickelt hatten, wurde in kurzer Zeit ziemlich voraussetzungslos nachgeholt. Viele instinktive Ablehnungen hatten – meist unausgesprochen – mit der eigenen Realität und den Erfahrungen der jüngeren Geschichte zu tun.

Es gab keine Filmwissenschaft und keine Filmliteratur. Die intellektuelle Auseinandersetzung über Film war einfach jämmerlich. Ausländische Filmzeitschriften waren nur mit Mühe zugänglich. Das Filmpublikum las die *Star-Revue*, *Film und Frau*, die *Film-Revue* und wählte Bambi-Preisträger. Es gab ab 1951 als Verbandsorgan der Filmclubs die Monatszeitschrift *Filmforum* sowie die konfessionellen Blätter *Film-Dienst* und *Evangelischer Film-Beobachter*, hin und wieder auch den Versuch einer Neugründung. 1957 wurde die *Filmkritik* gegründet, zunächst das Blatt einer kleinen, radikalen Minderheit.

Viele Filmkritiker der fünfziger Jahre hatten ein Jahrzehnt der Unterdrückung von Kritik erlebt und sich in unterschiedlicher Weise mit dem Nationalsozialismus arrangiert. »Schuldfragen« wurden anschließend verdrängt, aber es fehlte der Filmkritik gerade dadurch an legitimierter Autorität.

11

An dieser Stelle ist ein kurzer Rückblick auf die Filmbetrachtung im Nationalsozialismus sinnvoll. Die Presse wurde 1933 besonders schnell Objekt von Gleichschaltung und rigoroser Kontrolle. Joseph Goebbels, Reichsminister für Volksaufklärung und Propaganda, erließ im Oktober 1933 das Schriftleitergesetz, in dem jede journalistische Arbeit zu einer »vom Staat geregelten öffentlichen Aufgabe« erklärt wurde. Voraussetzung für den Zugang zum Zeitungsberuf war unter anderem der

Ariernachweis. Für alle Redaktionen gab es täglich aktuelle Sprachregelungen aus dem Goebbels-Ministerium. Am 27.11. 1936 erließ Goebbels ein grundsätzliches Kritikverbot:

»Da auch das Jahr 1936 keine befriedigende Besserung der Kunstkritik gebracht hat, untersage ich mit dem heutigen Tage endgültig die Weiterführung der Kunstkritik in der bisherigen Form. An die Stelle der bisherigen Kunstkritik, die in völliger Verdrehung des Begriffs ›Kritik‹ in der Zeit jüdischer Kunstüberfremdung und Kunstrichtertum gemacht worden war, wird ab heute der Kunstbericht gestellt; an die Stelle des Kritikers tritt der Kunstschriftsteller. Der Kunstbericht soll weniger Wertung als vielmehr Darstellung und damit Würdigung sein. (...) Der künftige Kunstbericht setzt die Achtung vor dem künstlerischen Schaffen und der schöpferischen Leistung voraus. Er verlangt Bildung, Takt, anständige Gesinnung und Respekt vor dem künstlerischen Wollen. Nur Schriftleiter werden in Zukunft Kunstleistungen besprechen können, die mit der Lauterkeit des Herzens und der Gesinnung des Nationalsozialisten sich dieser Aufgabe unterziehen.«

12

Eine zeitgenössische wissenschaftliche Definition liefert uns Emil Dovifat in seiner *Zeitungslehre* I/2 von 1937:

»Die Kunstbetrachtung (und damit ist auch die Filmbetrachtung gemeint) vermittelt das Kunstwerk der Gemeinschaft, sie wertet seine Bedeutung für die Gemeinschaft nach den Grundsätzen der kulturpolitischen Führung und würdigt das Können des Künstlers, um es zur Höchstleistung anzuspornen.«

Dovifats Definitionen werden vor allem deshalb so gern zitiert, weil es Ausgaben der *Zeitungslehre* von 1931, 1937, 1944 und 1955 gibt, in die der Autor außerordentlich flexibel den jeweiligen Zeitgeist eingearbeitet hat. Ich komme auf seine Fünfziger-Jahre-Definition noch zu sprechen.

Ein Blick auf die Arbeit von drei deutschen Filmkritikern in den Jahren 1939/40:

13

Karl Korn. Geboren 1908. In den fünfziger Jahren Mitherausgeber der *Frankfurter Allgemeinen Zeitung*, dort zuständig für Literatur und Film.

Ich zitiere aus seiner Betrachtung des Veit-Harlan-Films *Jud Süß*, erschienen in der Wochenzeitung *Das Reich* am 29. September 1940:»Dieses große Filmwerk, das wohl am deutlichsten die gegenwärtige Wende der deutschen Filmkunst zum Ideenfilm bezeichnet, der aus einer politischen Totalsicht konzipiert ist, wird auch über die deutschen Grenzen hinaus um seiner historischen Objektivität willen früher oder später beachtet werden. Man spürt und erkennt aus diesem Film, daß das jüdische Problem in Deutschland innerlich bewältigt ist. (...) Wollte man den Film eine Anklage vor der Geschichte nennen, dann müßte man ihn eine gerechte Anklage heißen, denn er läßt die jüdische Machtgier und den jüdischen Haß im Bündnis mit einem volksfremden Fürsten und dessen elenden, käuflichen Schranzen und Hofmännern vor dem Tribunal erscheinen. (...)«

In seiner Autobiographie *Lange Lehrzeit* (Frankfurt/M. 1975) schildert Korn zwar seine Tätigkeit als Kulturredakteur beim *Reich* und seine fristlose Entlassung wegen eines mißliebigen Berichts über die Deutsche Kunstausstellung im Oktober 1940, geht dort aber auf die zitierte *Jud Süß*-Kritik nicht ein. Er summiert seine Erfahrungen mit dem Satz »Ich habe die Anfänge des neuen Blatts als eine Zeit relativ größerer Bewegungsfreiheit im Gedächtnis.« Daran kann man Widersprüche und Relativitäten ermessen.

14

Erwin Goelz. Geboren 1903, gestorben 1981. Ab 1950 Filmkritiker der *Stuttgarter Zeitung* und des *Süddeutschen Rundfunks*.

Ich zitiere aus einem Aufsatz von Frank Maraun – Pseudonym von Erwin Goelz –»Unsere Wehrmacht im Film«, erschienen in der Zeitschrift *Der deutsche Film*, Juni 1940: (Über den Film *Pour le mérite* von Karl Ritter) »Es ist Ritter gelungen, die Wehrmacht als den vitalen Kern der Nation zum Erlebnis zu bringen. Es ist das Seelentum des soldatischen Menschen, das hier in der Mitte des Geschehens steht und das immer als elementarer Ausdruck der Volkskraft in Erscheinung tritt. Dadurch konnte Ritter sich auch jede rednerische Diskussion der politischen Probleme sparen. Es ist einfach der wertvollere Typus Mann, es ist die bessere Rasse, die hier über die Systemgrößen siegt und die Macht erobert.«

Wolfram Schütte hat 1962 im *Filmstudio* auf die Texte von Goelz/Maraun hingewiesen, vor allem auf einen Text über den Film *Der ewige Jude*. Goelz hat ihm erwidert: »Wogegen ich mich wehre, ist die Verallgemeinerung, mit der Sie mich auf Grund jener Besprechung der Kriegswochenschauen generell zum Nazi und Antisemiten stempeln, der gewissermaßen ständig gegen die Juden gehetzt hätte. In Wahrheit existiert außer der in einer Zwangslage entstandenen Besprechung des *Ewigen Juden*, die zudem keine eigene Meinung, sondern einfach den Begleittext des Films wiedergibt, und einer Bemerkung über die Beteiligung jüdischer Schauspieler an geschmacklosen Kasernenhofburlesken keinerlei antisemitische Äußerungen von mir, insbesondere auch keine weitere Besprechung antisemitischer Filme, etwa von *Jud Süß* oder *Die Rothschilds*. Ihnen bin ich regelmäßig ausgewichen. Dagegen habe ich fast zur gleichen Zeit – von 1940 an – in geschlossenen Vorstellungen für Romanschriftsteller und Dramatiker, die ich für die Mitarbeit am Film interessieren wollte, unter andrem Filme jüdischer Regisseure wie Chaplin, Eisenstein, Lang, Lubitsch, Siodmak, Wyler als Beispiele wahrer Filmkunst vorgeführt. Wenn ich auf der einen Seite so getan habe, als ob ich mitmache, so habe ich auf der anderen Seite ganz und gar nicht mitgemacht. Was man Ihnen auch sagen mag: es gibt – wenn man alleinsteht und ich stand damals immer allein – für einen, der sich nicht im Keller vergraben, sondern tätig bleiben will, keine andere Taktik in der Diktatur.« (*Filmstudio* 43, 1964)

15

Werner Fiedler. Geboren 1900, gestorben 1986. Ich zitiere aus seiner Betrachtung des Films *Das Ekel* (mit Hans Moser), erschienen in der *Deutschen Allgemeinen Zeitung* am 5. August 1939: »Ekel sind immer aktuell, sie verändern nur ihre Taktik, doch kaum ihr Wesen. Aber die Wichtigtuer, die Schmalspur-Tyrannen und Nörgler wollen nicht aussterben und werden immer würdevoll das Zepter ihrer Subalternität schwingen. Es gibt sogar Spezial-Ekel, die selbst im Dienste der Allgemeinheit ihre privatesten Herrschgelüste auszutoben suchen. Ist eine Sorte Geltungsspießer tot, so ist bald eine andere da. Ja, Ekel sind immer aktuell.«

In der Anspielung zwischen den Zeilen, in der verschlüsselten Mitteilung der Camouflage gehörte Werner Fiedler zu den Ausnahmen unter den Filmjournalisten im Nationalsozialismus. Seit 1928 war er Mitglied der Berliner Redaktion der *DAZ*. Mehrfach erteilte Goebbels ihm Schreibverbot, von August 1939 bis Mai 1941 war Fiedler zur Wehrmacht abkommandiert. Er schrieb dann aber wieder bis Anfang 1945 für die *DAZ* (und gelegentlich auch für *Das Reich* und den *Film-Kurier*) Filmkritiken. Im Gegensatz zu Korn und Goelz wurde Fiedler kein Großkritiker der fünfziger Jahre. Er schrieb für den Westberliner *Tag*, arbeitete bis in die sechziger Jahr für den SFB. Dann verstummte er als Kritiker.

16

Die Be- und Verurteilung nationalsozialistischen Mitläufertums – mehr wäre auch Korn und Goelz nicht zu unterstellen – ist gerade in den fünfziger Jahren weitgehend unterblieben. So suchten sich damals auch die Filmkritiker schnell ihre neue Identität. Weil zu ihrem Metier Bewußtsein und Sprache gehören, finden sich in ihrem Denken und Schreiben in den fünfziger Jahren eine Menge nationalsozialistischer Spuren.

Ende des Exkurses, der eigentlich kein Exkurs war, sondern die Verlängerung des Themas in eine zurückliegende Kontinuität.

17

Da läßt sich denn auch gleich wieder Emil Dovifat zitieren. Seine neue *Zeitungslehre* (vierte Auflage, stark überarbeitet) erschien 1955. Inzwischen war er Publizistik-Professor an der Freien Universität Berlin.

1937 hieß es bei ihm – ich zitiere noch einmal: »Die Kunstbetrachtung vermittelt das Kunstwerk der Gemeinschaft, sie wertet seine Bedeutung für die Gemeinschaft nach den Grundsätzen der kulturpolitischen Führung und würdigt das Können des Künstlers, um es zur Höchstleistung anzuspornen.«

1955 haben sich Dovifats Maßstäbe wie folgt verändert: »Kunstkritik ist die subjektive, aber sachlich und künstlerisch verantwortliche Beurteilung des Kunstwerkes, dem der Kritiker verpflichtet ist. Er berät Künstler, vermittelt das Kunstwerk der Öffentlichkeit, scheidet die Werte und Unwerte überzeugend voneinander und gibt so zur Höherentwicklung der Kunst seinen Beitrag.«

Mit der Forderung, Werte und Unwerte voneinander zu scheiden und mit dem Aufruf zu Verpflichtung, Vermittlung und Höherentwicklung verzettelt sich diese Definition vollends zwischen NS-Vokabular und Reeducation-Terminologie. Immerhin ist in Dovifats Formulierung ein Wort der Schlüssel für die Identitätssuche der Filmkritik in den fünfziger Jahren: *subjektiv.*

Das Bestehen auf einer eigenen Meinung, die nicht objektivierbar sein muß, zieht sich durch alle Selbstreflexionen und veröffentlichten Debatten der Filmkritik der fünfziger Jahre. Die Subjektivität ist der demokratische Zugewinn, eine Errungenschaft, mit der man sich legitimieren und abgrenzen kann. Zum Beispiel – es war die Zeit des Kalten Krieges – gegen die sozialistische Nicht-Meinungsfreiheit.

Ihre *Unabhängigkeit* (ein zweites Schlüsselwort, das bei Dovifat im Zitat nicht vorkommt) kann die Filmkritik in den fünfziger Jahren nicht ungeteilt genießen. Aber auf das Spannungsverhältnis zwischen Redaktionsfreiheit und Anzeigeninteressen wollte ich hier nicht weiter eingehen. Man kann das in speziellen Aufsätzen nachlesen (zum Beispiel: »Die Stuttgarter ›Filmkriege‹ von 1954 und 1957«. In: *Publizistik*, 5/1958).

Ein drittes Schlüsselwort: *Verantwortung.* Der Kritiker, sagt Dovifat, habe sie dem Kunstwerk gegenüber wahrzunehmen. Redakteure sagen, sie hätten eine Verantwortung den Lesern gegenüber. Das Filmgewerbe verweist natürlich auf die Verantwortung der Kritiker gegenüber dem Wirtschaftsfaktor Film. Und dann gibt es noch die damals sehr einflußreichen Kirchen, denen es um die Verantwortung für die *Moral* ging.

18

Weil auch die Moral ein Schlüsselwort der fünfziger Jahre ist, zitiere ich ein eindrucksvolles Beispiel der kirchlichen Filmkritik, katholisch, 1954, Autoreninitial: Ö.

Der kritisierte Film heißt *Johnny Guitar* und ist von Nicholas Ray. Die Meinung des Kritikers »Eine ärgerlich unglaubwürdige Geschichte vor diesmal besonders papierener Wildwestszenerie. Sie wurde ziemlich zusammenhanglos zurechtgeschnitten und lebt von Diebstahl, Raub, Totschlag und von geringwertiger Schauspielerei. Die krasseste Fehlbesetzung ist Joan Crawford. Ihre betagte, unweibliche Erscheinung soll ein begehrtes junges Mädchen glaubhaft machen, um dessen Gunst die Männer einander blutig schlagen. Ihre Gegenspielerin – personifizierter, sinnloser Haß – bemüht sich, die Besitzerin der Spielhölle und deren aus dem Gefängnis entlassenen Johnny zugrunde zu richten. Ein widerwärtiges Schauspiel mit niedriger Gesinnung, kalter Lebensverachtung und geistlosen Dialogen. Abzuraten!« (*Film-Dienst*, 3.12.1954)

Welch ein Versprechen! Wie das Filmprogrammheft, die Aushangfotos, der Trailer gehörten solche Texte zur Vorlust auf das Kino. Peter Nau hat das so beschrieben:»An einer Häuserwand auf dem Weg zu diesem Kino (einem verrufenen, in dem es vor allem amerikanische Gangster- und Kriminalfilme gab) hing der Schaukasten mit den Kritiken vom Katholischen Filmdienst. Ich liebte auch diese Kritiken. Nicht wegen der Argumente als inhaltlich aufgefaßtem Für und Wider, sondern aus dem Bewußtsein von ihnen als einem Bestandteil desselben Stoffes, aus dem die Träume waren: die Filme. Im Lob und Tadel, in der Befürwortung und Ablehnung spiegelte sich der moralische Rigorismus der Filme wider, der in ihnen waltende Kampf zwischen dem Guten und dem Bösen.« (Aus der Einleitung seines Buches *Zur Kritik des Politischen Films*, 1972.)

In dieser Beschreibung von Peter Nau ist ein Stück individueller Naivität aufbewahrt, die sich zur Magie des Films bekennt und noch deren formulierte Negation in ihren Erlebnisprozeß einbezieht.

Natürlich ist dies nur ein Aspekt in der Erinnerungsarbeit von Peter Nau. Aber er führt uns vielleicht auch im Umgang mit der weltlichen Filmkritik der fünfziger Jahre einen Schritt weiter, jedenfalls mit ihrem besseren Teil. Das Beliebige und Langweilige an ihr sind die *Beurteilungen*, die Benotungen mit oder ohne Begründung. Das Spannende sind die Assoziationen, die Fragen, die Gedankensprünge.

Man kann für die Filmkritik der fünfziger Jahre ziemlich generell einen Mangel an kritischer Methode, eine Unsicherheit bei der Transformation von Bildern in Wörter konstatieren. Einige Gründe für diese Defizite habe ich benannt. Aber dieser Generalisierung stellen sich dann doch Autoren entgegen, in deren Denk- und Formulierfähigkeit die damaligen Filme auf sehr individuelle Weise aufgehoben waren. Auf zwei möchte ich jetzt zu sprechen kommen.

19

Karena Niehoff, heute Berliner Kulturkorrespondentin der *Süddeutschen Zeitung*, war von Anfang der fünfziger bis Mitte der sechziger Jahre die exponierte Filmkritikerin des Berliner *Tagesspiegels*. Sie war Feuilletonjournalistin, in der Zeitung wurde sie viele Jahre als »Sonderkorrespondentin« bezeichnet.

Es gibt eine Sammlung ausgewählter Texte von ihr, die 1962 unter dem Titel *Stimmt es – Stimmt es nicht?* veröffentlicht wurde.

Karena Niehoff ging als Reporterin ins Kino: neugierig, beobachtend, fragend. Sie hat in den fünfziger Jahren ihren Schreibstil entwickelt, der zusehends origineller wurde: ironisch, assoziativ, scheinbar von reiner Vernunft ausgehend, mit einer Liebe zum Paradox. Sie hat Filme nie analysiert, denn Systematik wäre ihr wohl ein Greuel. Charakteristisch für ihre Texte sind: gedankliche Umwege, kapriziöse Einschübe, ungewöhnliche Sprachfiguren.

Zwei Zitate über Maria Schell:

1. Über *Gervaise*, 27.9.1956: »Maria Schell scheut zwar bekanntlich und verdienstlich nicht vor ärmlich schmutzigen Haaren, vergrämter Leidensmiene und härenen Gewändern zurück, die Häßlichkeit des Elends ist sogar ihre wohl gehegte Spezialität – aber sie läßt ihre Rollen doch immer kühl berechnend mit genügend schöner Seele, unverdienten Schicksalsschlägen und

den Anlässen zu tief und ehrlich empfundenen Engelsaugenaufschlägen versorgen, auf daß keinen Zuschauer ernstlich Zweifel an ihrem wohlgeformten Innenleben, an ihrer leidvollen Sehnsucht zum besseren, gepflegteren Ich kämen.«

2. Über *Une vie / Ein Leben*, 20.6.1959: »Der Krug geht solange zu Tränenwasser, bis er bricht. Nur - niemandem bricht dabei das Herz. Frau Schell will immer so gequält eine ganze Schauspielerin sein. Über dieser Bemühung bleibt sie eine halbe; und das ist allemal schlimmer, als gar keine scheinen zu wollen.«

In den Personenbeschreibungen, im Geschichtenerzählen ist die maliziöse Ironie von Karena Niehoff bestes Feuilleton der fünfziger Jahre: genau, unterhaltsam, geistreich.

20

Gunter Groll. Geboren 1914, gestorben 1982, war von 1945 bis 1958 Filmkritiker der *Süddeutschen Zeitung*, im Hauptberuf - bis 1970 - Cheflektor des Kurt Desch Verlages. Seine Dissertation, 1937 unter dem Titel *Film - die unentdeckte Kunst* veröffentlicht, ist einer der wenigen filmtheoretischen Texte der Nazizeit, der mit Gewinn zu lesen ist. Von 1938 bis 1945 war Groll Filmdramaturg bei der Bavaria in München. Er war politisch unbelastet, fachlich kompetent und er konnte schreiben. Er war in den fünfziger Jahren der am meisten gelesene und geliebte Filmkritiker in der Bundesrepublik. In zwei Sammelbänden (1953: *Magie des Films*, 1956: *Lichter und Schatten*) sind 177 seiner Texte zugänglich. In der Broschüre *Demnächst in diesem Theater* (1957) hat er sich auch ausführlich zum Thema Filmkritik geäußert. Sein Credo war »Der Kritiker sage das Schwere leicht.« Groll forderte »Drei Grundzüge der guten Kritik: die Fähigkeit zu klären, die Liebe zur Sache und die Distance zum Objekt.«

Er poetisierte, spielte mit Aphorismen, Metaphern, witzigen Verknappungen, er liebte die Pointe. »Kritik soll klären«, sagte er, »doch nicht dozieren. Sie soll Witz haben, doch nicht witzeln. Sie darf spielen, doch das Wortspiel verwende sie nur, wenn es auch Gedankenspiel ist. Sie soll pointiert sein - doch immer nur dann, wenn die sprachliche auch eine geistige Pointe ist.«

Zwei Zitate aus Groll-Kritiken:
1. Über den Film *Die Mücke*, 25.10.1954: »*Die Mücke* ist ein Film über Spitzel. Jeder bespitzelt jeden: der Ehemann mit Hilfe einer Agentin die Ehefrau, die Agentin außer der Ehefrau den Ehemann, ein Agent die Agentin, die Agentin den Agenten – ein Spitzel kommt selten allein in diesem Film, und man kann wohl sagen, daß er das Spitzelwesen auf die Spitze treibt. Unter den Spitzelfilmen ist es ein Spitzenfilm. (...)«
2. *Sinuhe, der Ägypter*, 19.12.1954:

»II
Hier blüht neues Leben in Theben. Pharaonen, Paläste, Podeste. Pyramiden rechts, Pyramiden links – und alle repariert. Der Nil. Die Sphinx. (Auch sie vollständig renoviert.) Das ist kein Pappenstiel. Das kostete, obwohl es manchmal Papp-Stil ist, seine 5 Millionen Dollar; eine Million mehr als *Vom Winde verweht*. Und was hat man da alles hingehext! Die Wüste bebt. Die Wüste wächst. Drei Jahrtausende blicken, beziehungsweise brüllen auf uns herab, mit ›4-Kanal-stereophonischem Magnetton‹ – was das genau ist, weiß ich nicht genau; aber es ist sehr laut.

III
Gleichwohl ist dieser attraktive Riesenfilm (Regie M. Curtiz) rührend und manchmal bewundernswert: dank dem Bemühen um historische Korrektheit. Ein Heer beratender Ägyptologen zog mit in die Wüste; man kann sicher sein, daß alles stimmt: Kostüme und Geräte, die chirurgischen Bestecke und hethitischen Schwerter, die Taschen und Fächer, Becher und Flaschen.

IV
Nur die alten Ägypter selbst (die Damen Jean Simmons, Gene Tierney und Bella Darvi sowie die Herren Edmund Purdom, Victor Mature und Michael Wilding) sehen ein wenig aus wie moderne Amerikaner auf dem Fasching. Aber dafür können sie nichts. Wer sieht schon aus wie Echnaton.«

Es liegt auf der Hand, daß solche Kritiken von den Lesern sehr geschätzt wurden. Sie funktionierten, ohne Filmkenntnisse vorauszusetzen oder eine intellektuelle Anstrengung zu fordern. Sie hatten keine Parallele in der Theater-, Musik- oder Kunstkritik, die damals eher akademisch und spröde betrieben wurde. Nun kann man dies als fragwürdige Ausgrenzung des kritisierten Gegenstandes Film auffassen oder als Kompliment. Die Leser waren süchtig nach Groll-Kritiken, die heranwachsende Kritiker-Generation, geschult an Kracauer, hat ihn dagegen ganz und gar nicht gemocht. Für die sogenannte »linke Kritik« mit ihrem Zentralorgan *Filmkritik*, für Enno Patalas, Ulrich Gregor, Wilfried Berghahn, Theodor Kotulla, war Groll die Inkarnation der feuilletonistischen, kalligraphischen, konventionellen Filmkritik der fünfziger Jahre, die es zu überwinden galt.

Wenn man eine Groll-Rezension des eleganten Beiwerks an Wortspielen und Metaphern entkleide, klagte Patalas in einer Kritik der Groll-Sammelbände in den *Frankfurter Heften* (9/1957), bleibe an echtem informativem Gehalt nicht viel übrig. Brächte man zum Beispiel Grolls Kritik des *Blauen Engel* in schlichte Sätze, ergäbe sich als Befund: »Der Film wirkt immer noch sehr stark. Jannings und Marlene Dietrich sind gut; sparsam und bildintensivierend wird der Ton eingesetzt.« Groll brauche dafür 450 Worte und das sei entschieden zu viel. Die Kritik von Patalas war zugleich richtig und absurd. Richtig, weil sie eine Schwäche der feuilletonistischen Kritik, nämlich den Mangel an komplexer ideologischer und ästhetischer Analyse nachweist. Absurd, weil sie das literarische Spiel des Autors auf eine informative Essenz reduzieren will. Die »linke Kritik« – die damals nicht nur in der Bundesrepublik eine folgenreiche Debatte entfacht hat – war in einer Zeit der schönen Verpackung nur an den Inhalten interessiert. Es fiel ihr auch leicht, die feuilletonistische Kritik argumentativ anzugreifen, weil Ende der fünfziger Jahre kompliziertere Filme entstanden, mit denen die älteren Kritiker ihre Schwierigkeiten hatten. Hinzu kam, daß die Filmkritik in den Zeitungen an Bedeutung gewann und jüngere Kritiker sich zu Wort meldeten: 1957 wurde Manfred Delling, 29, Filmkritiker der *Welt*. 1958 wurde Hans-Dieter Roos, 25, Filmredakteur der *SZ*. 1959 wurde Heinz Ungureit, 28, Feuilletonredakteur der *Frankfurter Rundschau*.

21

1961 haben Enno Patalas und Wilfried Berghahn in dem berühmt gewordenen Aufsatz *Gibt es eine linke Kritik?* (*Filmkritik* 3/1961) eine Positionsbestimmung von herkömmlicher, alter und geforderter neuer Kritik unternommen, die ihnen allerdings viel zu apodiktisch und schematisch geraten ist. Das Resultat war, daß sich die »alte« Kritik von den Rubrizierungen nicht getroffen fühlen mußte und die neue Kritik ihrerseits bald in eine langwierige Selbstverständnisdebatte verwickelt war.

22

Noch immer gefallen mir Helmut Färbers »Forderungen des Tages« an die Filmkritik:
»1. Anders schreiben – und lesen – als nur Besprechungen neuester Filme.
2. Anders schreiben – und lesen – als nur innerhalb der Form urteilender, möglichst abschließender Abhandlungen.
Zu 1: Das Denken der jeweils neuesten Filme fällt mit der Summe der verpflichtenden Möglichkeiten nicht zusammen. Die Differenz sich zu vergegenwärtigen wäre Geschäft der Filmkritik und ihrer Leser und hieße nicht die neuesten Filme geringschätzen, sondern sie verstehen. Nicht weniger aber als den neuesten Filmen wären Kritiker und Leser den früheren verantwortlich, und insbesondere den zukünftigen.
Zu 2: So wenig der Film mit naturalistisch abgebildeten Geschichten, so wenig wäre die Filmkritik mit unmittelbar objektbezogenen Einzelabhandlungen identisch. Daß sie es trotz anderer Vorsätze zu oft dabei bewenden läßt, ist ihre mißliche Lage und ihre ›faule Seele‹.«
Helmut Färbers Forderungen des Tages stammen aus dem Jahre 1967.

Claudia Lenssen

Der Streit um die politische und die ästhetische Linke in der Zeitschrift *Filmkritik*

Ein Beitrag zu einer Kontroverse in den sechziger Jahren

In der Zeitschrift *Filmkritik* wurde zwischen 1964 und 1969 eine heftige Kontroverse ausgetragen. Sie entzündete sich an der Auseinandersetzung mit den Filmen der »Nouvelle Vague«, die eine neue Generation von Mitarbeitern dazu herausforderten, gegen die Schemata der Kritik in der Zeitschrift zu opponieren. Ihre Texte hatten eine Haltung gegenüber Filmen zur Voraussetzung, die sich schroff von jenem Selbstverständnis unterschied, mit dem die *Filmkritik* und ihre Vorläuferin *film 56* seit Mitte der fünfziger Jahre ihren Anspruch auf Teilhabe an der kritischen Öffentlichkeit etabliert und legitimiert hatte. Die Debatte schlug sich in vielen Einzelbesprechungen nieder, in Form von Kritik und Gegenkritik zu bestimmten Filmen, oft auch in polemischen Seitenhieben, mit denen die politische Dimension des Streits direkt zum Thema wurde. Es gab nicht zuletzt größere Aufsätze zu Regisseuren der Nouvelle Vague, zum Beispiel Alain Resnais und Jean-Luc Godard, deren filmische Methoden der Reflexion auf die Funktionsweise ihres Mediums zum Anlaß genommen wurde, auch über die Funktionsweise von Filmkritik nachzudenken.

Ab 1964 geriet die Debatte aus dem Zirkel interner Richtungskämpfe hinaus. Die Redaktion veröffentlichte kritische Stellungnahmen von außenstehenden Filmkritikern und in den folgenden Jahren eine Reihe von Selbstverständniserklärungen einzelner Mitarbeiter bis hin zu programmatischen Äußerungen.[1] Das »Plädoyer für eine Ästhetische Linke«[2] von Enno Patalas, der seit der Gründung die Zeitschrift mitgeprägt hatte und seit dem Tod von Wilfried Berghahn 1964 die stärkste Position innerhalb der Redaktion innehatte, markierte den Richtungswechsel der *Filmkritik*. Folgerichtig kündigten die Vertreter der älteren Auffassung von Kritik – die meisten von ihnen waren seit den ersten Jahren der Zeitschrift dabei – ihre Mitarbeit auf. Patalas' »Plädoyer« nannte die streitenden Parteien bei ihren internen Codenamen, »Ästhetische Linke« contra »Politische Linke« und vice versa, und unter dieser Codifizierung ging die Debatte in die Geschichte ein.

Die Entgegensetzung oder Unvereinbarkeit der Begriffe »ästhetisch« und »politisch« war aber gerade nicht Beweggrund der Opposition in der *Filmkritik*. Es ging vielmehr um Anstöße zu einer materialistisch orientierten Film- und Filmkritiktheorie in Absetzung von der idealistischen Ideologiekritik der Gründergruppe und ihrer Adepten.

Im folgenden wird versucht, das Verhältnis der kontinuierlichen Arbeit der Zeitschrift zu den jeweiligen programmatischen Äußerungen zu beschreiben, um die Entwicklungslinien der Kontroverse kenntlich zu machen.

Die Initiative zur Gründung einer Filmzeitschrift ging aus der Filmclubbewegung hervor. Die Filmclubs organisierten Vorführungen, Diskussionen und gaben die Verbandszeitschrift *filmforum* heraus. Sie waren eng verflochten mit den Aktivitäten der studentischen Filmclubs an den Universitäten der Bundesrepublik und setzten sich ohne kommerzielles Kalkül mit Filmen auseinander. Sie versuchten, Filme zu zeigen, die in den Geschäftsstrategien der Verleihe keine Chance hatten; sie bemühten sich ebenso um die aktuelle und historische Produktion in den sozialistischen Staaten – entgegen den Ressentiments des Kalten Krieges. Man fand Anschluß an den internationalen Film, genauer: an die Filmkunst, und lernte, die Zusammenhänge der desolaten deutschen Filmproduktion mit der restaurativen gesellschaftlichen Entwicklung zu analysieren und zu kritisieren.

Aus der schleichenden Vereinnahmung der Filmclubbewegung durch die konservativen Filminstitutionen der Bundesrepublik in der zweiten Hälfte der fünfziger Jahre entwickelte sich ein Protestpotential unter den Teilnehmern der Jahrestreffen. Diese jährlichen Treffen der Filmclubs, die seit 1949 mit Unterstützung der Kulturinstitutionen der französischen Alliierten stattfanden, waren anfangs enthusiastisch kommentierte Schlüsselerlebnisse.[3] Später zieht sich die Enttäuschung über die zunehmende »Passivität« und »Desorientierung«[4] der Filmclubarbeit wie ein roter Faden durch die Glossen der ersten Jahrgänge der *Filmkritik*.

Enno Patalas, Theodor Kotulla, Heinz Ungureit (Publizistikstudenten in Münster), Wilfried Berghahn und Reinhold E. Thiel (Literaturwissenschafts- und Philosophiestudenten in Bonn) und Ulrich Gregor (Romanistikstudent u.a. in Paris) fanden sich als Gruppe, als radikale Minderheit, bei den Verbandstreffen der Filmclubs. *film 56*, die Vorläufer-Zeitschrift der *Filmkritik* war eine linke Gegenpublikation zum offiziellen Verbandsorgan und zugleich ein ambitionierter Professionalisierungsversuch.

film 56 war eher ein Kompendium von Aufsätzen als eine Folge von Filmkritiken. Die Zeitschrift ähnelte im Erscheinungsbild den bestehenden kulturellen Monatszeitschriften jener Zeit und hatte zwei Seiten für Abbildungen zur Verfügung.

Der einleitende Aufsatz in der ersten Nummer, *Panorama 55*, war eine von Patalas, Kotulla und Gregor gemeinsam verfaßte Generalabrechnung mit der weltweiten Filmproduktion des Jahres 1955 und zugleich eine Standpunktbestimmung, die in der Kontroverse einige Jahre später selbstkritisch reflektiert wird.

»Im Wandel der vorherrschenden Film- und Starmoden, der bevorzugten Themen und Stile haben wir die Umschwünge des allgemeinen gesellschaftlichen Bewußtseins – verschlüsselt oft und nicht jedem auf den ersten Blick deutlich, aber stets gegenwärtig. (Die Aufhellung des ideologischen Charakters der Filmproduktion wird *film 56* zu seiner Hauptaufgabe machen – erstens, weil dieser Aspekt dem Film als Massenmedium am ehesten gerecht wird, zweitens, weil die ideologische Bindung des Films ans zurückgebliebene politische Bewußtsein der kleinbürgerlichen Massen das Haupthindernis seiner künstlerischen Selbstbesinnung darstellt.)«[5]

Die deutschen Filme, auf die sich ihre Kritik bezieht, sind Filme über den Nationalsozialismus, über Krieg, Widerstand und Nachkrieg. Sie werden als Momente einer Verschwörung von Produktion und Publikum beschrieben, als Adaptionen der prekären Stoffe der historischen Erfahrung an das herrschende Bewußtsein. Der Aufsatz klagt Defizite des gesellschaftlichen

Bewußtseins ein, indem er die vielfältigen Verschleierungsmechanismen benennt, die in Filmen wie *Kinder, Mütter und ein General, Canaris, Des Teufels General, Der letzte Akt, Es geschah am 20. Juli, 08/15* und *Der Major und die Stiere* wirksam sind: Der Krieg erscheine in ihnen als Heroik, Widerstand als der Widerstand von einzelnen, Politik als Schicksal, nicht als Aufgabe. Die Filme bezeichneten »einen Übergang aus der Periode der wirtschaftlichen Unsicherheit, der gesellschaftlichen und politischen Minderwertigkeitsgefühle und Ohne-mich-Affekte zu einem neuen kollektiven Selbstvertrauen auf der Grundlage verdrängter Erinnerungen und wiederhergestellten Obrigkeitsdenkens.«[6] Alle in der Gruppe teilten unmittelbar die Erfahrung, zu den »gebrannten Kindern« des Krieges zu gehören. Ihre Kritik war geprägt von der Enttäuschung darüber, daß die »Einsicht in die Notwendigkeit neuer Formen des privaten und sozialen Verhaltens« im »trügerischen Frieden der Prosperität« untergegangen war.[7]

film 56 formulierte seinen Anspruch im Vokabular einer sich als politische Avantgarde verstehenden Bewegung. Als »Haupthindernis für die künstlerische Selbstbesinnung« des Films galt dessen »ideologische Bindung ans zurückgebliebene politische Bewußtsein der kleinbürgerlichen Massen«.[8]

Es ging – wie bei jeder Zeitschriftengründung – um Profilierung, und im Fall von *film 56* sollte sie damit beginnen, einen kritischen Begriff von Filmkunst zu etablieren und die Teilhabe am Diskurs der Opposition in der Adenauer-Ära zu reklamieren, gerade in einem Bereich der Kultur, der von den Intellektuellen als peripher angesehen wurde.

Das Autorenkollektiv von *Panorama 1955*, jener Generalabrechnung mit den Filmen der fünfziger Jahre, machte es sich leicht in seiner Bitterkeit. Es arbeitete seine Kritik an der Verdrängung historischer Erfahrung aus den Klischees der Figurentypologien und Handlungsschemata heraus. Man schrieb über die Filme, als seien es Sujets, die ohne spezifische Differenzen einem literarischen Waschzettel oder den Synopsen von Theaterprogrammen und Drehbüchern entnommen worden sein könnten. Die inhaltlichen Substrate galten als Belege in einem Argumentationsgang, der sich an den sozial-psychologisch begründeten Thesen von Siegfried Kracauers *From Cali-*

gari to Hitler orientierte (das damals noch nicht übersetzt vorlag). Man präparierte die Prototypen der Mentalitäten heraus, deren ungeheure Verdrängungsleistung aus den Filmen wie aus einem gebrochenen Spiegel abzulesen war.

Es ging also um eine Polemik, die Kracauers »retrospektive Prophetie«[9] in einigen Grundzügen aktualisierend fortschrieb, zum Beispiel die Kontinuität deutschen Autoritätsdenkens. »Glanz und Elend des neorealistischen Films« waren das Thema von Enno Patalas' Aufsatz in zwei Ausgaben von *film 56*, in dem er exemplarisch für die spätere langjährige Arbeit der *Filmkritik* eine spezifische Vermittlung seines Geschichtsbegriffs mit einer für ihn gültigen Filmästhetik versuchte. Patalas beschrieb den italienischen neorealistischen Film als »Filmkunst im Präsens«, als »Geburt eines neuen Stils, einer neuen Haltung, einer neuen Einstellung zur Wirklichkeit«[10]. Er sah in den Impulsen, die eine runde Dekade zuvor in Italien zu einer »geistigen Erneuerung« geführt hatten, das heroische Ideal einer kulturellen Resistenza (wie Frieda Grafe später dazu feststellte[11]). Die ästhetischen Äquivalente dieses politisch-moralischen Bewußtseins wurden als Wiedergewinnung von Qualitäten der filmischen Frühzeit begriffen, als wiedergefundenes Ursprungsideal des Mediums: »Die Kamera überließ sich ganz dem Eigengesetz des Geschehens, das sie ›objektiv‹ abfilmte. Die Fotografie hatte wieder die Grobkörnigkeit von Dokumenten der filmischen Frühzeit. (...) Die Faszination des Tatsächlichen trat an die Stelle des künstlerischen Effekts, der Freude am ›bienfait‹. (...) Zum erstenmal wurde eine ganze Generation von Filmschöpfern sich ihrer gesellschaftlichen Funktion bewußt. (...) Der Stil vermittelte auch ihr Bewußtsein der Aktualität und zwang zum ›Engagement‹.«[12]

Patalas schrieb seinen Enthusiasmus für den neorealistischen Film auch in seine 1962 zusammen mit Ulrich Gregor verfaßte *Geschichte des Films* ein. Dieses Buch arbeitete, strenger kanonisiert, aber dennoch parallel zur Zeitschriftenpublizistik der jungen Filmkritiker, an den Begriffen von »Filmkunst«. Sie trafen ihre Wertungen »mit dezidierter Parteilichkeit« und waren »der Meinung, daß die ästhetische Betrachtungsweise eines Kunstwerks nicht an seinem ideologischen und politischen Gehalt vorbeigehen, und daß die gesellschaftliche Grundlage, auf

der ein Film entsteht, vom Kritiker und Historiker nicht igno-
riert werden darf.«[13]

Aus diesem Blickwinkel gesehen, schienen im Neorealismus
für eine kurze, charakteristische Periode die Antagonismen von
Subjektivität und Objektivität aufgehoben. Die individuellen
neuen Stilformen und kollektiven Arbeitsweisen wurden nicht
als ästhetische Wirklichkeitskonstruktionen gesehen, sondern
als Spiegelbilder des Aufbruchs, als Manifestationen einer popu-
listischen Bewegung in den vierziger Jahren. In Italien hatte
sich im Kino etwas bewegt, zu dem es im zweigeteilten Nach-
kriegsdeutschland kein Äquivalent gab. Die Auseinandersetzung mit den Formen und Voraussetzungen dieses Realismus-
typs war auch Trauerarbeit über die deutschen Verhältnisse.

Als 1957 die kontinuierliche Rezensionsarbeit in der *Filmkritik* begann, stimmten die meisten Texte darin überein, ideolo-
giekritisch Anspruch und Wirklichkeit aneinander zu messen.
Es bildete sich als Profil heraus (und verflachte bei einigen Mitarbeitern im Lauf der Zeit zum Schematismus), die Geltungsansprüche des Dargestellten an ein Raster sozialkritisch und psychologisch auf den Begriff gebrachter Wirklichkeitsausschnitte
anzulegen, um seine Evidenz und Überzeugungskraft zu überprüfen und – wenn möglich – zu bezeugen. Das Denken kreiste
um die »Tendenz zur Wirklichkeit«, die man im »British Free
Cinema« Ende der fünfziger Jahre entdeckte, um die latenten
oder manifesten Themen »sozialer Aufmerksamkeit« (Cesare
Zavattini)[14].

Wenngleich vor allem Berghahn und Patalas mit jedem Text
in der *Filmkritik* ihre Beobachtungskunst schärften und die spezifischen filmischen Formsprachen und zeitlich strukturierten
Vorgänge stilsicher zu beschreiben wußten, daher in vielen Ein-
zelbeiträgen den Zugang zu Filmen über die Analyse ihrer Formen herstellten und beiläufig so auch Sinneseindrücke als ästhetische Überschüsse in Sprache übersetzten, galt dennoch das
Hauptprinzip strenger Funktionalität: die Form diente dem Inhalt. Die Kritik sollte das Verhältnis beider zueinander bestimmen und auf diesem Wege beurteilen, ob der Film zur Erkenntnis beitrage.

Im Vorwort zur ersten Nummer der *Filmkritik* heißt es 1957
»Anstelle eines Programms«: »Filmkritik sollte versuchen, den

Blick des ansprechbaren Kinogängers zu schärfen – im Künstlerischen: für ästhetische Strukturen und Bauformen, in denen allein (und nicht im ›wahren Gefühl‹) das Genie des Künstlers sich kundgibt; im Gesellschaftlichen: für soziale und politische Leitbilder, in denen, bewußt oder unbewußt, der Geist der Zeit sich ausspricht und sich selbst bestätigt. Die Kritik sollte die gesellschaftlichen Mechanismen im Zustandekommen und in der Wirkung von Filmen durchleuchten, die möglichen positiven Fälle, in denen Filme zur sozialen Selbsterkenntnis beitragen, feststellen, und die negativen, in denen politische Beschränktheit gefördert und verewigt wird, denunzieren.«[15]

Die *Filmkritik* verstand sich als Schule der Aufklärung für den »ansprechbaren Kinogänger«. Das bedeutete eine Kritik, die sich von der Ignoranz und Inkompetenz der Zeitungsfeuilletons der damaligen Zeit unterschied, ebenso von den Ressentiments im Sinne des Kalten Krieges. Andererseits reklamierte die *Filmkritik* auch eigenes Profil, das sich vom impressionistischen Schreiben deutlich distanzierte. Die stilistische Elaboriertheit der Texte von Gunter Groll galt der *Filmkritik*-Gruppe, vor allem Wilfried Berghahn, als Verblendungsinstrument.

Die Zeitschrift führte keine offene Debatte über die »feuilletonistische Kunstkritik«, die sie aber im Editorial der ersten Nummer effektbewußt und harsch verriß und zur Hauptfeindin erklärte.[16] Dazu gehörte, ihr Versagen »vor dem bedeutenden Kunstwerk wie vor dem kommerziellen Produkt der Lebenslüge« vorzuhalten; sie halte es für »unnötig, den Film an der (...) Wirklichkeit zu reflektieren« und mache die Kritik »konsumierbar«. Die ideologiekritische Polemik gegen die blinde Anschauung ohne Begriff zieht sich nach ähnlichem Muster durch spätere Debatten über Filmkritik in der Bundesrepublik.[17] Jeweils wird in den Stellungnahmen mit der prinzipiellen Kritik an konformistischen Positionen die Auseinandersetzung um differierende Anschauungen zum Verhältnis von Ästhetik und Gesellschaft abgetan, als sei die Komplementarität der Ansätze undenkbar. Im nachhinein liest sich die programmatische Absage an die emphatische Haltung der feuilletonistischen Filmkritik auch als Selbstverpflichtung, als Schreib-Codex zur Initiation der *Filmkritik*-Gruppe, um nicht den »Filmnarr« mit sich durchgehen zu lassen.[18]

Das kleine exklusive Journal *Filmkritik* bewahrte Momente der pädagogisch orientierten Verständigung unter Filmliebhabern, die sich ihrer gesellschaftskritischen Intersubjektivität versichern wollten. Andererseits füllte es eine Lücke unter den Kulturzeitschriften und beanspruchte Repräsentanz. Und es entstand in einer Zeit, als die öffentliche Meinung nurmehr die veröffentlichte Meinung war, in der die Massenmedien, zumindest deren liberale Teile, bereit waren, jede neue Strömung, und sei es auch die Kritik an der herrschenden Filmkritik, aufzunehmen und zu integrieren.

Die Gruppe gründete ihre kleine Zeitschrift in der als Filmkulturwüste begriffenen Bundesrepublik mit einem von der Filmclubbewegung ausgehenden Selbstverständnis, das anachronistische Züge trug. Noch kaum des Amateurstatus enthoben, gaben sie sich – anders als ein institutionelles Verbandsorgan – als Mandatare ihres Publikums und als dessen Pädagogen zugleich. Der Gestus, mit dem die *Filmkritik* auf den Plan trat, imitierte die zirkelhaften Momente und die kunstrichterliche Rollenzuschreibung, die Jürgen Habermas in der Soziologie der ersten kunstkritischen Öffentlichkeit im 18. Jahrhundert feststellte.[19] Andererseits entwickelte und erweiterte sich die *Filmkritik* in wenigen Jahren zu einer Einrichtung mit Schlüsselfunktion.

Die *Filmkritik* erschien ab 1957, wurde unter dem eigenen Namen als Teilunternehmung des Verlags der Sozialistischen Jugend in Frankfurt am Main verlegt und von München aus redigiert. Dorthin waren Patalas, ebenso Kotulla und Ungureit umgezogen, nachdem es mit dem Münsteraner Publizistik-Professor Walter Hagemann zum Konflikt gekommen war und *film 56* aufgegeben werden mußte, weil dieses Projekt von der publizistischen Hilfestellung Hagemanns abhängig war.

Anders als *film 56* lebte die *Filmkritik* von ausführlichen Einzelkritiken. Daneben gab es viele Kurzkritiken und informative Hinweise, Vorschau-Tips, Buchkritiken. Es ging um Aktualität und Überblick, um journalistische Gründlichkeit, um die Darstellung dessen, was zur Zeit und demnächst (als Versprechen) wo zu sehen sein würde. Man ließ sich selbstverständlich ein auf die journalistischen Techniken von Service und Aufmerksamkeitslenkung. Im nachhinein lesen sich die Hefte wie eine Chronik der laufenden Ereignisse in den Kinos, den Filmclubs, Studiotheatern und im Fernsehen. Die Zeitschrift beschäftigte sich mit allem, was mit Kino zu tun hatte und von Zeitungen und Zeitschriften nur beliebig behandelt wurde.

Die *Filmkritik* behauptete als Monatszeitschrift einen Aktualitätsvorsprung, indem sie zum Beispiel 1960/61 Kritiken aus ausländischen Filmzeitschriften über in Deutschland noch nicht angelaufene Filme druckte. Später waren die Festivalberichte der Redaktion Schlüsseltexte. Durch die Reisen verschaffte man sich selbst den nötigen Überblick und bestimmte dann die Themenschwerpunkte nach der internen Diskussion. Was man als aktuell herausstellte, war nie nur ein Spiegel der Verleihprogramme in den deutschen Kinos. Die Verschmelzung von widersprüchlichen Funktionen der Zeitschrift versuchte man zweimal optisch auseinanderzuhalten: der Serviceteil, alles, was nicht durch eigene Anschauung legitimiert war, wurde Anfang der sechziger Jahre auf grünen Seiten, später eine Zeit lang auf blauen Seiten gedruckt.

Außerdem übernahm die *Filmkritik* das sportlich-moralische Cinéasten-Spiel aus den *Cahiers du cinéma*: die Wertungstabelle, zu Beginn noch mit pädagogischem Zeigefinger: »für den reifen Filmbesucher«, und mit Wertungen von »ausgezeichnet« bis »mäßig« in »Aussage und Gestaltung«, eben jener Dichotomie, die selbst lange Zeit aus der Reflexion über die eigene Arbeit verdrängt wurde. Ein anderes journalistisches Muß waren die filmpolitischen Berichte und Kommentare, die die *Filmkritik* vor allem ab 1961 kontinuierlich ausbaute bis zu Patalas' Ausscheiden 1971. Es ging um Zensurmechanismen und immer wieder um die Aufdeckung finanzieller Vorteile, die die Lobbyisten der maroden deutschen Filmwirtschaft aus ihrer innigen Vertrautheit mit den Repräsentanten der Adenauer- und Erhard-Regierungen zogen. Großes Interesse hatte die *Filmkritik* auch an der Entwicklung des Neuen Deutschen Films und sie begleitete erwartungsvoll und zugleich skeptisch kommentierend das Oberhausener Manifest, die Gründung der Filmhochschulen und die Filmförderungsinitiativen.

Die *Filmkritik* erweiterte ihren Umfang und änderte das Layout mehrere Male. Man versuchte, Bilder aus Filmen in ein besseres Verhältnis zu den Texten zu setzen. Von den briefmarkengroßen Fotos in schlechtem Druck in den ersten Heften bis zu den Bildseiten und Bildmontagen in den sechziger Jahren gab es eine kontinuierliche Entwicklung, Texte und Bilder, Bilder und Bildunterschriften reflektiert in Beziehung zu setzen.

Während die Kinos seit 1956 kontinuierlich Publikum verloren, gewann das kleine Journal an Interesse. Die *Filmkritik* profitierte von den Protestenergien gegen das schlechte traditionelle Kino und steigerte die Auflage von anfangs ca. 1.000 Exemplaren auf ca. 7.000 im Jahr 1967. Ab 1967 sank die Auflagenstärke fortlaufend. Der demonstrative Rückzug der meisten Gründungsveteranen der Zeitschrift, die sich intern der »Politischen Linken« zurechneten, beendete die Kontroverse (bis auf wiederaufflammende Gepläkel) durch ein Schisma. Das zog einen Teil der Leserschaft ab; zudem gab es Konkurrenzzeitschriften, zum Beispiel *Film*, in denen der Streit um die Ziele und Mittel linker Filmkritik mit anderen Protagonisten fortgeführt wurde.

Der gewachsene Zusammenhalt der Gruppe war die lebendige Voraussetzung dafür, daß die Debatte überhaupt so ausführlich in der zu Anfang beschriebenen Weise geführt wurde. Andererseits belastete gerade der Gruppen-Mythos die Elastizität der Auseinandersetzungen, da die Traditionalisten sich auf den 1964 verstorbenen Wilfried Berghahn beriefen, der zusammen mit Patalas die Konzeption und Programmatik entwickelt hatte. Jene Gruppe, die sich auf Positionen der *Filmkritik* der ersten Jahre zurückzog, hatte ihre jeweiligen individuellen Karrieren und Arbeitsschwerpunkte in den meisten Fällen außerhalb der Zeitschrift aufgebaut. Es gab unter ihnen Fernseh-, Rundfunk- und Zeitungsredakteure, Autoren im Auftrag von Filmverleihen und ebenso Fernseh- und Filmautoren. Seit 1963 die Dritten Fernsehprogramme eröffnet worden waren, stieg deren Nachfrage nach Filmexperten. Liberale Kulturinstitutionen verleibten sich die kritischen Potentiale ein, und die Filmintellektuellen konnten nicht mehr so sicher wie in der Gründungsphase der *Filmkritik* ihren oppositionellen Ort bestimmen.

Die plötzlich konkret gewordene Chance, mit der Öffentlichkeitsarbeit für die wirklich guten Filme auch Sozialprestige zu gewinnen, war möglicherweise eine Erfahrung, die das Bedürfnis nach klassifizierenden, mit sozialpädagogischem Duktus geschriebenen Filmkritiken wach hielt.

Die Diskussionsgegner argumentierten aneinander vorbei, denn der später so genannten »ästhetischen Linken« ging es um andere Kategorien. Die Auseinandersetzungen entzündeten sich an Texten von Frieda Grafe, Helmut Färber und Herbert Linder über Filme von Resnais, Godard und Varda. Diese drei übernahmen auf jeweils persönliche Weise die Parts, in Einzelbesprechungen und größeren Aufsätzen ebenso wie in Selbstverständniserklärungen, die Kritik an den Schemata der Traditionalisten zu schärfen und die eigenen theoretischen Prämissen in ihren Texten zu reflektieren. Patalas förderte diese Auseinandersetzungen und spitzte die Positionen in programmatischen Plädoyers zu.

Uwe Nettelbeck, später Helmut Schober und Wim Wenders schrieben mit einem sehr viel persönlicheren Zugang zu den Filmen und praktizierten einfach ein grundsätzlich anderes Verhältnis zum Gegenstand Film, ohne ihre Methodik ausdrücklich gegen die Traditionalisten zu begründen.

Frieda Grafe stellte fest, daß die frühe *Filmkritik* versucht hatte, sich unter den Bildungsbürgern durchzusetzen, indem sie sich die Aura von Objektivität gab und ein dosiertes Gemisch von literaturwissenschaftlichen und soziologischen Verfahrensweisen auf die Filme applizierte. Der Effekt war eine Nobilitierung durch Abgrenzung, der den anderen Diskursen über Künste nichts streitig machte.[20] Sie selbst betrieb ihre Arbeit bei der *Filmkritik* von Beginn an, seit 1961, als Suche nach anderen, spezifisch filmischen Verfahren der Filmkritik. Dies meint eine Aktivität, bei der die Spannung, die bei der Übersetzung von technisch-ästhetischen Filmvorgängen in Sprache entsteht, im Text erhalten bleibt.

Grafe, Färber und Linder machten Opposition gegen die Begriffsstutzigkeit und die eingeschliffenen Formeln der Kritik. Sie beharrten auf einer anderen Schreibweise und griffen das Schema an, nach dem die Aussage eines Films gegen die Stimmigkeit seiner Gestaltung abgewogen und vor dem Hintergrund seines ökonomischen und ideologischen Kontextes beurteilt werden sollte. Die andere Schreibweise schloß ein, daß damals sonst heftig verachtete Regisseure nicht als Scharlatane diskreditiert wurden.

Der erste Aufsatz von Frieda Grafe, *Vom naiven zum senti-*

mentalischen Film, 1961[21], ist ein deutlicher Nachhilfeunterricht. Sie vergleicht darin die Entwicklung der Strukturen des modernen Romans mit denen des Films und betont deren jeweilige Eigengesetzlichkeit, das heißt den Roman als ästhetische Disziplin, die in erster Linie von Gesetzen der Zeitreglementierung bestimmt ist, und den Film als Fusion von optischen und tonalen Elementen, in der Zeit und Raum in gleicher Weise konstitutiv sind. Sie beachtet Momente der Intellektualisierung des Romans bei Proust und Joyce. Das Lesepublikum werde desillusioniert und in den Produktionsvorgang miteinbezogen, es habe Anteil an der Reflexion über die Machart der literarischen Fiktion, statt gebunden zu sein im Interesse an der puren Aktion. Simultaneität und Polyphonie sieht sie als ästhetische Mittel, die Regisseure wie Antonioni und Resnais aus der Literatur in filmische Formen übersetzten, um mit ihnen Fluktuation zwischen Erinnern und Vergessen herzustellen: »Wie bei den genannten Romanautoren, entsteht in Filmen von Resnais und Antonioni ein Bild der verwirrenden Unübersichtlichkeit unserer aktuellen Situation, der nicht mehr mit den alten wissenschaftlichen Kategorien beizukommen ist. Die durch Simultaneität und Gegenüberstellung bewirkte Aufhebung der chronologischen Zeit und des geographischen Ortes schafft eine ideale, nicht abstrakte Zeitlichkeit und Örtlichkeit, deren Realität irreal und deren Irrealität realistisch ist.«[22]

Ein zentraler Punkt der Auseinandersetzung war immer wieder der Vorwurf der traditionalistischen Linken, die Regisseure der »Nouvelle Vague« individualisierten die politischen Stoffe ihrer Filme. In *Resnais' praktische Filme* hält Frieda Grafe diesem Einwand einen anderen Begriff politischer Ästhetik entgegen: »Resnais arrangiert immer nur vorgeformtes Material. Deshalb liegt auch das Engagement seiner Filme weit weniger in seinen bekannt militanten Themen als in der Art, in der er sie darbietet. Seine Filme sind Gegenwartsfilme, weil sie die Bewegung zwischen Gegebenem und Möglichem zum Gegenstand haben. Sie stellen die Relation dar zwischen kollektiven Gegebenheiten und individuellem Verhalten. Vergangenheit zeigen sie als Teil der Gegenwart. Die wiederum erscheint als fraglichster Punkt der Zukunft. Der Zuschauer wird nicht mit zuendegedachten Gebilden konfrontiert, die in abgeschlossener Form schon anderweitig existieren, sondern mit dynamischen Entwürfen, die seiner kritischen Mitarbeit bedürfen. Deshalb sind Resnais' Filme im philosophischen Sinn des Wortes praktische Filme.«[23]

Die »ästhetische Linke« schreibt dem Film synthetischen Charakter zu. Der Anspruch ihrer Texte über Godard, Resnais, Antonioni, Bertolucci und viele andere war damals, im experimentierenden Schreiben theoretische Phantasie zu entwickeln, um jeweils spezifisch dem näherzukommen, wie Filme als Synthesen von Zeichensystemen Bedeutungen produzieren. Ziel der Reflexion war, vertikale statt horizontal sukzessive Lesarten zu produzieren.

Das Beharren der »ästhetischen Linken« darauf, in ihren Kritiken den Fiktionscharakter von Filmen ernstzunehmen und ihn nicht gegen eine abbild-realistische Konvention auszuspielen, sollte eine Wechselbeziehung in Gang setzen, eine Wechselbeziehung von Ideenproduktion und kritischer Reflexion zwischen den Filmen, der Filmkritik und ebenso dem Publikum.

Die Problematisierung des Zuschauerinteresses war aus dem Schreiben nicht mehr zu verdrängen. Die »ästhetische Linke« setzte dabei an der Nouvelle Vague an, die in Frankreich aus dem ungeteilten Enthusiasmus für das Kino entstanden war und filmische Formen entwickelt hatte, die diese Faszination im Reflex auf sich selbst zum Thema machten. Herbert Linder schrieb über Jean-Luc Godards Filme, sie handelten auch vom »Wissen als sedimentiertem Besitz«[24]. »Le Mépris« sei »eine Kritik des Besitz- und Warenverhältnisses zwischen Publikum und Film. Darin liege die soziale Bedeutung jener zunächst als formale Rigorosität der Neuen Welle bezeichneten Filme.«[25]

Die neue Haltung sei, klarzustellen, daß es unanständig ist, die Kamera hinzustellen, wo gewöhnlich keine steht, ohne subjektives Bewußtsein zu zeigen und statt dessen die Rekonstruktion und Abbildung einer Sache für diese selbst auszugeben.

Das bedeutete für die Filmkritik, ein anderes Verständnis von Engagement in die Texte selbst einzuschreiben. »Filme, Kritik und Wissenschaft als verschiedene Aggregatzustände derselben Sache begreifen«, bezeichnete es Linder in seinem Selbstverständnis-Beitrag in der *Filmkritik.* »Ein Film ist ein Pflug, mit dem ich mich umgrabe, – die Kritik das Protokoll dieser Begegnung«, ist der Ausdruck der existentiellen Seite solcher Reflexion bei Linder.[26] In der Debatte wurde dieser Satz mit Hohn quittiert, als Diffamierung von Intellektualität.

Tatsächlich ging es um eine Neuformulierung von Engagement, um ein Aufbrechen der Rituale von Vermittlung. Man sah die theoretisch aus den Filmen hergeleitete Forderung kritischer Intellektualität nicht mehr in der Funktion von Kritikern und Kritikerinnen erfüllt, quasi säkularisierte Schamanen zu sein, die das panische Entsetzen der vergesellschafteten Individuen vor den determinierenden Instanzen in der Gesellschaft und in den Subjekten selbst erklärend, eben vermittelnd mildern sollten, – wie Bazon Brock diese Funktion 1968 umschrieb.[27]

Die Vorstellung von Kommunikation war statt dessen, Spannung nicht im dialektischen Diskurs explikativ aufzulösen, sondern in den Subjekten auszulösen und weiterzutreiben. Helmut Färber plädierte für einen Rekurs auf die Kunstphilosophie der Romantik, für einen Reflexionsprozeß zwischen Theorie, Kritik und Historik, wobei er in der »Summe der verpflichtenden Möglichkeiten« den hypothetischen Horizont eines solchen Zusammenhangs sah.[28]

Färbers Rekurs geht nicht so weit, in der Kritik das eigentliche Kunstwerk zu sehen. Er weist den enggefaßten Filmkunstbegriff der ersten programmatischen Texte der *Filmkritik* zurück und entwirft eine Utopie, in der die Veränderung der Filme und die des Publikums eine Wechselbeziehung eingehen. In einer solchen Kultur, verstanden als offene geistige Auseinandersetzung in Filmen und mit Filmen, hätte Kritik dann nicht mehr nur eine rationalistische, klassifizierende Funktion.

Die »ästhetische Linke« plädierte für eine andere Kommunikation zwischen den Wissenschaften und dem Film. Mit theoretischer Phantasie sollte daran gearbeitet werden, die Fixierung auf die Sozialwissenschaften in der Filmkritik aufzulösen. Es ginge nicht darum, die Bedürfnisse der Subjekte aus den Filmen herauszusprengen und auf einen diskursiven Nenner gesellschaftlicher Utopie zu bringen.

Die Texte der »ästhetischen Linken« lesen sich wie Aufforderungen an die Filmwissenschaft, zu einer Theorie des Films beizusteuern, die diesem synthetischen Medium dieselbe Konzeption zugesteht, die der Musik, der Malerei, und der Bildhauerei seit langem zugestanden würde. Sie müsse Film als Struktur ohne ablösbaren Inhalt genauer durchdringen und diese Auffassung ins Verhältnis zu den Auffassungen setzen, für die Film bisher ein Medium gewesen ist, das primär mit Sprache zu tun habe und sprachanalytisch zu begreifen sei.[29] Die Künste sollten in ihren Anteilen und ihren Beziehungen zum Film erforscht werden, um herauszufinden, wo in ihnen und den Filmen antirepräsentative Momente liegen, um Hierarchien des Denkens, der Wahrnehmung und der Sprache zu dekonstruieren.

Das hatte auch Konsequenzen für die Filmkritik selbst, für den Umgang mit Sprache im Schreiben. Subjektivität ist in Frieda Grafes Beitrag zur Selbstverständnisdebatte ein Kampfbegriff: das Gegenteil einer Konzession an die Beschreibungswut und das Identifizierungsbedürfnis mit Filmen. Es geht darin um einen Begriff von Arbeit, um eine Haltung, die auch impliziert, Bedenken und Unsicherheiten im Umgang mit den damals herausfordernd neuen Filmen in den Text einzuschreiben, statt sie auf einen diskursiven Nenner zu bringen. Wie Linder und Färber besteht sie von Beginn ihrer Arbeit an auf Skepsis gegenüber der Sprache und reflektiert konsequent das Aufbegehren gegen den herrschenden Diskurs, – ein Moment, das später zum Topos feministischer Kritik werden sollte. In einer biographischen Notiz in der *Filmkritik* schreibt sie 1965, ihr zentrales Bildungserlebnis sei die Universität als »bedeutendste Brutstätte patriarchalen Denkens« gewesen.[30]

Die Position der »ästhetischen Linken« hat die *Filmkritik* verändert. Welche Prozesse dazu führten, daß sie Ende der sechziger Jahre von einem Herausgeberkollektiv übernommen wurde, daß sich die Arbeitsformen veränderten und sie den Charakter einer aktuellen Filmzeitschrift verlor, wären Themen einer weiteren Untersuchung. Texte und Theoriefragmente in der *Filmkritik* knüpften in den folgenden Jahren implizit an Positionen der »ästhetischen Linken« an. Sie wurden in der essayistischen und der filmhistorischen Arbeit von Frieda Grafe und Helmut Färber differenziert und weiterentwickelt. Dennoch bewahrt die Position Momente von Dissidenz mit dem Anschein von Exklusivität. Je mehr sich die Verzahnung von Servicekritik und Filmpublicity durchsetzt, desto schwerer läßt sich jene Schreibweise realisieren.

Ende der siebziger Jahre gewann der Rekurs auf die Forderungen der »ästhetischen Linken« vorübergehend wieder an Bedeutung, als es darum ging, deren Produktionsbegriff wiedereinzuführen, also deutlich zu fordern, daß die Filmkritik von den Interessen der Filmproduktionsinstanzen und -verwerter unabhängig zu arbeiten und den kommunikativen Potentialen ihrer Texte allein verpflichtet sei.[31]

Eine radikalisierende Fortführung dieser Konzeption ist die konsequente Literarisierung von Filmkritik, die die Spuren von Walter Benjamin im Denken der »ästhetischen Linken« aufnimmt.

Abkürzung: Fk = Filmkritik.
1 W. Berghahn, in: Fk 1964, H. 1; M. Delling, in: Fk 1964, H. 3; W. Vogel, in: Fk 1964, H. 6; U. Gregor u. F. Grafe, in: Fk 1966, H. 10; Th. Kotulla, in: Fk 1966, H. 12; G. Alexander, in: Fk 1967, H. 2; H. Färber, D. Kuhlbrodt, H. Linder, in: Fk 1967, H. 4. – **2** E. Patalas: Plädoyer für die Ästhetische Linke. In: Fk 1966, H. 7. – **3** Vgl.: Lebensläufe. In: Fk 1965, H. 4. – **4** E. Patalas (pat): Eine Chance für die Filmclubs. In: Fk 1961, H. 4. – **5** E. Patalas, Th. Kotulla, U. Gregor: Panorama 1955. In: film 56. – **6** Ebd. – **7** Ebd. – **8** Ebd. – **9** B. Viertel, zit. n. K. Witte: Nachwort des Herausgebers. In: S. Kracauer: Von Caligari zu Hitler. Frankfurt/M. 1979. – **10** E. Patalas: Film in Europa 1945–1955. I. Italien, Filmkunst im Präsens. In: film 56, 1956, H. 1. – **11** F. Grafe: Realismus ist immer Neo-, Sur-, Super-, Hyper-. In: Süddeutsche Zeitung 13./14. Januar 1979. – **12** E. Patalas: Film in Europa 1945–1955, I. Italien, Filmkunst im Präsens. In: film 56, 1956, H. 1. – **13** U. Gregor, E. Patalas: Vorwort. In: U.G., E.P.: Geschichte des Films. Gütersloh 1962. – **14** R. Gallus, W. Berghahn: Fragen an Cesare Zavattini. In: Fk 1962, H. 2. – **15** Anstelle eines Programms. In: Fk 1957, H. 1. – **16** Ebd. – **17** Vgl.: W. Vogel: Marginalien zur Position der linken Filmkritik. In: Filmstudio 1964, H. 30; und: G. Koch, K. Witte (Hg.): Seminar: Filmkritik, Protokolle einer Veranstaltung der Arbeitsgemeinschaft der Filmjournalisten. Frankfurt/M. 1978. – **18** Lebensläufe, in: Fk 1965, H. 4. – **19** J. Habermas: Strukturwandel der Öffentlichkeit. Darmstadt, Neuwied 1962. – **20** F. Grafe, in: Fk 1966, H. 10. – **21** F. Grafe: Vom naiven zum sentimentalischen Film. In: Fk 1961, H. 5. – **22** Ebd. – **23** F. Grafe: Alain Resnais' praktische Filme. In: Fk 1966, H. 6. – **24** H. Linder: Godard – Instinkt und Reflexion. In: Fk 1966, H. 3. – **25** Ebd. – **26** H. Linder, in: Fk 1967, H. 4. – **27** B. Brock, in: P. Hamm: Kritik - von wem / für wen / wie. München 1968. **28** H. Färber, in: Fk 1967, H. 4. – **29** F. Grafe: Alain Resnais' praktische Filme. In: Fk 1966, H. 6. – **30** Lebensläufe, in: Fk 1965, H. 4. – **31** C. Lenssen, J. Brunow, N. Jochum: Vom Schreiben über Film. In: medium 1979, H. 12.

B-26.

Frieda Grafe

Autorenfilm, Autorenkritik

Zum Beispiel *Himatsuri* von Mitsuo Yanagimachi (1984)

Sie erwarten von mir, laut Ankündigung, einen Vortrag über
den Film *Himatsuri* (Das Feuerfest). So habe ich es auch selbst
zunächst vorgeschlagen. Aber das werde ich nicht machen.
Ich habe es mir gut überlegt: die Grundprobleme der Kritik
von ihrer Ausführung abzutrennen, die Selbstreflexion vom
Schreiben, das genau ist es, was die Lebendigkeit von Kritik
zerstört. Wenn ich eine wie für die Zeitung verfaßte Kritik von
Yanagimachis Film vorläse, würde ich mir selbst das Wasser ab-
graben. Ich kann es mir nicht leisten, so zu tun, als ob Hinhören
und Lesen dasselbe sei, weil ich meine Kritikerarbeit übers
Schreiben definiere. Das Vermitteln von Urteilen und Wertungen ist die primitivste Form von Kritik, auch die folgenloseste.
Sie macht aus Lesern Konsumenten. Ihr abschließender Gestus
fördert nicht das Weiterdenken.
Möglich, daß die Wissenschaftler meinen, damit würde ich
schon auf ihr Terrain übergreifen. Daß nur sie den Anspruch
hätten, wertungsfrei Kunst oder genereller Artefakte ohne An-
sehung von Qualität durch ihre Analyse zu adeln. Wissenschaftler können erst seriös zu arbeiten anfangen, wenn ein Corpus
vorliegt oder der Gegenstand zumindest den Ansatz von histori-
schem Schwergewicht zeigt.
Ich stelle mir Kritik immer zum Lesen vor. Ich möchte, wenn
ich Kritiken lese, in Ruhe einer Argumentation folgen. Wenn sie
mir auf Anhieb nicht einleuchtet, die Sätze von neuem vorneh-
men können. Man muß sich Zeit zum Lesen einräumen, und um
den Leser einzunehmen, braucht man Platz.
Als die *Süddeutsche Zeitung* vor einiger Zeit die Spaltenzahl
auf ihren Seiten erhöhte, wurde mir der Vorteil der Maßnahme
damit erklärt, daß es die Schreiber zu kurzen, einfacheren Sätzen anhielte. Ich schätze kurze Sätze sehr, nur sie gut machen,

80

dauert lange. Kürze hat nicht nur mit schlichter Information oder Reklame zu tun. Überzeugend funktionieren sie erst in einem nachprüfbaren Kontext.

In dem Papier, mit dem die FU mich zur Teilnahme an dieser Veranstaltung aufforderte, stand, man könne uns Filmkritikern keine theoretische Selbstreflexion abverlangen, man möchte uns als konkrete Exempel. Glauben Sie mir, theoretische Selbstreflexion ist einfacher für einen Schreibtischtäter, als sie in Person zu vertreten.

Dieses Papier formulierte weiter die Ansicht, daß Kritik heute ihrer eigenen Praxis gegenüber unkritischer sei als in den Jahren nach 68. Daß die selbstkritische Phase der Filmkritik mit dem Aufbruch der Studentenbewegung zusammenfiel, ist nicht ganz korrekt in der Datierung. Aus eigener Erfahrung weiß ich: sie begann früher. Und meine These ist: sie wurde ausgelöst durch Filme.

In der Zeitschrift *Filmkritik* – in der ich angefangen habe, über Film zu schreiben – gerieten die Kritikkriterien in die Krise mit den Filmen von Godard. Auch vorher wurde die kritische Methode derselben Zeitschrift nicht nur, wie ihre Mitarbeiter glaubten, durch Kracauersche Untersuchungsverfahren und Ideologiekritik bestimmt, sondern mindestens so sehr durch die Veränderung im filmischen Bildverständnis, die der Neorealismus bewirkte. Mit dem Neorealismus begann der aus den anderen Künsten stammende Darstellungsbegriff sich endgültig aufzulösen.

Unsere unbeholfenen Reaktionen auf die ersten Filme von Godard stellten sich den Verfechtern der alten Linie als Rückfall in die Formenkritik der alten Ästhetik dar. Was in der Intention selbstkritisch war, kam nur als Subjektivismus oder Eitelkeit über. Das Bemühen, die eigenen Bedingtheiten mitzuartikulieren, wurde bloßgestellt als Sensibilismus.

Während wir versuchten, einer veränderten Optik gerechtzuwerden. Bei Godard wurden die Kinobilder nicht mehr nur dazu gebraucht, Realität zu reflektieren. Man konnte sehen, daß mit ihnen Erfahrung anders geordnet wurde. Die Bilder vor uns gaben zu erkennen, daß sie auch in uns waren.

Im Rückblick muß ich sagen, daß diese Zeit, die uns eine ständige Rechtfertigung unserer Kritikmittel abverlangte, eine pro-

blemlose Zeit für die Filmkritik war, gemessen an der existenz-
bedrohenden Frage nach ihrer Nützlichkeit, die sie heute zu
beantworten hat. In Krisenzeiten ist Kritik natürlich. Da versteht sie sich von selbst. Es ging darum, ein anderes Sehen zu
trainieren, das noch nicht konzeptualisiert war und für dessen
Vermittlung keine erprobte Schreibweise zur Verfügung stand.

Mit den Filmen Godards wurde – und denen war das Schreiben der Nouvelle-Vague-Autoren voraufgegangen, die das kommerzielle, amerikanische Kino auf derselben Ebene abhandelten
wie das europäische Kunstkino von Renoir und Rossellini – mit
den Filmen Godards wurde eine neue Betrachtungsweise der
Massenkultur, der Kulturindustrie notwendig. Die *Filmkritik*
operierte mehr oder weniger bewußt mit den Kriterien der
Frankfurter Schule oder, genauer gesagt, mit denen des Insti-
tuts für Sozialforschung, dessen Wertmaßstab und Ideal die alten Künste blieben. Der Film war als Teil der Massenkultur ein
wissenschaftlicher Gegenstand, der zur Analyse und Demystifi-
kation taugte. (In diesem Zusammenhang ist ein Interview aufschlußreich und amüsant zu lesen, das Stuart Liebman mit
Alexander Kluge für die Zeitschrift *October* machte.)

Amerikanischen Filmtheoretikern heute stellt sich die Veränderung der Film- und Kritikpraxis durch die Nouvelle Vague
anders dar: die Aufwertung der Massenkulturprodukte durch
die französische Autorenpolitik, ihre konfuse Verknüpfung von
Kunst und Kommerz wird dem amerikanischen Kino nicht gerecht, weil es sie reduziert als persönliche Aussage der Macher
und objektiven Realismus.

Die Veränderung des kritischen Filmschreibens in Frankreich
stand zudem auch im Zusammenhang mit einer generellen Entwicklung in der Sprachtheorie, die den Standpunkt des schreibenden und kritischen Subjekts untersuchte und objektives
theoretisches Schreiben als Fiktion durchleuchtete.

Savoir sans se voir, zu einfach um wahr zu sein. So kam die
Wissenschaft in Hysterieverdacht.

Ich möchte jetzt die Gründe für meine Filmauswahl darlegen.
Mit Lieblingsfilm hat das nichts zu tun. Oder allenfalls nur soviel wie Filmkritik mit Cinephilie.

Es ist für mich einfacher, an einem japanischen Film, an einem Film, der durch ein anderes Formenverständnis geprägt ist, klarzumachen, weshalb Kinoerfahrung mehr mit Einbildung als mit Abbildung zu tun hat. Oder, um Peircesche Kategorien zu verwenden, weshalb Kinobilder indexical signs sind und keine Symbole.

Ich weiß, daß man uns durch die strukturalistisch/semiotische Schule gegangenen Schreibern vorwirft, wir hätten im japanischen Kino unser Traumkino gefunden, die bedeutungsleere Projektionsebene, die uns der Auseinandersetzung mit inhaltlichen Fragen enthöbe – die beste Gelegenheit, unserer westlichen Kinozivilisationsmüdigkeit auszukommen, mit Eisenstein als Rechtfertigung im Hintergrund und seinen japanisch inspirierten Montage- und Distanzierungsmethoden.

Auch wenn ich mich damit dem Vorwurf eines unspezifischen Psychosoziologismus aussetze: mir erschließt spezifisch japanisches Orts- und Naturverständnis, ihre Wahrnehmung der Erscheinungswelt grundsätzliche Gegebenheiten des Kinos. Wie ihre traditionelle Kunsthaltung gebrochen erscheint durch die aus dem Westen importierte Filmmaschinerie, ergibt etwas wie eine wechselseitige Interpretation, die alle Vorteile eines dualistischen Standpunkts hat.

In französischen Abhandlungen, das Kino betreffend, bei Sartre, auch bei Roland Barthes, der sich später dann korrigierte, kann man lesen, daß die analogische Struktur der photographischen Bilder ihre Kunstfähigkeit fraglich mache. Die bei uns eher verachtete Analogie ist, nachgewiesen, die Grundfigur japanischen Denkens, wodurch mir eine natürliche Affinität zum Kino gegeben scheint.

Der Film *Das Feuerfest* geht zurück auf einen realen Fall. »Er hat mich als Japaner zutiefst berührt«, sagte Yanagimachi und »Wir haben seine Geschichte zur unseren gemacht.«

Ich verstehe das so: für einen japanischen Filmemacher hat die Geschichte Aspekte, die das Kino wahrzunehmen vermag. Der Ort des realen Ereignisses, die Provinz Kumano, in der es mehr als anderswo in Japan noch Shintoheiligtümer gibt und die alte Naturreligion das Leben der Menschen geprägt hat, ist auch der Ort der Filmhandlung.

Der reale Tatsuo, der am Tag der jährlichen Totenfeiern für

seinen früh verstorbenen Vater, seine Mutter, seine Schwestern, seine Frau und seine Kinder umbrachte und dann Selbstmord beging, war Steinhauer und Maurer. Bei Yanagimachi ist er Holzfäller – der in einem Fischerdorf lebt – und Jäger. Sein Naturverhältnis wird in den Vordergrund gestellt. »Die melodramatischen Elemente des Falls haben wir heruntergespielt«, sagt der Regisseur. Statt zur plausiblen Erläuterung eines pathologischen Falls wird das Ereignis generalisiert zu einer japanischen Identitätskrise.

Die Landschaft ist entscheidender als die Figur, aus ihr geht der Film hervor.

Die wichtigsten Figuren um den realen Täter herum sind erfunden: der junge Holzfäller Ryota, dessen Idol Tatsuo ist, der ihn nachahmt und dessen Dummheiten Tatsuo deckt.

Ebenso Kimiko, seine Freundin, die Prostituierte. Sie bekommt von den Fischern einen Fisch gebracht – das ist in manchen japanischen Küstengegenden eine Opfergeste, mit der die Fischer sich die Berggeister gewogen machen.

Die Übergänge zwischen realem Ereignis und Erfindung sind so fließend, wie Alltagsleben sich in Rituelles und Legendäres verändert.

Wichtig für den Film sind doppeldeutige Bilder, die die Realität von Irrationalem und Unerklärbarem festhalten. Tatsuo ist ein traditioneller Japaner, der sich gegen die Fortschrittler des Ortes stellt, die einen maritimen Naturschutzpark als Touristenattraktion planen. Er verdreckt die Natur, um sie vor der Domestizierung zu retten.

Aber das ist schon eine Formulierung, die unzulässig vereindeutigt. Tatsuo bleibt eine zwiespältige Figur, auf die der Film sich keine eindeutige Perspektive gestattet.

Ein Beispiel zur Bildorganisation: Kimiko sieht nach Tatsuos Jagdhunden und wird dabei von Tatsuos Frau beobachtet, Tatsuo wiederum sieht von seinem erhöhten Standpunkt beide Frauen.

Ähnlich uneindeutig, oft durch Montageverfahren, ist der Realitätsstatus der Bilder. Es gibt Erinnerungsbilder, die eindeutig als solche markiert sind. Aber es gibt andere Vorstellungsbilder, Wunschbilder von Ryota, der sich, in Tatsuos Kleidung an dessen Stelle mit Kimiko sieht, deren Realitätscharakter durch keine besondere Bildbehandlung infragegestellt wird.

Am Schluß erglüht das Meer in einem apokalyptischen Katastrophenbild, obwohl es vorher hieß, Schweröl auf Wasser brenne nicht. Die Weigerung Tatsuos, sein Grundstück zu verkaufen, wird nicht nur gesehen als heroische Tat des Widerstands, auch als individuelle Caprice eines Außenseiters, der sich um die Interessen der Gemeinschaft nicht kümmert.

Noch ein Zitat vom Regisseur: »Alle möglichen Erklärungen bieten sich an, vielleicht war der Mann krank, vielleicht hatte er finanzielle Probleme, aber darauf kam es uns nicht an. Wir wollten zu etwas Grundsätzlicherem vorstoßen, zur Atmosphäre, die aus einer früheren Gesellschaftsform herrührt, deren Ort und deren Raumeinteilungen. Sie spiegelt die ursprüngliche Form der japanischen Seele.«

Die ersten Götter Japans in den Mythen und im Shinto sind keine transzendentalen Prinzipien, sie sind sehr materiell und naturimmanent. Wenn Tatsuo im Film behauptet, mit der Berggöttin Verkehr gehabt zu haben, dann ist das keine Gotteslästerung.

Yanagimachis Film ist nicht reines Kino. Er ist nicht Ozu. Der Unterschied zwischen dem jüngeren Regisseur und dem alten Meister ist so offenbar, weil beide vom Verfall gesellschaftlicher Strukturen handeln. Ozu registriert die Veränderungen in der Familie als Verlust, voll Bedauern. Yanagimachi filmt ihr Fortbestehen in Tiefenschichten. Mit japanischen Traditionen in Verbindung gebracht, steht Ozus Filmformenverständnis dem rationaleren, aus China importierten Zen-Buddhismus näher.

»Wir haben uns«, sagte Yanagimachi, »von dieser Landschaft durchdringen lassen«, und er beschreibt die Shinto-Kultstätten in der Provinz Kumano, oft bloße Torkonstruktionen, hinter denen Naturgebilde – eine vom Meer ausgehöhlte Grotte oder ein unzugänglicher Berg – vom Volksglauben zum heiligen Ort erhoben wurden.

Die eher konventionellen Formen von Yanagimachis Erfindungen sind auch nur Rahmen, das Reale dahinter bleibt roh.

Bezeichnend ist, daß er den Film von Masaki Tamura fotografieren ließ, dem Kameramann der berühmt gewordenen Sanrisuka-Serien des Dokumentarfilmers Ogawa.

Die Grenzen sind fließend zwischen Dokumentation und Fiktion in *Himatsuri*. Es ist im weitesten Sinn anthropologisches Kino. Vom Kino dokumentierte Riten und Mythen zeigen das Reale als nie direkt abbildbar. Darüber wird das Kino mit seinen, von früheren Künsten unterschiedenen Bindungen an die materielle Welt selbst zu einer neuen Art Ritual und die Vorstellungswelt, die Kultur, die Kunst mehr soziale Praxis.

Ich habe, während ich über die Unterschiede zwischen Kritik und Theorie und Wissenschaft nachgedacht habe, immer größere Bedenken bekommen, ob die generellen Definitionen dem Filmbereich überhaupt applizierbar sind. Ob die Verschiebungen und Veränderungen, die mir auffielen, aus dem Medium, vom Film herkommen oder aber, ob die Funktion dieser drei Disziplinen und die Erwartung an sie sich verändert haben.

Wenn ich die Metakritiker richtig gelesen und verstanden habe, liegt der Unterschied zwischen einer soliden Theorie und einer guten Kritik in den wechselnden Dosierungen von Generellem und Spezifischem: Es kann der Theorie nicht schaden, wenn der Anwendung einer rigorosen Methode spezifische Einsichten voraufgehen, während ein guter Kritiker seine theoretisch-methodischen Grundsätze, die er haben soll, besser verdrängt, um offen zu bleiben fürs Neue.

Zur Demonstration der komplexen Situation Beispiele: André Bazin warf wichtige filmtheoretische Fragen auf, ob aber seine Schriften Theorie sind, ist fraglich. Der Fall der frühen Schriften von Eric Rohmer liegt ähnlich – mir fällt da sofort eine Wendung Rohmers ein, mit der er kürzlich bei einem Interview bestimmten Fragen auswich; er sagte: je ne pratique plus la théorie.

Eisensteins Schriften sind das paradoxe Beispiel von praktischer Theorie. Am ehesten vergleichbar Vorstellungen, die bei und mit den Schriftstellern der Moderne aufkamen, wonach die fundierteste Romankritik in den Romanen selbst und durch sie passiert.

Ein Ezra Pound-Zitat aus einem Aufsatz mit dem Titel *James Joyce und Pécuchet*: »Die wahren Kritiker sind nicht die sterilen Richter, die Sprüchemacher. Der wirksamste Kritiker ist der nachfolgende Künstler, der entweder aus dem Weg räumt oder erbt, der über eine Form hinausgeht oder sie erweitert, sie zusammenstutzt oder begräbt.«

Dieser Form von Kritik kommt der Experimentalfilm am nächsten, weshalb er auch der professionellen Kritik so leicht die Sprache verschlägt.

Unsere Nützlichkeit als Kritiker des Mediums ist demnach für die Macher gleich null. Die manchmal zitierte Haßliebe zwischen Machern und Kritikern gibt es fürs Kino allein deshalb nicht, weil wir machtlos sind – Machtlosigkeit bekommt dem Schreiben gar nicht schlecht im Unterschied zu dem Gefühl von Nutzlosigkeit, das sehr hinderlich sein kann.

Filmkritiker sind nie Meinungsmacher gewesen. Filme werden vom Publikum durchgesetzt. Kritiker haben allenfalls auf längere Sicht besser gesehen, welche Filme wichtig für die Entwicklung des Mediums waren.

Die Macher erwarten heute von den Kritikern eine etwas differenziertere Form von Reklame. Weshalb sollten sie sich auch für stilistische Analysen interessieren. Darin unterscheiden sie sich nicht vom üblichen Leser. Sie wissen mehr oder weniger Bescheid über die Prozesse und Muster ihrer Filme. Was sie interessiert, sind die Effekte, die sie mit ihren Filmen machen. Der historische Kontext, in dem wir ihre Filme sehen, ist für sie so irrelevant wie für den schnellen Zeitungsleser, der unumwunden wissen möchte, wovon ein Film handelt und ob er sehenswert ist.

Damit geht für uns Zeitungsschreiber das Dilemma an: Den Theoretikern sind wir zu generell und den Feuilletonredakteuren zu spezifisch, sie sagen cineastisch und meinen cinephil. Die Vorarbeit beim Filmesehen und zum Kritikenschreiben muß so verpackt werden, daß aus der Sicht der Theoretiker die Kritiker nur Inhaltsinterpretationen liefern, eine Art Lebenshilfe; die Zeitungsleser sprechen bei Texten, die über die Minimalforderungen der Servicekritik hinausgehen, gleich von essayistischer Filmbeschreibung. Zwischen diesen Forderungen zerreibt sich heute die Kritik. Sie wird zerrieben von den Medien, zu denen inzwischen auch die Universität gehört.

Die Phase der terroristischen Theorie, wie sie in Frankreich nach 1968 in Mode war und die im Look der Zeitschriften mit einer puritanischen Bilderfeindlichkeit zusammenging, ist lange abgeklungen. Bei den Franzosen kann man manchmal lesen, daß ihr leidenschaftliches Theorieverhältnis eine Nationaleigenschaft sei.

Jedenfalls wurde sie in den nachfolgenden Jahren von der englischsprechenden Welt bereitwillig aufgenommen und diskutiert. Aber in Amerika beginnt man seit einiger Zeit, sie distanzierter zu behandeln und durch eine eigene brand von filmstudies zu ersetzen, nachdem man feststellte, daß viele der von den russischen Formalisten herstammenden Kriterien und Methoden in Amerika schon durch den New Criticism virulent wurden. Zudem hat man in den amerikanischen Universitäten ein Nationalbewußtsein für das eigene kulturelle Erbe entwickelt: Man möchte Eigenes über die eigenen Filme sagen.

Der Film ist bei uns später als in anderen Ländern universitätsreif geworden, obwohl die Grundlagen dafür durch das Institut für Sozialforschung früher gelegt waren als anderswo.

Die Veranstalter dieser Vorlesungsreihe bedauern das Verschwinden der »intensiven Grundsatzreflexion über Funktion und Verfahrensweise der Kritik« und möchten diese reanimieren. Die Polemik, auch die theoretische, hat weltweit nicht aufgehört, aber den Ort gewechselt, in dem Maß, in dem die Filmforschung sich in den Universitäten etablierte. An der Universität legitimiert man Standpunkte anders, man hat längeren Atem und man ist vorsichtiger. Und wir haben in Deutschland keine Universitätspresse, in der akademische Kritik erscheinen könnte. In Amerika ist gerade ein Jay-Leyda-Preis für universitäre Filmpublikation zum ersten Mal verliehen worden. Ausgezeichnet wurde Richard Abels Buch über *French Film Criticism 1908 to 1939*, das bei Princeton University Press erschien. Das Jahr 1988 soll, quantitativ, das fruchtbarste der amerikanischen Filmpublikation gewesen sein – während bei uns auch noch die kümmerliche blaue Hanser-Reihe eingeht. Über den Stand der deutschen Filmforschung informiert man sich auch am besten auf amerikanisch in der Sommernummer 1987 der *New German Critique*.

In Amerika macht man den Unterschied zwischen academic criticism und practical criticism, was gut zu übersetzen mir Schwierigkeiten macht, weil mir gleich practical joke dazwischenkommt, was ähnlich unübersetzbar ist. Der Kritiker als practical joker, das mag ich als Ideal mir vorstellen. Aber das ist unerreichbar. Ausgeführt ist der Unterschied zwischen akademischer Kritik und praktischer Kritik: die anderen analysieren, und wir interpretieren. Was seit Susan Sontag keinen guten Ruf mehr hat und an Theorie gemessen Phantasterei ist.

Ich versuche, aus meinen Eindrücken und Einsichten die generelle Farbe eines Films für den Leser zu rekonstruieren, um ihn zu veranlassen, selbst zu Schlüssen oder Annahmen zu kommen.

Man hat mir einmal in der *Süddeutschen* gesagt, ich würde mir den Luxus einer ordentlichen Arbeit leisten. Das war ein beschämender Vorwurf. Er hat mir klargemacht, daß meine Arbeit unlauterer Wettbewerb ist und meine Kollegen, die unter anderen Voraussetzungen arbeiten müssen, dadurch in ein schlechtes Licht geraten. Ich schreibe nämlich nur über Filme, die mich interessieren, was nicht heißt, nur über Meisterwerke. Grundsätzlich mag ich keine Verrisse schreiben, weil bei meiner langsamen Arbeitsweise es unerquicklich ist, sich wochenlang mit etwas zu beschäftigen, was nicht der Mühe wert ist.

Wenn mir ein Film zusagt und genügend Zeit bis zum Erscheinungstermin ist und außerdem die Möglichkeit besteht, den Film ein zweites und drittes Mal zu sehen oder auch eine Kassette zu bekommen, mache ich mich an die Arbeit.

Der Fall *Himatsuri* als Beispiel: Da japanisches Kino mich immer schon interessiert hat, ist eine gewisse theoretische und filmhistorische Basis zur Auseinandersetzung sowieso da. Dann lese ich schon erschienene Kritiken, alles was mir unter die Finger kommt; fehlerhafte Beobachtungen helfen einem dabei besonders auf die Sprünge, wie der Fall einer sonst sorgfältig geschriebenen französischen Kritik, die behauptete, Tatsuo brächte zunächst seine angeheiratete Sippe um, Schwiegermutter und Schwägerinnen (und nicht, was der Film zeigt, Mutter und Schwestern), bevor er Hand an Frau und Kinder und sich selbst lege. Diese westliche Männerphantasie machte mir besonders deutlich, daß Yanagimachi auf die matriarchalische Grundstruktur der japanischen Familie hinauswollte.

Ich habe mich weiter in Büchern über Shinto und Animismus und japanisches Naturverständnis informiert. Mir einen Roman vom Drehbuchautor Nakagami besorgt, der gerade auf französisch erschienen ist, in dem es auch eine Figur gibt, die Tatsuo heißt, und aus dem ich viel, indirekt, über Burakumis oder Etas erfahren habe, der japanischen Minoritätengruppe, die den indischen Unberührbaren entspricht, zu der Nakagami offensichtlich selbst gehört. Dann habe ich eine sehr interessante Arbeit von einer japanischen Amerikanerin über japanische Minoritätengruppen, Affenperformances und die Bedeutung des Affen als Symbol in der japanischen Kultur gelesen.

Soweit die Vorbereitungen zu einer möglichen *Himatsuri*-Kritik.

Ich möchte noch sagen, was generell meinen Umgang mit Film bestimmt hat. Da war zuerst Roland Barthes, die *Mythologien* von Anfang an, als sie noch wöchentlich in der Zeitung erschienen. Das war damals für mich ein völlig neuer Zugang zu Phänomenen der Massenkultur und zudem das ausgestellte Bewußtsein, daß auch die kritische, theoretische Sprache keine privilegierte ist, die man in gelassener, methodologischer Selbstsicherheit praktiziert, sondern, daß sie wie die Alltagssprache von unbedachter Ideologie und unbewußten Wünschen und Impulsen wimmelt. Dabei war mir die semiotische Seite seiner Methode wichtiger als die linguistische, die Christian Metz weiterentwickelte, die weniger dem Film als der Institutionalisierung der Disziplin Film an der Universität geholfen hat.

Abgesehen von Barthes habe ich vor allem auch mit den Büchern von Julia Kristeva gelernt.

Meine Kritikerideale waren, möglicherweise, falsch gewählt, weil keine richtigen Professionellen - lange Zeit Godard in Frankreich und in Amerika Manny Farber.

Metakritik - auch ein Terminus, der durch Roland Barthes in Umlauf kam -, die uns praktischen Kritikern am ehesten ansteht, ist Selbstkritik.

Ich habe es nie geschafft, eine in der Tageszeitung vertretbare Form zu entwickeln, die das detaillierte Auseinandernehmen der Organisation eines Films gestattet. Ich habe mich immer vor dem gedrückt, was man die Last der Paraphrase genannt hat. Ich habe mich immer nur auf ein paar spezifische Einzelheiten konzentriert, um dann möglichst schnell auf Generalisierungen loszusteuern. Eine Kritik, als meine gesammelten Aufsätze erschienen, lautete, ich würde alles mit einer gleichbleibend wohlwollenden Sauce übergießen. Wahrscheinlich gehört zur Kritik die Lust am Verreißen und die Bereitschaft zur Aggressivität.

Ein junger Kollege, der nur mein Schreiben kannte und den ich hier während der letzten Filmfestspiele traf, äußerte sich irritiert darüber, daß sein Bild von mir nach meinen Texten nicht mit mir zusammenginge in der Realität. Und wie ich dann aussehen müßte? Seine Antwort, »wie Mildred Scheel«, die fast ohne Zögern kam, hat mich in einer Annahme bestätigt, die mir schon seit einiger Zeit durch den Kopf geht: daß Altern nicht nur ein Problem für Künstler ist.

Ich glaube, Tageskritiken muß man schreiben, wenn man *in tune* ist mit der Zeit. Nicht daß ich für neue Filme kein Interesse mehr aufbringen könnte. Aber um auf Anhieb Bescheid zu wissen und es vermitteln zu können, dazu muß man das Alter derer haben, die die Filme machen.

Dietrich Kuhlbrodt

Adorno. Bloch. Baudrillard

Und das Schreiben über das Kino von Dore O.,
Vlado Kristl und Joachim Bode

Es fing sehr behütet an, 1957 mit der *Filmkritik*. Adorno gegen
den Rest der Welt, das heißt der herrschenden Filmkritik. »Es
gibt kein richtiges Bewußtsein im falschen.« Parameter: konfor-
mistisch oder nicht. Es ging ans Ausgrenzen.

Zehn Jahre später: Dore O. und die Bewegung des Anderen
Kinos. Jetzt wurde entgrenzt. Es wurde entdeckt: das Vertraute
im Fremden. »Das Heidnische im Christentum« (Bloch). Die
Lebenskunst im Kunstwerk. Die bildende Kunst im Film.

Und dann in den späten siebziger, den beginnenden achtziger
Jahren: die Geste und das Ritual gegen den politischen Diskurs
(die Ordnung der Werte und der Repräsentation). »Es geht
nicht darum, die Macht auf ihrem eigenen Terrain zu bekämpfen, sondern darum, der politischen Ordnung eine andere
Ordnung entgegenzusetzen: die symbolische Ordnung der Herausforderung – nicht zielgerichtet, aber sinnlos und blind«
(Baudrillard).

Blind. Der Verdruß aller Sinnstifter und Kunstarbeiter.
Schlecht zu erfassen von den Verwaltern der ästhetischen, politischen und eventuell justitiellen Ordnung. Lebens-Kunst.

Dore O. entzog sich schon 1967 mit ihrem ersten Film – *jüm-
jüm* – den Ansprüchen des Frauenfilms, des politischen Films,
des experimentellen Films und der Avantgarde-Verpflichtun-
gen. 1988 wird ihre Strategie à propos *Blindman's Ball* ›klassisch‹ genannt oder gescholten (*Frankfurter Rundschau*). Ich
schrieb in eben dieser Zeitung:

»Eine Zeitgenossin wird klassisch
Das Werk der Avantgardefilmerin und Malerin Dore O.: eine
Hommage
Zwanzig Jahre lang hat Dore O. gemalt und gefilmt – seit

1968, dem Jahr der Filmkooperativen und des politischen und künstlerischen Aufbruchs. Ihr Werk hat die diversen Zeitströmungen unversehrt passiert: die Zeit des kooperativen Zusammenschlusses, des Frauenfilms, der Strukturalisten und Grammatiker, der Lehrer neuer Sehweisen.

Sie ist Zeitgenossin dieser Entwicklungen gewesen, und doch erscheint ihr Werk jetzt zeitlos, nämlich gegenwärtig und unmittelbar attraktiv, gleichzeitig vermittelt sich in ihrem Oeuvre Kunstgeschichte: Duchamp und Huysmans sind Paten ihres neuen Films *Blindman's Ball* (16 mm, 34'). Narrative und formale Elemente konkurrieren in der Beschreibung eines Zustandes: einer Stagnation, in der blind gewordene Augen sich nach innen richten und hoffnungsvolle Bewegungen vergangener Jahre evozieren oder eine alptraumhafte Zukunft halluzinieren. Mutmaßlich sagt Dore O.s neuestes Kunst-Werk, das sich möglicherweise als ihr schönstes und wichtigstes erweisen wird, mehr über die Zeit der endachtziger Jahre aus, als es die schlausten, aber aufs Verbale reduzierten aktuellen Diskurse vermögen.

Es ist an der Zeit, herauszuposaunen, daß Dore O.s Werk einzigartig im deutschen Avantgardefilm ist. Seit *Jüm-jüm* (1967), *Alaska* (1968), *Lawale* (1969), *Kaldalon* (1970/71), *Kaskara* (1974) bis zum *Stern des Méliès* (1982) und zum *Enzyklop* (1985) bewahrt sie sich ihre Unabhängigkeit auch innerhalb des unabhängigen Films.

Die Kraft und Originalität ihres Werks tritt heute um so deutlicher zutage, als die Dogmen des politischen und experimentellen Films, denen sie stets den Respekt verweigert hatte, ihre Herrschaft verloren haben.

Erwähnen wir an dieser Stelle, daß die Filmkünstlerin mit Werner Nekes, dem Pionier des zeitgenössischen neuen deutschen Avantgardefilms, zusammenlebt (vh.); weiter: daß der Filmtitel *Blindman's Ball* zwischen Augapfel, männlichem Körperorgan und Tanzveranstaltung oszillierend, Duchamp entlehnt ist, und schließlich, daß im Kammerspiel des Films die Frau die Sachen in die Hand nimmt, nämlich auf dem sorgsam entkleideten, gehandicapten, weil erblindeten Partner aufsattelt, wobei der Akt nicht ernsthafter wird, wenn die tangomäßig strukturierte Musik (wie immer wesentlicher Bestandteil: Anthony Moore) von der herausgeschmetterten Arie »Una furtiva

94

lagrima« aus Donizettis *L'Elisir d'Amore* abgelöst wird. Denn die imponierende Geeske Hof-Helmers, die den Behinderten pflegt, schmettert, jedenfalls auf der Tonspur, leis-fürsorglich. Und Rüdiger Kuhlbrodt kostet genießerisch leidend die Passivität des Erblindeten aus, bei welchletzterem es sich um niemand anderen als um Joseph Plateau, einen Pionier aus der Vorgeschichte des Kinos handelt.

Dore O. hatte dem Erfinder des Phänakistiskops bereits vier Jahre zuvor ein Bild gewidmet. Ihr »Plateau«, ein Brennbild, 1,5 x 2 m, aus Nessel, Wasserglas, Öl und Brennmasse, war auf der Ausstellung »Alchimie des Blicks« im Deutschen Filmmuseum in Frankfurt zu sehen gewesen: die megalografische Beschreibung des Zustands desjenigen, der, um das Nachbildphänomen zu erforschen, solange in die Sonne sah, bis er erblindete. Zur Betrachtung des Bildes wurde die Brennmasse entzündet, die mit ihren Flammen langsam das Motiv umbrennt, verdeutlicht und dann verlischt. Die Spuren hinterließen das Bild.

Dore O.s Lichtkunst ist, wie man sieht, nicht auf ein Medium fixiert. Die Bewegung des Film-Mediums findet sich in der Brenn-Dramatik des Bilder-Mediums wieder. Und andererseits, das was Zustand des Bilds ist, entdramatisiert den Film, und Dore O. trägt Schichten über Schichten auf: Überblendungen, Spiegelungen, Reflexe. Der Augenblick verweilt, und er ist schön. Dore O.s poetisch-malerische Filmtechnik, der bildenden Kunst entlehnt, ist unvergleichlich im deutschen Film. Viele ihrer Bilder, als Gegenstände übermalt, benutzt, verloren, sind in den Filmen erhalten und als Exponate zugänglich.

Blind-Dramaturgie in *Blindman's Ball*: die Geschichte scheint gleichermaßen von vorn nach hinten und von hinten zurück zu laufen und sich infolgedessen aufzuheben. Auf einem Niveau gleichbleibender, hoher Spannung. Der elektrisierende Zustand vereinnahmt Angst und Zuversicht, Erinnerung und Hoffnung. Er ist der einer großen Latenz, der unbestimmten Erwartung eines Kommenden. *Blindman's Ball* beschreibt diesen Zustand in Einzelheiten. Das Haus (es ist ihres in Mülheim) gerät ins Schwanken und fängt an zu dümpeln – auf der Ruhr, die mit viel Wasser vorbeizieht. *Auf Reede* heißt das Buch von Joris-Karl Huysmans, das sie zu diesem Film inspiriert hat.

Ohne daß auch nur ein Satz übernommen wird, beschreibt Dore O. eine Huysmans ebenbürtige Bilderwelt, die feindlich geworden ist, eine vergiftete, der schleunigen Entsorgung bedürftige Umwelt der Barbarei und Zerstörung. Ein Paar, das sich die Hände hält, sichert das Überleben bis zum nächsten Tag. Die optischen Maschinen des Lichtbildpioniers rosten im Keller, eine Zahnradzacke ragt jetzt in übergroßer Aufnahme bedrohlich ins Bild gleich einem Fleischerhaken noch ohne Fleisch. Ein abscheulich wollüstiges Bild. Denn die Augäpfel, noch bevor sie im Blut ertränkt werden, sind schön anzusehen in der Großaufnahme. Und die Pflegerin, die Linnen zerreißt, genießt den Laut und macht ihn zum musikalischen Ereignis. Das Nachtkleid, das sie dem Pionier herunterstreift, macht sich selbständig und beginnt zu tanzen. Die Welt, der Beherrschung entgleitend, wird leicht, verspielt und wieder lustig. Tango. Ball.

Wie schon in der *Blonden Barbarei* (1972) ist das Herrschaftsspiel der Frau O. expressiv, aber ungewiß. In der Fülle der Bilderwelten verbirgt sich die Frage, wie autark die Künstlerin werden kann, wenn sie die Zeichen und Perspektiven der bürgerlichen Welt benutzt, auch wenn sie ihr weiter nichts als Spielmaterial sind. Die Ambivalenz der Bilder ist es, die ihre Filme attraktiv macht.«[1]

1967 war mein Anfang gewesen, zuzusehen und zuzuhören, zu entdecken, daß Erlebnis und Annäherung an Dore O.s Werk nicht (allein) mit dem Werkzeug der Filmkritik möglich war, sondern daß Kunstkritik gefordert und der Film als Teil der bildenden Kunst zu begreifen war.

Radikaler hatte bereits Vlado Kristl, der Asylbewerber des Jahres 1963, in eben diesem Jahr begonnen – mit dem Film *Arme Leute*. Es war die Geburtsstunde des nichtoffiziellen, nichtrepräsentativen Films, und Kristl galt als Anarchist, der auch die Maßstäbe der Filmkritik sprengte.

Als Extremist bedrohte Kristl das Publikum: *Tod dem Zuschauer* hieß sein Film, den er 1983 im Hamburger Karolinenviertel drehte. Und er setzte sich vehement für Nicht-Filme ein: für das »geniale Werk«. Wie über ihn schreiben? Im Konzept für das *Filmbuch Hamburg* – noch nicht erschienen – begann ich mit einem Zitat:

»›Was der Mensch kann ist seine Menschlichkeit. Was er erfindet, was nie dagewesen ist, was nicht mitkommt automatisch. Darum ist es eine Repräsentation. Weil es die Fähigkeit zeigt, von der man sonst keine Ahnung hatte. Man wird reich an Neuem, an Entdeckungen, an unfaßbaren nie dagewesenen Eigenschaften. Darum sind ab diesem Tag unsere Werke nicht mehr als Filme zu betrachten und nicht mehr zu messen an dieser Produktion.‹ ›Darum ist der Aufruf zu einem Festival ›Genialer Werke‹, dieser, die sonst nirgends vorgeführt werden können, bezahlt oder gekauft oder verkauft, der erste Schritt einer Neufassung der Kunstgeschichte‹.

Während der Dreharbeiten für *Tod dem Zuschauer* gabs sie noch, die weltbekannte Buch Handlung Welt in der Marktstraße. Vlado Kristl stand davor, ergriff mich am Arm, schob mich an ein Auto und setzte die Kamera in Gang. Als Regieanweisung bekam ich ein ›Da stehenbleiben!‹ zu hören. Die Ausleuchtung besorgte die helle Sonne (Juni 1983). Ton wurde keiner aufgenommen, obwohl dies hätte sein können, doch hatte das Team sich schon vor Tagen aufgelöst. Kristl drehte den Film allein, das heißt freundliche Passanten schleppten hin und wieder das Kabel über die Straße. Die Einstellung kam mir endlos lang vor. Ich beschloß, aus dem ›Da stehenbleiben!‹ ein *Warten* zu machen, nämlich, nicht wahr, den Blick auf die Uhr und, wenns nicht hilft, den Blick nach oben, zum Himmel, mit verdrehten Augen. Kristl war empört. Tod dem Schauspieler! Er entschloß sich zu einer zweiten Regieanweisung: ›Nicht spielen!‹. Dann war die Einstellung gestorben, gleich nach dem ersten Take.

Kristl befreit in seinem Film die überforderte und gestreßte Realität von ihren Multifunktionen. Die Realität: das sind sechzig Quadratmeter Marktstraße, und diese spielen keine Rolle mehr, sagen wir: für die Kamera. Wer durch das Objektiv guckt und murmelt: ›Das ist aber eine schöne Einstellung‹, – zum Teufel: Tod dem Kameramann, denn dieser nötigt der Marktstraßenwirklichkeit eine fremde, ihr ganz und gar nicht gemäße Rolle auf: ästhetisches Objekt zu sein oder gar nur Beleg fürs professionelle Knowhow: ein Fetzen Marktstraße für den Auftraggeber Fernsehen oder was auch immer für eine Administration.

Die Marktstraße muß auch nicht mehr länger ihre politische

und soziale Rolle spielen als Walstatt der Kämpfe zwischen Punks und Skinheads, Linken und Neonazis. Kristl errettet die Wirklichkeit der Marktstraße in seinem Film dadurch, daß er stehenbleibt – ohne zu warten / zu recherchieren / zu indoktrinieren, sei es auf die ästhetische, sei es auf die politische Art. Das Ergebnis ist ungeheuer. Man guckt auf die Schaufensterscheibe vom Mambo-Jambo-Club – dazu ist reichlich Zeit – und wird nicht genötigt, mit der Information etwas anzufangen à la Was-will-der-Autor-damit-sagen. Der Mambo-Jambo-Club ist und bleibt der Mambo-Jambo-Club. Das ist eine Gewißheit und kein Hinterfragenstreß. Mir ist egal, was hinter der Scheibe passiert. Ich respektiere den Mambo-Jambo-Club. Tod den Funktionären, die ihn für ihre diversen Systeme ausbeuten wollen: den Zuschauer-, Darsteller-, Filmmacher-, Kulturarbeiter-, Politfunktionären!«

Zum Geburtstag schrieb ich ihm Anfang 1988 auf einer Extraseite der *taz* zu *Am Wegende* ...:

»Am Wegende, am Bach, mit Susanne, oder Die Postmoderne. Bei Vlado Kristls neuem Film – 22 Minuten Grafiken, Grafittis, dazu räsoniert er ziemlich poetisch auf der Tonspur – fallen einem Vokabeln ein wie: klassisch schön! oder so. Aber darf man das denn laut sagen, wo Vlado Kristl doch schon seit Jahrzehnten in allen einschlägigen Dateien als unser größter Film-Anarchist registriert ist? Wenn wir uns ein Bild vom Anarchisten machen, der Zotteln im Gesicht hat, stinkt und die Leute anmacht, dann ist *Am Wegende usw.* eindeutig von unerlaubter Schönheit, gradezu unlogisch für die, die die Einhaltung der Rollenklischees verlangen. Kristl hat aber grad dies Herrschaftsinstrument Logik abgeschafft und trifft sich lieber mit Susanne am Wegende in einer von Herrschaft verwüsteten, aber punktuell lieblichen Welt. Das funktioniert gar nicht schlecht für alle, die Zuschauer inklusive, weil mit der Moderne auch der Stress avantgardistischer Bemühungen abgeschafft ist. Die Postavantgarde träumt sich nicht mehr in irgendeinen Fortschritt hinein, wie gesagt, Susanne ist am Wegende, die postmodernen Zeiten sind trostlos, Aber, mit großem A: ›Endlich / was so lange unnötig darb / mit / vollem Herzen‹ endet ziemlich unvermittelt Kristls Buch *Die Postmoderne*, erschienen 1987 im 1.- DM Verlag, Hamburg, das heißt bei Michael Kellner. 18 Seiten, die sich an so etwas Altmodisches wie an den Sitz des Gemüts: ans Herz wenden. Wieder eine unerlaubte Schönheit. Kristl hat *Die Postmoderne* in den Filmtitel aufgenommen. Und jetzt muß gesagt werden, daß wir es gar nicht mit einem zulässigen Film zu tun haben. Denn das Wort besetzt den Film so ungeniert wie das Grafitto die Hauswand. Minutenlang läuft Schwarzfilm: das Bild ist entbehrlich geworden, wenn wir die Augen schließen, Kristls poetische Texte im Ohr. ›Angst herscht im Lande. Es flüstert der Wind und läßt eine Welle von Blutsaugern entlaufen. Susanne ist *Modl* geworden‹. – Zwischentitel und Grafitti setzen Zeichen. Sie brauchen den Film nicht mehr als Medium – allenfalls als zufälliges Vehikel. Kristl erklärt das Ende des Funktionalismus und das der faschistischen Logik. Rigoros. Und das ist etwas fürs Gemüt.«[2]

Nachfolger des nichtoffiziellen Films heute: manche Kümmerformen, auch einmal das Geniale. Auf dem No-Budget-Filmfestival in Hamburg. 1989, Ende Mai, ein Bericht für die *Frankfurter Rundschau*:

»Große Themen waren auf dem Festival der kleinen Filme nicht gefragt. Draußen zog die Polizei eine große Militanz-Show in der Hafenstraße ab; Margit Czenki (*Komplizinnen*), geknüppelt und vom Wasserwerfer gejagt, konnte mit Müh und Not ihren Platz in der Wettbewerbsjury einnehmen; die Veranstalter des 5. Hamburger Kurzfilmfestivals, die LAG Film Hamburg, verlasen eine Solidaritätserklärung (›Dieser Angriff gilt nicht nur den Bewohnern der Hafenstraße, er gilt uns allen!‹); das Publikum ging zur Tagesordnung über; es registrierte die mannigfaltigen Zeichen und Signale für eine gemeinsame Identität; was auf Leinwand und Bildschirm zu sehen war, nahm weder Rücksicht auf Gremien noch auf politische Instanzen. Der Kampf ums richtige Bewußtsein ist ebenso obsolet geworden wie die Organisationsfrage: Der Staat taugt nicht einmal mehr zum Feindbild: Er hat, glaubt man den Filmen und Videos dieses Festivals, gründlich abgewirtschaftet. Die Mühe und Phantasie der jungen Leute gilt den eigenen Bildern, in denen Repräsentanten und Offizielle nichts zu suchen haben. Gremienfrei und quicklebendig zeigen diese Filme ein neues Selbstbewußtsein, und das ist die facettenreiche Kehrseite der Weigerung,

Ansprüchen anderer zu genügen. Die Stadt hat ›nicht um dieses Festival gebeten‹ (Filmbeauftragter Jochimsen).

Die Devise, *eigenen* Ansprüchen zu genügen, brachte dem Festival denn auch Erfolg und Resonanz. Die No-Budget-Veranstaltung ist inzwischen unentbehrlich geworden, um zu erfahren, was freie, nicht organisierte Filmemacher und besonders der zahlreich vertretene Nachwuchs von den Filmschulen bewerkstelligen. Das Ergebnis ist aufschlußreich und Vergnügen dazu. Das traute Nebeneinander von Avantgardefilm, Dokumentarfilm, Spielfilm, von Film und Video, Clip und Statement, oder besser die Mischung von allem nimmt die Tradition der legendären Hamburger Filmschauen auf.

Die Unverwechselbarkeit des No-Budget-Festivals und die Kraft und Stärke seiner Filme liegt nicht in den Filmen mit Ambitionen und schon gar nicht in den Versuchen, in dieser Veranstaltung ›einen Durchlauferhitzer auf dem Weg zu den Fleischtöpfen der Filmförderung‹ (LAG Film) zu sehen. Sympathischer, kommunikativer und fürs allgemeine Selbstverständnis förderlicher waren die Festivalbeiträge, die sich auf die (kleinen) Möglichkeiten der kleinen Form konzentrierten und sich bewußt auf das Anekdotische und auf die Miniatur beschränkten.

Inzwischen hat der No-Budget-Film seine Namen. Auf Wiedersehen also, Joachim Bode...«[3].

Den genialen Kurzfilm hatte ich im Jahr zuvor gefunden:
»Swing – Der No-Budget-Film schaukelt sich hoch
Auf der verdörrten, zerrissenen Erde nichts als ein morsches Gerüst, und der leiblich deformierte Dickling versucht es immer wieder, das Schaukelbrett zu besetzen, wortlos, beharrlich, erschöpft, – besungen und angetrieben von Chorälen aus der Unendlichkeit. – Joachim Bode aus 3502 Vellmar bekam für seine poetische Parabel *Swing*, deren suggestive Bildkraft mit den ersten kurzen Filmen von Polanski verglichen werden kann, den ersten Preis auf dem Hamburger Kurzfilmfestival (»No Budget«).

... Es werden die Filme überzeugen, die am Bild der neuen Gesundheit und Zuversicht kratzen – wie der emotionale Appell des Films *Hungerstreik – Isolationshaft* der Video Werkstatt

Kanzlei Zürich, die aggressiven Material-Viren des *Generals* von Schmelzdahin, das ideenreiche Sprach- und Materialexperiment des *Linolfilms* von Jakob Kirchheim, das blutende *Rosenrot* des Alten Kindes Maija-Lene Rettig (Bielefeld) und vor allem der *Swing*-Frust des neuen Sisyphos Joachim Bode. Das Fest schwingt auf dem Schaukelbrett, der No-Budget-Filmer müht sich (noch?) vergeblich, aber: grade der Film hat den Swing, der nicht auf die Schaukel kommt.«

Tatsächlich kam der Film auch nicht auf die Schaukel, jedenfalls nicht ganz. Die Filmbewertungsstelle Wiesbaden holte ihre offiziellen und repräsentativen Kriterien für die offizielle und repräsentative Filmkritik hervor:

»Der Bewertungsausschuß hat dem Film mit 3:2 Stimmen das Prädikat ›wertvoll‹ erteilt.

Ein Film (wohl eine Erstlingsarbeit), der mit einfachen Mitteln, fast parabelartig und deshalb auch vieldeutig Zusammenhänge eher ›anreißt‹ als darstellt: ein junger Mensch, vielleicht noch Kind, vielleicht schon Punk, eine Schaukel mit ihrer simplen Technik und weitreichenden Symbolik, ein paar Requisiten – daraus ist eine Etüde geworden, ohne daß der Film sich auf eine konkrete Aussage festlegen wollte oder ließe.

Zu fragen aber bleibt, ob bei dieser Machart nicht doch in Wirklichkeit ›des Kaiser's neue Kleider‹ zur Debatte stehen: daß nämlich in dem Film etwas gesehen wird, was tatsächlich in ihm gar nicht vorhanden ist. Derlei Bedenken spiegeln sich im Abstimmungsergebnis wider.

Im Entwurf gezeichnet: Gerd Albrecht, Vorsitzender.

Als Beisitzer haben an der Begutachtung mitgewirkt: Dieter Strunz, Adrian Kutter, Ruth Baron, Alfons Dlugosch.«

Daneben! Wo bleibt die Erfahrung des Films? Das Ereignis der Projektion? Die lebendige Aneignung? Das FBW-Urteil versperrt den Zugang zu den spezifischen Qualitäten des Films von Joachim Bode. Ich zitiere jetzt eine Autorität der Filmwissenschaft, um wenigstens an dieser Stelle eine Ahnung vom theoretischen Diskurs aufscheinen zu lassen: Gertrud Koch in einer Publikation der Stiftung Deutsche Kinemathek 1982:

»Ich glaube nämlich, daß die aus der traditionellen Ästhetik entliehenen Orientierungen an Wirkungs- und Werkgeschichte, am Kanon formaler Ästhetik und akademischer Wertungshändel an einer spezifischen Qualität des Mediums Film vorbeigehen: an seiner immensen Möglichkeit nämlich, Erfahrungen im vorsprachlichen Stadium auszudrücken und zu organisieren. Kafkas lapidare Tagebucheintragung »Im Kino gewesen. Geweint.« zeugt von dem ästhetisch-expressiven Gehalt der Filmbilder, die legendäre Massenwirksamkeit des Films spricht davon auf andere Weise. Solche Erfahrungsdimensionen abzuklopfen wie eine Eisenbahnstrecke, deren Ende wir noch nicht kennen, scheint mir ein sinnvollerer Zugang zur Filmgeschichte als die Rettung vorgeblich ewiger cinéastischer Wertungen oder wertneutrales Sammeln. In der Rettung dieser Erfahrungsgehalte scheint mir eine dem Kino angemessene Dimension zu liegen, die Historismus und A-Historizität gleichermaßen vermeiden könnte. Wenn der Kritik eine Aufgabe bei der Filmgeschichtsschreibung zufällt außer der zukunftsorientierten, dann die einer ›recherche du temps perdu‹, der lebendigen Aneignung.«

Im selben Jahr – 1982 – stellte ich auf einem Seminar des Experimentalfilm-Workshops in Osnabrück folgende 837 Thesen auf:

1) Nachricht: Hamburg, 17.12.1982, Metropolis: »Blinde Ehemänner« spielen *Foolish Wives*, 300 Plätze, 260 Vorbestellungen, viele kamen nicht rein.

a) Die Blinden Ehemänner (Wyborny, Emigholz; Hannes Hatje und Eckard Rhode – Literaten –; Götz Humpf – Musiker –) machten Musik zum Stroheim-Film. Das war keine Zutat (wie es die Wortformulierung suggeriert), sondern ein Auftritt, der aus den *Foolish Wives* Ungeahntes rausholte, nämlich

b) eine Musik- *und* Kino-Performance: eine Annäherung durch Affirmation. Was man gern hat / was Lust macht, – das läßt man nicht nur gelten: das soll gelten.

c) Was am 17.12.1982 also zählte, das war, daß der 30jährige Eckard Rhode auf den 30jährigen Stroheim trifft. Damit war es erreicht: Stroheims *Foolish Wives*, die lebendig geworden waren, waren unhistorisch geworden, kein Werk mehr und kein Gegenstand der Filmwissenschaft, auch waren keinerlei Rezeptionsvorschriften zu beachten.

2) Wer über Film schreibt (über die *Blinden Ehemänner*) nä-

hert sich lustvoll affirmativ dem, der tätig ist (eine Performance macht):

3) Verbalisieren und Personifizieren (statt Substantive und Begriffe koppeln!) Daher:

4) Gleiten (Bataille, Genet)! Driften (Oliva)! Segeln (Bertolucci)!

5) Wer über den *Normalsatz* schreibt, schreibt über Emigholz, welcher andere zeigt, wie diese über wieder andere reden, etwas von anderen lesen, welch letztere etwas über noch andere sagen.

6) Wer über »Film« schreiben will, findet (statt des Films) einen Vorgang vor, nämlich Personen, die etwas bringen: Performances ohne Ende.

7) Der, der schreibt, blinder Ehemann werdend, holt sich Lust, Kraft und Feuer (Intensität) aus den *Blinden Ehemännern*, eventuell deren Lust, Kraft und Feuer vergrößernd.

8) Einen Vorgang auslösen und unterhalten, der biologischer Natur ist: klonische Descendenzen schaffen!

9) Der, der schreibt, sucht sich so befangen wie möglich zu machen, so affirmativ wie möglich, so nah wie möglich.

10) Er möchte gar nicht unbedingt schreiben, wenns anders ginge, das zu tun, was dem gleichkommt.

11) Also: weder Film, noch Kritik, geschweige Filmkritik oder Filmwissenschaft (Repräsentation), aber: Aktion (Nietzsche, Deleuze), Teilnahme und Neugierde.

12) Tätigkeiten beim Schreiben: Verschwinden und Transformieren: den Film zum Verschwinden bringen, die Kritik und die Kategorien: Transfilme, Transkritik und Transavantgarde.

13) Notieren, daß der Herr Becker von der Galerie Sammlung Ludwig in Aachen sich zu seinem Bildangebot (Neuen Wilden) eine 8-&16-mm-Abteilung zugelegt hat.

14) Sich weigern, beim Transformieren vor den Schranken Kunst/Nichtkunst Halt zu machen.

15) Bezweifeln, daß der Experimentalfilm als Film zu fassen ist.

16) Aus dem Experimentalfilm auch sonst kein Ghetto machen: nix Avantgarde (steht denn dahinter eine repräsentativ werden wollende Kunst parat?). Innovation als Wert leugnen. Das Experimentelle als Qualität desgleichen.

17) Schroeter zitieren (Ich filme um zu kommunizieren), Bertolucci (Ich filme, also bin ich).

18) Sich beim Schreiben gegen Verletzlichkeiten absichern (Klammern, Fußnoten).

19) bis 832) Sich gegen den Vorwurf wehren, Thesen und Theorien zu fabrizieren.

833) Sich in Osnabrück daher für Fanartikel und Promotion starkmachen. So anfechtbar wie möglich sein: nomadisierend schreiben.

834) Einzelheiten und Minimales zitieren: das Marginale, das Kleine, S 8 und Video sind Schwachpunkte des zentralen Systems, schlecht zu speichern vom Großen Computer. Dies nutzend, unerlaubte (anfechtbare) Querverbindungen herstellen und unterhalten, »weil das cool ist und weil man mehr davon hat« (Baudrillard).

835) Überraschen damit, daß Baudrillard korrekt so zu zitieren ist: »Man bewegt sich von einer Sexualität zu einer anderen, weil man mehr davon hat: ein ›cooler‹ Erotismus reduziert das Chaos des alten menschlichen Herzens zu Arabesken: das bedeutet das Ende des großen Systems der Sexualität, zunächst durch die Pluralität erschüttert, dann erneut durch die Miniaturisierung«.

836) Norbert Jochum fragen, ob es stimmt, daß Schreiben über experimentelle Filme Frust macht.

837) Mit Karola Gramann einig werden, daß kritische Regeln und Kategorien nicht bei Leuten passen, die im Dschungel der Städte und Stätten Gebiete passieren, in denen Regeln und Kategorien nicht gelten.

Was ich erst später entdeckte: die vorsätzlich euphorische und durchaus nichtliterarische, nämlich direkt auf das Filmerlebnis bezogene ›Filmkritik‹, hat ihre Geschichte, ihre Tradition – auch diese jäh unterbrochen (und vergessen) durch die Nazizeit. Willy Haas.

Als ich Willy Haas in den fünfziger Jahren in Hamburg kennenlernte, erschien er mir als alter Herr und als lebhafter Diskutant – in den monatlichen Sitzungen der Hamburger Gesellschaft für Filmkunde. Berlin und die Weimarer Republik waren weit weg. Wir – Ulrich Gregor führte das Wort –, wir rieben uns an dem, der die Filmkritik der zwanziger Jahre geprägt hatte und der sicherlich nichts mit uns anfangen konnte, die sich dem Film von außen näherten und ihn auf seinen sozialen Nutzen abklopften. Dagegen hatte er sich stets gewehrt, leidenschaftlich und eloquent, als er – durchaus junger Mann – 1920 nach Berlin kam und dann 13 Jahre lang über Film schrieb: aus dem Inneren des Films heraus, über seine Intensität, seine Kraft, seine Suggestion, seine Sensation, über die Sprache des (stummen) Films, seine Geste. Heute wäre es ein Leichtes, sich zu verständigen. Berteaux und die anderen haben über die Geste geschrieben, die zeitgenössischen Philosophen in Paris über Intensitäten, aber des Umwegs hätte es mitnichten bedurft, denn Willy Haas war in den zwanziger Jahren ohne Inanspruchnahme wissenschaftlicher Autoritäten ausgekommen. Man braucht nur zu lesen, was er im *Film-Kurier* geschrieben hat und anschließend in der *Literarischen Welt*. Seine Filmkritiken, vorsätzlich unakademisch, aber unmittelbar, brillant und von hastigem Atem, in der Nacht zwischen Premiere und Redaktionsschluß am frühen Morgen –, seine Filmkritiken haben ihrerseits einen Gestus, der heute seltsam vertraut erscheint, so als ob der Schreiber da sein müßte und dringend gebraucht würde. Willy Haas hat keine Angst vor Berührungen. Er schreibt seine Kritiken in jedem Punkt auch für die Filmwirtschaft, und er sieht auf die Breitenwirkung des Films. Heute, im TV-Zeitalter, würde man sagen, er sieht auf Einschaltquoten, und populistische Näherungen sind ihm legitim. Er vermeidet peinlichst das Wort ›ästhetisch‹ und kommt deshalb zu einem ebenso plausiblen wie glänzenden Halb-Verriß des *Metropolis*-Films, der heute unantastbar mit dem Glorienschein der Filmgeschichte versehen ist. Ebenso plausibel wie uneingeschränkt jubelt er dagegen der »Pi-pa-po«-Operette *Die keusche Susanne* zu: »Gott segne Sie, Richard Eichberg, Sie machen die Menschen glücklich damit« ...

Haas ist der festen Überzeugung, daß es nicht die Handlung ist, die die Stärke eines Films ausmacht. Und er weiß immer wieder neu zu begründen, daß es nicht der Text des Drehbuchs (des »Manuskripts«) ist, welcher über die Attraktion (und über die Zuschauerzahlen) entscheidet. Folgerichtig verzichtet er in seinen Kritiken fast ganz auf die Wiedergabe des Plots. Und um so faszinierender wird, was er über den Film und seine Wirkung schreibt. Das Aufkommen des Tonfilms hat an der Methode dieser kritischen Annäherung nichts geändert. Haas' Kritiken aus den zwanziger Jahren sind heute, Gott sei's geklagt, den gegenwärtigen Zeitläuften weit voraus. Die Kritiker, die zur Zeit beanstanden, daß die Filmbürokraten an Hand von Drehbüchern über Filmförderung entscheiden, setzen selbst ihren Kritiken die Wiedergabe des Filmdramas voran. Der medienunspezifische Mechanismus findet sich in Filmpublikationen wieder. Wer in diesen Büchern Stummfilme auf den Plot reduziert wiederfindet, sollte wissen, daß zur Stummfilmzeit ein Star-Kritiker wie Willy Haas alles andere für erwähnenswerter hielt.

Haas zieht es in seinen Kritiken vor, den Film und dessen Wirkung zu beschreiben. Eine Analyse und damit die Verwendung von Kriterien, die außerhalb des Films liegen, lehnt er erklärtermaßen ab. Er bringt dadurch eine noch heute ungewohnte große Portion Verständnis für den Film auf, in den er sich hineinfühlt. Entsprechend selten ist es, daß er einen Film verreißt. Wenn wir etwas über den Film *Silvester* erfahren wollen, über sein Sujet, so erklärt uns Haas, wie der Film funktioniert: als »merkwürdiger Protest gegen die angebliche ›Stummheit‹ des Films: der stumme Film soll es aussprechen, daß die menschliche Sprache nicht zu sprechen vermag«. Wie erreicht er es? »Wahrhaft expressionistisch wird der Urrhythmus gewissermaßen in den Reigen der aufeinanderfolgenden Bilder selbst hineinverlegt: ihre Folge und Dauer ist nicht von rationaler Notwendigkeit einer ›Handlung‹, sondern aus diesem musikalischen Fonds bezogen«. Haas beschreibt das vielfache Crescendo und plötzliche Decrescendo des (stummen) Films, »gewissermaßen die Erfindung des kopernikanischen Systems für den Film«. Die »Bilder des Films, – die Erde selbst dreht sich um den Zuschauer«, um dem Zentrum der »stummen Einsamkeit« »dialektisch« gerecht zu werden. Die Haas-Kritik setzt ihrerseits tönende Sprachbilder nebeneinander und variiert in schwindel-erregendem Tempo die Motive der filmischen Bildsprache. Erst ganz zum Schluß, eher widerwillig, nennt er Namen: den Verantwortlichen des »merkwürdigen Manuskripts« (Carl Mayer), den Regisseur (Lupu Pick), die Darsteller in *Silvester*.

Die »Intensität an seelischer Wirkung« ist ihm wichtiger als perfektes Handwerk. Ein verwackeltes Bild nimmt er in Kauf, wenn das Bild Gehalt hat und wenn der Gehalt überspringt auf den Zuschauer. Die Möglichkeiten des neuen Mediums sind ihm wichtiger als die Glätte des abgerundeten Werks; offene Fragen, Experimente, Hypothesen zieht er den erledigten Antworten vor. Vehement plädiert er in einer Reihe von Aufsätzen schon seit 1922 für eine deutsche mediale Fachkritik, größtenteils eine technische und empirische Filmkritik. Wer heute über Film schreibt, sollte rote Ohren kriegen, wenn er liest, was Willy Haas über »Fachkritik und literarische Filmkritik« (*Film-Kurier*, 15.4.1922) zu sagen hat. Die Diskussion, mit der Willy Haas vor 65 Jahren großes Aufsehen erregte, bedarf dringend der Fortsetzung, auch der Entgegnung. Es sei hiermit dringend dazu aufgerufen. Wenigstens an diesem Punkt sollte die geschichtliche Isolierung, in die uns die Gegenwart bannt, aufgebrochen und der Zusammenhang mit der Geschichte der deutschen Filmkritik, die 1933 unterbrochen wurde (Haas emigrierte), wiederhergestellt werden.

Haas grenzte sich gegenüber der literarischen Filmkritik ab, die ihre Maßstäbe an ein vermeintlich abgeschlossenes Werk legte und außerstande war, die Latenzen einer in Entwicklung begriffenen Kunst wahrzunehmen. Und er trat für die Entwicklung einer nationalen Filmkultur ein, die der Glätte und dem Perfekten des Hollywoodfilms voraus haben könnte, den »nackten, bloß da-seienden Menschen« und seine Ausstrahlung zum Gegenstand zu haben – einschließlich aller Widersprüche und Unvollkommenheiten. »Ich, für meinen Teil, schätze das Ungeschickte, Unausgeglichene, Überladene, Überspannte mancher deutscher Filme denn doch höher ein!«

Heute, da das, was Haas die literarische Filmkritik nennt, blüht, der Hollywoodfilm nach wie vor zum Kriterium des deutschen Films genommen wird und kaum jemand sich neugierig auf ein Abenteuer einläßt, sondern fern der Front Material sammelt, ordnet und registriert, – heute ließe sich an Hand dessen, was Willy Haas 14 Jahre lang in Berlin gedacht, geschrieben und bewirkt hat, die Frage wieder stellen, welche Aufgaben der Filmkritiker für die Weiterentwicklung der längst nicht ausgeschöpften Möglichkeiten des Mediums wahrnimmt. Und selbstredend lohnt sich die Diskussion, ob Willy Haas die politische

Gefahr, die auch den Film der Weimarer Republik bedrohte, richtig eingeschätzt hat ...

Wir haben damals den frühen Haas nicht gegen den späten Haas verteidigt. Zu Unrecht. Denn mit der Feststellung einer Störung und eines Mißbrauchs ist noch nicht falsch geworden, was Haas in den zwanziger Jahren als Strategie herausgearbeitet hatte, sich dem Film zu nähern und das Geheimnis seiner Wirkung zu entschlüsseln. Wir brauchen heute das, was er damals in Berlin geschrieben hat. Und wir haben es nicht schwer, nachdem die Geschichte gesprochen hat, zu entscheiden, wie wir es gebrauchen werden: lustvoll *und* kritisch.[4]

Also, wenn mir einer sagt: Akklamation zur reinen Lehre, auch wenn sonst nix is', dann bin ich für die Störung und das Sonstige und für Dore O., Vlado Kristl und Joachim Bode.

1 Frankfurter Rundschau, 31.12.1988. – 2 die tageszeitung, 22.1.1988. – 3 Frankfurter Rundschau, 31.5.1989. – 4 Aus: Uta Berg-Ganschow / Wolfgang Jacobsen (Hg.): ...Film...Stadt...Kino...Berlin... . Berlin 1987.

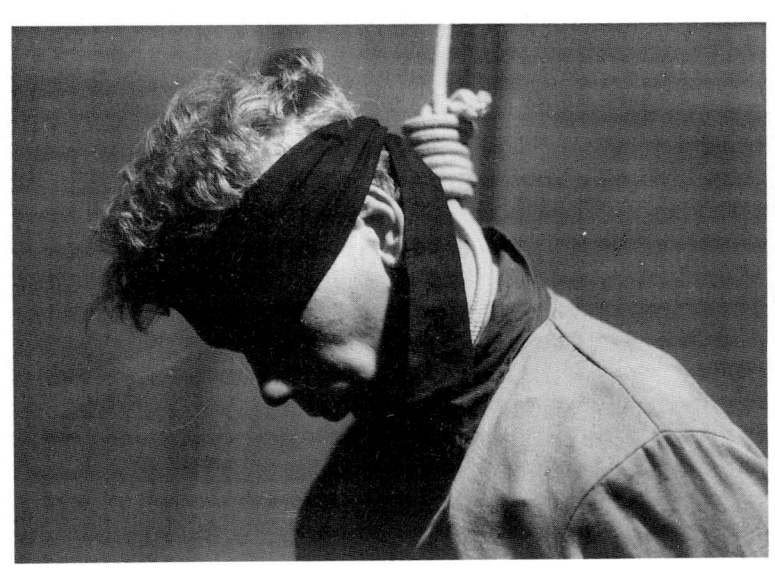

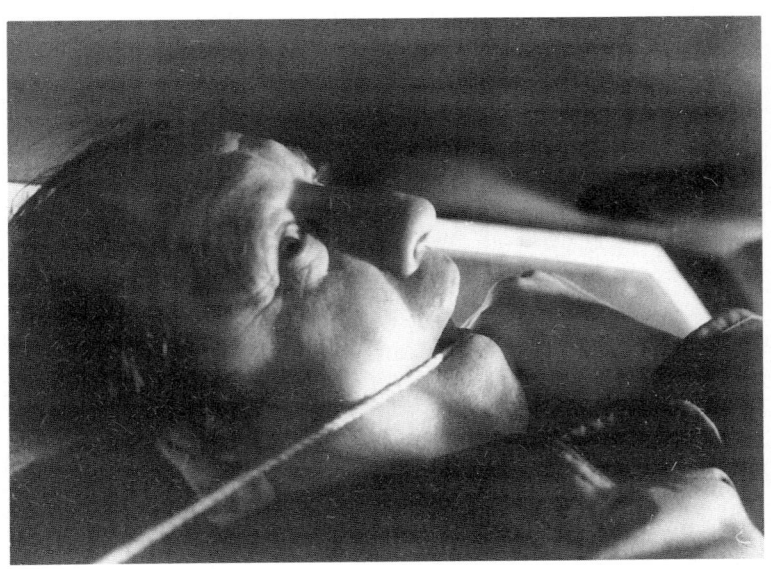

109

Wolf Donner

Kritiker-Kritik, Kulturbetrieb, Kieslowski

Notizen zum Stand der Filmkritik und zu Kieslowskis
Krotki Film o zabijaniu (1987)

Mein Beitrag wird drei Teile umfassen. Zunächst ein kurzer
Blick auf eine Untersuchung über Kulturberichterstattung und
Filmkritik in deutschen Zeitungen, dann eine längere Polemik
über den Stand der deutschen Filmkritik, über Konditionen und
neue Usancen des Rezensionsbetriebs in einer veränderten kulturellen Szenerie, schließlich eine erste Annäherung an den
Film *Ein kurzer Film über das Töten* von Krzysztof Kieslowski.
Die Filmkritik ist ins Gerede gekommen. Eine harmlose Umfrage im letzten *berlinaletip* provozierte schwungvolle Polemi-
ken. Der internationale Filmkritikerverband FIPRESCI beschei-
nigt dem Gewerbe Banalisierung und Bedeutungsverlust: »Für
eine kritische, historisch und theoretisch fundierte, analytische,
Zusammenhänge herstellende Beschäftigung mit dem Film
steht immer weniger Raum zur Verfügung«. Bei internen FI-
PRESCI-Seminaren in Paris, London und Rio wurde nicht nur
besorgt die akute Notlage der Branche erörtert, sondern beklag-
ten ältere Semester den allgemeinen Niedergang ihres Berufs-
standes nach der Machtübernahme einer Generation arrogan-
ter, ignoranter Yuppies. Und diese Ringvorlesung kombinierte
die Selbstpräsentation von Kritikern mit der Forderung nach
einer »Metakritik der Filmkritik« und nach mehr öffentlicher
theoretischer Auseinandersetzung. Auch hier prallten Ansichten älterer und jüngerer Kritiker aufeinander.
Wen interessiert die aufgeplusterte Selbstkritik der Filmkritik
außer den Protagonisten der Debatte selbst? Woher kommt das
forcierte Bedürfnis nach Selbstlegitimation und Positionsbe-
stimmungen nach vielen Jahren pragmatischen Vor-sich-hin-
Wurschtelns? Viel Lärm um nichts, Stürme im Wasserglas?
Vielleicht steht etwas ganz anderes dahinter, fungiert die
Kritiker(selbst)beschimpfung nur als Blitzableiter für beklem-

mende Symptome einer radikalen Veränderung der traditionellen Kinokultur. Hat nicht sowieso längst die PR die Kritik ersetzt? Was bietet Filmkritik, wer braucht sie noch, wie steht sie da?

In einer Kulturstudie von ARD und ZDF, publiziert in *Media/Perspektiven* 9/88, wurde einen Monat lang die Kulturberichterstattung in ausgewählten deutschen Zeitungen beobachtet: zwei Wochenblättern (*Rheinischer Merkur, Spiegel*) zwei überregionalen (*SZ, FAZ*) und zwölf regionalen Tageszeitungen. Das Ergebnis ist deprimierend. Ganze dreizehn Prozent vom redaktionellen Gesamtangebot der Tageszeitungen betreffen Kultur; zieht man Werbung, Service, Termine, TV- und Kinoprogramme ab, bleiben sechs Prozent. Von denen sind weit über die Hälfte Meldungen, Personalia, Kurzberichte über Ereignisse, Preise, Institutionen und sogenannter Datumsjournalismus.

Auch der Rest ist überwiegend Routine, also Rezensionen, Berichte, und nur ein Viertel dieser sechs Prozent reiner Kulturberichterstattung ist illustriert (am häufigsten Theater, am seltensten Film). Resultat der Studie: immer dasselbe, Einförmigkeit, Langeweile, Rituale, Bleiwüsten. Bei den Wochen- und Großstadtzeitungen liegt der Kultur-Anteil höher, in kulturschwachen Regionen und Provinzblättern werden die Defizite grotesk. Der Föderalismus bleibt eine schöne Idee.

Nicht weniger düster ist das Bild der Präferenzen und Sparten im Kulturjournalismus. Da waltet, so die Studie, ein »verengter bürgerlicher Kunst-Kultur-Begriff jenseits kultureller Wirklichkeit und der üblichen Rezeptionsgewohnheiten«. Deutsches Feuilleton, das bedeutet Traditionelles, Repräsentatives, ehrwürdige Institutionen, Promis, ein obsoletes Kulturverständnis, »zwanghafte Vervielfältigung des Immergleichen«. Extrem unterrepräsentiert sind populäre Kultur (Rock, Film), alternative und experimentelle Praktiken, und diese Bereiche sind meist gar nicht im Kulturteil zu finden, vagabundieren wie Hörfunk und TV irgendwo im Blatt. Das ganze in Zahlen: Theater und Musik bekamen einen Monat lang in den untersuchten Zeitungen je 18 Prozent des verfügbaren Platzes zugestanden, Literatur zwölf Prozent, Kunst elf Prozent, Film, TV-Seiten sowie allgemeine Termine und Notizen je sieben Prozent, Hörfunk, TV und Medien fünf Prozent, der Fortsetzungsroman sechs Prozent; die restlichen neun Prozent umfassen alles übrige, von Zirkus bis Design, Architektur, Museum und Bibliotheken bis Denkmalschutz, Kulturpolitik und Heimatgeschichte.

Rund sechs Jahrzehnte nach der Kinodebatte (über die Kunstfähigkeit des neuen Massenmediums Film) bleibt der »Film beharrlich am Katzentisch der Kulturberichterstattung«. Schlimmer noch: Über die Hälfte jener sieben Prozent, die der Film im Feuilleton einnimmt, ist Kinowerbung, nur ein Viertel ist tatsächliche kritische Berichterstattung. »Und wenn die Kinokultur in Zukunft wirklich einmal der Vergangenheit angehören sollte, wie manche befürchten, so werden sich die Tageszeitungen rühmen dürfen, in dieser Hinsicht ihrer Zeit schon immer ein Stück vorausgeeilt zu sein. Wenige filmfreundliche Blätter«, schließt der Bericht, »nehmen sich aus wie vereinsamte Rufer in einer filmpublizistisch weiter verödeten Flur«. Soviel zum Stellenwert der Filmkritik im allgemeinen.

Warentester, Vermittler, Deuter, Erzieher des Publikums, Interpret der Künstler, ambitionierter Ästhet und Essayist – was ist und wie sieht sich der Filmkritiker? Soll er als verlängerter Arm der Werbung die Leser zum Kinobesuch ermuntern oder als nützlicher Idiot der Regisseure nur preisen, loben, bewundern? Ist er Anwalt des Publikums oder des eigenen Geschmacks? Ankläger, Verteidiger oder Richter eines Films? Oder, das ist ganz unpopulär, nur kritischer Partner im Dialog mit Künstler und Leser, sein Artikel nur eine Wortmeldung in der Debatte über Kultur, über ein Sujet, ein Thema, einen Film, geschrieben aus Empathie und Sachverstand, mit Engagement und Leidenschaft, so zweckdienlich und uneitel wie möglich? Die vernünftigen Grundintentionen des Schreibens über Film verschwinden oft unter Moden und Zwängen der Selbstbehauptung; sprachliche und ideologische Attitüden schieben sich vor Information, Analyse, Deskription. Eine kleine Typologie aus dem Alltag der Filmrezensenten.

1   Die O-Schreiber

Sie kennen nur drei Haltungen: O wie herrlich – o wie schrecklich – oh! Es ist ein aufgeregtes, emotionales, emphatisches Schreiben mit viel verbalem Feuerwerk, ein undiszipliniertes, torkelndes Sich-Treiben-Lassen beim Tremolieren in die Maschine oder in den PC: Für eine Pointe, einen Gag, eine spektakuläre Formulierung verraten sie sofort ihre Überzeugung. Zwangsläufig landen sie oft beim Gegenteil dessen, was sie ursprünglich sagen wollten. Hauptsache, ihr Text ist immer hip und heiß, quick und schick, flippig, flapsig, floppy. Weil sie stets auf extreme Effekte, Vergleiche, Rhetorik aus sind, fungieren sie bestens als Durchlauferhitzer jener gefährlichen Markenzeichen und leichtfertigen Verdikte, die ungefragt aufgenommen, nie definiert, zu filmpolitischen Argumenten werden: Beziehungskiste, Literaturverfilmung, kleiner schmutziger Film, Gremienkino, Fernseh-Ästhetik, Sozialkintopp, verfilmtes Theater usw.

2 Die Gegen-Schreiber

Unermüdlich wie Hohepriester propagieren sie ihre eigenen Ideen und Ideologien. Sie schreiben selten über einen Film, den sie sahen, sondern meist über den, den sie zu sehen wünschten, sich vorstellten, vielleicht: selber drehen wollten. Nichts fürchten Regisseure mehr als verhinderte Regisseure, die über Regisseure schreiben. Ihre beliebigen Zuweisungen, was typisch Hollywood, typisch deutsch oder typisch Fernsehen zu sein hat, und ihre Vereinbarungen, welche Themen, Titel, Trends, Stars, Firmen und Filmemacher zum Abschuß freigegeben oder gegen den Rest der Welt durchzusetzen sind, macht sie inzwischen zu leicht kalkulierbaren Faktoren der Werbung. Sie lieben nichts so wie ihre eingebildete Macht, inszenieren Kampagnen, entwerfen Strategien, bilden pro- und anti-Stroßtrupps. Gern fallen sie mit Schaum vorm Mund über die heimische Produktion und die schreibende Zunft her, manchmal scheint ihre einzige Motivation die Lust an Denunziation und öffentlicher Liquidation zu sein. Und sie nehmen sich schauerlich wichtig.

3 Die PR-Schreiber

Das sind die langweiligsten, überflüssigsten und bequemsten Kritiker und folglich die Favoriten der Filmindustrie. Ihre Sprache ist die der Werbung, ihr berufliches Credo der Service. Werturteile sprudeln bei ihnen wie Basisinformationen bei anderen. Denkfaul, oberflächlich, populistisch, meist eher rechts als links, verstehen sie sich als Anwälte eines antizipierten breiten Geschmacks und bedienen die (insgeheim verachtete) Masse, indem sie stets nur die simpelsten Meinungen und spontanen ersten Reaktionen auf einen Film wiedergeben. Formale und thematische Zusammenhänge, theoretische und analytische Ansätze meiden sie aus schierem Unvermögen. Oft agieren sie in unheiliger Allianz mit den deutschen Intellektuellen, die dem Film gleiche Standards wie Literatur, Theater, Kunst absprechen und das Kino nur heimlich als plattes Entertainment goutieren. Auch die schreiben über Film, bewegen sich aber meist in allen Sparten des Rezensionsbetriebs – auf hohem Kothurn, wenn es z.B. um Literatur und Theater geht, badend in den Wonnen des Gewöhnlichen beim Kino.

4 Die »in«-Schreiber

Ein Film ist ein Film ist ein Film und sonst gar nichts. Gut heißt: schöne Bilder, und schlecht: nicht so wie Hollywood. Erfolg ist suspekt, die Filmindustrie ist der natürliche Feind. Der wahre Geist des Kinos weht in der stattlichen privaten Videothek (als bloßes Hilfsmittel für den Gottesdienst vor der echten großen Leinwand), in wenigen Fachzeitschriften, in der Filmliteratur und in Uni-Seminaren. Für die Cineasten und Cinephilen existiert nichts außer Kino, viele sind wandelnde Anthologien, ihr Ideal ist der Filmwissenschaftler, ihre Artikel schreiben sie vorzugsweise für die Kollegen. Ihre Ideologien wechseln: In den Sechzigern und frühen Siebzigern war es der politisch-soziologische Ansatz, heute gilt das Gegenteil, werkimmanenter Ästhetizismus. Inhalt, Überbau, ein nicht-filmisches Umfeld und der gute alte Form-Inhalt-Dualismus sind verpönt, die Bilder und Zeichen sind der Inhalt, sind die Botschaft. Die besten unter ihnen sind das schlechte Gewissen ihrer Kollegen, andere verharren in ihrem etwas verkniffenen, nicht selten skurrilen Insider-Kult.

5 Die Ich-Schreiber

In einem TTT-Interview mit Achternbusch vor einiger Zeit schnitt der Journalist, während er ihn befragte, dem Autor/

Regisseur die Haare. Es war *das* Thema der Kulturbranche am nächsten Tag, auch wenn niemand sich an einen einzigen Satz von Achternbusch erinnerte. Im Gefolge des TV-Show-Journalismus hat eine neue Generation von Selbstdarstellungs-Akrobaten die deutsche Filmkritik bereichert. Die Präsentation ist ihnen wichtiger als das Sujet. Die Leser sollen über den Autor, nicht über den Gegenstand des Artikels reden. Es geht nicht um Inhalte, Ideen, Zusammenhänge, sondern primär um die neueste Befindlichkeit der oder des Schreibenden – er/sie ist Inhalt, Star und Botschaft des Textes. Die Artikel sind entsprechend glamourös und apodiktisch, bestenfalls empfindsame Elogen, nicht selten prätentiöse Renommier-Anstrengungen. Künstler, heißt es, sollen Kritiker sein (ihrer Gesellschaft, der *condition humaine*). Die Umkehrung ist lähmend: Der Kritiker als verhinderter Künstler oder Poet bleibt ohne journalistischen und kommunikativen Wert. Und die Egomanie einiger junger Herrschaften illustriert zwar einen verblüffenden Machtinstinkt, bleibt aber, als Kritik artikuliert, müßige Spielerei, erstickt jeden Diskurs.

Generell fällt auf, wie sauertöpfisch deutsche Filmkritiker ihr Amt wahrnehmen, wie verbissen sie die deutschen Filme bekämpfen, wie feindselig und schroff sie zu Haus und international, zum Beispiel auf Festivals, auftreten: von ihren ausländischen Kollegen belächelte notorische Muffler, Nörgler, Besserwisser ohne die Grundtugend eines Journalisten, eine unersättliche Neugier auf andere und anderes. Bei den neuen Jahrgängen kommt oft ein keß als Absicht und Methode behauptetes Theorie-Defizit hinzu und, ein Grundübel, die Tradition der institutionalisierten Inkompetenz. In europäischen Zeitungen kann jeder über Film schreiben, ohne historisches Wissen und detaillierte Kenntnisse des aktuellen Geschehens – bei Literatur-, Theater-, Kunst- oder Musikrezensenten würden solche Konditionen nie akzeptiert. Auf die Umfrage einer Zeitschrift, ob Filmkritiker die Filmgeschichte kennen sollten, antwortete die Mannschaft der *Cahiers du cinéma* geschlossen mit Nein.

Sowas entsetzt die Filmpäpste der sechziger und siebziger Jahre genauso wie die selbstherrliche Wachablösung der Generationen beim Festival von Cannes dieses Jahr, spürbar im Programm, in der Jury und den Preisentscheidungen, in den Berichten, in der Atmosphäre. Die jungen Kritiker jubeln Eintagsfliegen hoch, maulten die »Alten« ab Mitte 40, sie begegnen der Programmfülle mit selektiver Willkür und übersehen gestandene Filmkunst; sie tummeln sich in Cafés und am Strand, während wir pflichtbewußt den Seltenheiten aus den sozialistischen Ländern oder der Dritten Welt nachjagen; provozierend genüßlich negieren sie alle hergebrachten Maßstäbe und Kriterien.

Die Veteranen fühlen sich zu früh zu Dinosauriern erklärt und an den Rand gedrängt. Grämlich ziehen sie sich in Kinematheken, Festivals, Verlage, TV-Anstalten, Universitäten zurück (23 einst oder noch tätige Kritiker lehren Film an Italiens Unis). In Bausch und Bogen verdammen sie die krankhaft ehrgeizigen, allzu oft ungerechten, aggressiven Newcomer, die sich von ihren geistigen Vätern abwenden und eine neue Liebhaber-Attitüde zum Kino praktizieren. Sie sprechen vom sinnlichen Vergnügen am Film statt von der »Kritischen Theorie«. Sie wollen, so das Papier zur Ringvorlesung, eine »erzählende, auf Detailbeobachtung und intertextuelle Operation hin ausgerichtete Kritik«.

Der tradierten theoretischen Instanz Kracauer (Ein »Filmkritiker von Rang ist nur als Gesellschaftskritiker denkbar«, 1932) setzen sie die Suche nach neuen Propheten entgegen (z.B. Gilles Deleuze: *Das Bewegungs-Bild. Kino 1.* Frankfurt/M. 1989). Sie lehnen politische, soziologische, historische Perspektiven ab, mißtrauen der Lust am geistigen Diskurs, bekennen sich zur Lust an Gefühlen. Das begrifflich-analytische Sprechen über Film wollen sie durch poetische Tiefe ersetzen. Narration statt Abstraktion, Ego-Trip statt Engagement für Themen, Empathie und Einfühlung statt akademisch-theoretischer Klimmzüge.

Schon recht. Noch fehlen empirische Belege, wie es die Leser gern hätten, ob das Publikum die gleichen Generationsunterschiede aufweist wie die Kritik und wie dem Kino, dem einzelnen Film am besten gedient ist. Vielleicht nur durch mehr Information? Durch den nüchternen Rekurs auf etwas Banales wie die journalistischen Grundfragen wer, was, wann, wo, wie? Durch eine klare, den eigenen Standpunkt ehrlich formulierende Gewichtung von Beschreibung – Interpretation – Wertung?

Durch so viele Ideen, analytische Ansätze, Querbezüge zu Theater, Literatur, TV, die ästhetische Diskussion, durch den politischen Kontext, das filmische Umfeld, Thema und Ästhetik des Films, das heißt durch so viele Einladungen an den Leser zum Mitdenken, daß er mit diesem informativen Unterfutter frei bleibt, zu seinem eigenen Urteil zu kommen – möglicherweise einem anderen als der Autor? Und um die Litanei abzuschließen: Deutschen Filmkritiken fehlt fast immer die Auseinandersetzung mit dem, was der Zuschauer primär wahrnimmt, der Kunst des Schauspielers, außerdem das Bewußtsein psychologischer Modelle und Vorgänge beim Betrachten des Films, also des noch wenig erforschten ästhetischen Rezeptionsvorgangs Kino.

Filmkritiker sind Journalisten, ihr Medium ist die Sprache. Rezensieren: trennen, ordnen, vergleichen, analysieren, Zusammenhänge beschreiben, das Ergebnis genau, klar und, warum nicht, kulinarisch formulieren. Jedes Wort, schon beim Referieren eines *plots* in fünf Sätzen, ist Interpretation, Manipulation, Wertung. Weil deutsche Regisseure oft artikulierter und reflektierter als deutsche Filmkritiker sind, lohnt es, mal bei Kluge, Wenders, Syberberg, Sander, Schlöndorff u.a. nachzulesen. Filmkritik: sekundäres Sprechen über das primäre Objekt Film. Eine Filmkritik: das Ergebnis der dreifachen Übersetzung von der Sprache der Bilder in linguistische Sprache, von dieser in die Schrift und vom gesetzten Text ins Design, in die Präsentationsform des Blattes. Lauter Verfremdungen, Entfernungen vom ursprünglichen Filmerlebnis.

Filmbesucher, Verleiher, Kinos, ersticken unter einer Sintflut von Premieren (300 bis 350 im Jahr). Die unsinnige Schwemme macht schon die flüchtige Orientierung zum zeitlichen und technischen Problem und degradiert den Kritiker zum schnellen Vorkoster, Ratgeber, Wegweiser. Manche beugen sich diesen Zwängen. Also Service in Serie, Null bis fünf Sternchen, ein paar Kategorien von »toll« bis »doof«, Daumen hoch und Daumen runter, manchmal noch drei Sätze zur Begründung, der nächste bitte. Über die *großen* Filme weiß das Publikum eh schon Bescheid. Dreh- und Vorberichte, Interviews und Star-Klatsch vom Set, Hintergrundberichte über *special effects*, neue Budget- und Gagen-Rekorde oder Verrücktheiten eines Regiemaniacs, dann erste Erfolgsgeschichten und Vorausrezensionen, all das bereitet das Ereignis zielstrebig und flächendeckend vor. Die Filmkritik, sofern sie sich noch so nennen mag, bleibt am Ball. Wenn *Batman* oder *Indiana Jones* endlich starten, erschlägt der synthetisch hergestellte Ereignischarakter jeden kritischen Einwand, hat die PR den Kritiker, immer mit seiner Hilfe, längst eines besseren belehrt. Über Scorseses *Jesus*-Film haben Tausende in der ganzen Welt geschrieben, öffentlich diskutiert und sich echauffiert, ohne ihn zu kennen. Was die Filmkritik zu sagen hatte, kümmerte offensichtlich niemanden.

Noch nie in der Geschichte wußte das breite Publikum mehr über Film und noch nie waren Interesse, Neugier, Verständnis für das Medium so gering. Die Mitschuld der Kritik: Immer gedankenloser, bedenkenloser läßt sie sich als Zwischenstation des Marketing vereinnahmen, verliert unmerklich die kritische Distanz, rutscht in die PR-Schreibe ab, in die Perpetuation der Gedankenwelt von Werbestrategen. Ein Star, ein berühmter Regisseur reist durch, man ist zum Champagnerempfang, zur abendlichen Party gebeten. Schmeichelhaft. Man gehört dazu – auch zum PR-Kalkül der Firma. Man bekommt ein Exklusivinterview mit dem Star – Sperrfrist bis zur Premiere des Films, versteht sich. Einladung zu einer Pressevorführung, leider gibt es erst eine Kopie, darum liegt das Ticket nach Paris oder London gleich bei, Hotel und feudale kulinarische Offerten inklusive. Galadinner bei einem Festival, wieder gehört man zu dem Kreis der Auserwählten – der Verleiher zu Hause wird aufpassen, was man über den betreffenden Film schreibt, ob man dergleichen Arrangements zum gegenseitigen Nutzen künftig fortsetzen kann.

Vage Abmachungen, Kumpaneien, Gemauschel, fließende Grenzen. Man gastiert als Redner, Moderator, lädt zur Talkshow, zur Diskussion, schreibt für Broschüren, Kataloge, Pressehefte, Plattencover. Honorare, Spesen und HUs (Handlungsunkosten) sind, nun ja, angemessen. *Cosi fan tutte.* Niemand würde diese Usancen gleich Korruption nennen. In der besten Absicht, sein Fachwissen verfügbar zu machen und Qualität zu unterstützen, rotiert der Kritiker auf allen Ebenen seiner Szene.

Ulrich Greiner hat in der *Zeit* vom 7.10.1988, vom Literaturbetrieb ausgehend, auf dieses Phänomen hingewiesen, und Enzensberger hat die treffende Formulierung vom Zirkulationsagenten geprägt. Der Kritiker als Manager, Funktionär, Apparatschik. Er ist Berater von Verlagen, Verleihen, Produzenten, Galerien, einem Label, einem Sender. Er sitzt in Jurys und Gremien, er residiert, selektiert, prämiiert, programmiert. Das heißt, er akkumuliert permanent Ämter und Funktionen, Einfluß, Prestige und hilfreiche freundschaftliche Beziehungen. Er ist gefragt. Gut fürs Ego, schlecht für die Objektivität. Denn irgendwo beginnen die Befangenheit, die Deals, die unmerklichen Vereinbarungen und Vereinnahmungen. Längst sind bestellte Rezensionen bei Büchern, Platten, Bildern und Filmen üblich, längst kassieren viele Journalisten mehrfach, bei ihrem Medium und beim Hersteller oder Vertreiber der Objekte, über die sie berichten.

Wie belastbar ist ihre Integrität, ihre Unabhängigkeit? Wo sie Produkte rezensieren, an deren Entstehung oder Präsentation sie beteiligt waren, beginnt der Interessenkonflikt. Der Kritiker im Drehbuch- oder Produktionsförderungsgremium, im Festival-Ausschuß, Programmbeirat, Auswahlkomitee dürfte über die dort verhandelten Bücher, Platten, Filme, Inszenierungen, Kompositionen, Ausstellungen, Programme nicht auch noch schreiben. Wer die »Produktionspresse« eines Films übernimmt und das Presseheft schreibt, kann ihn nicht zugleich rezensieren, prämiieren, präsentieren. Schon diese erweiterten Tätigkeiten des Journalisten sind problematisch und keineswegs immer als Recherchen, neue Erfahrungen, Lernprozesse legitimiert. Viele Filmkritiker stehen bei Produzenten, Verleihern, Zeitungen, Hörfunk- und TV-Sendern parallel in Lohn, meist kaschieren sie die Mehrfachfunktionen und Mehrfachbezahlungen. Zirkulationsagenten mit ausgeprägtem Sinn für monetäre Annehmlichkeiten des Jobs.

Die ursprünglichen Positionen von kulturellem Angebot und kritischem Gegenüber des unvoreingenommenen Journalisten sind langsam aufgeweicht. Vier wichtige Strukturveränderungen in der Kulturindustrie haben die neuen Praktiken beeinflußt und vorangetrieben.

1 Kultur ist »in«

Die unvorhergesehene Steuerschwemme, die wachsende Konkurrenz der Kommunen (München contra Berlin, Frankfurt contra Köln) und das Repräsentationsbedürfnis der CDU-Landesfürsten (Lothar Späth als barocker Feudalmäzen) haben uns die neudeutsche Kultur-Konjunktur beschert. Millionenschwere Großprojekte, Museen, Akademien, Festivals, Kulturmeilen, immer mehr Hoch-, Elite- und Sub-, Medien-, Szene- und Stadtteilkultur, immer neue Parolen von Kulturnation, -staat, -gesellschaft, -erbe, -initiativen. Die Inflation des Begriffs signalisiert schon den Wertverlust, markiert den Ausverkauf. Aber der Rummel macht den Kulturjournalisten fast automatisch zum Verschworenen, Verbündeten, zum Mit-Initiator und -verantwortlichen. Auch seine Distanzierung von der kunstfeindlichen Betriebsamkeit wird freudig als »kritischer Denkanstoß« begrüßt und paßt ins umfassende Konzept dieser staatstragenden Kulturlawine. Wie er sich auch verhält, er gehört dazu.

2 Kultur wird teurer

Die Firmen investieren immer mehr Geld in ihre Produkte (z.B. die US-Majors in die großen Hollywoodfilme) und kontrollieren daher immer konsequenter auch deren Vertrieb. Je höher der Input, desto rigoroser muß jedes Risiko bei der Vermarktung, z.B. negative Besprechungen, ausgeschlossen werden. Was liegt näher, als den Kritiker in das Marketing für das Produkt zu integrieren.

Oft merkt er gar nicht, wie er »unter Einfluß« gerät. Ein Jahr vor dem Start lief die Multi-Millionen-Dollar-Kampagne für *Batman* an. Die Werbekosten für diesen Film allein im deutschsprachigen Raum liegen über vier Millionen Dollar, mit 550 Kopien geht der Hit an den Start (davon 70 perverserweise von der deutschen Filmförderung bezahlt). Welcher Journalist kann es sich da noch leisten, dem »Medienereignis der Saison« nicht entsprechenden Tribut zu zollen? Welcher Filmkritiker hat da noch den Mut, zu sagen, wie langweilig, oft schlecht gemacht und gespielt der Film in Wahrheit ist? Wer kann, dermaßen berieselt, ein Produkt wirklich noch neutral beurteilen?

3 Kultur macht Profit

Die Politiker sprechen von Kultur und meinen die Maximierung von Standortvorteilen, Arbeitsplätzen, Tourismus. Ex-Innenminister Zimmermann, CSU, ließ das neue kommerzielle Kulturverständnis durch eine Info-Studie untermauern, die kulturelles Angebot, Attraktivität einer Stadt oder Region, Wirtschaftswachstum und Wohlstandsniveau zum kausalen Kreislauf erhob. Mit einer Bruttowertschöpfung von 40 Milliarden Mark (inkl. aller vor- und nachgelagerten Bereiche) sei die Kultur ein wichtiger Wirtschaftszweig, vergleichbar der Energieversorgung oder dem Ernährungsgewerbe. Der Rubel rollt, in der Kultur und im Kulturteil. Das Feuilleton mutiert zur Börse für ökonomische Taxierungen und Prognosen, Verlust- und Gewinnaufrechnungen, zu einer Umwälzanlage, in der Kultur nach ihrem bloßen Warencharakter verhandelt wird. Und der Kritiker wird zum Sprachrohr von Kulturpolitik und -industrie, steht längst auf der anderen Seite, ohne es zu merken.

4 Kultur sucht Profis

Mit dem Kulturboom von oben und dem Anteil an Freizeit wachsen die Behörden, Betriebe, Institutionen, Agenturen der Kultur- und Unterhaltungsversorgung. Diese aufgeblähten, meist völlig überforderten Apparate suchen, wie das Publikum, Orientierung, Hilfe, kompetenten Rat. Das Abkommen mit einem Fachjournalisten sichert ihnen professionellen Beistand und, eine willkommene Begleiterscheinung, eine freundliche Presse für ihre Aktivitäten.

Das Ergebnis der veränderten Usancen im Kulturleben, auch der beschriebenen Mechanismen ständiger subtiler Beeinflussung und liebevoller Umarmung der Kritik, ist ein gespenstisches Remmidemmi, das kaum noch zu durchschauen ist und offenbar immer neue absurde Varianten parat hat: eine dreiste, erbarmungslose Kommerzialisierung, die unumschränkte Herrschaft der Konzerne über Künstler und Konsumenten, Auswucherungen des Medienverbunds und des Sponsoring; manipulierte, oft direkt gekaufte Charts, Hit- und Erfolgslisten; Verarmung, Verödung, Vereinheitlichung in allen Sektoren, der

Triumph stromlinienförmiger Meterware; eine Kultur der Superlative und Erfolgsbilanzen, das Renommieren mit gigantischen Summen und Besucher- oder Käuferzahlen; der Niedergang von Kultur zum Amüsierbetrieb, immer mehr Trubel, immer weniger Substanz; eine ruinöse Bestsellerpolitik – immer mehr Menschen sehen, hören, lesen immer weniger und immer häufiger die gleichen Filme, Platten, Bücher. Die Hälfte aller deutschen Kinobesuche eines Jahres gilt etwa 1 Prozent aller gestarteten Filme. Immer geringer werden die realen Wahlmöglichkeiten der Konsumenten und die Chance der nicht mit aller Macht an die Spitze gepushten Produkte.

Der Sündenfall der Kritik ist ihre rührende Blauäugigkeit in dieser Situation, ihr sträfliches Desinteresse an den fundamental neuen Konditionen ihrer Arbeit. Statt dem rüden Treiben entgegenzuwirken, läßt sie sich einspannen. Es könnte sein, daß die absehbare Entwicklung des Kinos einigen die Augen öffnet. Dem europäischen Film geht die Luft aus, trotz Euro-Medienjahr, Euro-Oscar, Subventionen bis in den letzten Winkel. Film ist überflüssig geworden, wird vom neuen Publikum höchstens noch als Entertainment made in Hollywood akzeptiert. Laut *stern* zählt für ganze neun Prozent der Bundesbürger das Kino überhaupt zur Kultur, rangiert es bei der Abendbeschäftigung Jugendlicher zwischen 22 und 24 nur noch über politischen Veranstaltungen, aber weit unter dem Zusammensein mit Freunden, TV, Sport, Bett, Theater und Konzert.
Das Kinosterben ist nicht aufzuhalten. Künftig wird es in den Großstädten noch zwei, drei pompöse Filmpaläste für Großereignisse geben; werden sich auch kleine Gemeinden ein kommunales Programmkino halten, voll subventioniert wie Theater, Orchester, Museum, Bibliothek und primär bestimmt fürs Abspiel der ebenfalls voll subventionierten lokalen und regionalen Produktion (bedingt auch der Filme anderer Bundesländer, Europas und aus dem Rest der Welt); wird schließlich das jeweils aktuelle US-Filmangebot in 30 Hutschachteln des nächstgelegenen Cineplex-Centers abschnurren, in dem auch Bars, Bowling und Boutiquen, Discos, Spielotheken, Audio- und Videoräume für Ablenkung sorgen. Die notwendigen knappen Verbraucher-Informationen für diese Vergnügungen und Kon-

sumofferten, die Filme inklusive, liefern die Industrien gratis mit. Eine Filmkritik ist dann überflüssig geworden. Nur die freiwilligen Hollywood-PR-Kartelle in München, Köln und vielen Stadtmagazinen werden sich vielleicht noch einige Zeit halten.

Krzysztof Kieslowskis *Kurzer Film über das Töten*

Nun zum Hauptteil meiner Ausführungen, einer ersten Annäherung an Kieslowskis Film. Immer bevor ich einen Artikel schreibe, lege ich viele verschiedene Zettel mit Notizen an. Ein fertiger Artikel ist voller Kompromisse, voller Zugeständnisse an das Blatt, für das man schreibt, an die Präsentationsform des durchformulierten Textes. Dieses Vor-Stadium dagegen, noch ungeordnet, ist sicher spannender, wenn auch voll offener Fragen und Widersprüche.

Mein erster Zettel betrifft die Person des Regisseurs. Geboren 1941, Filmschule Lodz, wo er bei zwei legendären Professoren hört: Jerzy Toeplitz, dem Historiker, und Jerzy Bossak, dem Dokumentaristen. Diese beiden werden sein späteres Oeuvre prägen. Von vornherein wird sein politisches Bewußtsein trainiert, wie immer in den sozialistischen Ländern. Er lernt Themen in historischen Zusammenhängen zu sehen, sich mit Realität auseinanderzusetzen: also eine kritisch-analytische Vorgehensweise in der marxistisch-sozialistischen Tradition. Kieslowski dreht Kurz- und Dokumentarfilme, später arbeitet er für das polnische Fernsehen.

Einige seiner bekannten Filme sind: *Die Narbe* (1976), *Der Amateur* (1979), *Gefährliche Ruhe* (1980), *Blick aus dem Fenster* (1981), *Zufall* (1982, aufgeführt 1987). Es sind Beispiele einer unmittelbaren Reflexion der akuten sozialen, politischen, ökonomischen und kulturellen Vorgänge in Polen – fast immer provozierten sie die Zensurbehörden, oft wurden sie für Jahre in die Tresore gesteckt. Kieslowski, Zeuge seiner Zeit, nimmt Stellung, mischt sich ein, stellt Thesen und Interpretationen der aktuellen Situation in seinem Lande zur Diskussion, aber: Er tut dies mit dem Instrumentarium des Spielfilms, in Kinogeschichten übersetzt. Das heißt, man muß diese Filme zurück-übersetzen, decodieren, man muß die Filme lesen. Ihre Ästhetik erleichtert das:

distanziert, kritisch, analytisch. Kieslowski behält auch im Spielfilm den prosaisch-genauen Blick des Dokumentaristen bei, der Menschen und Vorgänge beobachtet.

Dem entspricht seine Philosophie des Kinos. Er befürwortet den zeitbezogenen Ansatz, er ist ein Moralist, er liebt das politische, das Themen-Kino. Neben Wajda, Zanussi und Agnieszka Holland ist Kieslowski dem »Kino der moralischen Unruhe« im Polen der sechziger und siebziger Jahre zuzurechnen. Anders als die Genannten bleiben er und seine Filme jedoch lakonisch statt dramatisch, nüchtern, wortkarg, pessimistisch, ja fatalistisch. Darauf angesprochen, pflegte er zu sagen: Kommen Sie nach Polen, dann werden Sie sehen, warum ich so bin, wie ich bin ...

Das Kino, sagt Kieslowski, muß Fragen stellen, immer wieder, impertinent, auch wenn es keine klaren Antworten kennt. Offene Fragen, open end. Er ist entschieden gegen die *Geschwätzigkeit* im modernen Kino und setzt die Kategorie des *Wesentlichen* dagegen: »In Zeiten des Verfalls lohnt sich eine Rückkehr zu den Grundlagen.«

Ein paar Informationen zu dem großen Unternehmen »Dekalog«. Dies ist ein Zyklus von 10 Filmen, grob nach den Zehn Geboten, obwohl sich die einzelnen Filme zum Teil weit vom ursprünglichen Inhalt und Text der Gebote entfernen. Die Skripts hat Kieslowski mit Krzysztof Piesiewicz seit 1985 entwickelt. Produziert hat das polnische Fernsehen mit einiger Hilfe vom Sender Freies Berlin, die Filme sind je 60 Minuten lang, und zwei Filme, über das Töten und über die Liebe, existieren auch in längeren Kinofassungen. Die Zehn Gebote verstehen Kieslowski und Piesiewicz nicht im christlich-religiösen Sinn, sondern als einen Kanon genereller, elementarer menschlicher Werte und Normen; sie seien eine von keinem politischen System, von keiner Ideologie in der Geschichte je bezweifelte allgemeingültige Doktrin.

Es sind zehn verschiedene Geschichten ohne Zusammenhang, also keine Serie, immer mit verschiedenen Schauspielern und Kameramännern gedreht. Sie erzählen universelle Geschichten, aber immer dicht an den einzelnen Menschen, immer in der polnischen Realität angesiedelt, immer in Warschau, aber jenseits der polnischen Tagespolitik. Im Vergleich zu seinen bisherigen Filmen begegnet uns hier ein neuer Kieslowski, der Klassiker: eine Beschränkung aufs Wesentliche, sehr einfach, sehr klar; vereinfachte Strukturen, kompakte und reduzierte Filmerzählungen über nahezu eherne Wahrheiten, nur noch die Essenz einer Geschichte. Der Mordprozeß oder die Verfolgung des Mörders, in Hollywood der Stoff ganzer Genres, kommt in Kieslowskis Film über das Töten gar nicht mehr vor. Das, sagt der Regisseur, haben wir im Kino und im Fernsehen oft genug gesehen, auf diese Form von action kann er verzichten. Die Idee für diesen Film hatte er übrigens schon seit Jahren, hatte aber immer Angst vor dem extrem brutalen Stoff; der Zyklus *Dekalog* war endlich eine Gelegenheit, den Stoff anzugehen. Für ihn ist dieser Film das Hauptwerk des Ganzen.

Buch und Dramaturgie

Ein paar Notizen zu Buch und Dramaturgie des *Kurzen Films über das Töten*. Ein Junge streunt durch Warschau, hat lange Zeit einen Milizen im Visier, der fährt weg; der Junge steigt in ein Taxi, in einer einsamen Gegend erwürgt er den Fahrer. Er wird zum Tod verurteilt. Hinrichtung. Ende. Das ist die Geschichte. In Kieslowskis eigener Diktion hört sich das so an: »Ein Halbwüchsiger tötet einen Taxifahrer. Es braucht seine Zeit, weil der Taxifahrer ein korpulenter Mann ist, und der Halbwüchsige ist eher schwächlich. Der junge Mann wird zum Tode verurteilt. Das braucht weniger Zeit: Das Gesetz ist stark, und der junge Mann ist noch immer eher schwächlich.«
Die Ironie, der lakonische Sarkasmus in diesen Sätzen sind nicht zu überhören. Zunächst scheint der Film so einfach, schlicht und klar zu sein wie seine Inhaltsangabe. Schnell entdeckt man aber seine Komplexität, ein raffiniertes System von Informationen, Zusammenhängen, Motiven, eine diffizile Indizienkette. Und auch: Irrwege. Wer ist dieser junge Mörder, warum mordet er?
1. Der Junge begegnet uns als einsamer, verzweifelter, psychisch desolater Mensch. Er gibt sich die Schuld am Tod der geliebten kleinen Schwester. Mit einem Freund hatte er getrunken, und der hatte im Rausch mit einem Traktor seine Schwester zu Tode gefahren. »Ohne das wäre ich nicht von zu

Hause weggegangen.« Heißt das: »Ohne das hätte ich nicht gemordet?«

Der Regisseur rührt uns, emotionalisiert uns: Als der Anwalt seinen Namen rief, erzählt der Mörder in der Todeszelle, habe er am liebsten geweint. Die bloße Nennung seines Namens macht den Angeklagten zum Menschen. Frage: Was hat das mit dem Mord zu tun? Mehr noch: Er will das Foto der Schwester vergrößern und rahmen lassen, es der Mutter schicken. Die Schwester: sein traumatisches Erlebnis, das ihn aus der Bahn warf. Aber erklärt, entschuldigt das den ganz beliebigen Mord, den wir sahen? Er will im Familiengrab beigesetzt werden. Wieder die sentimentale Qualität einer sonst unwichtigen Information. Der Taxifahrer stieg seiner Freundin nach, wie wir kurz sehen konnten. Ist also Eifersucht das Motiv? Wußte der Junge das überhaupt? War es nicht Zufall, daß er in dieses Taxi stieg?

Kieslowski, stellen wir fest, setzt viele psychologisch-affektive Akzente, die uns natürlich beeinflussen, die in unseren Augen die Tat mildern. Warum?

2. Der Taxifahrer, das Opfer, ist ein extrem unsympathischer Mensch; wir werden konditioniert, kein Mitleid mit ihm zu haben. Denken wir an den grinsenden Teufel, den er als Maskottchen im Auto hängen hat, an seine Anzüglichkeit gegenüber dem jungen Mädchen, der Freundin des Mörders. Oder wie er ein junges Paar erst endlos warten und sie dann einfach stehen läßt, wie er mit breitem Grinsen sein Butterbrot einem ekligen Köter gibt, wie er hupt, um zwei Hunde zu erschrecken, die daraufhin ihrem Herrn weglaufen, wie er einem Betrunkenen vor der Nase wegfährt und zu all dem gemein grinst. Aber: Ist das eine Rechtfertigung des Mordes?

3. Auch der Henker ist ein ähnlich unangenehmer Typ, auch gegen ihn nimmt uns der Regisseur mit allen Mitteln ein: Er wird uns als widerlicher Pedant gezeigt, ein Technokrat des Tötens. Er hat stets einen leicht hämischen Gesichtsausdruck bei der Arbeit, er scheint seinen Job zu genießen.

4. Fatalismus. Eine Zigeunerin begegnet dem Mörder, er will sich nicht aus der Hand lesen lassen, sie ruft ihm nach: »Du sollst verflucht sein bis in alle Ewigkeit!« Später begegnet er einem jungen Mann, als er im Auto des Taxifahrers sitzt, und es gibt einen langen, seltsamen Blickwechsel zwischen ihm und

diesem jungen Mann. Dessen Funktion bleibt ungeklärt im Film. Erst wenn man mehrere Teile des *Dekalog*-Zyklus gesehen hat, macht die Figur Sinn. Immer an den entscheidenden Wendepunkten in den Filmgeschichten, im Leben der Filmfiguren begegnet ihnen diese merkwürdige Figur, vielleicht das personifizierte Fatum, das Schicksal. Leistet sich Kieslowski hier eine Portion Privatmythologie?

Die bisherige psychologische Inhaltsanalyse führt nicht weit. Irrwege, Irritationen. Kieslowski, so scheint es, interessiert sich nicht dafür. Sein Thema ist anders: Wie geht die Gesellschaft, wie geht der Film mit einem Mord um? Der Film will uns vor der Vor-Verurteilung eines Menschen warnen. Diesen, den jungen Mörder, entschuldigt er beinahe, wenigstens in unserem Unterbewußtsein, durch die Signale, die er setzt. Emotionale Widerhaken und psychologische Fallstricke als bewußte Irritationen, als Verunsicherungen des Zuschauers. Kieslowski geht aber nicht bis zum sentimentalen Gefühlsbad, das unsere kritische Distanz wegspülen würde. Im Gegenteil. Denken wir an die Episode mit der filterlosen Zigarette kurz vor der Hinrichtung: ein unwichtiges, unfreiwillig komisches Detail, das aber Rührung erzeugt. Der arme Kerl rührt uns in dem Moment, kein Zweifel. Kieslowski kann das nicht wollen. Kurz danach, der Zuschauer ist noch starr vor Entsetzen über die Hinrichtung, weint der Anwalt. Wir lachen, wenn Leute im Film ernst bleiben in sehr komischen Situationen. Wir weinen, wenn Leute im Film stumm und gefaßt leiden, sich beherrschen. Das zurückgehaltene, verzögerte Weinen auf der Leinwand öffnet die Schleusen im Parkett. Ich erinnere an das Modell *Love Story*: Eine schöne junge Frau muß sterben, ihr geliebter Mann, die Eltern, Freunde, die Kinder, alle sitzen um sie herum und beherrschen sich tapfer – und dem Film gingen wahre Flutmeldungen voraus, nie wurden im Kino so viele Tempo-Taschentücher verkauft. Statt uns in dumpf-diffuser Rührung zu entlassen, läßt Kieslowski das noch im Film selbst erledigen. Wir sind in unserer emotionalen Entladung gehemmt, weil wir ihn, den jungen Anwalt, heulen sehen, und kommen zum Essentiellen zurück: dem Nachdenken über das Gesehene und Geschehene.

Der Mord

Mein nächster Notizzettel heißt »Der Mord«. Der Mord ist die Szene, in der bisher bei diesem Film die meisten Zuschauer unter Protest das Kino verlassen haben. Keine Frage, dieser Kinomord ist endlos, bestialisch, furchtbar, schwer zu ertragen. Kinoparallelen gibt es kaum. Man könnte an eine ähnliche, aber eher komische Szene denken in Hitchcocks *Der zerrissene Vorhang*, an eine ähnlich grausige in dem Film *To kill a Priest* von Kieslowskis Ländsmännin Agnieszka Holland, und von der moralischen Gewichtung her bietet sich der Vergleich an zu Bressons Film *Das Geld*. Es ist eine grausige Wahrheit: Dieser Mörder kann es nicht, er mordet ganz unprofessionell (im Gegensatz zum Henker später), gerät sogar in Panik und wird immer ungeschickter. Auch für ihn ist es fast zuviel, denken wir an seinen Brechreiz bei dem herausfallenden Gebiß seines Opfers (ein den Exkrementen bei der Hinrichtung vergleichbares Detail), an seinen Seufzer »O Gott«, als er das leblose Gesicht des Sterbenden sieht, an sein Heulen, als er den immer noch leise Stöhnenden mit dem Stein erschlägt.

Der Mord bekommt in Kieslowskis Darstellung etwas Zwanghaftes, Unausweichliches, eine fatale Notwendigkeit. Der Junge kann praktisch gar nicht mehr aufhören. Was passiert hier? Was ist anders als sonst? Tod und Mord im Kino passieren normalerweise schnell, sauber und ritualisiert. Es stirbt sich viel und schnell und unerheblich im Kino, wir haben uns daran gewöhnt. Kino-Morde und -Tode sind lustvolle Entertainment-Tode, Ketchup-Orgien, gedankenlose Rituale, reiner Sport (zum Beispiel: Wer zieht schneller?). Kieslowski zeigt, was ein Mord wirklich ist, ein elementares, widerliches, unmenschliches Verbrechen. Die gewaltsame Tötung von Menschen ist im Kino zur Unterhaltung verkommen. Das attackiert Kieslowski. So absurd es klingt: Sein besonders grausamer Mord gibt dem Kino-Mord seine menschliche Dimension zurück. Eine Kritik am kino-üblichen Verhalten und an unserer Gewöhnung daran.

Die Hinrichtung

Ein nächster Notizzettel: »Die Hinrichtung«. Das fünfte Gebot heißt: Du sollst nicht töten. Adressat ist für den Regisseur der Staat, die Justiz. Die Hinrichtung ist der zweite Mord im Film. Kieslowski betont die Parallelität im Motiv der Schlinge: Beide Mörder überprüfen ihr Werkzeug vor der Tat. Beide sind Mörder.

60 % der Polen befürworten die Todesstrafe. Dies ist Kieslowskis tatsächliches Anliegen, deshalb hat er den Film gedreht. Der Mord interessiert ihn nicht, deshalb die Ungereimtheiten der Motivation. Er wollte nur einen besonders krassen Fall zeigen, einen, der es dem Publikum leicht machen sollte, zunächst zu sagen: Der verdient den Tod. Erst nach dieser extremen Prämisse kann Kieslowski gegen die Todesstrafe argumentieren – auch wieder, indem er sie nur in der barbarischen Härte ihres Vollzugs vorführt. Der erste Mord mußte so verstörend unmotiviert und grauenhaft sein, um ganz radikal nach der Berechtigung des kollektiven Mordes im Namen der Gerechtigkeit, der Gesellschaft, von Staats wegen zu fragen. Der Titel des Films ist also dialektisch, er meint beide Tötungen.

Wie die Quasi-Entschuldigung des Mörders durch affektive, emotionale, positive Sanktionierungen (man kann eine Schwäche des Films darin sehen), so hier eine negative Konditionierung. Kieslowski ist nicht so neutral und unbeteiligt beobachtend, wie er vorgibt. Da ist der Gang des Henkers durch Höfe, Flure, Treppen, Gänge: Ein mechanischer Vollstrecker, ein Routinier geht zur Arbeit, es scheint ihm nichts auszumachen. Da ist die fast liebevolle Akribie dieses Scharfrichters in der Überprüfung von Schlinge, Fallklappe, Gewinde. Er ölt nach, er probt, er leistet hingebungsvolle Präzisionsarbeit. Und er stellt fest: »Der Vorhang klemmt.« Da sind schließlich die Befehle, das Geschrei, wenn sie ihn packen, zum Strick schleppen, wenn der Henker genau die richtige Höhe haben will, noch mehr, ja, sooo – das ist seine Stunde: Er demonstriert seine Maßarbeit, zeigt allen, wie professionell er zu killen versteht.

Wieder eine Korrektur, diesmal an der »Auge-um-Auge«-Ideologie des Staats. Dieser klinische, cool-rationale, mechanische, einwandfreie Mord ist genauso viehisch und unmenschlich wie der erste, sagt uns der Film. Denken wir an den Anwalt im Examen: Strafe, sagt er da, solle doch nur einschüchtern, abschrecken, und das mache sie fragwürdig. Seit Kain und Abel habe Strafe noch nie ein Verbrechen verhindert.

Zur Ästhetik

Ich sage es noch einmal: Ich bewege mich im Vor-Stadium eines zu schreibenden Artikels, in ungeordneten Notizen. Auf meinem nächsten Zettel finden sich erste Beobachtungen zur Ästhetik des Films. Auch in der Wahl seines technischen, handwerklichen Materials fällt Kieslowskis Technik der Reduktion auf ganz wenige, aber eindeutige, wirkungsvolle, konkrete Signale, Akzente, Informationen auf; sie sind sehr bewußt, ökonomisch und konsequent eingesetzt.

1   Distanz

Die fast dokumentarisch kühle Distanz bei den Sequenzen des Mordes und der Exekution sind das hervorstechende Merkmal des Films. Es ist eine Ästhetik des Schocks, des Faustschlags. Die Kamera scheint keinen Anteil am Geschehen zu nehmen, bleibt erbarmungslos neutral, sieht zu. Beide Szenen sind hart und brutal gedreht wie das, was sie zeigen, zutiefst verstörend wie die Realität des Tötens selbst. Ein Mord, eine Hinrichtung, mehr nicht. Ich erinnere noch einmal an die Mordszene in Bressons *Das Geld*, ähnlich unbegreiflich, ähnlich scheußlich, in einer vergleichbaren Funktion. Auch in seinen Absichtserklärungen rekurriert Kieslowski auf die Perspektive des engagierten Dokumentaristen: »Die Zeremonie der Exekution ist den meisten unbekannt, deshalb habe ich sie so authentisch wie möglich dokumentiert.« Aber er weiß natürlich, daß die leidenschaftlich-kühle Verhaltenheit das Mit-Leiden an dem zweifachen Tod in diesem Film viel deutlicher herausschreit als eine traditionell mitleidende, teilnehmende, das Geschehen dramatisierende Kamera.

2 Farbe

Vorherrschend im Film sind fahle Abtönungen von Grau, Braun, Gelb, Grün; giftige Schwefelschwaden scheinen am Himmel zu hängen, die Atmosphäre ist trübe, grau, düster, unheilvoll, beklemmend. Der Regisseur evoziert eine Art Endzeit-Stimmung und zugleich ein Klima lastender Hoffnungslosigkeit, Kälte, Hartherzigkeit. In einem solchen Ambiente gedeihen Morde.

3 Musik

Hier setzt Kieslowski sehr deftige Akzente. Auch in anderen Filmen vom Regisseur geht mir das oft zu weit. Der kühle Kieslowski gibt zu erkennen, wo seine Emotionen liegen, und versucht uns zu emotionalisieren. Wenn der Junge vor dem Bilderrahmen-Schaufenster steht, erklingt liebliche Musik, lyrische, versöhnliche Klänge, dazu scheint sein Gesicht zum ersten Mal entspannt zu sein, fast träumerisch, es appelliert an unsere Anteilnahme – bisher hatten wir ihm nur neugieriges Interesse entgegengebracht. Wenn er in der Zelle dem Anwalt vom Tod der Schwester erzählt, hört man einen gemischten Chor, eine Art Sakralmusik, so als signalisierten himmlische Heerscharen die Vergebung. Eine Assoziation an Goethes *Faust* drängt sich auf: »Sie ist gerichtet – ist gerettet!« Das ist zuviel, zu breit, zu katholisch.

Immerhin entzieht sich der Priester aber peinlich berührt dem inbrünstigen Handkuß des Todeskandidaten, d.h. Kieslowski kritisiert die Institution Kirche in Polen, die nur als Statisterie beim offiziellen Mord fungiert.

4 Montage

Die ersten zehn Minuten sind knapp, fast atemlos geschnitten. Drei Figuren, von denen wir nichts wissen (der Mörder, der Taxifahrer, der Anwalt), werden in einen magischen Zusammenhang gesetzt, unterstrichen wiederum durch die in diesem Fall unheilvoll spannende, raunende und grummelnde Musik. Die Montage stellt einen schicksalhaften Zusammenhang her, ein fast tödliches Ineinander-Verstricktsein dreier Figuren, aber als einen rein technisch hergestellten, ästhetischen Vorgang. Diese drei Figuren haben sich nie gesehen, kennen sich so wenig wie wir sie, aber wir wissen schon sehr viel über sie nach diesen 10 Minuten, über sie und ihre unheilvolle Verkettung.

Diese drei erinnern uns an eine berühmte Konfiguration, in Dostojewskis *Schuld und Sühne*: Raskolnikow, die Wucherin, der Richter Profirij. Ein Mensch verletzt die bürgerlich-ethischen Gesetze durch einen Mord, erfährt die Zurechtweisung durch Strafe und Sühne, erfährt dann die heilende Kraft der Liebe; diese letzte Dimension spart Kieslowski aus, es gibt keine Sonja in seinem Film. Die Parallele ist sicher gewollt, zumal der russische Titel eher juristische als moralische Begriffe verwendet: »Verbrechen und Strafe« wäre exakter übersetzt. Auch bei Dostojewski hat der Mord etwas Unausweichliches, Schicksalhaft-Notwendiges, Unvermeidbares: »Das war, als habe ihn jemand bei der Hand genommen und zöge ihn hinter sich her, unwiderstehlich, blindlings, mit übernatürlicher Kraft... Und er würde nun hineingezogen und mit fortgerissen.« Auch Raskolnikow war innerlich krank – an den finsteren, lebensfeindlichen Ideen seiner Zeit, so wie dieser Junge an seinem Land, seiner Zeit, seinen Mitmenschen. Und auch ihm, diesem Mörder, gehört die seltsame Liebe des Autors.

Warschau, Polen

Zum Schluß ein paar Notizen zum Thema Warschau, Polen. Kieslowskis Film handelt auch von der gegenwärtigen polnischen Gesellschaft. Eine tote Ratte, Würmer in einem Stück Brot, modrige Abwässer, trostlose Vorstadtsilos, das sind die ersten Bilder des Films. Eine seltsame Ouvertüre. Uns begegnen fast nur böse, abgestumpfte, freudlose, verschlossene Menschen, mißtrauisch und feindselig, in einer grauen, düsteren Stadt. Seelenlose Wesen in einer deprimierenden Weltuntergangsszenerie. Eine häßliche, brutale, trostlose Welt. Weltekel. Kinder erhängen eine Katze. Männer schlagen später in einer Randszene einen anderen halbtot, der Taxifahrer bekommt einen Scheuerlappen auf den Kopf geworfen, ärgert und nasführt seinerseits andere mit hämischem Vergnügen.

Kieslowski in einem Interview: »So empfinde ich die Wirklichkeit in meinem Land.« Das kann nur heißen: Der Held ist nichts als das Produkt dieser Gesellschaft, er repräsentiert nur als Extrem einen genau skizzierten Geistes- und Gemütszustand. Dieser Junge ist alles andere als sympathisch, ist boshaft, schadenfroh. Er verscheucht einer alten Frau die Tauben, die sie füttert, er wirft von der Brücke einen Stein und provoziert damit einen Autounfall. Er schlägt einen Schwulen zu Boden und grinst ihn gemein an, er spuckt in seine Kaffeetasse, um anderen das Vergnügen zu verderben, den Rest auszutrinken, wie er es vorher getan hatte. Wie alle übrigen ist er voller Menschenhaß, dumpf aggressiv. Der Film wird zu einer Studie über die völlige Gleichgültigkeit am Mitmenschen, über die alltägliche Unmenschlichkeit – demonstriert im Nebenbei, durch ›Hintergrundregie‹, wie ein Grundakkord durch den Film laufend. Und ein wirkungsvoller Gegensatz (Anwalt, Freundin, Straßenmaler) unterstreicht dieses negative Menschenbild noch.

Wir haben darin die bittere, fatalistische Bilanz Kieslowskis zu sehen: Das hat das sozialistische System in diesem Land aus den Menschen gemacht. Der Film wird zur bösen, aggressiven Anklage gegen das Land, in dem er spielt; ein Kommentar über Ort und Zeit des Geschehens, der dem Regisseur sehr wichtig ist. Auch darüber, müssen wir annehmen, weint der Anwalt im Schlußbild.

134

Gertrud Koch

Kritik und Film: Gemeinsam sind wir unausstehlich

Mit einer Kritik von *Les favoris de la lune* von
Otar Iosseliani (1984)

Die gegenwärtigen Debatten um die Filmkritik sind in ihrem
Kern nicht unbedingt spezifische Probleme der Filmkritik
selbst, sondern Ausdruck der Krise des kritischen Bewußtseins
insgesamt. Der generelle Verdacht gegen alles Meta-Sprachli-
che, das sich über die Konkretion des Objektsprachlichen er-
hebt, muß notwendig auf den Begriff der Kritik selbst durch-
schlagen. Daß »Kritik« von ihrer eigenen Bedeutungsgeschichte
als Begriff her immer auf einer Meta-Ebene sich abspielt, hat
selbst noch Foucault in *Die Ordnung des Diskurses* festgehalten.
Die »Kritik« bringt nach Foucault »das Prinzip der Umkehrung
zur Geltung.« »Es soll«, schreibt er, »versucht werden, die Formen der Ausschließung der Einschränkung, der Aneignung (...)
zu erfassen; es soll gezeigt werden, wie sie sich gebildet haben,
um bestimmten Bedürfnissen zu entsprechen, wie sie sich verändert und verschoben haben, welchen Zwang sie tatsächlich
ausgeübt haben, inwieweit sie abgewendet worden sind.«[1] Und
unter »Umkehrung« expliziert er vorhersehend: »das negative
Spiel einer Beschneidung und Verknappung des Diskurses sehen«.[2]
   Nimmt man eine solche neuerliche Begründung der »Kritik«
als Methode der Negation des Bestehenden ernst, dann verlieren die Objekte der Kritik ihre gern beschworene natürliche Un-
schuld als geschlossene Entitäten, als bunte Bälle der Positivi-
tät, deren Farbigkeit in ihrer Beschreibung rein zu entfalten sei.
Kritik kann man also selbst als eine Methode der Beschreibung
auffassen, die den jeweiligen Gegenstand überschreitet. Diese
Überschreitung scheint mir ein unhintergehbares Faktum zu
sein. Ihre Bewegung kann verschiedene Formen annehmen: von

der Spirale der Hermeneutik bis zur Hebelbewegung der immanenten Kritik, von der deiktischen Exponierung der Phänomenologie bis zur unendlichen Verschiebbarkeit intertextueller Dekonstruktion.

Überschreitung der Totalität des Gegenstandes auf seine Grenzen hin: das klingt pathetischer, als es gemeint ist. Machen wir uns nichts vor: Im negativen Spiel der Kritik kommt dieser unweigerlich der Part des rastlos überanstrengten Hasen zu, dem an jeder Grenze, die er gerade überschritten hat, der vermeintlich überholte Igel seine Stacheln entgegenstellt.

Liest man das Märchen vom Hasen und vom Igel als Parabel über die Beziehung von Kritik und Gegenstand, dann wird aber auch noch etwas anderes deutlich: Die Zeitgebundenheit der Kritik nämlich, wohingegen der prinzipielle Rätselcharakter ästhetischer Gebilde alles dransetzt, diese als räumlich-konkrete, unveränderbare Gegenstände zu behaupten. Der Streit um die Kritik ist meiner Ansicht nach vor allem ein Kampf um die Legitimität verschiedener kritischer Diskurse, der nur scheinbar auf der Ebene der Objektsprache ausgetragen wird.

Ausgegrenzt wird zur Zeit der gesellschaftstheoretische Diskurs zugunsten des subjektivistischen und des formalistischen. Dabei wird der gesellschaftstheoretische als ideologiekritischer, der subjektivistische als erfahrungszentrierter und der formalistische als die immanent ästhetische vereinseitigt, um sie dann zielstrebig Personen und Gruppierungen diskursstrategisch zuzurechnen. Der gesellschaftstheoretische Ansatz wird auf die ›Frankfurter Schule‹ verrechnet, der erfahrungszentrierte auf die von Karsten Witte plastisch so bezeichneten ›Neuen Wilden‹, der formalästhetische auf die erste Generation der ›ästhetischen Linken‹. Der Stil der Polemik will es, daß keine der so charakterisierten Gruppen sich in der Fremddarstellung erkennen kann. Das heißt aber weder, daß die Polemik nicht auf einen Wahrheitskern träfe - noch, daß die polemisch überzeichneten Positionen keinen eigenen Wahrheitskern hätten.

Im folgenden werde ich mir die »Frankfurter« Perspektive zu eigen machen, um aus der Bewegung immanenter Kritik heraus meine eigene zu klären.

1 Der Rekurs auf die Subjektivität

Ein extremes Beispiel soll am Anfang stehen, das, meiner Erfahrung nach, die diversen Wahrheitsmomente dieses Problems bündelt und an dem sich das Zeit- und das Authentizitätsmoment zeigen läßt als ein Grundproblem der Kritik. Zu diesem Zwecke mache ich einen Ausflug in meine eigenen kritischen Anfänge zurück. Begonnen habe ich nämlich nicht als Film- sondern als Musikkritikerin. Gehen wir nun zu einem Fall absoluter Musik über, wo sich also keinerlei Befangenheiten in inhaltsästhetischem Eskapismus nachweisen lassen. Ich sitze in einem Konzert. Hinter mir habe ich – ich idealisiere – die Lektüre der musikwissenschaftlichen Literatur zu Kompositionen, Komponisten, Interpreten etc., Hörerfahrung von Konzerten und Schallplattenaufzeichnungen der Stücke des Abends, vor mir die Partitur. Daraus kann ich eine historische oder theoretische Einleitung für die ›eigentliche‹ Kritik machen. Die aber wird sich auf die einmalige, unwiederholbare Aufführung beziehen, eines Ereignisses, dessen zweifelhafter Ohrenzeuge ich bin. Die Erfahrung, die ich während des Konzertes mache, ist nicht revidierbar, ich kann dasselbe Konzert nicht noch einmal hören, ich bin eingeschlossen in eine black box meiner eigenen Sinneseindrücke, die gegen alle vorherigen Erfahrungen sich behaupten müssen. Die Praxis der Kritik erschien mir nie riskanter als in diesem Bereich zeitlich ablaufender Eindrücke, ästhetische Erfahrung bekommt den Flash-Charakter der Plötzlichkeit. Wenn ich am nächsten Tag einen Satz schreibe wie: »Im zweiten Satz führte das ungewöhnlich straffe Anziehen der Tempi zu einer hastigen Nervosität, die dem monotonen Grundduktus des Stückes das Unheimliche einer außer Kontrolle geratenden Maschine beimischte« – dann bezieht sich das zum einen auf Anweisungen in der Partitur und Konventionen der Aufführungspraxis als Hintergrund, zum anderen aber ist es die Umsetzung einer ästhetischen Aufführungspraxis, die eine neue Erfahrung transportiert, die ich als ästhetische Eigenleistung des Interpreten veranschlage. Rein subjektive Empfindung wäre das Moment des Unheimlichen, das zwar an einem formalen Moment festgemacht und somit argumentativ verankert wäre, aber doch sehr stark an das Erfahrungsmoment des Gefühls der

Unheimlichkeit gebunden bliebe. Dieses Moment authentischer Erfahrung ließe sich selbst nicht mehr kritisieren. Zwar könnte nachgewiesen werden, daß die Tempi bereits in der Partitur so vorgesehen sind, aber nur wenige Interpreten sie so auch ausführen können, oder andere Zuhörer könnten der Empfindung der Unheimlichkeit nicht beipflichten – daß *ich* es so gehört habe, wird niemand bestreiten können. Daß ich diesen Erfahrungsmoment dezisionistisch zum Angelpunkt meiner Kritik gemacht habe, ist mein eigenes praktisches Risiko. Als Filmkritikerin kann ich dieser Situation der black box unter Umständen durch wiederholtes Sehen des Films risikomindernd entgegentreten, ganz aus der Falle der Sinneswahrnehmung und -täuschung komme ich auch hier nie.

Dennoch gibt es eklatante Unterschiede zwischen absoluter Musik und Film, die die Übertragung des Authentizitätsmodells ästhetischer Erfahrung nicht verallgemeinerbar machen. Zwar ist die ästhetische Sensibilität, die subjektive Dimension der Erfahrung auch in der Filmwahrnehmung unhintergehbare Voraussetzung zur Kritik, aber sie wird selten absolut auftreten. Das hängt damit zusammen, daß Film ein technisch reproduzierbares Medium ist, dessen Wirkungen gegenüber ich mich sehr viel experimenteller verhalten kann – in dem Sinne, daß ich meine auratischen Momentserfahrungen immer wieder dem ästhetischen Material konfrontiert sehe, meine ästhetischen Urteile damit prinzipiell nicht nur revisionsfähig, sondern sogar -bedürftig sind.

Die Verzeitlichung ästhetischer Erfahrung im auratischen Moment, in dem Empfindung und Erkenntnis im wahrgenommenen Sinneseindruck für einen Augenblick glückhaft zusammenschießen, wie sie mir für die kritische Auffassung absoluter Musik zentral zu sein scheint, wird, auf die filmische Wahrnehmung übertragen, mitunter komisch. Die Überstrapazierung des Authentizitätsmodells bei gleichzeitiger Ausgrenzung kritischer Diskurse, die intertextuell verfahren, führt zu einer Überhitzung des Erfahrungsmoments. Die unermüdliche Suche nach den »schönen« Stellen, nach den erlesenen Augenblicken der absoluten Übereinstimmung von Ich und Gegenstand bringt eine Menge Frustrationen mit sich, die sich dann wütend gegen die »falschen« Filme, in denen man gesessen habe, richtet.

Wo der subjektive Moment der ästhetischen Erfahrung verabsolutiert wird zum einzigen Maßstab der Kritik, treten nicht gerade zufällig jene xenophobischen Züge auf, die Karsten Witte meiner Ansicht nach zu Recht im wildgewordenen Subjektivismus einer neuen Kritiker-Generation festgemacht hat. Ein Subjektivismus, der nur nach Lust-Frustempfindungen urteilen kann, verhält sich narzißtisch wie ›Her majesty, the baby‹ und urteilt absolutistisch wie die ausgewachsene Majesty: ›We are not amused‹. In the long run stellt es sich als die letzte Ausgabe einer historischen Gattung dar, eben jener Version des egozentrischen bürgerlichen Subjekts, das als in sich geschlossene Monade nur ein Ziel kennt: Vermeidung von Unlust und Maximierung von Lust. Die romantische Erhöhung des Augenblicks stürzt in die flache Tiefe des bipolaren Egozentrikers.

Filmtheoretisch liegt das Hauptaugenmerk auf der Konstruktion ›reiner‹ Parameter wie ›Farbe‹, ›Bewegung‹, ›Genre‹. Filmhistorisch pflegt man den Gestus des Exzentrischen, der den Moment des Absoluten gerade im historisch determinierten aufspürt und als aparte Fußnote der Posthistoire zuspielt, sich als Stilgeschichte setzt.

Als Diskurs der Kritik schließt der Subjektivismus vor allem hermeneutische Verfahren der Kontextuierung aus, die er als aggressive Verunreinigung seiner eigenen Parameter-Konstruktionen sehen muß.

2 Der Rekurs auf Formen und Strukturen als ›Metacriticism‹

Formalistische Ansätze untersuchen den einzelnen Film oder Gruppen von Filmen nach seinen formalen Strukturen unabhängig von Fragen der Repräsentation und der Intention individueller oder institutioneller Art. Filme sind eigenständige Entitäten, die Kriterien der Kohärenz, innerer Stimmigkeit etc. unterliegen. Der kritische Diskurs, der aus den Verzweigungen der formalistischen Schule hervorgegangen ist, vereint im weitesten Sinne noch Ansätze immanenter Kritik in verschiedenen Spielarten vom ›New Criticism‹ der sechziger Jahre bis zu diversen strukturalistischen Ansätzen. Gemeinsam ist allen ein komplexer gewordenes Beschreibungssystem für Filme, das formale Struktur und Bedeutungssystem zusammendenkt. Perkins hat anfangs der siebziger Jahre mit seinem Buch *Film as Film*³ entscheidend zu dieser Vermittlung in der Postulierung einer ›synthetischen Theorie‹ beigetragen. Noël Carroll hat in seinem neuen Buch über *Philosophical Problems of Classical Film Theory*⁴ Perkins' Ansatz als einen Versuch des »Metacriticism« analysiert. Ich möchte hier nicht weiter auf Carrolls Kritik an den klassischen Filmtheorien eingehen. Das Verfahren von Perkins aber läßt sich gut mit Carroll rekonstruieren. Er geht auf die Probleme von Kohärenz als Kriterium für Kritik am Beispiel von Hitchcocks Film *The Birds* ein.⁵ In einer ersten formalen Beschreibung kann Perkins den Film als die Herstellung einer in sich geschlossenen und glaubwürdigen Welt beschreiben, die nicht als Beziehung zur Wirklichkeit zentriert ist, sondern in sich abgeschlossen. Das heißt, obwohl niemand den Angriff eines Vogelschwarms für Wirklichkeit hält, ist er im Film völlig glaubwürdig und wirkt nicht unwahrscheinlich. Es gibt aber im filmischen System eine Betonung der Vögel durch bläuliches Licht, die nicht im formalen System der synthetischen Welt bleibt, sondern kommentierenden Charakter annimmt, im Sinne einer formalästhetischen Heraushebung einer Bedeutung. Was für Perkins ein technischer Fehler auf der Produktionsebene der Special effects ist, der gegen das Kohärenzkriterium verstößt, läßt sich auch als kommentierend lesen. Die jeweilige Richtung des ästhetischen Urteils über Gelingen oder Mißlingen des formalen Effekts kann selbst nur wieder im Gesamtkonzept von Kohärenz situiert werden. An diesem Beispiel läßt sich zumindest zeigen, daß Kritik nicht umhin kommt, auf einen Set metakritischer Vorstellungen zu rekurrieren. Zum Beispiel auf Vorstellungen und Konzepte von Kohärenz, die sich auf die Geschlossenheit der ästhetischen Vorstellungswelt eines Films beziehen. Ein Kritiker, der in Hitchcock einen »Autor« sieht, der in seine Filme sebstreferentiell auf das technisch Gemachte eines Genres Bezug nimmt, könnte in dem von Perkins angeführten Beispiel einen formalen Hinweis auf die ironischen Selbstbezüge entdecken und diese wiederum als ein Merkmal ästhetischer Verfeinerung bewerten. »Autorentheorie« und »Genretheorie« als metakritische Konzepte könnten zu wechselseitigen Revisionen und Ergänzungen ästhetischer Urteile führen. Perkins' Ansatz ist eine größtmögliche Offenheit, wohingegen der Strukturalismus zu einer starken Theorie der Interdependenz kommt, aus der sich viel schwieriger Kriterien ästhetischen Gelingens ableiten lassen. Formale Deskription ist im strukturalistischen Konzept die Festschreibung von Bedeutungszusammenhängen, wobei die Struktur selbst als unendlich generativ vorgestellt wird, also interpretativ nicht erschöpfbar ist, sondern gerade in ihren generativen Zügen beschrieben werden muß.

Das hat zu massiven Problemen geführt, in denen die innere Differenz zwischen Formalismus und Strukturalismus deutlich wird als ästhetisches Problem, also einem von Kritik. Während nämlich der Formalismus noch am konstruktivistischen Konzept einer hergestellten Struktur festhält als einer synthetischen Welt, geht der Strukturalismus von einer anonym sich reproduzierenden Struktur aus, die sich durch die einzelnen oder die Gruppen von Werken durchdrückt. Ausgangspunkt der Debatte waren nicht zuletzt die Versuche, im Anschluß an Lévi-Strauss' strukturale Anthropologie eine Analyse filmischer Mythen zu unternehmen. Die Grenzen dieser Unternehmungen wurden filmtheoretisch gezogen: als Differenz zwischen der generellen Offenheit filmischer Strukturen gegenüber dem determinierenden Zug externer Mythen: »The acceptance of such set meanings may not only blind us to important shifts of relationship, it may also commit us to the surface meaning of the myth – to the narrator's rationalized account of what his story is about, or the critic's overlay of fossilized myth upon a living structure.«[6]

Der Übergang vom kritischen Diskurs zum wissenschaftlichen ist im strukturalistischen Formalismus besonders fließend. Kritik wird zur wissenschaftlichen Methode, zur systematischen Beschreibung, die in der Darstellung des Materials dessen Form kritisch zur Darstellung bringt. Subjektivität entfaltet sich hierbei vor allem in der Vorauswahl des jeweiligen Materials selbst. Bestimmte Vorlieben für Genres, Regisseure, kinematographische Schulen bilden zwar den Ausgangspunkt, aber diese Subjektposition verschwindet in der Materialdarstellung wieder wie der legendäre Maler im Bild, das er gerade gemalt hat.

Der formalistisch-strukturalistische Ansatz ist aber auch kompatibel mit verfeinerten Verfahren der kritischen Darstellung ideologischer Strukturen filmischer Diskurse und der von Foucault an die Diskurse kritisch gestellten Frage, wie sie »bestimmten Bedürfnissen« »entsprechen«[7]. Vor allem der feministische Diskurs hat sich den strukturalistischen Ansatz als kritische Methode angeeignet, um den Ausschluß der Frauen aus dem dominanten Diskurs zu analysieren.

Hat der formalistische Ansatz im synthetischen Sinn von Perkins ein genuin ästhetisches Interesse an der kritischen Evaluationsmöglichkeit von Filmtheorie, läßt sich der Strukturalismus als kritische Methode im Sinne einer Theorie verstehen, der das Motiv genuin ästhetischer Kritik sekundär bleibt.

In der Tageskritik findet sich der formalistische Ansatz fast immer beengt durch knappen Raum, der eine strukturelle Entfaltung des Materials nicht zuläßt. Der kritische Diskurs gruppiert sich so meist um pars-pro-toto-Argumente herum, was ihn mitunter in die Nähe phänomenologischer Ansätze zu bringen scheint, in denen das filmische Einzelbild als Gegenstand reiner Anschauung hervorgehoben wird. Die Metaphysik reiner Anschauung schließlich verflüssigt mitunter die Grenzen zur erfahrungszentrierten Erlebnisästhetik der Subjektivisten.[8]

In der Praxis der Filmkritik vermischen sich die von mir grob skizzierten Ansätze und ihre Intentionen und Methoden ohnehin, nicht nur weil sich verschiedene Zeitströmungen gruppenbiographisch ab- und überlagern im Aufschnappen theoretischer Motive und Schulbildungen, sie variieren auch mit den ästhetischen Konzeptionen von Filmen und deren immanenten Adressatenbezügen. Ich hoffe, daß das bisher etwas apodiktisch Gefaßte nicht dahingehend mißverstanden wird, daß ich mich als Kritikerin vor den problematischen Vereinseitigungen gefeit wähnte. Natürlich gibt es auch in meinen Kritiken Beispiele subjektivistischer Schwärmereien, flacher Ideologiekritik und das geschickte Vermeiden ästhetischen Urteilens in der wiederholten Entfaltung einer filmischen Struktur. Und natürlich trifft umgekehrt die absolutistische Salve des Subjektivismus mitunter ins Schwarze, oder kommen methodisch-kritische Darstellung und ästhetische Konfiguration eines Films in seiner strukturalistischen Analyse zur Deckung. Da es hier aber nicht um die Zufallsprodukte geht, sondern um die Klärung von »Positionen und Kontroversen«, also wohl um idealtypische Rekonstruktionen derselben, möchte ich jetzt gerne fortfahren mit dem Versuch, meine eigene Perspektive zu entwerfen.

3 Ästhetische Kritik als Gesellschaftskritik

Mit den beiden vorherigen Diskursen der Kritik teilt die Kritische Theorie zweierlei: einen starken Begriff des Subjekts und des Objektiven der Strukturen. Beide aber werden selber noch einmal als gesellschaftlich vermittelt gesehen. Das bringt die Emphase des Subjekts selbst in ein kritisches Licht, aber auch die Strukturen sind nicht anthropologisch determiniert, sondern historisch und sozial und in einem kritischen Diskurs darstellbar. Mit dem Formalismus teilt sie die Auffassung, daß alles, was sich über ein ästhetisches Gebilde sagen läßt, sich nur über seine Form sagen läßt, daß es nicht außerhalb der Form existiert. Insofern kann es auch keine Ideologiekritik ohne Formanalyse geben. Der vor allem gegen Kracauer erhobene Vorwurf der Inhaltsästhetik stimmt in den meisten seiner Schriften noch nicht einmal für diesen. Daß Kracauers berühmtes Diktum: »Kurzum, der Filmkritiker von Rang ist nur als Gesellschaftskritiker denkbar« – nicht einfach veraltet ist, weil derzeit die Soziologie aus der Mode gekommen ist, möchte ich im Folgenden zeigen.

Es stellt sich zuerst als die Frage nach dem Geltungscharakter des Ästhetischen: Ist der ästhetische Diskurs, auf den die Kritik sich bezieht, ein nach außen abgeschlossener, oder greift er auf andere Diskurse über? Derrida hat in seinem Modell der intertextuellen Dekonstruktion die prinzipielle Überschreitung des ästhetischen Diskurses auf alle anderen Diskurse hin behauptet. In dieser Position kommt er Adorno entgegen. Für Adorno entzieht sich der Gegenstand ästhetischer Erfahrung gerade dann, wenn das Subjekt sich dieser Erfahrung ganz gewiß zu sein glaubt. Der »Rätselcharakter« des Ästhetischen greift genau durch diesen Sinnentzug alle anderen Diskurse an – in einer endlosen Kette der Negationen. Für Adorno steckt das »Ernste« des Ästhetischen in seiner Kraft zur Negation.[9]

Es geht also darum, das Ästhetische ernstzunehmen in seinem negatorischen Charakter, mit dem es am Ende auch die Erfahrungsgewißheiten des Subjekts unterminiert. Wenn der ästhetische Diskurs auf die permanente Verunsicherung der Erfahrungsgewißheit aus ist, die Suche des Subjekts nach Selbstvergewisserung unterminiert, dann greift der ästhetische Diskurs auf alle anderen Diskurse über.

Die Vorstellung vom in sich abgeschlossenen, von allen anderen Diskursen durch institutionelle Marginalisierung abgetrennten ›rein Ästhetischen‹ läßt sich nur dann aufrechterhalten, wenn man von der absoluten Wirkungslosigkeit des Ästhetischen überzeugt ist, wenn man seine Negativitätsansprüche nicht ernst nimmt, sondern es als ausgegrenzte Spielwiese, sei es der reinen Immanenz oder des sich absolut setzenden Subjekts betrachtet.

Das Ästhetische ernstzunehmen schließt die Reflexion über seine Stellung in der Gesellschaft und zur Gesellschaft ein. Niemand wird ja doch die Tatsache bezweifeln, daß ästhetische Gegenstände selbst Teil der Gesellschaft sind, - daß sie gegen die Zumutungen der Gesellschaft sich richten können, heißt ja nicht, daß sie nicht *in* der Gesellschaft existieren.

Der steilste Anspruch des Ästhetischen läßt sich vom Gesellschaftlichen nicht trennen, das gerade ist der Skandal des Ästhetischen, daß es seiner eigenen Marginalisierung trotzt. Gesellschaftskritik ist dem Ästhetischen bereits inhärent, und darum auch nichts, was fanatische Intellektuelle erst von außen in eine an sich reine Sphäre hereintragen würden wie Straßenstaub auf den Marmorboden eines Museums ewiger Werte und Stile.

Filmkritiker sind in ihrer Praxis aber nicht nur mit dem ästhetischen Diskurs im absoluten Sinne befaßt, sondern auch mit dem Kino als gesellschaftlicher Institution, die bestimmte soziale und moralische Regeln festlegt und befolgt, die Richtlinien der öffentlich-rechtlichen Fernsehanstalten etwa oder die staatlich gelenkter Propagandaapparate. Wo Filme ästhetisch nicht mehr souverän sind, wird das als ästhetischer Verlust kritisch anzumerken sein, den Filmen selbst anmerkbar. Da kann ich keinen Widerspruch zwischen ästhetischer und gesellschaftlicher Kritik entdecken.

Die Postulierung der Filmkritik als einer, die die Geltungsansprüche ästhetischer und nicht-ästhetischer Diskurse überhaupt nicht mehr als verschiedene zur Kenntnis nimmt, oder a priori hierarchisch ordnet, verkennt meiner Ansicht nach ihren

Gegenstand. Ich möchte das an zwei Beispielen erläutern, wo sich die Ablösung des Ästhetischen vom Gesellschaftlichen als bloße Hypostasierung erweist, am nationalsozialistischen Film nämlich.

Erstes Beispiel: »Nennt man Leni Riefenstahls *Triumph des Willens* und *Olympia* Meisterwerke, so heißt das nicht, Nazipropaganda mit ästhetischer Nachsicht glossieren. Die Nazipropaganda läßt sich nicht wegleugnen. Daneben aber ist noch etwas anderes in diesen Filmen enthalten, etwas, das wir zu unserem eigenen Schaden ablehnen. Weil sie die komplexen Bewegungen des Geistes, der Anmut und der Sinnlichkeit im Bild einfangen, übersteigen diese beiden Filme der Riefenstahl (die unter den Werken der Nazikünstler nicht ihresgleichen haben) die Kategorien der Propaganda und selbst der Reportage. Und plötzlich sehen wir - mit einem unbehaglichen Gefühl, wie ich zugeben muß : ›Hitler‹ und nicht Hitler, die ›Olympiade von 1936‹ und nicht die Olympiade von 1936. Leni Riefenstahls Filmgenie bewirkte, daß der ›Inhalt‹ - wenn auch vielleicht gegen ihre eigene Absicht - eine rein formale Rolle spielt.«[10]

Diese ästhetische Rettung der Propagandafilme Riefenstahls durch Susan Sontag funktioniert nur, weil sie eine meiner Ansicht nach filmtheoretisch fahrlässige Gleichsetzung von ›Inhalt‹ mit ›empirischem Referenzobjekt‹ macht, so als hätte filmische Umsetzung von Wirklichkeit nicht immer den Weg über die Herstellung eines Bildes von etwas zu nehmen, der Inhalt eines Filmes nicht immer eine Funktion seiner Form wäre. So bleibt in der Hypostasierung des Ästhetischen als abstrakter Form auch die Beantwortung der Frage offen, wessen Geist, Anmut und Sinnlichkeit diese komplexen Bewegungen zum Ausdruck bringen. Dagegen hatte ja nun Walter Benjamin gerade in der Transformation des Politischen ins Ästhetische das Signum faschistischer Ästhetik gesehen, eben die Herstellung eines Faszinosums. Die faschistische Ideologie dieser Filme *ist* ihre spezifische Ästhetik.

Zweites Beispiel: Diesen inneren Zusammenhang hat ein anderer kritischer Diskurs des NS-Films in sein Zentrum gerückt. Marc Ferro hat in seiner formalen Analyse der vier Überblendungen in Veit Harlans *Jud Süß* genau diesen Aspekt analysiert:

»– Die erste, wenn die Kamera das herzogliche Emblem, das sich am Schloß befindet, verläßt und übergeht auf das hebräische Emblem, das an einem Laden im Ghetto befestigt ist. Die Überblendung dient dem Übergang vom Schloß zum jüdischen Viertel.

– Die zweite, als Süß sich vor seinem Besuch beim Herzog den Bart abrasiert; die Überblendung zeigt die Transformation seines Gesichtes und seiner Aufmachung.

– Die dritte, als Süß auf den Schreibtisch des Herzogs Goldstücke streut, die sich in graziöse Ballerinen verwandeln.

– Die vierte, als Süß nach seiner Verurteilung eingekerkert, sein früheres Gesicht wiedererlangt, sein Bart im Gefängnis nachgewachsen ist.

Das Implizite dieser vier Effekte ist nicht unschuldig. Der Jude hat zwei Gesichter, das des Ghettos, das über seine Untermenschen-Natur nicht hinwegtäuschen kann, und das städtische, dessen Erscheinung Illusionen erweckt, und das darum nicht weniger schädlich ist. Außerdem führt der Jude über den Gebrauch des Goldes, dessen Meister er geworden ist, den Geschmack auf die Gewinnsucht ein, die eng mit der Ausschweifung verbunden ist; er pervertiert eine Gesellschaft, die gesund war, und schädigt so die Gesundheit der Rasse. Der Wechsel von einem Emblem zum anderen symbolisiert den Übergang der Macht von den Ariern auf die Juden.

Untersucht man die Auswahl der Überblendungen in ihrer Form als Serie, so nehmen sie eine ideologische Bedeutung an, denn zusammengenommen bilden diese vier Effekte eine Struktur, eine Verdichtung der Nazi-Doktrin. Die Elemente, die das Wesen der Nazi-Doktrin ausmachen, unbewußt oder bewußt erkennend, hat der Regisseur ihnen die einzigen Spezialeffekte des Films gewidmet.

So wurde Veit Harlan gewissermaßen von seiner eigenen Kunst verraten.«[11] An diesen beiden extremen Filmen und zwei verschiedenen kritischen Diskursen über sie lassen sich die Binnengrenzen von Geltungsansprüchen aufzeigen. Ob Kritik und ihr metakritischer Diskurs angemessen sind, hängt mit den Gegenständen ihrer Kritik zusammen, sie entfaltet sich immer am Gegenstand selbst.

Die Legitimität von Kritik endet weder im Ästhetischen noch

im Gesellschaftlichen. Daß es mittlerweile eine Tendenz zur Umschreibung von Kritik zur liebevoll nachempfindenden Beschreibung gibt, ist mir äußerst suspekt. Daß Haß, Ekel, Langeweile weniger authentische ästhetische Erfahrungen sind als Faszination, Überwältigung, Hingerissensein kann man wohl nur annehmen, wenn man bereits ein normatives Konzept von liebevoller Anteilnahme als einzig legitimer Bezug auf ästhetische Objekte hat. Wie bereits gesagt, scheint mir das die Dinge um ihren eigenen Ernst zu bringen. Daß die konservative Ethik mit ihren Werten und Haltungen des Respekts, der Ehrfurcht und Achtung vor dem als ›Höherem‹ geltenden Kunstgegenstand in den letzten zehn Jahren erfolgreich sich durchgesetzt hat, führt dazu, daß die Kritiker gar keine Kritiker mehr sein wollen, sondern Künder, kongeniale Nachschöpfer des Erhabenen.

Den Paradoxien der Negativitätsdiskurse des Ästhetischen entkommen freilich auch die Künder der reinen Immanenz nicht. Karl Prümm hat ja bereits in seiner Einleitung darauf hingewiesen, daß die Filmkritik selbst auf einer Versprachlichung beruht, auf der Übersetzung von Bildern in Worte. Mit der Versprachlichung ist aber schon das erste Überschreiten der Immanenz passiert, das ›Unsagbare‹ des Bildes in Worte gefaßt, und damit auch dem ganzen kognitiven, logischen Bau der Sprache konfrontiert, der Vielfalt der Diskurse einverleibt. Das Bild, das ich von den filmischen Bildern sprachlich zeichne, behauptet, selbst wenn es als reine Beschreibung entworfen scheint, ein Bild des Bildes zu sein, stellt eine Ähnlichkeitsbeziehung auf und macht sich damit zu einem Diskurs über etwas.

Die Grenzen der Kritik sind vor allem die der Sprache selbst.

Praxis der Kritik

Als ich aufgefordert wurde, mir einen Film auszusuchen, in dessen Kritik ich deren Probleme entfalten könne, fiel seinerzeit meine Wahl auf Otar Iosselianis Film *Les favoris de la lune (Die Günstlinge des Mondes)*. An ihm wollte ich zeigen, welche Probleme es bereitet, visuelle Komik in Sprache zu übersetzen. Es schien mir dann doch angebracht, auf die sogenannten grundsätzlichen Probleme einzugehen, die mir hinter der als Generationenkonflikt firmierenden Auseinandersetzung zu liegen schienen. Das spezifische Problem des Transfers des Komischen ist dabei nicht berücksichtigt. Da es mir fern liegt, in einem Simulationsverfahren eine Art ›mustergültiger‹ Kritik zu erstellen, möchte ich im folgenden dokumentieren, wie meine eigene kritische Arbeit zu diesem Film praktisch abgelaufen ist.

Otar Iosselianis Film habe ich das erste Mal im ›black box‹-Verfahren auf den Filmfestspielen in Venedig im Jahre 1984 gesehen, dort habe ich im Rahmen einer Festivalkritik bereits kurz über ihn geschrieben. Ein halbes Jahr später habe ich ihn auf dem Forum der Berliner Filmfestspiele wiedergesehen. Im Rahmen einer kritischen Sendung zu dem Film für ein Fernsehprogramm kam ich zu einer Videoaufzeichnung des Films. Eine formale Analyse des Films ging der Ausarbeitung des Fernsehfilms voraus. Der Fernsehfilm ist ausschließlich aus Filmausschnitten und Standbildern montiert, bis auf ein Foto von Iosseliani am Beginn und Zwischentiteln, die die einzelnen Sequenzen trennen. Ein halbes Jahr später schrieb ich folgende Kritik in *epd-Film*:

»Die Günstlinge des Mondes

Otar Iosseliani, Filmemacher aus Georgien, dreht einen Film in Paris. ›Eine französische Komödie‹, wie er sagt. In dieser Komödie gibt es keine Hauptfiguren, sondern eine Vielzahl von Personen, die Iosseliani durch den Film bewegt wie flinke Weberschiffchen, die den Teppich der Handlung knüpfen. Sie kommen aus den verschiedensten Milieus der Gesellschaft: Waffenhändler und Polizeiinspektor, Erfinder und Prostituierte, Terroristen und Clochards, Friseusen und Diebe. Die Knotenpunkte, an denen Iosseliani sie ihre Wege kreuzen läßt, sind die Umschlagplätze der Begierde: nach Körpern und Dingen. Das ›Pariser Leben‹, dessen Szenen und Szenerien Iosseliani aufblättert, trägt die Züge einer Groteske, in der soziale Posse und tödliche Intrige Hand in Hand gehen, in der zwar der Zufall für ›ausgleichende Gerechtigkeit‹ sorgt, der Tod aber ein absurdes und ungerechtes Ereignis bleibt.

Den Lauf der Dinge verfolgt Iosseliani aus dem Zeitalter der höfischen Manufakturen bis in die Gegenwart. Ein Porzellanservice aus Sèvres, ein Jugendstilmöbel der Jahrhundertwende, ein Gemälde: von ihren historischen Entstehungsorten aus läßt sie der Film den Gang durch die bürgerliche Zirkulation antreten. Das Service wird auf einer Auktion ersteigert, nach und nach zerschlagen und wieder zusammengeleimt. Auf der Straße aus dem Müll gerettet, führen seine Einzelteile ihr Eigenleben: auf dem Bett einer Prostituierten zusammengeklebt, als Aschenbecher auf dem Basteltisch eines Nachwuchsdiebes neuen Funktionen zugeführt. Die Dinge, die einmal als Einzelstücke gefertigt wurden, werden im Gebrauch abgenutzt und anonym. Jeder schneidet sie sich auf die eigene Größe zu. Iosseliani entwickelt in den Nebengeschichten der Dinge eine Sozialgeschichte: wie Dinge zu verschiedenen Zeiten und im Besitz verschiedener Menschen an Bedeutung gewinnen und verlieren. Am Ende der sozialen Pyramide angekommen, sind sie schließlich endgültig und radikal privatisiert, jeder eignet sie sich auf seine Weise an. Iosseliani ist kein konservativer Kulturkritiker, der den Verlust der alten Werte beweint, er schlägt noch aus dem Scherbenhaufen Funken. Nicht nur die Dinge, sondern auch die Konstellationen der Menschen zueinander werden in solche Serien gebracht, mit mathematischer Strenge werden Seitenthemen aufgegriffen und instrumentiert. Serialität und Zufall sind die Prinzipien dieser Filmästhetik: ein georgisches Roulette von großer Regelhaftigkeit, das aber letztlich vom Zufall bestimmt wird. So treffen sich an einer nächtlichen Ampelkreuzung die Autos der Diebe und Bestohlenen, zufällig und doch nicht ohne Zusammenhang. Serialität und Zufall als ästhetische Prinzipien der Moderne verbinden die Komik Iosselianis mit Jacques Tati, dem großen Modernisten unter den Filmkomikern, dem Iosseliani in einigen Einstellungen seine Reverenz erweist.

Die erotischen Zirkel, den Staffettenlauf der Körper inszeniert er nach den Regeln des Schnitzlerschen *Reigen*: am Ende werden fast alle allen für einen Augenblick gehört haben, zufällig, aber nach festen Regeln. Iosseliani organisiert die Kreisbewegung der Figuren am liebsten in Plansequenzen, als eine von Schnitten nicht unterbrochene, fließende Bewegung. In einer Einstellung verfolgt die Kamera in einer einzigen Bewegung eine Fülle von hektischen Bewegungen der Figuren, um am Ende zum Anfangsmotiv zurückzukommen. Das suggeriert: Die Figuren bleiben eingebunden in räumliche Konfigurationen, aus denen sie nicht herauskommen, ihre Hektik hat kein

Ziel. Ans Ende einer Sequenz setzt Iosseliani gerne Kontrapunkte, mit metaphorisch vergrößerten Details, die einen ironischen Kommentar zum vorangegangenen Geschehen liefern. Der Weg eines neugebildeten Paares auf dem Weg zum Stundenhotel wird kontrapunktiert von der Großaufnahme eines Schlachtermessers, das rohes Fleisch zerteilt; eine frustrierte Geliebte setzt ihre Aggression in den Mord an einer Stubenfliege um, die Kamera beendet diese Bewegung mit einer Großaufnahme des zusammenklappenden Mauls einer fleischfressenden Pflanze, in der die tote Fliege landet.

Die groteske Verzerrung des Bildes in ein Detail hinein ist eine Technik des Komischen: Die Dinge führen eine Travestie des Menschen auf. ›Mich lockt es immer, ein einzigartiges und vom Rest des Kinos getrenntes Universum zu schaffen‹, sagt Iosseliani. ›Ich begrenze den Ausdruck meiner Schauspieler, indem ich einfache Handlungen und Bewegungen drehe. Es gibt keine Dramen, Tränen, langen psychologischen Momente. Leidenschaften oder Emotionen versuche ich durch zwei kontrastierende Filmszenen auszudrücken. Ich spiele mit Widersprüchen statt mit der psychologischen Entwicklung.‹ In solchen Konstellationen entfaltet Iosseliani seine stärksten Sequenzen. Aber er greift auch auf Slapstick-Techniken des Stummfilms zurück, in komischen Verfolgungsjagden, die den surrealen Charme Feuillades paraphrasieren. Aber auch derbe Situationskomik und drastische Eindeutigkeit fädelt er wie einen Ländler in eine Symphonie. Sein Witz aber resultiert immer aus der Kombination von Bildern, aus dem Sichtbaren, aus der Konfrontation des Alltäglichen und der zum Sinnbild vergrößerten Details. Sein Witz ist nicht psychologisch sondern allegorisch, sein Fluß an Figuren und Konstellationen resultiert aus deren Anordnung, nicht aus ihrer Entwicklung. Obwohl pausenlos alles mögliche passiert, ist *Die Günstlinge des Mondes* so letztlich ein Film ohne Handlung, eine Allegorie auf die Unsinnigkeit der Weltläufte, in der der Zufall die komische Version des Schicksals spielt.«[12]

Die Kritik greift formale Elemente auf, um auf die Struktur des Films hinzuweisen, der stark nach musikalischen Formprinzipien gebaut und montiert ist. Eine solche Kritik, die keine fachwissenschaftliche Abhandlung sein will und soll, müßte auch dann noch haltbar sein, wenn eine Filmanalyse die herausgegriffenen Details in ihren formalen Zusammenhängen ausgewiesen hat, aber umgekehrt wird nicht alles, was ich an formanalytischem Wissen über einen Film angesammelt habe, in eine Tageskritik eingehen können. Es handelt sich da, denke ich, um verschiedene Darstellungsebenen. In einer kurzen Kritik, wie der hier abgedruckten, fallen Deskription und Wertung und auch Interpretation oft in einem Satz zusammen, wenn zum Beispiel die Beschreibung einer Handlung (frustrierte Geliebte ermordet Stubenfliege) als komisch charakterisiert wird, indem aus einer Mücke der Elefant eines Affektverbrechens gemacht wird und dieser komische Effekt gleichzeitig gebunden wird an die formale Deskription einer Kamerabewegung, die für einen allegorischen Schluß sorgt. Die Qualität einer Kritik kann in solchen Verknappungen liegen, die in einer ausführlichen Filmanalyse weitgehend formalisiert würde in konsekutiven Schritten von Analyse, Deskription und am Ende vielleicht Deutung wie im Beispiel von Marc Ferros schrittweiser Analyse eines einzigen formalen Elements. Im Rahmen einer methodisch entfalteten Kritik im geisteswissenschaftlichen Sinne stünde die Ausarbeitung eben einer Meta-Kritik des Komischen und des Allegorischen an, aber auch der des Vorstellungsbildes gesellschaftlicher Zirkulation und ihrer ungeplanten anarchischen Nebenfolgen, die die soziale Kreisstruktur des Films zu bestimmen scheint. Das Auslaufen sozialer Regelsysteme ins anarchische Chaos libidinöser Aneignung wäre durch solch kritische Analyse als utopisches Moment von Befriedigung am Destruktiven zu retten.

1 Michel Foucault: Die Ordnung des Diskurses. Frankfurt/M., Berlin, Wien 1977, S. 41. - 2 Ebd., S. 35 f. - 3 V.F. Perkins: Film as Film. Understanding and Judging Movies. Harmondsworth, Middlesex, England 1972. - 4 Noël Carroll: Philosophical Problems of Classical Film Theory. Darin: Chapter Three: Film Theory as Metacriticism. V.F. Perkins. Princeton, New Jersey 1988. - 5 Ebd., S. 181. - 6 Charles Eckert: The English cinestructuralists. In: John Caughie (Ed.): Theories of Authorship. London 1981, S. 163. In der Reihe BFI Readers in film studies herausgegeben. Der Band umfaßt Auszüge aus der Debatte, die auf Eckerts Aufsatz folgte. - 7 M. Foucault, a.a.O., S. 41. - 8 Zur frühen Apologetin des neuen kulturkritischen Sensibilismus ist Susan Sontag geworden. In

ihrem Essay aus dem Jahre 1964 schreibt sie:»Wie die Abgase der Autos und der Schwerindustrie, die die Luft der Städte verunreinigen, vergiftet heute der Strom der Kunstinterpretationen unser Empfindungsvermögen. In einer Kultur, deren bereits klassisches Dilemma die Hypertrophie des Intellekts auf Kosten der Energie und der sensuellen Begabung ist, ist Interpretation die Rache des Intellekts an der Kunst. (...) Die Welt, unsere Welt, ist leer und verarmt genug. Weg mit all ihren Duplikaten, bis wir wieder unmittelbarer erfassen, was wir haben.« (Gegen Interpretation. In: Susan Sontag: Kunst und Antikunst. München, Wien 1980, S. 13.) Die zehn Thesen dieses Essays entsprechen ziemlich genau dem Credo des Sensibilismus, wobei freilich Sontag selbst auffällig oft in funktionalistische Selbstwidersprüche gerät. Wenn sie ständig davon redet,»was wir brauchen«, läuft sie selbst Gefahr, Ästhetik als Therapeutikum gegen die vergiftete Kultur in Dienst zu nehmen. - **9** Christoph Menke-Eggers: Die Souveränität der Kunst. Ästhetische Erfahrung nach Adorno und Derrida. Frankfurt/M. 1987. Die Probleme der ›Negativitätsästhetik‹, wie sie bei Adorno und Derrida mit unterschiedlichen Akzenten entwickelt ist, untersucht Menke-Eggers vor allem in Beziehung zu anderen, nicht-ästhetischen Diskursen auszuspannen. Der Geltungsanspruch ästhetischen Diskurses steht im Mittelpunkt seiner Untersuchung. - **10** Susan Sontag: Über den Stil, a.a.O., S. 28 f. - **11** Marc Ferro: Les fondus enchaînés du Juif Süß. In: Marc Ferro: Cinéma et histoire. Paris 1977, S. 50 f. (Übersetzung aus dem Französischen von mir). - **12** Gertrud Koch: Die Günstlinge des Mondes. In: epd-Film, August 1985, S. 26.

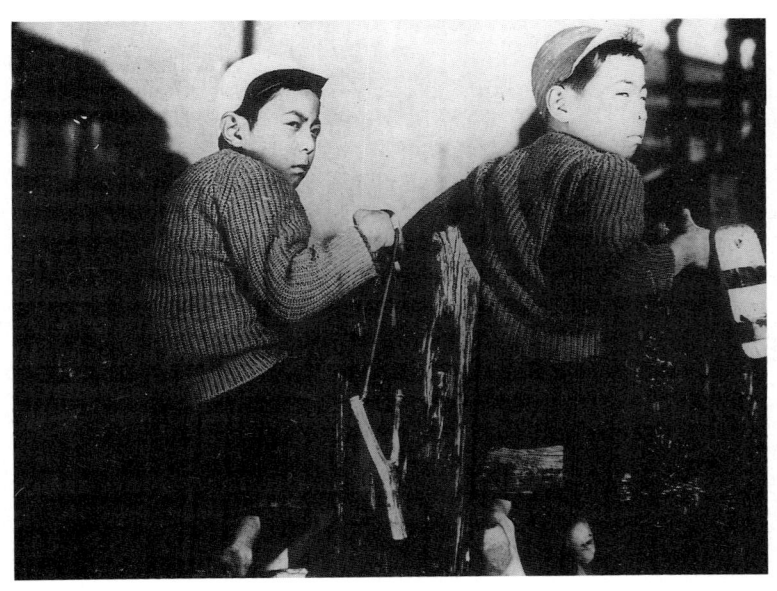

Karsten Witte

Von der Diskurskonkurrenz zum Diskurskonsens

Zum Paradigmenwechsel in der gegenwärtigen Filmkritik
mit einem Blick auf *Umarete wa mita keredo*
von Yasujiro Ozu (1932)

1

Als Beispiel, um meine Position in der Filmkritik zu markieren, wähle ich den Film *Umarete wa mita keredo* (*Ich wurde geboren, aber*) von Yasujiro Ozu. Es handelt sich um eine japanische Komödie aus den dreißiger Jahren. Das sind für mich drei Gründe, diesen Film und eine Haltung zu ihm vorzustellen.

Erstens: das Japanische als exemplarische Qualität des Fremden, des schwer Faßbaren, des Inkommensurablen mit europäisch-amerikanischer Ästhetik – auf den ersten Blick. Auf den zweiten Blick, und aus dieser Position heraus kann erst Filmkritik entstehen, erkennt man die Bedingtheiten des Fremden, die Vernetzung mit Vertrautem, kurz, die Komplexion des Zusammenhangs von Identität und Alterität. Die langjährige Befassung mit dem japanischen oder etwa auch afrikanischen Film brächte der Filmkritik die immer noch als naturgemäß gegeben erachtete Prädominanz des eurozentrischen Blicks zu Bewußtsein, und in der Folge dessen zu einer Strategie, jene Vorherrschaft zu brechen, wo nicht zu unterminieren. Das Fremde in der Wahrnehmung erweist sich dann als zunächst unbegriffene Abweichung vom Vertrauten. Als Ozu seine ersten Tonfilme drehte, vollzog er die definitive Abkehr von den traditionellen Hollywood-Filmcodes, indem er systematisch sogenannte falsche Anschlüsse und die radikale Reduktion seiner kinematographischen Parameter durchsetzte: ohne Blenden, Fahrten der Kamera; einzig Verwendung findet das 50 mm Objektiv, und die berühmte, geradezu emblematisch gewordene Kameraposition des pillow-shot, auf flachem Dreifuß. Diese Position nannten

Grafe/Patalas[1] eine »Kinderblickrichtung«, und der Filmtheoretiker Riff: »die Position des Hundeauges«[2].

Erkennt man einmal die Kohärenz in der Verwendung der filmästhetischen Parameter bei Ozu, dann öffnet sich das Fremde, vorausgesetzt, man wahrt die gebotene Distanz, zum Vertrauten. Nur wer im Kino der fünfziger Jahre aufwuchs und im Laufe der Zeit der Reife etwa Tausende von Hollywoodfilmen ansah, ohne sich je der Erfahrung von Alterität auszusetzen, kann glauben, die japanische Filmästhetik bedeute eine »Verletzung« von naturgegebener Wahrnehmung. Dabei könnte die langfristige Konfrontation mit der Alterität zu einem Bewußtsein der Differenz, zu einer Erweiterung in der Imagination, zur Welthaltigkeit erziehen.

Ozu filmt Türen und Ecken, tote Winkel, in denen sich eine Erwartung beim Zuschauer aufbaut, die nie eine dramaturgische Abfuhr erfährt. Der Schnitt der Filme verweigert sich einer vertikalen Organisation von Blicken und Gefühlen, die einander in der Schuß-Gegenschuß-Dramatik nicht zum Ausdruck gelangen. Im Film *Die Reise nach Tokyo* sieht man, wie ästhetische Normen Reflex sozialer Riten werden. Nie werden hier Blicke als Instrument einer Fixierung gezeigt, nie vertieft sich ein Gesprächspartner tiefer in das Auge seines Gegenübers als in sein Argument. Das Gegenüber ist kein Gegenüber. Die räumliche Organisation widerspricht dieser europäischen Dramaturgie. Nach westlichem Muster der Schuß-Gegenschuß-Auflösung wird der Dialog durch eine Folge von Gesichtern isoliert. Der Zuschauer muß Empathie mit konsekutiven Gefühlen erfahren. In Ozu-Filmen sitzen Leute, die reden, sich nicht unbedingt gegenüber. Das alte Paar in der *Reise* sitzt nebeneinander. Mögen ihre Gesten sich kreuzen, ihre Blicke laufen parallel. Die stationäre Kamera macht aufmerksam auf diese besondere Form von Wahrnehmung, die nicht mehr individualistisch-teilend verfährt, sondern, dies eine approximative Beobachtung: sozial-einschließend. Liebende in Ozu-Filmen sagen nicht: Ich schau dir in die Augen, Kleines. Sie sagten eher: Ich schau mit deinen Augen in die Welt. Im Maße, wie japanische Filme sich physischer Zuwendung entziehen, zumal in den dreißiger Jahren, kompensieren sie diese durch eine Zuwendung zur Außenwelt. Dergestalt beleben sich tote Winkel und füllen sich mit veräußerlichten Gefühlen, die im Dialog ausgespart blieben.

Den herrschenden Blickcode, der keinen Achsensprung über 30 Grad erlaubt, bricht Ozu, indem er eine Blickachse aus dem Bildfeld heraus konstruiert. Statt der (üblichen) Umschnitt-Technik von 30 auf 180 Grad schneidet Ozu häufig von 90 auf 360 Grad. Die wahrnehmungspsychologische Wirkung solcher Schnitt-Techniken könnte man, entgegen der westlichen Fixierung auf ein Gegenüber, als eine Liquidierung des virtuellen Gegenübers benennen. Die Bewegung des Blicks ist in Ozus System wichtiger als die Wirkung des Blicks. In unseren Augen stellt dies, neutral gesagt, eine Irritation her, die nur mit einem Blick auf die Differenz und die Anerkennung fremder Codes verstanden werden kann.

Georg Simmel schrieb in seinem Aufsatz über den Bildhauer Rodin: »In der japanischen Kunst bewegt sich überhaupt nicht der Körper, sondern nur die Linie des Körpers, der Zweck und Inhalt der Darstellung ist nicht der bewegte Körper um seiner selbst willen und aus sich heraus, sondern eine von dekorativen Gesichtspunkten aus bewegte Umrißlinie des Körpers.«[3] Simmel sprach über Malerei, vermutlich gewann er seine Anschauung anhand der Holzschnitte des Utamaro, die zur Zeit des Japonisme in Berlin und Paris ihre Konjunktur hatten wie die japanischen Filme im Europa der fünfziger Jahre.

Sich mit dem fremden Film zu befassen, erfordert kein Simulationsspiel, zum Fremden zu werden. Zeugnisse der distanzierten Aneignung aus allen Künsten und Denksparten, vor dem Film und außerhalb des Films, sind selber Stützpunkte, von einem System in das andere schweifenden Blickes überzugehen. Man kann auf diesem Weg des Hin-und-Hergehens auch Erkenntnisse der anderen Seite einbringen. Würde ich rigoros nur mit dem Produktionshorizont der Komödie *Ich wurde geboren, aber* mich befassen, dann suchte ich nach Aufschlüssen über japanische Ästhetikvorstellung aus den dreißiger Jahren. Dieser Schritt kann vor dem kritischen Cliché bewahren, das Fremde, der Japonismus bewahre eine zeitübergreifende, ewige Gültigkeit. Als Historiker von Ausdrucksformen im weitesten und akzelierten Sinne sollte der Kritiker ein durchaus promiskes Interesse an anderen Künsten üben. Nur dann wird sein Beitrag eine Ergänzung der Vielstimmigkeit sein, die der Kunst wie der Kritik beharrlich abverlangt wird. Gemäß dieser Forderung liegt es nahe, einen Essay zur Hand zu nehmen, den der von Ozu so bewunderte Schriftsteller Tanizaki zur Zeit der Entstehung der Ozu-Komödie *Ich wurde geboren, aber* schrieb: *Lob des Schattens*.

»Wir lieben nun einmal Dinge mit Spuren von Menschenhänden, Lampenruß, Wind und Regen oder auch daran erinnernde Farbtönungen und Lichtwirkungen.«[4] »Wir sind der Meinung, Schönheit sei nicht in den Objekten selber zu suchen, sondern im Helldunkel, im Schattenspiel, das sich zwischen Objekten entfaltet.«[5]

Was sich im Erkenntnisbereich der Filmgeschichte als ein Auteur-Stil des rigorosen Minimalismus bei Ozu darstellt, wird im Lichte japanischer Ästhetik zu einer übergreifenden Komplexion. Vielleicht ließe aus derlei Zeugnissen sich mehr lernen, als aus den bloß empirisch verfahrenden Filmgeschichten, die sich manchesmal als Historien der Industriegeschichte verstanden. Gefordert sei hier die nachdrückliche Einladung zur Übertretung. So würde aus einer Position, die hier zu beschreiben ich verpflichtet wurde, eine Transition, die darzulegen ich mich verpflichtet fühle.

Mein zweiter Grund, diesen Ozu-Film zu wählen, ist der Umstand, daß es sich dabei um eine Komödie handelt. Es sind von diesem Regisseur nicht viele Komödien überliefert. Seinen klassischen Ruf erwarb er sich durch die Familiendramen der sozialen Leere: Kein Autor über Ozu versäumt den Hinweis, daß auf seinem Grabstein das zenbuddhistische Äquivalent für das Nichts eingemeißelt wurde. Entscheide ich mich für einen Blick auf das Frühwerk von Ozu, ist das ein weiteres Plädoyer für die Abweichung, für die Übertretung von einer Produktionsphase zur anderen. Nicht die Frage, was macht den Autor zum Klassiker, sondern die Frage, wie wurde er mit allen Unsicherheiten, mit Mißlungenem, mit zögernden Versuchen zum Klassiker, interessiert mich. Ozu wählte für den Übergang die Komödie.

In dieser Komödie sind die Genre-Regeln offen zu den Rändern hin. Einflüsse des US-amerikanischen Slapsticks in brutaler Gestik, Einflüsse von Lubitsch- und René-Clair-Filmen in eleganter Verflüssigung von gesellschaftlicher Brutalität finden sich in dieser Komödie, die im Drehbuch noch einmal den Übergang, nun von einer Klasse der Kinder zur anderen der Erwachsenen thematisiert.

Die Kinderwelt ist kein herrschaftsfreies Idyll. In ihr regiert die unverhüllte Mimik und Gestik des Tauschens, die in der Erwachsenenwelt mit beherrschter Höflichkeit zwar geübt, doch nie gezeigt wird. Der Amateurfilm, den der Direktor über seine Angestellten dreht, ist das Instrument der erhellenden Diagnose. Er ist ein Modell der ästhetischen Selbstreflexion, das den Kindern die Augen öffnet und sie kritikfähig zur Artikulation ihrer Revolte macht.

Diese Komödie zeigt in krasser Offenheit, zudem wie kaum eine andere Komödie zu jener Zeit, was die Regeln der Komödie bestimmt: der unverhüllte Materialismus der Sinne, die etwas haben wollen. Ohne den Umweg über verdeckende Konventionen ist der Hunger Motor jedweder Motivation. Hunger nach Brot (oder Reis), nach Hilfe, nach Anerkennung, nach Zuwendung einer sozialen Gruppe durch die Meinungsführer ihrer Gruppe, seien es die stärkeren Kinder, oder die vorgesetzten Erwachsenen. Das Melodram (die einzig überzeugende Übersetzung der theatralischen Tragödie) hingegen geht mit seinen Wünschen nach dem Haben-Wollen den Umweg über das Sein-Wollen. Immer werden die Ideen gegen die Interessen ausgespielt, nur in der Komödie widerfährt den Sinnen, die Ideen über Dinge ergreifen, Gerechtigkeit.

Auch bei Ozu siegt nicht die sozial ausgleichende Gerechtigkeit, aber doch ein Pakt zwischen den Klassen der Kinder und der Erwachsenen über die Bedingtheiten von Macht und Machtdelegation. Die politische Botschaft, die sich aus Ozus Konfliktlösung des Films ergibt, ist die, eigene Angelegenheiten beweglich, autonom und überschaubar zu regeln. Auch wenn das Ende vieler Komödien die soziale Korrektur zur je herrschenden Norm befürwortet, dürfen die Sinne, die nach Wünschen (nach Geld und/oder Sexualität, die Zu- und Abwendung regulieren) hungern, sich in der Komödie austoben. Ein Happy-End, das einmal mobilisierte Energien in Erkenntnisse umsetzt, ist selber als Genre-Konvention durchschaubar, mit der neunundachtzig Minuten lang schweifende Blicke sich mit einem Augenzwinkern verabschieden.

Kurz, die Filmkomödie ist ein Genre des Übergangs, ein Stück verquerer Hoffnung inmitten der Verkehrten Welt und ein Befreiungsangebot, in der materiellen Mechanisierung von Macht ebendiese der Lächerlichkeit preiszugeben. Selbst der Metaphysiker Henri Bergson wird physisch, wenn es um die Komik geht. In seinem berühmten Essay *Das Lachen* fand er die Schnittstelle, die in der Komödie sich zwischen Interesse und Idee zeigt. Das Komische, konstatiert Bergson, sei »etwas Mechanisches, das Lebendiges« überdecke.[6]

Mein dritter und letzter Grund, diese japanische Komödie zu kommentieren, ist, daß sie aus den dreißiger Jahren stammt. Diese Dekade interessiert mich im besonderen Maße, denn in ihr ist der Film geprägt von einer Umstellung vom stummen zum tönenden, sprechenden, singenden Film. Zu einer Zeit, in der die Europäer und die Amerikaner längst ausschließlich Tonfilme drehen, halten die japanischen Regisseure, hält die Industrie noch am Stummfilm fest. Diese Ungleichzeitigkeit ist nicht allein aus Reserve gegen technologische Innovation zu erklären, die zudem höchst »unjapanisch« wäre, sie ist aber teilweise aus der sozialen Institution des *Benshi* erklärbar, des professionellen Filmerklärers, der zur Projektion der Stummfilme nicht nur die Handlung erklärt, sondern alle Rollen mit dramatischer Stimmimitation nachgestaltet: der *Benshi* wird sogar noch, freilich als überlebte Figur für soziale Außenseiter, in Yamamuras Debütfilm *Kanikosen* (*Das Krabbenschiff*, 1953) als Einsprecher eines Hollywoodfilms *Zorro* thematisiert...

Der Übergang vom Stumm- zum Tonfilm war ästhetisch gesehen zwar ein Zugewinn an Realismus, ging aber auch auf Kosten einer zur Endphase des Stummfilms schon erreichten modernen Erzählform nicht-aristotelischer Prägung. Der technische Fortschritt, auf der Tonspur hörbar, war auf der Bildspur nicht zwangsläufig sichtbar. Der deutschsprachige Film um 1930 zeichnet sich durch eine anregende Welle von Experimenten mit dem neuen Medium des Tons aus, die von der japanischen Filmindustrie aufmerksam verfolgt wurden, und häufig parodiert. Plakate von Joan Crawford, Miniaturausgaben von Clark Gable, Ufa-Lieder auf den Lippen der Ladenmädchen von Tokyo waren keine Seltenheit. In Naruse-Filmen der dreißiger Jahre wird für deutsches Bier und deutschen Flugzeugbau geworben.

Aufgrund der Monopolkämpfe zwischen den Hauptproduktionsfirmen Nikkatsu, Shochiku (Ozus Firma) und der Neugründung der Toho wird der Tonfilm mit Verzögerung eingeführt. Gleichzeitig mit Ozu debütierte der Regisseur Mizoguchi, der seine Figuren und Konflikte nicht in starre Einstellungen fixiert, sondern mittels unablässiger Kamerafahrten in der Aufdeckung einer sozialen Geste die Protestenergie von Frauen aus dem Alltag freisetzte. Im Gegensatz zu den Japan verbündeten Staaten der faschistischen Achsenmächte Deutschland und Italien konnte sich die Filmindustrie Japans, der erst 1939 die Vorzensur der Drehbücher und die Zensur der fertigen Filme auferlegt wurde, der Propaganda für die imperialistische Eroberung des asiatisch-pazifischen Raums entziehen. Dieses Ansinnen wurde japanischen Regisseuren vielmehr von Ko-Produktionsvorschlägen des Großdeutschen Reiches, wie z.B. Arnold Fancks *Die Tochter des Samurai* (1937) zugemutet. Die Klassiker des japanischen Nachkriegsfilms waren die Klassiker des japanischen Vorkriegsfilms und konnten diesen Anspruch mit hinreichender Legitimation behaupten.

Kein Panorama des internationalen Kinos der dreißiger Jahre will ich an dieser Stelle entwerfen, sondern mit einer Ahnung der Selbstreflexion des Films schlechthin mich begnügen. Die dreißiger Jahre waren es auch, die das »ABK der Filmtheorie« entwarfen: Arnheim, Balázs und Kracauer begründeten die Fundamente zu einer Materialästhetik des Films, von der sie als Zeitzeugen und Zeitgenossen noch eine universelle Vision besaßen. Man erinnere sich, daß eine Aneignung jener Erkenntnisse erst durch die Edition der Schriften jener Kritiker, die in den siebziger Jahren ihre Neuentdeckung erfuhren, generell möglich wurde. Daß diese Aneignung in der Folge der Sozialforschung der Frankfurter Schule kraft ihrer Verbreitung in der Wunschmaschine Universität sich durchsetzte, ist unbezweifelbar. Strittig ist allerdings ihr Stellenwert für die aktuell ausgeübte Filmkritik geworden. Mittels einer japanischen Filmkomödie der dreißiger Jahre konnte ich eine Position beschreiben, die in allen Parametern für Übergänge, Übertretungen, kurz: die Transition plädiert.

2

Die aktuelle Filmkritik selber ist ein Phänomen des Übergangs geworden. Wie die allgemeine Kulturkritik erleidet sie einen durchgreifenden Paradigmenwechsel. Nicht länger gilt die generelle Kritik der Aufklärung und den von ihr hervorgebrachten Mythen. Vielmehr übt sich die neue Filmkritik in der Feier eines Mythos ohne Aufklärung. War im umfassenden Sinne der Kritiker alten Schlags ein Zirkulationsagent mit ästhetischer Kompetenz, so ist der Idealtypus des neuen Kritikers ein Ich-Agent mit der Kompetenz eines Augenliebhabers. Im Maße, wie sich die akademisch-universitäre Filmkritik professionalisiert, wird die Tageskritik der Mietköpfe der Medien amateurhaft.

Wolf Donner hat Kategorien aktueller Filmkritik entworfen, die es jederfrau/jedermann erlauben, sich frei flottierend Kandidaten zu jenen Kategorien zu wählen. Der Kollege hütete sich, Namen zu nennen. Ich bin so frei, mich nicht zu hüten, bin ich doch einer jener Vertreter von Filmkritik, die mit den Filmen, denen sie sich widmen, im Museum des Jahres 2000 verschwinden werden.

Namen und Beispiele sind zu nennen, will man der Herausforderung dieser Reihe, die immerhin »Positionen *und* Kontroversen« verspricht, Genüge leisten. Die französische Hausfrau drückt die empirische Notwendigkeit mit dem Sprichwort aus: »On ne fait pas d'omelette sans casser des oeufs« – wer ein Omelett will, muß Eier zerschlagen –, und ich habe ein wenig Appetit auf ein Omelett.

Der benannte Paradigmenwechsel muß nach alter Schule nicht bloß mit biologischem Argument der »Wachablösung« erklärt werden, denn, so wäre zu fragen: die neue Garde, die da ablöst, wacht sie noch? Ist der Zusammenhang von Filmgeschichte, Theorie und Kritik, der wie die französische Republik verfassungsgemäß: »eins und unteilbar« sein sollte, zur Zeit überhaupt noch einer, der kohärent von den neuen Kritikern gewünscht, von den Medien unterstützt, vom Publikum gefordert wird? Die Position des materialästhetischen Zusammenhangs ist zerfallen. Nur noch wenige Abgesprengte praktizieren sie. Denn die mediensoziologische Entsprechung, die jene Position verstärken könnte, fehlt. Die großen Tageszeitungen stellen sich um. Das Angebot wird diversifiziert. Statt des Monopols eines groß sichtbaren (nicht unbedingt sichtbar großen) Kritikers herrschen nun Polypole vieler kleiner Kritiker. Die Konstellationen sind außer Kraft. In den siebziger Jahren, um ein Beispiel eigener Erfahrung anzusprechen, bildeten Wolfram Schütte, Gertrud Koch und ich eine Konstellation der Filmkritik in der *Frankfurter Rundschau*. So wurde eine theoretische Vielstimmigkeit im Kanon der Frankfurter Schule für einige Zeit sichtbar. Der Kanon ist außer Kraft, die Kritik multipliziert sich in Beliebigkeit, ohne noch aufeinander abgestimmt zu sein. Das gleiche Phänomen gilt für *Die Zeit*, den *Spiegel*, die *Süddeutsche Zeitung*, die *FAZ*.

Übte sich die alte Filmkritik noch in Diskurs-Konkurrenz, so hält es die neue Kritik mit dem Diskurs-Konsens. Die gleichen Leute, die dem Zeitgeist im Monatsmagazin *Tempo* den Puls fühlen, äußern sich in der *Süddeutschen* und in der *Zeit*. Ihre Vertreter entstammen der Generation der fünfziger Jahre, und sie pflegen ihren ästhetischen *Élan Vital* mit einem Bewußtsein, das über ihre biologische Geschichte kaum hinausreicht. Die kleinbürgerliche Aufbauideologie der repressiven Adenauer-Ära wird in Beiträgen der »Neuen« enthistorisiert und sich wie ein bizarres Kostüm überzogen. Der Ideologieverdacht, den die neuen Kritiker allen Ortes gegen die sogenannten Alt-68er laut werden lassen, wird von ihnen für die Geschichte generell beansprucht. Claudius Seidl schrieb in der *Süddeutschen Zeitung* vom 18.2.1989 über die filmhistorische Retrospektive der Berlinale »Europa 1939« den Eröffnungssatz: »Filme haben keine Geschichte.« Im Verwerfungsgestus des filmtheoretischen Angebotes, Filme als Zeitmaschine zu simulieren, fragt der Kritiker polemisch: »Was aber hat der Krieg mit dem Kino zu tun? Ganz klar, meinen die ganz schnellen Denker, das sieht doch jeder.« Seidl verrät dem Leser nicht, wer da schneller denken soll als er. Wenn aber die Filmgeschichte die Entdeckung der Langsamkeit sein soll, dann wäre die Verzögerung doch das narrative Element, in dem Geschichte erst darstellbar wird.

Der neue Diskurs ist einer, der sich, *ohne* je die gegnerische Position zu benennen, lossagt vom Erbe der Kritischen Theorie, der allgemeinen Erkenntniskritik. Wer den Zeitgeist des *Hinc et Nunc* inthronisiert, und für jedwede Strömung gleich zu begeistern ist, entledigt sich auch der Beweislast. Der neue Kritiker ist nicht länger Mittler zwischen Film und Publikum, sondern kurzgeschlossen selber das mediale Ereignis, das Anlaß zum Schreiben wird wie bei Willi Winkler:

>*Il Bidone* war ein Versehen. Vor einigen Jahren, als in Paris in jedem zweiten Kino ein Film von Hitchcock lief, wollte ich mir *Foreign Correspondent* ansehen. Den ganzen Tag hatte ich mich darauf gefreut, aber dann verwechselte ich in der Rue Saint-André des Arts die Eingänge zweier Kinos und geriet in den falschen Film. (...) In einer kargen Landschaft fuhren drei Männer im Auto herum, und alles war so auf neorealistisch gemacht, daß es nur ganz böse enden konnte. Außerdem war *Il Bidone* ein Film von Fellini, und den kann ich sowieso nicht ausstehen. Da saß ich dann mit meiner Enttäuschung, verstand fast kein Wort, weil der Film natürlich im Original lief, und fand meinen Widerwillen gegen Fellini mit jedem laufenden Meter bestätigt. Es waren zwei amerikanische Schauspieler dabei, aber was die eigentlich sollten, wurde mir nicht klar. Bei all dem aufsteigenden Ärger blieb mir nur ein Gesicht. (...) Für mich ist *Il Bidone* ein Film über das Gesicht von Broderick Crawford. Und das muß man gesehen haben.«[7]

Claudius Seidl schrieb über die Filmschau »Europa 1939«, es sei das Jahr des *amerikanischen* Films gewesen (eine mögliche, aber verfehlte Anschauung); Winkler verwirft ausdrücklich jeden Zusammenhang des Fellini-Films in der Geschichte, um nach der Empörung über das ihm Fremde, emphatisch das ihm Vertraute, ein amerikanisches Gesicht, zu umarmen. Der neue Kritiker ist der Reporter der emotionalen Befindlichkeit im Kino. Wären die Anhänger dieser vorwiegend in München zentrierten Schule ein Analogon zur Berliner Malergruppe der »Neuen Wilden« (die ja immerhin noch einen Bezug zum politischen Expressionismus suchten), dann könnten die neuen Filmkritiker wie der Maler Johannes Grützke als »Erlebnisgeiger« auftreten. Um es mit Bergson etwas philosophischer auszudrücken, die neuen Kritiker halten es prinzipiell mit der lebensphilosophischen Exaltation der »données immédiates«, den unmittelbaren Gegebenheiten der Lebenswelt. Ihre Ichhaltigkeit macht sie nicht welthaltiger, eher hollywood-hörig, wo sich die amerikanische Filmgeschichte zu einem Mythos verklären läßt.

»Wir, das verschworene Kollektiv von Hollywoodanhängern, die den amerikanischen Lebensentwurf schon immer als Lüge durchschaut haben, geben nicht auf, ihn zu bewundern. Kein anderes Kino stiftet diese quasireligiöse Gemeinschaft und erlaubt im gleichen Augenblick, uns als einzelne zu fühlen.«[8] Im Nachruf auf den Regisseur Clarence Brown übte sich Seidl in Hyperbeln: »Die Filmstars waren Götter, die Kinos Kathedralen, und die Menschen beteten zu Gloria Swanson und opferten ihren letzten Nickel für Rudolph Valentino. Kino war Götzendienst und die Regisseure waren Hohepriester. (...) Wenn er (Clarence Brown) heute nicht den Ruf eines großen Religionstifters genießt, so liegt das wohl vor allem an seiner Bescheidenheit.«[9] Gegen derlei magische Aufwertung von Hollywood darf ein Kenneth Anger mit seiner Schrift *Hollywood-Babylon* als reiner Agnostiker gelten. Die Kathedrale ist eine der Filmtheorie geläufige Metapher, seitdem der Kunsthistoriker Erwin Panofsky sie im Aufsatz *Style and Medium in the Motion Picture* (1934) der Filmtheorie einspeiste. Damals war die Kathedrale eine Metapher für die kollektive Produktion (die Bauhütte und das Filmstudio als Kollektiv), heute sank sie ab zur Metapher für die kollektive Rezeption.

Filme werden von der neuen Kritik nicht mehr als Medium der Kritik des Alltagslebens (wie etwa bei Chaplin konzipiert) erfahren. Filme sind ihnen Entwürfe für ein denkfreies Erlebnis, für die Entlastung vom Analysezwang für die lästigen Komplikationen des *Gai Savoir*, für die Depressionen von Godard, den filmischen Terrorismus von Straub, für die Zumutung jedweder Art, in der das Kino unter allen Sinnen selbst an die des Großhirns appelliert.

»Manchmal wird man von einem Film so berührt, daß man wenig Lust verspürt, über ihn zu urteilen. Ab nächste (!) Woche läuft *The Dead* im Kino«, schrieb Andreas Kilb zum Festival in Venedig[10]. In diesem Text wird die Kapitulation des Autors noch zur Service-Leistung für den Leser. Denn der Filmredakteur entzieht sich dem Auftrag zur Kritik an John Hustons Film, indem er ihn an den Literaturkritiker und Genforscher Zimmer delegiert, der dann als Joyce-Übersetzer über eine Joyce-Verfilmung zu schreiben wähnte.

Die neue Kritik geht eine merkwürdige Allianz von Lustlosigkeit am Medium mit einem Hedonismus am eigenen Leibe ein. Nicht mehr die gesellschaftliche Befindlichkeit und der ästhetisch vermittelte Ausdruck interessiert am Film; nur noch die agonale Spannung wird gemessen, die ein im Handstreich von allen Bedingtheiten abgelöster Film im schreibenden Subjekt erzeugt. Diskurs schlechthin wird verworfen und durch ein neues Genre kompensiert: die Erzählung von den flüchtigen Abenteuern der Augenliebhaber.

»Vergessen wir einmal die Kunst! Vergessen wir all das kluge Geschwätz und die gesellschaftskritische Relevanz. Gehen wir statt dessen in uns, und beschäftigen wir uns mit der Frage, was uns wirklich interessiert im Kino! Richtig: Es sind die Gefühle, und zwar unsere eigenen. Und die haben nichts damit zu tun, ob ein Film besonders intellektuell ist oder ob das Drehbuch der Wirklichkeit entspricht. Die hängen nur (...) an Situationen, in denen wir unseren eigenen Träumen auf der Leinwand begegnen. *Tequila Sunrise* ist voll von solchen Momenten.«[11]

Auch die Geschichte der Filmkritik ist voll von solchen Momenten, in denen eine Gruppe sich lossagt von der alten Gruppe, um ihr Rang und Platz (nur der zählt in der Filmkritik!) streitig zu machen. Die Geschichte der Kritik ist, seitdem Schrift überliefert wird, eine Geschichte von Schismen. Die Abspaltungsmuster sind variabel, aber nicht unerschöpflich. Sie müssen sich zyklisch wiederholen. Auf die Revolution folgt Restauration wie die Arrière-Garde auf die Avantgarde. Diese neue Filmkritik ist so neu, wie es die Kritiker Siegfried Schober oder Klaus Bädekerl in den siebziger Jahren inmitten der Zeitschrift *Filmkritik* waren, die als irreduzibles Theorem das »Ich« einführten, das sich als nicht tragend erwies. Würde ich ausschließlich im filmhistorischen Bereich arbeiten, könnte ich mich mit einer Historisierung von Filmkritik noch der aktuellsten Phase zufriedengeben. Unzufrieden bliebe ich, gäbe man den Begriff von Filmkritik ganz auf, musealisierte leuchtende Beispiele aus den dreißiger Jahren und begnügte sich im übrigen mit der durchgreifenden Installierung des neuen Genres Filmtip.

Über das angeschlagene Thema »Umrisse eines neuen Journalismus« las man in dem Blatt *Die Zeit*: »Ich halte es für möglich (...), daß wir im nächsten Augenblick eine neue Art deutscher Journalisten werden hervortreten sehen, deren Geste bedeutend genug sein wird, daß man ihnen darüber die Leistung wird vergessen dürfen, die nebenbei auch in der momentanen Beherrschung eines so ziemlich grenzenlosen Materials liegt.«[12] Der Autor drückt sich ein wenig umständlich aus, aber er erkannte den Paradigmenwechsel, wie der sich in den Texten selber ausdrückt, in denen die Geste auffällig bedeutender wird als die Erkenntnisleistung, die sich ihr zugesellen sollte. Die Verzögerung in der Darstellung dieser Zeitdiagnostik ist den Umständen der Zeit geschuldet. Das Zitat ist der Wiener Zeitschrift *Die Zeit* entnommen, die um die Jahrhundertwende Enthusiasmus für eine neue Wahrnehmung entwickelte. Der Autor, der die Mittel im Material der Texte analysierte, war Hugo von Hofmannsthal.

Es läßt sich nicht verhehlen, daß ich ein Theoriegeschöpf der herkömmlichen Kultur bin, das in seinen kritischen Anstrengungen nach Vernetzungen, nach Übergängen zwischen den Künsten und Medien, der Tradition und den Brüchen, dem Eigenen und dem Fremden sucht. Film ist mir Transitstation. Da kaufe ich keine Bahnhofskarte für mein Ich. Im Kino suche ich Bewegung vereinzelter Sinne. Die interne Abspaltung, von der neuen Kritik gefordert, mache ich nicht mit. Mit der Forderung von S.M. Eisenstein nach einem Kino von »höchster Intellektualität und äußerster Sinnlichkeit«[13] arbeite ich für das unscheinbare *Und*, und gebe die Hoffnung auf die Superlative von Intellektualität und Sinnlichkeit im Kino nicht auf. Zwecklos mag das sein, sinnlos nicht.

Die Kritik hat ein Gedächtnis, das keine Gegenströmung ausradiert. Ein Arsenal, kein Archiv von Filmkritik sei gefordert, das den rettenden Titel »Memory Pictures« trüge. Die Kritik sucht nicht nach Ich-Identität um den Preis der Ausgrenzung des Fremden. Die Filmkritik, der ich mich zugehörig weiß, ist legitim, wenn sie Identität im Anderen sucht und in Alterität findet.

1 Frieda Grafe /Enno Patalas: Wie sich in Ozu-Filmen orientieren. In: Im Off. München 1974, S. 174. – 2 Bernhard Riff: Kinoschriften. Jahrbuch der Gesellschaft für Filmtheorie, Nr. 1. Wien 1988, S. 18. – 3 Georg Simmel: Philosophische Kultur. Berlin 1983, S. 152. – 4 Junichiro Tanizaki: Lob des Schattens. Zürich 1987, S. 23. – 5 A.a.O., S. 53. – 6 Henri Bergson: Das Lachen. Nachwort

von Karsten Witte. Darmstadt 1988, S. 33. – **7** Willi Winkler. In: Die Zeit, 10.4.1987. – **8** Gregor Dotzauer. In: Frankfurter Allgemeine Zeitung, 16.9.1987. – **9** Claudius Seidl. In: Süddeutsche Zeitung, 20.8.1987. – **10** Andreas Kilb. In: Die Zeit, 11.9.1987. – **11** Claudius Seidl, in: Tempo, März 1989, S. 132. – **12** Hugo von Hofmannsthal: Reden und Aufsätze. Bd. 1. Frankfurt/M. 1979, S. 380. – **13** Sergei M. Eisenstein, zit. nach Karsten Witte: Das Alte und das Neue. In: Karsten Witte (Hg.): Theorie des Kinos. Frankfurt(M. 1973, S. 13.

Claudius Seidl

Müssen Kritiker kritisch sein?

Mit Anmerkungen zu *Victor/Victoria* von Blake Edwards (1982)

Vermutlich ist *Victor/Victoria* nicht Blake Edwards' bester Film, wahrscheinlich ist er nicht einmal ein typischer Blake-Edwards-Film – und ich kann auch nicht behaupten, daß mir *Victor/Victoria* unter allen Filmen der Filmgeschichte der allerliebste wäre.

Aber *Victor/Victoria* ist ein einigermaßen neuer Film, und sein Regisseur ist ein alter Hase, und außerdem haben wir es mit einem Film aus Hollywood zu tun – und das sind auch schon die Gründe, weshalb ich *Victor/Victoria* ausgesucht habe.

Ich werde diesen Film nicht wissenschaftlich analysieren, und die Exegese von *Victor/Victoria* ist nicht mein Thema. Denn ich bin Kritiker von Beruf und fühle mich zur Wissenschaft weder berufen noch befugt. Ich werde auch nicht eine Kritik dieses Films nachreichen; denn Kritiken schreibt man für die Zeitung, und meistens schreibt man sie dann, wenn der Film ins Kino kommt. Was wäre damit gewonnen, wenn einer jetzt daherkäme und jenen, die 1981 über *Victor/Victoria* geschrieben haben, ihre Kritiken um die Ohren haute.

Auch als Manifest ist *Victor/Victoria* nicht zu gebrauchen. Dieser Film entwirft keine neuartige Ästhetik; er läßt sich auf Politik nicht ein, und der Regisseur scheint – auf den ersten Blick zumindest – keinerlei aufklärerische oder gesellschaftskritische Absichten zu verfolgen.

Victor/Victoria ist einfach ein amerikanischer Film (er entstand zwar in Londoner Studios, aber das Geld war amerikanisch und das Team ebenfalls), er ist ein gutes Stück sorgfältiger inszeniert als die meisten amerikanischen Filme, ein bißchen altmodischer auch und ein bißchen klüger sowieso – aber trotzdem kein Film, der deutsche Filmkritiker zu Feuilleton-Aufmachern inspiriert hätte, oder zu dem ihnen ähnlich viel eingefal-

169

len wäre wie zu Bertolucci oder Tarkowskij oder Chabrol. Selbst Reinhard Hauff bekam damals, Anfang der achtziger Jahre, noch eher eine dreispaltige Überschrift. (Obwohl einem natürlich im Zweifelsfall jeder Hauff-Exeget und jeder Künder des Ruhms von Andrei Tarkowskij versichern würde, daß ihm der neue Blake Edwards tausendmal besser gefallen habe als der neue Reinhard Hauff. Aber ob einem Kritiker ein Film gefällt, das ist ja bekanntlich kein Kriterium).

Es steckt aber mehr dahinter, als nur die Angst der Kritiker vor ihrer eigenen Lust. Ein Film von Tarkowskij beispielsweise ist eben ein Film von Tarkowskij – so wie ein Roman von F. Scott Fitzgerald eben ein Roman von F. Scott Fitzgerald ist, und ein Drama von Shakespeare ist zweifelsfrei nichts anderes als ein Drama von Shakespeare.

Von wem aber werden Hollywoodfilme gemacht – und wer ist eigentlich der Autor von *Victor/Victoria*?

Der Titel stammt nicht von Blake Edwards, sondern von Reinhold Schünzel, und wenngleich der Drehbuchautor Blake Edwards mit Schünzels Vorlage recht großzügig umgegangen ist – so bleibt *Victor/Victoria* doch ein Remake von Reinhold Schünzels *Viktor und Viktoria*.

Blake Edwards Film wäre ein ganz anderer Film ohne seine Atmosphäre, und diese Atmosphäre lebt von den Schauplätzen, und diese Schauplätze hat sich nicht Blake Edwards ausgedacht, sondern sein Art Director.

Es wäre ein anderer Film geworden ohne seine Songs, und diese Songs hat nicht Blake Edwards komponiert, sondern der Komponist Henry Mancini. Zwar haben Edwards und Mancini jahrzehntelang zusammengearbeitet – aber man würde Mancini wohl Unrecht tun, wenn man ihn nur als Edwards' Erfüllungsgehilfen ansehen würde.

Victor/Victoria wäre ein anderer Film geworden ohne seine Hauptdarstellerin, und diese Dame wird zwar in Amerika gelegentlich als »Mrs. Blake Edwards« angesprochen, in den Credits aber steht ihr eigener Name: Julie Andrews. Die Dame ist mit Blake Edwards verheiratet. Sein Geschöpf ist sie trotzdem nicht.

Schließlich wäre *Victor/Victoria* auch ein ganz anderer Film geworden ohne diesen Art-Deco- und Streamline-Stil, der die Wände bedeckt, der die Auswahl der Möbel bestimmte, der durch alle Choreographien schwingt und sogar in den Dialogen nachhallt. Dieser Stil hat weniger mit der Rekonstruktion des Jahres 1934 (in dem der Film spielt) zu tun - als vielmehr mit dem Traum oder der Projektion der frühen achtziger Jahre. Diesen Stil und diese Stimmung zu inszenieren, war sehr teuer und sehr aufwendig, und weil Filme ihr Geld nun mal an der Kasse wieder einspielen müssen - deshalb kann man wohl auch davon ausgehen, daß dieser Stil eine Projektion auf den Geschmack und das Stilempfinden des Publikums ist. Anders gesagt: Dieser Film wäre auch ein anderer geworden, wenn wir andere wären. Insofern gehört das Publikum durchaus zu den Urhebern eines Films. Und früher, im alten Hollywood, als große Filme mehrere Previews passieren mußten und je nach den Reaktionen der Zuschauer noch umgeändert, neu geschnitten oder durch zusätzliche Szenen ergänzt wurden, war die Autorenschaft des Publikums noch viel evidenter.

Hieraus ergeben sich folgende Schlußfolgerungen:

Erstens: Es ist leichter, über ein Buch oder ein Gemälde oder eine Partitur zu schreiben als über einen Film. Denn über ein Kunstwerk zu schreiben, heißt für die meisten Kritiker, über dessen Urheber zu schreiben, und bei Filmen läßt sich nun mal die Urheberschaft einzelner Personen nicht so leicht identifizieren. Wenn also der größte Teil der deutschen Filmkritik die europäischen Autorenfilme den Produkten Hollywoods vorzieht - dann ist der Antrieb dafür nicht echte Leidenschaft oder die unbändige Lust auf neue Erkenntnis. Es ist die schlichte Bequemlichkeit.

Zweitens: Über Filme zu schreiben und über sich selbst zu schreiben - das liegt nicht so sehr weit auseinander; und manchmal ist es geradezu ein Gebot der Fairneß und der Integrität.

Das heißt natürlich nicht, daß deshalb schon alles erlaubt wäre, und es heißt auch nicht, daß dadurch irgendetwas einfacher würde.

»It's a dirty job - but someone's got to do it« heißt es in einem Film von Blake Edwards. Damit die Filmkritik mehr sei als bloß a dirty job, muß der Filmkritiker sich mit einigen moralischen Fragen beschäftigen - und auf diese moralischen Fragen will ich im folgenden eingehen; ganz unwissenschaftlich, wie es sich für einen Journalisten gehört.

1 Die Moral des Filmemachens

Je klüger ein Kritiker ist, desto heftiger wird er jenem Vorurteil widersprechen, wonach Kritik nichts anderes sei als die Formulierung von Werturteilen oder gar nur die Verbreitung von Meinungen. Wird der Kritiker also gefragt, ob dieser oder jener Film ein guter oder ein schlechter Film sei – dann wird er diese Frage weit von sich weisen und die Antwort verweigern. Von Sternchen, Kringeln oder Thermometern als Hilfsmitteln der Filmkritik will er selbstverständlich noch weniger wissen – und natürlich hat er recht damit.

Andererseits darf man das Wort »gut« nicht auf jene Bedeutung reduzieren, die es heute in der Umgangssprache hat. »Gut«, das ist wie ein Stempel auf einer Waren, »gut« ist die zweitbeste Note, die die Stiftung Warentest zu vergeben hat, »Gut« ruft der Koch, wenn die Sauce gelungen ist. Und der Kritiker hat natürlich recht, wenn er kein Warentester und kein Vorkoster sein will. Aber ein guter Film, das ist mehr als eine fehlerfrei verarbeitete Ware oder eine fein komponierte Sauce. Denn gut ist zuerst und vor allem eine moralische Kategorie. Ein guter Film ist ein Film, der seinem Publikum etwas Gutes tut. Und das beste, was dem Publikum passieren kann – das ist ein Film, der Respekt zeigt; Respekt vor seinem Gegenstand, Respekt vor seiner Story, Respekt vor Darstellern und Schauplätzen und Respekt vor der ganzen physischen Wirklichkeit. Das wichtigste aber, und darauf läßt sich alles andere zurückführen, das wichtigste überhaupt ist Respekt vor dem Publikum.

Wenn man Filme daraufhin untersucht, ob sie ihr Publikum, dessen Intelligenz und Sehkraft und Hörfähigkeit, den Humor und die Gefühle der Zuschauer respektieren – dann verwischen sich zwar nicht die Unterschiede, aber es entstehen plötzlich ganz andere Fronten als jene, an denen die herkömmliche Filmkritik zu kämpfen glaubt (und in Wirklichkeit ein Schattenboxen veranstaltet).

Natürlich will Godard etwas anderes als Spielberg, natürlich inszeniert Rohmer ganz anders als Barry Levinson – aber gemeinsam ist ihnen und ihren Filmen, daß sie ihr Publikum nicht für dumm verkaufen wollen.

Um die These zu erläutern, möchte ich mit einem besonders krassen, vermutlich auch besonders angreifbaren Beispiel daherkommen: Vor ein paar Jahren lief im Münchner Filmmuseum der Film *Bismarck*, den Wolfgang Liebeneiner 1940 inszeniert hat und der nach Goebbels' Willen allerhand Propaganda transportieren sollte: Das Lob der preußischen Tugenden sollte gesungen werden, und selbstverständlich ging es vor allem darum, Bismarck als Vorläufer eines anderen, vermeintlich noch größeren deutschen Reichskanzlers erscheinen zu lassen.

Die Story des Films biegt die Geschichte für ihre Absichten zurecht, und die Inszenierung springt nicht gerade sanft um mit den Gegnern Bismarcks. Es gibt auch eine Szene, die am Hof des österreichischen Kaisers Franz Joseph spielt und die den Kaiser selbst und seine Chargen als recht gemütliche, aber rettungslos verweichlichte Burschen hinstellt, die sich nicht wundern brauchen, wenn sie bei Königgrätz von den tapferen Preußen eins aufs Dach bekommen.

Ich aber bin nun mal ein Süddeutscher von Geburt und aus Überzeugung, und bei mir hatte der Film einen ganz anderen Effekt: Mir waren die verweichlichten Österreicher tausendmal sympathischer als die tapferen Preußen, und ich wünschte mir noch während des Films, die Truppen des deutschen Bundes hätten 1866 die Preußen besiegt.

Dieser Eindruck war so stark, daß ich wissen wollte, wie der Film wohl damals, als er uraufgeführt wurde, aufs süddeutsche Publikum gewirkt habe. Ich habe ein bißchen recherchiert: Es stellte sich heraus, daß das Propagandaministerium damals an derselben Frage interessiert war, daß es damals Umfragen gab, und diese Umfragen belegen, daß der Film beim süddeutschen und österreichischen Publikum tatsächlich das Gegenteil seiner propagandistischen Absicht bewirkte.

Ich ziehe daraus, wieder einmal, den Schluß, daß es kein so großer Fehler sein kann, wenn man sich erst einmal auf sich selbst verläßt. Vor allem aber folgere ich, daß Wolfgang Liebeneiner kein so schlechter Regisseur gewesen sein kann. Natürlich war Liebeneiner kein Widerständler, sondern eher ein ziemlich dreister Opportunist. Aber wenn es an die Arbeit des Inszenierens ging, dann bewahrte er offenbar Respekt – vor seinen Gestalten, und vor jener Dimension der historischen Wahrheit, die sich nicht mit Schulbuchsätzen oder Dialogzeilen fassen läßt: Dieser Bismarck, wie Liebeneiner ihn sieht, wie Paul Hartmann ihn spielt, ist kein Held. Er ist ein verklemmter und gefühlloser Bursche, ein im Grunde bemitleidenswerter Mann – und daß man das erkennen kann, ist eben auch ein Verdienst Wolfgang Liebeneiners.

Nehmen wir als Gegenbeispiel den Film *Geld* von Doris Dörrie. Frau Dörrie ist zweifellos eine aufrichtige Gesellschaftskritikerin, und Affirmation oder gar Propaganda wären das letzte, was sie mit ihren Filmen bezwecken wollte. Im Gegenteil: *Geld* war kritisch gemeint, und die Moral der Geschichte war von der Art, daß ich ihr gerne hätte zustimmen wollen. Anders steht es leider mit der Moral der Regisseurin: Frau Dörrie nämlich hat weder Respekt vor dem Milieu, das sie zeigt, noch vor den Menschen, die sich durch dieses Milieu hindurchkämpfen; sie hat keinen Respekt vor ihrer eigenen Phantasie und am allerwenigsten Respekt hat sie vor ihrem Publikum. Keine Szene ihres Films hat ein eigenes Leben oder gar einen Überschuß, der sich nicht bloß auf die pure Rhetorik reduzieren ließe. Jede Szene will immer nur irgendetwas beweisen. Und was der Film beweisen will, ist etwas, das Doris Dörrie auch nicht besser weiß als ihre Zuschauer – eher schlechter. Insofern beleidigt *Geld* die Intelligenz und die Sinnlichkeit des Kinopublikums – und wenn man Frau Dörrie nun eine schlechte Regisseurin nennt, dann ist das kein handwerkliches, sondern ein moralisches Urteil.

Ob ein Film nun in diesem Sinn ein guter oder ein schlechter Film ist, ob der Regisseur ein guter oder ein schlechter Regisseur ist, das erkennt man folglich nicht daran, ob er sein Handwerk nur ordentlich oder gar perfekt beherrscht; nicht daran, ob er eher elegant inszeniert oder manchmal holprig, ob er uns mit nackter Gewalt quält, wie Brian De Palma, ob er uns mit der Macht des Intellekts quält, wie Jean-Luc Godard, oder ob er uns zu teilnehmender Beobachtung nötigt, wie Eric Rohmer.

Man erkennt es aber daran, wie ein Film sich zu seinen eigenen Mitteln und Methoden verhält; ob er sich seiner eigenen Verfahren bewußt ist und auch den Zuschauern ein Bewußtsein davon vermittelt. Ob er seine eigenen Kunstgriffe verschleiert und verbirgt – oder ob er sie reflektiert und seine Zuschauer an dieser Reflexion teilhaben läßt.

Daß aber zur Reflexion über die Verfahrensweisen des Kinos ein Bewußtsein von denselben gehört, daß übers Inszenieren nur nachdenken kann, wer vom Inszenieren etwas versteht – das ergibt sich wie von selbst. Insofern sind jene Filmemacher, die hohe politische Ideale und höchst begrüßenswerte Anliegen haben, die aber den Film, das Kino nur als Mittel zum Zweck gebrauchen – diese Überzeugungstäter also sind die allerschlimmsten. Und wer ein schlechter Künstler ist, der muß auch ein schlechter Mensch sein.

Ein Zitat: »Ich durchschaue alle ihre Tricks.« – »Macht nichts, Sie fallen trotzdem darauf herein.« So heißt es bei Lubitsch.

Ich falle gern auf alle ihre Tricks herein. Aber ich will sie trotzdem durchschauen. Das fordere ich von Filmregisseuren.

2   Die Moral des Journalisten

Die Filmkritik ist ein Genre des Journalismus, und der Filmkritiker sollte zunächst ein Journalist sein, und dann erst ein Experte für seinen Gegenstand. Ich weiß, daß mir viele Kollegen und teilweise sogar die klügeren unter ihnen hierbei nicht zustimmen werden, und ich glaube, sie haben gute Gründe dafür.

Es ist nämlich nicht so leicht, ein guter Journalist zu sein, und es ist recht tröstlich, wenn man sich dann einfach für etwas Besseres hält.

Es ist ja auch kein leichtes Los: Der Verleger beutet schamlos die Arbeitskraft des Kritikers aus, die Feuilletonchefs nehmen alle anderen Künste wichtiger als den Film, die Redakteure pfuschen in den Artikeln herum. Und dann diese Leser: Von ungefähr einer Million Leser, sagen wir der *Zeit*, lesen kaum mehr als ein Viertel das Feuilleton, und wer weiß, wie wenige von ihnen sich dann noch für die Filmkritik interessieren. Wenn dann auch noch der erste Satz sich über zehn Zeilen erstreckt, wenn der erste Absatz nicht um den Leser wirbt, eine Spannung aufbaut oder mit Wortspielen lockt, dann blättern sie einfach weiter. Dumme Leser.

Nicht schlecht, wenn man sich dann damit trösten kann, daß man ja eigentlich kein Journalist sei, sondern so eine Art Professor mit beschränkter wissenschaftlicher Haftung.

Schade, weiterhin, daß es die Zeitschrift *Filmkritik* nicht mehr gibt, daß Zeitschriften wie *Film Comment* oder *Positif* oder *Cahiers du cinéma* hierzulande keine Chance haben; daß *epd-Film* so schlecht ist und *Steadycam* so esoterisch. Kurzum: Schade, daß es hierzulande keine Fachzeitschriften gibt, in denen man einen Diskurs über das Kino führen könnte, ohne von fachfremden Interessen behelligt zu werden.

Wie es aber nun einmal ist, findet das öffentliche Gespräch über Film in den Tages- und Wochenzeitungen statt. Und deshalb müssen nun all jene Kollegen (wenn ich sie überhaupt Kollegen nennen darf), deshalb müssen also alle Kollegen, die in erster Linie Fachleute sind und in zweiter Linie was weiß ich und allenfalls in dritter Linie Journalisten ihre Erkenntnisse der *Zeit* verkaufen oder der *Süddeutschen* oder der *Rundschau*. Und weil man, als Freiberufler zumindest, von deren Honoraren nicht gerade gut leben kann, schreiben jene, deren Schreiben gut ankommt, womöglich noch in Hochglanzmagazinen – in *Cosmopolitan* oder der *Vogue*, am Ende gar in *Tempo*. Mit Todesverachtung natürlich.

Nun kann man aber für eine Zeitung schreiben – und trotzdem Herbert Achternbusch mögen: Heutzutage, sagt nämlich Achternbusch, will jeder immer alles verstehen. Mir reicht's schon, wenn ein paar mich verstehen. Und wenn mich keiner versteht, ist's auch nicht so schlimm. Das ist natürlich ein Satz von Adorno, ins Bayrische übersetzt.

»Indem er (gemeint ist der bürgerliche Kulturbetrieb) das an den Tatsachen wie den herrschenden Denkformen negativ ansetzende Denken als dunkle Umständlichkeit tabuiert, hält er den Geist in immer tiefere Blindheit gebannt.« Das ist der Satz für Karsten Witte, für Gertrud Koch. Das ist der Satz, der jeden Artikel entschuldigt. Diesen Satz kann man mit nach Hause nehmen und über den Schreibtisch nageln. Denn all die unleserlichen Artikel von Koch und Witte und wie sie alle heißen, sind nicht etwa schlecht geschrieben, holprig formuliert und schlampig gedacht. Nein, diese Artikel verweigern sich nur dem herrschenden Begriff von Verständlichkeit. In Wahrheit ist jeder Satz ein Akt des Widerstands, jeder Absatz eine kleine Rebellion gegen die herrschenden Verhältnisse.

Meinetwegen halten sie mich für einen Agenten der Kulturindustrie oder für einen Reaktionär: Ich halte es trotzdem mit

Wittgenstein. Was man überhaupt sagen kann, das kann man klar sagen. Ich glaube, daß verkorkste Sätze kein Akt des Widerstands gegen die herrschende Klasse im Feuilleton oder sonstwo sind – sondern vor allem eine Beleidigung des Lesers. Ich glaube, daß so ein Leser, der 3 Mark 50 für *Die Zeit* hinlegt oder 1 Mark 50 für die *Süddeutsche Zeitung,* daß dieser Käufer nicht die Enteignung meiner Geistesprodukte betreibt, sondern daß er mir eine Chance gibt. Und diese Chance will ich nutzen.

Es ist ja nicht so, daß der Leser als solcher grundsätzlich dumm ist oder denkfaul oder böswillig. Es ist nur leider die Zeitung dick, und die Zeit des Lesers ist begrenzt – und deshalb liest der Leser lieber einen Artikel, von dem er sich respektiert fühlt, der seine Intelligenz nicht beleidigt und sein Sprachvermögen nicht verhöhnt.

»Walter Hill hat mit *Brewster's Millions,* wie der Film im Original heißt, sich ein weiteres Mal als Genre-Routinier erwiesen, mit einer Komödie, die sich als sozialromantische Version des amerikanischen Gesellschaftsspiels erweist, das darin besteht, den Satz ›If I had a Million‹ auszuphantasieren.« So schreibt Gertrud Koch in *epd-Film,* 7/86. Ich frage mich: Wieviel Floskeln kann ein einziger Satz verkraften? Wie heftig muß man seine Leser verachten, wenn man ihnen solche Sätze zumutet? Wie kann man von Aufklärung reden, wenn doch die eigene Sprache von akuter Verdunkelungsgefahr bedroht ist?

Noch ein Beispiel: »Am Ende bleibt die Kamera, die sich einsam über den endlosen Korridor saugt. Sie gibt keinen Blick mehr frei. Die Stimme, die uns eingangs in diesen Raum einführte, schweigt. Der Körper, dem sie sich verbinden wollte, war vielleicht ein Phantom. Unbeirrbar fährt die Kamera vorwärts. Hinter ihr liegt das Bodenlose. Diese Bewegung, die Augenblicke der banalen Leere betonend, rollt den Teppich ein, den das bürgerliche Leben zerrieb. Am Ende des Korridors, den die Kamera nie erreicht, steht der Staubsauger und wartet auf seine Geschichte.«

So schreibt, in der *Zeit* vom 4. September 1987, Karsten Witte. Hinter ihm liegt das Bodenlose. Vor ihm die banale Leere. Manchmal ist es nicht leicht, ein Leser zu sein.

Denn natürlich muß man von einem Journalisten erwarten, daß er zur Sprache ein ähnlich bewußtes und reflektiertes Verhältnis hat wie der Filmregisseur zu seinen Bildern und Tönen. Wer die Sprache nur als Vehikel gebraucht, der schändet sie. Wer nicht klar schreiben kann, der soll nicht von anderen klares Denken fordern. Und wer einem gut redigierten Feuilleton mit der Floskel »X erweist sich ein weiteres Mal als y« daherkommt – der müßte eigentlich auf der Stelle hinausfliegen. Denn seit wann sind die eigenen Vorurteile ein Kriterium? Natürlich muß man seinen Lesern oft etwas zumuten. Natürlich gibt es kluge Artikel, die vom Leser eine Anstrengung verlangen. Aber wer diese Anstrengung verlangt, der muß auch was zu bieten haben: Eine Erkenntnis zum Beispiel.

Womit ich beim dritten Punkt wäre.

3 Die Moral des Kritikers

Unsere kritischen Kritiker, die Schüler der Frankfurter Schule und ihre Brüder und Schwestern in Waffen, fordern immer wieder dasselbe: Aufklärung. Sie fordern Aufklärung von den Filmen, und das Ziel der Kritik muß natürlich auch die Aufklärung sein. So heftig wird die Aufklärung beschworen und besungen – daß sie sich längst in einen Mythos zurückverwandelt hat.

Zur Illustration will ich eine kleine Anekdote erzählen. Im Frühjahr während der Berlinale bin ich einer jungen Kollegin begegnet, die von der Frankfurter Schule gelernt hat und sich ebenfalls zur Fraktion der kritischen Kritiker zählt. Diese Kollegin also erzählte mir von einem Kinobesuch. Sie habe am Nachmittag einen Film gesehen, der zwar irgendwie ganz hübsch, vor allem aber furchtbar kitschig und verlogen gewesen sei. In diesem Film sei auch eine Szene vorgekommen, in der der Held auf die Heldin traf – und obwohl beide etwas voneinander wollten, sei aus Ungeschick oder Schüchternheit dann doch nichts passiert. In dieser Szene, so erzählte die Kollegin, habe sie sich besonders über zwei Mädels, die neben ihr saßen, geärgert. Diese Mädels nämlich hätten sich so sehr fesseln lassen von diesem verlogenen Film, daß sie die Heldin angefeuert hätten und einander laut gefragt hätten, warum die Heldin den Helden nicht einfach küsse. Sie hingegen, die Kritikerin, habe natürlich das ganze verlogene Arrangement durchschaut, habe gewußt, daß die beiden sich am Schluß erst finden würden, und deshalb habe sie sich kein bißchen rühren lassen von der melodramatischen Szene.

Ich glaube, so geht es allen unseren kritischen Kritikern. Sie lassen sich nicht ein auf die Filme, und schon gar nicht lassen sie sich durcheinanderbringen. Sie erfahren in den Filmen nur die Affirmation ihres kritischen Bewußtseins. Das nennen sie Aufklärung. Ich nenne es Blindheit.

Denn das Dumme bei den kritischen Kritikern ist ja, daß sie ihre Gegner als Gegner der Aufklärung beschimpfen – daß sie selber aber ihre aufklärerischen Ziele niemals auf den Begriff bringen: Muß der Film aufklärerisch sein, oder genügt es, wenn die Filmkritik aufklärerisch ist? Woran erkennt man einen solchen Film, und woran erkennt man eine solche Filmkritik?

Es gibt keine Theorie der Aufklärung im Film – und selbst wenn es eine gäbe, müßte man die Kritiker doch an ihrer Praxis messen. Mit der Praxis aber sieht es düster aus.

Der Kollege Witte hat nicht verstehen und natürlich erst recht nicht billigen können, daß ich vor ein paar Monaten die Filme der Reihe »Europa 1939« mit meinen eigenen Augen angeschaut habe. Daß ich zuerst gefragt habe, wie diese Filme auf den heutigen Betrachter wirken und dann erst, unter welchen Umständen und zu welchen Zwecken sie produziert wurden. Daß ich mich geweigert habe, so zu tun, als könnte ich mich ohne weiteres ins Jahr 1939 zurückversetzen. Mir schien das ein Akt der Ehrlichkeit zu sein.

Wie schaut denn die Gegenposition aus? Der kritische Kritiker mißtraut seinen Augen und befragt zunächst die Bücher. Dort bekommt er allerhand erzählt, über die politischen, ökonomischen und sonstigen Bedingtheiten. Anschließend fragt er, wie der Film sich zu diesen Wirklichkeiten verhält –, die der kritische Kritiker jetzt aus Büchern kennt. Danach erst fragt er, *was* der Film ist. In letzter Konsequenz also ist der kritische Filmkritiker ein Experte für Wirklichkeiten aller Art – und dann erst ein Experte für Filme.

Das ist ein harter Job: Der Kritiker muß Amerika-Experte sein, wenn der Film in Amerika spielt, er muß ein Experte für die Psychoanalyse sein, wenn er in einen Woody-Allen-Film geht. Er muß, was vielleicht am schwierigsten ist, ein Humorismus-Experte sein, bevor er über den neuen Otto-Film schreibt;

und im Grunde kann einer nicht einfach über Ozu referieren, ohne sich vorher eingehend mit dem anderen Verhältnis von Dargestelltem und Darstellung, von Bildern und Sprache und Wirklichkeit in Japan auseinandergesetzt zu haben. Das heißt letztlich, daß, wer über Ozu schreibt, ohne die japanische Schrift zu kennen, nur ein Ignorant ist.

Nun sieht aber jeder ein, daß diese Arbeit selbst so kluge und gebildete Zeitgenossen wie die kritischen Kritiker hoffnungslos überfordern würde. Macht aber nichts, sagen sich diese Kritiker, wenn wir schon kein Wissen haben – eine Meinung haben wir allemal. Und wenn wir diese Meinung nur durch genügend Fremdwörter tarnen, dann wird's schon keiner merken. Im Grunde aber sind sie weder Experten für Filme noch Experten für die Wirklichkeit, zu der die Filme sich – wie auch immer – verhalten. Im Grunde sind die kritischen Kritiker nur Experten für ihre eigenen Vorurteile. Und ein Film wäre das letzte, wovon sie sich diese Vorurteile zerstören ließen.

Einen besonders anschaulichen Beleg für die Untauglichkeit dieses Verfahrens lieferte der Kollege Witte, als er, anläßlich des Films *Mishima*, auch über den Dichter Mishima schrieb. Dieser Dichter, so meinte Witte, könne ja kein all zu bedeutender Dichter gewesen sein; denn in seinen Romanen wimmle es nur so von Wörtern wie »dünken« oder »deuchen«. Zugegeben, dünken und deuchen sind nicht gerade schöne oder gar poetische Verben, und ich würde sie jedem Journalisten aus seinen Texten streichen. Aber inwiefern ein japanisches Schriftzeichen, ein gemaltes Ideogramm, ein Zeichen also aus einem Referenzsystem, das uns völlig fremd ist – inwiefern so ein Wort unbedingt mit dünken übersetzt werden muß, oder ob vielleicht nur der Übersetzer überfordert war, darüber könnte man ja nachdenken. Der kritische Kritiker aber braucht das nicht, er hat ja seine kritische Meinung.

Auch die ästhetischen Kriterien der kritischen Kritiker taugen nur für Filme, die sich kritisch zur Wirklichkeit und kritisch zum Publikum verhalten. Kurz gesagt: Der ideale Film sähe so aus, daß er die gesellschaftlichen Zustände, aus denen er entstanden ist, reflektiert und kritisiert; und daß er unsere Sicht auf diese Zustände nachhaltig in Frage stellt. Dieser Forderung mag auch ich nicht widersprechen. In der Praxis der kritischen

Kritik allerdings verwandelt sich diese Forderung in ein solides Paar Scheuklappen.

Wer diese Scheuklappen aufhat, der sieht zwar alle möglichen Filme, die explizit die Gesellschaft kritisieren. Dem fällt zu Renoir was ein, der scheitert nicht unbedingt an Godard, und selbst Margarethe von Trotta kommt da noch ganz gut weg. Wenn aber ein Film eine Utopie entwirft, uns von der einen großen Liebe erzählt, wenn er unsere Gefühle anheizt und seine Bilder uns mitten ins Herz treffen – dann versagt das kritische Handwerkszeug. Und daß solche Filme die Alltagswirklichkeit noch viel heftiger in Frage stellen, dafür hat der Kritiker der Frankfurter Tradition keinen Blick. Intellektualität und Sinnlichkeit hat Karsten Witte gefordert. Aber mit der Sinnlichkeit ist es nicht weit her, beim Schauen nicht – und beim Schreiben erst recht nicht.

Die Scheuklappen machen es auch, daß immer nach der Avantgarde gesucht wird, obwohl der klassische Avantgarde-Begriff so restlos ruiniert ist wie das übelste Klischee. Ein Regisseur braucht nur ein paar Mätzchen zu machen, schon wird er als Avantgardist gelobt. Daß hingegen die Kamera selbst der Avantgardist sein kann, daß der maschinelle und unhierarchische Blick des Apparats unsere subjektive Wahrnehmung ganz heftig in Frage stellt und daß ein Regisseur oder Kameramann diesen Prozeß nicht unbedingt mit ein paar Schnörkeln verzieren muß, wo es doch nur darauf ankommt, daß er sich dieses Prozesses überhaupt nur bewußt ist – das ist zwar altbekannt, spricht sich aber nur sehr langsam herum.

Natürlich sind unsere kritischen Kritiker nicht dumm. Sie verlassen sich nicht mehr allein auf Adorno, sie beten nicht bloß Siegfried Kracauer nach. Sie haben davon gehört, daß es eine Dialektik gibt zwischen den Produkten der Traumfabrik und dem Anrecht des Publikums auf eben diese Träume. Sie haben gelesen, daß das Kino eine Libido-Maschine sein kann, und lassen sich gelegentlich dazu herab, einen Film als einen kollektiven Traum zu deuten. Aber sie selber haben damit nichts zu tun. Sie träumen den Traum nicht mit, und ihre Libido verweigert sich dem Kino. Denn wenn sie den Traum träumten, könnten sie dabei ja ihre Meinungen vergessen. Und ihre Libido, wer weiß, vielleicht geriete die ja außer Kontrolle.

Der Intellekt immerhin gerät gelegentlich außer Kontrolle, und wenn einer nicht aufpaßt, verwandelt sich die kritische Haltung unversehens in Paranoia. Der Kollege Donner beispielsweise wird nicht müde, seine Leser auf eine Weltverschwörung hinzuweisen. Die Bosse in Hollywood, so lesen wir in Donners Artikeln, haben sich verabredet, ihr Publikum gnadenlos zu verdummen. Davor will Donner uns stets aufs Neue warnen. Das Dumme ist, daß er sich zu diesem Zweck immer selber die Verdummungsfilme angucken muß. Der einzige Beweis für die Thesen des Herrn Donner und seiner Schüler sind folglich die Artikel des Herrn Donner und seiner Schüler.

Soviel zu Negativen.

Die Scheuklappen der kritischen Kritiker nämlich bestehen aus Papier, und wenn man genau hinsieht, dann erkennt man: Sie haben sich Bücher vor die Augen geschnallt. Wer diese Bücher ins Regal stellt, wo sie hingehören, den verdächtigen sie der Theorielosigkeit. Die Theorie des Films aber steht nicht in den Büchern. Die Theorie des Films wird selbst ein Film sein, und womöglich gibt es diese Theorie schon längst. Cecil B. De Mille hat mitgeschrieben an der Theorie des Films, John Ford hat sie erweitert, Clint Eastwood auch, und Godard hat sie alle paar Jahre auf den neuesten Stand gebracht. Blake Edwards hat die Theorie des Komischen auf das allerhöchste Niveau gehoben, und Steven Spielberg formuliert in seinem neuesten Film *Indiana Jones and the last Crusade* die Filmtheorie der achtziger Jahre. Filmtheorie und Filmpraxis fallen zusammen. Das ärgert unsere kritischen Kritiker, weil sie in einem Gefängnis aus Büchern sitzen. Gilles Deleuze hat das verstanden, als er die Einleitung zum ersten Band seiner Kinotheorie mit folgendem Satz beschloß: »Wir verzichten auf Abbildungen zur Illustration unseres Textes. Vielmehr ist es unser Text, der nichts sein möchte als eine Illustration der großen Filme, mit denen jeder von uns, in geringerem oder höherem Maße, eine Erinnerung, ein Gefühl oder eine Vorstellung verbindet.«

Mehr habe ich zum Schreiben über Film nicht zu sagen.

Denn die Theorie die Filmkritik wird in Filmkritiken formuliert, und die Reflexion über Filmkritik ist sinnlos, wenn sie nicht zuerst beim Schreiben von Filmkritiken betrieben wird. Messen Sie also die Kritiker an ihren Kritiken.

Andreas Kilb

Abschied vom Mythos

Über *Le Mépris* von Jean-Luc Godard (1963) und über den
Wandel in der Filmkritik

> »Das Schweigen dieser Räume
> erschreckt mich.«
> (Pascal, zitiert von Eddie Con-
> stantine als Lemmy Caution)

Ich habe *Le Mépris* (*Die Verachtung*) von Godard nicht
ausgewählt, *weil*, sondern ich habe den Film gewählt, *damit*; das
heißt, es geht mir nicht darum, eine Position abzugrenzen, sondern ich versuche im Gegenteil, eine Position zu eröffnen. Der
Horizont von Filmkritik ist grundsätzlich offen, und ich will diesen Horizont erweitern, anstatt ihn durch ideologische Ausgren-
zungen einzuengen. Wenn Filmkritik wesentlich Vermittlung
von Filmen ist (wovon ich überzeugt bin) und nicht Film-Tribu-
nal, Film-Gutachten oder Film-Benotung (i.e. Zensur), dann
liegt ihre Aufgabe darin, den Raum und die Muster unseres
Verstehens von Filmen auszudehnen, also auf den ästhetischen
Reichtum des Kinos mit einem eigenen Reichtum von Ausdrucksformen und Erkenntnismodellen zu reagieren. Filmkritik
ist Filmhermeneutik, oder sie ist pure Eitelkeit.
Die Verachtung, behaupte ich, ist von allen Filmen Godards
derjenige, der für uns heute am wenigsten historisch geworden
ist. Weder können wir ihn aus der zeitgeschichtlichen Distanz
als *typischen* Film der sechziger Jahre bezeichnen (was bei *A
bout de souffle*, *Une femme est une femme*, *Vivre sa vie*, *Mascu-
lin-Féminin* etc. durchaus funktioniert), noch sind wir imstande,
ihn formalästhetisch der Entwicklungsgeschichte eines bestimmten Genres zuzuordnen (wie *Bande à part*, *Alphaville* oder
Pierrot le fou). Wir haben diesen Film nicht geerbt, er zählt
nicht zu unserer Vorgeschichte, sondern wir sind noch immer
seine Zeitgenossen.

Das hat etwas mit der Geschichte des Kinos zu tun, oder anders gesagt, mit jener spezifischen Art von Ungeschichtlichkeit, die ein Wesenszug der Filmgeschichte (und damit auch ein Thema dieses Films) ist. Denn anders als alle anderen Kunstgattungen hat das Kino Geschichte nicht als ein Geschehen, sondern als einen Gehalt; das, was an ihm geschichtlich ist, liegt wesentlich außerhalb seiner selbst. Während die Geschichtlichkeit jeder anderen Kunst (spätestens seit der Renaissance) aus einer dynamischen Abfolge von Stilrichtungen resultiert, hat das Kino die Stilgeschichte immer schon hinter sich. Als genuine Kunstform der Moderne ist es zugleich die Aufhebung der Ismen, die die ästhetische Moderne konstituiert haben. Den Prozeß der Ausdifferenzierung seiner ästhetischen Formen hat das Kino innerhalb von gut zwanzig Jahren nach seiner Entdeckung hinter sich gebracht; schon mit Griffith, Eisenstein, Murnau, Dreyer und Lang – pars pro toto – ist das ästhetische Feld des Kinos abgeschritten, seine *Kunstgeschichte* vollendet. Das heißt, die Geschichte der Formen verläuft im Kino nicht diachron, sondern synchron; das ist etwa bei jedem beliebigen Filmfestival evident, wenn wir Filme von Fellini, Chabrol, Rohmer, Bresson, Greenaway und Spielberg *nebeneinander* sehen können.

Die Geschichtlichkeit des Kinos kommt nicht aus der Entwicklung seiner *aisthesis*; sie entsteht durch die Geschichtlichkeit seiner Gegenstände. Das, was man im Kino *sieht*, ist historisch, nicht die ästhetische Apparatur, die es zum Vorschein bringt. Das bedeutet auch, daß der ästhetische Moment, den das Kino erzeugt, nie wieder rekonstruierbar ist. Ich kann zum Beispiel die Kathedrale von Reims heute noch mit den Augen Monets sehen, ich kann ein Mohnfeld impressionistisch malen; aber ich kann die Dächer von Paris nicht mehr mit den Augen René Clairs wahrnehmen, es sei denn in dem Film, den er gedreht hat. Andererseits ist ein Regisseur, der sich heute der ästhetischen Mittel René Clairs bedient, um einen Film in Los Angeles zu inszenieren, nicht unbedingt ein Epigone von Clair; während eine »Impression soleil levant« von 1989 glatte Hobbymalerei wäre. Kracauers Intuition vom Kino als der »Errettung der physischen Realität« besagt wesentlich dies: Das Kino gibt den Dingen eine Form, *in der* sie errettet und erhalten werden; diese Form ist den Dingen (den Menschen, dem Licht, der Bewegung) nicht äußerlich, sondern ihr eigener Schein. Die Realität des Kinos ist die Realität dessen, was man sieht.

Nun gibt es in der Geschichte des Films einige wenige Werke, die diese spezifische Repräsentationsform des Kinos nicht nur verkörpern, sondern auch reflektieren; Filme, in denen der Blick, den das Kino auf die Gegenstände wirft, selber gebrochen und damit sichtbar wird. Dazu gehören *La carosse d'or* von Jean Renoir, *Der Mann mit der Kamera* von Dsiga Vertov, *Die Stadt der Illusionen* von Vincente Minelli, *Die Verachtung* von Godard, *La nuit américaine* von Truffaut (Entmythisierung als *R*emythisierung) und *L'hypothèse du tableau volé* von Raoul Ruiz. Um den Blick des Kinos abzubilden, greifen diese Filme zu den Metaphern von Malerei (Ruiz) oder Theater (Renoir); sie dokumentieren die Arbeit des Kameramanns (Vertov); oder sie erzählen eine Geschichte über das Erzählen einer Geschichte (Truffaut). Das Besondere an Godards *Verachtung* besteht darin, daß der Film nichts von alledem tut oder alles zugleich; das heißt, er macht das Kino selber zur Metapher (nämlich zu einer von Herrschaft), er dokumentiert die Arbeit des Kameramanns (Raoul Coutard) und des Regisseurs (Fritz Lang), und er erzählt die Geschichte eines Films, der gerade entsteht. *Die Verachtung* ist deshalb der hermeneutische Film schlechthin: weil er sämtliche Aspekte seiner Darstellung zugleich auch reflektiert; weil er dem Prozeß, in dem er entsteht, selber den Prozeß macht.

Das geschieht zunächst dadurch, daß der Film die historische Realität, in der er spielt, systematisch ausblendet. Die Räume in *Die Verachtung* sind abstrakte Räume, Geschichte ragt nur als Verfall der Apparatur (des Kinos, der Cinecittà), als kodifizierte Überlieferung (das Buch über römische Mosaiken, die Filmplakate, die erloschene Leuchtschrift »Viaggio in Italia«) oder als monolithischer Block (die Villa Malaparte auf Capri) in sie hinein. Nur einmal, zu Beginn der Casting-Sequenz, gibt es eine Einstellung auf die Straßen von Rom, die jeder Zuschauer sofort als Stilbruch erkennt; gerade dadurch ist sie das Denotat der historischen Abstraktion, die der Film vollzieht. Auf der Ebene des Dialogs entspricht dieser Einstellung die Bemerkung des Produzenten, »this is not 33, this is 63«: die historische Zeit wird in den Film von außen eingraviert, weil sie an den Dingen nicht ablesbar ist. Die äußerste Abstraktion des Sichtbaren ist das

Meer; deshalb gilt ihm, als dem *ens realissimum* des Films, der letzte Blick der Kamera. Die Dinge entstehen aus dem reinen Element und tauchen zuletzt wieder darin ein.

Der räumlichen Abstraktion entspricht auf der Ebene des Dramas die archetypische Konstellation der Figuren: der Produzent (Jack Palance), die Assistentin (Georgia Moll), der Regisseur (Fritz Lang), der Drehbuchautor (Michel Piccoli), der Star (Brigitte Bardot). Diese Figuren bilden ein Ensemble, eine Ordnung, die nicht nur im Kino gilt, sondern die auch das Modell der klassischen Repräsentation schlechthin ist, das Modell, das im Zentrum der traditionellen *épistémé* der abendländischen Kunst steht. Foucault hat dieses Repräsentationsmuster in seiner Studie *Die Ordnung der Dinge* an Velazquez' berühmtem Gemälde *Las meninas* erläutert.

Das Gemälde ist ein dreifaches Porträt: das Selbstporträt des Malers Velazquez; das Porträt des Königs Philipp II. und seiner Frau, das der Künstler auf die Leinwand malt, die dem Betrachter abgewandt ist, das aber zugleich durch den Spiegel am hinteren Ende des Raumes in der Darstellung präsent ist; und das Porträt der kleinen Infantin Margarete und ihres Hofstaats, das im Zentrum des Bildes steht. Der Raum, den das Bild entwirft, wird entlang der Zentralachse sowohl nach vorn als auch nach hinten aufgelöst, zerbrochen: durch das Königspaar, das *vor* dem Bild steht; und durch den Betrachter in der offenen Tür, der aus der Tiefe eines anderen Raumes in das Bild hineinsieht. Dadurch wird das Subjekt des Bildes auf dreifache Weise im Bild repräsentiert: als Autor (in Gestalt des Malers vor der Leinwand), als Sujet (das Königspaar) und als Betrachter (der Mann im Hintergrund). Zugleich expliziert das Gemälde die Herrschaftsverhältnisse der Darstellung: durch das Königspaar, das sich in der Tiefe des Raums im Spiegel betrachtet, während es von allen wesentlichen Personen im Bild angeschaut wird. Der vordergründige Inhalt der Darstellung, die Infantin mit ihren *meninas*, wird dadurch entmächtigt; er ist der MacGuffin des Bildes, das »gewissermaßen die Repräsentation der klassischen Repräsentation (ist) und die Definition des Raumes, den sie eröffnet«[1]. Die Dominanz dieses MacGuffin aber, der Raum, den er im Bild einnimmt, verweist auf ein wesentliches Problem der Darstellung: ihr wichtigster Gegenstand, die Beziehung zwischen Auftraggeber-Sujet und Maler-Subjekt kann niemals zum alleinigen Inhalt des Bildes werden. »In der Tiefe, die die Leinwand durchquert und sie fiktiv aushöhlt, sie in den Raum vor sich selbst projiziert, ist es nicht möglich, daß das reine Glück des Bildes jemals in vollem Licht den Meister bietet, der repräsentiert, und den Souverän, den man repräsentiert.«[2]

Dieser Defizienz, dieser tiefen *Unsichtbarkeit* des Konflikts begegnen wir wieder bei Godard. Die eigentliche Auseinandersetzung des Films, der in allen wesentlichen Momenten ein Duell ist, ist die zwischen Produzent und Regisseur. Aber dieser Antagonismus, der über den Rahmen des Filmbildes hinausgreift, kann nicht zum alleinigen Inhalt der Darstellung werden; sonst müßte der Produzent sich selbst in dem Film des Regisseurs spielen, der wiederum in seinem Film den Regisseur spielen müßte, der für den Produzenten einen Film dreht; usw. ad infinitum. Deshalb ist über die Handlung, die ebenso vom Entstehen des Films *Die Verachtung* wie von dem eines Films über die Odyssee erzählt, ein komplexes Netz von Ähnlichkeiten gespannt. Jede Figur, die an der Herstellung des Konflikts (also der Produktion des Films) teilnimmt, hat ihren Stellvertreter im Bild. Der Produzent Joseph E. Levine, der sein Vermögen mit Historienfilmen gemacht hat, wird durch Jack Palance repräsentiert, der Regisseur Jean-Luc Godard durch Fritz Lang; aber Godard, der der eigentliche Protagonist des *Films* ist, hat noch einen zweiten Stellvertreter in Michel Piccoli, dem Protagonisten der *Geschichte*, die der Film erzählt. Nur Brigitte Bardot, der Star, ist mit sich selbst identisch: das hebt Godard *ex negativo* durch die schwarze Perücke hervor, die er ihr aufsetzt, und durch die Schimpfworte, die er sie aussprechen läßt: Gerade die Irritationen des Films verweisen auf seine archetypische Struktur. Brigitte Bardot ist der MacGuffin des Films, sie steht an der Stelle, wo sich in Velazquez' Gemälde die Infantin Margarete befindet; das haben die Produzenten der *Verachtung* sofort begriffen, indem sie die Bardot groß, blond und halbnackt auf das Plakat des Films drucken ließen.

Diesen vier dramatis personae ist eine fünfte Figur unterstellt, Georgia Moll, die Assistentin. Sie repräsentiert eine Abstraktion: den Archetypus der Vermittlung, die hermeneutische (In-) Konstante. Georgia Moll wechselt die Sprachen wie die Farben ihrer Kleidung, blau, rot, gelb. Sie ist die Tauschagentin des Films, die Maklerin, das Relais seiner Zeichen, sie flottiert zwischen den Antagonisten des Dramas. Wäre *Die Verachtung* eine rein deskriptive Untersuchung, eine Strukturanalyse des Kinos, dann könnte Georgia Moll die Hauptfigur sein. Aber der Film ist eine Tragödie. Er hat einen mythischen Kern.

Dieser Kern ist die Odyssee, der Mythos, auf den der abendländische Begriff von Individualität sich gründet. Das ist die dritte Ebene der Reflexion, die, auf der das Drama sich vollendet. In dem Binnenraum, den der Odysseus-Film konstituiert, sind die Figuren mit sich identisch: Fritz Lang ist Fritz Lang, Raoul Coutard ist Raoul Coutard, Jean-Luc Godard ist der Regieassistent Godard. Die Bewegung des Films entsteht dadurch, daß der Mythos in das Ensemble der Repräsentation eindringt. Paul (Piccoli) identifiziert sich mit Odysseus; im nächsten Schritt identifiziert er Camille (Bardot) mit Penelope. Das heißt, er tut das, was jeder Zuschauer im Kino tut; aber er geht einen Schritt weiter. Statt den Mythos nur zu konsumieren, wendet er ihn an. Als Angestellter des Systems, der seine Frau prostituiert hat, um den begehrten Auftrag zu bekommen, der die Liebe Camilles verkauft und verloren hat, sucht er Rettung und Beistand im Mythos, der die Herrschaftsverhältnisse als ontologische Konstanten beschreibt. Das ist *praktiziertes Kino*: Paul, das Opfer der Warenwelt, in der jegliches Handeln unter dem Bann der Prostitution steht, verklärt seine Opferrolle zum Schicksal und blinden Verhängnis, so wie das traditionelle Kino die Leiden seiner Figuren zum unausweichlichen Los verklärt.

An diesem Punkt gerät das Zeichensystem des Films in Bewegung. Die Farben, die die Kamera zuerst Brigitte Bardot auf den Körper geschrieben hat, heften sich an die Antagonisten des Konflikts: Blau für Jack Palance, Rot für Michel Piccoli. Apoll-Minerva, der Schutzgott des Odysseus, hat rote Augen, Neptun-Poseidon, sein Widersacher, blaue. Der Blick, im Kino das Instrument von Sehnsucht und Herrschaft, bekommt mythische Qualität. »I like gods. I know exactly how they feel«, sagt Prokosh (Palance) im Vorführraum. Wie Paul aus Verzweiflung, so tritt er aus Eitelkeit in die Semantik des Mythos ein. Das Bild Neptuns heftet sich an ihn wie ein Fluch. Das Rot Minervas wird ihm am Ende zum Verhängnis: der rote Sportwagen, in dem er mit jener typischen Bewegung des langsam Anfahrens und plötzlich Losbrausens, die ihn im Film charakterisiert, aus dem Bild jagt, bringt ihm und Camille den Tod.

Nur Brigitte Bardot, um die herum die mythische Konstellation gebaut ist, verweigert sich der Identifikation mit ihrem Abbild. Camille ist die einzige Figur des Films, über die man Alltäglichkeiten erfährt: daß sie mit ihrer Mutter telephoniert, daß sie früher Sekretärin war. Camille ist ein Nichts; »Ich schweige, weil ich nichts zu sagen habe«, sagt sie zu Lang. Auch auf der mythischen Ebene ist sie der MacGuffin des Films. »Ich verachte dich, weil es dir nicht gelingt, mich zu rühren (attendrir)«, erklärt sie Paul, bevor sie ihn endgültig verläßt. Das ist das Urteil des Milchmädchens über einen Film, der ihr nicht gefällt, und zugleich die schlichte, psychologische Wahrheit dieser Figur. Was Godard an Brigitte Bardot in Vadims *Et dieu créa ... la femme* so bewunderte, ihre naive, einfache Präsenz, das bietet sie hier ganz rein. Sie spielt nicht, sie *ist*, das heißt: sie ist leer. In der virtuellen Mitte der Repräsentation ist ein Vakuum, das die Welt ringsum einstürzen läßt.

Die Odyssee, das ist der Spiegel im Hintergrund des Bildes. Er zeigt Paul und Prokosh, Odysseus im Kampf gegen die Götter. Godard hat Velazquez' Dilemma überwunden, so wie das bewegte Bild die Malerei überwunden hat. Dadurch, daß er nicht einen, sondern zwei Stellvertreter im Bild hat, kann er gleichzeitig scheitern und siegen. Als Paul verliert er Camille, so wie Godard Anna Karina an die Mächtigen der Branche verloren hat (ich sehe keinen Grund, Raoul Coutards Vermutung nicht zu folgen, der Films sei ein »Millionen-Dollar-Brief« für A.K. -), und als Fritz Lang beendet er den Film, den er begonnen hat. Denn auch Lang ist Odysseus, der gegen den Zyklopen kämpft, indem er sich verleugnet; aber im selben Maße, wie Piccoli in den Mythos hineinwächst, zieht sich Lang aus ihm zurück. In der Szene im Vorführstudio, in der sich dieser Tausch anbahnt, spielen sich Lang und Piccoli ein Zitat aus Dantes *Göttlicher Komödie* zu (Inferno, XXVI., 112–142). Lang beginnt:

»O Brüder«, sprach ich (= Odysseus),
»die durch hunderttausend
Gefahren hier im Westen angekommen,

An diesem eurem kurzen Lebensabend,
Der unsern wachen Sinnen noch verblieben,
Sollt ihr euch der Erforschung nicht verschließen,
Der Sonne folgend, unbewohnter Länder.
Bedenkt, aus welchem Samen ihr gekommen:
Ihr seid nicht da, zu leben wie die Tiere,
Ihr sollt nach Tugend und nach Wissen streben.«
Ich machte die Gefährten so begierig
Durch diese kurze Rede auf die Reise,
Daß ich sie kaum noch hätte halten können.
Wir wandten unser Hinterschiff gen Morgen,
Die Ruder hoben wir zu tollem Fluge,
Und immer weiter drangen wir zur Linken.

Und Piccoli fährt fort:

»Und alle Sterne schon des andern Poles
Sah man zur Nacht und unsern schon gesunken,
So daß er nicht mehr aus dem Meere tauchte.
Fünfmal war schon entzündet und erloschen
Das Licht des Monds im Auf- und Untergange,
Seit wir die hohe Fahrt begonnen hatten.
Da ist vor uns ein Berg emporgestiegen
In dunkler Ferne, der schien so gewaltig,
Wie ich es nie zuvor gesehen hatte.
Wir freuten uns, doch ward es bald zum Unheil,
Denn von dem neuen Lande kam ein Strudel
Und schüttelte des Schiffes Vorderseite.
Dreimal ließ er's mit allen Wassern kreisen,
Beim vierten Male ging das Heck nach oben,
Der Bug nach unten, wie's dem Herrn gefallen,
Bis über uns die Wogen sich geschlossen.
                    (Übers. v. Hermann Gmelin)

Bei Dante werden Odysseus und seine Gefährten von Gott im
Meer ertränkt, weil sie den Läuterungsberg gesehen haben;
Paul, indem er die Stelle vorträgt und sich kurz darauf der Will-
kür seines »Herrn« Prokosch ausliefert, zieht den mythischen
Fluch und die mythische Strafe auf sich (bei Dante käme er wohl
in den Höllenkreis der Trägen, der »accidiosi«, die bis zum

Mund im Schlamm stecken). Lang dagegen ist zum Aufbruch aus der hermetischen Welt des Mythos »an diesem seinem kurzen Lebensabend« entschlossen. Odysseus, sagt er zu Paul, sei »kein moderner Neurotiker«; das bedeutet, er kann Odysseus aus der Distanz betrachten, er kann ihn *erkennen* und aus dem Mythos die Vorgeschichte der Befreiung herauslesen. In der Konstellation von Lang und Piccoli kreuzen sich die Systeme des Mythos und der Repräsentation: dem blinden Verhängnis, das über den mythischen Helden triumphiert, entspricht die Realität der Warenverhältnisse, an der das Glück des Lohnschreibers zerbricht; und der Aufbruch ins Offene, Ungesicherte, das Weiterarbeiten auch ohne das Geld des Produzenten erlöst den Regisseur vom Zwang zur Prostitution, mit dem das Kino seine Autoren knebelt. Lang dreht weiter; er ist, wenn man den zum Gespenst gewordenen Paul abrechnet, der wahre Überlebende des Films. An dieser Figur des Ensembles hat Godard, seit er aus seiner Videogruft mit *Sauve qui peut (la vie)* aufgetaucht ist, weitergearbeitet: dem Regisseur, der einen Film vollendet, den niemand mehr bezahlen will. In *Passion* wird er noch von Jerzy Radziwilowicz vertreten, von *Prénom Carmen* an spielt er den Part selber: Jean-Luc Godard, der Clown des Establishments, mit Kofferradio und Kabeln im Haar, mit Filmrollen unterwegs, die er irgendwo abzuliefern hat, die Witzfigur aus der Unterwelt, der Bote aus dem Reich der Freiheit.

»Silence«, Fahrt und Schwenk: Die letzte Einstellung antwortet der ersten. Und sie ist die Erfüllung des CinemaScope, das von allen Formaten des Kinos am ehesten in der Lage ist, den Eindruck der Unendlichkeit wiederzugeben. Da, wo am Anfang die zweite Kamera und mit ihr der Zuschauer stand, ist jetzt das Meer: reines Blau, ohne Signifikat, vom Mythos befreit. »Das Schweigen dieser Räume erschreckt mich«, sagt Eddie Constantine in *Lemmy Caution*. Das ist die Angst Pascals vor dem Zweifel, der Leere, in der der Gott »nicht da ist«. Godard geht mitten in diesen Raum hinein.

*

Ein wichtiges Merkmal meiner Arbeit als Filmkritiker besteht, glaube ich, darin, daß ich die Zeitung nicht mit einem Hörsaal verwechsle. Was Filmkritik an Erkenntnissen zu transportieren

192

hat, das muß sie *erzählen*, statt es bloß zu *sagen*; das heißt, der Filmkritiker muß seine Erzählung in die erzählte Handlung hinein projizieren, statt sie aus ihr herauszulesen und irgendwo getrennt abzulegen. Filmwissenschaft ist Analyse, Trennung; Filmkritik eher Synthese, Ganzheit, Emotion. Filmkritik ist in ihren besten Momenten mimetisch, nicht abstrakt; sie übersetzt einen Film so, daß ihre Begriffe, die sie ausspart, von selbst evident werden. Michael Schwarze hat solche Filmkritiken geschrieben. Ich verdanke ihm viel.

Viele Leute, die sich heute Filmkritiker nennen, haben noch nie eine Filmkritik geschrieben; das heißt, sie haben noch nie einen Film erzählt, sondern immer nur über Filme geredet. Das Reden über Filme, sei es in der Zeitgeist-Ecke oder im »Club '68«, ist mir zuwider. Die Frage, ob ein Film gut, schlecht oder mittel ist, interessiert mich wenig. Mich interessiert, was andere gesehen haben, was ich *nicht* oder *anders* gesehen habe. Mich interessiert auch, was scheinbar »nicht hierher gehört«, nämlich eine überraschende Beobachtung, ein von weither geholtes Zitat, eine ungewöhnliche Gedankenverbindung. Jemand, der auf erhellende Weise sein Thema verfehlt, ist mir lieber als einer, der es akribisch durchkaut. Natürlich müssen wir alle unsere Pflicht erfüllen; aber wenn wir sie *nur* erfüllen, haben wir sie *nicht* erfüllt.

Filmkritik ist nach wie vor das obskurste Gewerbe der Welt; denn im Kino, das wissen wir, ist jeder ein Fachmann. Nirgendwo sonst gibt es soviel wackeres Expertentum. Deshalb ist auch die Produktion von Filmartikeln in den letzten Jahren sprunghaft angestiegen; die meisten sind wie Gummibärchen, jedes eine andere Farbe, alle den gleichen Geschmack. Das Filmressort ist seit je die Einstiegsdroge für Leute, die unbedingt schreiben wollen, aber noch nicht wissen, *was*; und seit die bunten Illustrierten den Kino-Glamour als quicken Füllstoff für ihre hohlen Spalten entdeckt haben, blüht und gedeiht das Filmgefasel allerorten. Am schönsten sind die Filmsendungen im Privatfernsehen: Jemand schießt zwei, drei Sätze ab, dann kommt ein Trailer, dann ein 1-Minuten-Interview, dann, schwupp, der nächste Beitrag. Nur Tütensuppen sind schneller löslich.

Wenn aber Karsten Witte den Verlust einer »Konstellation von Filmkritik« beklagt, die er mit Gertrud Koch und Wolfram

Schütte zusammen einst gebildet habe, dann weinen wir dem keine Träne nach. Wir, die wir in den achtziger Jahren mit dem Schreiben begonnen haben, sind am allerwenigsten daran schuld, daß der Kritiker Witte in der *Frankfurter Rundschau* sein Privileg verloren hat. Auch wir werden vielleicht einst um verlorene Pfründen weinen; aber dann erwarten wir kein Beileid.

Daß Karsten Witte, Gertrud Koch, Wolfram Schütte und einige andere immer seltener Filmkritiken schreiben, hat vielleicht weniger mit ihren Rivalen auf der Rennbahn als damit zu tun, daß auch die Filme heute andere sind als damals. Auch im Kino ist das Zeitalter der Ideologen und der aufregenden politischen Stellungnahmen vorbei. Das soll nicht heißen, daß ich nicht gerne über das deutsche Kino der siebziger Jahre geschrieben hätte, über Fassbinder, Kluge, Herzog und Straub. Aber Fassbinder ist tot, Kluge macht heute Privatfernsehen (wo bleibt Ihr Kommentar, Herr Schütte?), Herzog und Straub kopieren sich nur noch selbst. Wenders ist uns geblieben; er erzählt von Engeln, die zu den Menschen herabsteigen, und vom Urstromtal der Spree. Der Zorn der Väter ist die Milde der Söhne. Und siehe, auch Wolfram Schütte labt sich an dem wundermilden »Waller«, in dem ich die Schellen der fünfziger Jahre klingen höre. Aber Karsten Witte haut den Straub immer noch 'raus, auch wenn der sich längst auf den Ätna zurückgezogen hat und steife Togaträger Hölderlinverse beten läßt.

Karsten Witte und Gertrud Koch sind ausgewiesene Filmtheoretiker; und wir brauchen Filmtheorie, besonders heute, wo uns auf jedem Kanal die 5-Minuten-Filmterrine ins Auge lacht. Wo Adorno nach Schlöndorffs *Törleß* das Denken eingestellt hat, das soll jetzt, bitteschön, weitergedacht werden, besonders von denen, die die »Neue Empfindlichkeit« zu Rührei schlagen wollen. Aber, wenn es geht: nicht nur in Artikelform. Zwischenmahlzeiten haben wir schon genug.

Was wir nicht brauchen, sind Verkehrspolizisten. Wenn mir Robert Gernhardt wegen meiner »Otto«-Kritik die rote Karte zeigt, finde ich das lustig; aber zum Wegbereiter des »Genforschers« Zimmer lasse ich mich nicht ernennen, wie ehrenvoll dieser Titel auch sein mag. Wenn ich ein Urteil über einen Film verweigere, dann ist auch das ein Urteil: nämlich über jene

Filmkritiker, die immer fix mit Klassifikationen zur Stelle sind. Und was ist gegen »Empathie«, Einfühlung, eigentlich zu sagen? In Straub und Kluge hat man uns immer trefflich eingefühlt. Niemand soll uns sagen, wann wir fühlen dürfen und wann nicht.

Nein, einer Filmkritik ist grundsätzlich alles erlaubt: Schreien und Flüstern, Scherzen und Flunkern, Denken und Fühlen; nur eines nicht: schlechtes Deutsch. Ausdrücke und Schreibweisen, die es nicht gibt, besitzen auch keinen Erkenntniswert. Ich will den Autoren, die uns als »Ich-Agenten« und unsere Arbeit als »Liebhaberei« denunzieren, damit nicht unterstellen, sie seien der deutschen Sprache nicht mächtig. Aber es ist offensichtlich, daß sie einem anderen Stilideal folgen als wir. Dieses Stilideal ist begrifflich-analytisch, akademisch-traditionell, stellenweise hermetisch und nicht frei von Herablassung. Dagegen setzen wir eine emphatische Schreibweise, die sich nicht auf ein vorgängiges ideologisches Einverständnis des Lesers verläßt, sondern eher auf seine Sympathie, den Mitvollzug dessen, was der Text nahelegt; die ihn nicht belehren, sondern eher bewegen und zur Erkenntnis überreden will. Gegen die begriffliche Analyse setzen wir die Analyse durch Narration. Das entspricht unserer Erfahrung, daß das Wesentliche am Kino sich durch Abstraktion nicht fassen läßt. Jede Beschreibung dessen, was ein Film auslöst und was in ihm geschieht, ist selber schon Abstraktion, Übersetzung eines Nicht-Identischen in identische Sprache; um wieviel mehr erst eine analytische Begrifflichkeit, die den Leser selbst um das eigentlich Ästhetische, die Emotionalität der Bilder, betrügt. Unsere Kritik an den Rastern des akademischen Szientismus entspricht dem Affekt gegen Filme, die solchen Rastern sich anbequemen. Cost-Gavras' *Betrayed* oder Parkers *Mississippi Burning* stehen uns nicht näher als die mechanischen plots eines Hark Bohm oder Reinhard Hauff.

Ob schließlich – und wie oft – in einer Filmkritik »Ich« gesagt werden darf, ist nicht vom Stehpult aus zu entscheiden. Der objektivistische Gestus des Kunstrichters, der sich hinter einem exklusiven Vokabular verschanzt, ist oft nicht mehr als schlechte Subjektivität. Der subjektive Blick, auf die Spitze getrieben, schlägt um ins Objektive: das ist kein Slogan der neuen Innerlichkeit, sondern ein Leitmotiv der kritischen Theorie. Auch auf unsere Weise nehmen wir Adorno beim Wort.

Es gibt keine Krise der Filmkritik. Es gibt eine Krise des europäischen Films. Wenn wir kaputtmachen wollen, was uns kaputtmacht, müssen wir zuerst erkennen, wo der Feind steht. Ich behaupte, er steht beim Fernsehen, dem Gralshüter unserer Provinzialität. Schlagt es, wo ihr es trefft.

1 Michel Foucault: Die Ordnung der Dinge. Frankfurt/M. 1971, S. 44. – 2 Ebd.

Norbert Grob

Wenn die Bilder verstehen lehren

Zur Filmkritik in Deutschland –
Mit Thesen zur filmkritischen Arbeit im Fernsehen
am Beispiel *The Color of Money* von Martin Scorsese

I   Anmerkungen zum Film:
    Martin Scorseses *The Color of Money*

1   Das Thema

Worum es geht? Um einen Mann und das Objekt seiner Obsession: den Billardtisch. Ein »Rechteck aus lieblichem, geheimnisvollem Grün – der Farbe des Geldes« nennt Walter Tevis dieses Spielfeld. Und das Spiel selbst: »aufregend«, »schwierig«. »Man brauchte Geschick dazu... Um Billard zu spielen, mußte man siegen wollen, und das ohne Vorwand und Selbstbetrug.«[1]
Die Regeln, die alles bestimmen, sind so einfach wie mysteriös. Zu Beginn von Scorseses Film kann man sie hören (im Original von Scorsese selbst gesprochen): Im 9er Ball Pool-Billard seien die Kugeln der Reihe nach zu versenken, von 1–9. Die wichtigste Kugel sei die 9. Man könne acht Kugeln versenken – und verlieren. Aber man könne im Eröffnungsstoß auch die 9 versenken – und gewinnen. »... so it's to say: Luck plays a part in 9-ball, but for some players: luck itself is an art.«
Spielerfilme. Kein Genre im engeren Sinne, eher ein Subgenre des Thrillers.
»Blues der Nacht und der frühen Morgenstunden«, nennt der Münchener Kritiker Hans Schifferle, selbst ein Mann der Nacht und der frühen Morgenstunden, diese Filme. »Die Hallen sind Himmel und Hölle... Ein schmuddliger kleiner Salon ist das Fegefeuer. Der nächtliche, rauchig-heiße Billardraum, irgendwo tief unten, ist Kloster und Bordell. Das Spiel ist das Leben, komprimiert. Der perfekte Umgang mit Queue und Kugeln ist reiner Sex und hohe Kunst... Die Kugeln ziehen ihre Bahnen, und

darüber liegen die Blicke der Männer, Spieler und Zuschauer. Sie sprechen von Rivalität, Respekt, Domination und Männerliebe.«[2]

Spielerfilme. Fiktionen über das große Mysterium um Karten, Würfel und Kugeln. Über Poker, Black Jack, Roulette, Billard. Mit Helden, die ihre extreme Leidenschaft als Momente der Wollust erleben. Wo das Trunkene das Verlangen »überrascht, überschreitet, ablenkt, ableitet«.[3] Wo es kein Reifen gibt und keine Entwicklung. »Alles geht mit einem Mal durch.« Es gibt nur das Wagnis, den Augenblick der entschlossenen Tat. »Alles geschieht, alles genießt sich im Moment des ersten Blicks«, der ersten Karte, des ersten Wurfs, des ersten Stoßes.[4]

»Du tust ja so, als wäre es eine Sache von Leben und Tod«, läßt Walter Tevis seinen Helden einmal sagen. Die Antwort seines schärfsten Konkurrenten: »Weil es genau das ist.«[5] Noch einmal Walter Tevis: »Es *ist* wichtig, wer gewinnt und wer nicht gewinnt. Immer. Überall. Für jeden...«.[6]

2   Der Vorläufer

1961 kam *The Hustler* (auf deutsch: *Haie der Großstadt*) in die Kinos, ein düsterer Film, von dem deutschen Kameramann Eugen Schüfftan im harten Schwarzweiß fotografiert. Ein später Nachzügler des *film noir*.

Schüfftan wurde für diese Arbeit mit dem Oscar ausgezeichnet. Regie: Robert Rossen; Buch: Robert Rossen und Sidney Carroll (nach dem Roman von Walter Tevis); Musik: Kenyon Hopkins; Stars: Paul Newman, George C. Scott, Jackie Gleason, Piper Laurie.

Die erste Ebene – die der »analysierenden Beschreibung« (P. Nau), wenn man den Film nicht erklärt, sondern explizit macht: Da erzählt der Film von dem jungen Billard-Virtuosen Eddie Felson. Nur eines hat der im Kopf: so vernichtend wir nur möglich den Besten zu schlagen.

Er beherrscht Pool Billard wie kein anderer. Doch ihm fehlt noch einiges zum wirklich großen Spieler. Was er schon weiß: Daß man auch verlieren muß, um letzten Endes zu siegen. Was er nicht weiß: Daß man auch jemand sein, daß man sich mit Menschen auskennen muß, um ein Gewinner, um der Beste zu sein. Eddie Felson: bei Robert Rossen ist er noch viel zu grün, zu angeberisch, zu großmäulig.

Und ihm fehlt das Gefühl dafür, was um das Spiel herum vor sich geht: das Gefühl für die Macht hinter dem Billardtisch. Das Gefühl für, wie Walter Tevis schreibt, »das Räderwerk, auf dem das Glücksspiel beruht, und die Rädchen, die das Werk in Gang halten.«[7] Als er dann die Frau verliert, die er gerade zu lieben begann, findet er endlich die Kraft zu siegen. Aber da durchschaut er auch, worum es tatsächlich geht. Wonach ihm nur die Wahl bleibt: zu kuschen oder das Billard aufzugeben.

Die zweite Ebene – die der strukturalen Bestimmung, wenn man den Film als »System von Funktionen«[8] liest: Da handelt der Film von einer Erziehung. Wie einer, der sein Handwerk am besten beherrscht, dazu kommt, durch Geduld, Ruhe und Einsicht – und eine böse Erfahrung, endlich auch einmal ein Gewinner zu werden.

Die Erziehung selbst erscheint als eine Folge von Niederlagen; die dominierenden rhetorischen Figuren sind Verschiebung und Verdichtung. Damit gelingt Rossen ein postexistentialistisches Porträt des ewigen Rebellen: eine Imagination der Besessenheit und des Scheiterns.

Die Stationen:

a) Exposition oder: Die kleinen Gewinne, die zu Allmachtsphantasien führen;

b) nähere Charakterisierung des Helden oder: Die Niederlage gegen den Champion als existentielle Erfahrung;

c) weitere Nuancierung des Konflikts oder: Die lange Zeit der Lehre;

d) kurze Wende oder: Der Rückfall in Zorn und Lebenswut;

e) Schluß – Klärung des Konflikts oder: Die endgültige Niederlage im großen Sieg.

3 Die Fortsetzung

1986 legte Martin Scorsese eine zweite Geschichte über Eddie Felson vor: *The Color of Money*.

Kamera: Michael Ballhaus (er bekam dafür keinen Oscar); Buch: Richard Price (wieder nach einem Roman von Walter

200

Tevis); Stars: Paul Newman, Tom Cruise, Mary Elizabeth Mastrantonio, Helen Shaver; Musik: Robbie Robertson.

Die erste Ebene – die der »analysierenden Beschreibung«: Wieder geht es um »Fast« Eddie Felson, 25 Jahre nach seinem erzwungenen Abschied von Balabushka-Queue und bunten Kugeln. Inzwischen aber interessiert ihn Billard nur noch als Geschäft. Was bringt ein Spiel? Und wieviel hat er davon am Ende in seiner eigenen Tasche?

Als er eines Tages einen Jungen entdeckt, dessen Talent ihn an seine eigene Jugend erinnert, mischt er sich noch einmal ein. Er übernimmt die Rolle des Mannes, der ihn vor 25 Jahren so tief verletzte und demütigte: des Mannes im Hintergrund. Richard Price, der das Drehbuch schrieb, erklärte, ihn habe fasziniert, wie ein Mann so tief sinken könne, daß er das geworden sei, was er am meisten verabscheut, was ihn einst zerstört habe.

Sein *hustler*-Credo, geprägt von seinen früheren, düsteren Erfahrungen, lautet: Wirklich gewinnen kann allein der, der blufft und betrügt; wer von Sieg zu Sieg eilt, kann nur verlieren. Doch sein junger Protegé lernt diese Lektion zu schnell und zu gründlich. Die anderen auszutricksen, reduziert er auf den einfachsten Kern: aufs Geldverdienen. Was den früheren Champion ernüchtert.

Scorsese selbst sagt: In seinem Film gehe es um einen Mann, der im Alter von 52 noch einmal seine Auffassungen ändere. Sein Film handele von der Täuschung, die zur Klarheit, und von der Perversion, die zur Reinheit führe.

Wie so viele Scorsese-Helden – wie Charlie in *Mean Streets*, wie Travis Bickle in *Taxi Driver*, wie Jimmy Doyle in *New York, New York*, wie Jake LaMotta in *Raging Bull* – muß auch »Fast« Eddie Felson bis zum Äußersten gehen, um sich selbst wiederzufinden. Scorsese erzählt Rossens *The Hustler* nicht weiter. Er versucht eine radikale Variation: Wie der alte, verblendete Held, dem – so Walter Tevis – »gar nicht bewußt« ist, »wie mittelmäßig sein Leben geworden war«[9], ein neues Selbstbewußtsein entwickelt, wie aus dem Kuddelmuddel von Kalkül und Gaunerei eine neue Integrität entsteht. »I'm back!« schreit Eddie am Ende seiner Welt entgegen. Er kämpft wieder, liebt wieder, lebt wieder. Was daraus werden wird? Davon erzählt Scorsese nicht mehr.

Die zweite Ebene - die der strukturalen Bestimmung: Die Geschichte einer zweiten Chance als Abenteuer einer Wiedergeburt. Wie einer, der ruhig, gemächlich, saturiert sein Leben dahinlebt, endlich erkennt, daß er, als er »das Queue abgegeben und nicht mehr Pool gespielt« hat, zu einem »Nichts« geworden ist. Wie er, auf »dem langsamen Weg ins Grab«[10], wie Walter Tevis schreibt, eines Tages alles hinter sich läßt und zu seiner wahren Obsession zurückfindet: dem Billardtisch.

Diese Wiedergeburt vollzieht sich als steter Wechsel zwischen euphorischen und depressiven Phasen. Die dominierende rhetorische Figur dabei ist der Bruch, gekennzeichnet durch extreme Ellipsen, die Scorsese oft durch Überblendungen abmildert. Ein irreales Zeitgefühl entsteht so; seltsam konturiert, imaginativ gedehnt. Der formale Sinn des Films zielt auf heteromorphe Strukturen, die in Kontrast zueinander gebracht sind. Scorsese zeichnet kein Porträt, sondern skizziert Fragmente einer unentwegten Veränderung, eine Imagination der Erneuerung und des Aufbegehrens und Aufbruchs.

Die Stationen:

a) Exposition oder: Zwei Männer begegnen sich und tun sich zusammen;

b) nähere Charakterisierung der Helden oder: Die Schwierigkeit, sich an Abmachungen zu halten;

c) Zuspitzung des Konflikts oder: Beide Helden fangen wieder Feuer und finden darüber ihre eigene Definition von Sieg und Niederlage;

d) kurze Wende oder: die Ruhe vor dem Sturm;

e) Schluß – Aufbruch des neuen Konflikts oder: Die Welt dreht sich, und alles beginnt unentwegt von vorne.

Eine notwendige Nachbemerkung: Ich habe hier einzelne Bausteine getrennt, die eigentlich zusammengehören. Selbstverständlich ergäbe das keinen Text, einzelne Ebenen zu trennen und nebeneinander zu stellen. In einem filmkritischen Text wären sie ineinander zu integrieren: die beschreibende und die bestimmende, die phänomenologisch-analysierende und die strukturale Ebene.

Und eine dritte Ebene wäre zu integrieren: die strategische der Gestaltung, die formale der Analyse.

II Thesen zur Filmkritik im Fernsehen

Die erste Voraussetzung: Jedes Filmbild konstituiert seinen eigenen Wert, dagegen kommen die Worte nur schwer an; jeder Kommentar / jede Erzählung stärken deshalb die »Stimmigkeit«, »Schlüssigkeit«, wenn sie von den Bildern ausgehen – und sich nicht allzuweit von ihnen entfernen. Nichts ist so falsch wie beliebige Bilder, die einen Text nur visualisieren – ohne daß sie eine Spannung zum Text aufbauen, sei sie analogisch, sei sie homonymisch, sei sie metonymisch, sei sie kontradiktorisch.

Die zweite Voraussetzung: Die rhetorischen Einheiten eines Films sind zu respektieren. Das heißt, man darf nur zwischen den Einstellungen schneiden; ist das nicht möglich, muß das äußerlich gekennzeichnet sein, durch eine Abblende beispielsweise.

Ein drittes, wichtiges Moment: die Haltung gegenüber den Zuschauern, die geprägt sein sollte von Selbstbewußtsein, Professionalität, Engagement, Respekt. Aber nie von Zumutung oder Spekulation.

Der Filmredakteur des WDR, mit dem ich häufig zusammenarbeite, Helmut Merker, hat gegenüber Beate Pfeiffer seine Haltung für die Sendungen mit einer Aussage von William Shawn beschrieben, dem Chefredakteur des *New Yorker*: »Wir publizieren nicht für Leser. Wir denken nie, ›wird das irgend jemandem gefallen, oder wird das von wenigen oder vielen Leuten gelesen?‹ Wir versuchen, das zu drucken, was uns selber interessiert, worüber wir etwas lernen wollen, was wir amüsant finden. Ich weiß nicht, wer unsere Leser sind und will es auch nicht wissen. Wir denken, wir erweisen den Lesern den größten Respekt, wenn wir nicht versuchen, zwischen ihnen und uns zu unterscheiden.«[11]

Dieser Haltung stimme ich voll und ganz zu.

Zur Arbeit selbst vier Thesen

1. Kern jeder filmkritischen Arbeit im Fernsehen sind, ein so selbstverständlicher wie banaler Hinweis, die gewählten Ausschnitte – und die gewählten Standbilder.

Es ist wichtig, daß der visuelle Diskurs so ernst genommen

wird wie der sprachliche, die Komposition der Bilder so zentral wie die Arbeit am Kommentar. Damit hier keine Mißverständnisse aufkommen, es geht nicht allein um einen »sorgfältigen Umgang mit Filmausschnitten«, sondern darum, die Bilder als konstitutiven Bestandteil des Textes zu begreifen.

Meine These: Man muß mit Bildern argumentieren – oder es ist besser, dieses Genre der Filmkritik zu meiden.

2. Auch für die filmkritische Arbeit im Fernsehen gibt es keinerlei Regeln. Auch hier sind alle möglichen Formen des filmkritischen Diskurses möglich:

der bloß urteilende

der ideologiekritische

der subjektive

der impressionistisch-fragmentarische (cinèphile)

der formal-analytische

der kulturanalytische

der poetische.

(Da ich später in meinen allgemeineren Bemerkungen zur Filmkritik auf diese sieben Kategorien noch näher eingehe, lasse ich es an dieser Stelle mit der bloßen Benennung bewenden.)

Meine These: Die Textsorte »audiovisuelle Filmkritik« gibt keineswegs einen bestimmten filmkritischen Diskurs vor. Allerdings impliziert die visuelle Argumentation eine gewisse Tendenz zur Bestätigung. Das geht den Fernsehbildern nicht anders als den Filmbildern. Schon Fritz Lang hat in seinem langen Gespräch mit Peter Bogdanovich darauf hingewiesen, daß die symbolischen Zeichen des Kinos die visuellen Informationen nicht verstärken, sondern erst instituieren. (Das macht Verrisse etwas schwierig. Mir scheint, sie sind allein über den verbalen Kommentar oder über eine präzise Detailanalyse möglich.)

3. Auf einer Ebene ist die audiovisuelle Filmkritik eindeutig überlegen: in der Möglichkeit, Zeugen und Materialien zu präsentieren. Das bezieht sich auf Interviews mit allen Beteiligten, nicht nur dem Regisseur, auch mit den Schauspielern und Technikern. Es bezieht sich aber auch auf Schauplätze, Bauten, Kostüme, Requisiten. Bei historischen Themen: etwa Porträts bereits gestorbener Filmemacher, Wiederaufführung alter Filme

etc. kann so eine Authentizität erreicht werden, die der verbalen Filmkritik nur unter Mühen gelingen dürfte.

4. Was schriftliche Texte zu Filmen zwar leisten können, im Fernsehen mit audiovisuellen Mitteln allerdings überzeugender gelingen kann: die Neugierde der Leser/Zuschauer zu wecken für »die Ebene der Darstellung und die dramaturgische Konzeption«[12], für »die besondere, situativ beschreibende Erzähltechnik, Motivketten und Bilddramaturgie« eines Films.[13] Möglich ist zum Beispiel: die narrativen Strategien der Kamera / bzw. die rhythmischen Operationen der Montage nicht nur zu beschreiben, sondern direkt zu dokumentieren.

Meine These: Audiovisuelle Filmkritiken machen sichtbar, was den Kern eines Films ausmacht. Sie sind – im Glücksfall – dazu imstande, mit Bildern sehen zu lehren.

III   WDR-Filmtip zu *The Color of Money* als Paradigma einer audiovisuellen Filmkritik (S. 206–212)

III WDR-Filmtip zu *The Color of Money* als Paradigma einer audiovisuellen Filmkritik
Die Farbe des Geldes. »Filmtip« vom 12.3.87

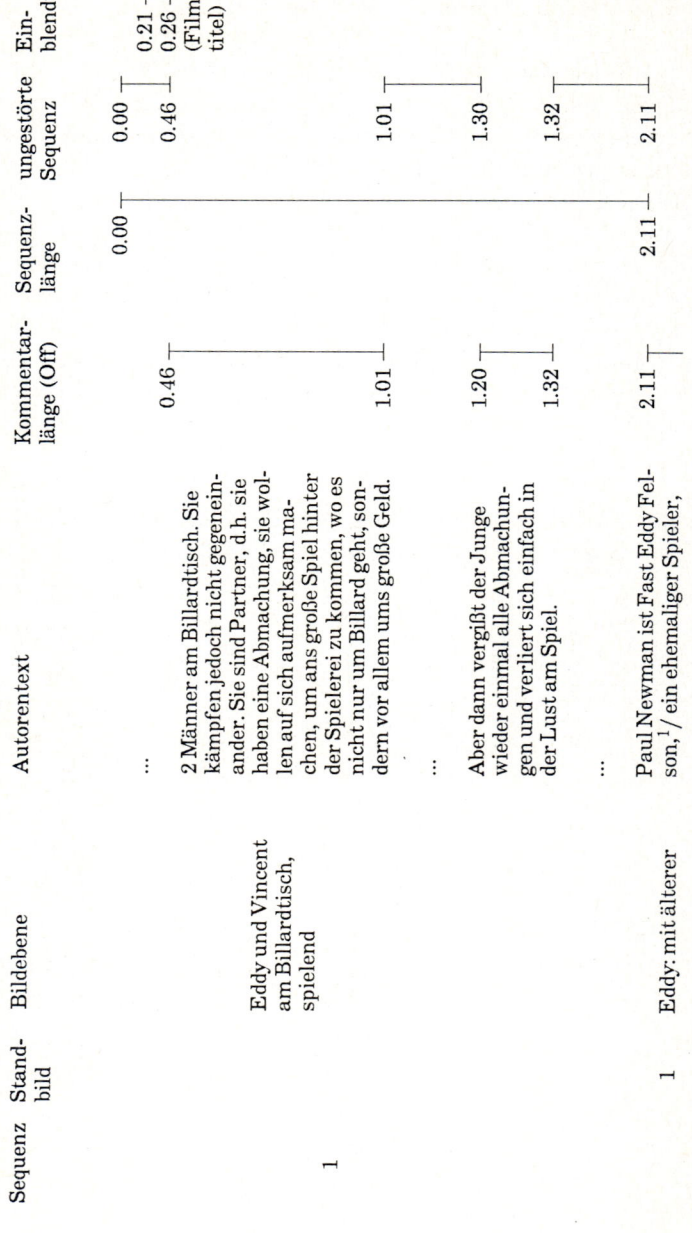

Sequenz	Stand-bild	Bildebene	Autorentext	Kommentar-länge (Off)	Sequenz-länge	ungestörte Sequenz	Ein-blendung
			…		0.00	0.00	0.21 ⌐
						0.46	0.26 ⌐ (Filmtitel)
1		Eddy und Vincent am Billardtisch, spielend	2 Männer am Billardtisch. Sie kämpfen jedoch nicht gegeneinander. Sie sind Partner, d.h. sie haben eine Abmachung, sie wollen auf sich aufmerksam machen, um ans große Spiel hinter der Spielerei zu kommen, wo es nicht nur um Billard geht, sondern vor allem ums große Geld.	0.46			
			…	1.01		1.01	
			Aber dann vergißt der Junge wieder einmal alle Abmachungen und verliert sich einfach in der Lust am Spiel.	1.20		1.30	
				1.32		1.32	
			…				
	1	Eddy: mit älterer	Paul Newman ist Fast Eddy Felson,[1] / ein ehemaliger Spieler,	2.11	2.11	2.11	

Sequenz	Stand-bild	Bildebene	Autorentext	Kommentar-länge (Off)	Sequenz-länge	ungestörte Sequenz
	2	Freundin an der Bar mit Vincents Freundin	den Billard inzwischen nur noch als Geschäft interessiert.[2] / Plötzlich jedoch entdeckt er ein Talent und fängt noch einmal Feuer.[3] / Er entdeckt wieder,			
	3	am Balkon, beobachtend				
	4	am Billardtisch	daß gewonnenes Geld zweimal so süß ist wie verdientes.[4] /			
	5	Vincent: mit Billardschläger	Tom Cruise ist Vincent Gloria. Ihn interessiert nur das Spiel,[5] / um des Spielens willen. Dann aber lernt er von Eddy, daß			
	6	essend	der,[6] / der am besten spielt, noch lange nicht auch der Beste ist.[7] /			
	7	mit Eddy	So läßt er sich aufs Bluffen ein,			
	8	spielend	aufs Verlieren, um damit noch höher zu gewinnen.[8] /			
	9	Carmen: auf Stuhl sitzend, beobachtend	Und zwischen den beiden Männern: ein Tough-Girl,[9] / Marie Elizabeth Mastrantonio,			
	10	mit Vincent, sprechend	als Vincents Freundin Carmen.[10] / Sie hat, wie Eddy ihr			
	11	mit Eddy und Geldschein	erklärt, eine besondere Aufgabe. Während er Vincent[11] / das			
	12	mit Vincent auf Bett	Laufen beibringe, müsse sie ihn verwöhnen und bei der Stange halten.[12] /	2.57 ⊥	2.57 ⊤ ⊥	2.57 ⊤

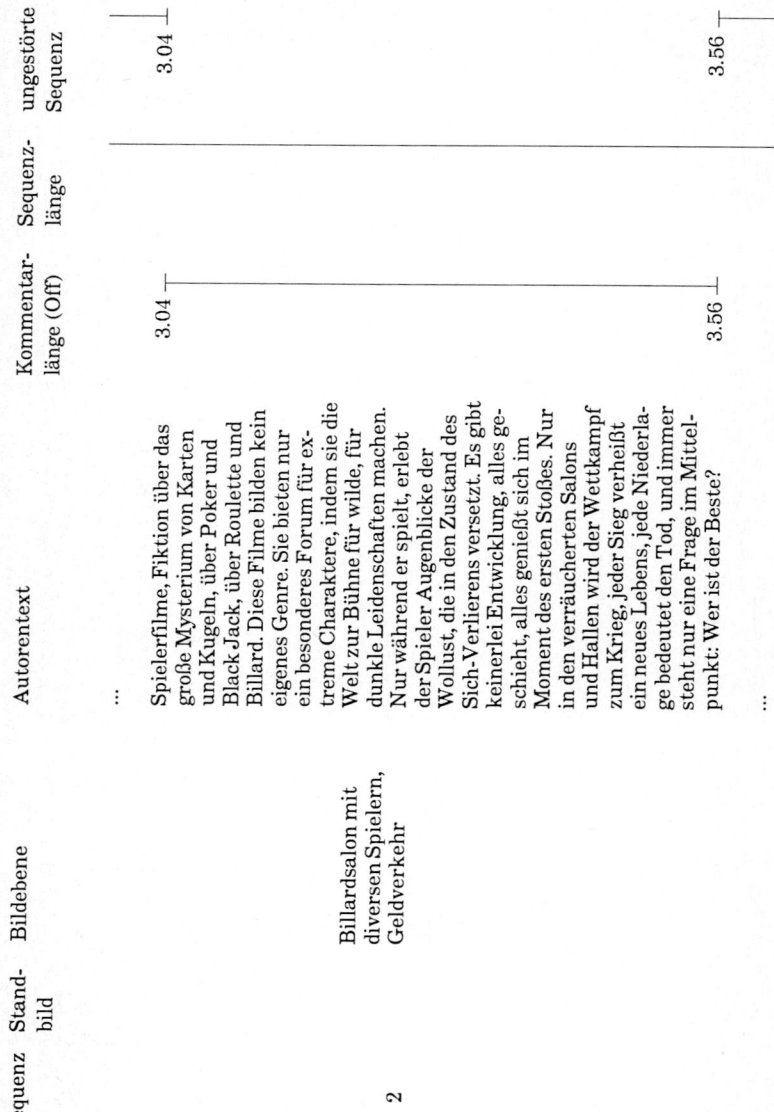

Sequenz	Standbild	Bildebene	Autorentext	Kommentarlänge (Off)	Sequenzlänge	ungestörte Sequenz
		...	...	3.04		3.04
2		Billardsalon mit diversen Spielern, Geldverkehr	Spielerfilme, Fiktion über das große Mysterium von Karten und Kugeln, über Poker und Black Jack, über Roulette und Billard. Diese Filme bilden kein eigenes Genre. Sie bieten nur ein besonderes Forum für extreme Charaktere, indem sie die Welt zur Bühne für wilde, für dunkle Leidenschaften machen. Nur während er spielt, erlebt der Spieler Augenblicke der Wollust, die in den Zustand des Sich-Verlierens versetzt. Es gibt keinerlei Entwicklung, alles geschieht, alles genießt sich im Moment des ersten Stoßes. Nur in den verräucherten Salons und Hallen wird der Wettkampf zum Krieg, jeder Sieg verheißt ein neues Lebens, jede Niederlage bedeutet den Tod, und immer steht nur eine Frage im Mittelpunkt: Wer ist der Beste?	3.56		3.56

Sequenz	Stand-bild	Bildebene	Autorentext	Kommentar-länge (Off)	Sequenz-länge	ungestörte Sequenz	
	13	3 Ausschnitte vom Plakat zu »Die Farbe des Geldes«	Die Farbe des Geldes hat der dt. Kameramann Michael Ballhaus[13] / in leuchtenden Farben und schwebender Beweglichkeit photographiert.[14] / Gestattet hat er sich dabei aber auch einiges an ornamentalem Schnickschnack:[15] /	4.14	4.14 ⊥	4.14 ⊥ 4.14	(Plakat)
	14						
	15			4.31		4.31	
3		Standbild – bewegt: Kugel	Die Parallelfahrt mit einer Kugel etwa	4.37	4.31		
4		Schwenks	Oder die schnellen Hin- und Herschwenks, die das Billard mit Tennisblicken einfangen.	4.49	4.33		
5		Standbild: Kugel	Die Spiegelung des Helden in der schwarzen Kugel.	4.53	4.49		
6		Bewegte Kugeln	Den isolierten Tanz der Kugeln.	5.02	4.53		
7		Kamerafahrt ins Loch	Oder, Höhepunkt des Unsinns: den subjektiven Blick einer Kugel aufs schwarze Loch.	5.10	5.02		
8		Kreisfahrt	Andererseits gibt es zweimal eine wunderbare Kreisfahrt der		5.10		

Sequenz	Stand-bild	Bildebene	Autorentext	Kommentar-länge (Off)	Sequenz-länge	ungestörte Sequenz
9			Kamera um den Tisch herum. Eine Erzählfigur, die ganz Unterschiedliches formuliert, stets aber vom Äußeren aufs Innere verweist. Einmal	5.17	5.17	
		Vincent spielt begeistert am Billardtisch (Show)	unterstreicht sie Bewunderung und enthüllt zugleich Eitelkeit. So fängt sie Stimmung und Situation ein. Die Kamera arbeitet hier beobachtend, sie bleibt unabhängig von Vincent, sie läßt ihm seinen eigenen Raum.			
10			Das andere Mal unterstreicht die Kreisfahrt der Kamera die Unentschlossenheit und enthüllt zugleich den Zweifel. Sie wird zum äußeren Ausdruck des inneren Ringens. Die	5.45	5.45	
		Kamera dreht sich um Kopf von Eddy	Kamera gestaltet hier ein Gefühl. Ihre Bewegung ist auch Eddy's Bewegung, wie er sich um sich selbst dreht.	6.07	6.09	6.07
			…			6.09
	16	Der junge Eddy mit Filmtitel, s. rechts)	1961 kam Haie der Großstadt in die Kinos. Von dem dt. Kamera-	6.09		

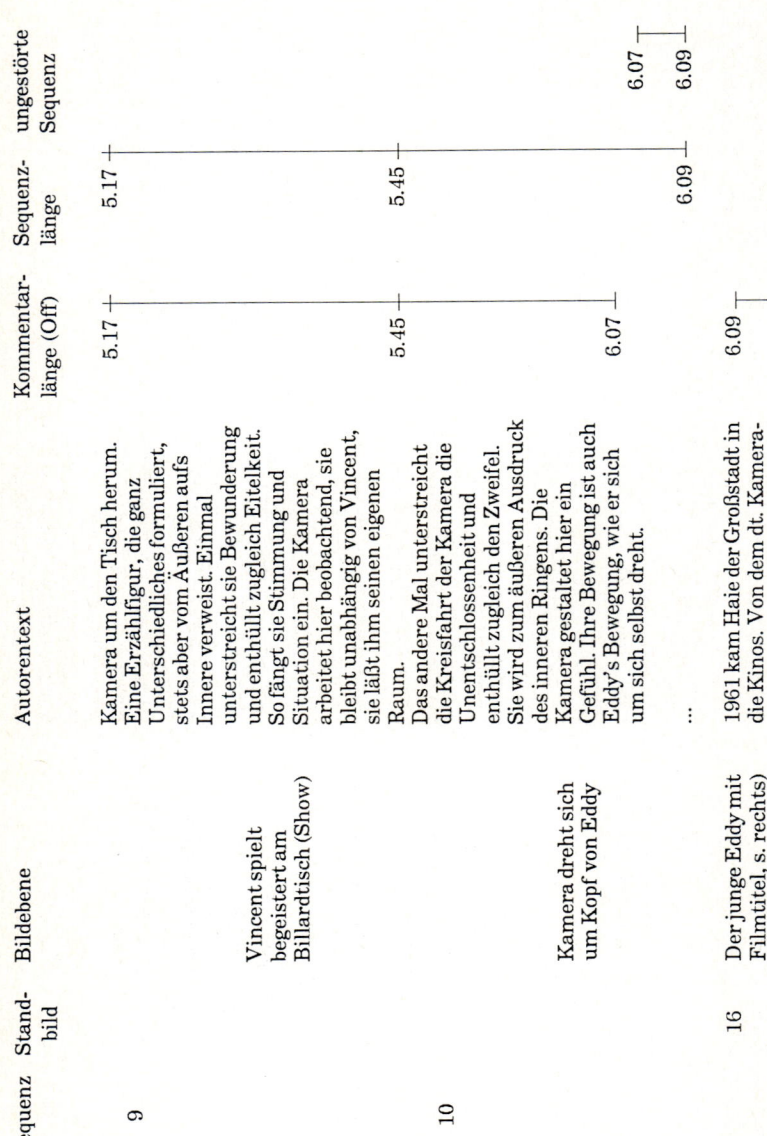

Sequenz	Stand-bild	Bildebene	Autorentext	Kommentar-länge (Off)	Sequenz-länge	ungestörte Sequenz
	17	(s/w)	mann Eugen Schüfftan[16] / in hartem s/w photographiert.			
		Der junge Eddy im Profil (s/w)	Ein später Nachzügler des Film Noir.[17] /			
	18	Der junge Eddy spielend (s/w)	Paul Newman ist hier der junge Fast Eddy Nelson, der das Pool-Billard beherrscht wie kein anderer.[18] /			
	19	Der junge Eddy (s/w)	Doch zum wirklich großen Spieler fehlt ihm noch das Wichtigste: Das Gefühl für die Macht hinter dem Spiel.[19] /			
11	20	Der alte Eddy (in »Die Farbe des Geldes«) beobachtend Eddy allein im Billardsaal mit aufgereihten Tischen, spielend	Martin Scorsese setzt diese alte Geschichte nicht einfach fort. Er erzählt eher die aufregende,[20] / abenteuerliche Geschichte einer Wiedergeburt, wie einer alles verläßt, was sein momentanes Leben ausmacht und zu seinen wahren Obsessionen zurückfindet. Am Ende ist Fast Eddy Felson wieder da, ein geläuterter Held, weise und rein und voller Lebenslust. Bei Michèle de Montaigne kann man ihn beschrieben finden. Als er jung war, spielte er, um		6.38	

211

Sequenz	Stand-bild	Bildebene	Autorentext	Kommentar-länge (Off)	Sequenz-länge	ungestörte Sequenz
			Eindruck zu machen, dann, eine Zeit lang, um Erfahrungen zu sammeln, jetzt, um es zu genießen, und nie mehr, um dabei zu verdienen.	7.06	7.13	7.06 – 7.13
			…			

IV Anmerkungen zur ›Filmkritik in Deutschland‹

1 Das Kino

Das Kino, gerade 'mal 95 Jahre alt, war von Beginn an ein gewaltiger Januskopf. Es war immer Spiegel und Spielmaschinerie zugleich. Das Kino ist einerseits fotografisches Sehen, also Beobachtung und mögliche Entdeckung, und andererseits imaginatives Erzählen, also Vision und mögliche Hoffnung. Es ist einerseits Dokument, also Gedächtnis und Erinnerung, und andererseits Hokuspokus, also Effekthascherei und Unterhaltung.

Jeder, der über das Kino arbeitet, muß diese doppelte Potenz, diese doppelte Ausdrucksweise akzeptieren. Oder er kämpft nur gegen Windmühlen. Godard mit Siegel in ein Boot zu setzen - oder Wenders mit Carpenter - ist nicht lustig. Es ist nur ein Dummerjungenwitz. Oder ein Trick, der die Mißachtung gestattet, der erlaubt, daß man keines Blickes würdigt, was mehr als einen schnellen Blick erfordert.

Film als Dokument und Vision. Und Film als Unterhaltung und Hokuspokus. Diese Grenze zu beachten, heißt auch: das eine zu würdigen, ohne das andere zu mißachten. Es gibt eine Grenze zwischen Filmen, die in erster Linie ihre Geschichten erzählen, und Filmen, die in erster Linie das Erzählen selbst zum Gegenstand haben, die es untersuchen, problematisieren, poetisieren.

Die Erzählfilme sind eher instrumentell inszeniert. Hier geht es in erster Linie um die Plausibilität der Geschichte, die direkt auf Wirkungen zielt.

Das sind auch die Filme, die allzu lange der bloßen tagtäglichen Geschmackskritik überlassen blieben. Von wenigen Ausnahmen abgesehen, wurden sie hierzulande erst spät von der seriösen Kritik gewürdigt - in *Film* Ende der Sechziger, danach in der *Süddeutschen Zeitung*, in den Siebzigern dann auch in der *Zeit*.

Kulturanalytische Ansätze stehen diesem Bereich des Kinos geradezu hilflos gegenüber. Entweder sie übersehen/mißachten die Filme, oder sie tun sie mit der immergleichen Attitüde ab. Letztes trauriges Beispiel dafür: Gertrud Kochs Text zu Douglas Sirk, in dem wichtige Arbeiten eines ganzen Genres, des Melodrams, theoretisch niedergebügelt werden.

Aber auch Claudius Seidls Hinweis, er wolle schon auf die filmischen Tricks hereinfallen, sie gleichzeitig aber doch durchschauen, zeugt von einem Mißverständnis. Bei Lubitsch mag das ja noch gehen; bei einem Melo oder einem Thriller bedeutete das das Ende der filmischen Kommunikation. - Ich will dabei nicht bestreiten, daß es ein elitäres Vergnügen sein kann, immer zu sehen, wo die Intentionen liegen; ehrlicher aber scheint mir die Haltung von Truffaut, der Hitchcock gegenüber bekannte, er habe seinen *The Lady vanishes* immer wieder sehen wollen, um zu verstehen, wie er gemacht sei, aber am Ende immer feststellen müssen, daß er dem Sog des Geschehens schon wieder erlegen sei.

Die Kinovisionen sind dagegen dissonant, brüchig inszeniert – voller Lücken. Hier geht es vor allem um die Phantasie der Komposition, um Widerhaken gegen die filmische Faszination: Der Zuschauer soll dem Ganzen nicht erliegen, er soll es als Summe von Teilen erleben, über deren Aussagekraft er selbst entscheidet.

Frieda Grafe hat darauf verwiesen, wie sehr gerade diese Filme das Nachdenken und Schreiben über Kino verändert haben. Weil der Versuch angegangen wurde, »einer veränderten Optik gerechtzuwerden«. Frau Grafe weiter: »Mit den Filmen Godards wurde eine neue Betrachtungsweise der Massenkultur, der Kulturindustrie notwendig.« (Vgl. S. 82)

Meine eigene Konsequenz: In der unterhaltenden Erzählung wie im forschenden, poetischen Essay: nicht die Bedeutungen hinter der Bedeutung aufspüren, sondern die jeweiligen Regeln, nach denen Sinn und Wirkung der Filme neu entstehen. Diese Regeln sind als »noch ungedachte Realität zu denken«.[14] Ihrer Form und Struktur sich anzunähern, heißt für den Kritiker: immer aufs Neue erste sprachliche Formulierungen zu wagen. Was für den ›Kinematographen-Film‹, für den problematisierenden, Neues entdeckenden Essay, für das filmische Kunstwerk gilt, gilt auch und vor allem für den Unterhaltungsfilm: »Vor unseren Augen organisieren sich Dinge unabhängig von dem, was wir denken können.«[15] Im sprachlichen Ausdruck, selbst wo nur beschrieben oder nacherzählt wird, muß deshalb das Charakteristische, das ästhetisch jeweils Besondere stets mitklingen.

2 Die Filme

Dieser Punkt ist für mich am einfachsten zu klären: Was Filme sind? »Die Vollendung der fotografischen Objektivität in der Zeit«, wie André Bazin schrieb.[16] Oder anders, konkreter: Filme sind Systeme fotografischer Bilder in Bewegung, durch den Blick der Kamera geformt und in der Zeit organisiert. Und für jeden Filmkritiker: Gegenstand und Herausforderung.

Wichtig dabei ist allerdings: *wie* die Bilder in Bewegung sind, *wie* die Kamera sie formt und *wie* sie in der Zeit organisiert sind – *so* sind sie stets nur ein einziges Mal zu sehen.

Es gibt kein allgemein gültiges Lexikon für Bilder/Einstellungen; noch eine allgemein gültige Syntax für Einstellungen/Sequenzen. Für jeden Film müssen die Bilder und die Verknüpfung dieser Bilder neu geregelt werden. Sie müssen neu geschaffen werden, während der Film selbst geschaffen wird. Selbstverständlich gibt es gewisse Standards, eingeführte Erzählkonventionen. Vielleicht sind sie mit dem Begriff der »rhetorischen Figur« am treffendsten charakterisiert. Dennoch: Jeder Film (und sei er noch so miserabel) bringt – während er selbst geformt wird – zugleich sein eigenes kinematographisches System hervor.

Für das Schreiben über Film hat dies eine wichtige Konsequenz: Feste Maßstäbe greifen nicht. Man muß dem Kino offen begegnen, die Filme fortschreitend reflektieren und sie mit flexiblen, stetig wandelnden Kategorien zu erhellen versuchen.

Wer dagegen Filme nur sucht, um seine Theoriekonzepte sinnlich zu füllen, Filme nur als konkrete Mittel für seine abstrakten Zwecke nutzt, dürfte den Filmen kaum etwas entnehmen können.

3 Die Theorie

Theoretische Konzeptionen, theoretische Ansätze, ja sogar theoretische Modelle von vornherein abzulehnen, scheint mir naiv und dumm.

Auch die Verklärung der journalistischen Schreibweise scheint mir problematisch.

Andreas Kilb erklärte, sein Anspruch als Filmkritiker sei,

komplizierte ästhetische Zusammenhänge in möglichst einfacher Art und Weise zu vermitteln; Filme »in größere Klarheit« zu »übersetzen«. Ich denke, das kann nicht der »Anspruch« von Filmkritik sein. »Denn nichts ist klarer als das Werk«, wußte schon Roland Barthes.[17] Dem stimme ich zu: Nichts ist klarer als der Film selbst.

Der Mythos der Verständlichkeit sollte vielleicht doch etwas vorsichtiger gefeiert werden. Mir jedenfalls genügte eine klare Ausdrucksweise; da könnten dann die allerkompliziertesten Sachverhalte artikuliert und diskutiert werden.

Schopenhauer, Nietzsche, Bloch, Barthes sind da doch die besten Beispiele; oder in unserem Metier: Balázs, Kracauer, Bazin, Grafe.

Seidls Metapher von den Scheuklappen, die »aus Papier ›bestehen‹«, bzw. von den »Büchern«, die sich so manche »vor die Augen geschnallt« haben, scheint mir unglücklich gewählt. Meiner Erfahrung nach tragen Filmkritiker ihre Bücher nicht vor den Augen, und sie haben sie auch nicht im Regal abgestellt, sie tragen sie in der Tasche, jederzeit griffbereit, um schnell noch einmal nachzulesen, was demnächst als Zitat ansteht.

Ich selbst, das ist klar, bin in meiner Arbeit tief geprägt von Roland Barthes' Strukturanalysen.

Für die Zeitschrift *epd-Film* habe ich bekannt: Ich will es mit Roland Barthes halten: den »Diskurs« zu versuchen, »der nicht im Namen von Gesetz und/oder Gewalt zur Aussage kommt: dessen Instanz weder politisch, noch religiös, noch wissenschaftlich ist; der gewissermaßen das Übrigbleibende und der Zusatz aller dieser Aussagen wäre. Wie werden wir diesen Diskurs nennen? *Erotisch* sicherlich, denn er hat mit Wollust zu tun; oder vielleicht noch *ästhetisch*, wenn dafür gesorgt wird, daß diese alte Kategorie allmählich eine leichte Drehung erhält, die sie von ihrem regressiven, idealistischen Grund entfernt und dem Körper annähert, der Abschweifung.«[18]

Sollte ich die Grundlagen meiner Arbeit, ihre theoretische Methode näher bestimmen, würde ich sie definieren als eine Mischung aus »phänomenologische(r) Kritik (die das Werk explizit macht statt es zu erklären)« und »strukturale(r) Kritik (die das Werk für ein System von Funktionen hält)«.[19]

Was mir besonders gefällt: die Idee einer dramatisierten Kritik: die kein Desinteresse gegenüber ihrem Gegenstand kennt, auch keine Distanz, die nur ein anderer Begriff wäre für das Desinteresse. Das heißt, um mit Barthes zu sprechen, ich mag die Kritiker, »bei denen ... eine Verstörtheit, ein Erzittern, eine Manie, ein Delirieren, eine Inflexion (zu) erkennen« ist.[20] Dramatisierte Kritik, das impliziert auch, wie Georges Bataille einst schrieb, den »zum Diskurs hinzutretende(n) Wille(n), sich nicht an das Ausgesagte zu halten, sich dazu zu zwingen, das Eisige des Windes zu spüren, nackt zu sein.«[21]

Das Kino demgegenüber vorrangig als »fetischisierendes Substitut« zu begreifen, mag eine Reihe kulturanalytischer Thesen ermöglichen. Theoretische Aussagen über Filme, übers Kino scheinen mir darüber nur am Rande möglich.

Ein theoretisches Modell, das den Akzent auf die Stringenz seines eigenen Knüpfwerks legt, auf die Stringenz der Theorie-Komposition – und dazu die Filme sich sucht, die ›passen‹, die das Knüpfwerk, die Komposition bestätigen, ein solches Modell findet nur, was es zu finden beabsichtigt. Es geht mit dieser Theorie – um einen französischen Autor abzuwandeln – »wie mit den spanischen Herbergen... Man findet dort nur, was man mitbringt.«

4 Die Kritik

a) Kritik, Versuch einer historischen Debatte

Ich will das an dieser Stelle nicht abhandeln, nur kurz ansprechen.

Ich stelle mir zwei Freunde vor, die zusammen spazierengehen, regelmäßig; vielleicht an einem kleinen Fluß, vielleicht über einen großen Boulevard. Ihre größte Freude dabei: ihr unentwegter Streit.

Der eine beharrt darauf, immer wieder, Filmkritik sei bereits bei Anaxagoras erkennbar. Dessen ›κρίνειν τἀληθές‹, das »Unterscheiden des Wahren«, enthalte schon das Wesentliche. Und dann Platons Differenzierung von Erkenntnis: in einen anweisenden und einen beurteilenden Bereich. Das nehme doch vieles der neuesten Debatten vorweg. Schließlich Aristoteles, der habe sogar klare Anweisungen zur Filmanalyse gegeben: von der Wahrnehmung (αἴσθησις) zum Wissen (ἐπιστήμη) – über die Erinnerung ($\mu\nu\acute{\eta}\mu\eta$), die Erfahrung ($\check{\epsilon}\mu\pi\epsilon\iota\rho\acute{\iota}\alpha$) und die Technik ($\tau\acute{\epsilon}\chi\nu\eta$).

Der andere schweigt lange, wie immer. Dann lacht er laut los, wie immer. Nein, mein Freund, antwortet er schließlich, das mit der Filmkritik kam alles viel später.

Und dann beharrt er darauf, immer wieder, Filmkritik sei erst bei Kant erkennbar.

Das könne doch nicht wahr sein, unterbricht ihn sein Freund sofort. Wenn er schon die Griechen nicht anerkenne, mit den Stoikern und ihrer »ars iudicandi« wolle er gar nicht erst kommen, auch nicht mit Quintilian und seiner wunderbaren Differenzierung zwischen Filmoptik und Filmkritik, aber was sei mit Petrus Ramus? Der habe schließlich für die Filmkritik wiederentdeckt, daß das Finden und Entdecken (die via inventionis) vom Urteil (der via iudicii) zu unterscheiden sei.

Der andere lacht wieder. Er könne wohl nur an Zenon denken, an die offene Hand und die geballte Faust. Nein, fügt er nach einer Weile hinzu, der erste seriöse Filmkritiker sei und bleibe Kant.

Ignorant, beschimpft ihn sein Freund daraufhin. Er wisse, mit Descartes und Vico brauche er gar nicht erst zu argumentieren. Aber mit Gottsched, der die Regeln formuliert habe, mit denen man die vollkommenen von den unvollkommenen Filmen unterscheiden könne? Oder mit Lessing?

Der andere weiß, jetzt wird es ernst, jetzt ist seine Zeit gekommen. Erst als Ästhetik und Logik, die »Kritik des Geschmacks« und die »der Vernunft«, so verwandt zu denken sei, daß »die Regeln der einen jederzeit dazu dienen, die der anderen zu erläutern«, erst dann habe Filmkritik entstehen können.

Überhaupt: Filmkritik ohne Instanz, organisiert nach dem Modell eines Gerichtshofes, sei purer Blödsinn. Die »endlosen Streitigkeiten« auf dem filmkritischen Kampfplatz seien es doch, die Prozesse notwendig machten. Eine Filmkritik, die den sicheren Weg der Erkenntnis finden soll, sei nur als Prozeß vorstellbar. Schließlich laufe das doch auf den kritischen Richterspruch der Vernunft hinaus. Filmkritik sei ein Akt »der bloßen Beurteilung der reinen Vernunft (filmischer Wahrheiten), ihrer Quellen und Grenzen«.

Der Freund, sichtlich geschockt, wie immer, selbst seine

Schritte sind langsamer geworden, der Freund schüttelt den Kopf, wie immer. Dann, mit leiserer Stimme: Was denn nach Kant sei? Mit Friedrich Schlegel etwa, der Filmkritik als Kunstwerk begriffen habe: als Denken des Denkens? Als Poesie der Poesie? Kritik als Selbsterkenntnis des Films, wo das kritische Experiment nicht *über* ein Werk stattfinde, sondern die Reflexion des Werkes selbst wachrufe.

Und was sei mit Roland Barthes? Der habe der Filmkritik doch neue Wege gewiesen: »sich als moralisches Ziel nicht die Entschlüsselung des Sinnes des untersuchten (Films) vorzunehmen, sondern Rekonstruktion der Regeln und Zwänge der Ausarbeitung dieses Sinnes.«[22]

Die Antwort des anderen, nach einer kurzen Pause, genüßlich: Filmkritik sei immer nur Kritik der Urteilskraft. Kritik des »wechselseitige(n) Verhältnis(ses) des Verstandes und der Einbildungskraft zu einander in der gegebenen Vorstellung.« Mit Kant, sagt der andere abschließend, sei Filmkritik, zu ihrem Anfang, ihrem Höhepunkt und zu ihrem Abschluß gekommen.

Lange Pause danach.

Ich stelle mir vor, die beiden Freunde gehen noch lange spazieren, wie immer, streiten dann weiter, streiten noch lange, wie immer. Auch über Gertrud Koch, Wolf Donner, Karsten Witte, Dietrich Kuhlbrodt, hier nachsichtiges Lächeln, auch über Claudius Seidl, Andreas Kilb und Norbert Grob, an dieser Stelle lautes Lachen des Kantianers. Nur an Frieda Grafe geht ihre Rede vorbei, seltsamerweise.

b) Kritik, Versuch einer Definition

Der französische Filmessayist André Bazin hat einmal erklärt: Das Schreiben über Film habe nicht die Funktion, auf einem silbernen Tablett eine Wahrheit zu servieren, die nicht existiert, sondern im Denken und Empfinden derer, die seine Texte lesen, soweit wie möglich den Schock des Kunstwerks zu verlängern.[23] Bazin zielt damit direkt auf den Kern: auf das Zentrum des ästhetischen Ausdrucks.

Auf mehreren Ebenen hat Bazins Position mich provoziert und geprägt: Daß die Wahrheit eines Kunstwerks nicht existiere, also auch keine Objektivität der Kritik, keine Objektivität im

Nachdenken über Film, in der Arbeit, einen Film zu »lesen« und schriftlich zu fassen – daraus folgt eine wichtige Anstrengung: Filmkritik in Bazins Sinne heißt – und dem möchte ich mich anschließen: mit Interesse und Verve, auch mit Virtuosität und Eleganz, den Sinn und die Wirkung eines Films zu entziffern, dabei die einzelnen Inhalts- und Ausdruckselemente reflektierend. Auch Filmkritik ist eben »keine Übersetzung, sondern eine Paraphrase.«[24]

»Metakritik..., die uns praktischen Kritikern am ehesten ansteht, ist Selbstkritik«, hat Frieda Grafe erklärt. Ich würde dem gerne noch hinzufügen: auch Transparenz und Bescheidung.

Letzte Wahrheiten über Filme zu vermeiden, heißt: konkrete Wahrheiten über Bilder zu formulieren, die allerdings stets in der Schwebe bleiben – subjektive Sehweisen zu wagen, ohne das Subjektive zu verstecken / bzw. eigene, von gewählten Theorien geprägte Verständnisschneisen zu schlagen, ohne diese Theorien zu verstecken.

Kritik in dem Sinne heißt: die Freiheit nutzen, unterschiedliche Wege zu gehen, diese Wege allerdings zugleich stets zu kennzeichnen. »Jede Kritik muß in ihrem Diskurs (sei es auf noch so diskrete und abgewandte Weise) einen implizierten Diskurs über sich selbst enthalten. Jede Kritik ist Kritik des Werkes und Kritik ihrer selbst.«[25] Dieses Postulat von Barthes impliziert zweierlei:

zum einen die Bezugnahme auf ein gewähltes ideologisches System deutlich zu deklarieren: sei es ein marxistisches oder ein psychoanalytisches, sei es ein phänomenologisches oder ein strukturalistisches;

zum anderen »den moralischen Schleier der Strenge und Objektivität« zu zerreißen; anzuerkennen, daß auch die Filme in erster Linie beunruhigende Fragen sind, die, verkleidet als Antworten, ihrer Antwort noch harren; aber diese Antwort kann unterschiedlich ausfallen und immer aufs neue gegeben werden. Denn »die Antwort der Welt auf einen (Film ist) nie beendet: man hört nie auf, eine Antwort auf das zu geben, was außerhalb aller Antwort geschrieben wurde...«[26]

Der Kritiker bietet niemals das entsprechende, das ›richtige‹ Verständnis eines Films. Er kann nur ein Netz von Bedeutungen vorstellen, das er dem Ensemble der Formen entnimmt, das den Film ausmacht. Roland Barthes dazu: »(Film)Kritik... verleiht der reinen (schauenden/hörenden)/lesenden Rede eine Sprache und gibt der mythischen Sprache, aus der das Werk, (der Film) besteht ... eine Rede.«[27]

Der freien, ständig variierenden Rede des Kinos eine Sprache geben – und der künstlichen, filmischen Sprache eine konkrete Rede: ein utopisches Anliegen. Es gibt der Sache erste Begriffe und unterzieht den Begriffen unentwegt die Sache. Der formalistischen Arbeit ordnet sich ein inhaltlicher Kern zu.

Dazu auch Adornos Begriff der »immanenten Kritik«: »Nie ist immanente Kritik rein logische allein, sondern stets auch inhaltliche, Konfrontation von Begriff und Sache.«[28]

Gertrud Koch führte zu diesem Punkt aus – und ich stimme ihr dabei voll zu: »Auratische Momentserfahrungen« seien »immer wieder dem ästhetischen Material konfrontiert« zu sehen, »ästhetische Urteile damit prinzipiell nicht nur revisionsfähig, sondern sogar -bedürftig«.

Noch einmal Adorno: »Die Stimmigkeit des (Films), in einem nur an diesem selber zu entwickelnden Sinn, wird zur Bürgschaft seiner Wahrheit und zum Gärstoff seiner Unwahrheit.«[29]

c)   Die Kritik und ihre Formen

Karsten Witte hat vom »Kritiker alten Schlags« gesprochen, vom »Zirkulationsagent(en) mit ästhetischer Kompetenz«, und ihm den neuen Kritiker gegenübergestellt, den »Ich-Agent(en) mit der Kompetenz eines Augenliebhabers«. In den Texten selber sieht er die Gegensätze radikalisiert: den kritischen, analytischen »Diskurs« auf der einen, die »Erzählung von den flüchtigen Abenteuern der Augenliebhaber« auf der anderen Seite.

Ich sehe mich und meine Arbeit in diesem Gegensatz nicht eingebunden. Deshalb erlaube ich mir anzumerken: Der unbedingte Wille zum Diskurs kann auch zum lächerlichen Kampf gegen Windmühlen werden, der Interpretationszwang auch zur Sisyphosarbeit.

Die Folge davon: die Gefahr des Rückzugs auf einen bestimmten Korpus von Filmen, die Gefahr der Blindheit gegenüber der überwiegenden Anzahl von Filmen.

Gertrud Koch hat hier, über Derrida und Adorno, »das ›Ernste‹ des Ästhetischen in seiner Kraft zur Negation« gesehen und den »ästhetische(n) Diskurs auf die permanente Verunsicherung der Erfahrungsgewißheit« festgelegt. Ich kann das gut verstehen – im allgemeinen. Ersetze ich allerdings das Adjektiv ›ästhetisch‹ durch ›filmisch‹, bleiben als Objekte unserer Kritikerpraxis kaum Filme übrig.

Ich finde, in Frau Kochs Texten selbst spiegelt sich dieses Dilemma: Was ihr an Ophüls' Kino gelingt, versagt vor einem trivialen Genre, wie etwa Sirks Melos.

Zurück zu den Formen von Kritik: Gertrud Kochs Differenzierung zwischen den subjektiven, den formalistischen und den kulturanalytischen Kritikern vermag ich gut nachzuvollziehen; nicht aber die Hierarchie, die sie für sich in Anspruch nimmt. Ein wenig versteckt sie da ihre eigene Ideologie »als Schmuggelware im Gepäck«[30] des wissenschaftlichen Diskurses.

In mehreren Vorlesungen gab es ein Moment von Ausschließlichkeit; als ginge es darum zu beweisen, welcher Weg der einzige sei, der zur wahren Erkenntnis führe. Claudius Seidl sprach vom Journalismus, als gebe es nichts davor, nichts daneben, nichts danach.

Mir hat deshalb gefallen, was Andreas Kilb vortragen wollte, aber dann doch nur geschrieben hat. Daß ihn an anderen Filmkritiken interessiere, was er *nicht* oder *anders* gesehen habe. Ihn interessiere, »was scheinbar ›nicht hierher gehört‹, nämlich eine überraschende Beobachtung, ein von weither geholtes Zitat, eine ungewöhnliche Gedankenverbindung.«

Ich selbst sehe grundlegende Unterschiede in unserem Metier – sieben verschiedenen Formen der Filmkritik innerhalb der seriösen Publikationen hierzulande (Reklameschreier lasse ich hier außen vor);

Da ist die bloß urteilende Kritik: Geschmackskritik – für den Alltag gedacht und geschrieben (im *Spiegel*, im *stern*, vieles in den Stadtmagazinen);

die ideologiekritische Kritik, die vornehmlich nach den politischen Implikationen eines Films fragt (im Moment macht das keiner so intensiv wie Wolf Donner im *Tip* und im WDR-Fernsehen);

dann die subjektive Kritik: im Laufe dieser Vorlesungsreihe am heftigsten angegriffen und am heftigsten verteidigt. Vertreter, immer wieder genannt: Michael Althen und Claudius Seidl in der *Süddeutschen*, Andreas Kilb in der *Zeit*;

die impressionistisch-fragmentarische (cinephile) Kritik: gepflegt von Gunter Groll in der *Süddeutschen*, wie es Hans Helmut Prinzler eindrucksvoll belegte, später immer wieder in der *Filmkritik* (»Besprechungen fragmentarischen Charakters..., es ist keine Schande, wenn jemand zu einem Film sieben einzelne Gedanken einfallen« – H. Färber, FK 4/67), in den letzten Jahren am intensivsten von Norbert Jochum (in *Filme*, in der *Zeit*, im WDR-Fernsehen);

die formal-analytische Kritik: von den Papmaks-Leuten aus Münster abgesehen (und da finde ich die Ergebnisse oft nicht überzeugend), ist sie innerhalb des filmkritischen Diskurses hierzulande eher Zusatz – als solcher allerdings unverzichtbar. (Gertrud Koch hat Untersuchungen zu filmischen Parametern, wie etwa Farbe, Bewegung, Rhythmus, der subjektivistischen Kritik zugeordnet und formalistische Ansätze der US-amerikanischen Wissenschaft zitiert. Diese Ansätze unterschied sie von strukturalistischen durch ihr »genuin ästhetisches Interesse« bei der *evaluation* von Filmtheorie. Ich finde, die formal-analytische Kritik impliziert beides: die Untersuchung zentraler Parameter wie das ästhetische Interesse bei der Einschätzung von Filmtheorie. In dem Sinne behaupte ich selbstverständlich, daß meine Untersuchungen zu Wenders, auch die zur filmischen Redeweise von Fuller oder Ray formal-analytische Modelle integrieren.);

die kulturanalytische Kritik, deren Relevanz von Karsten Witte und Gertrud Koch an dieser Stelle ja nachhaltig eingeklagt wurde – (für die *Frankfurter Rundschau* und für *frauen und film*);

schließlich die essayistisch-literarische Kritik (die eher einen Sonderfall darstellt, da sie, wenn auch angestrebt, nur selten gelingt: kühn gedacht, lustvoll phantasiert und liebevoll geschrieben, so hatte ich sie für *epd-Film* gewürdigt). Gunter Grolls und Frieda Grafes längere Essays in der *Süddeutschen Zeitung* sind Paradebeispiele dieses Genres. Und in der *Filmkritik* führten das Helmut Färber und Hartmut Bitomsky, später auch Peter Nau weiter.

Filmkritik überdenkt notwendig auch, ob die Mittel der Darstellung sind, was sie ihrem eigenen Verständnis nach zu sein beanspruchen.

Meine eigene Praxis würde ich manchmal inpressionistisch nennen, manchmal formal-analytisch, selten – wenn alles gelungen ist an einem gelungenen Film: essayistisch-literarisch. Um meine eigene Arbeit von anderen abzugrenzen, habe ich vor knapp zwei Jahren für *epd-Film* – polemisch überspitzt – das Vorwort der ersten Ausgabe der Münchener Zeitschrift *Filmkritik* paraphrasiert:

»Nichts ist so überholt wie die soziologisierende Filmkritik, die Bedeutungen filtert, statt – die visuellen Eindrücke aufnehmend – Formen und Strukturen zu entdecken, die interpretiert, statt zu entziffern, die Meinungen propagiert, ›feiert‹ und ›zerreißt‹, statt für den Leser »den Schock des Kunstwerks zu verlängern«, die den Film nur als gesellschaftliches Phänomen sehen will, statt auch im ästhetischen und kunsthistorischen Zusammenhang, die moralische Forderungen stellt, statt dem stilistischen Ausdruck nachzuspüren. Sie vertraut den vorgeformten Gedankenklischees und reserviert das Denken der Nachbeterei schicker Parolen.

Die soziologisierende Filmkritik versagt ebenso vor dem bedeutenden Kunstwerk wie vor dem kommerziellen Produkt der Unterhaltung. Vom Kunstwerk ist sie nicht imstande auszusagen, worin denn eigentlich sein Kunstcharakter besteht. Und die Unterhaltung versteht sie nicht, weil sie es für unnötig hält, den Film an seiner konkreten (historisch, gesellschaftlich und ökonomisch zu begreifenden) Wirklichkeit zu überdenken. Statt dessen spiegelt sie nur die richterlichen, längst ausdiskutierten Gedanken des ›Betrachters‹, der mit festen Lehrsätzen den Leser schulregelt und immer klarstellt, daß man es selbstverständlich nur so sehen könne. Kritik wird zur politischen Kundgebung, sie unterzieht jeden Film dem Test, wofür und wogegen er Stellung bezieht, und will die Dinge nie so lassen, wie sie sind, auch und gerade da, wo sie sich mokiert.«[31]

d)   Kritik, Versuch einer Methodenbeschreibung

Das folgende in Kürze. Also als Skizzen meiner Methodik.

Die einzelnen Elemente von Inhalt und Ausdruck reflektieren,

Sinn und Wirkung von Filmen entziffern, habe ich als Hauptrichtung formuliert.

›Entziffern‹ denke ich (im Gegensatz zur Interpretation, die in erster Linie auf Auslegung aus ist, darauf, was das einzelne hinter seiner Bedeutung noch bedeutet, die ein x stets für ein y nimmt, wie Susan Sontag einmal schrieb), ›Entziffern‹ denke ich als Offenlegung von Formen und Strukturen, die den jeweiligen Film konstituieren.

›Entziffern‹ meint, die einzelnen Elemente in Beziehung zum Zusammenhang des Films zu setzen:
die Geschichte und ihre Dramaturgie,
die Schauplätze und ihr besonderer Charakter,
die Figuren und die Darstellungsweise der Schauspieler,
die Ausstattung: das Charakteristische von Dekor und Dingen,
die Montage und der Rhythmus der Geschichte,
und die Arbeit der Kamera: ihre Perspektiven und erzählerischen Strategien.

Diese Bedeutungselemente in Beziehung zum Film insgesamt und auch zur Filmgeschichte zu bringen, eröffnet die Möglichkeit, der besonderen Eigenart von Filmen auf die Spur zu kommen: ihrem Stil.

Und Stil ist im Unterhaltungskino nicht so sehr Resultat von Erfinden, von Dichten, sondern Ausdruck von Kompositionsarbeit. Stil ist manchmal nur das unverwechselbar Neue, das aus alten, allseits bekannten Einzelheiten geformt wird.

Das, was ich unter ›Entziffern‹ verstehe, diese an Fakten und Formen gebundene und dennoch über sie hinausgehende Offenlegung des eigentlichen, des ästhetischen Kerns von Filmen, ist ein subjektiver und ein objektiver Prozeß zugleich. Subjektiv ist er, da die Qualität des Entziffers abhängig ist von der Lebens- und Kinoerfahrung des Wissenschaftlers. Objektiv ist er, da dieses Aufdecken der ästhetischen Formen und Strukturen nicht der Willkür unterliegt, sondern am konkreten Gegenstand – auch von ganz anderen Personen – nachvollzogen werden kann (und muß).

Wenn ich nun einen kurzen Begriff wählen müßte, der meine Arbeitsweise weitestgehend erfaßt, würde ich mich für den Begriff der »filmhistorischen Stilanalysen« entscheiden.

Die Methode der »filmhistorischen Stilanalysen« impliziert selbstverständlich, daß der historische Teil der Analyse auch die Werkgeschichte, auch die Arbeitsbiographien der beteiligten Künstler und auch (und das nicht zuletzt) die historischen und sozialen Zusammenhänge der Zeit umfaßt, in der die Filme entstanden sind.

Wichtig für die »filmhistorischen Stilanalysen« ist aber auch der sprachliche Ausdruck der Analyse. Es geht eben nicht allein ums Zählen und ums Messen, sondern vor allem darum, auch noch die kleinsten Nuancen der Filme zu entdecken und offenzulegen. Meine These in diesem Zusammenhang: filmanalytischer Reichtum und sprachliche Ausdrucksfähigkeit korrespondieren direkt miteinander.

Wenn es so etwas gab und gibt wie ein Vorbild, dann: Béla Balázs. Der ›erzählte‹ seine Auffassungen vom Kino. Er gliederte sie in kleine Aspekte und fügte sie rhythmisch zueinander. Er kadrierte und montierte quasi - um sein Denken filmisch zu formen. Balázs ist für mich der Michel de Montaigne der Filmkritik/-theorie.

Niemals löste er zudem seine Auffassungen und Theorien aus der Verkettung mit Filmen. Er wendete seine Texte den Filmen zu. Unter seiner Bemühung, die Essenz des Films zu entziffern, ist noch - wie Hartmut Bitomsky einmal schrieb - »das Geräusch des Projektors zu hören«.[32]

1 Walter Tevis: Die Haie der Großstadt. Bergisch-Gladbach 1987, S. 170. –
2 Hans Schifferle: Haie der Großstadt, in: ZITTY, Nr. 1, 6.1.1987. – 3 Roland
Barthes: Über mich selbst. München 1978, S. 122. – 4 Roland Barthes: Die Lust
am Text. Frankfurt/M. 1974, S. 78. – 5 Walter Tevis: Die Farbe des Geldes.
Bergisch-Gladbach 1987, S. 49. – 6 Walter Tevis: Die Haie der Großstadt,
a.a.O., S. 167. – 7 A.a.O., S. 169. – 8 Roland Barthes: Was ist Kritik? In:
Literatur oder Geschichte. Frankfurt/M. 1969, S. 60. – 9 Walter Tevis: Die
Farbe des Geldes, a.a.O., S. 36. – 10 A.a.O., S. 36. – 11 Helmut Merker: zitiert
nach Beate Pfeiffer: Kinosendungen im Fernsehen. Magisterarbeit am Institut
für Theaterwissenschaft der Freien Universität Berlin, 1989, S. 37. – 12 Beate
Pfeiffer: a.a.O., S. 39. – 13 A.a.O., S. 42. – 14 Frieda Grafe: Zum Selbstverständnis der Filmkritik. In: Filmkritik 10/1966, S. 589. – 15 A.a.O., S. 589. –
16 André Bazin: Ontologie des fotografischen Bildes: In: Was ist Kino? Köln
1975, S. 21. – 17 Roland Barthes: Kritik und Wahrheit. Frankfurt/M. 1967,
S. 75. – 18 Norbert Grob: Pamphlet für den ästhetischen Diskurs. In: epd-Film,
2/1988, S. 5-6. – 19 Roland Barthes: Was ist Kritik?, a.a.O., S. 60. – 20 Roland
Barthes: Über mich selbst, a.a.O., S. 174. – 21 Georges Bataille nach Roland
Barthes: Kritik und Wahrheit, a.a.O., S. 59. – 22 Roland Barthes: Was ist
Kritik?, a.a.O., S. 67. – 23 André Bazin: Überlegungen zur Kritik. In: Filmkritiken als Filmgeschichte. München 1981, S. 14. – 24 Roland Barthes: Kritik und
Wahrheit, a.a.O., S. 83. – 25 Roland Barthes: Was ist Kritik?, a.a.O., S. 65. –
26 Roland Barthes: Sur Racine, zitiert nach Helmut Scheffel: Vorwort zu
Roland Barthes: Kritik und Wahrheit, a.a.O., S. 11. – 27 Roland Barthes: Kritik
und Wahrheit, a.a.O., S. 75. – 28 Theodor W. Adorno: Einleitung zu: Der Posi-
tivismusstreit in der deutschen Soziologie. Frankfurt/M. 1969, S. 31. –
29 Theodor W. Adorno: Philosophie der Neuen Musik. Frankfurt/M. 1958,
S. 32. – 30 Roland Barthes: Was ist Kritik?, a.a.O., S. 64. – 31 Norbert Grob:
a.a.O. – 32 Hartmut Bitomsky: Einleitung zu Béla Balázs: Der Geist des Films.
München 1972, S. 11.

Karl Prümm

Nachbemerkung zu einer Debatte

Acht Filmkritiker kommen in diesem Band zu Wort. Kein Leser wird erwarten, der alles überragenden Elite bundesdeutscher Filmkritik zu begegnen. Jene repräsentativen Rollen, die Gunter Groll in den fünfziger, Uwe Nettelbeck in den sechziger, Hans Christoph Blumenberg und Wolfram Schütte in den siebziger Jahren im Feuilleton noch glanzvoll verkörperten, kann heute niemand mehr wahrnehmen. Zur elementaren Bestimmung der gegenwärtigen Situation gehört das Faktum, daß solche Repräsentanz nicht mehr möglich ist. Zu vielfältig und unübersichtlich ist die Lage, zu sehr differieren die Wahrnehmungsformen, die Schreibweisen, die programmatischen Begründungen und Ziele, zu individualisiert sind die Filme und die Ansprüche des Publikums, als daß sich noch ein einzelner Kritiker zum beherrschenden Sprecher eines herrschenden kritischen Diskurses aufwerfen könnte. Daß hier entrollte Panorama rundet sich daher auch nicht. In dem ohnehin aus Raumgründen winzigen Ensemble fehlen ganz gewichtige Stimmen. Aus den Zentren München, Frankfurt, Köln, Hamburg, Berlin sind nicht vertreten: Michael Althen, Peter Buchka, Bodo Fründt, Fritz Göttler, Hans Günther Pflaum, Gregor Dotzauer, Marlies Feldvoß, Peter W. Jansen, Wilhelm Roth, Wolfram Schütte, Hans-Dieter Seidel, Wilfried Wiegand, Helmut W. Banz, Brigitte Desalm, Klaus Kreimeier, Milan Pavlovic, Doris Blum, Angelika Ohland, Volker Baer, Christiane Peitz. Aus den Epizentren Hannover und Stuttgart fehlen: Uta Gote, Ruprecht Skasa-Weiß.

Das heißt aber keineswegs, daß die eingeladenen Kritiker ohne Einfluß und Prestige, daß ihre Voten zufällig wären. Die Selbstaussagen der Kritiker werfen ein Schlaglicht auf die aktuelle Szenerie, ohne sie komplett auszuleuchten. Der Auftrag, in eigener Sache zu sprechen, läßt den Stand der Dinge sichtbar

228

werden, macht einen Disput öffentlich, der sonst nur indirekt oder im Verborgenen geführt wird, enthüllt Positionen, die hinter den filmkritischen Texten zu verschwinden drohen. Die hier versammelten Selbstporträts ermöglichen reizvolle Einblicke in die Bildungsgeschichte jedes einzelnen Kritikers und fordern Vergleiche quer durch die Generationen heraus. Vorbilder und Denkschulen werden bekennerhaft benannt, in einzelnen Fällen läßt sich gar der Beginn des Schreibens rekonstruieren.

Im Mai 1961 erschien der erste filmkritische Essay von Frieda Grafe in der Zeitschrift *Filmkritik*. »Erscheinungsformen« des modernen Romans werden benutzt, um die »Erklärung neuer ästhetischer Organisation im augenblicklichen Film zu erleichtern«. Auf diese Anfänge zurückblickend, hat Frieda Grafe erläutert, wie die Filme der Nouvelle Vague selber eingriffen in die Produktion des sekundären Diskurses. Dem Kritiker führten sie vor Augen, daß seine alten Kategorien nicht mehr taugten. Sie zwangen ihn zum neuen Sehen, zum neuen Denken und zu einem experimentellen Schreiben, daß sich souverän zwischen den Künsten bewegt.

Diesen Initiationspunkt ihres Schreibens und die Energie, die von ihm ausgeht, hat sich Frieda Grafe bis heute bewahrt. Sie beharrt darauf, daß in ihre Texte, von der kinematographischen Selbstreferenz der Nouvelle Vague angeregt, stets eine Selbstreflexion eingeschrieben, daß eine »Kritik« ohne »Selbstkritik« nicht denkbar ist. In allen Stadien der Kritik ist der Autor als zentrale Instanz im Spiel, das Pathos des Autorenfilms beansprucht Frieda Grafe für den Prozeß des sekundären Diskurses.

Es ist dies exakt die Position der ästhetischen Linken, wie sie in der Debatte der sechziger Jahre (vergleiche den Beitrag von Claudia Lenssen) formuliert wurde, die für Frieda Grafes Texte bis heute verbindlich geblieben ist. Ihr vieldimensionales Schreiben sieht auch an den wissenschaftlichen Diskursen des Strukturalismus und der Semiotik nicht vorbei, ist geschärft an Roland Barthes und Julia Kristeva. Von Anfang an tendierten die Texte Frieda Grafes über die journalistische Tageskritik hinaus. Nicht zufällig klagt sie am Ende ihres Beitrag die Standards der amerikanischen »film-studies« für die hiesige Filmkritik und Filmforschung ein.

Den absoluten Gegenpol zu diesem hochliterarischen Schreiben bezieht Claudius Seidl. Für ihn sind die Bücher nichts als »Scheuklappen«, also Sehhindernisse. Mit provokantem antiintellektuellem Gestus mystifiziert er das voraussetzungslose, sich dem Kino hingebende Subjekt, das reine »Sehen«, die bloße Wahrnehmung. Das Vakuum, das sich bei diesem Schreibprogramm auftut, füllt er moralisch. Filmkritik definiert sich bei ihm als eine Kette von Respektbezeugungen: Respekt vor dem Kino, vor dem Regisseur, vor den Schauspielern und vor allem vor den Zuschauern und Lesern – das verlangt Seidl seinen Texten ab, daran mißt er die Kritiken der schreibenden Konkurrenz.

Offen bekennt er, daß seine stilistische Anstrengung vor allem darauf zielt, die Leser zu unterhalten. Seidl gehört zu einer Generation junger, kaum dreißigjähriger Kritiker, die gegenwärtig stark gefragt und beschäftigt, die »in tune« (F. Grafe) mit ihrer Zeit sind. Filmkritik ist, anders als die übrigen Sparten der Kulturkritik, ein temporäres Geschäft. Der verzehrend raschen Produktion des Kinos ist nur ein junger Kritiker gewachsen, der im Fluß der Filme mehr Elemente des Einklangs als der Distanz erkennt. Nur daraus bezieht er, zeitlich wiederum beschränkt, die Kraft zum beständigen Begleiten und Kommentieren. Nur dies veranlaßt ihn, dem schnellen Wechsel der Filme ein Kontinuum des Schreibens entgegenzuhalten.

Zu dieser jungen Generation, die den Ton angibt, gehört Andreas Kilb, der verantwortliche Filmredakteur des gewichtigsten deutschen Wochenblattes *Die Zeit*. Doch im Unterschied zum provozierend theorielosen Seidl wappnet sich Kilb mit Foucaults Repräsentationsbegriff, um Godard, der schon für F. Grafe die entscheidende Herausforderung war, neu zu erklären. Mit Seidl weiß sich Kilb einig in der Ablehnung der Vorgeneration Wolfram Schütte, Gertrud Koch, Karsten Witte, die sich selber als Ensemble und Sachwalter der »Frankfurter Schule« begreifen.

Wir werden hier Zeuge eines wohl ewigen Schauspiels der Kritik: Die jetzigen Machthaber rechnen mit ihren Vorgängern ab, um ihre Regentschaft selber dramatisch zu inszenieren. Entfacht wird ein Streit um die Legitimität von Diskursen. Seidl hält den »kritischen Kritikern« vor, sie kaschierten mit wissenschaftlichem ›Brimborium‹ ihr schriftstellerisches Unvermögen.

Gertrud Koch erweitert die Attacke, ganz im Geiste Adornos, zur Krise des kritischen Bewußtseins überhaupt, zum generellen Verdacht gegen alles Metasprachliche. Ihr geht es um die Behauptung eines Erbes, das Dietrich Kuhlbrodt lustvoll und ohne Reue verabschiedet. Ihn erlöste die Postmoderne aus der Obhut der einschüchternden »Meisterdenker«, befähigte ihn zum neuen Lernen von einem anderen Kino. In und neben der Avantgarde, dem Experimentalfilm entwickelt Kuhlbrodt seine eigene filmkritische Rede. Von der Last einer großen Theorie befreit, kann er einen verkannten und vergessenen Kritiker wie Willy Haas neu entdecken. Wolf Donner wiederum hält sich an die »gesellschaftskritische Aufgabe« (S. Kracauer) des Filmkritikers, wie sie in den sechziger Jahren noch einmal zugespitzt wurde, das vorrangige Entschlüsseln des Films von seiner politischen und sozialen Dimension her.

Gertrud Koch kann es nicht mehr um eine lineare Behauptung von Adornos Ästhetik der Negation gehen. Längst hat die feministische Filmkritik, für die Gertrud Koch einsteht, das Erbe der Frankfurter Schule um formalistische und strukturalistische Verfahren, um die Psychoanalyse erweitert.

Auch der Bündnispartner von Gertrud Koch in der hier dokumentierten Debatte, Karsten Witte, hat den Rekurs auf Kracauer und die Frankfurter Schule in ein eigenes neues Konzept transformiert, das in seinen Filmkritiken schon lange einen Niederschlag gefunden hat. Mit der Metapher der Reise expliziert Karsten Witte sein neues Selbstverständnis, die filmkritische Suche nach den Übergängen und Bruchstellen, die Negation des Vertrauten durch die Begegnung mit dem Fremden.

In der erregten Debatte zwischen den »Neuen Wilden« und den »Kritischen Kritikern« - so lauteten die wechselseitigen Titulierungen - versucht Norbert Grob zu vermitteln, eine Synthese der Positionen zu finden. Einen »Wahrheitskern« konzediert selbst Gertrud Koch der polemisch akzentuierten Gegenposition. Natürlich gab es und gibt es das oberlehrerhafte Gehabe der Ideologiekritik, die alles vorab weiß und nur das sieht, was sie sehen will, die mit ihren Vorgaben dem Zuschauer/Leser keine Chance läßt. Und natürlich finden wir täglich in den Spalten der Filmkritik Exempel für das, was Karsten Witte polemisch aufgespießt hat: eine Sakralisierung des amerikanischen Kinos, eine rigorose Abwehr des Analytischen, ein Beschwören des Absoluten und Wunderbaren, das sich der gegenwärtigen Konjunktur des Erhabenen einfügt.

Die medialen Bedingungen prägen die Filmkritik entscheidend. In der Bundesrepublik gibt es kein Leitmedium des sekundären Diskurses mehr, wie es die *Filmkritik* bis in die siebziger Jahre hinein repräsentierte. Es fehlt daher ein zentraler Ort der Auseinandersetzung, ein Experimentierfeld, auf dem neue Diskurse erprobt, stimulierende Theorien in die Debatte eingebracht und eine Lektüretradition entwickelt werden könnten. Filmkritik bleibt den Tages- und Wochenzeitungen vorbehalten. Es gibt unverkennbar ein Zurück zum Feuilleton, zu Schreibweisen, wie sie Hans Helmut Prinzler am Beispiel von Gunter Groll charakterisiert hat. Gefragt sind knappe, zum Aphorismus verdichtete, radikal subjektive Texte. Es mehren sich die Kritiken, die auf eine den ganzen Film fassende Metapher, die auf die Pointe, den Gag, den Kalauer hingeschrieben sind. Plausibilität und Stringenz, argumentative Arbeit, Materialreichtum geraten zunehmend ins Hintertreffen. Kritiken wollen immer mehr unterhalten.

Der Verlust an Kontingenz und intellektueller Verbindlichkeit ist in der Filmkritik, die immer schon Vorreiter war, schärfer sichtbar als in der Literatur- oder Theaterkritik. Im Zeitalter des »anything goes« ist auf nichts und niemanden Verlaß, es gibt nur ein Nebeneinander der Diskurse und Stimmen. Die dominierenden Figuren, die wiederum andere Kritiker beeinflußten und über ein fest umrissenes Publikum verfügten, sind abgetreten. Ein Funktionswandel der Kritik ist in den letzten Jahren immer deutlicher geworden, die Gebrauchsformen haben sich entschieden verändert. Die personelle Perspektive, der stabile Diskurs, der sich als Linie quer durch alle Filme verfolgen läßt, werden nicht mehr erwartet. Ausdifferenzierte Bedürfnisse verlangen hochflexible und individualisierte Kritikverfahren. Suggestive, literarisch-feuilletonistische Beschreibungen, das Herausgreifen von Details, die Isolierung von einzelnen Momenten, assoziative Verknüpfungen, kühne Brückenschläge und Querverweise – all diese Kennzeichen aktueller Filmkritik entsprechen neuen Bedürfnisstrukturen der Kinogänger und Feuilletonleser.

Hans Helmut Prinzler / Norbert Grob

Ausgewählte Bibliographie zur Filmkritik in Deutschland

1 Allgemein:
(chronologisch)

Alexander Elster: Zur Frage einer Kinokritik. In: Bild und Film, 1912/13, Nr. 11/12, S. 261–262.

E.A. Dupont: Filmkritik und Filmreklame. In: Film-Kurier, 24.8.1919, Nr. 68, S. 1–2; 4.9.1919, Nr. 77, S. 3.

Ludwig Sochaczewer: Erzieher des Films. In: Film-Kurier, 2.9.1922, Nr. 191, S. 1–2.

Alex: Kritik oder Reklame? In: Film-Kurier, 23.12.1922, Nr. 231, S. 1.

Hermann Levy: Kritisches zur Filmkritik. In: Deutsche Presse, 28.8.1926.

Hans Siemsen: Die Situation der deutschen Filmkritik. In: Die Weltbühne, 26.7.1927, Nr. 30, S. 144–147.

Kare Sabet: Die Einstellung der deutschen Presse zum Film. In: Deutsche Presse, 3.3.1928.

Franz Schulz: Die Filmkritik. In: Das Tagebuch, 27.4.1929, Nr. 17, S. 696–701.

Rudolf Arnheim: Der Filmkritiker von morgen. In: Intercine (Rom), August-September 1935, Nr. 8–9, S. 89–93. Nachgedr. in: R. Arnheim: Kritiken und Aufsätze zum Film. München (Hanser) 1977, S. 172–176.

Kurt Wortig: Der Film in der deutschen Tageszeitung. Frankfurt/M. (Diesterweg) 1940, 166 S.

Wolfdietrich Schnurre: Zum Thema Filmkritik. In: W. Schnurre: Rettung des deutschen Films. Stuttgart (Deutsche Verlags-Anstalt) 1950, S. 62–70.

Ena Bajons: Film und Tagespresse. Phil. Diss., Wien 1951, 258 S.

Stefan Heymann: Die schöpferische Rolle der Filmkritik. In: Neue Deutsche Presse (DDR), Januar 1951, Nr. 1, S. 7–8.

Albert Wilkening: Offener Brief an die Filmkritiker. In: Neue Filmwelt (DDR), Februar 1952, Nr. 2, S. 18–19.

Sepp Schwab: Für eine prinzipielle und strenge Filmkritik! In: Deutsche Filmkunst (DDR), 1953, Nr. 1, S. 110–119 (Referat auf der Arbeitstagung der DDR-Filmkritiker, März 1953; Auszüge aus der Diskussion in: Deutsche Filmkunst, 1953, Nr. 2, S. 168–176).

Paul Fechter: Ein Rest aus dem Paradies. Über Filmkritik. In: Der Tagesspiegel, 10.5.1953.

E.E.St. (Ernst Erich Strassl): Die Problematik der Filmkritik. In: Der neue Film, 27.7.1953, Nr. 57, S. 7.

Erich Kuby: Für und wider. In: Süddeutsche Zeitung, 20.12.1953.

Karl Klär (Hg.): Der Stech-Kontakt. Ein Almanach der Spannungen zwischen Presse und Film. Hamburg (Deutsche London Film) 1954, 182 S.

Manfred Rohde: Die Filmbetrachtung in der Deutschen Tagespresse. In: Publizistik, März-April 1956, Nr. 2, S. 92–105.

Wilmont Haacke: Ästhetik der Filmkritik. In: Der Journalist. Das Handbuch für den Publizisten. Bd. 2, Bremen (B.C. Heye & Co.) 1956, S. 170–173.

Presse und Film über Film und Presse. Referate und Diskussionen einer Tagung. Wiesbaden-Biebrich (Der neue Film) 1956, 124 S.

Karl Klär: Über die falschen Maßstäbe der Kritiker des Films. In: Karl Klär: Film zwischen Wunsch und Wirklichkeit. Wiesbaden-Biebrich (Der neue Film / Feldt & Co.) 1957, S. 73–93.

Theo Fürstenau: Die deutsche Filmkritik heute. Ein Referat. In: Filmpress, 17.11.1959, Nr. 47, S. 1–7 (auch in: Filmforum, Februar 1960, Nr. 2)

Hans Winge: Das Mißverständnis der Filmkritik. In: Neue Zürcher Zeitung, 22.10.1960.

Heinz Dietrich Fischer: Die kritisierte Kritik. Film- und Theaterkritik in der »DDR«. In: Der Journalist, Dezember 1960, Nr. 12, S. 4–6.

Wilmont Haacke: Aspekte und Probleme der Filmkritik. Gütersloh (Bertelsmann) 1962, 40 S.

Haben wir eine Filmkritik? Eine Umfrage der »Deutschen Filmkunst«. In: Deutsche Filmkunst (DDR), Dezember 1962, Nr. 12, S. 461–470.

Peter H. Schröder: Zur Position der konventionellen Filmkritik. In: Filmstudio, Februar 1963, Nr. 38, S. 13–19.

Wolfgang Vogel: Marginalien zur linken Filmkritik. In: Filmstudio, Februar 1963, Nr. 38, S. 28–31.

Film und Filmkritik. Filmstudio-Umfrage. In: Filmstudio, Mai 1963, Nr. 39, S. 34–43.

Peter Handke: Abgedankte Metaphern. In: Film, November 1967, Nr. 11, S. 10.

Heinz Ungureit: Kann die Filmkritik noch parieren? In: epd Kirche und Film, Mai 1969, Nr. 5, S. 2–4.

Martin Schlappner: Filmkritik – die andere Seite. In: epd Kirche und Film, Juni 1969, Nr. 6, S. 9–11.

Dieter Prokop: Plädoyer für eine soziologische Filmkritik. In: Film, September 1969, Nr. 9, S. 38–39.

Ulrich Kurowski: Sieben einzelne Gedanken zu einem Film. Das Schisma in der deutschen Filmkritik und seine Hintergründe. In: epd Kirche und Film, Januar 1970, Nr. 1, S. 2–4.

Dieter Prokop: Schmecker oder Bedürfnisforscher? Thesen über Filmjournalismus. In: Medium, August 1972, Nr. 8, S. 8–9.

Heinz Ungureit: Probleme heutiger Filmkritik. In: epd Kirche und Film, Januar 1973, Nr. 1, S. 2–4.

Monika Walther: Die Vernichtung von Träumen. Filmkritik in der Provinz ... und in den Metropolen. In: Frauen und Film, März 1976, Nr. 7, S. 11–22. (Enthält Interviews mit Christa Maerker und Peter W. Jansen).

Vinzenz B. Burg: Vom Autor zum Text. Versuch, eine neue Entwicklung in der Filmkritik darzustellen. In: Film-Korrespondenz, 24.3.1976, Nr. 3, S. 6–9.

Klaus Eder: Die Filmkritik-Mafia – Gibt es sie? in: epd Kirche und Film, Oktober 1976, Nr. 10, S. 1–3.

Gertrud Koch / Karsten Witte (Hg.): Seminar: Filmkritik. Protokoll einer Veranstaltung der Arbeitsgemeinschaft der Filmjournalisten in Frankfurt a. M. 1978. Frankfurt/M. (AG der Filmjournalisten) 1978, 128 S. (Mit Beiträgen von: Klaus Eder: Über den Einfluß der Filmkritik, S. 1–28 [mit Diskussion]; Alf Mayer: Filmkritik in der Provinz, S. 45–75 [mit Diskussion]; Gertrud Koch: Gibt es Positionen deutscher Filmkritik? S. 76-84; Karsten Witte: Thesen zum Verhältnis von Filmkritik und -produktion, S. 85-93; Hans-Günther Dicks: Zur Positionsbestimmung der Filmkritik, S. 112-119).

Rupert Neudeck: Anbetungsessays und Fernsehfeindschaft. Anmerkungen zur Filmkritik in der Bundesrepublik. In: Jahrbuch Film, 1978/79, hg. von Hans Günther Pflaum. München (Hanser) 1978, S. 150-160.

Anton Bubenik: Und versteht Bergman mich? Warum (Film-) Kritiker immer zu spät kommen. In: Medium, September 1979, Nr. 9, S. 14-17.

Bion Steinborn: »Zuschauerfilmkritik und Filmfeuilletonkritik«. In: Filmfaust, Juni 1980, Nr. 19, S. 3-7.

Klaus Eder: Plädoyer für das Unnütze. In: Jahrbuch Film 1981/ 82, hg. von Hans Günther Pflaum. München (Hanser) 1981, S. 150-156.

Bruno Fischli: Filmkritik und Filmwissenschaft. In: Jahrbuch Film 1981/82, a.a.O., S. 140-149.

Thomas Honickel: Filmpresse in der Bundesrepublik Deutschland oder warum alles beim Alten bleibt. In: epd Kirche und Film, März 1983, Nr. 3, S. 36-39.

Eva M.J. Schmid: Film-Kritik. In: H.-D. Fischer (Hg.): Kritik in Massenmedien. Objektive Kriterien oder subjektive Wertung? Köln (Deutscher Ärzte-Verlag) 1983, S. 175-194.

Bruno Fischli: Kritik der Filmkritik. In: Filmbulletin, Januar-Februar 1987, Nr. 1, S. 50-55.

Miguel Sanches: Dienstleistungen für die Kinos. Wie die Regional- und Lokalpresse über Film berichtet. In: Medium, Januar-März 1987, Nr. 1, S. 9-13.

Uta Berg-Ganschow: Zum Autorenprinzip in der Filmkritik. In: Augen-Blick, November 1987, Nr. 4, S. 18-23.

Zucker/Ehrlichmann (Renée Zucker / Lutz Ehrlich): Worüber, für wen und wozu? Die deutsche Filmkritik im Spiegel ihrer Autoren. In: Die Tageszeitung, 30.7.1987.

2 Geschichte
(chronologisch nach der Zeit, die behandelt wird)

Oskar Messter: Filmkritik. In: O. Messter: Mein Weg mit dem Film. Berlin (Hesse) 1936, S. 140-142 (Frühzeit des Kinos).

Helmut H. Diederichs: Die Anfänge der deutschen Filmpublizistik 1895-1909. Die Filmberichterstattung der Schaustellerzeitschrift »Der Komet« und die Gründung der Filmfachzeitschrift. In: Publizistik, Januar-März 1985, Nr. 1, S. 55-71.

Helmut H. Diederichs: Anfänge deutscher Filmkritik. Stuttgart (Fischer und Wiedleroither) 1986, 206 S. (Mit umfangreicher Bibliographie).

Heinz-B. Heller: Aus-Bilder. Anfänge der deutschen Filmpresse. In: ...Film...Stadt...Kino...Berlin..., hg. von Uta Berg-Ganschow und Wolfgang Jacobsen. Berlin (Argon) 1987, S. 117-126.

Werner Sudendorf: Täglich: Der Film-Kurier. In: ...Film... Stadt...Kino...Berlin..., a.a.O., S. 127-132.

Helmut H. Diederichs: Die Forderung der Klassiker an die heutige Filmkritik. In: Augen-Blick, November 1987, Nr. 4, S. 4-17.

Linda Schultz-Sasse: Film Criticism in the Weimar Press. In: Thomas G. Plummer u.a. (Hg.): Film and Politics in the Weimar Republic. New York (Holmes & Meier) 1982, S. 47-60.

Reiner Frey: Geschichten von jenen, die versuchten die laufenden Bilder wieder einzufangen – die Anfänge der Zuschauerfilmkritik in Deutschland, das Beispiel Arbeiterbühne und Film (1930/31). In: Filmfaust, Juni 1980, Nr. 19, S. 8-16.

Hella Burger: Konzepte zur Filmkritik aus den Jahren 1927-1933. Eine empirische Untersuchung. In: Gerhard Charles Rump (Hg.): Medium und Kunst. Hildesheim/New York (Olms) 1978, S. 120-165.

Fritz Güttinger: Stoßseufzer der Kritik. Ein Beitrag zur Geschichte der Filmkritik. In: Neue Zürcher Zeitung, 22.1.1981.

Fritz Güttinger: Der Stummfilm im Zitat der Zeit. Frankfurt/M. (Deutsches Film-Museum) 1984, 260 S.

Heinz-B. Heller: Literarische Intelligenz und Film. Zu Veränderungen der ästhetischen Theorie und Praxis unter dem Eindruck des Films 1910-1930 in Deutschland. Tübingen

(Niemeyer) 1985, 286 S. (Mit umfangreicher Bibliographie).

Carl Neumann, Curt Belling, Hans-Walther Betz: Film-»Kunst«, Film-Kohn, Film-Korruption. Berlin (Scherping) 1937, S. 91-102. (Antisemitische Verketzerung der Filmkunst in der Weimarer Republik).

Hans-Joachim Kliesch: Die Film- und Theaterkritik im NS-Staat. Phil. Diss., Berlin (West) 1957.

Henning Harmsen: Presse in der Zwangsjacke. Zur Lage der Presse und Filmkritik im Dritten Reich. In: Film-Korrespondenz, 13.2.1979, Nr. 2, S. 19-23.

Jürgen Rhades: Von der nationalsozialistischen »Filmkunst-Betrachtung« zur Filmkritik der Gegenwart. Dargestellt an Beispielen aus der Bayerischen Presse. Phil. Diss., München 1955.

Klaus Kreimeier: Film im CDU-Staat. Kritik der Kritik. In: K. Kreimeier: Kino und Filmindustrie in der BRD. Kronberg i. Ts. (Scriptor) 1973, S. 70-81.

Joe Hembus: Kultivierte Gespräche über den Film. In: J. Hembus: Der deutsche Film kann gar nicht besser sein. Ein Pamphlet von gestern. Eine Abrechnung von heute. München (Rogner & Bernhard) 1981, S. 142-168.

Manfred Rohde: Die Stuttgarter »Filmkriege« von 1954 und 1957. In: Publizistik, September-Oktober 1958, Nr. 5, S. 282-291.

Hans Helmut Prinzler: Filmkritik in den fünfziger Jahren. In: Augen-Blick. Marburger Hefte zur Medienwissenschaft, November 1987, Nr. 4, S. 24-43.

Ulrich von Thüna: Filmzeitschriften der fünfziger Jahre. In: Hilmar Hoffmann / Walter Schobert (Hg.): Zwischen Gestern und Morgen. Frankfurt/M. (Deutsches Filmmuseum) 1989, S. 248-262.

Karsten Witte: »Die Augen wollen sich nicht zu jeder Zeit schließen.« Die Zeitschrift »Filmkritik« und Junger Deutscher Film 1960-1970. In: Medium, November-Dezember 1985, Nr. 11-12, S. 90-94.

Franz Schöler: 17 x 24. Materialien zum Verständnis der Zeitschrift »Filmkritik«. Hamburg (Film-Telegramm) 1969, 33 S.

3 Selbstreflexionen: Filmkritiker über Filmkritik
(chronologisch)

Herbert Ihering: Filmkritik. In: Freie Deutsche Bühne, 3.8.1919, Nr. 1, S. 21-23.

Laroche: Die Kinokritik. In: Der Kritiker, 23.8.1919, Nr. 25, S. 9-10.

Hans Pander: Die Kinokritik. In: Der Kritiker, 30.8.1919, Nr. 26, S. 6-7.

Paul Ickes: Film-»Kritik«? In: Film-Kurier, 10.9.1919, Nr. 82, S. 1.

Willy Haas: Fachkritik und literarische Filmkritik. In: Film-Kurier, 15.4.1922, Nr. 86.

Béla Balázs: Kinokritik! In: Der Tag (Wien), 1.12.1922. Nachgedr. in B. Balázs: Schriften zum Film, Bd. 1. München (Hanser) 1982, S. 149-151.

Herbert Ihering: Filme und Filmkritik. In: Berliner Börsen-Courier, 31.5.1923. Nachgedr. in: H. Ihering: Von Reinhardt bis Brecht, Bd. I. Berlin/DDR (Aufbau) 1958, S. 445-447.

Béla Balázs: Die Branche und die Kunst. Eine Rechtfertigung des Filmkritikers. In: Der Tag (Wien), 28.11.1924. Nachgedr. in: B. Balázs: Schriften zum Film, Bd. 1, a.a.O., S. 316-318.

Hans Siemsen: Kino. Kritik. Und Kino-Kritik. In: Die Neue Schaubühne, 1925, S. 34-40.

Georg Zivier: Filmkritik. In: Der Kritiker, Juni 1926, Nr. 6, S. 91-92.

Roland Schacht: Grundlagen der Filmkritik. In: Der Kunstwart, Juni 1927, Nr. 9.

Willy Haas: Der Sinn der Filmkritik. In: Die Literarische Welt, 16.9.1927, Nr. 37, S. 7.

Hans Siemsen: Die Kritik. In: Die Weltbühne, 8.11.1927, Nr. 45, S. 712-715.

Rudolf Arnheim: Fachliche Filmkritik. In: Die Weltbühne, 19.2.1929, Nr. 8, S. 300-304. Nachgedr. in: R. Arnheim: Kritiken und Aufsätze zum Film, a.a.O., S. 167-172.

Aros (d.i. Alfred Rosenthal): Probleme der Filmkritik. In: Der Montag, 27.10.1930.

Heinz Luedecke: »Unabhängige« Filmkritik. In: Arbeiterbühne und Film, Dezember 1930, Nr. 12, S. 20-22.

Erich Krafft: Filmkritik an der Jahreswende. In: Film-Kurier, 3.1.1931, Nr. 2, S. 2.

Siegfried Kracauer: Über die Aufgabe des Filmkritikers. In: Frankfurter Zeitung, 23.5.1932, Nr. 378. Nachgedr. in: S. Kracauer: Kino, hg. von Karsten Witte. Frankfurt/M. (Suhrkamp) 1974, S. 9–11.

Fritz Olimsky: Die neuen Aufgaben der Filmkritik. In: Berliner Börsen-Zeitung, 18.2.1934.

Dietmar Schmidt: Wie schreibt man eine Filmbetrachtung? Gedanken aus der Praxis für die Praxis. In: Der Deutsche Film 1945, Berlin (Deutsche Filmvertriebsgesellschaft) 1945, S. 62–66.

Friedrich Luft: Entfesselte Kritik. In: Der Tagesspiegel, 31.12.1945.

Gunter Groll: Kritik? Kritik! In: Süddeutsche Zeitung, 21.10.1951.

Walter Lennig: Das Paradies des Filmkritikers. In: Der Tagesspiegel, 21.5.1953.

Hans Hellmut Kirst: Wert und Unwert der sogenannten Filmkritik. In: Film-Seminar (München), Herbst 1953, Nr. 2.

Hans Schaarwächter: Filmbesprechungen – wieso heißes Eisen? In: Der Stech-Kontakt, Hamburg 1954, S. 36–37.

Hans Hellmut Kirst: »Laßt den echten Kritiker leben«. In: Der Stech-Kontakt, a.a.O., S. 38–40.

Felix Henseleit: Metier zwischen Haß und Liebe. In: Der Stech-Kontakt, a.a.O., S. 45–48.

Walter Lennig: Das Dilemma des Filmkritikers. In: Der Stech-Kontakt, a.a.O., S. 49–51.

Georg Ramseger: Besessen müssen beide sein – Film und Kritik: Feinde oder Brüder? In: Der Stech-Kontakt, a.a.O., S. 52–54.

Karl Sabel: Die Vernunft der Kritik. In: Der Stech-Kontakt, a.a.O., S. 61–64.

Willy H. Thiem: Porträtstudien zur idealen Filmkritik. In: Der Stech-Kontakt, a.a.O., S. 67–68.

Georg Ramseger: Hilfe, ein Rezensent. In: Presse und Film über Film und Presse. Wiesbaden-Biebrich (Der neue Film) 1956, S. 61–68.

anon.: Anstelle eines Programms. In: Filmkritik, Januar 1957,

Nr. 1, S. 1-2. (Erstes Vorwort der Zeitschrift »Filmkritik«).

Wilhelm Mogge: Kärglichen Weizen von üppiger Spreu sondern. Aufgabe und Standort der Filmkritik in Deutschland. In: Film-Korrespondenz, 15.2.1957, Nr. 2, S. 1-3.

Gunter Groll: Demnächst in diesem Theater... Kritische Notizen zu Film, Zeit und Welt. München (Süddeutscher Verlag) 1957, 60 S.

Horst Knietzsch: Und wieder einmal die Filmkritik. In: Deutsche Filmkunst (DDR), Dezember 1957, Nr. 12, S. 371-372.

Erwin Goelz: Müssen Filmkritiker so sein? In: Stuttgarter Zeitung, 30.5.1958.

Georg Ramseger: Das muß ja wirklich Gram erzeugen! Die absonderliche Existenz des Filmkritikers. In: Filmforum, Juni 1958, S. 2.

Hellmut Haffner: Der Filmkritiker: Prediger in der Wüste. In: Praktischer Journalismus, 1.8.1958, Nr. 31, S. 6-7. (Beilage zu ZV-ZV, Bad Godesberg).

Hellmut Haffner: Die Traumfabrik ist keine Kunst. Anzeigenkrieg oder: Die Problematik der Filmkritik. In: Sonntagsblatt, 11.1.1959.

Karsten Peters: Filmkritik in fünfzehn Zeilen. In: Praktischer Journalismus, 15.4.1960. Nr. 45, S. 6. (Beilage zu ZV-ZV, a.a.O.).

Klaus Hebecker: Macht und Grenzen der Filmkritik. In: Film-Telegramm, 8.11.1960, Nr. 45, S. 6-14.

Enno Patalas / Wilfried Berghahn: Gibt es eine linke Kritik? In: Filmkritik, März 1961, Nr. 3, S. 131-135.

Karena Niehoff: Kritiker müßten eigentlich Engel sein. In: Der Tagesspiegel, 3.9.1961. Nachgedr. in: K. Niehoff: Stimmt es - Stimmt es nicht? Herrenalb (Erdmann) 1962, S. 373-376.

Horst Knietzsch: Filmkritik in der Entwicklung. In: Film - Wissenschaftliche Mitteilungen (DDR), 1962, Nr. 1, S. 17-35.

Wilfried Berghahn: Zum Selbstverständnis der »Filmkritik«. In: Filmkritik, Januar 1964, Nr. 1, S. 4-8.

ms. (d.i. Martin Schlappner): Formen und Aufgaben der Filmkritik. In: Neue Zürcher Zeitung, 30.1.1964 (I), 1.2.1964 (II), 8.2.1964 (III).

Manfred Delling: Kritik an der »Filmkritik« (I). In: Filmkritik, März 1964, Nr. 3, S. 158-161.

Wolfgang Vogel: Kritik an der »Filmkritik« (II). In: Filmkritik, Juni 1964, Nr. 6, S. 326-328.

Enno Patalas: Epitaph for an Enemy. In: Filmkritik, April 1965, Nr. 4, S. 235.

Enno Patalas: Plädoyer für die Ästhetische Linke. In: Filmkritik, Juli 1966, Nr. 7, S. 403-407.

Frieda Grafe: Zum Selbstverständnis der »Filmkritik«. In : Filmkritik, Oktober 1966, Nr. 10, S. 588-589.

Ulrich Gregor: Zum Selbstverständnis... In: Filmkritik, a.a.O., S. 587-588.

Theodor Kotulla: Zum Selbstverständnis... In: Filmkritik, Dezember 1966, Nr. 12, S. 706-709.

Ernst Wendt: Eine Kritik ist eine Kritik ist eine Kritik. In: Film, Januar 1967, Nr. 1, S. 1, 4.

Hans-Dieter Roos: Methoden der Filmkritik. In: Jugend Film Fernsehen, Beratungsdienst für die Praxis, März 1967, Nr. 2, S. 6-9. (Vortrag von 1965).

Helmut Färber: Zum Selbstverständnis... In: Filmkritik, April 1967, Nr. 4, S. 226-229.

Dietrich Kuhlbrodt: Zum Selbstverständnis... In: Filmkritik, a.a.O., S. 230-232.

Herbert Linder: Zum Selbstverständnis... In: Filmkritik, a.a.O., S. 232-234.

Enno Patalas: Ist Filmkritik nur Propaganda? In: Filmkritik, April 1968, Nr. 4, S. 240-242.

Wolfram Schütte: Maßstäbe einer Filmkritik. In: Peter Hamm (Hg.): Kritik - von wem / für wen / wie. Eine Selbstdarstellung deutscher Kritiker. München (Hanser) 1968, S. 65 bis 71.

Peter W. Jansen: Krise der Kritik - Kritik der Krise. In: Filmkritik, März 1969, Nr. 3, S. 185-190. (Dazu: Enno Patalas: Statt einer Antwort. In: Filmkritik, März 1969).

Klaus Kreimeier: Filmkritik und Klassenkampf. In: Film, April 1969, Nr. 4, S. 1-2, 5.

Enno Patalas: Profil und Profit. In: Filmkritik, Juni 1969, Nr. 6, S. 353-355.

Jörg Peter Feurich: Filmkritik und Klassenkampf? In: Filmkritik, Juli 1969, Nr. 7, S. 403-404.

Jörg Peter Feurich: Die erwünschte Liberalität oder Über die

Parteilichkeit der Feuilletonisten. In: epd Kirche und Film, Juli 1969, Nr. 7.

Werner Kließ: Blinde Seher. Zur Krise der Zeitschrift »Filmkritik«. In: Film, Juli 1969, Nr. 7, S. 1, 7.

Martin Schlappner: Filmkritik als Aufgabe. In: Jugend Film Fernsehen, September 1969, Nr. 3, S. 128-133.

Enno Patalas: In eigener (und anderer) Sache. In: Filmkritik, Dezember 1969, Nr. 12, S. 721-722.

Siegfried Schober: Kino statt Kritik? In: Filmkritik, Januar 1970, Nr. 1, S. 2-4.

Jörg Peter Feurich: Die Feuilletonistische Linke. In: Filmkritik, Juli 1970. Nr. 7, S. 353-356.

Helmut Färber: Im Mund den Geschmack von Blut und heißem Blech. In: Filmkritik, November 1971, Nr. 179, S. 592 bis 595.

Jürgen Ebert: Wozu noch in der ›Filmkritik‹ schreiben? Eine Art Feuilleton pro domo & pro reo. In: Filmkritik, Mai 1972, Nr. 185, S. 226-238. (Dazu: Wolf-Eckart Bühler. In: Filmkritik, Juni 1972, Nr. 186, S. 291-294).

anon.: Was die »Filmkritik« ist. Eine Kollektivantwort der Zeitschrift auf drei Fragen. In: Frankfurter Rundschau, 28.6.1975.

Hans C. Blumenberg: Und zwischen zwei Vorführungen muß geschrieben werden. In: Kölner Stadt-Anzeiger, 19.11.1976.

Gertrud Koch: Was ist und wozu brauchen wir eine feministische Filmkritik? In: Frauen und Film, März 1977, Nr. 11, S. 3-8.

Peter Nau: Vorwort über Filmkritik. In: P. Nau: Zur Kritik des Politischen Films. Köln (DuMont) 1978, S. 7-10.

Jochen Brunow, Norbert Jochum, Claudia Lenssen: Vom Schreiben über Film. Bemerkungen zur Filmkritik. In: Medium, Dezember 1979, Nr. 12, S. 32-34.

Hans C. Blumenberg: Vorbemerkung. In: H.C. Blumenberg: Kinozeit. Frankfurt/M. (Fischer) 1980, S. 9-12.

Michael Kötz: Filmkritik, grenzüberschreitend. In: Filmfaust, Juni 1980, Nr. 19, S. 18.

Hans-Christoph Blumenberg / Bion Steinborn: »Gestern Hollywood-Film, heute ... kehrt - schwenk - marsch!!!« Ein Gespräch. In: Filmfaust, Juni-September 1982, Nr. 28/29, S. 29-39.

Karsten Witte: Vorwort. In: K. Witte: Im Kino. Frankfurt/M. (Fischer) 1985, S. 9-12.

Rolf Aurich: Bemerkungen zu »filmwärts« und zur Filmkritik. In: Filmwärts, November 1986, Nr. 5, S. 26-27.

Klaus Kreimeier: Subjektivität und gesellschaftliches Engagement in der Filmkritik. In: Filmbulletin, April-Mai 1987, Nr. 2, S. 56-63.

Norbert Grob: Pamphlet für den ästhetischen Diskurs. In: epd Film, Februar 1988, Nr. 2, S. 5-6.

Georg Seeßlen: Was soll Filmkritik? In: epd Film, Feburar 1988, Nr. 2, S. 2-3.

Claudius Seidl: No Interpretation! in: epd Film, Februar 1988, Nr. 2, S. 7-8.

Klaus Dermutz, Roswitha Flucher, Richard Stradner: Die Kompetenz des Kritikers. In: epd Film, Dezember 1989, Nr. 12, S. 15-17. (Gespräch mit Karsten Witte).

4 Erinnerungen

Lotte H. Eisner: Ich hatte einst ein schönes Vaterland. Memoiren, geschrieben von Martje Grohmann. Heidelberg (Wunderhorn) 1984, 392 S.

Willy Haas: Die Literarische Welt. Erinnerungen. München (List) 1957, 316 S.

Hans Sahl: Memoiren eines Moralisten. Erinnerungen I. Zürich (Ammann) 1983, 232 S.

5 Über einzelne Kritiker
(alphabetisch)

Helmut H. Diederichs: Rudolf *Arnheim* - Filmtheoretiker, Publizist. In: Cinegraph, Lieferung 1, B 1-6, E 1-6, München (edition text + kritik) 1984.

Attila Lang: Béla *Balázs* als Filmkritiker und Filmästhetiker. Phil. Diss., Wien 1974.

Helmut H. Diederichs: Die Wiener Zeit: Tageskritik und »Der sichtbare Mensch«. In: Béla *Balázs*: Schriften zum Film, Bd. 1. München (Hanser) 1982, S. 21-41.

Norbert Grob: Was die Kamera schafft. Béla *Balázs*, der erste große Theoretiker des Films. Zum 100. Geburtstag. In: Kölner Stadt-Anzeiger, 4./5.8.1984.

Hans-Dieter Roos: Zum Tode von Wilfried *Berghahn*. In: Süddeutsche Zeitung, 21.9.1964.

Enno Patalas: Wilfried *Berghahn*. In: Filmkritik, Oktober 1964, Nr. 10, S. 507.

Men. (d.i. Michael Mendelsohn): Ernst *Blaß*. In: Film-Kurier, 4.10.1930, Nr. 235, 2. Beiblatt.

Hans-Michael Bock: Hans *Feld* – Filmkritiker. In: Cinegraph, Lieferung 7, D 1–4, a.a.O., 1986.

Enno Patalas: Trotzdem: Elend der Filmkritik. In: Frankfurter Hefte, September 1957, Nr. 9, S. 653–655. (Über Gunter *Grolls* Sammlungen »Magie des Films« & »Lichter und Schatten«).

Gunter *Groll*. Ein Buch der Freunde. Zum 50. Geburtstag am 5. August 1964. Überreicht vom Verlag Kurt Desch. München 1964. (Über den Filmkritiker G. *Groll*: Friedrich Luft, Hermann Proebst, Hans Hellmut Kirst, Hellmut Haffner, Joachim Kaiser; sonst über den Lektor).

Joachim Kaiser: Kritik ist nicht Selbstzweck. Zum Tod von Gunter *Groll* In: Süddeutsche Zeitung, 7.6.1982.

g.r. (d.i. Günther Rühle): Gunter *Groll*. Zu seinem Tode. In: Frankfurter Allgemeine Zeitung, 8.6.1982.

Helmut H. Diederichs: Gunter *Groll* – Filmkritiker. In: Cinegraph, Lieferung 10, D 1–4, a.a.O., 1988.

Hans-Michael Bock: Willy *Haas* – Filmkritiker, Drehbuchautor. In: Cinegraph, Lieferung 5, D 1–3, a.a.O., 1986. (Mit Bibliographie).

Dietrich Kuhlbrodt: Der Fachkritiker. Über Willy *Haas*. In: ...Film...Stadt...Kino...Berlin..., hg. von Uta Berg-Ganschow und Wolfgang Jacobsen, a.a.O., S. 133–138.

Men. (d.i. Michael Mendelsohn): Herbert *Ihering*. In: Film-Kurier, 1.11.1930, Nr. 259, 3. Beiblatt.

Ursula Krechel: Information und Wertung. Untersuchungen zum theater- und filmkritischen Werk von Herbert *Ihering*. Phil. Diss., Köln 1972.

Jürgen Ebert: Der »sachliche« Kritiker. Über Herbert *Ihering*. In: ...Film...Stadt...Kino...Berlin..., a.a.O., S. 139–144.

Men. (d.i. Michael Mendelsohn): Siegfried *Kracauer*. In: Film-Kurier, 13.12.1930, Nr. 294, 2. Beiblatt.

Wolfram Schütte: Stille Teilhaberschaft der Sachen an unserem Denken & Fühlen. Siegfried *Kracauers* filmkritische Arbeiten. In: Frankfurter Rundschau, 9.3.1974.

Gertrud Koch: ...noch nirgends angenommen. Siegfried *Kracauer*. In: Dan Diner (Hg.): Zivilisationsbruch. Denken nach Auschwitz. Frankfurt/M. (Fischer) 1988, S. 99-110.

Norbert Grob: Ein Wanderer zwischen Welten. Zum 100. Geburtstag von Siegfried *Kracauer* - Filmtheoretiker, Essayist, Soziologe. In: Kölner Stadt-Anzeiger, 4./5.2.1989.

Tilo Rudolf Knops: Melodrama und Montagekino bei S. *Kracauer*. Zur Komplementarität ihrer Einschätzung in der deutschen Filmkultur. In: Michael Kessler / Thomas Y. Levin (Hg.): Siegfried *Kracauer*. Neue Interpretationen. Akten des internationalen, interdisziplinären Kracauer-Symposions Weingarten, 2.-4.3.1989. Stuttgart (Stauffenburg) 1990.

Heide Schlüpmann: Der Gang ins Kino - ein Ausgang aus selbstverschuldeter Unmündigkeit. Zum Begriff des Publikums in *Kracauers* Essayistik der Zwanziger Jahre. In: Michael Kessler / Thomas Y. Levin (Hg.): Siegfried Kracauer, a.a.O., S. 267-284.

Axel Marquardt: Das ist der Berliner *Luft*. Eine Stimme der Kritik. In: ...Film...Stadt...Kino...Berlin..., a.a.O., S. 149-154.

Hans Helmut Prinzler: Die Feuilletonistin. Eine Verbeugung vor Karena *Niehoff*. In: ...Film...Stadt...Kino...Berlin..., a.a.O., S. 155-159.

Wolfram Schütte / F.W. Vöbel: Abschied von gestern. Enno P. In: Filmstudio, Oktober 1966, Nr. 51, S. 18-25. (Über Enno *Patalas*).

Helmut H. Diederichs: Enno *Patalas* - Filmkritiker , Filmhistoriker. In: Cinegraph, Lieferung 6, D 1-5, a.a.O., 1986.

Men. (d.i. Michael Mendelsohn): Kurt *Pinthus*. In: Film-Kurier, 27.9.1930, Nr. 229, 3. Beiblatt.

Brigitta Lange: Extrakt, Steigerung, Erregung, Komposition. Über Kurt *Pinthus*. In: ...Film...Stadt...Kino...Berlin..., a.a.O., S. 145-148.

Brigitta Lange: Kurt *Pinthus* - Publizist. In: Cinegraph, Lieferung 11, B 1-4, E 1-7, a.a.O., 1988.

Men. (d.i. Michael Mendelsohn): Heinz *Pol*. In: Film-Kurier, 11.10.1930, Nr. 241.

Rudolf Goldschmit: Hans-Dieter *Roos* gestorben. In: Süddeutsche Zeitung, 24.11.1965.

Eckhart Schmidt: Hans-Dieter *Roos*. In: Film, Januar 1966, Nr. 1, S. 2.

Men. (d.i. Michael Mendelsohn): Hans *Sahl*. In: Film-Kurier, 8.11.1930, Nr. 256, 2. Beiblatt.

Wolfgang Jacobsen: Hans *Sahl* – Publizist. In: Cinegraph, Lieferung 11, D 1-2, a.a.O., 1988. (Mit Bibliographie).

Martin Ripkens: Wo hast du dich denn rumgetrieben: Zur Wiederkehr der Schriften von Hans *Siemsen*. In: Frankfurter Rundschau, 1.11.1986.

Wolfgang Jacobsen: Hans *Siemsen* – Kritiker. In: Cinegraph, Lieferung 12, D 1-4, a.a.O., 1988 (Mit Bibliographie).

Lebensläufe. In: Filmkritik, April 1965, Nr. 100, S. 236-239. (Selbstvorstellung der ständigen Mitarbeiter).

6 Am Beispiel einzelner Filme

Reinold E. Thiel: Applaus ist ansteckend. In: Filmkritik, Dezember 1963, Nr. 12, S. 551-554. (Über *The Lilies of the Field* von Ralph Nelson und die deutsche Filmkritik).

Herbert Linder: Kinder, aufgepaßt! In: Filmkritik, Oktober 1968, Nr. 10, S. 703-712. (Über *Chronik der Anna Magdalena Bach* und die deutsche Filmkritik).

Gerhard Lanius: Eine vergleichende Analyse von Filmkritiken am Beispiel von *El Dorado*. In: Jugend Film Fernsehen, Dezember 1970, Nr. 6, S. 219-233.

Marion Kroner / Elisabeth Syberberg: Wörterbuch des deutschen Filmkritikers. In: Syberbergs Filmbuch. München (Nymphenburger) 1976, S. 143-180. (»Auffallende Worte« der deutschen Filmkritik zu Syberbergs Filmen).

Hans-Jürgen Syberberg: Die Kunst als Rettung aus der deutschen Misere. In: H.-J. Syberberg: *Hitler, ein Film aus Deutschland*. Reinbek bei Hamburg (Rowohlt) 1978, S. 7-60.

Norbert Grob: Vom Abenteuer des zweiten Blicks. In: Medium, Juni 1979, Nr. 6, S. 27-34. Dazu: Jürgen Bevers / Bruno

Fischli: Der Einzige und sein Kino. In: Medium, September 1979, Nr. 9, S. 6–7; Norbert Grob: Emanzipation der leeren Köpfe. In: Medium, September 1979, Nr. 9, S. 8–13. (Auseinandersetzung über *The Deer Hunter* von Michael Cimino).

Alf Mayer: Zum Stand der Mythen-Bildung und der Kino-Dinge. In: Medium, Dezember 1982, Nr. 12, S. 37–39. (Über *Der Stand der Dinge* von Wim Wenders und die deutsche Filmkritik).

Günter Giesenfeld: *Rambo II* und die Filmkritik. In: Augen-Blick, November 1987, Nr. 4, S. 58–67.

Heinz B. Heller: Der Rhetoriker geht ins Kino. Beobachtungen zur Filmkritik am Beispiel von Woody Allens *The Purple Rose of Cairo*. In: Augen-Blick, a.a.O., S. 44–57.

7 Filmemacher über Filmkritik
(alphabetisch)

Hark Bohm: Auch Lebende schlafen fest. Über Howard Hawks und die deutsche Filmkritik. In: Der Spiegel, 7.5.1979, Nr. 19, S. 214–218.

Harald Braun: Der »Beinahe-Film«. Brief an einen strengen Filmkritiker. In: Der Stech-Kontakt, a.a.O., S. 69–73.

Harun Farocki: Prozeß & Progreß. Vortrag, gehalten am 16.9.1979 in Kino ARSENAL, Berlin-West, auf der Tagung der Arbeitsgemeinschaft der Filmjournalisten. In: Filmkritik, November 1979, Nr. 275, S. 527–535.

Roald Koller: Der Elfmeter beim Schachspiel. In: Filmkritik, Juni 1972, Nr. 186, S. 312–317.

Richard Oswald: Gebt uns Filmkritiker. In: Das Tagebuch, 18.12.1920, Nr. 49, S. 1578–1579. Nachgedr. in: Richard Oswald. Berlin (Deutsche Kinemathek) 1970, S. 24–25.

Helma Sanders-Brahms: Meine Kritiker, meine Filme und ich. In: epd Kirche und Film, September 1980, Nr. 9, S. 9–13. Nachgedr. in: Hans Helmut Prinzler / Eric Rentschler (Hg.): Augenzeugen, Frankfurt/M. (Verlag der Autoren) 1988, S. 342–349.

Volker Schlöndorff: Film und Öffentlichkeit. Der verachtete Journalismus. In: Filmreport, 23.5.1973, Nr. 9. Nachgedr. in: Augenzeugen, a.a.O., S. 325–327.

Hans-Jürgen Syberberg: Syberbergs Filmbuch. München (Nymphenburger) 1976.

Wim Wenders: Nashville. Ein Film, bei dem man Hören und Sehen lernen kann. In: Die Zeit, 21.5.1976. Nachgedr. in: W. Wenders: Emotion Pictures, Frankfurt/M. (Verlag der Autoren) 1986.

8 Anthologien
(alphabetisch)

Rudolf Arnheim: Kritiken und Aufsätze zum Film. Hg. von Helmut H. Diederichs. München (Hanser) 1977, 364 S.

Béla Balázs: Schriften zum Film,. Bd. 1: Der sichtbare Mensch. Kritiken und Aufsätze 1922-1926. Hg. von Helmut H. Diederichs und Wolfgang Gersch. München (Hanser) 1982, 376 S.

Hans C. Blumenberg: Kinozeit. Aufsätze und Kritiken zum modernen Film 1976-1980. Frankfurt/M. (Fischer) 1980, 288 S.

Hans-Christoph Blumenberg / Bodo Fründt (Hg.): Warten bis es dunkel wird. 7 Jahre »Film im Bild« aus dem Kölner Stadt-Anzeiger von 1968 bis 1974. Ebersberg (Edition 8 1/2) 1983, 256 S.

Hans-Christoph Blumenberg: Gegenschuß. Texte über Filmemacher und Filme 1980-1983. Frankfurt/M. (Fischer) 1984, 264 S.

Bernard von Brentano: Wo in Europa ist Berlin? Bilder aus den zwanziger Jahren. Frankfurt/M. (Insel) 1981/ (Suhrkamp) 1987, 224 S. (Enthält auch zahlreiche Filmkritiken des Berlin-Korrespondenten der »Frankfurter Zeitung«).

Frieda Grafe / Enno Patalas: Im Off. Filmartikel. München (Hanser) 1974. 302 S. (70 Texte aus der Süddeutschen Zeitung, der Filmkritik und der Zeit zwischen 1964 und 1974).

Frieda Grafe: Beschriebener Film 1974-1985. In: Die Republik, 25.1.1985, Nr. 72-75, 236 S.

Gunter Groll: Magie des Films. Kritische Notizen über Film, Zeit und Welt. München (Süddeutscher Verlag) 1953, 199 S. (Enthält 77 Filmkritiken).

Gunter Groll: Licht und Schatten. Film in dieser Zeit. München (Süddeutscher Verlag) 1956, 200 S. (Enthält 100 Kritiken).

Herbert Jhering: Von Reinhardt bis Brecht. Vier Jahrzehnte Theater und Film. 3 Bde. Berlin/DDR (Aufbau) 1958-1961, 500 S., 618 S., 440 S.

Siegfried Kracauer: Von Caligari zu Hitler. Anhang 2: Filmkritiken 1924-1939. Frankfurt/M. (Suhrkamp) 1979, S. 397-582.

Karena Niehoff: Stimmt es - Stimmt es nicht? Porträts, Kritiken, Essais 1946-1962. Herrenalb (Erdmann) 1962, 376 S.

Michael Schwarze: Weihnachten ohne Fernsehen. Kulturpolitische Essays, Glossen, Porträts. Hg. von Volker Hage. Frankfurt/M. (Suhrkamp) 1984, 246 S. (Enthält auch Filmkritiken).

Hans Siemsen: Schriften II. Kritik - Aufsatz - Polemik. Hg. von Michael Förster. Essen (Torso) 1988, 302 S.

Karsten Witte: Im Kino. Texte vom Sehen & Hören. Frankfurt/M. (Fischer) 1985, 228 S.

Jahrbuch der Filmkritik. Hg. von der Arbeitsgemeinschaft der Filmjournalisten. Emsdetten (Lechte).

I: 1959, 208 S., Abb.

II: 1961, 266 S., Abb.

III: 1962, 358 S., Abb.

IV: 1964, 430 S., Abb.

V: 1964/65, 354 S., Abb.

VI: 1966, 358 S., Abb.

VII: 1967, 394 S., Abb.

VIII: 1969, 346 S., Abb.

(Enthält jeweils im Anhang Kurzbiographien der Kritiker).

Die Autoren

Wolf Donner, geboren 1939 in Wien. Studium der Philosophie, Germanistik, Theaterwissenschaft, Dr. phil., 1967–1969 Redakteur beim Hessischen Rundfunk für das Kulturmagazin »Titel, Thesen, Temperamente«, 1969 ff. Redakteur im Feuilleton der *Zeit*, 1976–1979 Leiter der Internationalen Filmfestspiele Berlin, 1979–1980 Redakteur im Kulturressort des *Spiegel*, seit 1981 Freier Mitarbeiter bei Hörfunk, Fernsehen, Presse. Vortragsreisen für das Goethe Institut in Europa, Asien, Australien und Nordamerika. Publikation: *Erotische Symbolik* (1987).

Frieda Grafe, geboren 1934 in Mülheim/Möhne. Studium der Germanistik und Romanistik in München, Paris und Münster. Seit 1961 in München. Kritiken und Aufsätze u.a. in *Filmkritik, Die Zeit, Süddeutsche Zeitung*. Auswahl der Kritiken in *Im Off* (zusammen mit Enno Patalas, 1974) und *Beschriebener Film* (*Die Republik*, Nr. 72–75, 1985). Übersetzungen von Godard, Truffaut, Rohmer.

Norbert Grob, geboren 1949. Dissertation über *Die Formen des filmischen Blicks*. Bücher über Samuel Fuller, Wim Wenders, Rudolf Thome, Nicholas Ray. Filme für das Fernsehen des WDR u.a. über Alfred Hitchcock, Robert De Niro, Walter Hill, Bill Forsyth, Samuel Fuller, Elem Klimow, Film Noir, Gerd Oswald. Texte, Kritiken, Essays u.a. für *Die Zeit, Kölner Stadt-Anzeiger, Filmbulletin, epd-Film*. Anfang der achtziger Jahre Mitherausgeber der Zeitschrift *Filme*; inzwischen Mitherausgeber der Filmbuchreihe »Edition Filme«. Wissenschaftlicher Mitarbeiter am Institut für Theaterwissenschaft der Freien Universität Berlin. Lebt in Berlin (West).

Heinz-B. Heller, geboren 1944. Studium der Germanistik, Romanistik und Soziologie; Promotion 1973; Habilitation 1983; seit 1987 Professor für Neuere deutsche Literatur mit dem Schwerpunkt Medienästhetik und -geschichte an der Philipps-Universität Marburg. Veröffentlichungen u.a. *Brecht und Adamov* (1975); *Sozialgeschichte der deutschen Literatur von 1918 bis zur Gegenwart* (Ko-Autor; 1981); *Literarische Intelligenz und Film* (1985); *Bilderwelten - Weltbilder. Dokumentarfilm und Fernsehen* (Hg. zusammen mit Peter Zimmermann, erscheint 1990); Mitherausgeber des Referatenorgans *Medienwissenschaft: Rezensionen*. Zahlreiche Aufsätze und Beiträge insbesondere zur Filmgeschichte und Filmtheorie sowie zur deutschen Literatur.

Andreas Kilb, geboren 1961 in Frankfurt am Main. Studium der Germanistik, Philosophie, Publizistik und Romanistik. Seit 1982 freier Mitarbeiter der *Frankfurter Allgemeinen Zeitung*, seit 1987 Filmredakteur der *Zeit*. Mitarbeit an der Publikation *Alltag, Avantgarde und Allegorie* (1987).

Gertrud Koch, geboren 1949 in Garmisch-Partenkirchen. Dr. phil., Gastprofessuren für Filmwissenschaft an Universitäten des In- und Auslandes. Mitherausgeberin der Zeitschriften *Frauen und Film* und *Babylon. Beiträge zur jüdischen Gegenwart*. Buchveröffentlichungen: *Marcuse* (zus. mit H. Brunkhorst, 1987); *»Was ich erbeute, sind Bilder«. Zum Diskurs der Geschlechter im Film* (1989).

Dietrich Kuhlbrodt, geboren 1932 in Hamburg. Dr. jur., Staatsanwalt. Filmkritiker seit 1957 (Zeitschrift *Filmkritik*), Buchbeiträge, Lehraufträge in Hamburg (Hochschule für Bildende Künste) und München (Hochschule für Fernsehen und Film), Filme fürs Fernsehen (ZDF), Darsteller in etlichen Filmen (Runze, Schlingensief, Lars von Trier). Lebt in Hamburg und schreibt regelmäßig für *konkret*, die Stadtillustrierte *Szene Hamburg*, für *epd film* und auch für die *Frankfurter Rundschau*.

Claudia Lenssen, geboren 1950. Studium der Germanistik, Theater- und Filmwissenschaft in Köln und Berlin. Redaktionelle Arbeit und Autorentätigkeit für Literatur- und Filmsendungen im Hörfunk; Redaktionsmitglied von *Frauen und Film* zwischen 1976 und 1982; Wissenschaftliche Mitarbeiterin für Filmgeschichte und -analyse am Institut für Theaterwissenschaft der FU Berlin von 1980 bis 1985; Ausstellungsprojekt über Fotografiegeschichte an der HDK Berlin 1988; Lehraufträge u.a. an der DFFB; Filmkritiken in Zeitungen, Zeitschriften, Büchern und im Fernsehen.

Hans Helmut Prinzler, geboren 1938 in Berlin. Studium der Publizistik, Germanistik und Theaterwissenschaft. 1969 bis 1979 Studienleiter der Deutschen Film- und Fernsehakademie Berlin. Seit 1979 Mitarbeiter der Stiftung Deutsche Kinemathek, ab 1990 Leiter der Kinemathek. Verschiedene Veröffentlichungen (u.a. über Ernst Lubitsch, Steven Spielberg und Fred Zinnemann).

Karl Prümm, geboren 1945. Studium der Germanistik und Geschichte, Promotion 1973; Habilitation 1981; seit 1986 Professor am Institut für Theaterwissenschaft der Freien Universität Berlin (Bereich Film und Fernsehen). Publikationen u.a.: *Die Literatur des Soldatischen Nationalismus der 20er Jahre* (1974); *Die deutsche Literatur im Dritten Reich. Themen, Traditionen, Wirkungen* (Hg. zusammen mit Horst Denkler, 1976); *Fernsehsendungen und ihre Formen* (Hg. zusammen mit Helmut Kreuzer, 1979); *Walter Dirks und Eugen Kogon als katholische Publizisten der Weimarer Republik* (1984). Zahlreiche Aufsätze zur Literatur- und Mediengeschichte des 19. und 20. Jahrhunderts; Fernsehkritiken; Rundfunkessays.

Claudius Seidl, geboren 1959 in Würzburg. Studium der Politologie, der Theater- und Kommunikationswissenschaft in München, freier Mitarbeiter der *Süddeutschen Zeitung* (seit 1983) und der *Zeit* (seit 1984), Redakteur der Zeitschrift *Tempo* (seit 1986). Bücher: *Das bundesdeutsche Kino der fünfziger Jahre* (1987); *Billy Wilder* (1988). Lebt in München und Hamburg.

Karsten Witte, geboren 1944 in Perleberg. Studium der Vergleichenden Literaturwissenschaft. Dr. phil., lehrte Filmtheorie 1970 bis 1976 an den Universitäten Frankfurt/M. und Köln. Längere Aufenthalte in Frankreich, Italien, Kamerun und den USA. Lebt und arbeitet seit 1979 in Berlin als Kritiker, Übersetzer und freier Schriftsteller. Gastprofessor an der Universität Frankfurt/M. und der FU Berlin. Wichtigste Veröffentlichungen: *Theorie des Kinos* (Hg., 1973); *Stunde Null* (Filmdrehbuch zusammen mit P. Kiener und P. Steinbach, 1976); *Paris. Deutsche Republikaner reisen* (1980); *Im Kino. Texte vom Sehen & Hören* (1985); Übersetzungen von Jean Cocteau und Christopher Isherwood.

Zu den Abbildungen: Das Foto auf S. 45 zeigt O.W.Fischer in Helmut Käutners *Ludwig II*; die übrigen Fotos entstammen den im jeweils nachfolgenden Kapitel besprochenen Filmen.
Fotonachweise: Stiftung Deutsche Kinemathek, Berlin; Filmredaktion des WDR, Köln. Dank an Hans Helmut Prinzler, Helmut Merker und Wolfgang Theis.

Weitere Bände in der Reihe
Literatur und andere Künste

Eberhard Lämmert / Dietrich Scheunemann (Hg.)
Regelkram und Grenzgänge
Von poetischen Gattungen

Eher die ›Grenzgänge‹ als der ›Regelkram‹ gehören zum Programm dieser Reihe; und der ›Regelkram‹ zumeist erst später kanonisierter Poetiken wird in diesem Band einer kritischen Revision unterworfen. So zeigt Bernhard Kytzler auf, daß vielfältigste Bedingungen die Entstehung der Gattungen der klassischen Antike förderten und daß ein Normenkatalog erst in der Renaissance daraus wurde. Im Beitrag von Enrico Straub finden sich Hinweise auf die eher politisch-ideologischen als rein ästhetischen Begründungen der französischen »doctrine classique«. Im Gegensatz zur herkömmlichen Interpretation des »Wilhelm Meister« zeigt Eberhard Lämmert, daß aus der ›untheoretischen‹ Romankonzeption durchaus ein Sozialroman erwachsen ist. Aus dem 20. Jahrhundert stehen »Biographie, Sachbuch und Reportage« und »ästhetische Modelle des Romans« zur Diskussion. Eine »Verteidigung der Bildbeschreibung« belegt Thomas Koebner mit Werken u.a. von Peter Weiss, Heiner Müller und Rolf Dieter Brinkmann.

Jochen Brunow (Hg.)
Schreiben für den Film
Das Drehbuch als eine andere Art des Erzählens

Als die Filmproduktion noch die Angelegenheit einer Industrie gewesen ist, war der Drehbuchautor einer unter vielen Spezialisten. Nach der Durchsetzung der Autorentheorie verschwand er hinter dem Regisseur. Erst die künstlerische Krise des Autorenfilms lenkte die Aufmerksamkeit wieder auf die Bedeutung des

Drehbuchs. Und unabhängig vom Kinomarkt wuchs der Bedarf des Fernsehens an Drehbüchern ständig.

Im März 1987 trafen sich Drehbuchautoren, Filmwissenschaftler und Fernsehredakteure zu einem Symposium, dessen Ergebnisse dieser Band dokumentiert. Geschichte und Theorie des Drehbuchschreibens in Deutschland analysiert Karsten Witte. Peter Märthesheimer schreibt über den Widerspruch zwischen künstlerischem Selbstverständnis des Drehbuchautors und seinem (fast nicht vorhandenen) öffentlichen Ansehen. Jochen Brunow entwickelt die Utopie vom Drehbuch als eigenständiger literarischer Schreibweise. Während Martin Wiebel über den Stellenwert des Autors in der »Gefahrenzone« des gegenwärtigen Fernsehspiels nachdenkt, sucht Alfred Behrens nach neuen Erzählformen für neue Sendeplätze. Ein Gespräch mit Wim Wenders über das Schreiben von Drehbüchern und über den Umgang mit ihnen beschließt den Band.

Thomas Koebner (Hg.)

Laokoon und kein Ende
Der Wettstreit der Künste

Seit Lessings Schrift ist kein Ende abzusehen in der Diskussion über die Verteilung der Aufgaben und Funktionen der Künste. Die Reihe »Literatur und andere Künste« ist das Forum, neue Perspektiven und Blickwinkel in den Diskurs einzuführen. Im vorliegenden Band setzt Gert Sautermeister das Laokoon-Problem in Bezug zur Musik. Wolfgang Kemp untersucht das Sprechen *vor* Bildern und *von* Bildern: ein ›Übersetzungsproblem‹ im weitesten Sinn, das in der Geschichte der Kunstbetrachtung Veränderungen unterlag, die hier auf ihre historischen und gesellschaftlichen Wurzeln zurückgeführt werden. Die Grenzverwehungen zwischen den Künsten um 1910 analysiert Dietrich Scheunemann: die Schriftzeichen der Maler (z.B. die Collagen Braques und Picassos) und die Stilleben der Dichter (etwa Gertrude Steins). Anne Duden interpretiert in einem Gespräch mit Sigrid Weigel die inhaltliche wie strukturelle Bedeutung, die die Renaissance-Malerei für ihre Prosa besitzt.

Wolfgang Kemp (Hg.)

Der Text des Bildes

Möglichkeiten und Mittel eigenständiger Bilderzählung

Die bildende Kunst steht im Mittelpunkt dieses Bandes: das
Verhältnis zwischen der ›Gleichzeitigkeit‹ der Bilder und dem
›Nacheinander‹ des erzählten Textes; das Bild als Text, als Stück
für Stück zu entschlüsselnde Geschichte; der Text als Bild, komprimiert in Illustrationen. Daß im Medium ›feststehender‹ Bilder, auf Fresken, Tafeln oder in Buchillustrationen, erzählt
werden kann, ist im Zeitalter des Films immer mehr in Vergessenheit geraten – der vorliegende Band beschreibt und dokumentiert es.

Wolfgang Kemp untersucht die schwierigen Aufgaben der Bilderzählung an Zyklen von Hogarth, Klinger und Egg. Der Blick
auf die Unterschiede und Gemeinsamkeiten der ›narrativen‹
Struktur von ›Bildtexten‹ und Erzähltexten wird geschärft.
Wilhelm Seidels Interpretation von Schwindts »Symphonie«
erhellt, wie der Maler die musikalische Leitgattung des 19. Jahrhunderts in Szene setzt. An Menzels Illustrationen des »Zerbrochenen Krugs« wird verdeutlicht, welch hochentwickelte
›Erzähltechniken‹ nötig sind, damit graphische Zyklen Dramen
erzählen können. Felix Thürlemann nutzt überzeugend ein semiotisches Modell zur Beschreibung des ›Bildtextes‹ von Jacopo
Bellinis »Kreuztragung« – und weist damit zugleich einen Weg
zur Überwindung der Ikonologie.

Verlag edition text + kritik
Levelingstraße 6a · 8000 München 80

Schreiben über den Film

Jörg Schöning (Hg.)

**Reinhold Schünzel
Schauspieler und Regisseur**

Ein CineGraph Buch
123 S., 20 Abb., DM 19,50
ISBN 3-88377-351-4

Hans-Michael Bock (Hg.)

**CINEGRAPH
Lexikon zum
deutschsprachigen Film**

Loseblattwerk, z.Z. etwa
4.400 Seiten in 4 Ordnern.
DM 218,--

Anton Kaes

**Deutschlandbilder.
Die Wiederkehr
der Geschichte als Film**

264 Seiten, DM 36,--
ISBN 3-88377-260-7

Aus der Reihe TEXT + KRITIK:

Alexander Kluge

(85/86) 166 Seiten, DM 19,50
ISBN 3-88377-194-5

Rainer Werner Fassbinder

(103) 102 Seiten, DM 18,--
ISBN 3-88377-316-6

Jochen Brunow (Hg.)

**Schreiben für den Film.
Das Drehbuch als eine
andere Art des Erzählens**

109 Seiten, DM 22,--
ISBN 3-88377-300-x

**Verlag edition text + kritik GmbH
Levelingstraße 6a, 8000 München 80**